Reine und angewandte Metallkunde in Einzeldarstellungen

Herausgegeben von W. Köster

15

Oxydation von Metallen und Metallegierungen

Von

Professor Dr.-Ing. K. Hauffe

Farbwerke Hoechst AG.
vormals Meister Lucius und Brüning

Mit 212 Abbildungen

Springer-Verlag Berlin Heidelberg GmbH

1956

© Springer-Verlag Berlin Heidelberg 1956
Ursprünglich erschienen bei Springer-Verlag OHG., Berlin/Göttingen/Heidelberg 1956
Softcover reprint of the hardcover 1st edition 1956

ISBN 978-3-642-49143-6   ISBN 978-3-642-87761-2 (eBook)
DOI 10.1007/978-3-642-87761-2

Vorwort

Nachdem in der Literatur die Zahl der Arbeiten über Oxydations-
und Korrosionsvorgänge einen derartigen Umfang angenommen hat,
daß es vielen Technikern kaum mehr möglich ist, den Überblick
über die fortschreitenden Erkenntnisse zu behalten und die Vielzahl
der verwirrenden Einzelbeobachtungen zu ordnen, wurde der Wunsch
immer dringender, einen zusammenfassenden Überblick über den
gegenwärtigen Stand der Forschung zu geben.

Hierbei hat es sich als zweckmäßig erwiesen, zunächst die bei
der Metalloxydation entstehenden Zunderschichten, hinsichtlich ihrer
Fehlordnungsstruktur, einer kritischen Betrachtung zu unterziehen, da
die Fehlordnung in den während der Oxydation entstehenden Deckschichten Art und Geschwindigkeit der Oxydation bestimmt, sofern
Diffusions- oder Transportvorgänge maßgebend sind. Auf Grund dieses
Sachverhaltes ergibt sich eine Einteilung der Oxydationsvorgänge, die
nicht vom chemischen Standpunkt, wie Oxydation, Schwefelung, Halogenierung usw., vorgenommen werden kann, sondern vom Standpunkt
der Fehlordnungstheorie dieser Reaktionsproduktschichten und der
hiermit verknüpften Kinetik. Da dieses Einteilungsprinzip nur dann
von Bedeutung ist, wenn keine Phasengrenzreaktionen die Geschwindigkeit der Oxydation bestimmen, mußte dieser Einteilung eine weitere
übergeordnet werden, nämlich in solche Oxydationsvorgänge, die trans-
portgesteuert und in solche, die durch Phasengrenzreaktionen bestimmt sind. Die grundsätzlich immer wieder beobachtete Erscheinung
des Auftretens verschiedener Zeitgesetze (parabolisch, kubisch, logarithmisch und reziprok-logarithmisch) in verschiedenen Temperaturbereichen läßt sich auf Grund der verallgemeinerten Oxydationstheorie
häufig deuten. So erhalten wir im Bereich hoher Temperaturen, wo
im allgemeinen Diffusionsvorgänge maßgebend sind, dicke und kompakte Deckschichten, die wir als Zunderschichten bezeichnen, und die
Oxydation bei hoher Temperatur daher als Zundervorgang (Zundertheorie nach WAGNER). Im Bereich mittlerer und niedriger Temperaturen treten jedoch zusätzliche Erscheinungen auf, das elektrische
Feld und die Raumladung, die einen anderen Oxydationsmechanismus
verursachen, der in seiner Beschreibung erheblich komplizierter als der
Hochtemperaturmechanismus ist. Im Gegensatz zur Hochtemperaturoxydation treten hier dünne Deckschichten auf, die wir als Anlaufschichten bezeichnen und den Gesamtvorgang als Anlaufvorgang.

Bei der Oxydation von Legierungen tritt neben den bisher erwähnten Vorgängen nunmehr noch die Diffusion des Legierungsmetalls und des angreifenden Gases in der Legierungs- und Reaktionsproduktphase auf, was zu zusätzlichen Erscheinungen führt, wie z. B. die der selektiven und der inneren Oxydation. Gerade die letzten beiden Mechanismen spielen bei der Oxydation der in der Technik verwandten Metallegierungen häufig eine entscheidende Rolle. Aus diesem Grunde wurde diesen Vorgängen je ein gesondertes Kapitel gewidmet und die gegebenenfalls hierfür erforderlichen Diffusionsdaten in Tabellen zusammengestellt. Im Anschluß hieran wurde der Versuch unternommen, den Mechanismus der Passivschichtbildung und der Korrosion von Metallen mit Passivschichten in den allgemeinen Rahmen der Oxydationsvorgänge einzuordnen. Mit der am Schluß des Buches folgenden kurzen Beschreibung der Meßmethoden soll der Leser einen Überblick in die einfacher durchzuführenden Experimente erhalten.

Da es dem Verfasser zweckmäßiger erschien, die der Metalloxydation zugrunde liegenden allgemeingültigen Teilvorgänge näher zu behandeln, wurde auf eine umfassende Berichterstattung vieler bisher veröffentlichter Ergebnisse verzichtet. Aus diesem Grunde fehlt eine größere Zahl von Arbeiten über die Oxydation technisch interessanter Legierungen. Es ist jedoch zu hoffen, daß dieser Nachteil durch die mehr grundsätzliche Betrachtungsweise über die Reaktionsmöglichkeiten der Deckschichtenbildung auf Metallen ausgeglichen wird. Ferner soll das vorliegende Buch den in der Industrie arbeitenden Fachkollegen Anregungen zu weiteren sinnvollen Experimenten geben. Da der Verfasser auf diesem Gebiet seit einigen Jahren selbst „aktiv" ist, ergab es sich zwangsläufig, daß zahlreiche eigene experimentelle Ergebnisse und Überlegungen in das Buch mit eingearbeitet wurden. Dank der großen Unterstützung in- und ausländischer Kollegen durch Zusendungen von Sonderdrucken, noch nicht veröffentlichten Berichten und privaten Mitteilungen konnten manche im Rahmen des Buches sich einfügende teilweise schwer zugängliche Ergebnisse und Anregungen berücksichtigt werden.

Der größte Teil der hier vorliegenden Arbeit konnte während der Tätigkeit des Verfassers im Zentralinstitut für industrielle Forschung des Norwegischen Forschungsrates in Oslo fertiggestellt werden. Für die großzügige Förderung dieses Unternehmens möchte der Verfasser dem Direktor des Instituts, Herrn ALF SANENGEN, in freundschaftlicher Verbundenheit herzlich danken.

Frankfurt a. Main, im Mai 1956

Karl Hauffe

Inhaltsverzeichnis

1 Einführung in die Erscheinungsformen der Reaktionen oxydierender Gase mit Metallen und Legierungen

Der gewaltige Fortschritt der Chemie und Technik in der Industrie stellt immer größere Anforderungen unter den mannigfaltigsten Bedingungen an die mechanisch-technologischen und chemischen Eigenschaften der metallischen Werkstoffe. Im folgenden wollen wir uns nur mit den chemischen Eigenschaften und auch hier wieder nur mit einem — allerdings sehr wichtigen — Teilgebiet: der Oxydations- bzw. Zunderbeständigkeit der metallischen Werkstoffe beschäftigen. Von Metalloxydation bzw. Anlauf- und Zundervorgängen an Metallen und Legierungen wollen wir immer dann sprechen, wenn oxydierende Gase, wie z. B. Sauerstoff, Schwefel, die Halogene, Wasserdampf, sowohl bei niedrigen als auch bei hohen Temperaturen das betreffende Metall oder die Legierung angreifen, d. h. eine chemische Reaktion eingehen. Ein oxydativer Angriff der Metalle kann nun unter den verschiedensten Bedingungen erfolgen — angefangen von den „milden" oxydierenden Vorgängen in Luft bei Zimmertemperatur bis zu den aggressiven Einwirkungen der Hochofengase auf metallische Bauelemente. Besonders hohe Anforderungen werden an die Zunderbeständigkeit metallischer Werkstoffe für chemische Apparate gestellt, in denen Hochtemperaturreaktionen — häufig unter höheren Drucken — ablaufen, und ferner für den Bau von Gasturbinen (Turbinenschaufeln), Heißluftmotoren und Düsenantriebssystemen mit Flammengasen hoher Temperatur. Auch an die im Hochdruck-Dampfkesselbau aus preislichen Gründen verwandten niedrig legierten ferritischen Stähle werden höchste Anforderungen in bezug auf ihre Zunderbeständigkeit gestellt.

Bei ungeeigneten, nicht genügend zunderbeständigen, Werkstoffen werden häufig schon in kurzer Zeit infolge zu rascher Oxydation — die des öfteren noch zusätzlich durch schlecht haftende Oxydschichten von einem Abblättern des Zunders begleitet ist — die für die Betriebssicherheit zulässigen Abnutzungsgrenzwerte überschritten, so daß kostspielige Apparate und Maschinenteile vorzeitig erneuert werden müssen. Es ist daher einleuchtend, daß man von seiten der Metallindustrie alles unternimmt, um in einer Vielzahl von — Millionen verschlingenden — Versuchen der Forderung nach hitzebeständigen Metallegierungen, von denen außerdem noch häufig bei diesen hohen Arbeitstemperaturen gute mechanisch-technologische Eigenschaften gefordert werden, nachzukommen.

Noch vor dreißig Jahren, als die Metallindustrie derartige Entwicklungsaufgaben in Angriff nahm, lagen weder vollständige thermodynamische Daten der Oxydationsreaktionen bei verschiedenen Temperaturen noch die notwendigen kinetischen Daten oder gar brauchbare Arbeitshypothesen vor, die den zur Entwicklung zunderbeständiger Legierungen durchzuführenden Arbeiten hätten als Grundlage dienen können. Auf Grund der damaligen Verhältnisse ist es auch nicht verwunderlich, daß man anfangs rein empirisch an die Lösung des Problems heranging und erst im Laufe der Jahre, nachdem man allmählich die wichtigsten thermodynamischen Daten der Oxyde, Sulfide, Halogenide usw. bestimmte und den zeitlichen Verlauf der Oxydation und seine Abhängigkeit von äußeren Bedingungen, wie Temperatur, Gaszusammensetzung der angreifenden Atmosphäre und Vorbehandlung des Materials usw., kennenlernte, zu erfolgreichen Ergebnissen in der Entwicklung zunderbeständiger Legierungen kam.

Im Sinne des Vorbildes der klassischen Chemie dienten anfangs die vorhandenen thermodynamischen Daten, wie Bildungsarbeit und Reaktionswärme der Oxydationsprodukte, in Verbindung mit der ARRHENIUSschen Gleichung — Geschwindigkeit proportional dem Exponenten der Aktivierungsenthalpie — den in der Metallindustrie arbeitenden Forschern als Grundlage einer Arbeitshypothese. Da jedoch die kinetische Seite infolge Unkenntnis des wahren Reaktionsmechanismus weitgehend ungeklärt blieb und selbst für Oxydationsvorgänge an reinen Metallen eine Deutung des Mechanismus nicht möglich war, mußten die damaligen Arbeitshypothesen zur Aufklärung des wahren Sachverhalts praktisch versagen. Dieses ist insofern bemerkenswert, als entsprechend der chemischen Reaktionsgleichung, z. B.

$$
\left.
\begin{aligned}
\mathrm{Ni} + \tfrac{1}{2}\,\mathrm{O}_2^{(g)} &\longrightarrow \mathrm{NiO} \\
\mathrm{Ni} + \tfrac{1}{2}\,\mathrm{S}_2^{(g)} &\longrightarrow \mathrm{NiS} \\
\mathrm{Ag} + \tfrac{1}{2}\,\mathrm{Br}_2^{(g)} &\longrightarrow \mathrm{AgBr}
\end{aligned}
\right\} \qquad (1.1)
$$

oder

die Bildung eines Metalloxyds, -sulfids oder -halogenids bei Einwirkung von Sauerstoff, Schwefeldampf oder Halogengas auf Metall bei höheren Temperaturen eine der einfachsten Reaktionen zu sein scheint. Dies ist aber insofern keineswegs der Fall, da das Reaktionsprodukt häufig als kompakte Phase auftritt und die Ausgangsstoffe räumlich voneinander trennt, so daß ein weiterer Reaktionsablauf nur dadurch möglich ist, daß zumindest einer der Ausgangsstoffe durch die Zunderschicht zum anderen Reaktionspartner diffundiert. In solchen Fällen wird der

Reaktionsablauf nicht mehr durch die eigentliche chemische Reaktion nach G. (1.1) bestimmt, sondern durch Diffusionsvorgänge und Phasengrenzreaktionen, die den Mechanismus, wie wir noch im einzelnen zeigen werden, erheblich komplizieren können. Ganz allgemein wird man immer folgende Teilvorgänge zu berücksichtigen haben, von denen einer der langsamste und damit der geschwindigkeitsbestimmende Teilschritt ist:

1. Phasengrenzreaktionen (Chemisorption der Nichtmetallmoleküle unter gleichzeitigem Elektronenaustausch und Aufspaltung der Moleküle auf der einen Seite und Übertritt von Metall aus der Metallphase, in Form von Ionen und Elektronen, in die Zunderschicht auf der anderen Seite und ferner Reaktion der einzelnen Reaktionspartner unter Bildung des Reaktionsprodukts), Keimbildung und Kristallwachstum;

2. Diffusion bzw. Transport von Kationen, Anionen und Elektronen durch die Zunderschicht mit der Komplizierung eines speziellen Wanderungsmechanismus infolge Auftretens chemischer und elektrischer Potentialgradienten in der Zunder- bzw. Anlaufschicht;

3. überwiegende Transportvorgänge in Raumladungs-Randschichten bei Vorliegen dünner Anlaufschichten, insbesondere bei niedrigen Temperaturen.

Weiter sind noch die folgenden Faktoren sowohl für den Aufbau als auch für die Zusammensetzung und Struktur der Zunderschicht von Bedeutung:

4. die thermodynamische Stabilität der gebildeten Oxyde und

5. der Gittertyp der Zunderschicht und des Metalls bzw. der Legierung, die letzten Endes die Haftfestigkeit der Zunderschicht auf der Metallunterlage bestimmen.

Schon an Hand dieser qualitativen Betrachtung ist es nicht verwunderlich, wenn die bei der Oxydation von Metallen und Legierungen beobachteten Zeitgesetze recht verschieden sein können. Bei hohen Temperaturen und höheren Gasdrucken findet man häufig ein parabolisches Zeitgesetz der Form

$$\frac{d\xi}{dt} = \frac{k'}{\xi}, \qquad (1.2)$$

wo ξ die Schichtdicke der Zunderschicht, k' die parabolische Zunderkonstante und t die Versuchszeit bedeuten. Im Gegensatz hierzu findet man im Bereich mittlerer Temperaturen des öfteren angenähert ein kubisches Zeitgesetz der Form

$$\frac{d\xi}{dt} = \frac{k}{\xi^2}. \qquad (1.3)$$

Ferner findet man im Bereich niedriger Temperaturen ein logarithmisches und ein reziprok-logarithmisches Zeitgesetz der Oxydation, die in integrierter Form folgendermaßen lauten:

$$\xi = \xi_0 \ln(t + t_0) - \text{const} \tag{1.4}$$

und

$$1/\xi = A - B \ln t. \tag{1.5}$$

Abschließend sei noch das lineare Zeitgesetz erwähnt, das in integrierter Form lautet:

$$\xi = k\,t. \tag{1.6}$$

Hier ist die gebildete Schicht direkt proportional der Versuchszeit. Es wird immer dann beobachtet, wenn Diffusions- und Transportvorgänge genügend rasch ablaufen.

Es muß nun im folgenden die Aufgabe sein, das jeweils beobachtete Zeitgesetz mit einem sinnvollen Mechanismus in Einklang zu bringen und den das Zeitgesetz verursachenden geschwindigkeitsbestimmenden Teilvorgang aufzufinden. Denn erst nach Kenntnis dieses für den Bruttoablauf der Oxydation maßgebenden Teilvorganges sind wir in der Lage, unter Umgehung mühevoller empirischer Vielzahlversuche, zweckmäßige Vorkehrungen zu treffen, um die Zundergeschwindigkeit des Metalls bzw. der Legierung herabzusetzen. Wie wir bereits erwähnten, werden durch die Ausbildung einer kompakten Reaktionsproduktschicht auf dem Metall die Reaktionspartner, hier z. B. Sauerstoff und das Metall, räumlich voneinander getrennt, so daß ein weiterer Reaktionsablauf nur dadurch möglich ist, wenn die Reaktionspartner — aber zumindest einer — durch die Zunderschicht diffundieren und somit für den weiteren Ablauf der Reaktion zur Verfügung stehen. Die Ausbildung von kompakten und porenfreien Deckschichten ist an die Bedingung geknüpft, daß das entstehende Reaktionsprodukt, z. B. ein Oxyd, ein größeres Molvolumen besitzt als das Atomvolumen des anoxydierten Metalls. Diese von PILLING und BEDWORTH[1] geforderte Bedingung ist im allgemeinen gültig[2].

Es erhebt sich nun die Frage, auf welche Weise die Reaktionspartner in das Gitter der Zunderschicht eintreten und eine Diffusion derselben durch das Gitter stattfindet. Wie man leicht einsieht, wird das Eindringen der Ausgangsstoffe in die Zunderschicht durch einen Chemisorptionsvorgang eingeleitet. Wie wir aber später noch zeigen werden, kann der Mechanismus dieser Startreaktion schon recht ver-

---

[1] PILLING, N. B., u. R. E. BEDWORTH: J. Inst. Metals **29**, 529 (1923).

[2] Wie jedoch W. JAENICKE (in „Passivierungs- u. Anlaufvorgänge an Metalloberflächen", herausgeg. von H. FISCHER, K. HAUFFE u. W. WIEDERHOLT, Berlin/Göttingen/Heidelberg: Springer 1956) zeigen konnte, sind noch zusätzliche Bedingungen erforderlich.

wickelt sein, was verständlich ist, wenn man berücksichtigt, daß z. B. die Chemisorption eines Gasmoleküls unter Elektronenaustausch mit dem Metall bzw. der Zunderschicht unter gleichzeitiger Aufspaltung in Atome abläuft. Ein hierauf folgendes Eindringen dieser chemisorbierten Atome ist jedoch nur dann möglich, wenn entweder nicht alle Gitterplätze in der Zunderschicht besetzt sind oder auf Grund des Gitteraufbaus die Möglichkeit einer Zwischengitterplatzbesetzung besteht. Die Voraussetzung eines Eindringens in das Gitter und einer Diffusion durch die Zunderschicht ist also erst durch das Vorhandensein einer nichtidealen Ordnung des Kristallgitters gegeben. Zum vertieften Verständnis der Oxydationsvorgänge an Metallen ist es also erforderlich, daß man sich zunächst über Art und Ausmaß der Fehlordnung in realen Ionen- und Valenzkristallen und über die Platzwechselmöglichkeiten in ihnen Klarheit verschafft. Mit den jeweiligen Oxydationsversuchen an Metallen und Legierungen müssen gleichzeitig Untersuchungen über den Fehlordnungszustand der zu erwartenden Zunderschicht, z. B. einem einfachen Oxyd, in Abhängigkeit von Temperatur, Gaszusammensetzung und fremdionigen Zusätzen durchgeführt werden. Macht man sich nun weiterhin die von WAGNER[1] aufgestellte Arbeitshypothese zunutze, daß keine Metallatome, sondern Metallionen und Elektronen, bzw. keine Nichtmetallatome, sondern Anionen und Elektronen durch das Gitter des Reaktionsproduktes, d. h. durch die Zunderschicht, wandern, so ergibt sich zwangsläufig als erste Aufgabe das Studium des Wanderungsmechanismus dieser Teilchen. Dieser Wanderungsmechanismus muß aber eng mit dem Fehlordnungszustand des Gitters der Zunderschicht und der Differenz der chemischen Potentiale an den Phasengrenzen Zunderschicht/Gas und Zunderschicht/Metall verknüpft sein. Da aus der chemischen Physik halbleitender Kristalle bekannt ist[2], daß Ionen und Elektronen bevorzugt über Fehlordnungsstellen im elektrischen Feld beweglich sind, werden elektrische Leitfähigkeitsmessungen, Hall- und Thermokraftmessungen mittelbar Auskunft über Art und Ausmaß der Fehlordnung geben und damit Schlüsse über Art und Ausmaß der Platzwechselvorgänge von Ionen und Elektronen in der betreffenden Zunderschicht zulassen.

Schon auf Grund der bisherigen Betrachtungen erscheint es verständlich, daß die Oxydationsgeschwindigkeit eines Metalls in keinem unmittelbaren Zusammenhang mit der Größe der negativen Bildungsarbeit ΔF stehen kann. So ist beispielsweise die Oxydationsgeschwindigkeit von Aluminium mit der Zunderkonstanten k'' (in $g^2 \cdot cm^{-4} \cdot h^{-1}$) bei 600° C von rund $3 \cdot 10^{-11}$ um Zehnerpotenzen kleiner als unter den

---

[1] WAGNER, C.: Z. physik. Chem. (B) **21**, 25 (1933) — Z. angew. Chem. **49**, 737 (1936).

[2] Vgl. z. B. K. HAUFFE: Ergebn. exakt. Naturwiss. **25**, 193 ff. (1951).

gleichen Versuchsbedingungen die von Kupfer mit der Oxydationskonstanten $k'' = 1,1 \cdot 10^{-6}$, obwohl die Bildungsarbeit bei $600°$ C für Aluminiumoxyd ($\Delta F_{Al_2O_3} = -220$ kcal/Mol Sauerstoff) erheblich größer ist als die von Cu_2O ($\Delta F_{Cu_2O} = -55$ kcal/Mol Sauerstoff)[1]. Wie wir noch später ausführlicher zeigen werden, liegt die ausschlaggebende Ursache für das unterschiedliche Verhalten in der Oxydationsgeschwindigkeit in der verschiedenen Fehlordnungsstruktur beider Oxydgitter. Während Cu_2O in Gegenwart von Sauerstoff eine erhebliche Konzentration von Kupferionenleerstellen und Defektelektronen ($= 2$wertige Cu-Ionen) aufweist, wodurch gute Vorbedingungen für eine rasche Diffusion der Cu-Ionen und Elektronen gegeben sind, zeigt das Al_2O_3-Gitter selbst bei sehr hohen Temperaturen und niedrigen Sauerstoffdrucken nur eine geringe Fehlordnungskonzentration, so daß erheblich geringere Platzwechselmöglichkeiten vorhanden sind. Außerdem sind die „Energie- bzw. Potentialbarrieren", die bei einer quantitativen Behandlung der Diffusion zusätzlich zu berücksichtigen sind, im Al_2O_3 offensichtlich besonders hoch.

An Hand dieser Einführung ergibt sich zwangsläufig der Weg, den man einschlagen muß, um zunächst den Mechanismus einfacher Metalloxydationsreaktionen aufzuklären. Erst nach Lösung dieser Aufgabe wird man weiterhin den Einfluß von Legierungszusätzen auf den Oxydationsmechanismus und die Geschwindigkeit abschätzen können. Aus diesem Grunde müssen wir uns in den folgenden Kapiteln zunächst mit den Fehlordnungserscheinungen in Ionen- und Valenzkristallen befassen, wobei wir uns die Ergebnisse der WAGNER-SCHOTTKYschen Fehlordnungstheorie[2] zunutze machen, die dann später von WAGNER[3], VERWEY[4] und HAUFFE[5] auf heterotype halbleitende Mischphasen erweitert wurde. Da ferner für verschiedene Probleme die Metalldiffusion in der Legierungsphase neben den Diffusionsvorgängen in der Zunderschicht ebenfalls eine Rolle spielen kann, werden wir auch die Fehlordnungserscheinungen und Diffusionsvorgänge in Metall- und Legierungskristallen zu betrachten haben. Im Anschluß hieran soll dann eine allgemeine Darstellung der Diffusions- und Transportvorgänge in

---

[1] Vgl. u. a. C. W. DANNATT u. H. J. T. ELLINGHAM: Discuss. Faraday Soc. **4**, 126 (1948).

[2] WAGNER, C., u. W. SCHOTTKY: Z. physik. Chem. (B) **11**, 163 (1930). — C. WAGNER: Z. physik. Chem. (BODENSTEIN-Festband) 177 (1931); (B) **22**, 181 (1933).

[3] WAGNER, C.: J. chem. Physics **18**, 62 (1950).

[4] VERWEY, E. J. W., P. W. HAAYMAN u. F. C. ROMEYN: Chem. Weekblad **44**, 705 (1948).

[5] HAUFFE, K.: Ann. Physik (6) **8**, 201 (1950); Fehlordnungserscheinungen u. Leitungsvorgänge in ionen- und elektronenleitenden festen Stoffen, in Ergebn. exakt. Naturwiss. **25**, 193 (1951).

Ionen- und Valenzkristallen folgen, die die Zunder- und Anlaufgesetze (1.2) bis (1.6) umfaßt. Wenn auch die WAGNERsche Zundertheorie in der allgemeinen Darstellung bereits eingeschlossen ist, so wollen wir sie doch noch später etwas ausführlicher behandeln und mit Beispielen belegen. Diese bevorzugte Darstellung erfolgt nicht etwa aus historischen Gründen, weil WAGNER[1] der erste war, der eine geschlossene Theorie des von TAMMANN[2] experimentell gefundenen parabolischen Oxydationsgesetzes Gl. (1.2) gegeben hat, sondern vielmehr aus der Tatsache, daß sich viele Oxydationsvorgänge an Metallen und Legierungen bei hohen Temperaturen nach der WAGNERschen Theorie beschreiben lassen, die dann von WAGNER[3] selbst auf solche Oxydationssysteme erweitert wurde, wo die Metalldiffusion in der Legierungsphase eine zusätzliche Rolle spielt.

Gleich zu Anfang sei hervorgehoben, daß die WAGNERsche Theorie nur dann anwendbar ist, wenn allein Diffusionsvorgänge geschwindigkeitsbestimmend sind, was bei hohen Temperaturen im allgemeinen der Fall ist. Ferner wird Kationen- *und* Anionendiffusion als gleichberechtigt möglich angenommen, was in der neueren Literatur nicht immer beachtet und verstanden wird[4]. Auf Oxydationsvorgänge bei niedrigen Temperaturen und in speziellen Fällen auch bei hohen Temperaturen ist die WAGNERsche Theorie nicht anwendbar, und zwar ganz allgemein immer dann nicht, wenn für den Oxydationsmechanismus nicht nur die chemischen Potentialgradienten der Fehlordnungsstellen bzw. der entsprechenden Ionen und Elektronen allein maßgebend sind, sondern wenn für den Massetransport durch die Anlaufschicht — überwiegend in dünnen Schichten auftretende — elektrische Randschichtfelder verantwortlich werden. In diesen Fällen ist die Theorie der Metalloxydation von MOTT und CABRERA[5] zu verwenden, die von ENGELL, HAUFFE und ILSCHNER[6] in etwas erweiterter Form dargestellt wurde. Bei tiefen Temperaturen kommt es häufig zur Ausbildung dünner bis sehr dünner Oxydschichten, die nach Erreichen einer kritischen Schichtdicke praktisch aufhören weiterzuwachsen. Um im folgenden diese beiden Oxydationsbereiche begrifflich klar zu trennen, wollen wir die Oxydationsvorgänge bei hohen Temperaturen, bei welchen auch meistens dicke Oxydschichten auftreten, als *Zunder-*

---

[1] WAGNER, C.: Z. physik. Chem. (B) **21**, 25 (1933); **32**, 447 (1936).
[2] TAMMANN, G.: Z. anorg. allg. Chem. **111**, 78 (1920).
[3] WAGNER, C.: J. electrochem. Soc. **99**, 369 (1952).
[4] Vgl. z. B. R. LINDNER: J. chem. Physics **23**, 410 (1955).
[5] CABRERA, N., u. N. F. MOTT: Rep. Progr. in Physics **12**, 163 (1949).
[6] HAUFFE, K., u. B. ILSCHNER: Z. Elektrochem. Ber. Bunsenges. physik. Chem. **58**, 478 (1954). — K. HAUFFE: Reaktionen in und an festen Stoffen, S. 547ff. Berlin/Göttingen/Heidelberg: Springer 1955.

vorgänge bezeichnen und Oxydationsvorgänge bei niedrigen Temperaturen mit dünnen Oxydschichten als *Anlaufvorgänge*.

Gleich eingangs sei jedoch vor einer zu optimistischen Einschätzung der theoretischen Darstellungen hinsichtlich der Anwendung zur Lösung technischer Problemstellungen gewarnt. Trotz erfreulicher Teilerfolge setzt keineswegs heute schon der hier eingeschlagene Weg den Forscher in die Lage, den Oxydationsmechanismus der in der Technik verwendeten zunderbeständigen Legierungen in jedem Fall zwangslos zu klären. Trotz erheblicher Anstrengungen stehen wir noch am Anfang der Entwicklung. Wenn auch viele Fragen über den Aufbau solcher Anlauf- und Zunderschichten heute noch unbeantwortet bleiben, so sind aber doch die Teilerfolge nicht zu übersehen, die man durch Anwendung der WAGNER-SCHOTTKYschen Fehlordnungstheorie und durch die Theorie der Wanderungsvorgänge — verursacht durch chemische Potentialgradienten und elektrische Felder in solchen Zunderschichten — erhalten hat. Diese Arbeiten bilden die Basis für die Aufklärung des Oxydationsmechanismus und für die Entwicklung zunderbeständiger Legierungen.

In den folgenden Abschnitten soll daher der Versuch unternommen werden, die experimentellen Ergebnisse der Oxydationsvorgänge an Metallen und Legierungen soweit als möglich durch einen der Mechanismen im oben skizzierten Sinne zu beschreiben und auf einer breiteren Basis zu diskutieren, um den in der Industrie arbeitenden Metallurgen und Metallkundler zu weiteren sinnvollen Versuchen anzuregen.

2 Fehlordnungserscheinungen und Diffusionsvorgänge in Ionen-, Valenz- und Metallkristallen

Dem Chemiker ist seit langem bekannt, daß viele anorganisch-chemischen Verbindungen, wie z. B. die Oxyde (Cu_2O, FeO, NiO usw.) und Sulfide (Cu_2S, Ag_2S, NiS usw.) und intermediäre Kristallarten metallischer Zwei- und Mehrstoffsysteme, nicht stöchiometrisch zusammengesetzt sind, sondern vielmehr einen mehr oder minder großen Über- bzw. Unterschuß der einen oder anderen den Kristall aufbauenden Komponente aufweisen. Während in solchen Fällen eine ideale Besetzung des Kristallgitters von vornherein ausscheidet, was leicht verständlich ist, gibt es darüber hinaus aber auch Verbindungen mit stöchiometrischer Zusammensetzung, wie z. B. die Alkali- und Silberhalogenide, die ebenfalls eine — teilweise sogar erhebliche — Unordnung in ihrer Gitterplatzbesetzung aufweisen, wie wir noch später sehen werden. Ganz allgemein kann man sagen, daß diese Gitterbausteine (Atome und Ionen) mit steigender Temperatur in zunehmendem Maße ihre Gitterplätze verlassen und sich entweder auf Zwischengitterplätze begeben oder, wenn dies aus räumlichen energetischen Gründen nicht möglich ist, aus der Oberfläche „ausbrechen'' unter Hinterlassung von unbesetzten Gitterplätzen, die wiederum für die mehr im Innern liegenden Teilchen als Aufnahmeplätze dienen. Der unbesetzte Gitterplatz (= Leerstelle) verschiebt sich also ins Innere, während die Ionen zur Oberfläche wandern. Einen Gleichgewichtszustand erhalten wir dann, wenn der Teilchen- bzw. Leerstellenstrom nach beiden Richtungen gleich ist. Bei konstantem Druck bzw. Volumen und konstanter Zusammensetzung des Kristalls wird allein die Temperatur das Ausmaß dieser Fehlordnung bestimmen. Im folgenden wollen wir die genannten Phänomene im Sinne von FRENKEL[1], JOST[2], SCHOTTKY und WAGNER[3] unter dem Begriff „Fehlordnungserscheinungen'' zusammenfassen.

2.1 Fehlordnungserscheinungen in stöchiometrisch aufgebauten Ionenkristallen

Der historischen Entwicklung folgend, betrachten wir zunächst den Mechanismus der Ionenfehlordnung in stöchiometrisch zusammengesetzten Ionenkristallen. Hier kann eine Fehlordnung der Ionen in der Weise auftreten, daß entweder nur überwiegend das Kationen- bzw. Anionenteilgitter oder Anionen- und Kationenteilgitter gemeinsam zu gleichen Anteilen fehlgeordnet sind. Nach SCHOTTKY[4] haben wir in stöchiometrisch zusammengesetzten Kristallen zwischen vier Fehlordnungstypen zu unterscheiden:

Grenztyp I: Kationen auf Zwischengitterplätzen und Leerstellen im Kationenteilgitter (FRENKEL-Typ; Abb. 1).

Grenztyp II: Anionen auf Zwischengitterplätzen und Leerstellen im Anionenteilgitter (Anti-FRENKEL-Typ).

Grenztyp III: Kationen und Anionen auf Zwischengitterplätzen (Anti-SCHOTTKY-Typ).

Grenztyp IV: Leerstellen im Kationen- und Anionenteilgitter (SCHOTTKY-Typ; Abb. 2).

---

[1] FRENKEL, J.; Z. Physik **35**, 652 (1926).

[2] JOST, W.: J. chem. Physics **1**, 466 (1933) — Trans. Faraday Soc. **34**, 860 (1938).

[3] WAGNER, C., u. W. SCHOTTKY: Z. physik. Chem. (B) **11**, 163 (1930). — C. WAGNER: Z. physik. Chem. (BODENSTEIN-Festband) 177 (1931); (B) **22**, 181 (1933).

[4] SCHOTTKY, W.: Z. physik. Chem. (B) **29**, 335 (1935).

Prinzipiell können alle Fehlordnungstypen in einem Kristall vorkommen. Im allgemeinen ist jedoch ein Fehlordnungstyp bevorzugt. Wie die Untersuchungen ferner ergeben haben, sind die Fehlordnungs-Grenztypen I und IV energetisch bevorzugt. So konnte beispielsweise an Hand zahlreicher Untersuchungen, insbesondere von WAGNER[1], STASIW[2] und TELTOW[3], in den Silberhalogeniden eine überwiegende FRENKEL-Fehlordnung sichergestellt werden. Entsprechend dem in Abb. 1 wiedergegebenen Fehlordnungsschema von AgBr ist das Bromionen-Teilgitter voll besetzt, während ein Teil der Ag^+-Ionen im Kationenteilgitter seine Plätze verlassen hat und sich auf Zwischengitterplätzen befindet. Aus Gründen der Elektroneutralität muß hier die Zahl der Ag-Ionen auf Zwischengitterplätzen $x_{Ag\,o\cdot}$ gleich sein der Zahl der Ag-Ionenleerstellen $x_{Ag\,\square'}$.

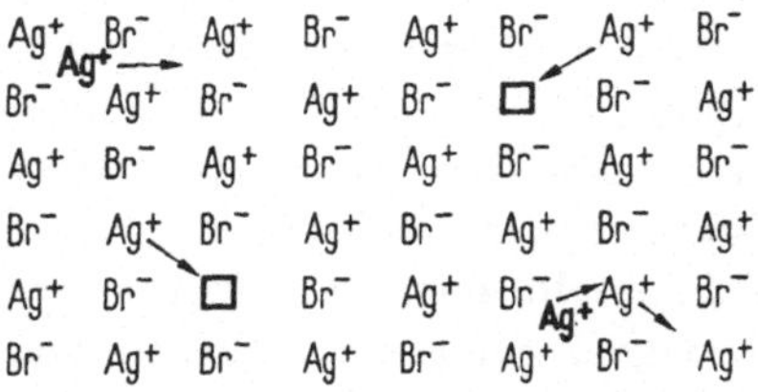

Abb. 1. Fehlordnungsmodell nach FRENKEL (Grenztyp I) am Beispiel des Silberbromids dargestellt. Hier können sich nur Ag-Ionen über Zwischengitterplätze oder Leerstellen bewegen

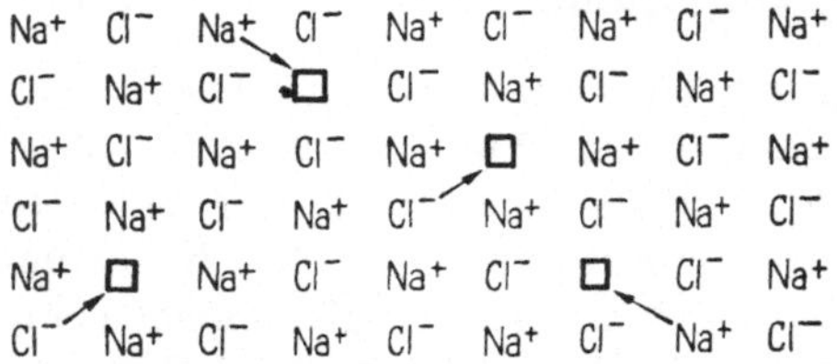

x bedeutet hier die Konzentration als Molenbruch. Ein Zwischengitterplatz wird stets durch einen Kreis o und eine Leerstelle durch ein Kästchen $\square$ angedeutet. Die am Kreis oder Kästchen sich befindenden Striche oder Punkte bzw. Kreuze deuten die Anzahl der negativen oder positiven Überschußladungen pro Ion bzw. die Überschußladung Null an.

Abb. 2. Fehlordnungsmodell nach SCHOTTKY (Grenztyp IV) am Beispiel des NaCl mit äquivalenter Zahl an Na^+- und Cl^--Leerstellen erläutert. Hier erfolgt eine Wanderung der Kationen und Anionen nur über Leerstellen

Wir erhalten also:

$$x^0_{Ag\,o\cdot} = x^0_{Ag\,\square'} \tag{2.1}$$

mit dem Index ^{0} zur Kennzeichnung der reinen AgBr-Phase ohne Fremdsalzzusätze. Die FRENKEL-Fehlordnung kann man auch als „Eigenfehlordnung" der Kationen bezeichnen und den Bruttovorgang mit der Eigendissoziation des Wassers vergleichen und für das „Ionenfehlordnungsprodukt" schreiben:

$$x_{Ag\,o\cdot} \cdot x_{Ag\,\square'} = K. \tag{2.2}$$

Bei Anlegen eines elektrischen Feldes an einen AgBr-Kristall werden auch demnach nur die Ionen wandern, die fehlgeordnet sind, also hier

---

[1] KOCH, E., u. C. WAGNER: Z. physik. Chem (B) **38**, 295 (1937).

[2] STASIW, O., u. J. TELTOW: Ann. Physik (6) **1**, 261 (1947).

[3] TELTOW, J.: Ann. Physik (6) **5**, 63, 71 (1949) — Z. physik. Chem. **195**, 213 (1950).

die Ag^+-Ionen, die sich entweder über Zwischengitterplätze oder über Leerstellen in Richtung zur Kathode fortbewegen. Aus diesem Grunde ist es auch verständlich, wenn TUBANDT[1] an Hand von Überführungsmessungen bei höheren Temperaturen eine reine Ag-Ionenleitung beobachtete bei Gültigkeit des FARADAYschen Gesetzes (pro Stromäquivalent $= 1$ Faraday $= 1$ g-Atom an der Kathode abgeschieden).

Im Gegensatz hierzu sind die Alkalihalogenide nach dem SCHOTTKY-Typ fehlgeordnet, wo ebenfalls aus Elektroneutralitätsgründen eine gleichgroße Konzentration — z. B. im NaCl — an Natriumionen- und Chlorionenleerstellen entsteht:

$$x^0_{Na\,\square'} = x^0_{Cl\,\square\cdot} \tag{2.3}$$

Entsprechend lautet das Massenwirkungsgesetz unter idealen Bedingungen (ähnlich den idealen Bedingungen in stark verdünnten Elektrolyten)

$$x_{Na\,\square'} \cdot x_{Cl\,\square\cdot} = K. \tag{2.4}$$

Wenn man bei Anlegen eines elektrischen Feldes an Alkalihalogenidkristallen eine Beteiligung sowohl der Halogen- wie der Alkaliionen am Stromtransport feststellt, dann ist dies auf Grund der Fehlordnungsverhältnisse (Abb. 2) nicht überraschend, da ja in Kristallen mit SCHOTTKY-Fehlordnung den Anionen und Kationen gleich viele Platzwechselmöglichkeiten gemäß Gl. (2.3) zur Verfügung stehen. Wenn jedoch des öfteren eine größere Strombeteiligung der Kationen festgestellt wird, dann liegt das an der etwas niedrigeren Höhe der ,,Energiewälle", die die Kationen bei ihren Sprüngen in die Leerstellen zu überwinden haben. Offenbar ist unter bestimmten Bedingungen der Energiewall für die Anionen höher als der für die Kationen, so daß es trotz statistisch gleicher ,,Beförderungsmittel" nur zu einem zahlenmäßig geringeren Eintreffen der Anionen an der Anode kommt.

Anti-FRENKEL-Fehlordnung wurde bisher nur an Erdalkalifluoriden (SrF_2) von CROATTO[2] beobachtet. Das gleiche gilt für das Auftreten der Anti-SCHOTTKY-Fehlordnung, die von BRAUER und TIESLER[3] an den intermediären Kristallarten Mg_2Pb und Mg_2Sn durch röntgenographische Untersuchungen und Dichtemessungen nachgewiesen werden konnte. Damit sind bereits alle Fehlordnungsmöglichkeiten der Ionen beschrieben, die auch für die später noch zu behandelnden nichtstöchiometrisch aufgebauten Ionen- und Valenzkristalle stets zu berücksichtigen sind und dann noch in sinnvoller Weise mit den zusätzlich zu beachtenden Elektronenfehlordnungsmöglichkeiten zu verknüpfen sind.

---

[1] TUBANDT, C.: Hdb. Exp.-Physik XII 1, S. 394ff. Leipzig 1932.

[2] CROATTO, U., u. A. MAYER: Gazz. chim. ital. **73**, 199 (1943). — U. CROATTO u. M. BRUNO: Gazz. chim. ital. **78**, 95 (1948).

[3] BRAUER, G., u. J. TIESLER: Z. anorg. allg. Chem. **262**, 309 (1950).

Sowohl von JOST[1] als auch von MOTT und Mitarbeitern[2] wurden quantitative Beziehungen über die Fehlordnungskonzentration und die Fehlordnungsenergie abgeleitet. Bezeichnet n_o bzw. $n_\square$ die Zahl der Ionen auf Zwischengitterplätzen bzw. der Leerstellen, N die Gesamtzahl der Ionen und N_o die Zahl der gesamten Zwischengitterplätze (alle Größen bezogen z. B. auf 1 ml Kristall), dann besteht zwischen diesen Größen und der aufzuwendenden Energie $E_\square$ bzw. $E_{\mathrm{o}\square}$, um eine Ionenleerstelle zu schaffen bzw. ein Ion auf Zwischengitterplatz zu bringen unter gleichzeitiger Erzeugung einer Leerstelle, die folgende Beziehung:

$$n_\mathrm{o} = \sqrt{NN_\mathrm{o}}\,\exp\left(-E_{\square\,\mathrm{o}}/2\mathrm{kT}\right) \quad (\text{FRENKEL-Fehlordnung}) \quad (2.5)$$

bzw.

$$n_\square = N\exp\left(-E_\square/\mathrm{kT}\right) \quad (\text{SCHOTTKY-Fehlordnung}). \quad (2.6)$$

Diese Beziehungen sind aber nur dann gültig, wenn man die Volumenänderung und die Beeinflussung der Schwingungsfrequenz der Ionen durch die Ionenfehlordnungsstellen vernachlässigen darf, was häufig nicht der Fall ist.

Bei Wanderungsvorgängen der Ionen über Fehlordnungsstellen — seien sie nun durch ein elektrisches Feld oder durch einen chemischen Potentialgradienten verursacht, wie er sich während der Oxydation eines Metalls in der Zunderschicht einstellt — ist neben der Fehlordnungsenergie gemäß Gl. (2.5) und (2.6) noch die mittlere Platzwechselenergie U zu berücksichtigen, die zur Überwindung der Sattelsprünge über die Potentialbarrieren während der Zwischengitterplatz- und Leerstellenwanderung aufzuwenden ist. MOTT und GURNEY haben im Falle der elektrischen Leitfähigkeit $\varkappa$ hierfür die Ausdrücke

$$\varkappa = \varkappa_\mathrm{o}^0\,\exp\left\{-\left(\tfrac{1}{2}E_{\square\,\mathrm{o}} + U\right)/\mathrm{kT}\right\} \quad (2.7)$$

bzw.

$$\varkappa = \varkappa_\square^0\,\exp\left\{-\left(E_\square + U\right)/\mathrm{kT}\right\} \quad (2.8)$$

angegeben, wo in $\varkappa^0$ alle konstanten Glieder enthalten sind, die nach speziellen Modellvorstellungen berechenbar sind.

In welcher Weise kann nun die Fehlordnung geändert werden? Die eine Möglichkeit — durch Veränderung der Temperatur — ist eben behandelt worden. Eine weitere Möglichkeit wird uns sofort verständlich, wenn wir uns an das stets herrschende Elektroneutralitätsprinzip erinnern, das besagt, daß die Zahl aller überschüssigen positiven Ladungen gleich sein muß aller negativen Überschußladungen pro ml im Gitter. Lösen wir nun zweiwertige Metallhalogenide, wie z. B.

[1] JOST, W.: Trans. Faraday Soc. **34**, 860 (1938).
[2] MOTT, N. F., u. M. J. LITTLETON: Trans. Faraday Soc. **34**, 485 (1938). — N. F. MOTT u. R. W. GURNEY: Electronic Processes in Ionic Crystals, Oxford 1948.

$CdBr_2$, $PbBr_2$, $CdCl_2$, in Silberhalogeniden auf, so treten gemäß der symbolischen Fehlordnungsgleichung, z. B.

$$CdBr_2 = Cd\bullet^{\cdot}(Ag) + Ag\,\square' + 2\,AgBr, \qquad (2.9)$$

durch den Einbau der 2wertigen Cd-Ionen aus Gründen der Elektroneutralität zusätzlich negative Überschußladungsträger auf — hier also $Ag\,\square'$-Stellen. Jedes in das Gitter eingebaute 2wertige Cd-Ion ist Träger einer einfach positiven Überschußladung, was wir mit einem schwarzen Kreis als Substitutionszeichen und einem Punkt rechts oben als Ladungszeichen kennzeichnen. In der Klammer steht das Ion, das substituiert wurde. Der Fremdionen-Einbau ist in Abb. 3 für eine Kristallebene dargestellt. Entsprechend dem Massenwirkungsansatz Gl. (2.2) muß aber bei Erhöhung der Konzentration der Leerstellen $x_{Ag\,\square'}$ die der Ionen auf Zwischengitterplätzen $x_{Ag\,o\cdot}$ abnehmen. Die Elektroneutralitätsbedingung lautet:

$$x_{Ag\,\square'} = x_{Ag\,o\cdot} + x_{Cd\,\bullet^{\cdot}(Ag)}. \qquad (2.10)$$

Hieraus folgt unter Berücksichtigung von Gl. (2.1) und (2.2) für das Verhältnis der Leerstellenkonzentration im AgBr-$CdBr_2$-Mischkristall $x_{Ag\,\square'}$ und im reinen AgBr $x^0_{Ag\,\square'}$:

$$\frac{x_{Ag\,\square'}}{x^0_{Ag\,\square'}} = \frac{x_{Cd\,Br_2}}{2\,x^0_{Ag\,\square'}} + \left[\left(\frac{x_{Cd\,Br_2}}{2\,x^0_{Ag\,\square'}}\right)^2 + 1\right]^{\frac{1}{2}} \qquad (2.11)$$

und bei höheren Zusätzen von $CdBr_2$, also wenn $x_{Cd\,Br_2} = x_{Cd\,\bullet^{\cdot}(Ag)} \gg x^0_{Ag\,\square'}$ ist

$$\frac{x_{Ag\,\square'}}{x^0_{Ag\,\square'}} \approx \frac{x_{Cd\,Br_2}}{x^0_{Ag\,\square'}}. \qquad (2.12)$$

Wir können also in erster Näherung die Leerstellenkonzentration $x_{Ag\,\square'}$ in der Mischphase, die wir im Sinne von LAVES[1] als heterotype Mischphase bezeichnen, direkt gleichsetzen der $CdBr_2$-Konzentration. Bei den später zu behandelnden Oxydationsvorgängen an Metallegierungen werden wir von dieser Tatsache noch des öfteren Gebrauch machen. In

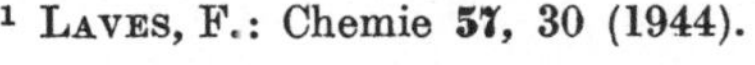

Abb. 3. Ausschnitt aus dem Fehlordnungsmodell einer heterotypen Mischphase AgBr-$CdBr_2$ nach WAGNER.

[Hier ist $x_{Ag\,\square'} = x_{CdBr_2} = x_{Cd\,\bullet^{\cdot}(Ag)}$]

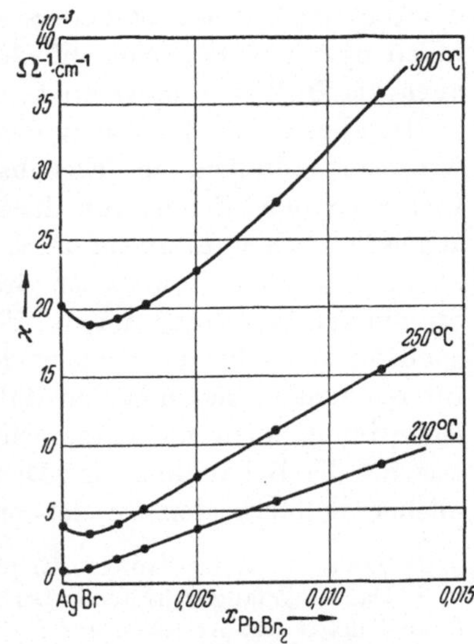

Abb. 4. Die elektrische Leitfähigkeit von AgBr-$PbBr_2$-Mischkristallen in Abhängigkeit vom $PbBr_2$-Gehalt nach KOCH und WAGNER

[1] LAVES, F.: Chemie **57**, 30 (1944).

Abb. 4 ist die Zunahme von $x_{Ag\square}$, mit steigendem $PbBr_2$-Gehalt des Mischkristalls durch die Zunahme der elektrischen Leitfähigkeit nach KOCH und WAGNER[1] wiedergegeben.[2]

In ganz analoger Weise lassen sich die heterotypen Mischphasen mit SCHOTTKY-Fehlordnung behandeln, wie sie bei den Alkalihalogenid-Mischkristallen auftritt[3]. Da aber die Alkalihalogenid-Kristalle für die folgenden Oxydationsvorgänge ohne Bedeutung sind, wurde von einer Behandlung ihres Fehlordnungsmechanismus abgesehen.

2.2 Fehlordnungserscheinungen in nicht stöchiometrisch aufgebauten Ionenkristallen

Während die im vorigen Kapitel betrachteten Ionenkristalle auf Grund ihres heteropolaren Charakters und ihrer Stöchiometrie eine überwiegende Ionenfehlordnung aufweisen mit einer praktisch zu vernachlässigenden Elektronenfehlordnung (Ionenleiter), wird bei nicht stöchiometrisch zusammengesetzten Ionenkristallen die Elektronenfehlordnung von derselben Größenordnung wie die Ionenfehlordnung. Diese Tatsache verursacht ein völlig anderes physikalisch-chemisches Verhalten dieser Kristalle. Da die Elektronenfehlordnungsstellen eine um Zehnerpotenzen höhere Beweglichkeit als die Ionenfehlordnungsstellen haben, kommt es z. B. beim Anlegen eines elektrischen Feldes zu einer überwiegenden Elektronenleitung, während der Ionenanteil am Stromtransport häufig kleiner als $1^0/_{00}$ ist. Diese Fehlordnungserscheinungen treten besonders ausgeprägt in Oxyden, Sulfiden, Seleniden usw. auf, die man auf Grund ihrer elektrischen Eigenschaften auch als *Halbleiter* bezeichnet.

Im allgemeinen kann man diese halbleitenden Verbindungen in drei Gruppen einteilen, in Eigenhalbleiter, Elektronenüberschuß- und Elektronendefektleiter, von denen die letzten beiden Gruppen in der angelsächsischen Literatur auch des öfteren als n- und p-Leiter bezeichnet werden. Von diesen drei Gruppen sind nach dem heutigen Stande der Forschung nur die Elektronenüberschuß- und die Elektronendefektleiter für die vorliegenden Probleme der Metalloxydation von Interesse, da in diesen beiden Halbleitergruppen neben der Elektronenfehlordnung auch die entsprechende Ionenfehlordnung bekannt ist, was für die Behandlung der Diffusion und der Transportvorgänge in solchen halbleitenden Zunder- und Anlaufschichten eine unumgäng-

---

[1] KOCH, E., u. C. WAGNER: Z. physik. Chem. (B) **38**, 295 (1937).

[2] Das zu Anfang auftretende Leitfähigkeitsminimum deutet auf eine größere Beweglichkeit der Ag-Ionen auf Zwischengitterplätzen hin [siehe K. HAUFFE: Ergebn. exakt. Naturwiss. **25**, 193 (1951)].

[3] Vgl. z. B. K. HAUFFE: Reaktionen in und an festen Stoffen. Berlin/Göttingen/ Heidelberg: Springer 1955, S.73ff.

liche Voraussetzung ist. Zunderschichten mit eigenhalbleitenden Kristallen, wie z. B. CuO, lassen z. Zt. noch keine quantitative Behandlung der Diffusionsvorgänge zu, da Art und Ausmaß der Ionenfehlordnung in diesen Verbindungen noch weitgehend ungeklärt ist. Dieselbe Situation findet man auch bei den für den Aufbau von oxydationsschützenden Zunderschichten bedeutsamen Spinellen und den Spinellmischphasen.

Elektronenüberschußleitende Oxyde weisen einen Metallüberschuß bzw. Nichtmetallunterschuß auf. Eine derartige Nichtstöchiometrie kann dadurch auftreten, daß z. B. ein Metalloxyd bei höheren Temperaturen eine gewisse Menge Sauerstoff abgibt, wobei es entweder zu einem Überschuß an Metallionen durch Einbau auf Zwischengitterplätzen Me $\bigcirc^{..}$ (im Falle 2wertiger Metallionen) oder zu einem Unterschuß an Sauerstoff durch Ausbildung von O^{2-}-Leerstellen $O\square^{..}$ kommt. In jedem Fall muß aber aus Elektroneutralitätsgründen eine äquivalente Zahl überschüssiger Elektronen — sogenannter Leitungselektronen — $\ominus$ entstehen, die bei niedrigen Temperaturen in einem mehr oder minder starken Ausmaß mit den positive Überschußladungen tragenden Ionenfehlordnungsstellen assoziiert sind. Als Vertreter eines elektronenüberschußleitenden Oxyds wählen wir ZnO, daß nach den obigen Ausführungen auf den folgenden vier Wegen dissoziieren kann:

$$ZnO \longrightarrow Zn\,\bigcirc^{.} + \ominus + \tfrac{1}{2}O_2^{(g)} \tag{2.13 a}$$

(Hier ist ein Leitungselektron $\ominus$ durch ein Zn-Ion auf Zwischengitterplatz $Zn\,\bigcirc^{..}$ gemäß $Zn\,\bigcirc^{..} + \ominus \longrightarrow Zn\bigcirc^{.}$ gebunden, als Grenzfall) bzw.

$$ZnO \longrightarrow Zn\,\bigcirc^{..} + 2\ominus + \tfrac{1}{2}O_2^{(g)} \tag{2.13 b}$$

und

$$Null \longrightarrow O\,\square^{.} + \ominus + \tfrac{1}{2}O_2^{(g)} \tag{2.14 a}$$

(Hier ist ein Leitungselektron $\ominus$ in einer O^{2-}-Leerstelle $O\,\square^{..}$ gemäß $O\,\square^{..} + \ominus \longrightarrow O\,\square^{.}$ eingefangen, wodurch ein Farb- oder F-Zentrum entsteht, was sich z. B. bei den Natriumhalogeniden durch eine Blaufärbung zu erkennen gibt, wie Pohl und Mitarbeiter zeigen konnten [1]), bzw.

$$Null \longrightarrow O\,\square^{..} + 2\ominus + \tfrac{1}{2}O_2^{(g)}. \tag{2.14 b}$$

Null bedeutet hier den stöchiometrisch zusammengesetzten Kristall ohne Fehlordnungsstellen. Wenn auch im Falle des ZnO die Fehlordnung gemäß Gl. (2.13) überwiegt (s. a. Abb. 5), was durch die Austauschversuche mit radioaktivem Zn^{65} von Banks [2] und Miller [3]

---

[1] Pohl, R. W.: Physik. Z. **36**, 732 (1935); **39**, 36 (1938).

[2] Banks, F. R.: Physic. Rev. **59**, 376 (1941).

[3] Miller jr., P. H.: Physic. Rev. **60**, 890 (1941). — R. Lindner: Acta chem. scand. **6**, 457 (1952).

gestützt wird, so haben wir in Gl. (2.14) bereits die andere Möglichkeit einer Fehlordnung mit freien Elektronen hingeschrieben, wie sie beispielsweise im TiO_2 vorzuliegen scheint, wie röntgenographische Untersuchungen von EHRLICH[1] ergeben haben. Unter Zugrundelegung des Dissoziationsmechanismus Gl. (2.13a) folgt der Massenwirkungsansatz:

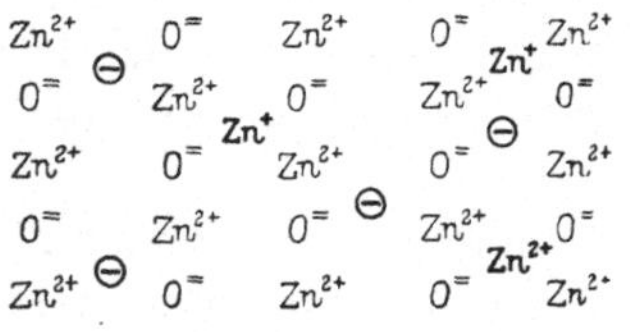

$$x_{Zn\,o} \cdot x_\ominus = K\, p_{O_2}^{-1/2}. \qquad (2.15)$$

Abb. 5. Idealisierte Darstellung der Fehlordnung im Zinkoxyd. (Das Verhältnis von 1- und 2 wertig geladenen Zinkionen auf Zwischengitterplätzen hängt von der Temperatur ab)

Da nach Gl. (2.13a) die Konzentration der freien Elektronen $x_\ominus$ gleich ist derjenigen der 1 wertigen Zn-Ionen auf Zwischengitterplätzen, also $x_{Zn\,o} = x_\ominus$, folgt für die Sauerstoffdruckabhängigkeit der Fehlstellen

$$x_\ominus = x_{Zn\,o} = \text{const}\, p_{O_2}^{-1/4}. \qquad (2.16\,a)$$

Einen entsprechenden Ausdruck erhält man, wenn Fehlordnungsgleichgewicht Gl. (2.13b) vorliegt:

$$x_\ominus = 2 x_{Zn\,o} = \text{const}\, p_{O_2}^{-1/6}. \qquad (2.16\,b)$$

Diese Beziehungen lassen sich leicht durch elektrische Leitfähigkeitsmessungen ($\varkappa$ als Funktion von p_{O_2}) prüfen, da $x_\ominus \sim \varkappa$ ist. Das Experiment ergab im Temperaturgebiet zwischen 500 und 700° C $\varkappa \sim p_{O_2}^{-1/4,5}$ bis $p_{O_2}^{-1/5}$ (Abb. 6)[2].

Im Gegensatz zu den ionenleitenden Kristallen tritt hier eine Beeinflussung sowohl der Ionen- wie der Elektronenfehlordnung durch die äußere Gasatmosphäre auf. Dies ist aber für die später folgende kinetische Behandlung der Fehlordnungsstellen von Bedeutung. Es erhebt sich nun auch hier die Frage, welche Möglichkeiten der Beeinflussung der Fehlordnungskonzentration neben der Temperatur und dem Nichtmetall-Partialdruck bestehen. Wie man aus den Fehlordnungsgleichungen für den Einbau von z. B. Li_2O als Vertreter von Oxyden mit niederwertigen Metallionen und von z. B. Al_2O_3 als Vertreter von

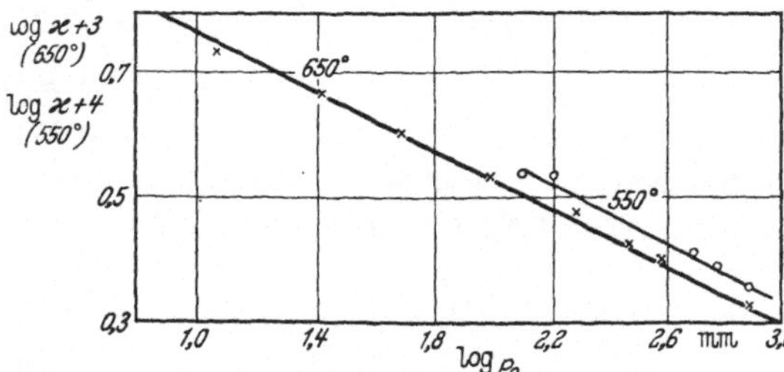

Abb. 6. Abhängigkeit der elektrischen Leitfähigkeit $\varkappa$ gesinterter ZnO-Proben vom Sauerstoffdruck nach BAUMBACH und WAGNER

[1] EHRLICH, P.: Z. Elektrochem. angew. physik. Chem. **45**, 362 (1939).
[2] BAUMBACH, H. H. von, u. C. WAGNER: Z. physik. Chem. (B) **22**, 199 (1933).

Oxyden mit höherwertigen Metallionen erkennt, nimmt gemäß:

$$Li_2O + 2\ominus + \tfrac{1}{2}O_2^{(g)} = 2\,Li\bullet'(Zn) + 2\,ZnO \qquad (2.17\,a)$$

bzw.

$$Li_2O = 2\,Li\bullet'(Zn) + 2\,Zn\,\bigcirc\cdot + \tfrac{1}{2}O_2^{(g)} \qquad (2.17\,b)$$

bei Zusatz niederwertiger Oxyde als ZnO die Konzentration der freien Elektronen ab und die der Zinkionen auf Zwischengitterplätzen zu, während bei Zusatz höherwertiger Oxyde gemäß:

$$Zn\,\bigcirc\cdot + Al_2O_3 = 2\,Al\bullet\cdot(Zn)$$
$$+ \ominus + 3\,ZnO \qquad (2.18\,a)$$

bzw.

$$Al_2O_3 = 2\,Al\bullet\cdot(Zn) + 2\ominus$$
$$+ 2\,ZnO + \tfrac{1}{2}O_2^{(g)} \qquad (2.18\,b)$$

die Konzentration der freien Elektronen zu- und die der Zinkionen auf Zwischengitterplätzen abnimmt. Der experimentelle Beweis für die Richtigkeit dieser Ansätze wurde von WAGNER[1] und HAUFFE[2] gebracht (Abb. 7). Dies eine Beispiel möge genügen, um den Einfluß anderswertiger Kationen auf die für den Oxydationsmechanismus und die Oxydationsgeschwindigkeit maßgebende Fehlordnungskonzentration einer n-leitenden Zunderschicht aufzuzeigen.

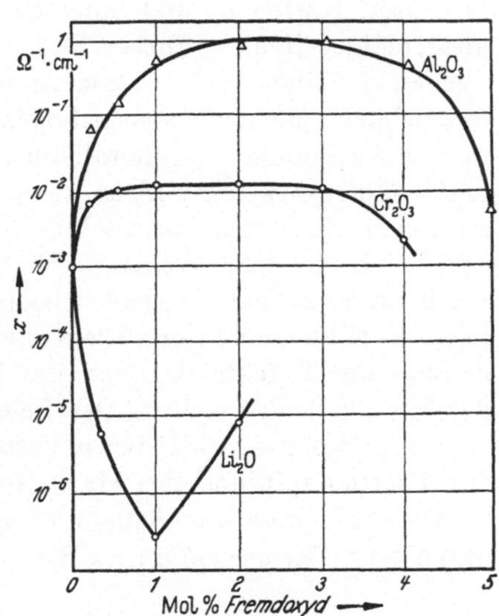

Abb. 7. Abhängigkeit der elektrischen Leitfähigkeit heterotyper ZnO-Mischphasen von der Konzentration des Fremdoxyds bei 395°C und 1 Atm Luft nach HAUFFE und VIERK

In gleicher Weise sind auch die anderen elektronenüberschuß- bzw. n-leitenden Verbindungen, wie z. B. CdO[3,4], TiO_2[5,6,7], ThO_2[8], Al_2O_3[9],

[1] WAGNER, C.: J. chem. Physics 18, 62 (1950).

[2] HAUFFE, K., u. A. L. VIERK: Z. physik. Chem. 196, 160 (1950).

[3] BAUMBACH, H. H. von, u. C. WAGNER: Z. physik. Chem. (B) 22, 199 (1933).

[4] BAUER, G.: Ann. Physik (5) 30, 433 (1937). — C. A. HOGARTH u. J. P. ANDREWS: Philosophic. Mag. (7) 11, 272 (1949). — R. GLANG: Diss. Darmstadt 1955.

[5] EARLE, M. D.: Physic. Rev. 61, 56 (1942).

[6] HAUFFE, K., H. GRUNEWALD u. R. TRÄNCKLER-GREESE: Z. Elektrochem. Ber. Bunsenges. phys. Chem. 56, 937 (1952).

[7] WEYL, W. A., u. T. FØRLAND: Ind. Eng. Chem. 12, 257 (1950). — G. H. JOHNSON: J. Amer. ceram. Soc. 36, 97 (1953).

[8] FOEX, M.: C. R. Séances Acad. Sci. 215, 534 (1942).

[9] HARTMANN, W.: Z. Physik 102, 709 (1936).

Ta_2O_5[1], $PbCrO_4$[2], SnO_2[3], NiS[4], Ag_2S[5,6], $SnSe$[7], Fe_2O_3[8] und MoO_3[9], in ihrer Fehlordnungsstruktur durch Einbau anderswertiger Ionen zu beeinflussen, was für die Oxydationsgeschwindigkeit der betreffenden Metalle bzw. Legierungen von Bedeutung ist.

Im Gegensatz zu den oben aufgezählten Verbindungen gibt es Oxyde, Sulfide und Halogenide, die stets einen Nichtmetallüberschuß bzw. Metallunterschuß haben. Eine derartige Nichtstöchiometrie kann dadurch auftreten, daß z. B. ein Metalloxyd, wie NiO, mit einem vollbesetzten Kationen- und Anionenteilgitter Sauerstoff auf Zwischengitterplätze einbaut. Dieser Fall dürfte jedoch aus räumlich energetischen Gründen wenig wahrscheinlich sein. Die andere Fehlordnungsmöglichkeit, mit der wir es im allgemeinen zu tun haben werden, besteht in der Ausbildung von Metallionenleerstellen, so daß es also, modellmäßig korrekt gesagt, nicht zu einem Sauerstoffüberschuß, sondern zu einem Nickelionenunterschuß $Ni \square''$ mit einer äquivalenten Zahl von Elektronendefektstellen ($\equiv Ni^{3+}$) bzw. Defektelektronen $\oplus$ kommt. Auch an derartigen Kristallen beobachten wir bei Anlegen eines elektrischen Feldes eine reine Elektronenleitung, da auch hier die Beweglichkeit der Defektelektronen um Zehnerpotenzen größer ist als die der Metallionenleerstellen. Der Leitungsmechanismus — hier Defekt- oder p-Leitung — wird durch Feststellung des positiven Vorzeichens der Thermokraft und des HALL-Effektes erkannt.

Die Aufnahme von Sauerstoff in ein Oxyd, z. B. NiO, wird stets durch eine Chemisorption, z. B.

$$\tfrac{1}{2} O_2^{(g)} \longrightarrow O_{chem}^- + \oplus^{(R)}, \qquad (2.19\,a)$$

eingeleitet, wobei das Symbol (R), von dem wir noch später präziser Gebrauch machen, den Kristallbezirk in der Nähe der Oberfläche kennzeichnen soll (s. S. 24 u. 85). Bei genügend hohen Temperaturen erfolgt nun unmittelbar der Anbau von „NiO-Molekülen" an das NiO-Gitter unter gleichzeitiger Erzeugung einer äquivalenten Zahl von Ni-Ionenleerstellen $Ni \square''$:

$$O_{chem}^- \longrightarrow NiO + Ni \square'' + \oplus. \qquad (2.19\,b)$$

---

[1] Siehe Fußnote 9, S. 17.

[2] LASHOF, TH. W.: J. chem. Physics **11**, 196 (1943).

[3] Siehe Fußnote 4, S. 17.

[4] HAUFFE, K., u. H. G. FLINT: Z. physik. Chem. **200**, 199 (1952).

[5] KLAIBER, F.: Ann. Physik (5) **3**, 229 (1929).

[6] WAGNER, C.: J. chem. Physics **21**, 1819 (1953).

[7] DAVIDENKO, V. A.: Z. Physik, UdSSR **4**, 170 (1941).

[8] VERWEY, E. J. W., P. W. HAAYMAN u. F. C. ROMEYN: Chem. Weekblad **44**, 705 (1948).

[9] STÄHELIN, P., u. G. BUSCH: Helv. physica Acta **23**, 530 (1950).

Da aber bei hohen Temperaturen die Chemisorption des Sauerstoffs durch den unmittelbar erfolgenden Anbau „überfahren" wird, schreibt man für hohe Temperaturen die Fehlordnungsgleichung durch Zusammenziehen beider Teilschritte Gl. (2.19 a) und (2.19 b) in folgender Weise (Abb. 8):

$$\tfrac{1}{2} O_2^{(g)} \longrightarrow NiO + Ni\,\square'' + 2\oplus . \qquad (2.20)$$

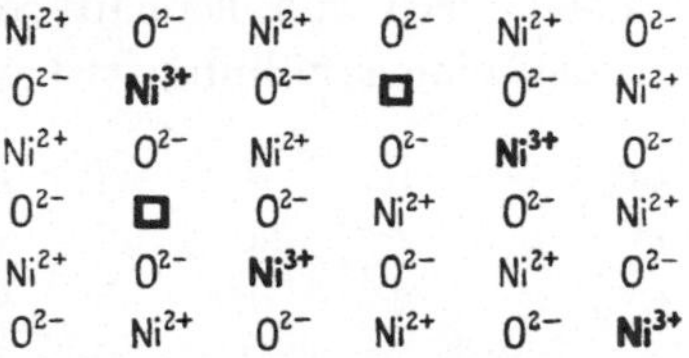

Hieraus folgt die Massenwirkungsgleichung:

$$x_{Ni\,\square''}\, x_\oplus^2 = K\, p_{O_2}^{1/2} \qquad (2.21)$$

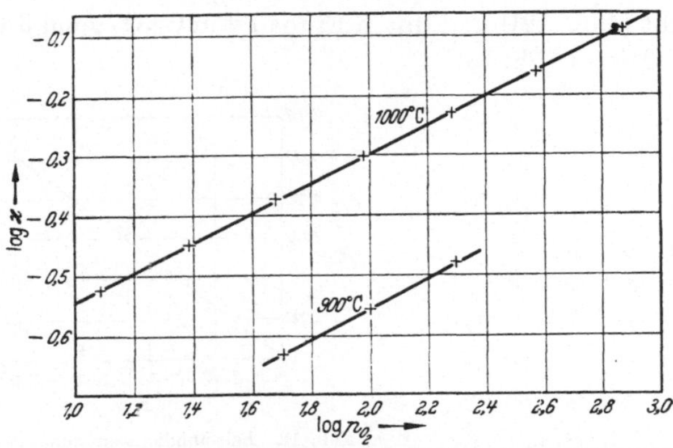

Abb. 8. Idealisiertes Bild der Ionen- und Elektronenfehlordnung im reinen NiO. Die im Gitter auftretenden 3 wertigen Ni-Ionen repräsentieren die Orte der Defektelektronen

aus der sich die Sauerstoffdruckabhängigkeit der Fehlordnung — mit der Bedingung $x_\oplus = 2x_{Ni\,\square''}$ — herleiten läßt zu:

$$x_\oplus = 2x_{Ni\,\square''} = \text{konst } p_{O_2}^{1/6}. \qquad (2.21\text{ a})$$

BAUMBACH und WAGNER[1] fanden, $\varkappa \sim p_{O_2}^{1/4,5}$, also, da $\varkappa \sim x_\oplus$ ist $x_\oplus = \text{konst. } p_{O_2}^{1/4,5}$ (s. Abb. 9).

Je nach der herrschenden Fehlordnungsgleichung wird der Exponent am Sauerstoffdruck für die einzelnen Verbindungen verschieden sein Der prinzipielle Unterschied zwischen dem n- und p-Fehlordnungstyp besteht im Vorzeichen des Exponenten. Dies bedeutet, daß die n- bzw.

Abb. 9. Sauerstoffdruckabhängigkeit der elektrischen Leitfähigkeit von Nickeloxyd nach BAUMBACH und WAGNER

elektronenüberschußleitenden Verbindungen stets mit steigendem Nichtmetallpartialdruck eine *Abnahme* der Konzentration der Fehlordnungsstellen zeigen, während für p-leitende Verbindungen stets eine *Zunahme* der Fehlordnungskonzentration beobachtet wird. Wie wir

---

[1] VERWEY, E. J. W., P. W. HAAYMAN u. F. C. ROMEYN: Chem. Weekblad **44**, 705 (1948).

gleich sehen werden, macht sich auch ein gegenläufiger Gang beim Einbau anderswertiger Ionen bemerkbar. So erhalten wir beispielsweise durch den Einbau von Li-Ionen ins NiO-Gitter im Gegensatz zu ZnO eine Erhöhung der Konzentration der Elektronenfehlordnung — hier der $\oplus$-Stellen — und entsprechend eine Erniedrigung der Leerstellenkonzentration (Abb. 10):

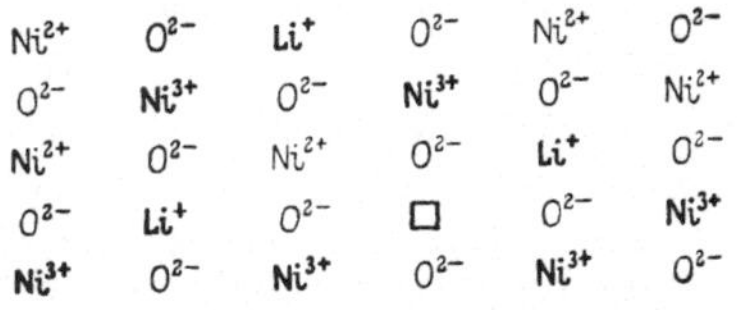

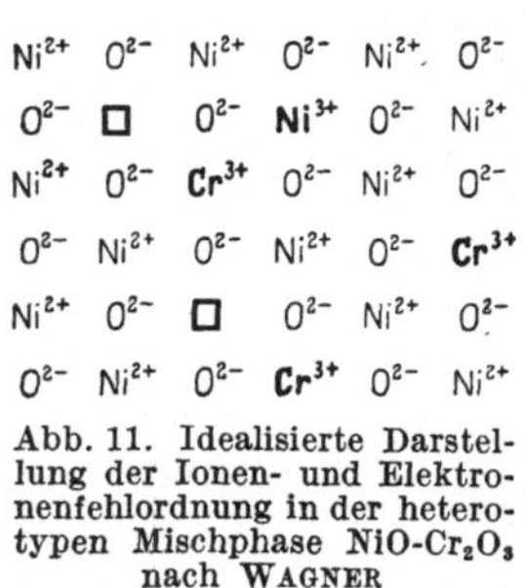

Abb. 10. Idealisierte Darstellung der Ionen- und Elektronenfehlordnung in der heterotypen Mischphase NiO-Li$_2$O

$$\text{Li}_2\text{O} + \tfrac{1}{2}\,\text{O}_2^{(g)} = 2\,\text{Li}\bullet'(\text{Ni}) + 2\oplus + 2\,\text{NiO} \tag{2.22a}$$

und

$$\text{Li}_2\text{O} + \text{Ni}\,\square'' = 2\,\text{Li}\bullet'(\text{Ni}) + \text{NiO}. \tag{2.22b}$$

Durch Einbau höherwertiger Kationen, wie z. B. Cr^{3+}, wird jetzt im Sinne der Einbaugleichungen

$$2\oplus + \text{Cr}_2\text{O}_3 = 2\,\text{Cr}\bullet\cdot(\text{Ni}) + 2\,\text{NiO} + \tfrac{1}{2}\,\text{O}_2^{(g)} \tag{2.23a}$$

und

$$\text{Cr}_2\text{O}_3 = 2\,\text{Cr}\bullet\cdot(\text{Ni}) + \text{Ni}\,\square'' + 3\,\text{NiO} \tag{2.23b}$$

die Defektelektronenkonzentration erniedrigt, während die Konzentration der Ni-Ionenleerstellen erhöht wird (Abb. 11). Das Experiment brachte die Bestätigung. In Übereinstimmung mit Gl. (2.22a) wurde die elektrische Leitfähigkeit des NiO durch Einbau von Li$_2$O stark erhöht (Abb. 12)[1] und durch Einbau von Cr$_2$O$_3$ gemäß Gl. (2.23a) stark erniedrigt (Abb. 13)[2].

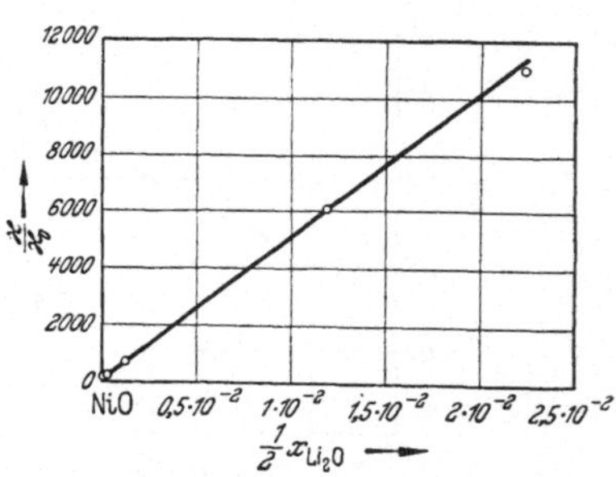

Abb. 11. Idealisierte Darstellung der Ionen- und Elektronenfehlordnung in der heterotypen Mischphase NiO-Cr$_2$O$_3$ nach WAGNER

Abb. 12. Leitfähigkeitszunahme des NiO-Li$_2$O-Mischoxyds mit steigendem Gehalt an Li$_2$O, berechnet aus Versuchsdaten von VERWEY, HAAYMAN und ROMEYN. (Meßtemperaturen etwa 20°C)

In gleicher Weise ist durch Einbau anderswertiger Ionen in weiteren p-leitenden Oxyden und Sulfiden eine Änderung der Konzentration

[1] VERWEY, E. J. W., P. W. HAAYMAN u. F. C. ROMEYN: Chem. Weekblad **44**, 705 (1489).

[2] HAUFFE, K.: Ann. Physik [6], **8**, 201 (1950).

der Ionen- und Elektronenfehlordnung zu erwarten. Folgende Verbindungen konnten mit hoher Wahrscheinlichkeit als Elektronendefektleiter mit Metallionenleerstellen identifiziert werden: Bi_2O_3[1] Cr_2O_3[2], Cu_2O[3,4], CoO[5,6], FeO[5,7], Pr_2O_3[8], MoO_2[9], Tl_2O[9], CuJ[10,11], SnS[12] usw. In allen diesen Kristallen wird durch Einbau höherwertiger Metallionen die Leerstellenkonzentration erhöht und durch Einbau niederwertiger Metallionen als die des Wirtsgitters erniedrigt.

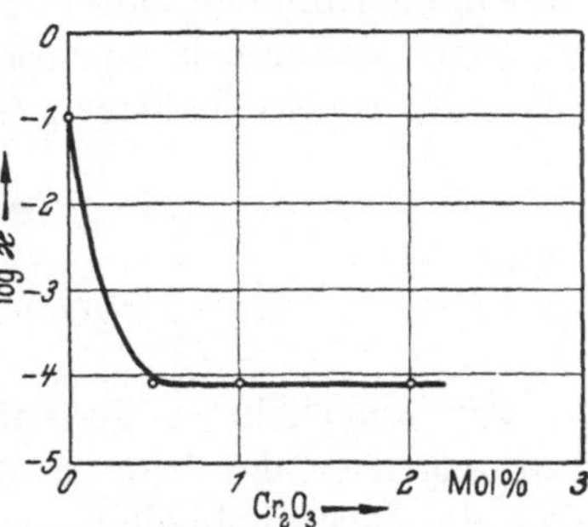

Abb. 13. Leitfähigkeitsverlauf an NiO-Cr_2O_3-Mischoxyden mit steigendem Gehalt an Cr_2O_3 bei 400°C in 1 Atm Luft nach HAUFFE

Erheblich verwickelter ist der Mechanismus der Fehlordnungsbeeinflussung bei Ionenkristallen mit eigenhalbleitenden und amphoteren Fehlordnungserscheinungen wie z. B. beim CuO[13], CaO[14], PbS[15,16]. Alle diese Verbindungen zeigen in einem bestimmten Temperatur- und Nichtmetallpartialdruckbereich eine Elektronen-Eigenfehlordnung:

$$\text{Null} \longleftarrow \ominus + \oplus, \tag{2.24}$$

die durch eine weitgehende Gleichheit der Konzentration an freien Elektronen und Defektelektronen gekennzeichnet ist, während man über die Ionenfehlordnung (im Gegensatz zu den n- und p-leitenden Kristallen) zunächst keine Auskunft erhält. CuO mit seinem wohl größten Eigenhalbleitungsgebiet (von $p_{O_2} = 10^{-3}$ bis > 1 atm) ist aus dieser Gruppe das z. Z. noch am wenigsten aufgeklärte bezüglich der

---

[1] MANSFIELD, R.: Proc. physic. Soc. (B) **62**, 476 (1949).

[2] HAUFFE, K., u. J. BLOCK: Z. physik. Chem. **198**, 232 (1951).

[3] GUNDERMANN, J., K. HAUFFE u. C. WAGNER: Z. physik. Chem. (B) **37**, 148 (1937). — C. WAGNER u. H. HAMMEN: Z. physik. Chem. (B) **40**, 197 (1938).

[4] GREENWOOD, N. N., u. J. S. ANDERSON: Nature (London) **164**, 346 (1949).

[5] WAGNER, C., u. E. KOCH: Z. physik. Chem. (B) **32**, 439 (1936).

[6] CARTER, R. E., u. F. D. RICHARDSON: J. Metals **6**, 1244 (1954).

[7] HAUFFE, K., u. H. PFEIFFER: Z. Metallkunde **44**, 27 (1953).

[8] MARTIN, R. L.: Nature (London) **165**, 202 (1950).

[9] HOCHBERG, B. M., u. M. J. SOMINSKI: Physik. Z. Sowjetunion **13**, 198 (1938).

[10] NAGEL, K., u. C. WAGNER: Z. physik. Chem. (B) **25**, 71 (1934).

[11] MAURER, R. J.: J. chem. Physics **13**, 321 (1945).

[12] ANDERSON, J. S., u. M. C. MORTON: Proc. Roy. Soc. (A) **184**, 82 (1945).

[13] BAUMBACH, H. H. von, H. DÜNWALD u. C. WAGNER: Z. physik. Chem. (B) **22**, 226 (1933). — K. HAUFFE u. H. GRUNEWALD: Z. physik. Chem. **198**, 248 (1951).

[14] HAUFFE, K., u. G. TRÄNCKLER: Z. Physik **136**, 166 (1953).

[15] EISENMANN, L.: Ann. Physik (5) **38**, 121 (1940).

[16] HINTENBERGER, H.: Z. Physik **119**, 1 (1942).

Ionenfehlordnung. Im Gegensatz zu den oben behandelten Fehlordnungstypen kann man hier allein aus der Änderung der elektrischen Leitfähigkeit bei Zusatz anderswertiger Ionen keine Auskunft über die Ionenfehlordnung erhalten. So wird z. B. im CuO der Einbau 3 wertiger Cr-Ionen dadurch kompensiert, daß sowohl freie Elektronen erzeugt, als auch Defektelektronen ($\equiv Cu^{3+}$) vernichtet werden gemäß:

$$Cr_2O_3 = 2Cr\bullet\,{}^{\cdot}(Cu) + 2\ominus + 2CuO + \tfrac{1}{2}O_2^{(g)} \qquad (2.25\,a)$$

bzw.

$$2\oplus + Cr_2O_3 = 2Cr\bullet\,{}^{\cdot}(Cu) + 2CuO + \tfrac{1}{2}O_2^{(g)}. \qquad (2.25\,b)$$

Ein umgekehrter Verlauf der Konzentration der Elektronenfehlordnungen erfolgt beim Einbau von Li_2O. Da man annehmen darf, daß die Beweglichkeiten der freien Elektronen und der Defektelektronen sich nicht größenordnungsmäßig unterscheiden, wird man sowohl bei niederwertigen als auch bei höherwertigen Zusätzen eine Leitfähigkeitserhöhung erwarten dürfen. Das Experiment brachte die Bestätigung (Abb. 14). Um aber Auskunft über die Ionenfehlordnung und den Wanderungsmechanismus der Ionen im CuO zu erhalten, wären Diffusionsversuche mit radioaktiven Cu^{2+}-Ionen und O^{18} durchzuführen.

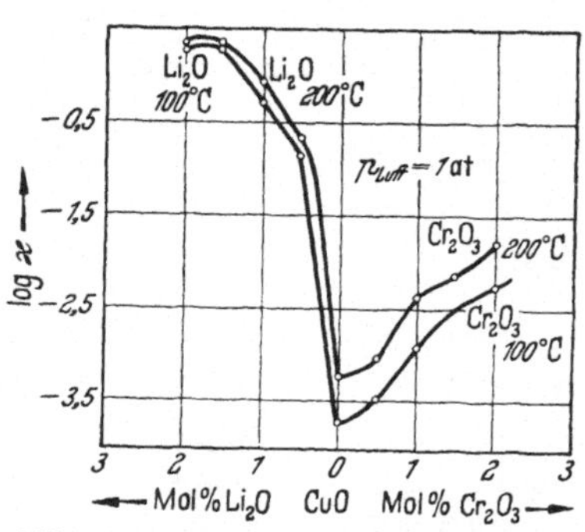

Abb. 14. Verlauf der elektrischen Leitfähigkeit des eigenhalbleitenden CuO mit Zusätzen von Li_2O und Cr_2O_3 bei 100 und 200 °C in Luft nach HAUFFE und GRUNEWALD. (Hier nimmt die Leitfähigkeit sowohl mit nieder- wie höherwertigen Ionen zu)

Im Falle der schon ohne Fremdstoffzusatz sich amphoter verhaltenden Verbindungen, wie z. B. PbS, mit einem nur engen Eigenhalbleitungsbereich kann man in überbleiten PbS-Proben eine Schwefelionen-Leerstellenbildung $S\square^{\cdot\cdot}$ mit freien Elektronen annehmen und in überschwefelten PbS-Proben Pb-Ionenleerstellen mit einer äquivalenten Menge an Defektelektronen[1].

Auf Grund des sowohl in normalen als auch inversen Spinellen mit der allgemeinen Formel $M^{2+}N_2^{3+}O_4^{2-}$ herrschenden speziellen Leitungsmechanismus (Spinell-Eigenhalbleitung)[2] ist z. Z. noch Art und Ausmaß der Ionenfehlordnung weitgehend unbekannt. Zum Verständnis dieses Sachverhalts betrachten wir den Aufbau des Spinellgitters (Abb. 15), wie er aus den Arbeiten von MACHATSCHKI[3], BARTH und

---

[1] WAGNER, C.: J. chem. Physics **18**, 62 (1950).
[2] HAUFFE, K.: Ergebn. exakt. Naturwiss. **25**, 274ff. (1951).
[3] MACHATSCHKI, F.: Z. Kristallogr. **82**, 348 (1932).

POSNJAK[1] sowie VERWEY[2] und KORDES[3] zu entnehmen ist. Hier werden durch die kubisch-flächenzentrierte Packung der Sauerstoffionen zwei Arten von Hohlräumen gebildet. Die eine Art ist von vier Sauerstoffionen (Tetraeder-Hohlräume) und die andere von sechs Sauerstoffionen (Oktaeder-Hohlräume) umgeben. Hierbei sind die oktaedrischen Hohlräume etwas größer als die tetraedrischen. Betrachtet man eine Elementarzelle mit 32 Sauerstoffionen, so findet man zwischen den Sauerstoffionen 32 Hohlräume, die oktaedrisch von O^{2-}-Ionen begrenzt sind, und 64 Hohlräume, die tetraedrisch von O^{2-}-Ionen umgeben sind. Von diesen Hohlräumen sind bei einem *normalen* Spinell 8 Tetraederplätze durch 2wertige Metallionen und 16 Oktaederplätze durch 3wertige Metallionen besetzt.

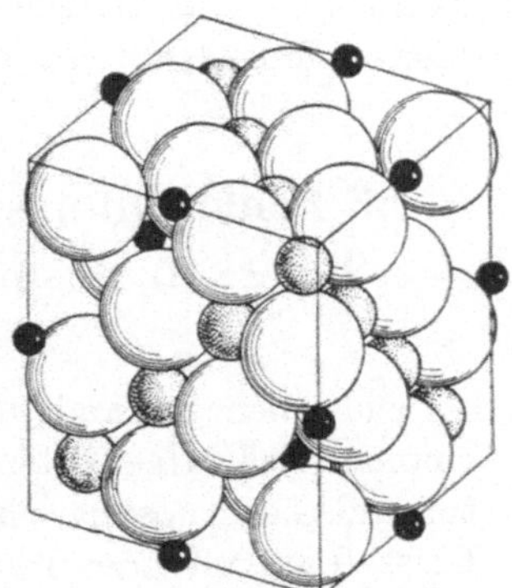

Abb. 15. Spinellgitter nach MACHATSCHKI, BARTH und POSNJAK. Die großen weißen Kugeln stellen die O^{2-}-Ionen dar. Während die punktierten Kugeln Metallionen auf Oktaederplätzen kennzeichnen, sind die kleinen schwarzen Kugeln Metallionen auf Tetraederplätzen

Bei den für den Aufbau von Zunderschichten wichtigen Spinellen des Typus MN_2O_4 sind häufig folgende Besetzungskombinationen realisiert:

$$M^{2+}N_2^{3+}O_4^{2-} \qquad 2\text{—}3\text{-Spinell} \Big\} \text{ normal}$$
$$M^{4+}N_2^{2+}O_4^{2-} \qquad 4\text{—}2\text{-Spinell}$$
$$N^{3+}(M^{2+}N^{3+})O_4^{2-} \qquad \text{inverser Spinell (z. B. } Fe_3O_4)$$

Es versteht sich von selbst, daß es zwischen den normalen und den von BARTH und POSNJAK diskutierten inversen Spinellen, die nur zur Hälfte die 3wertigen Metallionen auf Oktaederplätzen haben, was die enorm hohe Leitfähigkeit dieser Spinelle bedingt, eine kontinuierliche Reihe von Mischfällen geben kann.

Es ist z. Z. schwer zu übersehen, auf welche Weise eine Nichtstöchiometrie im Spinellgitter zu erreichen ist und ob die durch Fremdionen-Einbau oder Gasbehandlung im Tetraeder- bzw. Oktaeder-Teilgitter möglicherweise verursachten Leerstellen andere energetische und kinetische Eigenschaften bezüglich der Ionendiffusion durch das Gitter aufweisen als die bereits vorhandenen. Ist dies nicht der Fall, so wird man kaum eine Erhöhung oder Erniedrigung der Diffusions-

---

[1] BARTH, T. F. W., u. E. POSNJAK: Z. Kristallogr. **82**, 325 (1932).

[2] VERWEY, E. J. W., u. J. H. DE BOER: Recueil Trav. chim. Pays-Bas **55**, 531 (1936). — E. J. W. VERWEY u. E. L. HEILMANN: J. chem. Physics **15**, 174 (1947). — E. J. W. VERWEY, F. DE BOER u. J. H. VAN SANTEN: J. chem. Physics **16**, 1091 (1948); **18**, 1052 (1950).

[3] KORDES, E.: Z. Kristallogr. **92**, 139 (1935).

geschwindigkeit erreichen können, da die durch Fremdioneneinbau erzeugten oder vernichteten leeren Plätze ($\equiv$ Leerstellen) an Zahl gegenüber den von Hause aus bereits im Spinell vorhandenen unbesetzten Tetraeder- und Oktaederplätzen so gering sind, daß sie prozentual nicht nennenswert ins Gewicht fallen.

2.3 Fehlordnungserscheinungen in oberflächennahen Bezirken in nicht-stöchiometrisch aufgebauten Ionenkristallen

Die oben behandelten Fehlordnungserscheinungen in nicht-stöchiometrisch aufgebauten Ionenkristallen in Abhängigkeit von Temperatur und Gasatmosphäre haben zur Voraussetzung, daß die im gesamten Kristall auftretenden Ionen- und Elektronenfehlordnungsstellen homogen verteilt sind und sich mit der umgebenden Gasatmosphäre im thermodynamischen Gleichgewicht befinden. Diese Gleichgewichtseinstellung kann durch Wahl einer genügend hohen Versuchstemperatur häufig erreicht werden, wobei die zur Verwirklichung dieser Bedingung erforderliche Temperatur im wesentlichen nur von den Platzwechselgeschwindigkeiten der Ionen- und Elektronenfehlordnungsstellen im Kristall abhängen wird. Bei genügend hoher Platzwechselgeschwindigkeit der Ionenfehlordnungsstellen wird z. B. die Einwirkung von Sauerstoff auf Oxyde in der Weise stattfinden, daß stets eine gleich große äquivalente Zahl von Ionen- und Elektronenfehlordnungsstellen im Kristall homogen auftritt und hierdurch die Elektroneutralität im gesamten Kristall aufrechterhält.

Komplizierte Erscheinungen treten jedoch dann auf, wenn die Temperatur so weit erniedrigt wird, daß nunmehr die für die Gleichgewichtseinstellung der Ionenfehlordnungsstellen im gesamten Kristall in endlichen Zeiten erforderliche Platzwechselgeschwindigkeit zu klein geworden ist. Unter solchen Bedingungen kommt es infolge bevorzugter Chemisorption des Sauerstoffs an der Oxydoberfläche nur zu einer überwiegenden Veränderung der Elektronenfehlordnungsstellen-Konzentration. Eine gleichzeitige Änderung der Konzentration der Ionenfehlordnungsstellen wird mit fallender Temperatur immer unbedeutender. Eine alleinige Chemisorption des Sauerstoffs bewirkt im Gegensatz zum Gittereinbau nur eine Elektronenverschiebung bzw. speziell einen Übergang von freien Elektronen bzw. von Gitterelektronen aus dem Oxyd zum chemisorbierenden Sauerstoff. Durch den Ab- oder Zufluß von Elektronen vom oder zum Halbleiter (Oxyd) hin ohne eine gleichzeitig einsetzende nennenswerte Ionendiffusion, deren Richtung durch das Ladungsvorzeichen des wanderungsfähigen Ions gegeben ist, muß es zu einer Aufladung zwischen dem Halbleiterinnern und seiner Oberfläche kommen. Dieser Aufladungseffekt, der mit dem Auftreten einer bestimmten elektrischen Feldstärke verknüpft ist, schränkt den Abfluß- bzw. Zuflußbereich von Elektronen im Halbleiter ein. Mit anderen Worten: während des Fortschreitens der Chemisorption wird der Austausch von Elektronen energetisch immer ungünstiger und hört bei einer gewissen Schichttiefe praktisch auf, die je nach Temperaturbedingungen und Gasdruck zwischen 100 und einigen 1000 Å liegen kann. Die überschüssigen Ladungen werden dabei jeweils in der als flächenhafte Phase zu betrachtenden Chemisorptionsschicht („σ-Phase") einerseits und als Raumladung in einem oberflächennahen Bereich des Halbleiters, der „Raumladungs-Randschicht", andererseits lokalisiert sein[1]. Damit rücken die Erscheinungen an der Grenzfläche Oxyd/Chemisorptionsschicht ganz in die Nähe der Phänomene, die an der Phasengrenze Metall/Halbleiter auftreten und sich dort in der Ausbildung von Sperrschichten bemerkbar machen, die im Kristallgleichrichter ihre technische Anwendung finden. Zur quantitativen Behandlung dieser Erscheinungen hat es sich daher als nützlich erwiesen, gewisse Gesichtspunkte aus der Kristallgleichrichtertheorie — vor allem in der Darstellung von SCHOTTKY und SPENKE[2] — zu verwenden.

Der Fall einer reinen Chemisorption mit einer alleinigen Änderung der Elektronenfehlordnung in der Raumladungs-Randschicht ist jedoch bei den Temperaturen, wo noch Oxydation auftritt, kaum aufrechtzuerhalten. Vielmehr kommt es bei diesen Temperaturen zu einem vollständigen Gleichgewicht an der Phasengrenze Oxyd/Gas. Wie HAUFFE und ILSCHNER[3] zeigen konnten, muß auch eine Änderung der Ionenfehlordnungskonzentration in der Randschicht auftreten, da das Auftreten von Raumladungs-Randschichten nicht nur an die geringe Beweglichkeit der Ionenfehlordnungsstellen gebunden ist, sondern vielmehr eine Folge der unabhängigen Gleichgewichtseinstellung von Ionen und Elektronen mit der Nachbarphase ist, die bei Vorhandensein einer Elektronenaffinität zu Konzentrationsunterschieden der ionischen und elektronischen Störstellen in der Randschicht des Kristalls führt. Unter diesen Bedingungen erhält man für die elektrostatische

---

[1] HAUFFE, K., u. H. J. ENGELL: Z. Elektrochem. Ber. Bunsenges. physik. Chem. **56**, 366 (1952). — H. J. ENGELL u. K. HAUFFE: Z. Elektrochem. Ber. Bunsenges. physik. Chem. **57**, 762 (1953). — P. B. WEISZ: J. chem. Physics **21**, 1531 (1953).

[2] SCHOTTKY, W.: Naturwiss. **26**, 843 (1938); Z. Physik **113**, 367 (1939); **118**, 539 (1942). — W. SCHOTTKY u. E. SPENKE: Wiss. Veröff. Siemens-Werken **18**, 25 (1939). — E. SPENKE: Z. Physik **126**, 67 (1947).

[3] HAUFFE, K., u. B. ILSCHNER: Z. Elektrochem. Ber. Bunsenges. physik. Chem. **58**, 467 (1954).

Potentialdifferenz zwischen der quasi-neutralen Innenphase und der Phasengrenzfläche, z. B. für NiO:

$$V_D = V^{(\mathrm{R})} - V^{(\mathrm{H})} = \frac{kT}{(z+1)\,e} \ln \frac{z\,n_{\square}^{(\mathrm{R})}}{n_{\oplus}^{(\mathrm{R})}}\,. \qquad (2.26)$$

Der Konzentrationsverlauf und die energetischen Verhältnisse der durch diese Gleichung beschriebenen Randschicht sind schematisch in Abb. 16 dargestellt.

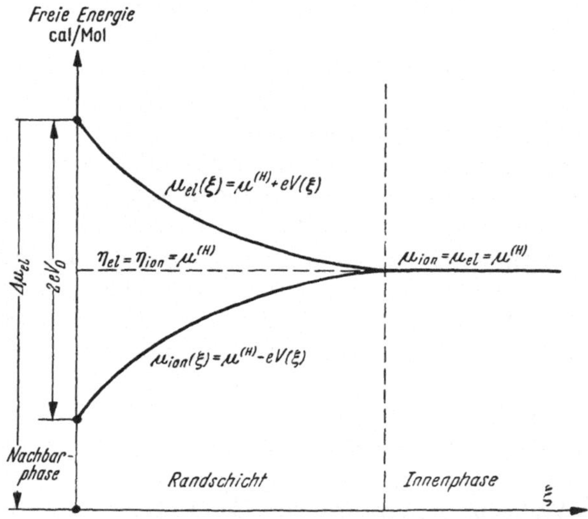

Abb. 16. Der Verlauf der chemischen und elektrochemischen Potentiale der Ionen- und Elektronenfehlordnungsstellen in einer Gleichgewichtsrandschicht nach HAUFFE und ILSCHNER

Es ist evident, daß in diesen Raumladungs-Randschichten die sich aufrichtenden elektrischen Felder einen Ionentransport bewirken, der bei alleinigem Wirken eines chemischen Potentialgradienten praktisch unbeobachtbar bliebe. Die Ergebnisse dieser Überlegungen sind für die Tieftemperaturoxydation und auch für die Bildung von Passivschichten von grundlegender Bedeutung und sollen daher später ausführlicher diskutiert werden.

2.4 Fehlordnungserscheinungen und Diffusionsmechanismen in Metallen

Das Gitter der Metalle und Legierungen ist besonders bei höheren Temperaturen ähnlich dem der Ionenkristalle „gestört". Entsprechend den räumlich energetischen Verhältnissen kommt es entweder zu einer bevorzugten Bildung von Leerstellen oder von Metallatomen auf

Zwischengitterplätzen. Als weitere Möglichkeit ist das Auftreten einer annähernd gleich großen Zahl von Leerstellen und Zwischengitterplätzen (Quasi-FRENKEL-Fehlordnung in Metallen) möglich. Durch diese Fehlordnungsstellen wird die Diffusion der Metallatome bei Vorliegen eines oder mehrerer chemischer Potentialgradienten maßgeblich beeinflußt. Experimentell läßt sich ein chemischer Potentialgradient entweder dadurch einstellen, daß man zwei Legierungen mit gleichem Basismetall und verschiedenem Fremdmetallgehalt in Kontakt bringt oder, daß man an einer Legierung aus einer „edlen" und „unedlen" Komponente eine chemische Reaktion — z. B. eine Oxydation — ablaufen läßt, wobei praktisch nur die unedlere Komponente reagiert. Während der letzte Fall für die späteren Betrachtungen zum Oxydationsmechanismus von Metallegierungen von großer Bedeutung ist, wird die erste Methode für die Ermittlung von Diffusionskoeffizienten angewandt.

Auf Grund der Tatsache des Auftretens solcher Fehlordnungsstellen in Metallen ist in Parallele zu den Diffusionsuntersuchungen in Ionenkristallen die Unterteilung der Metalldiffusion in eine Leerstellen- und Zwischengitterplatzdiffusion naheliegend. Auf Grund der besonderen Verhältnisse in Metallen (Fehlordnung und Diffusion von Atomen) ist jedoch hier noch zusätzlich mit der Möglichkeit eines unmittelbaren Austauschs zweier benachbarter Atome zu rechnen, ohne daß hierbei eine Fehlstelle als „Vermittler" notwendig ist. Dieser Mechanismus, den wir als Platzwechselmechanismus in Metallen bezeichnen, wurde zuerst von BERNAL[1] diskutiert und von HUNTINGTON und SEITZ[2] an dem speziellen Fall der Kupferselbstdiffusion geprüft. Die hieraus berechnete Aktivierungsenthalpie ΔH war allerdings viermal größer als

die experimentell erhaltene, was nicht für den BERNAL-Mechanismus spricht. ZENER[3] konnte an Hand ähnlicher Rechnungen nachweisen, daß ein gleichzeitiger Austausch von vier benachbarten Atomen im Kreis, wie dies in Abb. 17 dargestellt ist, energetisch günstiger ist. Man bezeichnet diesen Mechanismus als „Ringdiffusion". Die eben genannten

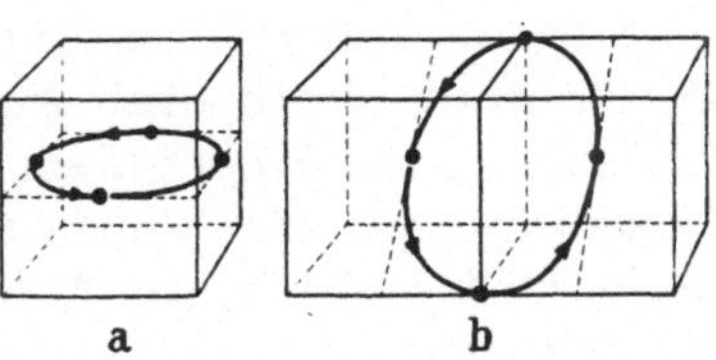

Abb. 17. Ring-Diffusion nach ZENER. Hier führen vier Atome in einem Elementarakt einen Platzwechsel durch. (a in einem kubisch-flächenzentrierten und b in einem kubisch-raumzentrierten Gitter)

Mechanismen fordern aber in einem aus binären Legierungen bestehenden Diffusionssystem einen gleichen Diffusionskoeffizienten der beiden

---

[1] BERNAL, J. D.: Trans. Faraday Soc. **34**, 837 (1938).
[2] HUNTINGTON, H. B., u. F. SEITZ: Physic. Rev. **61**, 315 (1942). — H. B. HUNTINGTON: Physic. Rev. **61**, 325 (1942). — F. SEITZ: Physic. Rev. **74**, 1513 (1948).
[3] ZENER, C.: Acta Cryst. **3**, 346 (1950).

Metalle, eine Forderung, die häufig nicht erfüllt ist. Ganz im Gegenteil lassen die meisten Diffusionsexperimente auf einen verschiedenen Diffusionskoeffizienten der Atome des Basis- und Legierungsmetalls schließen.

Dieser experimentelle Befund, der an Ionenkristallen praktisch nur beobachtet wird, ist keineswegs eine Ausnahme, sondern wird sogar erwartet, wenn man eine Diffusion der Metallatome über Fehlordnungsstellen für diskutabel hält. Durch die Tatsache des Auftretens verschiedener Diffusionskoeffizienten kann es zu einem unterschiedlichen Massefluß in beiden Richtungen kommen, so daß wir auf der einen Seite des Diffusionssystems eine Zunahme und auf der anderen Seite desselben eine Abnahme beobachten. In der Tat konnte KIRKENDALL[1] als erster diesen Effekt sicherstellen. Abb. 18 stellt die klassische Versuchsanordnung zur Ermittlung dieser Erscheinung dar. Ein aus 70—30-Messing bestehender Block wurde mit dünnen Mo-Drähten als „Marken" umgeben und anschließend mit Kupfer plattiert. Auf Grund der größeren Diffusionsgeschwindigkeit des Zinks wird während der Glühperiode mehr Zink in die Cu-Plattierungsschicht abdiffundieren, als Kupfer in den Messingblock hineindiffundiert. Hierdurch kommt es zu einem Massefluß nach außen und zu einer Verschiebung der Marken in Richtung auf den Messingblock. Diese Erscheinung bezeichnet man als KIRKENDALL-Effekt. Er wurde in der folgenden Zeit am Kupfer-α-Messingsystem für verschiedene Zusammensetzungen und Temperaturen von CORREA DA SILVA und MEHL[2], von BÜCKLE und BLIN[3] und BARNES[4] bestätigt. Ferner wurde durch diese Autoren und SEITH und Mitarbeitern die Erscheinung des KIRKENDALL-Effektes an den folgenden Metall- und Legierungssystemen beobachtet: Cu/Ni[2,4,5,6], Cu/Au[2], Ag/Au[2,5,6], Ag/Pd[5,6], Ni/Co[5,6], Ni/Au[5,6], Fe/Ni[6] und im α-Gebiet von Sn/Cu[2] und Al/Cu[2,3].

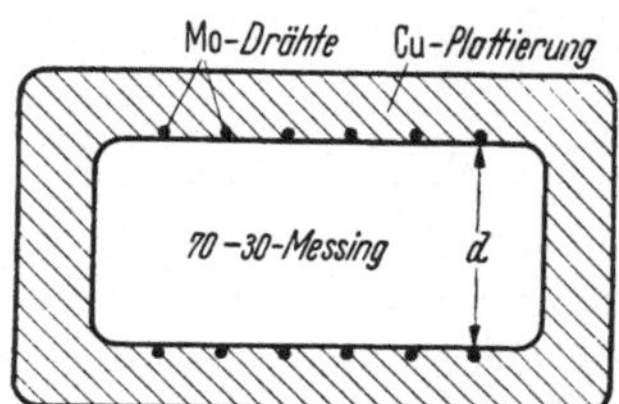

Abb. 18. Versuchsanordnung zum Nachweis der Wanderung der Grenzfläche zwischen α-Messing (70—30) und Kupfer nach SMIGELSKAS und KIRKENDALL. Nach dem Diffusionsversuch ist der Abstand d geringer geworden

Wie insbesondere von SEITH und KOTTMANN[6] nachgewiesen werden konnte, wird der ideale KIRKENDALL-Effekt — z. B. am System Ni/Cu (Abb. 19) — durch das Auftreten von Poren in der Nähe der Phasen-

---

[1] SMIGELSKAS, A. D., u. E. O. KIRKENDALL: Trans. AIME **171**, 130 (1947).

[2] CORREA DA SILVA, L. C., u. R. F. MEHL: Trans. AIME **191**, 155 (1951).

[3] BÜCKLE, H., u. H. BLIN: J. Inst. Metals **80**, 385 (1951/52).

[4] BARNES, R. S.: Proc. Physic. Soc. (B) **65**, 512 (1952).

[5] SEITH, W., u. A. KOTTMANN: Naturwiss. **39**, 40 (1952). — W. SEITH u. R. LUDWIG: Z. Metallkunde **45**, 401 (1954).

[6] SEITH, W., u. A. KOTTMANN: Angew. Chem. **64**, 376 (1952).

grenze im Kupfer und durch das Auftreten einer „Wulst" im Nickel häufig weitgehend gestört. Setzen wir also für die Diffusion versuchsweise einen Leerstellenmechanismus voraus, so hat die Verschiedenheit der Diffusionsströme eine weitere Erscheinung im Gefolge. In dem Maße, wie z. B. aus der Cu-Seite des Systems mehr Atome in die Ni-Nachbarseite diffundieren als von dort in die Cu-Seite hineindiffundieren, tritt in Cu ein Unterschuß, in Ni ein Überschuß an Atomen auf. Fassen wir die Leerstellen □ als Komponente einer ternären Legierung Cu/Ni/□ auf, so ist dies gleichbedeutend mit einem Leerstellenstrom über die Markierungsebene in Richtung des schwächeren Materiestromes. Man kann sagen: Die Summe der Materie- und Leerstellenströme ist in jeder Richtung gleich. Ursprünglich vertrat man als einzige Möglichkeit die Ansicht[1], daß durch die Bewegung von Ver-

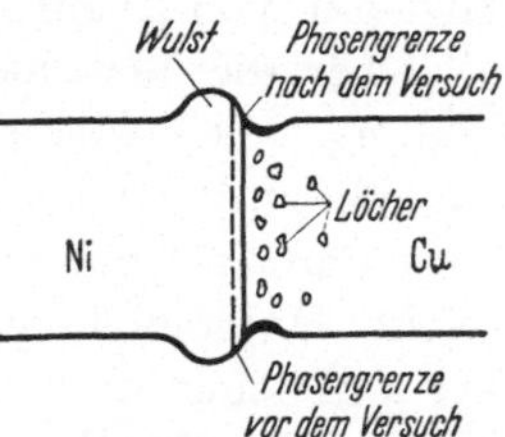

Abb. 19. Schematische Darstellung des KIRKENDALL-Effektes mit auftretender „Loch- und Wulstbildung" in der Nähe der Phasengrenze am System Ni/Cu nach SEITH und KOTTMANN

setzungslinien im Gitter neue Netzebenen hinreichend rasch an- oder abgebaut werden könnten, um die Leerstellenkonzentration stets im Gleichgewicht zu halten. Über Rekristallisationsvorgänge in diesen „gestörten" Diffusionszonen berichten BALLUFFI und ALEXANDER[2].

SEITH und WEVER[3] konnten einen KIRKENDALL-Effekt auch durch Elektrolyse von β-Cu-Al-Legierungen hervorrufen. Das Ergebnis läßt auf eine Wanderung beider Metalle in Richtung zur Anode schließen, wobei allerdings das Aluminium langsamer wandert und sich dadurch auf der Kathodenseite anreichert. Die relativen Überführungszahlen werden berechnet und mit den erhaltenen partiellen Diffusionskoeffizienten verglichen. In Fortsetzung zu früheren Arbeiten[4] wurde von SEITH und LUDWIG[5] der Mechanismus der Spaltbildung am Diffusionspaar Ni-Cu untersucht. Neben der üblichen Wulst auf der Nickelseite und der Einschnürung auf der Kupferseite wurde in der Nähe der Schweißstelle auf der Kupferseite Spaltbildung beobachtet (Abb. 19). Der Anteil der Fläche der Spalte am Gesamtquerschnitt der Ronde betrug etwa 80%. Die im Innern auftretenden zusätzlichen Poren haben Oktaedergestalt, wie sie BARNES[6] bereits früher beschrieben

[1] SEITZ, F.: Acta Cryst. **3**, 355 (1950).

[2] BALLUFFI, R. W.: J. appl. Physics **23**, 1407 (1952). — R. W. BALLUFFI u. B. H. ALEXANDER: J. appl. Physics **23**, 1237 (1952).

[3] SEITH, W., u. H. WEVER: Z. Elektrochem. Ber. Bunsenges. phys. Chem. **57**, 891 (1953).

[4] SEITH, W., u. A. KOTTMANN: Angew. Chem. **64**, 376 (1952).

[5] SEITH, W., u. R. LUDWIG: Z. Metallkunde **45**, 401 (1954).

[6] BARNES, R. S.: Nature **166**, 1032 (1950).

hat. Die von SEITH und KOTTMANN[1] in ihren ersten Versuchen beobachtete zweite Lochreihe auf der Nickelseite konnte in den neuen Versuchen von SEITH nicht reproduziert werden. Die durch die kupferseitig auftretende große Spaltbildung verursachte „Diffusionssperre" wird aber weitgehend durch Korngrenzen- und Oberflächendiffusion — begleitet von Transportvorgängen über die Gasphase — aufgehoben.

Über die Verschiebung der MATANO-Ebene und über die Porenbildung aus Leerstellen berichten ebenfalls BALLUFFI und SEIGLE[2]. An den untersuchten Metallpaaren Cu-α-Messing, Cu-Ni und Ag-Au wird Porosität nur am letzten System beobachtet. Weitere aufschlußreiche Untersuchungen über die Verschiebung der MATANO-Ebene bei α-Messing und die Abhängigkeit der partiellen Diffusionskoeffizienten von der Zusammensetzung liegen von HORNE und MEHL[3] vor. Zur Berechnung der partiellen Diffusionskoeffizienten D_{Zn} und D_{Cu} wurden die folgenden Gleichungen verwandt:

$$D = x_{Zn} D_{Cu} + x_{Cu} D_{Zn}$$

und

$$\frac{\xi_M}{2t} = (D_{Zn} - D_{Cu})\left(\frac{d\,x_{Zn}}{d\,\xi}\right)_M.$$

Hier bedeutet ξ_M die „Marken"-Koordinate und $(d\,x_{Zn}/d\,\xi)_M$ die Tangente an die Zn-Konzentrationskurve am Ort der Marke. In Tab. 1 sind einige Werte aus der Zusammenstellung von HORNE und MEHL niedergeschrieben.

Ein orientierender Situationsbericht über die neuesten Fortschritte auf dem Gebiet der Metalldiffusion wurde kürzlich von BIRCHENALL[4] gegeben. Da die Metalldiffusion für die Aufklärung des Oxydationsmechanismus an zahlreichen Metallegierungen an Bedeutung immer mehr gewinnt, ist im folgenden eine kurze Darstellung der Leerstellen- und Zwischengitterplatz-Diffusion angeschlossen. Ausführliche Darstellungen über die Diffusionsmechanismen und die rechnerische Auswertung wurden insbesondere von JOST[5], HAUFFE[6] und SEITH[7] gegeben. In einem späteren Kapitel wollen wir nur die wichtigsten experi-

---

[1] Siehe Fußnote 4, S. 29.

[2] BALLUFFI, R. W., u. L. L. SEIGLE: Naturwiss. **40**, 524 (1953) — J. appl. Physics **25**, 607, 1380 (1954). — R. W. BALLUFFI: Acta Metallurgica **2**, 194 (1954).

[3] HORNE, G. T., u. R. F. MEHL: J. Metals **7**, 88 (1955).

[4] BIRCHENALL, C. E.: Ind. Eng. Chem. **47**, 604 (1955).

[5] JOST, W.: Diffusion in Solids, Liquids and Gases. New York 1952. — Platzwechsel in Kristallen, in Halbleiterprobleme **2**, S. 145, herausgeg. von W. SCHOTTKY, Braunschweig 1955.

[6] HAUFFE, K.: Reaktionen in und an festen Stoffen, S. 259f. Berlin/Göttingen/Heidelberg: Springer 1955.

[7] SEITH, W.: Diffusion in Metallen, 2. Aufl. Berlin/Göttingen/Heidelberg: Springer 1955.

mentellen Daten in Tabellen zusammenstellen, so daß sie dem Leser für evtl. spätere Berechnungen des Oxydationsverlaufs an Metalllegierungen mit metalldiffusionsgesteuerten Oxydationsvorgängen nach der WAGNERschen Theorie[1] zur Verfügung stehen.

Tabelle 1. *Zusammenstellung einiger integraler und partieller Diffusionskoeffizienten in α-Messing verschiedener Zusammensetzung bei 855° C nach* HORNE *und* MEHL

Atom-% Zn	$D \cdot 10^9$ cm² sec⁻¹	$D_{Zn} \cdot 10^9$ cm² sec⁻¹	$D_{Cu} \cdot 10^9$ cm² sec⁻¹	$(D_{Zn} - D_{Cu}) \cdot 10^9$ cm² sec⁻¹
5,2	1,15	1,20	0,203	0,965
15,2	3,70	4,225	0,770	3,45
12,0	2,35	2,60	0,490	2,11
20,5	7,80	9,30	2,00	7,30
22,5	10,3	12,3	3,50	8,78
25,3	16,0	19,1	6,90	12,2

2.4.1 Leerstellendiffusion in Metallen und Legierungen

Das Auftreten des KIRKENDALL-Effektes bestätigt die Existenz einer Diffusion sowohl über Leerstellen als auch über Zwischengitterplätze. Wenn auch für die Diffusion in kubisch-flächenzentrierten Gittern heute allgemein ein überwiegender Leerstellenmechanismus angenommen wird[2], so ist jedoch in Kristallen mit anderen Gitterstrukturen der Zwischengitterplatz-Mechanismus ebenfalls diskutabel. Aus diesem Grunde sollen im folgenden beide Mechanismen kurz behandelt werden.

Unter Verwendung der energetischen Berechnungen von HUNTINGTON und SEITZ[3] kann man aus der Temperaturabhängigkeit der Selbstdiffusion in Kupfer, aus der sich eine Aktivierungsenergie von 48000 cal/g-Atom bzw. 2,1 eV errechnen läßt, auf eine überwiegende Leerstellendiffusion schließen[4]. Ferner wird die von NIX und JAUMOT[5] beobachtete Zunahme des Diffusionskoeffizienten von Kobalt in Co-Al-Legierungen mit steigenden Gehalten an Aluminium oberhalb 50 Atom-% Al unter Annahme einer zunehmenden Leerstellenkonzentration verständlich. Bemerkenswert sind die Untersuchungen von BRINKMAN[6] über die Abhängigkeit des Diffusionsmechanismus in Cu₃Au und Cu von der Temperatur. Bei höheren Temperaturen (>200) scheint in beiden Stoffen bevorzugt der Leerstellenmechanismus zu herrschen, während im Tieftemperaturgebiet (-30 bis $100°$ C) der Zwischengitterplatz-Mechanismus offenbar bevorzugt ist.

Einer Darstellung BARDEENs[7] folgend, der unter weitgehender Verwendung der Ansätze von DARKEN[8] und SEITZ[9] die Leerstellendiffusion behandelt, ergeben sich für die Geschwindigkeit, mit welcher die A-Atome durch 1 cm² der Phasen-

[1] WAGNER, C.: J. electrochem. Soc. **99**, 369 (1952).

[2] LE CLAIRE, A. D.: Progr. Metal Physics **4**, 265ff. (1953).

[3] HUNTINGTON, H. B., u. F. SEITZ: Physic. Rev. **61**, 315 (1942).

[4] MAIER, M. S., u. H. R. NELSON: Trans. AIME **147**, 39 (1942).

[5] NIX, F. C., u. F. E. JAUMOT jr.: Physic. Rev. **83**, 1275 (1951).

[6] BRINKMAN, J. A., C. E. DIXON u. J. C. MEECHAN: Acta Metallurgica **2**, 38 (1954).

[7] BARDEEN, J.: Physic. Rev. **76**, 1403 (1949).

[8] DARKEN, L. S.: Metals Technology, Techn. Publ. Nr. 2311 (1948).

[9] SEITZ, F.: Physic. Rev. **74**, 1513 (1948). — Fundamental Aspects of Diffusion in Solids, in Phase Transformation in Solids, S. 77. New York 1951.

grenze in Richtung $1 \to 2$ bzw. umgekehrt wandern, die folgenden Ausdrücke:

$$\left(\frac{d n_A}{d t}\right)_{1 \to 2} = k_A \, a \, n_A \, n_\square \qquad (2.27\,\text{a})$$

$$\left(\frac{d n_A}{d t}\right)_{2 \to 1} = k_A \, a \, n_\square \left(n_A + a \, \frac{\partial n_A}{\partial \xi}\right), \qquad (2.27\,\text{b})$$

wo n_A und $n_\square$ die Konzentration der A-Atome und Leerstellen, a den Abstand zweier kristallographischer Ebenen 1 und 2 und ξ die Ortskoordinate bedeuten. Für die Summe des Transports der A-Atome ergibt sich hieraus:

$$\frac{d n_A}{d t} = - \, k_A \, a^2 \, n_\square \, \frac{\partial n_A}{\partial \xi} \qquad (2.28)$$

mit dem Diffusionskoeffizienten der A-Atome

$$D_A = k_A \, a^2 n_\square \, . \qquad (2.29)$$

Bei Betrachtung der „chemischen Diffusion" muß man auch mit einem Konzentrationsgradienten der Leerstellen $\partial n_\square / \partial \xi$ rechnen. Hierdurch nimmt Gl. (2.27a) bzw. (2.27b) die folgende Form an:

bzw.

$$\left(\frac{d n_A}{d t}\right)_{1 \to 2} = k_V \, a \, n_A \left(n_\square + a \, \frac{\partial n_\square}{\partial \xi}\right) \qquad (2.30\,\text{a})$$

$$\left(\frac{d n_A}{d t}\right)_{2 \to 1} = k_R \, a \, n_\square \left(n_A + a \, \frac{\partial n_A}{\partial \xi}\right). \qquad (2.30\,\text{b})$$

Hierbei sind k_V und k_R proportional der Sprunghäufigkeit in beiden Richtungen der ξ-Achse. Im allgemeinen wird k_V von k_R und k_A verschieden sein, da das thermodynamische Potential der Atome in den einzelnen Ebenen verschieden ist, wodurch letzten Endes die Asymmetrie der Potentialbarriere auftritt.

Unter Annahme eines Legierungssystems mit idealem Verhalten wird aber $k_A = k_V = k_R$, wodurch sich für die Summe des Transports der A-Atome ergibt:

bzw.

$$\frac{d n_A}{d t} = k_A \, a^2 \, n_A \, n_\square \, \frac{\partial}{\partial \xi} \left\{\log n_\square - \log n_A - \frac{1}{k T}\left(\mu_A^0 - \mu_\square^0\right)\right\} \qquad (2.31)$$

$$\frac{d n_A}{d t} = - \, D_A \, n_A \, \partial \, (\mu_A - \mu_\square)/\partial \xi \qquad (2.32)$$

mit

$$D_A = k_A \, a^2 \, n_\square / k T \, . \qquad (2.33)$$

μ bedeutet das chemische Potential [Hierdurch ist auch das $k T$ in Gl. (2.33) hinzugekommen].

2.4.2 Zwischengitterplatz-Diffusion in Metallen

In den Einlagerungsmischkristallen (wie z. B. C in γ-Fe und Ta) werden wir stets mit einer überwiegenden Zwischengitterplatz-Diffusion zu rechnen haben. Gerade dieser Mechanismus wurde experimentell und theoretisch besonders eingehend von WERT und ZENER[1] untersucht. Bemerkenswert ist die theoretische Deutung der wichtigen Größe D_0 in der allgemeinen Diffusionsformel

$$D = D_0 \exp \left(- \Delta U / R T\right). \qquad (2.34)$$

---

[1] WERT, C. A., u. C. ZENER: Physic. Rev. **76**, 1169 (1949). — C. A. WERT: Physic. Rev. **79**, 601 (1950) — J. appl. Physics **21**, 1196 (1950).

Der theoretischen Behandlung liegt die Transition-State-Methode von WIGNER und EYRING[1] zugrunde. Zusammenfassende Darstellungen wurden kürzlich u. a. von SEITZ[2], JOST[3] und HAUFFE[4] gegeben, auf die hier verwiesen wird.

Als Ergebnis dieser theoretischen Betrachtung ergibt sich für D_0 die folgende Beziehung:

$$D_0 = n \, \alpha \, a^2 \, v \exp \left(\Delta S / R \right), \qquad (2.34\,\text{a})$$

wo die Resonanzfrequenz $v = (H/2md)^{\frac{1}{2}}$ sich aus der Aktivierungsenthalpie H, der Masse m des diffundierenden Teilchens und dem Abstand d zwischen zwei benachbarten Zwischengitterplätzen berechnen läßt. Der zugehörige Wert der Entropie $\Delta S \approx - H(d \ln \mu / dT)$ läßt sich aus der Temperaturabhängigkeit des Schermoduls μ ermitteln (für kubisch-raumzentrierte Kristalle: $\alpha = {}^1/_{24}$ und $n = 4$, für kubisch-flächenzentrierte Kristalle: $\alpha = {}^1/_{12}$ und $n = 12$). Es ist das Verdienst von SNOEK[5] und ZENER[6] gezeigt zu haben, daß die von ihnen beobachteten Relaxationsphänomene in metallischen Substitutionsmischkristallen in unmittelbarem Zusammenhang mit der Diffusion der eingebauten Fremdatome stehen. Bei mechanischer Beanspruchung, wie Druck und Zug, sind die verschiedenen Zwischengitterplätze nicht mehr energetisch äquivalent. Durch eine mechanische Beanspruchung, wie sie z. B. mit einer periodischen Druck-Zug-Verformung oder Torsion verbunden ist, springen z. B. die im Metall gelösten C-Atome bzw. N-Atome von Zwischengitterplätzen höherer Energielage zu solchen niederer Energielage. Es leuchtet ein, daß infolge dieser atomaren Vorgänge eine derartige periodische Verformung besonders stark gedämpft wird, wenn die Frequenz der Welle mit der Sprungfrequenz der platzwechselnden Atome im Gitter in Resonanz steht. Auf Grund dieses Zusammenhanges ist es möglich, die Sprungfrequenz v der Atome aus der Resonanzfrequenz zu ermitteln.

Über derartige Messungen an gekohlten Eisendrähten zwischen 24 und 74° C haben kürzlich THOMAS und LEAK[7] berichtet. Unter Verwendung der Hochtemperatur-Diffusionsdaten von STANLEY[8] erhalten sie eine Gleichung für die Kohlenstoffdiffusion in α-Eisen, die bemerkenswert gut mit der von WERT und ZENER aufgestellten Gleichung übereinstimmt. Eine ähnlich gute Übereinstimmung wurde von den gleichen Autoren für die Diffusion von Stickstoff in Eisendrähten erhalten. Auch FAST und VERRIJP[9] konnten nach der Dämpfungsmethode den Stickstoffgehalt im Eisen zwischen $-20°$ und $+60°$ C in guter Übereinstimmung mit der Gleichung von WERT und ZENER bestimmen. Einige experimentelle Werte über die Diffusion einiger Nichtmetalle in Eisen, Titan, Zirkon, Niob und Tantal findet der Leser in Tab. 2, 3, 4 und 5.

Fortsetzung siehe Seite 63.

---

[1] Vgl. S. GLASSTONE, K. J. LAIDLER u. H. EYRING: The Theory of Rate Processes New York 1941.

[2] SEITZ, F.: Fundamental Aspects of Diffusion in Solids. New York 1951.

[3] JOST, W.: Diffusion in Solids, Liquids and Gases. New York 1952.

[4] HAUFFE, K.: Reaktionen in und an festen Stoffen, S. 323 ff. Berlin/Göttingen/Heidelberg: Springer 1955.

[5] SNOEK, J. L.: Physica 8, 711 (1941).

[6] ZENER, C.: Physic. Rev. 71, 34 (1947).

[7] THOMAS, W. R., u. G. M. LEAK: Phil. Mag. 45, 656, 986 (1954).

[8] STANLEY, J. K.: Trans. AIME 185, 752 (1949).

[9] FAST, J. D., u. M. B. VERRIJP: J. Iron Steel Inst. 176, 24 (1954).

Tabelle 2 *Diffusionskoeffizienten einiger Elemente in α- und γ-Eisen*

Element	Ungefährer Atomradius in Å	Liegt im Fe wahrscheinlich vor als	α-Fe bei 800° C D in cm²/sec	γ-Fe bei 1100° C D in cm²/sec
Wasserstoff	0,46	H⁺	$2,7 \cdot 10^{-4}$ [1]	$1,9 \cdot 10^{-4}$ [1]
Bor	0,97	B⁺ [2]	—	$6,1 \cdot 10^{-7}$ [3]
Kohlenstoff	0,77	C⁺ [2]	$1,7 \cdot 10^{-6}$ [4]	$6,7 \cdot 10^{-7}$ [5]
Stickstoff	0,71	N⁻ [2]	$7,3 \cdot 10^{-7}$ [3]	$3,8 \cdot 10^{-7}$ [6]
Sauerstoff	0,60	—	—	$1 \cdot 10^{-9}$ [7]
Eisen	1,28 raumzentriert	—	$3 \cdot 10^{-12}$ [8]	—
Selbstdiffusion	1,26 flächenzentriert	—	—	$9 \cdot 10^{-12}$ [8]
Kobalt	1,26 flächenzentriert	—	$1,5 \cdot 10^{-12}$ [9]	$2,5 \cdot 10^{-12}$ [9]
Nickel	1,25	—	—	$8 \cdot 10^{-12}$ [10]
Mangan	1,18 (kubisch)	—	—	$2 \cdot 10^{-11}$ [11]
Molybdän		—	$7 \cdot 10^{-12}$ [11]	$4 \cdot 10^{-11}$ [12]

[1] Sykes, C., H. H. Burton u. C. C. Gegg: J. Iron Steel Inst. **156**, 155 (1947).

[2] Seith, W., u. T. Daur: Z. Elektrochem. angew. physik. Chem. **44**, 256 (1938).

[3] Wells, C., nach C. E. Birchenall: Volum Diffusion, in: Atom Movements. Cleveland 1951, S. 112ff.

[4] Stanley, J. K.: Trans. AIME **185**, 752 (1949).

[5] Wells, C., W. Batz u. R. F. Mehl: Trans. AIME **188**, 553 (1950).

[6] Bramley, A., u. G. Turner: Carnegie Scholarship Memoirs **17**, 23 (1938).

[7] Brower, T. E., B. M. Larsen u. W. E. Schenk: Trans. AIME **61**, 113 (1934).

[8] Birchenall, C. E., u. R. F. Mehl: Trans. AIME **188**, 144 (1950).

[9] Ruder, R. C.: Thesis, Charnegie Institute of Technology 1950.

[10] Wells, C., u. R. F. Mehl: Trans. AIME **145**, 329 (1941).

[11] Ham, J. L.: Trans. Amer. Soc. Metals **35**, 331 (1945).

[12] Wells, C., u. R. F. Mehl: Trans. AIME **145**, 315 (1941).

Tabelle 3. *Die Abhängigkeit der Diffusionsgeschwindigkeit von Kohlenstoff in der Austenitphase vom Kohlenstoffgehalt nach* WELLS, BATZ *und* MEHL[1]

| $T\,°C$ | Diffusionskoeffizienten in $D\,10^7$ $cm^2\,sec^{-1}$ | | | | | | |
| | Kohlenstoff in Atom-% | | | | | | |
	1	2	3	4	5	6	7
750			(0,18)				
802		0,30	0,41	0,63			
848	0,27	0,36	0,47	0,67			
905	0,82	1,03	1,33	1,54	1,95		
910	0,87	0,98	1,23	1,54	2,26		
950	1,74	2,15	2,66	3,27	4,09		
1000	2,87	3,48	4,40	5,63	7,17	10,03	
1042	4,92	5,54	6,36	7,49	8,92	11,08	
1128	10,81	12,35	13,89	15,95	19,04	26,45	40,67

[1] WELLS, C., W. BATZ u. R. F. MEHL: Trans. AIME **188**, 553 (1950).

Tabelle 4. *Zusammenstellung einiger Diffusionskoeffizienten von Kohlenstoff in Eisen und Eisenlegierungen bei verschiedenen Konzentrationen und Temperaturen*

Diffundierender Stoff	Konz. des diffundierenden Stoffes in Gew.-%	$T\,°C$	D_C $cm^2\,sec^{-1}$	ΔU kcal/g-Atom	Bemerkungen	Zitat
C	1,1	$900\cdots1250$	$D_o = 4{,}86 \cdot 10^{-1}$	36,6		1
	$0{,}1\cdots1{,}0$	$750\cdots1250$	$D_o = 0{,}12 \pm 0{,}07$	$32{,}0 \pm 1{,}0$	Hoch und niedrig mit C legierter Stahl zusammengeschweißt	2
	0,4	1050	$3{,}9 \;\cdot 10^{-7}$		Zus. des Stahls: 0,25% Mn, 3,80% Si, 0,011% P, 0,31% Cr	3
	0,5		$5{,}7 \;\cdot 10^{-7}$		0,88% Mn, 0,05% Si, 0,020% P, 0,008% S	
	0,6		$5{,}4 \;\cdot 10^{-7}$		0,45% Mn, 0,14% Si, 0,035% P, 0,008% S	
	1,1		$6{,}7 \;\cdot 10^{-7}$		0,28% Mn, 0,20% Si	
	2,2 Atom-% C	1000	$3{,}7 \;\cdot 10^{-7}$		Diffusion im 2-Phasensystem	4
		1190	$1{,}88 \cdot 10^{-6}$			
	$+\,1{,}98\,Co$	1000	$4{,}3 \;\cdot 10^{-7}$			
		1190	$2{,}19 \cdot 10^{-6}$			
	$+\,3{,}91\,Co$	1000	$4{,}7 \;\cdot 10^{-7}$			
		1190	$2{,}67 \cdot 10^{-6}$			
	1,0 (1,5)	950	$1{,}17\;(1{,}3) \;\cdot 10^{-7}$		Entkohlung von Grauguß in CO-CO$_2$-Gemischen	5
		1000	$2{,}83\;(2{,}88) \cdot 10^{-7}$			
		1050	$4{,}54\;(5{,}27) \cdot 10^{-7}$		Zus. des Stahls: 0,33$\cdots$0,45% Si	
		1100	$8{,}3\;(7{,}1) \;\cdot 10^{-7}$	18,1	0,36$\cdots$0,52% Mn, 0,067$\cdots$0,153% P	6
	in α-Fe	<800	$D_o = 7{,}9 \cdot 10^{-3}$			

[1] PASCHKE, M., u. A. HAUTTMANN: Arch. Eisenhüttenwes. **9**, 305 (1935).
[2] WELLS, C., u. R. F. MEHL: Metals Techn. **7**, Techn. Publ. Nr. 1180 (1940).
[3] DARKEN, L. S.: Trans. AIME, Metals Techn. **15**, Techn. Publ. Nr. 2311 u. 2443 (1948).
[4] SMOLUCHOWSKI, R.: Physic. Rev. **62**, 539 (1942).
[5] BAUKLOH, W., F. SCHULTE u. H. FRIEDRICHS: Arch. Eisenhüttenwes. **16**, 341 (1943).
[6] THOMAS, W. R., u. G. M. LEAK: Phil. Mag. **45**, 986 (1954).

Tabelle 5. *Zusammenstellung der Diffusionskoeffizienten von Wasserstoff, Deuterium, Sauerstoff und Stickstoff in Titan, Zirkon, Niob und Tantal*

Diffundierendes Gas	Diffusions-medium	Temperaturgebiet in °C	D_0 cm² · sec⁻¹	ΔU kcal/g-Atom	Zusätzliche Angaben	Zitat
Wasserstoff	α-Ti	500··· 824	$1,8 \cdot 10^2$	12,4 ±0,7	p_{H_2} = 760 mm Hg	[1]
	β-Ti	800···1000	$1,95 \cdot 10^{-3}$	6,64±0,5		
	Zr	60··· 250	$1,09 \cdot 10^{-3}$	11,4	p_{H_2} = 50 mm Hg	[2]
Deuterium	Zr	100··· 225	$0,73 \cdot 10^{-3}$	11,4	$D_H/D_D = 1,5$	[2]
Stickstoff	α-Ti	900···1600	$1,2 \cdot 10^{-2}$	45,3 ±2,3	oberhalb des α ⟶ β Umwand-lungspunktes gemessen; 1 atm N₂	[3]
	β-Ti	900···1600	$3,5 \cdot 10^{-2}$	33,8 ±1,4		
	TiN	1000···1450	$5,4 \cdot 10^{-3}$	52,0 ±3,5		
	β-Zr	920···1640	$1,5 \cdot 10^{-2}$	30,7		[4]
	Ta	50···2000	$1,23 \cdot 10^{-2}$	39,8		[5]
	Nb		$9,8 \cdot 10^{-2}$	38,6		
Sauerstoff	α-Ti	700 und 800	1,6 $D \approx 10^{-10}$ u. $D \approx 10^{-9}$	48,2	nach Meßdaten von JENKINS	[6]
	Ta	50···2000	$1,9 \cdot 10^{-2}$	27,3		[5]
	Nb		$1,47 \cdot 10^{-2}$	27,6		
Kohlenstoff	Ti	736···1150	5,6	43,5	α-Phase	[7]
			108	48,4	β-Phase	

[1] WASILEWSKI, R. J., u. G. L. KEHL: Metallurgia **46**, 225 (1955).
[2] GULBRANSEN, E. A., u. K. F. ANDREW: J. electrochem. Soc. **101**, 560 (1954).
[3] WASILEWSKI, R. J., u. G. L. KEHL: J. Inst. Metals **83**, 94 (1954/55).
[4] MALLETT, M. W., J. BELLE u. B. B. CLELAND: J. electrochem. Soc. **101**, 1 (1954).
[5] ANG, C. Y.: Acta Metallurgica **1**, 123 (1953).
[6] JENKINS, A. E.: J. Inst. Metals **82**, 213 (1953/54).
[7] BUCUR, E., u. F. C. WAGNER: Final techn. Rep., Contract DA—36—034— ORD—1157 (NP—5502), Sept. 1954.

Tabelle 6. *Zusammenstellung der Diffusionsdaten einiger Metalle in Kupfer und Kupferlegierungen bei verschiedenen Konzentrationen und Temperaturen (Cu: kubisch-hexoktaedrisch)*

Diffundierendes Metall	Konz. der Cu-Legierung in Atom-%	T in °C	D cm²/sec	D_0 cm²/sec	ΔU kcal/g-Atom	Meßmethode	Zitat
Cu (Selbstdiffusion)		685···1062		0,27 0,20	47 47,12	Mittels radioaktiver Indikatoren a) Messung der Oberflächenaktivität b) Durch Abschmirgeln sehr dünner Schichten	1 2
Ag	1	710 860		0,012	35,6		3
Al	0,8 4 8 12 16	800		$1{,}75 \cdot 10^{-2}$ $4{,}55 \cdot 10^{-2}$ $3{,}75 \cdot 10^{-1}$ 6,76 253	37,7 39,5 43 48 54	Zerschneiden in Scheiben und analysieren	4
Au		750···1000	$5 \cdot 10^{-20}$ (20°C)	0,1	44,9	Radioaktives Au und zerschneiden in dünne Scheiben.	5
Be	0 4 8	800		$2{,}32 \cdot 10^{-4}$ $7{,}13 \cdot 10^{-4}$ $3{,}18 \cdot 10^{-2}$	28 30 37	Zerschneiden in Scheiben und analysieren	4
Cd	0 0,5 1	800 710···860		$1{,}97 \cdot 10^{-9}$ $1{,}97 \cdot 10^{-8}$ 0,0034	8 10 29,2	Zerschneiden in Scheiben und analysieren	4 11
Mn	8 ···11,4	400 650 850	$2{,}0 \cdot 10^{-13}$ $3{,}7 \cdot 10^{-11}$ $1{,}3 \cdot 10^{-10}$	$0{,}72 \cdot 10^{-5}$	23,2	Röntgenmessung der Gitterkonstanten	6
Ni	7,5···11,8	550 700 950	$7{,}1 \cdot 10^{-13}$ $1{,}4 \cdot 10^{-11}$ $2{,}1 \cdot 10^{-10}$	$6{,}5 \cdot 10^{-5}$	29,8	Röntgenmessung der Gitterkonstanten	6

Element	Konz.	Temp.	D_1	D_2	%	Methode	Ref.
Pd	4,3···6,2	490	$9,0 \cdot 10^{-13}$	$0,16 \cdot 10^{-5}$	21,9	Röntgenmessung der Gitterkonstanten	[6]
		700	$1,3 \cdot 10^{-11}$				
		950	$2,5 \cdot 10^{-10}$				
Pt	2,4···3,5	490	$5,8 \cdot 10^{-13}$	$1,02 \cdot 10^{-4}$	21,9	Röntgenmessung der Gitterkonstanten	[6]
		700	$1,3 \cdot 10^{-11}$	0,41	52,5		[1]
		960	$1,10 \cdots 2,32 \cdot 10^{-10}$				
Si	0	800		$3,7 \cdot 10^{-2}$	40,0	Zerschneiden in Scheiben und analysieren	[4]
	4			$4,06 \cdot 10^{-1}$	48,2		
	8			18,6	53,8		
Sn	0	800		1,13	45	Zerschneiden in Scheiben und analysieren	[4]
	4	800		$3,25 \cdot 10^{-3}$	30,5		
	5,6···8,0	475	$1,8 \cdot 10^{-11}$		26		[7]
		600	$2,1 \cdots 2,8 \cdot 10^{-10}$				
		708	$8,7 \cdot 10^{-10}$				
Zn	0 ···18	800		—	—	Zerschneiden in Scheiben und analysieren	[4]
	0 ··· 9,25	641	$5,1 \cdot 10^{-14}$				
		884	$6,4 \cdot 10^{-12}$	$5,8 \cdot 10^{-4}$	42,0		[8]
	0 ···28,6	641	$2,3 \cdot 10^{-13}$			Durch Herausdampfen des flüchtigen Zinks aus der Legierung	
		884	$3,4 \cdot 10^{-11}$	$3,2 \cdot 10^{-3}$	42,0		[8]
	27,5···35,4	700	$0,6 \cdot 10^{-7}$				
		950	$1,44 \cdot 10^{-6}$	—	24,5		[9,10]
	Messing	800	$1,2 \cdots 3,2 \cdot 10^{-8}$	—	—		[11]
	Messing	800	$1,16 \cdots 1,39 \cdot 10^{-7}$	—	—		[12]
	1	710···860	—	$2,4 \cdot 10^{-3}$	30,2		[11]

[1] NOWICK, A. S.: J. appl. Physics 22, 1182 (1951); Werte vom Autor berechnet.   [2] KUPER, A., H. LETAW jr., L. SLIFKIN, E. SONDER u. C. T. TOMIZUKA: Physic. Rev. 96, 1224 (1954).   [3] KUBASCHEWSKI, O.: Trans. Faraday Soc. 46, 713 (1950). [4] RHINES, F. N., u. R. F. MEHL: Trans. AIME 128, 185 (1938).   [5] MARTIN, A. B., u. F. ASARO: Physic. Rev. 80, 123 (1950); — A. B. MARTIN, R. D. JOHNSON u. F. ASARO: J. appl. Physics 25, 364 (1954). Unterhalb 700° C macht sich starke Korngrenzendiffusion bemerkbar.   [6] MATANO, C.: J. Physic (Japan) 9, 41 (1934).   [7] VERÖ, J. A.: Mitt. berg- u. hüttenmänn. Abt. Kgl. ung. Palatin-Joseph-Univ., Adm. Wirtschaftswiss. 12, 141 (1940).   [8] DUNN, J. S.: J. chem. Soc. 129, 2973 (1926). [9] BUGAKOW, W., u. W. NESKUTSCHAW: Z. techn. Physik UdSSR 4, 1342 (1934); 9, 1767 (1939).   [10] BUGAKOW, W., u. F. RYBALKO: Z. techn. Physik UdSSR 5. 1729 (1935).   [11] SEITH, W., u. W. KRAUSS: Z. Elektrochem. angew. physik. Chem. 44, 98 (1938). [12] THOMAS, D. E., u. C. E. BIRCHENALL: J. Metals 4, 867 (1952). R. W. BALLUFFI u. B. H. ALEXANDER: J. Metals 4, 1315 (1952)

Tabelle 7. *Zusammenstellung der Diffusionsdaten einiger Metalle in Gold und Goldlegierungen bei verschiedenen Konzentrationen und Temperaturen (Au: kubisch-hexoktaedrisch)*

Diffundierendes Metall	Konz. des Fremdmetalls in Au in Atom-%	T in °C	D cm²/sec	D_0 cm²/sec	ΔU kcal/g-Atom	Meßmethode	Zitat
Au[198] (Selbstdiffusion)	—	800	$1,8 \cdot 10^{-10}$			Mittels radioaktiver Isotope	[1]
		900	$1,6 \cdot 10^{-9}$		45,0	a) Sandwich-Diffusion und Ermittlung durch Autoradiogramm	
		1000	$4,2 \cdot 10^{-9}$				
		721	$3,7 \cdot 10^{-11}$				
		869	$1,3 \cdot 10^{-9}$	$2,04 \cdot 10^{-2}$	51,0	b) Messung der Oberflächenaktivität	[2]
		966	$4,7 \cdot 10^{-9}$				
Ag	8,77	806	$7,6 \cdot 10^{-10}$				
		858	$1,6 \cdot 10^{-9}$				
		891	$2,9 \cdot 10^{-9}$	$2,4 \ \cdot 10^{-2}$	37,0	Zerschneiden in Schichten und Spektralanalyse	[3]
		931	$4,4 \cdot 10^{-9}$				
		966	$6,7 \cdot 10^{-9}$				
		1017	$1,4 \cdot 10^{-8}$				
Cu	Aus reinem Cu	301	$1,5 \cdot 10^{-13}$			Röntgenmessung der Gitterkonstanten	[4]
		560	$9,4 \cdot 10^{-11}$	$1,06 \cdot 10^{-3}$	27,4		
		616	$2,2 \cdot 10^{-10}$				
	25,6	443	$2,4 \cdot 10^{-12}$				[5]
		648	$1,7 \cdot 10^{-10}$	$5,8 \ \cdot 10^{-3}$	27,4		
		740	$9,3 \cdot 10^{-10}$				
Fe	18,3	753	$5,4 \cdot 10^{-10}$			Röntgenmessung der Gitterkonstanten	[6]
		903	$3,1 \cdot 10^{-9}$	$1,16 \cdot 10^{-4}$	24,4		
		1003	$7,5 \cdot 10^{-9}$				

Tabelle 7: (Fortsetzung)

Diffundierendes Metall	Konz. des Fremdmetalls in Au in Atom-%	T in °C	D cm²/sec	D_0 cm²/sec	ΔU kcal/g-Atom	Meßmethode	Zitat
Ni	15,0	800 902 1003	$7,7 \cdot 10^{-10}$ $2,3 \cdot 10^{-9}$ $6,9 \cdot 10^{-9}$	$1,74 \cdot 10^{-3}$	31,2	Röntgenmessung der Gitter-konstanten	[6]
Pd	17,1	727 820 970	$5,8 \cdot 10^{-12}$ $5,2 \cdot 10^{-11}$ $3,2 \cdot 10^{-10}$	$1,13 \cdot 10^{-3}$	37,4	Röntgenmessung der Gitter-konstanten	[7]
Pt	20,1	740 824 986	$4,7 \cdot 10^{-12}$ $2,2 \cdot 10^{-11}$ $1,7 \cdots 2,8 \cdot 10^{-10}$	$1,24 \cdot 10^{-3}$	39,0	Röntgenmessung der Gitter-konstanten	[7]
Po	—	470	$1,2 \cdot 10^{-14}$	—	—		[8]
Ra (B + C)	—	470	$3,9 \cdot 10^{-12}$	—	—		[8]

[1] GATOS, H. C., u. A. AZZAM: J. Metals **4**, 407 (1952).

[2] McKAY, H. A. C.: Trans. Faraday Soc. **34**, 845 (1938). — Siehe auch A. M. SAGRUBSKY: Bull. Acad. Sci. URSS Phys. Soc. 1937, 903: Physik. Z.Sowjetunion **12**, 118 (1937).

[3] EBERT, H., u. G. TROMMSDORF: Z. Elektrochem. angew. physik. Chem. **54**, 294 (1950).

[4] JOST, W.: Z. physik. Chem. (B) **16**, 123 (1932).

[5] LIEMPT, J. A. M. VAN: Recueil Trav. chim. Pays-Bas **60**, 634 (1941).

[6] KUBASCHEWSKI, O., u. H. EBERT: Z. Elektrochem. angew. physik. Chem. **50**, 138 (1944).

[7] JOST, W.: Z. physik. Chem. (B) **21**, 158 (1933).

[8] WERTENSTEIN, M. L., u. H. DOBROWOLSKA: J. Physique Radium **4**, 324 (1923).

Tabelle 8. *Zusammenstellung der Diffusionsdaten einiger Metalle in Silber und Silberlegierungen bei verschiedenen Konzentrationen und Temperaturen (Ag: kubisch-hexoktaedrisch)*

Diffundieren- des Metall	Konz. des Fremdmetalls in Ag in Atom- %	T in °C	D cm²/sec	D_0 cm²/sec	ΔU kcal/g- Atom	Meßmethode	Zitat
Ag[105] (Selbstdiffusion)	—	725	$8{,}0 \cdot 10^{-11}$	0,835	44,9	Mittels radioaktiver Indika- toren und Zerschneiden in dünne Scheiben	[5] [1] [2,3]
		800	$4{,}0 \cdot 10^{-10}$	0,895	45,9		
		875	$1{,}5 \cdot 10^{-9}$	0,89	46		
		903,5	$2{,}55 \cdot 10^{-9}$			Messung der Radioaktivität auf beiden Seiten der $30 \cdots 110\mu$ dicken Proben	
		950	$5{,}5 \cdot 10^{-9}$				
		$800 \cdots 900$	—	1,80	47,4		[4]
Al	$7{,}5 \cdots 14{,}2$	500	10^{-10}	—	—	Mittels Mikrohärte-Messung	[6]
Au	49,2 aus reinem Au	—	—	$1{,}2 \cdot 10^{-1}$	44,1	Mittels radioaktiver Indikatoren	[7]
		218	$2{,}6 \cdots 6{,}6 \cdot 10^{-17}$				
		456	$4{,}9 \cdot 10^{-13}$				
		601	$1{,}1 \cdot 10^{-11}$	$5{,}3 \cdot 10^{-4}$	29,8	Metallographische Methode	[8]
		870	$4{,}3 \cdot 10^{-10}$				
	18,4	767	$3{,}2 \cdot 10^{-10}$				
		847	$6{,}4 \cdot 10^{-10}$	$1{,}1 \cdot 10^{-4}$	26,6	Zerschneiden in Scheiben und analysieren	[9]
		916	$1{,}5 \cdot 10^{-9}$				
Cd		$592 \cdots 937$		0,44	41,7	Zerschneiden in Scheiben und Spektralanalyse	[10]
	2,0	650	$2{,}6 \cdot 10^{-10}$	$4{,}85 \cdot 10^{-6}$	22,35		
		800	$1{,}4 \cdot 10^{-9}$				
		895	$1{,}3 \cdot 10^{-8}$				
	5,0	800	$1{,}3 \cdot 10^{-9}$	—	—	Durch Herausdampfen des flüchtigen Cadmiums	[11]
		900	$6{,}1 \cdot 10^{-9}$				
	α-Phase	627	$2{,}8 \cdot 10^{-8}$				
		717	$8{,}1 \cdot 10^{-8}$	—	20,25	Durch Herausdampfen des flüchtigen Cadmiums	[12]
		827	$2{,}0 \cdot 10^{-7}$				

β-Phase		400	$3,2 \cdot 10^{-9}$			Durch Herausdampfen des flüchtigen Cadmiums	
		500	$1,6 \cdot 10^{-8}$	—	9,0		
		600	$3,4 \cdot 10^{-8}$				
					41,0		[13]
Cu	2,0	650	$8,8 \cdot 10^{-11}$			Zerschneiden in Scheiben und Spektralanalyse	[11]
		760	$3,6 \cdot 10^{-10}$				
		800	$5,9 \cdot 10^{-10}$	$5,95 \cdot 10^{-5}$	24,8		
		895	$9,4 \cdot 10^{-10}$				
In	0,1…2	500…900		0,46	40	Berechnet	[2]
		613…936		0,41	40,63	Zerschneiden in Scheiben	[10]
Pd	20,2	444	$1,3 \cdot 10^{-12}$			Röntgenographische Bestimmung der Gitterkonstanten	[14]
		571	$3,7 \cdot 10^{-11}$				
		637	$7,0 \cdot 10^{-11}$	$0,64 \cdot 10^{-5}$	20,2		
		742	$1,2 \cdot 10^{-10}$				
		917	$1,2 \cdot 10^{-9}$				
Ra (C + B)		470	$4,4 \cdot 10^{-12}$	—	—	—	[15]
Sb	2,0	650	$3,8 \cdot 10^{-10}$	0,73	44	Zerschneiden in Scheiben und Spektralanalyse	[16]
		760	$1,5 \cdot 10^{-9}$	$5,31 \cdot 10^{-5}$	21,7		
		895	$4,3 \cdot 10^{-9}$				[17]
		468…942		0,169	38,32		
Sn	2,0	592…937		0,25	39,3	Zerschneiden in Scheiben und Spektralanalyse	[10]
		650	$6,2 \cdot 10^{-10}$	0,63	42,5		[2]
		760	$1,4 \cdot 10^{-9}$	$7,82 \cdot 10^{-5}$	21,4		[16]
		895	$7,3 \cdot 10^{-9}$				

Tabelle 8. (Fortsetzung)

Diffundierendes Metall	Konz. des Fremdmetalls in Ag in Atom-%	T in °C	D cm²/sec	D_0 cm²/sec	ΔU kcal/g-Atom	Meßmethode	Zitat
Zn	2,0	650	$2,9 \cdot 10^{-10}$				[11]
		760	$1,2 \cdot 10^{-9}$				
		800	$1,9 \cdot 10^{-9}$	$7,3 \cdot 10^{-5}$	24,4	Zerschneiden in Scheiben und Spektralanalyse	
		840	$4,8 \cdot 10^{-9}$				
		895	$1,3 \cdot 10^{-8}$				
	8,3	700	$4,6 \cdot 10^{-9}$			Durch Herausdampfen des flüchtigen Zinks	[12]
		800	$7,0 \cdot 10^{-9}$				
		850	$1,2 \cdot 10^{-8}$	—	—		
	16,6	700	$4,6 \cdot 10^{-9}$			Durch Herausdampfen des flüchtigen Zinks	
		800	$9,3 \cdot 10^{-9}$				
		850	$2,3 \cdot 10^{-8}$	—	—		
	24,9	650	$3,5 \cdot 10^{-9}$			Durch Herausdampfen des flüchtigen Zinks	
		750	$1,3 \cdot 10^{-8}$				
		800	$3,9 \cdot 10^{-8}$	—	—		
	α-Phase	400	$\sim 1 \cdot 10^{-10}$			Mittels Mikrohärte-Messung	[6]
		627	$5,8 \cdot 10^{-8}$			Durch Herausdampfen des	[18]
		727	$1,3 \cdot 10^{-7}$			flüchtigen Zinks	[19]
		827	$2,6 \cdot 10^{-7}$		14,1		
	β-Phase	410	$1,2 \cdot 10^{-8}$				
		500	$1,6 \cdot 10^{-8}$				
		650	$2,8 \cdot 10^{-8}$		4,9	Durch Vakuumverdampfung	[18]
	Ag + 7 Gew.-% Zn			$2,8 \cdot 10^{-3}$	27,15		[20]
	Ag + Zn + Au			$3,75 \cdot 10^{-3}$	27,7		
	Ag + Zn + Ga			$0,67 \cdot 10^{-3}$	24,8	$\Delta S = -$ 6,8 cal/g-Atom	
	Ag + Zn + Sn	400···500		$0,38 \cdot 10^{-3}$	24,0	$-$ 6,24	
	Ag + Zn + Sb			$0,11 \cdot 10^{-3}$	22,0	$-$ 9,46	
	Ag + Zn + Al			$2,26 \cdot 10^{-3}$	28,15	$-$ 10,44	
	Ag + Zn + In			$0,31 \cdot 10^{-3}$	23,6	$-$ 12,8	
						$-$ 7,29	
						$-$ 10,88	

[1] Johnson, W. A.: Trans. AIME **143**, 107 (1941).

[2] Nowick, A. S.: J. appl. Physics **22**, 1182 (1951); Werte vom Autor berechnet.

[3] Tomizuka, C. T., u. D. Lazarus: J. appl. Physics **25**, 1443 (1954).

[4] Kryukov, S. N., u. A. A. Zhukovitsky: Ber. Akad. Wiss. UdSSR **90**, 739 (1953).

[5] Krueger, H., u. H. N. Hersh: J. Metals **7**, 125 (1955).

[6] Bückle, H.: Metallforsch. **1**, 47, 175 (1946).

[7] Johnson, W. A.: Trans. AIME **147**, 331 (1942).

[8] Jost, W.: Z. physik. Chem. (B) **9**, 73 (1930).

[9] Braune, H.: Z. physik. Chem. **100**, 147 (1924).

[10] Tomizuka, C. T., u. L. M. Slifkin: Physic. Rev. **96**, 610 (1954).

[11] Birchenall, C. E.: Volum Diffusion in Atom Movements, Cleveland 1951, S. 112ff.

[12] Bugakow, W., u. B. Sirotkin: Z. techn. Physik UdSSR **7**, 1577 (1937).

[13] Tomizuka, C. T., L. M. Slifkin u. D. Lazarus: Amer. Phys. Soc. Bulletin 28, Nr. 2, Paper Z—10 (1953).

[14] Jost, W.: Z. physik. Chem. (B) **21**, 158 (1933).

[15] Wertenstein, M. L., u. H. Dobrowolska: J. Phys. Radium **4**, 324 (1923).

[16] Seith, W., u. E. Peretti: Z. Elektrochem. angew. physik. Chem. **42**, 570 (1936).

[17] Sonder, E., L. M. Slifkin u. C. T. Tomizuka: Phys. Rev. **93**, 970 (1954).

[18] Rollin, B. V.: Physic. Rev. **55**, 231 (1939).

[19] Bugakow, W., u. F. Rybalko: Z. techn. Physik UdSSR **5**, 1729 (1935).

[20] Brutzyk, M., u. Ss. Gerzriken: Z. techn. Physik UdSSR **20**, 428 (1950).

Tabelle 9. *Zusammenstellung der Diffusionsdaten einiger Metalle in Aluminium und Aluminiumlegierungen bei verschiedenen Konzentrationen und Temperaturen (Al: kubisch-flächenzentriert)*

Diffundierendes Metall	Konz. des Fremdmetalls in Atom-%	T in °C	D cm²/sec	D_0 cm²/sec	ΔU kcal/g-Atom	Meßmethode	Zitat
Ag	1,26	465	$1,9 \cdot 10^{-10}$	$1,1 \cdot 10^{6}$	32,6	Zerschneiden in Scheiben und	1
	1,26	573	$3,5 \cdot 10^{-9}$			Spektralanalyse	2
	2,8 … 5,5	500	$2,0 … 3,1 \cdot 10^{-9}$		38,5		1
Cu	Cu-Al-Eutekt.	440	$5,0 \cdot 10^{-11}$			Metallographische Untersuchung	2
		490	$2,4 \cdot 10^{-10}$	2,3	34,9		
		540	$1,4 \cdot 10^{-9}$				
	0,85	457	$8,0 \cdot 10^{-10}$				1
	3,05	500	$1,5 … 5,8 \cdot 10^{-10}$			Zerschneiden in Scheiben und	2
	0,17	515	$5,1 \cdot 10^{-10}$	$8,4 \cdot 10^{-2}$	32,6	Spektralanalyse	1
		565	$1,3 … 1,4 \cdot 10^{-9}$				
Mg	Al-Mg-Eutekt.	365	$8,6 \cdot 10^{-12}$			Metallographische Untersuchung	3
		400	$6,4 \cdot 10^{-11}$	$1,52 \cdot 10^{+2}$	38,5		
		440	$3,3 \cdot 10^{-10}$	0,32	30		8
	1,32	450	$1,9 \cdot 10^{-9}$			Zerschneiden in Scheiben und	4
	5,5 … 11,0	395	$5,5 … 6,7 \cdot 10^{-11}$	$1,17 \cdot 10^{-1}$		Spektralanalyse	
		447	$2,6 \cdot 10^{-10}$		28,6		1
		577	$4,4 \cdot 10^{-9}$				
	14,9	420	$6,6 … 7,6 \cdot 10^{-11}$				
	5,3 … 8,0	475	$7,3 \cdot 10^{-10}$			Zerschneiden in Scheiben und	5
		520	$8,7 \cdot 10^{-9}$		38,0	chemische Analyse	6
	15,9	410	$6,5 \cdot 10^{-11}$				

Mn	0,1	600	$5 \cdot 10^{-11}$			
		625	$1,5 \cdot 10^{-10}$		79,3	Mikrohärteprüfung [7]
		650	$4,5 \cdot 10^{-10}$			
Si	0,50	465	$3,4 \cdot 10^{-10}$	0,36	30,5	[8]
		500	$9,9 \cdot 10^{-10}$	0,90	30,55	Zerschneiden in Scheiben und Spektralanalyse [1]
		600	$9,3 \cdot 10^{-9}$			
	1,88	510	$2,0 \cdot 10^{-9}$			[4]
	0,70	550	$2,0 \cdot 10^{-9}$		31,5	Zerschneiden in Scheiben und chemische Analyse [2]
Zn	0,84	415	$2,5 \cdot 10^{-10}$	0,32	30	[8]
		473	$5,3 \cdot 10^{-10}$	11,6	27,8	Zerschneiden in Scheiben und Spektralanalyse [1]
		555	$5,0 \cdot 10^{-9}$			
	4,4	450	$7 \cdot 10^{-10}$			[2]
	9,4	450	$9,5 \cdot 10^{-10}$		25,8	Zerschneiden in Scheiben und chemische Analyse
	15,1	450	$1,2 \cdot 10^{-9}$			
	4,5···15,0	400	$3,0 \cdots 3,5 \cdot 10^{-10}$			

[1] BEERWALD, A. H.: Z. Elektrochem. angew. physik. Chem. **45**, 789 (1939).
[2] MEHL, R. F., F. N. RHINES u. K. A. von den STEINEN: Metals & Alloys **13**, 41 (1941).
[3] BRICK, R. M., u. A. PHILIPS: Trans. AIME **124**, 331 (1937).
[4] FRECHE, H. R.: Trans. AIME **122**, 326 (1936).
[5] BUNGARDT, W., u. F. BOLLENRATH: Z. Metallkunde **30**, 377 (1938).
[6] BUNGARDT, W., u. H. CORNELIUS: Z. Metallkunde **34**, 360 (1942).
[7] BÜCKLE, H.: Z. Elektrochem. angew. physik. Chem. **49**, 238 (1943).
[8] NOWICK, A. S.: J. appl. Physics **22**, 1182 (1951), Werte vom Autor berechnet.

Tabelle 10. *Zusammenstellung der Diffusionsdaten einiger Metalle in Blei und Bleilegierungen bei verschiedenen Temperaturen und Konzentrationen. (Pb: kubisch-flächenzentriert)*

Diffundierendes Metall	Konz. des Fremdmetalls in Atom-%	T in °C	D cm²/sec	D_0 cm²/sec	ΔU kcal/g-Atom	Meßmethoden	Zitat
Pb	Pb (ThB)	106	$1,7 \cdot 10^{-16}$	$2,7$	27	Radioaktive Isotope, durch Messung der Oberflächenaktivität	[11]
		182	$4,7 \cdot 10^{-13}$				
		258	$1,3 \cdot 10^{-11}$	$6,56$	$27,9$		[1]
		324	$5,5 \cdot 10^{-10}$				
Ag	0,12	220	$1,5 \cdot 10^{-8}$			Zerschneiden in Scheiben und chemische Analyse	[2]
		265	$5,4 \cdot 10^{-8}$	$7,4 \cdot 10^{-2}$	$15,2$		[3]
		285	$9,1 \cdot 10^{-8}$				
Au	0,03···0,09	100	$2,3 \cdot 10^{-9}$			Zerschneiden in Scheiben und chemische Analyse	[4]
		150	$5,0 \cdot 10^{-8}$				[5]
		200	$8,6 \cdot 10^{-8}$	$3,43 \cdot 10^{-1}$	$14,0$		
		256	$3,2 \cdot 10^{-7}$				
		300	$1,5 \cdot 10^{-6}$				
Bi	2,0	220	$4,8 \cdot 10^{-11}$	$1,5$	$24,5$	Zerschneiden in Scheiben und Spektralanalyse	[11]
		265	$2,3 \cdot 10^{-10}$	$1,83 \cdot 10^{-2}$	$18,4$		[6]
		285	$4,4 \cdot 10^{-10}$				
Cd	1,0	167	$4,6 \cdot 10^{-11}$	$0,65$	21	Zerschneiden in Scheiben und Spektralanalyse	[11]
		200	$1,3 \cdot 10^{-10}$	$1,83 \cdot 10^{-3}$	$15,4$		[6]
		252	$8,6 \cdot 10^{-10}$				
Hg	4,0	150				Verdampfen des flüchtigen Hg	[7]
		225			$12,3$		
	10···15	150					
		225			$10,1$		
In	$<1,0$	300	$1,1 \cdot 10^{-9}$	$1,3$	24	Zerschneiden in Scheiben und Spektralanalyse	[8,11]

Mg	2	220	$1,2\cdot10^{-10}$			Zerschneiden in Scheiben und Spektralanalyse	[11]
		270	$1,3\cdot10^{-9}$	0,81	22		[9]
	0,26	250	$2,4\cdots3,7\cdot10^{-10}$				
	1,0	250	$6,9\cdot10^{-10}$				
	2,0	250	$8,6\cdot10^{-10}$				
	3,0	250	$1,1\cdot10^{-9}$				
Ni	1,0	285	$2,3\cdot10^{-10}$	$6,6\cdot10^{-1}$	25,3	Zerschneiden in Scheiben und Spektralanalyse	[6]
	3,0	252	$3,5\cdot10^{-11}$				[11]
		320	$3,5\cdot10^{-10}$	2,7	27		
Po	—	310	$1,5\cdot10^{-11}$			Radioaktive Isotope, wie oben 1. Reihe	[10]
Sn	2,0	245	$3,1\cdot10^{-11}$	2,1	26	Zerschneiden in Scheiben und Spektralanalyse	[11]
		265	$7,0\cdot10^{-11}$	3,96	26,2		[3]
		285	$1,6\cdot10^{-10}$				
Tl	2,0	220	$2,8\cdot10^{-11}$	$2,51\cdot10^{-2}$	19,4	Zerschneiden in Scheiben und Spektralanalyse	[3]
		285	$3,1\cdot10^{-10}$				[11]
	$8,5\cdots53,0$	270	$1,1\cdot10^{-10}$	1,7	25		[9]
		300	$3,5\cdot10^{-10}$	1,03	24,6		
		315	$5,8\cdot10^{-10}$				

[1] HEVESY, G. VON, W. SEITH u. A. KEIL: Z. Physik 79, 197 (1932); Z. Metallkunde 25, 104 (1933).
[2] SEITH, W., u. A. KEIL: Z. physik. Chem. (B) 22, 350 (1933).
[3] SEITH, W., u. J. G. LAIRD: Z. Metallkunde 24, 193 (1932).
[4] ROBERTS-AUSTEN, W. C.: Phil. Trans. Roy. Soc. London (A) 187, 404 (1896).
[5] SEITH, W., u. H. ETZOLD: Z. Elektrochem. angew. physik. Chem. 40, 829 (1934); 41, 122 (1935).
[6] SEITH, W., E. HOFER u. H. ETZOLD: Z. Elektrochem. angew. physik. Chem. 40. 322 (1934).
[7] HERTZRÜCKEN, S. D., M. BUTSIK u. E. GOLUBENKO: Mém. Physique ukrain. 8, 55 (1939).
[8] SEITH, W.: Z. Elektrochem. angew. physik. Chem. 39, 538 (1933); 41, 872 (1935).
[9] SEITH, W., u. J. HERRMANN: Z. Elektrochem. angew. physik. Chem. 46, 213 (1940).
[10] HEVESY, G. VON, u. A. OBRUTSCHEWA: Nature 115, 674 (1925).
[11] NOWICK, A. S.: J. appl. Physics 22, 1182 (1951); Werte vom Autor berechnet.

Tabelle 11. *Zusammenstellung der Diffusionsdaten einiger Metalle in Eisen und Eisenlegierungen bei verschiedenen Konzentrationen und Temperaturen (α — Fe: kubisch-raumzentriert, γ — Fe: kubisch-flächenzentriert).*

Diffundierendes Metall	Konz. des Fremdmetalls in Atom-%	T in °C	D cm²/sec	D_0 cm²/sec	ΔU kcal/g-Atom	Meßmethoden	Zitat
Al	Al-Pulver, rein	900	$3,8 \cdot 10^{-9}$		44,0	Metallographisch	[1]
		1050	$2,0 \cdot 10^{-8}$				
Co	in Austenit			90	80		[12]
Cr	rein	1150	$6,8 \cdot 10^{-10}$		13,5	Zerschneiden in Scheiben und chemische Analyse	[2]
		1300	$2,2 \cdots 5,3 \cdot 10^{-8}$				
	Fe-Cr-Pulver	1200	$1,7 \cdots 8,1 \cdot 10^{-8}$			Röntgenographische Gitterkonstante	[3]
	in Austenit			10	75		[12]
Mn	etwa 27	960	$3,0 \cdot 10^{-10}$				[4]
	3	1400	$9,6 \cdot 10^{-8}$				[5]
	$0 \cdots 20$	$950 \cdots 1450$	Näherungsformel				[6]
Mo	$0 \cdots 3,1$	1200	$2,3 \cdots 3,0 \cdot 10^{-9}$			Zerschneiden in Scheiben und chemische Analyse	[7]
Ni	etwa 22	1200	$0,9 \cdot 10^{-10}$				
	$0 \cdots 20$	$1050 \cdots 1450$	Näherungsformel			Zerschneiden in Scheiben und chemische Analyse	[4]
Si	etwa 35	960	$7,5 \cdot 10^{-9}$				[8]
		1150	$1,45 \cdot 10^{-7}$				[4]
	$3 \cdots 4$	1435 ± 5	$1,1 \cdot 10^{-7}$				[11]
Sn		950	$9,7 \cdot 10^{-10}$		46,0		[9]
	rein	1000	$2,0 \cdot 10^{-9}$			Metallographisch	
		1050	$3,9 \cdot 10^{-9}$				
		1100	$7,6 \cdot 10^{-9}$				
W	$0 \cdots 1,3$	1280	$3,7 \cdot 10^{-10}$			Zerschneiden in Scheiben und chemische Analyse	[10]
	$0 \cdots 1,2$	1330	$2,4 \cdot 10^{-9}$				
	$0 \cdots 3,4$	1330	$1,0 \cdot 10^{-8}$				
	in Austenit			13	75		[12]

[1] Agew, N. W., u. O. J. Vher: J. Inst. Metals **44**, 83 (1930).
[2] Bardenheuer, P., u. R. Müller: Mitt. K.-Wilh-Inst.-Eisenforschg. **14**, 295 (1932).

[3] Hicks, L. C.: Trans. AIME **118**, 163 (1934). In neuerer Zeit untersuchten Ss. Gerzriken u. J. Deghtjar: Z. techn. Physik UdSSR **20**, 1005 (1950), den Einfluß von Ni, Be, Ti, W, Si, Sn, Nb auf den Diffusionsablauf von Chrom in γ-Eisen. Es werden formale physikalische Beziehungen, wie die Abhängigkeit der Aktivierungsenergie der Diffusion von der Valenz der Zusätze und deren Kernladungszahl, aufgestellt.

[4] Fry, A.: Stahl u. Eisen **43**, 1039 (1923).

[5] Owen, E. A.: J. Inst. Metals **73**, 471 (1947).

[6] Wells, C., u. R. F. Mehl: Trans. AIME **145**, 315 (1941); hier wird die folgende empirische Diffusionsformel von Mn in γ-Fe gegeben:

$$D^{\gamma-Fe}_{Mn} = (0{,}486 + 0{,}011 \cdot \text{Gew.-\% Mn}) \exp(-66000/RT),$$

gültig von 0 bis 20 Gew.-% Mn zwischen 950 und 1450° C; Genauigkeit $\pm 15\%$. Der Einfluß von C wird durch folgende Gleichung berücksichtigt:

$$D_C = D_{C_0}(1 + 2{,}53 \cdot \text{Gew.-\% C}),$$

gültig von 0 bis 1,5% C, wo D_{C_0}, der Diffusionskoeffizient für C = 0 ist.

[7] Grube, G., u. F. Liebenwirth: Z. anorg. allg. Chem. **188**, 274 (1930).

[8] Wells, C.: Trans. AIME **145**, 329 (1941); hier wird für den Diffusionskoeffizienten von Ni in γ-Fe die folgende empirische Diffusionsformel angegeben:

$$D^{\gamma-Fe}_{Ni} = (0{,}344 + 0{,}012 \cdot \text{Gew.-\% Ni}) \exp(-67500/RT),$$

gültig von 0 bis 20% Ni zwischen 1050 und 1450° C; Genauigkeit $\pm 20°$. Der Einfluß von C wird durch die folgende Gleichung berücksichtigt:

$$D_C = D_{C_0}(1 + 2{,}3 \cdot \text{Gew.-\% C}).$$

[9] Bannister, C. N., u. W. D. Jones: J. Iron Steel Inst. **124**, 71 (1931).

[10] Grube, G., u. K. Schneider: Z. anorg. allg. Chem. **168**, 17 (1927).

[11] Bradshaw, F. J., G. Hoyle u. K. Speight: Nature **171**, 488 (1953).

[12] Gruzin, P. L.: Ber. Akad. Wiss. UdSSR **94**, 681 (1954). Dort weitere Angaben über D (Co, Cr, W) in Ferrit.

Tabelle 12. *Zusammenstellung der Diffusionsdaten einiger Metalle in Platin und Platinlegierungen bei verschiedenen Konzentrationen und Temperaturen (Pt: kubisch-flächenzentriert)*

Diffundierendes Metall	Konz. des Fremdmetalls in Atom-%	T in °C	D cm²/sec	D_0 cm²/sec	ΔU kcal/g-Atom	Meßmethoden	Zitat
Au	—	900	$3 \cdot 10^{-11}$	—	—	Zerschneiden in Scheiben und chemische Analyse	[1] [2]
Cu	13,9	1041 1152 1241 1350 1401	$2,2 \cdots 2,5 \cdot 10^{-11}$ $1,6 \cdot 10^{-10}$ $6,6 \cdot 10^{-10}$ $1,4 \cdots 1,5 \cdot 10^{-9}$ $1,7 \cdot 10^{-9}$	$4,78 \cdot 10^{-2}$	55,7	Röntgenographische Ermittlung der Gitterkonstante	[3]
Ir	Ir u. Pt-Pulver					—	[4]
Ni	14,9	1043 1241 1401	$5,2 \cdot 10^{-11}$ $4,8 \cdot 10^{-10}$ $1,5 \cdot 10^{-9}$	$7,75 \cdot 10^{-4}$	43,1	Röntgenographische Ermittlung der Gitterkonstante	[3]
Ra (B + C)	—	470	$9,3 \cdot 10^{-12}$			Messung der Oberflächenaktivität	[5]

[1] JEDELE, A.: Z. Elektrochem. angew. physik. Chem. **39**, 691 (1933).
[2] MATANO, C.: Proc. physico-math. Soc. Japan **15**, 405 (1933).
[3] KUBASCHEWSKI, O., u. H. EBERT: Z. Elektrochem. angew. physik. Chem. **50**, 138 (1944).
[4] ZOGAGINTSEV, J.: appl. Chem. (russ.) **17**, 22 (1944).
[5] WERTENSTEIN, M. L., u. H. DOBROWOLSKA: J. Physique Radium **4**, 324 (1923).

Tabelle 13. *Zusammenstellung der Diffusionsdaten einiger Metalle in Nickel bei verschiedenen Temperaturen*
[Ni; $\alpha \rightleftharpoons \beta$ (α = kubisch-flächenzentriert und β = hexagonal)]

Diffundierendes Metall	Konz. des Fremdmetalls in Atom-%	T in °C	D cm²/sec	D_O cm²/sec	ΔU kcal/g-Atom	Meßmethoden	
Au		900	$\sim 7 \cdot 10^{-11}$			Zerschneiden in Scheiben und chemische Analyse	1 2
Cu		650 890	$3,9 \cdots 4,3 \cdot 10^{-12}$ $1,8 \cdots 2,4 \cdot 10^{-10}$	$1,01 \cdot 10^{-3}$	35,5	Röntgenographische Ermittlung der Gitterkonstante	3
In	reines Ni Ni + 0,5% Mn	1000 1000	$1,2 \cdot 10^{-10}$ $0,3 \cdot 10^{-10}$			Zerschneiden in Scheiben und chemische Analyse	4 5
Mn		970	$9,2 \cdot 10^{-11}$				6
Co		800 $\cdots$ 1000		1,46	68,3	Messung der Oberflächenaktivität	7
Mg		720	$\sim 10^{-9}$			Durch Verdampfung von Magnesium	8

1 JEDELE, A.: Z. Elektrochem. angew. physik. Chem. **39**, 691 (1933).
2 MATANO, C.: Proc. physico-math. Soc. Japan **15**, 405 (1933).
3 MATANO, C.: Mem. Coll. Sci., Kyoto Imp. Univ. **15**, 351 (1932).
4 GRUBE, G., u. A. JEDELE: Z. Elektrochem. angew. physik. Chem. **38**, 799 (1932).
5 MATANO, C.: J. Physics Japan **8**, 109 (1933).
6 SMITHELLS, C. J.: Metals Ref. Book, London 1949, S. 406.
7 RUDER, R. C., u. C. E. BIRCHENALL: J. Metals, Trans. AIME **191**, 142 (1951).
8 ROUSE, G. F., u. R. FORMAN: Physic. Rev. (2) **82**, 574 (1951).

Tabelle 14. *Diffusionskoeffizienten von Co[60] in einigen δ-Al-Ni-Legierungen und Molybdän als Funktion der Temperatur und der Zusammensetzung nach* BERKOWITZ, JAUMOT *und* NIX[1]

Atom-% Ni in Al	D (cm^2 · sec^{-1})				D_0 cm^2 · sec^{-1}	ΔU kcal/g-Atom
	1050 °C	1150°C	1250°C	1350°C		
47,3	$2,5 \cdot 10^{-11}$	$8,85 \cdot 10^{-11}$	$3,68 \cdot 10^{-10}$	$1,05 \cdot 10^{-9}$	$4,7 \cdot 10^{-2}$	56,6
48,5	$1,66 \cdot 10^{-11}$	$6,00 \cdot 10^{-11}$	$2,30 \cdot 10^{-10}$	$8,32 \cdot 10^{-10}$	$9,3 \cdot 10^{-2}$	59,9
49,4	—	$3,96 \cdot 10^{-11}$	$1,14 \cdot 10^{-10}$	$3,96 \cdot 10^{-10}$	$4,4 \cdot 10^{-3}$	52,5
50,7	—	$2,46 \cdot 10^{-11}$	$1,52 \cdot 10^{-10}$	$8,36 \cdot 10^{-10}$	57,7	80,6
53,1	$2,44 \cdot 10^{-11}$	$1,03 \cdot 10^{-10}$	$5,66 \cdot 10^{-10}$	$1,97 \cdot 10^{-9}$	2,6	67,6
55,5	$7,84 \cdot 10^{-11}$	$4,00 \cdot 10^{-10}$	$1,38 \cdot 10^{-9}$	$3,11 \cdot 10^{-9}$	$7,2 \cdot 10^{-3}$	47,1
Mo	zwischen 900 und 1700°C				$2,82 \cdot 10^{-6}$	34,8 [2]

[1] BERKOWITZ, A. E., F. E. JAUMOT jr. u. F. C. NIX: Physic. Rev. **95**, 1185 (1954).
[2] BYRON, E. S., u. V. E. LAMBERT: J. electrochem. Soc. **102**, 38 (1955).

Tabelle 15. *Diffusionskoeffizienten von anderswertigen Fremdionen in heterotypen Mischphasen*

Diffundierendes Ion	Diffusionsmedium		Diffusionskoeffizient $D \cdot 10^6$ [cm$^2 \cdot$ sec^{-1}]	Zitat
1	2		3	4
Cd^{2+}	AgBr Konz.-Intervall	0 ···0,1 Mol-% 0,6···1 Mol-% 2 ···4 Mol-%	0,083 ⎫ 0,24 ⎬ [672°K] 0,03 0,13 ⎫⎬ [622°K] 0,013 0,1 ⎫⎬ [572°K] 0,026 0,028 ⎫⎬ [522°K] 0,9 ⎭ 0,7 0,11	1
Pb^{2+}	AgCl		$2{,}4 \cdot 10^{-3}$ [542°K, an PbCl$_2$ (0,63 Mol-%) gesättigtes AgCl]	2
	AgBr Konz.-Intervall	0 ···0,1 Mol-% 0,6···1 Mol-% 2 ···4 Mol-%	$2 \cdot 10^{-2}$ ⎫ 0,1 ⎬ [622°K], $1 \cdot 10^{-3}$ $1 \cdot 10^{-3}$ ⎫⎬ [472°K] 0,12 ⎭ $1 \cdot 10^{-3}$	1

[1] SCHÖNE, E., O. STASIW u. J. TELTOW: Z. physik. Chem. **197**, 145 (1951).
[2] WAGNER, C.: J. chem. Physics **18**, 1227 (1950).

Tabelle 16. *Diffusionskoeffizienten einiger Fremdatome in Germanium Silicium und Quarz*

Diffusions-medium	Diffundierendes Fremdatom	$T^\circ C$	D cm² · sec⁻¹	D_0 cm² · sec⁻¹	ΔU kcal/g-Atom	Zitat
Ge	Selbstdiffusion	700···900	—	87	73,5	[1]
			Leerstellendiffusion	3,9	23,5	
	Cu	700···900	—	$1,9 \cdot 10^{-4}$	4,1	[2]
	Sb¹²⁴	837	$5,5 \cdot 10^{-11}$			
		900	$2,1 \cdot 10^{-10}$	10	57	[3]
	Ga	800	$3 \cdot 10^{-12}$	—	—	[8]
	In	900	$2 \cdot 10^{-13}$	—	—	[8]
	As	800	$1 \cdot 10^{-13} \cdots 5 \cdot 10^{-12}$	—	—	[4]
	Li	800		$2,5 \cdot 10^{-3}$	11,8	[7]
	P	900	$8 \cdot 10^{-11}$	—	—	[8]
Si	B	1000···1300	—	$1 \cdot 10^{-3}$	58,0	[5]
	P					
SiO₂	Li⁺	300···500		$6,9 \cdot 10^{-3}$	20,5	[6]
	Na⁺	‖zur *c*-Achse	—	$3,6 \cdot 10^{-3}$	24,0	
	K⁺			0,18	31,7	

[1] LETAW jr., H., L. M. SLIFKIN u. W. M. PORTNOY: Physic Rev. **93**, 892 (1954).
[2] FULLER, C. S., J. D. STRUTHERS, J. A. DITZENBERGER u. K. B. WOLFSTIRN: Physic. Rev. **93**, 1182 (1954).
[3] DUNLAP jr., W. C.: Physic. Rev. **94**, 1531 (1954).
[4] MCAFEE, K. B., W. SHOCKLEY u. M. SPARKS: Physic. Rev. **86**, 137 (1952).
[5] FULLER, C. S., u. J. A. DITZENBERGER: J. appl. Physics **25**, 1439 (1954).
[6] VERHOOGEN, J.: Amer. Mineralogist **37**, 637 (1952).
[7] FULLER, C. S., u. J. C. SEVERIENS: Physic. Rev. **96**, 21 (1954).
[8] DUNLAP jr., W. C.: Physic. Rev. **86**, 615 (1952).

Tabelle 17. *Zusammenstellung einiger weiterer Diffusionsdaten bei verschiedenen Konzentrationen und Temperaturen*

Grund-metall	Diffundieren-des Metall	Atom-%	T °C	D cm² · sec⁻¹	D_0 cm² · sec⁻¹	ΔU kcal/g-Atom	Meßmethode	Zitat
Cd	Hg	4	156	$2{,}7 \cdot 10^{-10}$	2,6	19,6	Durch Verdampfung	[1]
			202	$2{,}5 \cdot 10^{-9}$				
	Pb	2	252	$8 \cdot 10^{-12}$	—	—	Zerschneiden in Scheiben und Spektralanalyse	[1]
Cr	Co	0···40	1000···1360	—	0,443	63,6		[2]
	Fe	verd. Lösung	1104···1406	—	0,21	62,7		[10]
In	Tl²⁰⁴	—	50··· 155	—	0,049	15,5		[3]
Mo	B	—	900···1300	—	$8{,}84 \cdot 10^{-6}$	12,2	Thermische Ionenemission	[4]
	Th	—	1615	$3{,}6 \cdot 10^{-10}$				[5]
			2000	$1{,}0 \cdot 10^{-6}$				
W	B	—	900···1300	—	$1{,}3 \cdot 10^{-5}$	17,2	Thermische Ionenemission	[4]
	C	—	1702···1727	—	0,31	59,0		[6]
	Fe	0,13	1927···2527	—	11,5	140,0		[7]
	Mo	—	1533···2260	—	$5 \cdot 10^{-3}$	80,5	Zerschneiden in Scheiben und chemische Analyse	[8]
	U	—		$1{,}3 \cdot 10^{-11}$	1,14	100,0	Thermische Ionenemission	[9]
	Y	—	1727	$1{,}82 \cdot 10^{-8}$	0,11	62,0		
	Zr	—		$3{,}24 \cdot 10^{-9}$	1,1	78,0		

[1] SEITH, W., E. HOFER u. H. ETZOLD: Z. Elektrochem. angew. physik. Chem. **40**, 322 (1934). [2] WEETON, E. W.: Nat. Advis. Comm. Aeronaut. Rep. **1951**, 1. [3] ECKERT, R. E., u. H. G. DRICKAMER: J. chem. Physics **20**, 13 (1952). [4] SAMSONOV, G. V.: Ber. Akad. Wiss. UdSSR **93**, 859 (1953). [5] NELTING, H.: Z. Physik **115**, 469 (1940). [6] PIRANI, M., u. J. SANDOR: J. Inst. Metals **73**, 385 (1947). [7] LIEMPT, I. A. M. VAN: Rec. Trav. Chim. Pays-Bas **64**, 239 (1945). [8] LIEMPT, I. A. M., VAN: Rec. Trav. Chim. Pays-Bas **51**, 114 (1932). [9] DUSHMAN, S., D. DENISSEN u. N. B. REYNOLDS: Physic. Rev. **29**, 903 (1927). [10] MEAD, H. W., u. C. E. BIRCHENALL: J. Metals **7**, 994 (1955).

Tabelle 18. *Zusammenstellung einiger Selbstdiffusionskoeffizienten in Metallen*

Temperaturbereich $T°\,C$	Diffundierendes Metall	Diffusionsmedium	Diffusionsformel $cm^2 \cdot sec^{-1}$	Zusätzliche experimentelle Bedingungen	Zitat
1104···1406	Co[60]	Co	$D = 0{,}83 \cdot \exp(-67\,700/RT)$		18
1000···1250			$D = 0{,}032 \cdot \exp(-61\,900/RT)$		1
1050···1250			$D = 0{,}367 \cdot \exp(-67\,000/RT)$		2
725··· 950	Ag[105]	Ag	$D_v = 0{,}895 \cdot \exp(-49\,950/RT)$		3
			$D_k = 0{,}03 \cdot \exp(-20\,200/RT)$		
640··· 903			$D_v = 0{,}11 \cdot \exp(-40\,800/RT)$	Index k = Korngrenzen-diffusion	4
800···1000	Au[198]	Au	$D = D_0 \cdot \exp(-45\,000/RT)$		5
721··· 966			$D = 2{,}04 \cdot 10^{-2} \cdot \exp(-51\,000/RT)$		6
50··· 100	Cd	Cd	$D_{v\parallel} = 0{,}05 \cdot \exp(-18\,200/RT)$		6a
			$D_{v\perp} = 0{,}10 \cdot \exp(-19\,100/RT)$		
			$D_k = 1{,}0 \cdot \exp(-13\,000/RT)$		
685···1062	Cu[65]	Cu	$D = 0{,}20 \cdot \exp(-47\,120/RT)$		7
720··· 900	Fe[59]	$\alpha - $ Fe	$D = 2{,}3 \cdot 10^3 \exp(-73\,200/RT)$		8
970···1357		$\gamma - $ Fe	$D = 5{,}8 \cdot \exp(-74\,200/RT)$		
<155	In[114]	In	$D = 1{,}02 \cdot \exp(-17\,900/RT)$		9
468··· 627	Mg[28]	Mg	$D = 1{,}0 \cdot \exp(-32\,000/RT)$		10
0··· 95	Na[22]	Na	$D = 0{,}242 \cdot \exp(-10\,450/RT)$		11
0··· 95			$D = 0{,}176 \cdot \exp(-12\,060/RT)$		12
200··· 300	Pb(ThB)	Pb.	$D = 6{,}56 \cdot \exp(-27\,900/RT)$	bei 8000 kg·cm⁻² Druck	13
180··· 223	Sn[121]	Sn	$D_\parallel = 1{,}2 \cdot 10^{-5} \cdot \exp(-10\,500/RT)$	Selbstdiffusion parallel und senkrecht zur tetragonalen c-Achse	14
			$D_\perp = 3{,}7 \cdot 10^{-8} \cdot \exp(-5900/RT)$		
253··· 393	Zn[65]	Zn	$D_\parallel = 1{,}840 \cdot \exp(-19\,600/RT)$	parallel und senkrecht zur c-Achse und 1 atm	15
			$D_\perp = 1{,}38 \cdot 10^5 \cdot \exp(-25\,900/RT)$		
			$D_\parallel = 4{,}8 \cdot 10^4 \cdot \exp(-25\,000/RT)$		
			$D_\perp = 1{,}8 \cdot 10^7 \cdot \exp(-32\,000/RT)$	und 8000 atm	

750···1025	Au[198]	Au + 0 Atom-% Ni	$D = 0{,}26 \cdot \exp(-45300/RT)$	[16]
795··· 950		Au + 20 Atom-% Ni	$D = 0{,}05 \cdot \exp(-40200/RT)$	
850··· 925		Au + 35 Atom-% Ni	$D = 0{,}06 \cdot \exp(-42700/RT)$	
805··· 940		Au + 50 Atom-% Ni	$D = 0{,}09 \cdot \exp(-43400/RT)$	
850··· 925		Au + 65 Atom-% Ni	$D = 0{,}51 \cdot \exp(-48800/RT)$	
850···1000		Au + 80 Atom-% Ni	$D = 1{,}1 \cdot \exp(-60500/RT)$	
900···1100		Ni	$D = 2{,}0 \cdot \exp(-65000/RT)$	
900···1250	Co[60]	Ni	$D = 1{,}46 \cdot \exp(-68300/RT)$	[1]
150··· 275	Tl[204]	Tl	$D_{\parallel c\text{-Achse}} = 0{,}4 \cdot \exp(-22900/RT)$ $D_\perp = 0{,}4 \cdot \exp(-22600/RT)$	[17]

[1] Ruder, R. C., u. C. E. Birchenall: J. Metals 3, 142 (1951).   [2] Nix, F. C., u. F. E. Jaumot jr.: Physic. Rev. (2) 80, 119 (1950); 82, 72 (1951). — Vgl. auch G. W. Callendine jr., V. C. Ridolfo u. M. L. Pool: Physic. Rev. 86, 642 (1952). [3] Hoffman, R. E., u. D. Turnbull: J. appl. Physics 22, 634 (1951).   [4] Johnson, R. D., u. A. B. Martin: Physic. Rev. 86, 642 (1952). [5] Gatos, H. C., u. A. Azzam: J. Metals 4, 407 (1952).   [6] McKay, H. A. C.: Trans. Faraday Soc. 34, 845 (1938). Siehe a. A. M. Sagrubsky: Physik. Z. Sowjetunion 12, 118 (1937).   [6a] Wajda, E. S., G. A. Shirn u. H. B. Huntington: Acta Metallurgica 3, 39 (1955).   [7] Kuper, A., H. Letaw jr., L. Slifkin, E. Sonder u. C. T. Tomizuka: Physic. Rev. 96, 1224 (1954).

[8] Birchenall, C. E., u. R. F. Mehl: Trans. AIME 188, 144 (1950). — P. L. Gruzin, Ju. W. Kornew u. G. W. Kurdjumow: Ber. Akad. Wiss. UdSSR 80, 49 (1951) studierten den Einfluß von Kohlenstoff auf die Selbstdiffusion von Eisen.

[9] Eckert, R. E., u. H. G. Drickamer: J. chem. Physics 20, 13 (1952).

[10] Shewman, P. G., u. F. N. Rhines: J. Metals 6, 1021 (1954).

[11] Nachtrieb, N. H., E. Catalano u. J. A. Weil: J. chem. Physics 20, 1185 (1952). — R. E. Meyer u. N. H. Nachtrieb: J. chem. Physics 23, 405 (1955).

[12] Nachtrieb, N. H., J. A. Weil, E. Catalano u. A. W. Lawson: J. chem. Physics 20, 1289 (1952).

[13] Hevesy, G. von, u. A. Obrutscheva: Nature 115, 674 (1925). — W. Seith u. A. Keil: Z. Physik 79, 197 (1932). — B. Okkerse: Acta Metallurgica 2, 551 (1954) fand unterhalb 260° C auch im Blei Korngrenzendiffusion.

[14] Fensham, P. J.: Aust. J. Sci. Res. (A) 3, 105 (1950).

[15] Liu, T., u. H. G. Drickamer: J. chem. Physics 22, 312 (1954). — Siehe a. G. A. Shirn, E. S. Wajda u. H. B. Huntington: Acta Metallurgica 1, 513 (1953). — P. H. Miller jr. u. F. R. Banks: Physic. Rev. 61, 648 (1942). — H. C. Gatos u. A. D. Kurtz: J. Metals 6, 616 (1954).

[16] Kurtz, A. D., B. L. Averbach u. M. Cohen: Wright Air Development Center under Contract AF 33 (038) — 23281, siehe auch Thesis von A. D. Kurtz, M. I. T. Cambridge, USA, 1952.

[17] Shirn, G. A.: Acta Metallurgica 3, 87 (1955).

[18] Mead, H. W., u. C. E. Birchenall: J. Metals 7, 994 (1955).

Tabelle 19. *Zusammenstellung der Selbstdiffusionskoeffizienten einiger Ionen in festen anorganischen Verbindungen*

Diffundierendes Ion	Diffusionsmedium	T in °C	D $cm^2 \cdot sec^{-1}$	D_0 $cm^2 \cdot sec^{-1}$	ΔU kcal/g-Atom	Zitat
Ag^{106}	$\alpha\text{-}Ag_2SO_4$	430…700	—	2,4	26,7	1
	$\beta\text{-}Ag_2SO_4$	250…430	—	$6,7 \cdot 10^{-5}$	13,4	
	$AgBr$	300	$1,02 \cdot 10^{-7}$	—	—	
		20	$\sim 10^{-15}$	—	—	2
	$\beta\text{-}Ag_2S$	179	$3,8 \cdot 10^{-7}$	—	—	3
	$\alpha\text{-}AgJ$	300	$2 \cdot 10^{-5}$	—	—	4
		190	$\sim 1 \cdot 10^{-5}$	—	—	5
	$\alpha\text{-}Ag_2HgJ_4$	127	(extrapoliert) $2 \cdot 10^{-6}$	—	—	6
Ba^{140}	BaO	1080…1220	$10^{-9} \ldots 10^{-11}$	als neutrale Gebilde, über Leer- stellen um den Faktor 20 kleiner		7
	$BaO\text{-}SrO\text{-}Kathode$	<1000	—	—	—	
		>1000	—	—	~ 96	8
Ba^{131}	$BaSiO_3$		—	—	$\sim 9,5$	
			—	500	80	1,9
	$BaTiO_3$		—	0,8	89	
Bi^{82}	$NaBr$	500…700	—	50	47,5	10
Ca^{45}	$CaFe_2O_4$	800…1200	—	30	86,0	11
	$\alpha\text{-}CaSiO_3$	Vorläufige Meßdaten ohne Angabe von T!	—	$7 \cdot 10^4$	112	12
	$\beta\text{-}CaSiO_3$		—	0,2	78	
	$Ca_3Si_2O_7$		—	10^{-2}	73	
	$\alpha\text{-}Ca_2SiO_4$	1200…1500	—	$2 \cdot 10^{-2}$	55	
	$\alpha'\text{-}Ca_2SiO_4$		—	$3,6 \cdot 10^{-2}$	65	
	CaO	900…1300	—	0,4	81	

Co^{60}	CoO (p$_{O_2}$ = 1 atm)	800···1350	—	2,15 · 10^{-3}	34,5	13
Cu^{64}	Cu$_2$O	800···1050		0,0436	36,1	14
Fe^{55}	CaFe$_2$O$_4$	800···1200	—	0,4	72	12
	FeO	699··· 983	—	0,118	29,7	15
	Fe$_3$O$_4$	799··· 987	—	5,2	55,0	
	Fe$_2$O$_3$	900···1300	—	4 · 10^5	112,0	15, 16
	ZnFe$_2$O$_4$	800···1300	—	8,5 · 10^2	82	16
Hg^{203}	α-Ag$_2$HgJ$_4$	127	5 · 10^{-8}	—	—	6
Pb (ThB)	PbCl$_2$		—	1,06 · 10^7	38,12	17
	PbJ$_2$		—	3,43 · 10^4	30,0	
	α-PbO (in Luft u. auf Pb ohne Luft)	400···600°C		10^5	66	18
	PbSiO$_3$	Unterhalb Schmp.		85	59,5	12
	Pb$_2$SiO$_4$	bis 150		8,2	47	
	PbS (geschwefelt)	580	2,3 · 10^{-11}	—	—	19
	PbS (im Vakuum)		7,9 · 10^{-12}	—	—	
Na^{22}	NaCl	>550	—	3,13	41,4	20
		<550	—	1,6 · 10^{-5}	17,7	
	Na$_{0,78}$WO$_3$	664···832	—	0,87	51,8	21
S^{35}	β-Ag$_2$S	179	3,6 · 10^{-13}	—	—	4
	Schwefel	>100	—	2,80 · 10^{13}	46800	22
Zn^{65}	ZnO (in O$_2$)	800···1400	—	1,3	73,3	23
	ZnO im Gleich- gewicht mit Zn	400	etwa 10^{-16}	—	—	12
	ZnFe$_2$O$_4$	900···1350	—	8,8 · 10^2	86	23

Fußnoten zu Tabelle 19:

[1] JOHANSSON, G., u. R. LINDNER: Acta chem. scand. **4**, 782 (1952). — R. LINDNER: J. chem. Physics **23**, 410 (1955).

[2] MURIN, A., u. JU. TAUSCH: Ber. Akad. Wiss. UdSSR (N. S.) **80**, 579 (1951). — Vgl. a. J. TELTOW: Z. Elektrochem. Ber. Bunsenges. phys. Chem. **56**, 767 (1952).

[3] PFEIFFER, I., K. HAUFFE u. W. JAENICKE: Z. Elektrochem., Ber. Bunsenges. phys. Chem. **56**, 728 (1952).

[4] PESCHANSKI, D.: J. chim. Physique **47**, 933 (1950).

[5] TUBANDT, C., H. REINHOLD u. W. JOST: Z. phys. Chem. **129**, 69 (1927).

[6] ZIMEN, K. E., G. JOHANSSON u. M. HILLERT: J. chem. Soc. (London) 392 (1949).

[7] REDINGTON, R. W.: Physic. Rev. **82**, 574 (1951).

[8] BEVER, R. S.: J. appl. Physics **24**, 1008 (1953).

[9] GARCIA-VERDUCH, A., u. R. LINDNER: Ark. Kemi **5**, 313 (1952).

[10] SCHAMP, H. W., u. E. KATZ: Physic. Rev. **94**, 828 (1954).

[11] HEDVALL, J. A., C. BRISI u. R. LINDNER: Ark. Kemi **5**, 377 (1952).

[12] LINDNER, R.: J. chem. Physics **23**, 410 (1955).

[13] CARTER, R. E., u. F. D. RICHARDSON: J. Metals **6**, 1244 (1954):

$$D_{\mathrm{CoO}}^{\mathrm{Co}} = 2{,}6 \cdot 10^{-9}\, p_{\mathrm{O_2}}^{0,35}\mathrm{cm^2 \cdot sec^{-1}}\ (\text{für } 1000\,^{\circ}\mathrm{C})\ \text{und}$$
$$D_{\mathrm{CoO}}^{\mathrm{Co}} = 9{,}0 \cdot 10^{-9}\, p_{\mathrm{O_2}}^{0,30}\mathrm{cm^2 \cdot sec^{-1}}\ (\text{für } 1150\,^{\circ}\mathrm{C}).$$

[14] MOORE, W. J., u. B. SELIKSON: J. chem. Physics **19**, 1539 (1951); **20**, 927 (1952).

[15] HIMMEL, L., R. F. MEHL u. C. E. BIRCHENALL: J. Metals **5**, 827 (1953).

[16] LINDNER, R.: Ark. Kemi **4**, 381 (1952).

[17] HEVESY, G. VON, u. W. SEITH: Z. Physik **56**, 790 (1929).

[18] LINDNER, R.: Ark. Kemi **4**, 385 (1952).

[19] ANDERSON, J. S., u. J. R. RICHARDS: J. chem. Soc. (London) **537** (1946).

[20] MAPOTHER, D. E., H. N. CROOKS u. R. J. MAURER: J. chem. Physics **18**, 1231 (1950). Vgl. auch A. MURIN u. B. LURE: Ber. Akad. Wiss. UdSSR **73**, 933 (1950).

[21] SMITH, J. F., u. G. C. DANIELSON: J. chem. Physics **22**, 266 (1954).

[22] HAISSINSKY, M. M., u. D. PESCHANSKI: J. chim. Physique **47**, 191 (1950).

[23] LINDNER, R.: Acta chem. scand. **6**, 457 (1952).

2. 4. 3 Zusammenstellung einiger für die Oxydation von Metallegierungen wichtiger Diffusionsdaten in Metallen und Ionenkristallen

Infolge der Mannigfaltigkeit der Diffusionserscheinungen in Metallen und Legierungen sowie Ionenkristallen sind verschiedene Arbeitsmethoden und Auswertungsverfahren in der Literatur veröffentlicht worden, über die zusammenfassend in den bereits öfter zitierten Büchern von JOST, HAUFFE und SEITH berichtet wurde. Neben Diffusionsversuchen an Einkristallen liegt ein besonders umfangreiches Material an polykristallinen festen Stoffen vor. Ganz allgemein empfiehlt es sich, bei polykristallinen Körpern der Korngrenzen- und Oberflächendiffusion — vor allem im Bereich mittlerer Temperaturen — besondere Aufmerksamkeit zu widmen. Eine kritische Darstellung dieser Diffusionserscheinungen mit Literaturhinweisen wurde von LE CLAIRE [1] gegeben. Im Rahmen dieses Buches wollen wir uns mit einer Zusammenstellung einiger wichtiger Diffusionsdaten begnügen, deren Kenntnis für die Oxydation von Metallegierungen und der „inneren Oxydation", insbesondere von Nickel-, Silber- und Kupfer-Legierungen zur Berechnung der Konkurrenz der Diffusion der Metallatome in der Legierungsphase und der Ionen in der Zunderschicht erforderlich ist, was für das Verständnis des Oxydationsvorganges und des Aufbaus der Zunderschicht unerläßlich ist.

Abschließend möchten wir nur noch einige prinzipielle Bemerkungen über die Verwendung der zur Auswertung von Diffusionsversuchen angewandten Diffusionsgleichungen machen. Die für die Behandlung der Diffusion in Legierungen verwandte 2. FICKsche Diffusionsgleichung in der Form

$$\frac{\partial c}{\partial t} = D \frac{\partial^2 c}{\partial \xi^2} \qquad (2.35)$$

ist lediglich als Grenzfall für sehr stark verdünnte Lösungen zu betrachten. Sobald höhere Konzentrationen auftreten, kann die Konzentrationsabhängigkeit von D nicht mehr vernachlässigt werden. Hier erhalten wir für den Fall der linearen Diffusion die folgende Gleichung:

$$\frac{\partial c}{\partial t} = \frac{\partial D}{\partial c} \left(\frac{\partial c}{\partial \xi} \right)^2 + D \frac{\partial^2 c}{\partial \xi^2}.$$

Da häufig die Anisotropie eines Kristallgitters die Diffusion stark beeinflussen kann, ist in solchen Fällen der Diffusionskoeffizient als Funktion der kristallographischen Richtung zu schreiben. D ist dann keine „skalare" Größe mehr, sondern bezüglich der geometrischen Eigenschaften ein sogenannter Tensor. Man kann nun ein rechtwinkliges Koordinatensystem so wählen, daß nur die Diagonalelemente D_{xx}, D_{yy}, D_{zz} dieses Tensors nicht verschwinden (Hauptachsentransformation). In diesem speziellen Koordinatensystem bekommt man eine zu Gl. (2.35) analoge Diffusionsgleichung

$$\partial c/\partial t = D_{xx}\, \partial^2 c/\partial y^2 + D_{yy}\, \partial^2 c/\partial y^2 + D_{zz}\, \partial^2 c/\partial z^2. \qquad (2.36)$$

Vom experimentellen Standpunkt wird jedoch im allgemeinen so verfahren, daß man nicht $c(\xi)$ bestimmt, sondern den Gehalt einer gewissen Schicht der Diffusionsprobe.

Über die Auflösung und praktische Verwendung der Diffusionsgleichung — unter Anwendung auf spezielle Fälle — wurde kürzlich ausführlich berichtet [2].

---

[1] LE CLAIRE, A. D.: Progr. Metal Physics **4**, 280 ff. (1953).

[2] HAUFFE, K.: Reaktionen in und an festen Stoffen, S. 259 ff. Berlin, Göttingen, Heidelberg: Springer 1955.

2.4.4 Zusammenstellung von Selbstdiffusionskoeffizienten in Metallen und anorganischen festen Stoffen

In diesem Kapitel sind einige Selbstdiffusionskoeffizienten zusammengestellt. Auch hier muß auf eine Beschreibung des Mechanismus der Selbstdiffusion und der Berechnung von D_0 verzichtet werden. Neben der Darstellung von Zener[1], Huntington und Seitz[2], sowie Buffington und Cohen[3] sei besonders auf eine neuere Darstellung von Le Claire[4] hingewiesen, in der die Zenersche Theorie erweitert wurde. Es werden Beziehungen für die Selbstdiffusionskonstante D_0 abgeleitet bei Berücksichtigung

1. einer Leerstellendiffusion, 2. einer Ringdiffusion und 3. einer Zwischengitterplatz-Diffusion.

Als wesentliches Ergebnis konnte gezeigt werden, daß die experimentell erhaltenen Werte von D_0 und ΔU (in der Gleichung $D = D_0 \exp(-\Delta U/RT)$) in flächenzentriert-kubischen Metallen nur mit einem Leerstellenmechanismus und in raumzentriert-kubischen Metallen nur mit einem Ringdiffusionsmechanismus gedeutet werden können. Die von Le Claire entwickelte Beziehung für D, die Zeners Beziehung für D_0 als Grenzfall enthält, kann zum Abschätzen der D-Werte für Metalle, deren Selbstdiffusionskoeffizienten noch nicht gemessen wurden, benutzt werden. Die für die Berechnung von ΔU und D_0 entwickelten Gleichungen lauten:

$$\Delta U = k_1 L_S + k_2 M \mu_0/\varrho_0$$

und

$$D_0 = a^2\, \nu \exp\left\{\Delta S_1 - k_2 \frac{M\,\mu_0}{\varrho_0}\left(\frac{\mu'}{\mu_0} - \frac{\varrho'}{\varrho_0}\right)\right\}\Big/ R$$

bzw.

$$D_0 = a^2\, \nu \exp\left\{\Delta S_1 - (\Delta U - k_1 L_S)\left(\frac{\mu'}{\mu_0} - \frac{\varrho'}{\varrho_0}\right)\right\}\Big/ R.$$

Hier bedeuten k_1 und k_2 Konstanten, die für die folgenden Metalle im Mittel berechnet wurden zu: k_1 (Pb, Ag, Au, Cu, γ-Fe, Co) = 0,215 und k_2 (Pb, Ag, Au, Cu) = 0,215. Die positive Entropie ΔS_1 ist häufig berechenbar. M ist das Atomgewicht, ϱ die Dichte, L_S die latente Schmelzwärme und μ der Schermodul, wo μ' und ϱ' nach der Temperatur differenziert sind und μ_0 und ϱ_0 die nach $T = 0°\,K$ extrapolierten Werte von μ und ϱ darstellen. Ferner ist a die Gitterkonstante und ν die Schwingungsfrequenz eines Gitteratoms.

Unter Verwendung der obigen Beziehungen berechnete Le Claire z. B. den Selbstdiffusionskoeffizienten von Aluminium und Molybdän:

$$D_{Al}^{Al} = 0{,}72 \cdot \exp(-42600/RT).$$

$$D_{Mo}^{Mo} = 16 \cdot \exp(-120000/RT)\ cm^2 \cdot sec^{-1}.$$

In Tab. 18 und 19 sind einige Selbstdiffusionskoeffizienten von Metallen in Metallen und Legierungen und von Ionen in Ionen- und Valenzkristallen zusammengestellt. Einige Daten über die Mitwirkung von Korngrenzen bei der Selbstdiffusion sind im folgenden Abschnitt zu finden.

---

[1] Zener, C.: J. appl. Physics **22**, 372 (1951).
[2] Huntington, H. B., u. F. Seitz: Physic. Rev. **61**, 315, 325 (1942).
[3] Buffington, F. S., u. M. Cohen: Acta Metallurgica **2**, 660 (1954).
[4] Le Claire, A. D.: Acta Metallurgica **1**, 438 (1953).

2.4.5 Korngrenzendiffusion in Metall- und Ionenkristallen

Des öfteren wird bei Diffusionsmessungen an polykristallinem Material — sowohl an Metall- wie Ionenkristallen — beobachtet, daß D_0 bis zu mehreren Größenordnungen kleiner gefunden wird, als nach der Theorie erwartet. Die anomal niedrigen Werte von D_0 sind stets von niedrigen ΔH-Werten begleitet. Diese Abweichungen werden mit fallender Temperatur größer. Dieser Tatbestand deutet darauf hin, daß mit fallender Temperatur die Gitterdiffusion — also die Diffusion über Fehlstellen im Gitter — in steigendem Maße durch eine rascher verlaufende Diffusion ersetzt wird, die über spezielle Kanäle im Material, überwiegend über Korngrenzen, abläuft. Während bei hohen Temperaturen diese „Kurzschlußdiffusion" keine merkliche Rolle spielt, wird sie bei niedrigen Temperaturen auf Grund ihres erheblich kleineren Temperaturkoeffizienten (gleichbedeutend mit kleinem ΔH)[1] die Gitterdiffusion ablösen. Diese Situation geht aus der schematischen Darstellung in Abb. 20 hervor. Bei einer kritischen Temperatur wird die effektive Geschwindigkeit der Korngrenzendiffusion gleich der Gitterdiffusionsgeschwindigkeit. Dieser kritische Temperaturpunkt ist nicht nur von System zu System verschieden, sondern hängt auch in hohem Maße vom realen Aufbau des Materials [Kristallstruktur, Form und Zahl der Korngrenzen je cm² effektiven Diffusionsquerschnittes, von anderen Gitterstörungen (z. B. Versetzungen), verursacht durch Verformungen und mechanischen Beanspruchungen (Druck, Zug, Torsion)] ab. Aus diesem Grunde ist die Korngrenzen- oder allgemeiner Kurzschlußdiffusion in hohem Maße, im Gegensatz zur Gitterdiffusion, strukturempfindlich und wird des öfteren auch als strukturempfindliche Diffusion bezeichnet.

Zur quantitativen Auswertung des Verhältnisses der Korngrenzen- und Gitterdiffusion wurden von FISHER[2] und TURNBULL[3] Diffusionsgleichungen aufgestellt, die weitgehend den realen Sachverhalt wiedergeben. Ohne auf die mathematische Herleitung dieser Gleichungen einzugehen, über die zusammenfassend an anderer Stelle berichtet wurde[4], wollen wir uns hier nur die Verhältnisse am Modellbild klarmachen, wo der durch Gitter- und Korngrenzendiffusion verursachte Konzentrationsverlauf eines diffundierenden Stoffes in einem quasi Bikristall mit Korngrenze wiedergegeben ist. Neben der in Abb. 20

---

[1] ZENER, C., in: Imperfections in Nearly Perfect Crystals. New York 1952. — A. S. NOWICK: J. appl. Physics **22**, 74 (1951).

[2] FISHER, J. C.: J. appl. Physics **22**, 74 (1951).

[3] TURNBULL, D., in: Atom Movements, Cleveland 1951, S. 129ff., J. Metals **3**, 661, (1951). — D. TURNBULL u. R. E. HOFFMAN: Acta Metallurgica **2**, 419 (1954).

[4] HAUFFE, K.: Reaktionen in und an festen Stoffen, S. 401ff. Berlin, Göttingen, Heidelberg: Springer 1955.

dargestellten Hauptrichtung der Diffusion (von oben nach unten) ist auch eine seitliche Diffusion zu berücksichtigen, durch die der Konzentrationsbereich entlang der Korngrenzen trichterförmig aufgeweitet wird.

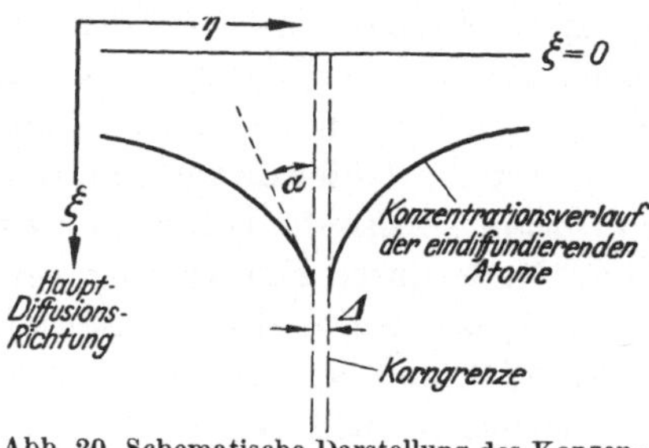

Abb. 20. Schematische Darstellung des Konzentrationsverlaufs der diffundierenden Atome in der Höhe einer Korngrenze eines Bikristalls. $\xi =$ Hauptdiffusionsrichtung und $\eta =$ seitliche Diffusionsrichtung, die sich in der Nähe der Korngrenze bemerkbar macht

In Abb. 21 ist die bevorzugte Korngrenzendiffusion von Chrom in Eisen-Nickel-Legierungen zu erkennen [1].

An Hand der hier nicht wiedergegebenen Formeln konnte TURNBULL recht eindrucksvoll zeigen, daß z. B. im Falle einer Diffusion, wo keine Korngrenzeneffekte bemerkbar sind, und wo die Korngrenzen-Diffusionsfläche $q_K = 0{,}05\%$ von der Gesamtfläche beträgt, nicht etwa $D_K \approx D_V$, sondern $D_K/D_V \geqq 10^5$ ist (der Index K bzw. V kennzeichnet die Korngrenzen- bzw. Gitterdiffusion).

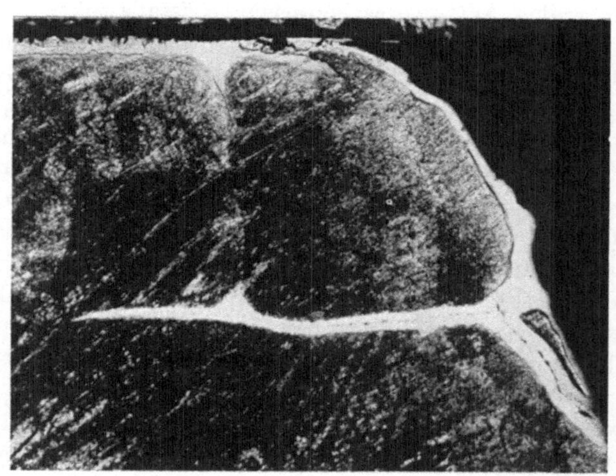

Abb. 21. Bevorzugte Diffusion von Chrom längs der Korngrenzen einer Eisen-Nickel-Legierung nach HOFFMAN. (250 fache Vergrößerung)

Unter Zugrundelegung der Darstellung von FISHER wurde von LE CLAIRE [2] eine einfache Beziehung des Diffusionsverhältnisses D_K/D_V

---

[1] HOFFMAN, R. E.: Traces and other Techniques of Diffusion Measurements, in Atom Movements. Cleveland 1951, S. 51 ff.

[2] LE CLAIRE, A. D., in: Progr. Metal Physics 4, 265 ff. (1953).

mit dem experimentell zu ermittelnden Winkel α (Abb. 20) aufgestellt:

$$\frac{D_K}{D_V} = \frac{1}{\Delta}\, 2\, (\pi\, D_V\, t)^{\frac{1}{2}}\, \mathrm{cotg}^2\, \alpha.$$

Hier bedeutet Δ die mittlere Breite der Korngrenze und t die Diffusionszeit. Wendet man diese Beziehung auf Diffusionsversuche von Kupfer in polykristallinem Nickel an[1] und wählt für $\alpha = 30°$, für $D_V \approx 10^{-5}\,\mathrm{cm}^2/$ Tag und für die Korngrenzendicke $\Delta = 5 \cdot 10^{-8}$ cm, dann erhält man für das Diffusionsverhältnis bei 1000° C:

$$\frac{D_K}{D_V} = 8 \cdot 10^5,$$

woraus sich für die Konstante der Korngrenzendiffusion

$$D_K \approx 8\;\mathrm{cm}^2/\mathrm{Tag}$$

ergibt, also ein Wert, der um etwa 6 Zehnerpotenzen größer ist als der der Volumen- bzw. Gitterdiffusion.

ACHTER und SMOLUCHOWSKI[2] untersuchten die Korngrenzendiffusion als Funktion der relativen Orientierung der Kristallite und Korngrenzen. Die Meßergebnisse an Silber bei etwa 700° C zeigten, daß nur dann die Korngrenzendiffusion deutlich schneller ist als die Gitterdiffusion, wenn der Winkel zwischen den angrenzenden Kristalliten $> 20°$ aber $< 70°$ ist. Im Bereich von 45° wird ein Maximum der Geschwindigkeit der Korngrenzendiffusion beobachtet. Nach neueren Untersuchungen von WHIPPLE[3] wird jedoch im Gegensatz zu dieser Beobachtung Korngrenzendiffusion auch noch bei kleinsten Winkeln beobachtet.

TURNBULL und HOFFMAN[4] untersuchten das Fortschreiten der Korngrenzendiffusion an präparierten Silber-Bikristallen mit anfangs parallelen [100]-Achsen, die durch Rotation um den Winkel α ($9° \leq \alpha \leq 28°$) aus ihrer parallelen Lage gebracht wurden. Die Meßergebnisse lassen sich auswerten, wenn man annimmt, daß der Selbstdiffusionskoeffizient D_K in den „Versetzungsröhren" der Korngrenzen unabhängig von α ist und daß D_K um mehrere Größenordnungen größer ist als der Gitterselbstdiffusionskoeffizient (Bei 100° C: $D_K \approx 4 \cdot 10^6\, D_V$). Die aus der Formel

$$D_K = 0{,}14 \cdot \exp\left(-19700/R\,T\right)\ \mathrm{cm}^2 \cdot \mathrm{sec}^{-1}$$

gefundene Aktivierungsenergie für D_K stimmt gut mit dem früher angegebenen Wert von 20000 cal/g-Atom überein, der aus Selbstdiffusionsmessungen an polykristallinem Silber erhalten wurde.

---

[1] BARNES, R. S.: Nature **166**, 1032 (1950).
[2] ACHTER, M. R., u. R. SMOLUCHOWSKI: J. appl. Physics **22**, 1260 (1951).
[3] WHIPPLE, R. T. P.: Phil. Mag. **45**, 1225 (1954).
[4] TURNBULL, D., u. R. E. HOFFMAN: Acta Metallurgica **2**, 551 (1954).

Couling und Smoluchowski[1] berichten über eine Anisotropie der Korngrenzendiffusion von Silber in Kupfer-Bikristallen, die aber nur bei einer Winkelorientierung zwischen 8 und 35° und zwischen 50 und 78° auftrat. Selbst an „weichen" Materialien wie Blei-Bikristallen konnte ebenfalls von Okkerse[2] bei 220°C eine Anisotropie der Korngrenzenselbstdiffusion beobachtet werden.

Weiteres experimentelles Material über Korngrenzendiffusion in Metallegierungen stammt von Wajda[3] (Zink zwischen 75 und 200°C), Langmuir[4] (Thorium in Wolfram), Bugakow und Rybalko[5] (Zn durch α-Messing) und Zwicker[6] sowie Pirani und Sandor[7] (an polykristallinen Wolframstählen). Über Korngrenzendiffusion in Ionenkristallen, die im Bereich mittlerer und niedriger Temperaturen eine entscheidende Rolle spielen können, wie z. B. von Pfeiffer, Hauffe und Jaenicke[8] an erstarrten AgBr-Schmelzen und auf Silber aufgebrachten AgBr-Schichten bei 20°C nachgewiesen werden konnte, liegt z. Z. noch kein Material vor, das für eine quantitative Auswertung geeignet wäre.

Unabhängig von dem Bemühen, Formeln zu entwickeln, die eine quantitative Auswertung der Meßwerte der Bruttodiffusionskoeffizienten gestatten, war man bestrebt, geeignete Modelle der Korngrenzen und Versetzungen zu finden. Dies gelang in recht anschaulicher Weise Bragg und Nye[9] mit der Schaffung eines Seifenblasenmodells (Abb. 22).

Sowohl Burgers[10] wie auch Read und Shockley[11] haben sich mit speziellen Korngrenzen- und Versetzungsmodellen beschäftigt und die Abhängigkeit der relativen Korngrenzenenergie von der Orientierung berechnet. Die sich aus ihren theoretischen Ausdrücken ergebenden Zahlenwerte stimmen gut mit den Meßwerten überein, die später von verschiedenen Autoren an Eisen[12], Zinn[13] und Blei[14] erhalten wurden.

[1] Couling, S. R. L., u. R. Smoluchowski: J. appl. Physics **25**, 1538 (1954).

[2] Okkerse, B.: Acta Metallurgica **2**, 551 (1954).

[3] Wajda, E. S.: Acta Metallurgica **2**, 184 (1954).

[4] Langmuir, I.: J. Franklin Inst. **217**, 543 (1934).

[5] Bugakow, W., u. F. Rybalko: Z. techn. Physik UdSSR **2**, 617 (1935).

[6] Zwikker, C.: Physica **7**, 189 (1927).

[7] Pirani, M., u. J. Sandor: J. Inst. Metals **73**, 385 (1947).

[8] Pfeiffer, I., K. Hauffe u. W. Jaenicke: Z. Elektrochem., Ber. Bunsenges. physik. Chem. **56**, 728 (1952).

[9] Bragg, L., u. J. F. Nye: Proc. Roy. Soc. London (A) **190**, 474 (1947).

[10] Burgers, J. M.: Proc. Phys. Soc. (B) **52**, 23 (1940).

[11] Read, W. T., u. W. Shockley: Physic. Rev. **78**, 275 (1950).

[12] Dunn, C. G., u. F. Lionetti: Trans. AIME **185**, 125 (1949); **188**, 1245 (1950).

[13] Aust, K. T., u. B. Chalmers: Proc. Roy. Soc. London (A) **201**, 210 (1950).

[14] Aust, K. T., u. B. Chalmers: Proc. Roy. Soc. London (A) **204**, 359 (1950).

Eine gute Zusammenfassung über die Theorie der Versetzungen stammt von Cottrell[1].

Es ist einleuchtend, daß man für die Oberflächendiffusion zu Ausdrücken kommt, die denen von Fisher für die Korngrenzendiffusion abgeleiteten völlig identisch sind. Das experimentelle Material hierüber

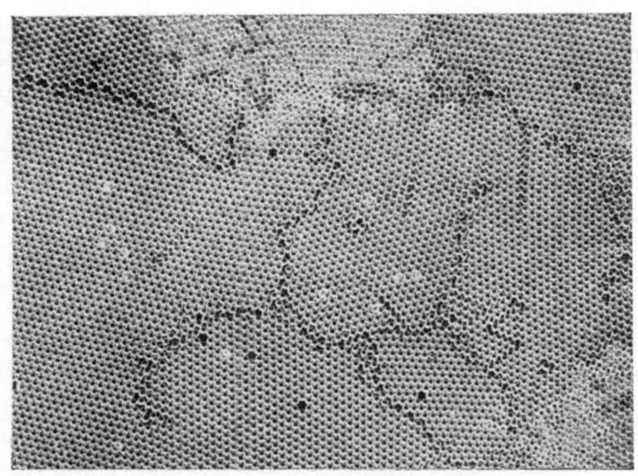

Abb. 22. Seifenblasenmodell nach Bragg und Nye. Neben den sich in statistischer Verteilung ausbildenden Leerstellen (schwarze Kreise) sind die Korngrenzen deutlich zu erkennen

ist z. Z. noch sehr spärlich. Nickerson und Parker[2] haben im Temperaturgebiet zwischen 225 und 350°C die Oberflächenselbstdiffusion von Silber zu

$$D_0 = 0,16 \cdot \exp\left(-10300/RT\right) \text{ cm}^2 \cdot \text{sec}^{-1}$$

bestimmt. In ähnlicher Weise wurde von Fraunfelder[3] die Oberflächendiffusion von radioaktiven Kupferatomen (Cu^{64}) auf Silber bei 750°C zu $7 \cdot 10^{-2}$ cm$^2 \cdot$ sec^{-1} ermittelt. Durch Anwendung des Feldelektronenmikroskops gelang es Drechsler[4] die Vorgänge der Oberflächendiffusion auf besonders präparierten Metall-Einkristallspitzen aufzuklären und die energetischen Verhältnisse abzuschätzen.

---

[1] Cottrell, A. H.: Theory of Dislocations, in: Progr. Metal Physics **4**, 205ff. (1953).

[2] Nickerson, R. A., u. E. R. Parker: Trans. Amer. Soc. Metals **42**, 376 (1950).

[3] Fraunfelder, H.: Helv. physic. Acta **23**, 347 (1950).

[4] Drechsler, M.: Z. Elektrochem., Ber. Bunsenges. physik. Chem. **58**, 327, 334, 340 (1954) führte die Untersuchungen von Stranski und Müller weiter [I. N. Stranski u. R. Suhrmann: Ann. Physik (6) **1**, 153, 169 (1947). — A. Eisenloeffel u. I. N. Stranski: Z. Metallkunde **41**, 10 (1950). — E. W. Müller: Ergebn. exakt. Naturwiss. **27**, 290 (1953)].

3 Über den Mechanismus der Oxydation von Metallen. — Theorie

In Kapitel 1 haben wir uns bereits allgemein — wenn auch nicht erschöpfend — mit den Erscheinungsformen der Metalloxydation vertraut gemacht. Aus dem Wunsch heraus, die für den Oxydationsvorgang maßgebenden Teilvorgänge quantitativ zu erfassen und die experimentellen Ergebnisse durch eine allgemein gültige Theorie zu verknüpfen und zu deuten, werden bei Vorliegen genügend reproduzierbarer Versuchsergebnisse mögliche Modellbilder und Hypothesen zur Diskussion gestellt, die dann durch zusätzliche Untersuchungen auf ihre Brauchbarkeit geprüft werden. Hierbei ist es stets sinnvoll, zunächst theoretische Ansätze für solche Oxydationsvorgänge zu machen, die sich durch ein einfaches Zeitgesetz beschreiben lassen und wo zusätzliche Erscheinungen — wie z. B. Keimbildung, Kristallwachstum, makroskopische Kristallstörung (z. B. Poren) und Phasengrenzreaktionen — weitgehend vernachlässigt werden können. Einfache Verhältnisse dieser Art erhält man häufig, wenn man reine Metalle bei hohen Temperaturen einer Sauerstoffatmosphäre aussetzt. Unter diesen Versuchsbedingungen beobachtet man im allgemeinen ein parabolisches Zeitgesetz, das auf einen geschwindigkeitsbestimmenden Diffusionsvorgang hinweist. Um den Mechanismus dieser geschwindigkeitsbestimmenden Diffusionsvorgänge mit Erfolg bearbeiten zu können, muß man sich zunächst Klarheit verschaffen, auf welche Weise überhaupt ein Transport der Ausgangsstoffe durch die auf dem Metall fest haftende Zunderschicht möglich ist, die ja die Ausgangsstoffe räumlich voneinander trennt. Da aber die die Zunderschicht aufbauenden anorganischen Verbindungen infolge Abweichung von der Stöchiometrie verschiedene Arten von Fehlordnungsstellen in unterschiedlicher Konzentration aufweisen können, ist es naheliegend, diese Fehlordnungsstellen für den verschieden raschen Transport der Ausgangsstoffe — Metall oder Nichtmetall oder beide — allerdings nicht als Atome sondern als Ionen und Elektronen verantwortlich zu machen. Hierdurch ist bereits der Weg eines sinnvollen Vorgehens festgelegt. Man wird allgemein gültige Transportgleichungen der wanderungsfähigen Teilchen, wie dies für Ionen in wäßrigen Elektrolyten seit langem durchgeführt wurde, in „festen Elektrolyten" — in eben diesen Zunderschichten — aufzustellen haben. Unter diesen Gesichtspunkten wurde von WAGNER 1933 eine Theorie über die Hochtemperaturoxydation von Metallen veröffentlicht, wonach es erstmalig möglich war, nicht nur die bisherigen Oxydationsversuche zu deuten und teilweise auch

Abb. 23 a-c. Aufwachsen von Oxydnadeln
auf der sich während der Oxydation ausbildenden Oxydschicht nach
PFEFFERKORN.
Vergr. 12000 fach; a Kupferoxyd auf
Phosphorbronze, 1 Std. bei 430°C oxydiert; b Tantaloxyd, beim Erhitzen auf
560°C oxydiert; c Zinkoxyd, 15,5 Std.
bei 340°C oxydiert

a

b

c

quantitativ auszuwerten, sondern — was fast noch wichtiger war — neue Versuche zu planen, aus denen wir uns weitere Aufklärung über den Reaktionsmechanismus verschaffen konnten.

Bevor wir uns mit der Darstellung einer allgemeinen Theorie der diffusions- und transportgesteuerten Metalloxydation beschäftigen, in der die WAGNERsche Theorie als ein — allerdings sehr wesentlicher — Teil enthalten ist, wollen wir gleich zu Anfang einige experimentelle Ergebnisse erwähnen, die durch die nachfolgend dargestellte Theorie nicht zu deuten sind und die daher z. Z. noch als ,,typische Knüppel zwischen die Beine des Theoretikers'' anzusehen sind. PFEFFERKORN [1] veröffentlichte kürzlich elektronenmikroskopische Untersuchungen an Metalloxydschichten, an deren Oberfläche sich im Bereich mittlerer Temperaturen ein ,,Kristallnadelwald'' ausbildete. In Abb. 23 sind einige Aufnahmen von bei verschiedenen Temperaturen und Zeiten anoxydierten Metallen wiedergegeben. Das Auftreten dieser Kristallnadeln und Lamellen wird offenbar durch eine bevorzugte Kristallwachstumsrichtung und Oberflächendiffusion verursacht. Über Bildung von Eisenoxydnadeln während der Eisenoxydation berichtet ebenfalls PAIDASSI [2]. Als beruhigendes Faktum dieser Nadelwachstumserscheinung kann jedoch die Tatsache angesehen werden, daß die Oxydnadeln sich nicht auf der blanken Metalloberfläche ausbilden, sondern aus einer bis zu vielen μ dicken Oxydschicht herauswachsen und bei hohen Temperaturen praktisch verschwinden. Dieser Sachverhalt stützt die Annahme, daß das Zeitgesetz der Oxydation durch die Nadelbildung in den meisten Fällen nicht beeinflußt wird, da der Materialtransport durch die kompakte Oxydschicht wohl der langsamste und damit geschwindigkeitsbestimmende Teilschritt bleibt.

Dessen ungeachtet wollen wir in der folgenden Betrachtung eine zur Metalloberfläche ideale parallele Schichtung des aufwachsenden Oxyds annehmen und uns nunmehr den Diffusions- und Transportvorgängen in diesen Zunder- und Anlaufschichten zuwenden.

3.1 Diffusions- und Transportvorgänge in Zunder- und Anlaufschichten

Die Teilchenstromdichte eines wanderungsfähigen Gitterbestandteils (über Fehlstellen) an irgendeinem Orte ξ der Zunder- bzw. Anlaufschicht eines oxydierenden Metalls läßt sich unter gewissen verein-

---

[1] PFEFFERKORN, G.: Naturwiss. **40**, 551 (1953) — Z. Metallkunde **46**, 204 (1955).

[2] PAIDASSI, J.: Trans. AIME **197**, 1570 (1953).

fachenden Annahmen mit Hilfe der statistischen Kinetik (rate theory)[1,2] berechnen. Gewisse Ergebnisse dieser Theorie wollen wir uns noch später zunutze machen. Hier betrachten wir zunächst den allgemein gültigen Ausdruck einer Teilchenstromdichte, die zwischen zwei Phasengrenzen I und II durch einen elektrochemischen Potentialgradienten verursacht wird. Dieser lautet folgendermaßen:

Teilchenstromdichte = Beweglichkeit $\times$ Teilchendichte $\times$ elektrochemischer Potentialgradient.

Setzen wir für die Beweglichkeit einer fehlgeordneten Teilchensorte i, $B_i = D_i/RT$, für die Teilchendichte der Fehlordnungsstellensorte i am Orte ξ, $n_i(\xi)$, und für den elektrochemischen Potentialgradienten der Fehlordnungsstellensorte i am Orte ξ, $\mathrm{grad}\,\eta_i(\xi)$, dann lautet der allgemeine Ausdruck:

$$j_i(\xi) = - \frac{D_i}{RT}\, n_i(\xi) \cdot \mathrm{grad}\,\eta_i(\xi). \tag{3.1}$$

Durch Aufspaltung des elektrochemischen Potentials η in das chemische μ und das elektrische Potential V unter Anpassung an die obigen Definitionen,

$$\eta_i(\xi) = \mu_i(\xi) + N_L z_i e\, V(\xi) \tag{3.2}$$

erhalten wir an Stelle von Gl. (3.1) den Ausdruck:

$$j_i(\xi) = - \frac{D_i}{RT}\, n_i(\xi) \left\{ \mathrm{grad}\,\mu_i(\xi) + N_L z_i e\, \mathfrak{E}(\xi) \right\}, \tag{3.3}$$

wo N_L die LOSCHMIDTsche Zahl, z_i die Wertigkeit der Fehlordnungsstellensorte i (darunter sind auch freie Elektronen und Defektelektronen gerechnet) und $\mathfrak{E}(\xi) = \mathrm{grad}\,V(\xi)$ bedeuten. Gl. (3.3) besitzt in jedem Fall — auch für höhere Fehlordnungskonzentrationen — volle Gültigkeit.

Während im Bereich mittlerer und niedriger Temperaturen die Transportvorgänge in dünnen Anlaufschichten sowohl durch den chemischen als auch durch den elektrischen Potentialgradienten bewirkt werden, was zu recht komplizierten Reaktionsmechanismen führt, die in eine durch das Experiment prüfbare Form nur durch gewisse — allerdings häufig berechtigte — Vereinfachungen gebracht werden können, ist die Beschreibung des Mechanismus der Hochtemperaturoxydation erheblich einfacher. Dies beruht auf der Tatsache, daß bei hohen Temperaturen und relativ dicken Zunderschichten die elektrischen Feldtransportbezirke zu vernachlässigen sind, da ihr Beitrag unter diesen Versuchsbedingungen nicht mehr nachweisbar ist. Die

---

[1] GLASSTONE, S., K. J. LAIDLER u. H. EYRING: The Theory of Rate Processes. New York 1941.

[2] ZENER, C.: J. appl. Physics **22**, 372 (1953).

Wanderungsvorgänge in dicken Zunderschichten — also jenseits der Feldtransportbezirke — stellen Diffusionsprozesse dar, welche stets zwei Sorten von Fehlordnungsstellen betreffen, etwa Zwischengitterkationen bzw. Anionenleerstellen und freie Elektronen im Leitungsband oder Kationenleerstellen und Defektelektronen im Valenzband. Beide Fehlordnungsstellensorten haben im allgemeinen wesentlich verschiedene Beweglichkeiten bzw. Diffusionskoeffizienten. Zur Beschreibung derartiger Vorgänge bei hohen Temperaturen verwenden wir Gl. (3.3), wo wir das zweite Glied im Klammerausdruck aus den oben aufgeführten Gründen streichen. Wegen Fehlens von Raumladungen und äußeren elektrischen Feldern muß ein besonderer Kopplungsmechanismus während der Diffusion ins Spiel kommen, welcher das Voraneilen der erheblich beweglicheren Elektronenfehlordnungsstellen in dem durch die chemische Potentialdifferenz gegebenen „Diffusionsfeld" verhindert und dafür sorgt, daß Ionen- und Elektronenfehlordnungsstellen unter Aufrechterhaltung der Elektroneutralität in gleichen Äquivalenten den senkrecht zur Diffusionsrichtung befindlichen Einheitsquerschnitt passieren. Diesen Kopplungsmechanismus zwischen der Ionen- und Elektronenfehlordnungswanderung bezeichnet man als ambipolare Diffusion. Die ambipolare Diffusion sorgt also dafür, daß die schnell beweglichen Elektronenstörstellen im chemischen Potentialfeld scharf abgebremst werden. Infolge ihrer zu den Elektronen erheblich größeren Masse werden die Ionenfehlordnungsstellen nicht nennenswert beschleunigt.

Nach diesen vorbereitenden Betrachtungen schreiten wir nun zur Ableitung des Zeitgesetzes der Hochtemperaturoxydation von Metallen, wobei wir uns eng an die von WAGNER seinerzeit gegebene Darstellung halten[1]. Bei Einhaltung der von WAGNER festgelegten Bedingungen, die wir oben diskutiert haben, behalten die abgeleiteten Zunderformeln stets ihre Gültigkeit. Diese letzte Feststellung verdient insofern Beachtung, als in der Literatur vereinzelt immer wieder versucht wird, mißverstandene Meßergebnisse in die WAGNERsche Theorie zu „pressen" und schließlich deren Unbrauchbarkeit für „diesen Fall" festzustellen bzw. wenig sinnvolle Schlußfolgerungen zu ziehen.

3.2 Die Zundertheorie nach Wagner

Als Ausgangsgleichung unserer Ableitung verwenden wir Gl. (3.3), die wir etwas anders schreiben

$$\frac{d\,n_i}{dt} = -\,q\,B_i\,n_i\left\{\frac{1}{N_L}\,\frac{d\,\mu_i}{d\,\xi} + |z_i|\,e\,\mathfrak{E}\right\}, \tag{3.4}$$

---

[1] WAGNER, C.: Z. physik. Chem. (B) **21**, 25 (1933); Diffusion and High Temperature Oxidation of Metals, in: Atom Movements, Cleveland 1951, S. 153 ff.

wo q die zu oxydierende Metalloberfläche in cm² und n_i die Konzentration der Teilchensorte i in Mol · cm⁻³ ist.

Um die einer direkten Messung nicht leicht zugängliche Größe B_i zu eliminieren, betrachten wir zunächst den elektrischen Strom i durch die vom Metall getrennte Zunderschicht, wo der Gradient des chemischen Potentials $d\mu_i/d\xi = 0$ ist. Für den Strom der Teilchensorte i erhalten wir

$$i_i = q\, n_i \, \varkappa \, 300 \, |\mathfrak{E}|, \tag{3.5}$$

wo der Faktor 300 der Umrechnung von absoluten Einheiten auf Volt/cm entspricht und n_i die Überführungszahl der Teilchensorte i ist. Hieraus folgt der durch Elektrolyse verursachte Teilchenstrom in Äquivalenten je Sekunde (daher auch Division durch 96 500):

$$\left(\frac{d n_i}{d t}\right)_{\text{Elektrolyse}} = q\,\frac{300}{96\,500}\, n_i\,\varkappa\, |\mathfrak{E}|. \tag{3.6}$$

Gl. (3.6) ist identisch mit Gl. (3.4), wenn wir $d\mu_i/d\xi = 0$ setzen, also

$$\left(\frac{d n_i}{d t}\right)_{\text{Elektrolyse}} = q\, B_i\, n_i\, |z_i|\, e\, |\mathfrak{E}|. \tag{3.7}$$

Durch Gleichsetzen von Gl. (3.6) und (3.7) folgt:

$$B_i\, n_i = \frac{300}{96\,500}\,\frac{n_i\,\varkappa}{|z_i|\,e}. \tag{3.8}$$

Einführung von Gl. (3.8) in (3.4) ergibt dann:

$$\frac{d n_i}{d t} = q\,\frac{300}{96\,500}\,\frac{n_i\,\varkappa}{|z_i|\,e\,N_L}\left\{-\frac{d\mu_i}{d\xi} - z_i\, N_L\, e\, \mathfrak{E}\right\}. \tag{3.9}$$

Gl. (3.9) ist identisch mit Gl. (3.4), wo die der Messung nur schwer zugängliche Größe B_i durch die leicht meßbaren Größen $\varkappa$ und n_i ersetzt sind. Gl. (3.9) gilt ebenfalls allgemein ($i = 1, 2, 3 \ldots$), wobei sich die Indizes 1, 2 und 3 auf Kationen, Anionen und Elektronen beziehen. Für Ionenkristalle ist aus Elektroneutralitätsgründen

$$\frac{d n_1}{d t} = \frac{d n_2}{d t} + \frac{d n_3}{d t} \tag{3.10}$$

zu setzen. Unter Beachtung der Elektroneutralitätsbeziehung (3.10) läßt sich aus den nach Gl. (3.9) für Kationen, Anionen und Elektronen aufzustellenden Transportgleichungen die elektrische Feldstärke berechnen zu:

$$\mathfrak{E} = \frac{1}{N_L\, e}\left\{-\frac{n_1}{z_1}\frac{d\mu_1}{d\xi} + \frac{n_2}{z_2}\frac{d\mu_2}{d\xi} + n_3\frac{d\mu_3}{d\xi}\right\} \tag{3.11}$$

mit $z_3 = 1$. Unter Verwendung der Dissoziationsgleichungen

$$\text{Metallion} + z_1 \text{ Elektronen} = \text{Metallatom} \tag{3.12}$$

und

$$\text{Nichtmetallion} = \text{Nichtmetallatom} + |z_2| \text{ Elektronen} \tag{3.13}$$

5 a*

lassen sich die chemischen Potentiale μ_{Me} und μ_X des neutralen Metalls und Nichtmetalls ausdrücken durch

$$\mu_1 + z_1\mu_3 = \mu_{Me} \tag{3.14}$$

$$\mu_2 = \mu_X + |z_2|\mu_3 \tag{3.15}$$

die wiederum durch die DUHEM-MARGULESsche Gleichung verknüpft sind:

$$x_{Me}\,d\mu_{Me} + (1 - x_{Me})\,d\mu_X = 0. \tag{3.16}$$

Bei geringen Abweichungen von der stöchiometrischen Zusammensetzung (x in Molenbruch) verhalten sich die Molzahlen von Metall und Nichtmetall nahezu umgekehrt wie die Absolutzahlen der Wertigkeit derselben, also:

$$d\mu_X = - \left|\frac{z_2}{z_1}\right| d\mu_{Me}. \tag{3.17}$$

Aus Gl. (3.11) ergibt sich nun unter Beachtung von Gl. (3.14) bis (3.17) für die elektrische Feldstärke:

$$\mathfrak{E} = \frac{1}{N_L\,e}\left\{-\frac{\mathfrak{n}_1}{z_1}\frac{d\mu_1}{d\xi} - \frac{\mathfrak{n}_2}{z_1}\frac{d\mu_1}{d\xi} - \frac{\mathfrak{n}_3}{|z_2|}\frac{d\mu_X}{d\xi} - \frac{\mathfrak{n}_3}{z_1}\frac{d\mu_1}{d\xi}\right\} \tag{3.18}$$

bzw.

$$N_L\,e\,\mathfrak{E} = -\frac{\mathfrak{n}_3}{|z_2|}\frac{d\mu_X}{d\xi}, \tag{3.18a}$$

da ja $\mathfrak{n}_1 + \mathfrak{n}_2 + \mathfrak{n}_3 = 1$ ist.

Durch Einsetzen von Gl. (3.18a) in die für Kationen (1)- bzw. Anionen (2)-Strom maßgebenden Gl. (3.9) ergibt sich

$$\frac{d\mathfrak{n}_1}{dt} = q\,\frac{300}{96500}\,\frac{\mathfrak{n}_1\,\mathfrak{n}_3\,\varkappa}{N_L\,e}\,\frac{1}{|z_2|}\,\frac{d\mu_X}{d\xi} \tag{3.19a}$$

und

$$\frac{d\mathfrak{n}_2}{dt} = q\,\frac{300}{96500}\,\frac{\mathfrak{n}_2\,\mathfrak{n}_3\,\varkappa}{N_L\,e}\,\frac{1}{|z_2|}\,\frac{d\mu_X}{d\xi}. \tag{3.19b}$$

Durch Addition der letzten beiden Gleichungen folgt für den gesamten Teilchenstrom der Anionen, Kationen und Elektronen durch die Zunderschicht, $dn/dt = dn_1/dt + dn_2/dt + dn_3/dt$, der Ausdruck:

$$\frac{dn}{dt} = q\,\frac{300}{96500}\,\frac{(\mathfrak{n}_1 + \mathfrak{n}_2)\,\mathfrak{n}_3}{N_L\,e}\,\varkappa\,\frac{1}{|z_2|}\,\frac{d\mu_X}{d\xi}. \tag{3.20}$$

Um diese Gleichung einer praktischen Auswertung zugänglich zu machen, multiplizieren wir Gl. (3.20) mit $d\xi$ und integrieren anschließend nach dem Ort von Null nach ξ unter gleichzeitiger Integration der Variablen μ_X zwischen den Grenzen $\mu_X^{(a)}$ (Phasengrenze Zunderschicht/Gas) und $\mu_X^{(i)}$ (Phasengrenze Zunderschicht/Metall) und erhalten, wenn wir die Überführungszahlen und die Gesamtleitfähigkeit $\varkappa$ hinter das Integralzeichen setzen, wegen der häufig auftretenden μ_X-Abhängigkeit derselben, den folgenden Ausdruck:

$$\frac{dn}{dt} = \frac{q}{\Delta\,\xi} \left\{ \frac{300}{96500} \; \frac{1}{|z_2|\,N_L\,e} \int_{\mu_X^{(i)}}^{\mu_X^{(a)}} (\mathfrak{n}_1 + \mathfrak{n}_2)\,\mathfrak{n}_3\,\varkappa\,d\mu_X \right\}. \qquad (3.21)$$

Der Querschnitt bzw. die zu oxydierende Oberfläche q ist nur dann konstant — und seine Stellung vor dem Integralzeichen gerechtfertigt — wenn es sich um die Oxydation von Blechen handelt. Bei Drähten hingegen ändert sich die dem angreifenden Gas ausgesetzte Oberfläche mit fortschreitender Zunderung, und q ist dann unter das Integralzeichen zu setzen. Der in geschwungenen Klammern stehende Ausdruck ist unter den vorgegebenen Bedingungen zeitlich konstant und wird als „rationelle Zunderkonstante" k in Äquivalenten $\cdot$ cm$^{-1}\cdot$ sec^{-1} bezeichnet. Diese ist der TAMMANNschen parabolischen Anlaufkonstanten äquivalent. In gleicher Weise läßt sich auch die Zunderformel Gl. (3.21) unter Verwendung der chemischen Potentiale des Metalls μ_{Me} hinschreiben.

Ohne zunächst auf eine detaillierte Diskussion der Zunderformel einzugehen, die wir in einem späteren Kapitel bringen wollen, soll hier nur einiges über die Anwendbarkeit dieser Formel mitgeteilt werden. Wie man erkennt, hängt die Zunderkonstante (Klammerausdruck) von den Überführungszahlen der einzelnen wanderungsfähigen Teilchensorten, Kationen, Anionen und Elektronen, ferner von der Gesamtleitfähigkeit $\varkappa$ der Zunderschicht und von dem chemischen Potentialgradienten des Nichtmetalls bzw. Metalls in ihr ab. Diese eben genannten Größen sind aber wiederum mit dem Fehlordnungszustand und der Fehlordnungsart eng verknüpft, worüber wir in Kapitel 2 berichtet haben. Durch Veränderung der Überführungszahl bzw. der Teilleitfähigkeit, $\mathfrak{n}_i\,\varkappa$, die den kleinsten Wert hat, wird man auch gleichzeitig die Zundergeschwindigkeit ändern. Ist ferner die Fehlordnung des die Zunderschicht aufbauenden Kristalls eine Funktion des chemischen Potentials $\mu_X = R\,T \ln p_X$, so wird die Oxydationsgeschwindigkeit eine Funktion des Partialdruckes des Nichtmetalls X sein und sich aus dem Zusammenhang — Fehlordnung und Partialdruck der umgebenden Atmosphäre — deuten lassen. In Tab. 20 sind einige Oxydationssysteme zusammengestellt, wo die Berechnung der Zunderkonstanten aus den elektrischen Daten möglich war. Wie man erkennt, ist die Übereinstimmung zwischen berechneten und experimentell erhaltenen recht gut.

Eine Beeinflussung der Fehlordnungskonzentration und damit auch der Überführungszahlen bzw. Teilleitfähigkeiten ist aber nicht nur durch Veränderung des Nichtmetall-Partialdruckes möglich, sondern

Tabelle 20. *Berechnete und gemessene Zunderkonstanten einiger Zundersysteme nach* WAGNER

Metall	Nichtmetall-Partialdruck p in Atm	Reaktions produkt	T in °C	Rationelle Zunderkonstante in Äquiv. cm$^{-1} \cdot$ sec^{-1}	
				beob.	ber.
Ag	Schwefel (flüssig)	Ag_2S	220	$1{,}6 \cdot 10^{-6}$	$2{,}4 \cdot 10^{-6}$ [1]
Cu	$p_{J_2} = 0{,}06$	CuJ	195	$3{,}4 \cdot 10^{-10}$	$3{,}8 \cdot 10^{-10}$ [2]
Ag	$p_{Br_2} = 0{,}23$	AgBr	200	$3{,}8 \cdot 10^{-11}$	$2{,}7 \cdot 10^{-11}$ [3]
Cu	$p_{O_2} = 8{,}3 \cdot 10^{-2}$	Cu_2O	1000	$6{,}2 \cdot 10^{-9}$	$6{,}6 \cdot 10^{-9}$ [4]
	$= 1{,}5 \cdot 10^{-2}$			$4{,}5 \cdot 10^{-9}$	$4{,}8 \cdot 10^{-9}$
	$= 2{,}3 \cdot 10^{-3}$			$3{,}1 \cdot 10^{-9}$	$3{,}4 \cdot 10^{-9}$
	$= 3{,}0 \cdot 10^{-4}$			$2{,}2 \cdot 10^{-9}$	$2{,}1 \cdot 10^{-9}$

auch — im allgemeinen sogar in viel höherem Maße — durch Einbau anderswertiger Ionen in die Zunderschicht, was entweder während der Oxydation durch Aufdampfen des Fremdstoffes von außen erfolgt oder durch geeignete Legierungszusätze bewirkt wird.

Auf Grund der fortschreitenden Technik in der Herstellung und Handhabung von radioaktiven Isotopen ist es heute in zahlreichen Fällen zweckmäßiger, an Stelle der elektrischen Daten die Selbstdiffusionskoeffizienten der die Zundergeschwindigkeit verursachenden Ionenart zu ermitteln. Für die richtige Durchführung solcher Messungen sind jedoch einige Punkte zu beachten, auf die wir noch zu sprechen kommen. Setzt man in der Ausgangsformel (3.3) für den Bruttostrom an Kationen und Anionen (gekennzeichnet durch die Indizes 1 und 2) $j_{1+2} \equiv j = \frac{1}{q} \cdot \frac{dn}{dt}$, für $\mu_i = R T \ln a_i$ und berücksichtigt auch hier die oben erwähnte Tatsache: D_i^* eine Funktion von a_i, so erhält man nach einigen Zwischenrechnungen die von WAGNER[5] bereits abgeleitete Formel für die Oxydationsgeschwindigkeit:

$$\frac{dn}{dt} = \frac{q}{\Delta \xi} \left\{ c_{\text{äqu}} \int_{a_X^{(i)}}^{a_X^{(a)}} \left(\frac{z_1}{|z_2|} D_1^* + D_2^* \right) d \ln a_X \right\} \qquad (3.22\,\text{a})$$

[1] WAGNER, C.: Z. physik. Chem. (B) **21**, 25 (1933).

[2] NAGEL, K., u. C. WAGNER: Z. physik. Chem. (B) **25**, 71 (1934).

[3] WAGNER, C.: Z. physik. Chem. (B) **32**, 447 (1936).

[4] WAGNER, C., u. K. GRÜNEWALD: Z. physik. Chem. (B) **40**, 455 (1938).

[5] WAGNER, C.: Diffusion and High Temperature Oxidation of Metals, in: Atom Movements. Cleveland 1951, S. 153 ff.

bzw.

$$\frac{dn}{dt} = \frac{q}{\Delta \xi} \left\{ c_{\text{äqu}} \int\limits_{a_{\text{Me}}^{(i)}}^{a_{\text{Me}}^{(a)}} \left(D_1^* + \frac{|z_2|}{z_1} D_2^* \right) d \ln a_{\text{Me}} \right\}. \qquad (3.22\,\text{b})$$

Hier bedeuten D_1^* und D_2^* die Selbstdiffusionskoeffizienten der Metall-ionen und Anionen und a_{X} bzw. a_{Me} die thermodynamische Aktivität des Nichtmetalls bzw. des Metalls. Häufig kann man nun im Falle kleiner Fehlordnungskonzentrationen ideale Bedingungen voraussetzen und an Stelle der Aktivitäten gemäß

$$\mu = R T \ln p \qquad (3.23)$$

die entsprechenden Partialdrucke verwenden, die leicht einer direkten Messung zugänglich sind.

Wie wendet man nun die Gl. (3.22) richtig an? Da dies in der Literatur vielleicht nicht immer klar zu ersehen ist und da die Gl. (3.22) gelegentlich mit falschen Selbstdiffusionskoeffizienten angewandt wurden, obwohl die WAGNERsche Darstellung klar genug sein sollte, haben HAUFFE und ILSCHNER[1] kürzlich die Zusammenhänge zwischen Zunderkonstanten und Selbstdiffusionskoeffizienten noch etwas eingehender und drastischer diskutiert. Bevor wir auf diese Zusammenhänge auch hier näher eingehen, sei noch folgendes erwähnt. In den Zunderformeln von WAGNER werden sowohl die Kationen als auch die Anionen als Diffusionspartner zunächst als gleichberechtigt angesehen. Für eine bevorzugte Kationen- oder Anionenwanderung durch die Zunderschicht entscheidet allein die Fehlordnungsstruktur der Zunder-schicht. Dieser an und für sich klare Sachverhalt ist nur deswegen hier noch einmal wiederholt, da gelegentlich immer noch Irrtümer auftreten[2].

3.3 Über Diffusions- und Zunderkoeffizienten

Bei der Verwendung von Diffusions- und Selbstdiffusionskoeffi-zienten zur Berechnung von Zunderkonstanten ist zu berücksichtigen, daß D_i in Gl. (3.3) im Exponenten die Differenz der freien Energien von Gleichgewichts- und Sattelpunktslage des wandernden Ions ent-hält. Diese Energiedifferenz wird allgemein als (freie) „Aktivierungs-energie" des Platzwechsels der Fehlordnungsstelle bezeichnet[3]. Hierbei

---

[1] HAUFFE, K., u. B. ILSCHNER: Z. Elektrochem., Ber. Bunsenges. physik. Chem. **58**, 467 (1954).

[2] Siehe z. B. R. LINDNER: J.chem. Physics **23**, 410 (1955).

[3] Siehe z. B. N. F. MOTT u. R. W. GURNEY: Electronic Processes in Ionic Crystals. Oxford 1948, S. 33ff.

ist das in den Transportgleichungen verwandte D_i nicht zu verwechseln mit dem Selbstdiffusionskoeffizienten der entsprechenden Ionensorte im Gitter. Im Falle der Verwendung von radioaktiven Isotopen müssen nämlich für die Platzwechselwahrscheinlichkeiten dieser Isotope im Gitter zwei Faktoren berücksichtigt werden: erstens aus der D_i entsprechenden Platzwechselwahrscheinlichkeit einer Fehlordnungsstelle und zweitens aus der Wahrscheinlichkeit dafür, daß dem Isotop entweder eine Leerstelle benachbart ist, in die es springen kann, oder aber, daß es sich selbst auf Zwischengitterplatz befindet. Im Gegensatz zu den Fehlordnungsstellen müssen nämlich, bildhaft gesprochen, die radioaktiven Gitterionen auf ein „Beförderungsmittel" warten, während die Fehlordnungsstellen „Selbstfahrer" sind. Dadurch kommt in den Exponenten des Selbstdiffusionskoeffizienten,

$$D_i^* = \mathrm{const} \cdot \exp\left\{-(E_D + E_F)/RT\right\}, \qquad (3.24)$$

neben der Aktivierungsenergie zur Überwindung der Sattelhöhen E_D noch zusätzlich die Aktivierungsenergie E_F für die Bildung einer Fehlordnungsstelle hinein, so daß gilt:

$$D_i^*/D_i \sim \exp(-E_F/RT) \quad \text{bzw.} \quad D_i > D_i^* .$$

Entsprechend wird sich auch die Temperaturabhängigkeit der Diffusionskoeffizienten D_i und D_i^* unterscheiden. Bei der Beschreibung von Festkörperreaktionen treten aber letzten Endes meist Produkte $D_i\, n_i(\xi)$ oder $D_i\, \mathrm{grad}\,\mu_i(\xi)$ auf, die dann in ihrer Temperaturabhängigkeit doch wieder den Selbstdiffusionskoeffizienten entsprechen. Die Berücksichtigung dieser Tatsache ist immer an solchen Oxydationssystemen am Platze, wo die entstehende Zunderschicht durch eine „chemische" Fehlordnung ausgezeichnet ist, wo also durch die Gegenwart des Reaktionsgases oder des Metalls bzw. der Legierung die Fehlordnung des die Zunderschicht aufbauenden Ionenkristalls geändert wird. Wie HAUFFE und ILSCHNER zeigen konnten, ändert sich die Energie für die Fehlordnungsbildung im Gleichgewicht mit einer Nachbarphase — ob reagierendes Gas bei verschiedenen Partialdrucken oder Metall — wesentlich, je nachdem ob die Nachbarphase den Bestandteil Me oder X des Ionenkristalls $Me_x X_y$ im Überschuß- bzw. Unterschuß enthält. (Abb. 24). Wenn man nun berücksichtigt, daß

$$D^* \sim \exp(-E_F/RT)$$

ist, so muß auch der Selbstdiffusionskoeffizient sich ändern. Man wird also erheblich unterschiedliche Werte der Selbstdiffusionskoeffizienten z. B. in Cu_2O und ZnO erhalten, je nachdem man die Selbstdiffusion der Metallionen im Oxyd im Gleichgewicht mit Sauerstoff oder mit dem Metall mißt. Auf diese Zusammenhänge hat im Falle der Kupferoxydation zu Cu_2O WAGNER[1] aufmerksam gemacht und die entsprechenden Formeln abgeleitet. Für die parabolische Zunderkonstante k [Äquiv · cm^{-1} · sec^{-1}] erhält man im vorliegenden Fall aus Gl. (3.22a) nach Integration, wenn $D_2^* \approx 0$ ist und wenn für die Aktivitäten in erster Näherung die Konzentrationen der Leerstellen an den beiden Phasengrenzen gesetzt werden, den Ausdruck:

$$k = (1 + z_{Cu})\, c_{\text{äqu}}\, D_{Cu}^{*\,(a)} \left\{ 1 - \frac{c_{Cu\square'}^{(i)}}{c_{Cu\square'}^{(a)}} \right\}. \qquad (3.25)$$

Wie man aus Gl. (3.25) erkennt, ist zur Berechnung von k der Selbstdiffusionskoeffizient $D_{Cu}^{*\,(a)}$ der Kupferionen in Cu_2O maßgebend, das

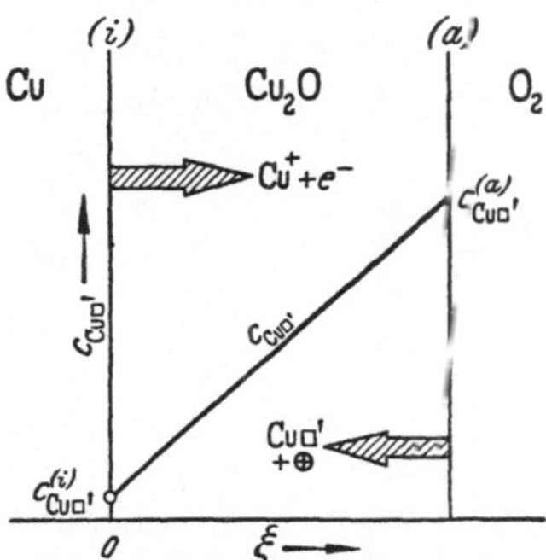

Abb. 24a. Schematische Darstellung des Konzentrationsverlaufs der Cu-Ionenleerstellen Cu□' durch die Cu₂O-Schicht während der Oxydation (Leerstellenstrom und Metallionenstrom laufen entgegengesetzt)

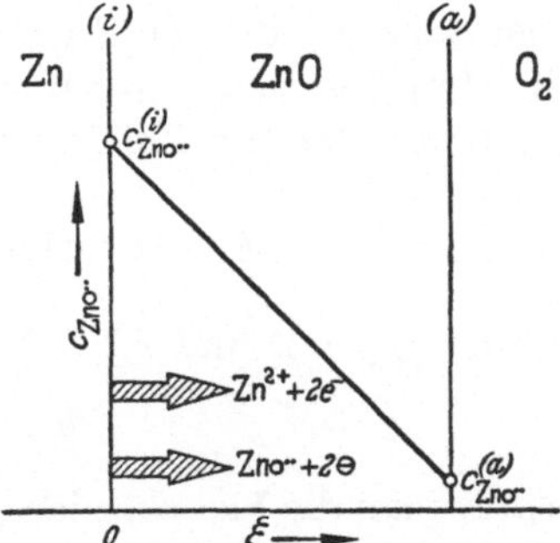

Abb. 24b. Schematische Darstellung des Konzentrationsverlaufs der Zn-Ionen auf Zwischengitterplätzen ZnO·· durch die ZnO-Schicht während der Oxydation (Fehlstellenstrom und Metallionenstrom laufen gleichsinnig)

mit dem während der Oxydation herrschenden Sauerstoffdruck im Gleichgewicht stehen muß. Für hohe Sauerstoffdrucke, wo $c_{Cu\square'}^{(i)} \ll c_{Cu\square'}^{(a)}$ ist, vereinfacht sich Gl. (3.25) zu:

$$k \approx 2\, c_{\text{äqu}}\, D_{Cu}^{*\,(a)}. \qquad (3.25\,\text{a})$$

oder wenn man k durch k' [cm^2 · sec^{-1}] ersetzt und $D_{Cu}^{*\,(a)} \equiv D^*$ verwendet:

$$\frac{k'}{D^*} \approx 2. \qquad (3.25\,\text{b})$$

Den experimentellen Beweis für die Gültigkeit der Beziehung Gl. (3.25b) brachten MOORE und SELIKSON[2], deren Meßergebnisse in Tab. 25 im Kap. 4.2.1.1 zusammengestellt sind.

---

[1] WAGNER, C.: Diffusion and High Temperature Oxidation of Metals, in: Atom Movements. Cleveland 1951, S. 153ff.

[2] MOORE, W. J., u. B. SELIKSON: J. chem. Physics **19**, 1539 (1951); **20**, 927 (1952).

Die von BARDEEN, BRATTAIN und SHOCKLEY[1] während der Kupferoxydation ermittelte Selbstdiffusion der Cu-Ionen ist nicht im Gleichgewicht mit dem während der Oxydation herrschenden Sauerstoffdruck gemessen worden, sondern in einem Cu_2O mit einem Konzentrationsgefälle der Cu-Ionenleerstellen. Dadurch wird die Auswertung von D_{Cu}^* und dessen Umrechnung auf k-Werte erheblich kompliziert.

Im Falle der Zinkoxydation liegen die Verhältnisse gerade umgekehrt. Da ZnO ein Elektronenüberschußleiter mit Zn-Ionen auf Zwischengitterplätzen ist, wird hier der Selbstdiffusionskoeffizient $D_{Zn}^{*(i)}$ der Zn-Ionen im ZnO maßgebend, das sich im Gleichgewicht mit Zink und *nicht* mit Sauerstoff befindet. Es geht also auch hier der Selbstdiffusionskoeffizient im Bereich der höchsten Fehlordnungskonzentration — das ist hier an der Zn/ZnO-Phasengrenze — in die Rechnung ein (Abb. 24 b). Der von WAGNER abgeleitete zu Gl. (3.25) identische Ausdruck lautet für die Zinkoxydation:

$$k = (1 + z_{Zn})\, c_{\text{äqu}}\, D_{Zn}^{*(i)} \left\{ 1 - \frac{c_{Zn\,O\cdot\cdot}^{(a)}}{c_{Zn\,O\cdot\cdot}^{(i)}} \right\} \tag{3.26}$$

bzw. mit $z_{Zn} = 2$ und $c_{Zn\,O\cdot\cdot}^{(i)} \gg c_{Zn\,O\cdot\cdot}^{(a)}$:

$$k \approx 3\, c_{\text{äqu}}\, D_{Zn}^{*(i)}. \tag{3.26 a}$$

Beachtet man die hier skizzierten Zusammenhänge nicht und bestimmt D_{Zn}^* in ZnO nach Temperung in Luft, so ist keinerlei Übereinstimmung zu erwarten. Genau dies zeigen die Messungen von LINDNER[2]. Der Gegenversuch[3] — D_{Zn}^*-Bestimmung in ZnO im Gleichgewicht mit Zn —, welcher Übereinstimmung der Aktivierungsenergien der Diffusion und der Oxydation ergeben sollte und damit eine Berechnung von k aus Selbstdiffusionsmessungen ermöglichen sollte, ist nach Kenntnis des Verfassers einwandfrei noch nicht durchgeführt worden.

Abschließend wollen wir uns also als Regel für den Vergleich von D^*- und k-Werte merken:

1. Für Zundersysteme mit elektronenüberschußleitenden Deckschichten — ganz gleich ob mit Anionenleerstellen oder mit Kationen auf Zwischengitterplätzen — ist stets der Selbstdiffusionskoeffizient der Anionen bzw. Kationen in dem die Zunderschicht aufbauenden Kristall zu bestimmen, der sich im Gleichgewicht mit der Metallphase befindet.

2. Für Zundersysteme mit defektelektronenleitenden Deckschichten ist stets der Selbstdiffusionskoeffizient der Kationen — und bei An-

---

[1] BARDEEN, J., W. H. BRATTAIN u. W. SHOCKLEY: J. chem. Physics **14**, 714 (1946).

[2] LINDNER, R.: Acta chem. scand. **6**, 457 (1952).

[3] LINDNER, R.: J. chem. Physics **23**, 410 (1955).

ionen-Zwischengitterplatzbesetzung auch der der Anionen — in dem die Zunderschicht aufbauenden Kristall zu bestimmen, der im Gleichgewicht mit dem während der Oxydation herrschenden Sauerstoffpartialdruck steht.

Bevor wir die rein diffusionsgesteuerten Oxydationsvorgänge verlassen, wollen wir uns noch mit der Berechnung der absoluten Oxydationsgeschwindigkeiten von Metallen beschäftigen, wobei wir uns an eine Darstellung von GULBRANSEN[1] anlehnen.

3.4 Berechnung der absoluten Oxydationsgeschwindigkeitskonstanten von Metallen bei parabolischem Zeitgesetz

Wie wir in den vorangehenden Kapiteln gezeigt haben, ist nur dann ein parabolisches Zeitgesetz der Metalloxydation zu erwarten, wenn die Phasengrenzvorgänge hinreichend rasch ablaufen und allein die Diffusion einer der Ionensorten — Kationen oder Anionen — bzw. der Elektronen über Fehlordnungsstellen geschwindigkeitsbestimmend ist. Unter diesen Bedingungen erhalten wir das parabolische Zeitgesetz (1.2), das in integrierter Form lautet:

$$(\Delta \xi)^2 = 2k't \tag{3.27}$$

mit

$$k' = \Omega D (n^{(a)} - n^{(i)}), \tag{3.27a}$$

wo Ω das Volumen des Oxyds je Metallion darstellt und $n^{(a)}$ bzw. $n^{(i)}$ die Zahl der Leerstellen oder Ionen auf Zwischengitterplätzen je ml an der Phasengrenze Oxyd/Gas bzw. Oxyd/Metall ist.

Unter Anwendung dieser Gleichung auf den Fall der Nickeloxydation, wo sich ein p-leitendes NiO als Zunderschicht bildet, erhalten wir bei Vernachlässigung von $n^{(i)}$ und alleiniger Verwendung von $n^{(a)} \equiv n_{\mathrm{Ni}\,\square}'' = N/(4^{1/3})\, p_{O_2}^{1/6}$ exp $(-\Delta F_0/3RT)$, was nichts anderes als den Massenwirkungsansatz (2.21) mit dem zusätzlichen Term der freien Standard-Energie der Fehlordnung darstellt, für die parabolische Zunderkonstante k' den folgenden Ausdruck:

$$k' = \frac{\Omega D}{4^{1/3}}\, N\, p_{O_2}^{1/6} \exp(-\Delta F_0/3RT). \tag{3.28}$$

Hier bedeutet N die Gesamtzahl der Gitterplätze je ml und $\Delta F_0 = -RT \ln K$ mit K der Massenwirkungskonstanten der Fehlordnungsgleichung.

Unter Verwendung der von ZENER[2] modifizierten Diffusionstheorie erhalten wir für den in Gl. (3.27a) bzw. (3.28) auftretenden Diffusionskoeffizienten

$$D = \gamma\, a^2\, \nu \exp{-(\Delta F^*/RT)}, \tag{3.29}$$

wo ν die Schwingungsfrequenz in Diffusionsrichtung, a den mittleren Sprungabstand und ΔF^* die isotherme Diffusionsarbeit kennzeichnet. γ ist eine Konstante, die von der Natur des diffundierenden Ions abhängt. Unter Berücksichtigung der bekannten thermodynamischen Beziehungen

$$\Delta F_0 = \Delta H_0 - T\Delta S_0 \quad \text{und} \quad \Delta F^* = \Delta H^* - T\Delta S^*$$

---

[1] GULBRANSEN, E. A.: Ann. New York Acad. Sci. **58**, 830 (1954).
[2] ZENER, C.: J. appl. Physics **22**, 372 (1951).

erhalten wir aus Gl. (3.28) und (3.29) schließlich den Ausdruck:

$$k' = \frac{\gamma\, a^2\, \Omega}{4^{1/3}}\, \nu\, N \times$$

$$\times\, p_{O_2}^{1/6} \exp\left\{ (\Delta S_0/3 + \Delta S^*)/R \right\} \exp\left\{ - (\Delta H_0/3 + \Delta H^*)/R\,T. \right\}. \qquad (3.30)$$

Hier bedeutet ΔS_0 die Standard-Entropie für die Leerstellenbildung, ΔH_0 die entsprechende Bildungswärme und ΔS^* bzw. ΔH^* die Aktivierungsentropie bzw. Aktivierungswärme der Diffusion.

Die Berechnung der parabolischen Geschwindigkeitskonstanten sei am Beispiel der Nickeloxydation vorgeführt. Die Größen ν, a, γ und N können aus der Struktur des NiO bestimmt werden. ($\nu = \Theta_D\, k/h$ mit $\Theta_D = $ DEBYE-Temperatur, $k = $ BOLTZMANN-Konstante und $h = $ PLANCK-Konstante.) $\Delta H_0 + \Delta H^*$ ergibt sich aus der Temperaturabhängigkeit zu 41200 cal/Mol NiO. ΔS_0 kann aus thermodynamischen Daten im Sinne der Ansätze von JOST[1] und MOTT[2] berechnet werden. Die Entropieänderung beim Einbau von Sauerstoff in das Gitter kann unter den folgenden beiden Bedingungen abgeschätzt werden:

1. Entropieänderung ohne Störung des NiO-Gitters.

2. Entropieänderung unter Berücksichtigung einer Störung im NiO-Gitter, verursacht durch eine Kationenleerstelle und zwei Defektelektronen pro eingebautes Sauerstoffion.

Über eine derartige Rechnung wurde kürzlich von GULBRANSEN und ANDREW[3] berichtet. Für NiO bei 1000° K erhalten wir:

$$S \text{ von } \tfrac{1}{2} O_2^{(g)} = 29,10 \text{ cal/grad,}$$
$$S \text{ von } O^{2-} \text{ in NiO} = 9,04 \text{ cal/grad,}$$
$$\Delta S \text{ (Fehlordnung)} = 2,4 \text{ cal/grad.}$$

Entsprechend folgt für $\Delta S_0 = -22,5$ cal/grad bzw., da stets drei Fehlordnungsstellen je eingebautes Sauerstoffion entstehen, $\Delta S_0 = -7,5$ cal je grad je Grammatom Fehlordnungsstellen.

Die Aktivierungsentropie der Diffusion ΔS^* hat ein positives Vorzeichen und lautet nach ZENER:

$$\Delta S^* = \lambda \frac{\Delta H^* \beta}{T_m}, \qquad (3.31)$$

wo λ den Anteil der freien Aktivierungsenergie darstellt, der durch die Gitterstörung verursacht wird. T_m ist die Schmelztemperatur von NiO und

$$\beta = - \frac{d(\mu/\mu_0)}{d(T/T_m)}.$$

μ ist der Elastizitätsmodul und μ_0 der Wert von μ bei $T = 0$. β kann ferner aus der statistischen Thermodynamik durch C_p berechnet werden:

$$C_p = \frac{\partial}{\partial T}\left\{ R\,T^2\left(\frac{\partial \ln Q_v}{\partial T}\right)_p \right\} \quad \text{mit} \quad Q_v = k\,T/h,$$

woraus sich durch Differentiation ergibt:

$$C_p = R \frac{\partial}{\partial T}\left\{ T - T^2 \frac{d\ln \nu}{dT} \right\}. \qquad (3.32)$$

---

[1] JOST, W.: J. chem. Physics 1, 466 (1933) — Physik. Z. 36, 757 (1935).
[2] MOTT, N. F., u. M. J. LITTLETON: Trans. Faraday Soc. 34, 485 (1938).
[3] GULBRANSEN, E. A., u. K. F. ANDREW: J. electrochem. Soc. 101, 128 (1954).

Unter Verwendung der von EINSTEIN stammenden Beziehung zwischen der Kompressibilität χ eines Festkörpers und seiner charakteristischen Frequenz ν_E

$$\nu_E \approx 1/\chi^{1/2} \quad \text{bzw.} \quad \nu_E \approx \mu^{1/2}, \text{ da } \chi \approx \frac{1}{\mu},$$

folgt aus Gl. (3.32):

$$C_p = R \frac{\partial}{\partial T}\left\{ T - \frac{T^2}{2}\frac{d\ln\mu}{dT}\right\}. \tag{3.33}$$

Hieraus erhält man schließlich aus Gl. (3.33) für drei Freiheitsgrade:

$$C_p = 3R\left\{1 + \frac{T}{T_m}\frac{\mu_0}{\mu}\beta\right\}. \tag{3.34}$$

Da $\mu = \mu_0$ bei $T = 0$ und $\mu = 0$ bei T_m ist, folgt für $\mu/\mu_0 = 0{,}6$ bei $T_m = 1000^\circ$ K. Demzufolge ist $\beta = 0{,}42$. Unter der Annahme, ΔH^* ist $\frac{1}{2}(\Delta H^* + \Delta H_0)$ für NiO, berechnet GULBRANSEN $\Delta H^* = 20600$ cal/Mol und $\Delta S^* = 2$ cal/grad $\cdot$ Mol. Unter Verwendung dieser Daten ergibt sich schließlich bei 700°C für die parabolische Zunderkonstante $k' = 1{,}35 \cdot 10^{-13}$ cm^2 $\cdot$ sec^{-1} in guter Übereinstimmung mit der aus dem Experiment erhaltenen von $k' = 1{,}02 \cdot 10^{-13}$ cm^2 $\cdot$ sec^{-1}.

Daß die Ansätze für die Oxydation von Kobalt bei 400° C versagen, wie aus der rechnerischen Auswertung von GULBRANSEN hervorgeht, ist nicht überraschend, wenn man beachtet, daß hier neben der zusätzlichen Bildung einer Co_3O_4-Schicht sicher noch Feldtransportvorgänge auftreten, die zu berücksichtigen sind und den Mechanismus erheblich komplizieren, so daß die oben festgelegten Voraussetzungen nicht mehr erfüllt sind.

Nach diesen die WAGNERsche Zundertheorie ergänzenden Ausführungen wollen wir nun die Fälle der Oxydation betrachten, wo eine Mitwirkung der sich während der Oxydation in der Oxydschicht aufrichtenden elektrischen Felder zu berücksichtigen ist.

3.5 Über die Mitwirkung elektrischer Felder bei der Metalloxydation

3.5.1 Randschichten an Phasengrenzen

Um den recht verwickelten Mechanismus, der sich während des Wachstums der Anlaufschicht bei mittleren und niedrigen Temperaturen abspielt, möglichst übersichtlich erfassen zu können, soll in diesem Kapitel zunächst die den Bruttovorgang der Oxydation einleitende Chemisorption des reagierenden Gases behandelt werden, wobei wir in erster Näherung von allen Veränderungen durch den Wachstumsprozeß absehen. Wir betrachten also einen Ionenkristall, der hinreichend groß ist gegen die Ausdehnung der Bezirke in Oberflächennähe, in denen elektrische Raumladungen infolge der unterschiedlichen thermodynamischen Potentiale der Elektronen und Ionen auftreten, die bei der Gleichgewichtseinstellung des Kristalls mit seiner Nachbarphase zur Wirkung kommen. Diese mit elektrischen Raumladungen erfüllten oberflächennahen Bezirke bezeichnet man in Anlehnung an den Sprachgebrauch der Kristallgleichrichter-Physik als *Raumladungsrandschichten* bzw. Randschichten[1].

Diese thermodynamischen Potentialdifferenzen der Elektronen und Ionen im Kristall mit der im Gleichgewicht stehenden Nachbarphase, z. B. Sauerstoff, sind eine hinreichende Bedingung, daß die Konzentration der Ionenfehlordnungsstellen an der Phasengrenze bzw. in der Randschicht verschieden ist von der der Elektronenfehlordnungsstellen:

$$n_{\ominus}(0) \neq n_{\circ}(0) \quad \text{und} \quad n_{\oplus}(0) \neq n_{\square}(0)$$

bzw.

$$n_{\ominus}^{(R)} \neq n_{\circ}^{(R)} \quad \text{und} \quad n_{\oplus}^{(R)} \neq n_{\square}^{(R)}.$$

Hierbei ist die Phasengrenze mit der Koordinate $\xi = 0$ bezeichnet, und der Index R bzw. die Symbole $\circ$ und $\square$ bedeuten die Randschicht bzw. die Ionen auf Zwischengitterplätzen und die Ionenleerstellen.

Die folgende Betrachtung unterscheidet sich von der Randschichttheorie der Chemisorption nach ENGELL und HAUFFE[2] insofern, als sich hier nicht der Vorgang der Chemisorption des Gases in einem alleinigen Elektronenaustausch erschöpft, wobei die Ionenfehlordnungsstellen infolge der niedrigen Temperatur als in erster Näherung unbeweglich angenommen werden, sondern hier vielmehr mit einer Beweglichkeit der Leerstellen und Zwischengitterionen gerechnet wird, die ja letzten Endes für die Ausbildung von Anlaufschichten verantwortlich ist.

Ausgangspunkt einer Diskussion dieser Randschichteffekte muß demnach die Behandlung der Wechselwirkungen der Elektronen und Ionen der Anlaufschicht mit dem auftreffenden Gas und dem angrenzenden Metall sein. Während die Einwirkung des Gases auf den Festkörper ausführlich bearbeitet wurde, ist die Behandlung der Randschichteffekte an der Phasengrenze Anlaufschicht/Metall während der Oxydation mit Erfolg bisher noch nicht möglich gewesen. Wenn auch das Fehlen der metallseitigen Randschichteffekte eine gewisse Einschränkung der allgemeinen Gültigkeit der Oxydationstheorie bedeutet, so führen doch die folgenden Überlegungen in der Aufklärung des Mechanismus der „Randschicht-Oxydationsvorgänge" weiter.

Man kann nun die oben aufgeschriebene Ungleichheit der Fehlordnungskonzentration folgendermaßen auffassen: Infolge der großen Elektronenaffinität des chemisorbierenden Gases, z. B. Sauerstoff, werden dem Oxyd Elektronen entzogen unter gleichzeitiger Bildung von

---

[1] SCHOTTKY, W.: Naturwiss. **26**, 843 (1938) — Z. Physik **113**, 367 (1939); **118**, 539 (1942). — Vgl. auch N. F. MOTT: Proc. Roy. Soc. London (A) **171**, 944 (1939). — B. DAVIDOV: Z. Physik UdSSR **1**, H. 2 (1939).

[2] HAUFFE, K., u. H. J. ENGELL: Z. Elektrochem., Ber. Bunsenges. physik. Chem. **56**, 366 (1952). — H. J. ENGELL u. K. HAUFFE: Z. Elektrochem., Ber. Bunsenges. physik. Chem. **57**, 762 (1953).

Ionen (z. B. O^-). Während hierdurch in einem elektronenüberschußleitenden Oxyd die Konzentration der freien Elektronen gegenüber
der der Kationen auf Zwischengitterplätzen $\bigcirc$ vermindert wird, also:

$$n_\ominus < n_\circ , \tag{3.35 a}$$

werden in einem elektronendefektleitenden Oxyd durch die Chemisorption zusätzliche Defektelektronen geschaffen, also:

$$n_\oplus > n_\square . \tag{3.35 b}$$

Infolge der hierdurch auftretenden Raumladungen und eines sich aufrichtenden — dem Chemisorptionsvorgang entgegenwirkenden — elektrischen Feldes wird der Bereich des Oxydkristalls, der als Elektronen-
lieferant in Betracht kommt, relativ schmal sein (nur einige 100 Å).
Entsprechend der Elektronenverarmung im ersten Fall sprechen wir
von „*Verarmungsrandschichten*" und im zweiten Fall infolge einer Anreicherung von Defektelektronen von „*Anreicherungsrandschichten*".
In jedem Fall erhalten wir eine positive Raumladung, die durch die
negative Flächenladung des chemisorbierten Sauerstoffs kompensiert

wird (s. Abb. 25). Den Vorgang
der Chemisorption von Sauerstoff
schreiben wir symbolisch folgendermaßen:

$$\tfrac{1}{2} O_2^{(g)} + \ominus^{(H)} \longrightarrow O_{chem}^- \tag{3.36 a}$$
$$\text{(z. B. an ZnO)}.$$

$$\tfrac{1}{2} O_2^{(g)} \longrightarrow O_{chem}^- + \oplus^{(R)} \tag{3.36 b}$$
$$\text{(z. B. an NiO)}.$$

Hier bedeutet der Index R die Randschicht und der Index H das
neutrale Halbleiterinnere. Wie jedoch bereits angedeutet, tritt neben
der Verarmung an freien Elektronen
bzw. neben der Anreicherung an
Defektelektronen in der Nähe der
Oberfläche gleichzeitig eine Anreicherung von Zwischengitterionen
bzw. eine Verarmung an Leerstellen

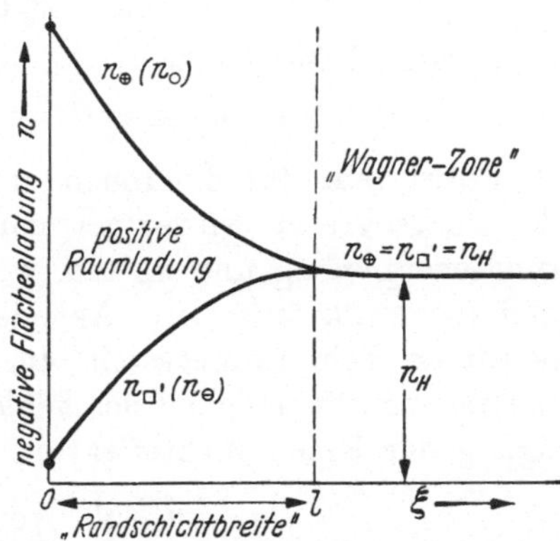

Abb. 25. Schematische Darstellung einer
Raumladungsrandschicht mit positiver
Raumladung und örtlichem Verlauf der
Störstellenkonzentration $n_\oplus$ bzw. $n_\circ$ und
$n_\square$ bzw. $n_\ominus$ in dieser Randschicht und in
der quasineutralen WAGNER-Zone. l ist die
sich maximal einstellende Randschichtbreite
$(z = 1)$

auf, wie dies schematisch in Abb. 25 dargestellt ist. Die in diesen Randschichten verursachten Raumladungsdichten, ϱ, die durch den Konzen-
trationsunterschied der Ionen- und Elektronenfehlordnungsstellen entstehen, lauten beispielsweise für ein defektleitendes Oxyd an der Stelle ξ:

$$\varrho(\xi) = e \{ z_\square \, n_\square(\xi) - n_\oplus(\xi) \}, \tag{3.37}$$

wobei $z_\square$ die „Wertigkeit" der Kationenleerstelle relativ zum Gitter angibt. Daß diese Raumladungen, die ihren Bildungsursprung an der Oberfläche haben, auch eine gewisse Entfernung in den Kristall hinein reichen, wobei sie gegen das Feld anlaufen müssen, wird durch die zerstreuende Tendenz der thermischen Energie bewirkt. Wie die Molekülverteilung in der Atmosphäre mittels der barometrischen Höhenformel festgelegt wird, so ist hier der BOLTZMANN-Ansatz maßgebend, der für eine Raumladungsrandschicht in einem defektleitenden Oxyd folgendermaßen lautet:

$$n_\square(\xi) = n_H \exp(-z_\square\, e\, V(\xi)/kT) \qquad (3.38\,\text{a})$$

$$n_\oplus(\xi) = z_\square\, n_H \exp(+\, e\, V(\xi)/kT). \qquad (3.38\,\text{b})$$

Hierbei ist V so gerechnet, daß weit im Innern des Kristalls das Potential verschwindet $\left(V(\xi \to \infty) \to 0\right)$ und

$$n_\oplus(\infty) = z_\square\, n_\square(\infty) = z_\square\, n_H$$

wird und gemäß Gl. (3.37) $\varrho(\infty) = 0$ ist. Über n_H läßt sich eine Aussage machen, indem man Gl. (3.38 b) in die z-te Potenz $(z \equiv z_\square)$ erhebt und mit Gl. (3.38 a) multipliziert. Es ergibt sich für alle ξ

$$n_\square(\xi)\, n_\oplus^z(\xi) = z_\square^z\, n_H^{z+1} \qquad (3.39)$$

oder speziell für $\xi = 0$

$$n_H = z_\square^{-z/(z+1)} \{n_\square(0)\, n_\oplus^z(0)\}^{z+1}. \qquad (3.40)$$

Führt man für die Ionen- und Elektronenfehlordnungsstellen an der Phasengrenze wieder getrennte BOLTZMANN-Ansätze mit Aktivierungsenergien $u_\square$ und $u_\oplus$ ein, wobei $u = u_\square + z\, u_\oplus$ die von HAUFFE und ILSCHNER diskutierte Aktivierungsenergie für die Schaffung einer neutralen Fehlordnungsstelle im Gitter ist, so erhält man für die Temperaturabhängigkeit des Fehlordnungszustandes unter Berücksichtigung der Randschichteffekte:

$$n_H(T) \sim \exp\left\{-\frac{u}{(z+1)\,kT}\right\}. \qquad (3.41)$$

Das im Nenner des Exponenten auftretende Glied $z + 1$ ist eine Folge der Annahme, daß sich die Ionen- und Elektronengleichgewichte an der Phasengrenze getrennt einstellen. Die der Gl. (3.39) entsprechende allgemeine Formel

$$n_\square(\xi)\, n_\oplus^z(\xi) = \text{const}(\xi) \quad \text{für} \quad T \text{ und } p_{X_2} = \text{const}$$

ist ein Ausdruck des chemischen Massenwirkungsgesetzes.

Aus Gl. (3.38) erhält man unmittelbar die elektrische Potentialdifferenz zwischen der Oberfläche mit dem Chemisorbat und dem Kristallinneren

$$V(0) - V(\infty) \equiv V_D = \frac{kT}{(z+1)\,e} \ln\left\{\frac{z\, n_\square(0)}{n_\oplus(0)}\right\}. \qquad (3.42)$$

Führt man wie vorhin in Gl. (3.40) nun auch in Gl. (3.42) für die $n_\square(0)$ und $n_\oplus(0)$ geeignete BOLTZMANN-Ansätze ein, so sieht man, daß die über der Randschicht liegende Potentialdifferenz letzten Endes im wesentlichen proportional der Differenzen der freien Energie, $f = u - Ts$, der Ionen bzw. Elektronen zwischen ihren Lagen im Ionenkristall und in der Nachbarphase ist. Diesen Unterschied der Reaktionsenergie von Ionen und Elektronen im Kristall gegenüber der Nachbarphase pflegt man als deren *Elektronenaffinität* zu bezeichnen (Abb. 26). Der Unterschied in den freien Energien bzw. in den thermo-

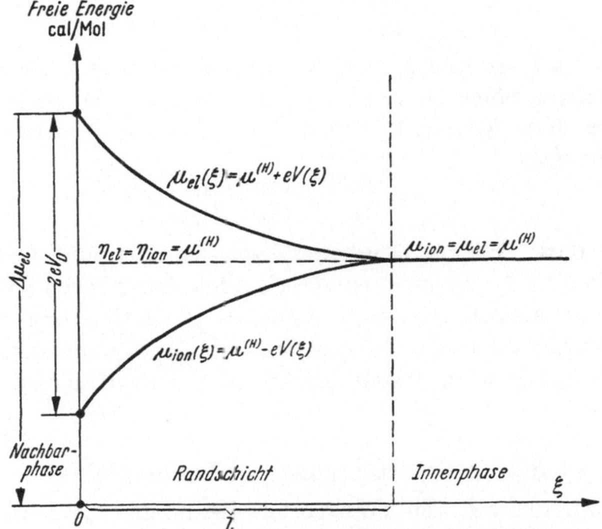

Abb. 26. Die energetischen Verhältnisse in der Gleichgewichts-Raumladungsrandschicht nach HAUFFE und ILSCHNER. ($\mu^{(H)} \equiv \mu_H \sim \log n_H$)

dynamischen Potentialen von Elektronen einerseits und Ionen andererseits gegen eine Nachbarphase des Ionenkristalls erscheint somit in verdeutlichter Form als Ursache der Randschicht. Innerhalb des Kristalls wird thermodynamisches Gleichgewicht dadurch hergestellt, daß sich neben dem chemischen Potential das elektrostatische Potential $V(\xi)$ hinzuaddiert. Wir erhalten also:

$$\eta_\oplus = \mu_\oplus - eV = \eta_\square = \mu_\square + z_\square\, eV. \tag{3.43}$$

Während die chemischen Potentiale μ für Ionen- und Elektronenfehlordnungsstellen verschiedene Ortsfunktionen sind, bleiben ihre elektrochemischen Potentiale η aber konstant (ortsunabhängig).

Eine Berechnung sowohl des Potentialverlaufs als auch der räumlichen Verteilung der Fehlordnungsstellen ist dann durch Integration der Poissonschen Gleichung

$$\frac{d^2 V}{d\xi^2} = -\frac{4\pi}{\varepsilon}\,\varrho(\xi) \qquad\qquad (3.44\,\text{a})$$

möglich, wo für $\varrho(\xi) = -e\big(n_\square(\xi) - n_\oplus(\xi)\big)$ gesetzt wird und $z_\square = 1$. Hieraus ergibt sich für *1wertige* Ionenfehlordnungsstellen die wohl erstmalig von Mott[1] angegebene Beziehung

$$\frac{d^2 V}{d\xi^2} = \frac{8\pi e^2}{\varepsilon}\,n_H\,\mathfrak{Sin}\,(e\,V/kT) \qquad\qquad (3.44)$$

die zweckmäßiger Weise, wie folgt, geschrieben wird:

$$\frac{d^2\psi}{d\xi^2} = \frac{4}{\xi_0^2}\,\mathfrak{Sin}\,\psi, \qquad\qquad (3.45)$$

wo $\psi \equiv e\,V/kT$ ist und $\xi_0 = (\varepsilon\,kT/2\pi\,e^2\,n_H)^{1/2}$ eine konstante Länge vom Charakter einer Debye-Länge darstellt ($\varepsilon = $ Dielektrizitätskonstante des Ionenkristalls). Durch den üblichen Ansatz $\psi' = p(\psi)$ findet man dann

$$V(\xi) = \frac{2kT}{e}\ln\frac{\exp(\xi/2\xi_0) + B}{\exp(\xi/2\xi_0) - B}$$

mit $B = $ const. Wie man erkennt, verschwinden die Randschichteffekte mit $\xi \gg \xi_0$. Zu ganz entsprechenden Ausdrücken gelangt man für elektronenüberschußleitende Kristalle. Nach Klärung des Randschicht-Bildungsmechanismus müssen wir uns nunmehr mit den Transportvorgängen in Randschichtfeldern und Raumladungszonen beschäftigen.

3.5.2 Transportvorgänge in Randschichten

Bevor wir uns mit den Transporterscheinungen der ionischen und elektronischen Störstellen befassen, wollen wir noch einmal die Wagnersche Theorie aufgreifen und uns mit der ambipolaren Diffusion dieser Störstellen im Gitter befassen. Beide Störstellensorten haben im allgemeinen wesentlich verschiedene Beweglichkeiten bzw. Diffusionskoeffizienten. Im Falle einer gemeinsamen Diffusion beider Störstellensorten — z. B. Kationenleerstellen und Defektelektronen —, verursacht durch einen chemischen Potentialgradienten des Metalls bzw. Nichtmetalls im Kristall, muß beim Fehlen von Raumladungen und elektrischen Strömen ein besonderer Kopplungsmechanismus wirksam sein, welcher das Voreilen der beweglicheren Störstellensorte verhindert. Dies geschieht durch ein zwischen dem Störstellenpaar sich aufrichtendes elektrisches Feld.

Zur quantitativen Auswertung der Wirkungsweise dieses örtlichen Feldes überlagert man dem chemischen Potential formal ein elektrisches

[1] Mott, N. F.: J. Chim. physique **44**, 172 (1947). — N. Cabrera u. N. F. Mott: Rep. Progr. Physics **12**, 163 (1949).

Hilfspotential V' derart, daß es auf die schnellere Störstellensorte eine der chemischen gerade entgegengesetzt gerichtete, auf die langsamere Störstellensorte hingegen — welche ein anderes Ladungsvorzeichen hat — eine gleichgerichtete Kraft ausübt. Dieses Hilfsfeld repräsentiert dann die Wechselwirkung zwischen den Ionen- und Elektronen-störstellen. Es entspricht ihm je-doch keine Raumladung im Sinne der POISSON-Gleichung, da es ja ge-rade dazu dienen soll, die Quasineu-tralität des „Gitterplasmas" zu sta-bilisieren. In Abb. 27 sind die Ver-hältnisse für ein p-leitendes Oxyd mit Kationenleerstellen, wie etwa Cu_2O oder NiO, dargestellt.

Da nach Voraussetzung $D_i \operatorname{grad} \eta_i$ für beide Störstellen 1 und 2 gleich sein soll, wobei $\eta_i = \mu_i + z_i\, e\, V'$ das „effektive elektrochemische Potential" für die Störstellensorte i darstellt mit z_i als deren Wertigkeit,

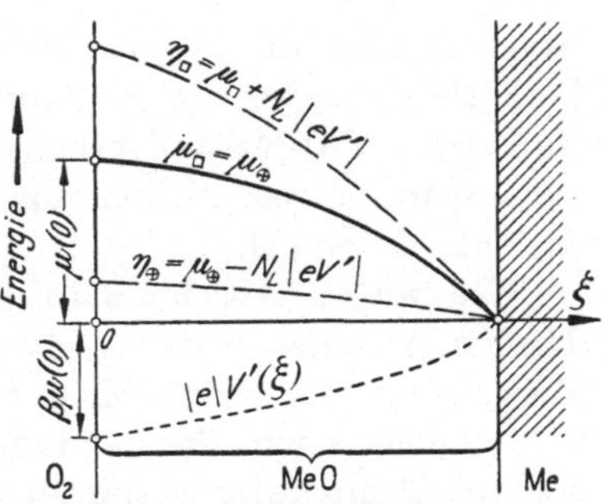

Abb. 27. Ambipolare Diffusion in einer oxydischen Deckschicht; Darstellung unter Verwendung eines Hilfspotentials $V'(\xi)$ ohne Berücksichtigung einer Randschicht. Der Verlauf des Hilfspotentials V' ist punktiert gezeichnet ($z = 1$)

ergibt sich gemäß Gl. (3.3) V' im raumladungsfreien und stromlosen Fall zu[1]:

$$D_1(\operatorname{grad}\mu_1 + N_L\, z_1\, e \operatorname{grad} V') = D_2(\operatorname{grad}\mu_2 + N_L\, z_2\, e \operatorname{grad} V'). \tag{3.46}$$

Eine Lösung von Gl. (3.46) muß jedenfalls die Form $V'(\xi) = -\beta\,\mu(\xi)$ haben. Durch Einführung dieses Ansatzes in Gl. (3.46) findet man den Proportionalitätsfaktor zu:

$$\beta = \pm \frac{D_1 - D_2}{N_L\, e(D_1 + z\, D_2)}, \tag{3.47}$$

wo z die Wertigkeit der Ionenstörstelle bedeutet. Hiermit kann man nun das Hilfsfeld aus Gl. (3.46) wieder eliminieren und schließlich formal statt $D_i \operatorname{grad}\eta_i$ auch $D^a \operatorname{grad}\mu$ schreiben, indem man den für beide Störstellensorten gemeinsamen ambipolaren Diffusionskoeffi-zient D^a einführt. Mit Gl. (3.47) soll dann, je nach Vorzeichen der Störstellensorte, gelten:

$$D_1 \operatorname{grad}\eta_1 = D_1(1 + N_L\, e\,\beta) \operatorname{grad}\mu \equiv D^a \operatorname{grad}\mu,$$
$$D_2 \operatorname{grad}\eta_2 = D_2(1 + N_L\, e\,\beta) \operatorname{grad}\mu \equiv D^a \operatorname{grad}\mu.$$

Durch Einsetzen von Gl. (3.47) erhält man aus beiden Gleichungen die bekannte Beziehung

$$D^a = (1 + z)\,\frac{D_1 D_2}{D_1 + z\, D_2}. \tag{3.48}$$

---

[1] HAUFFE, K., u. B. ILSCHNER: Z. Elektrochem., Ber. Bunsenges. physik. Chem. **58**, 467 (1954).

In elektronenleitenden Kristallen wird $D_1 \gg D_2$ sein und in Ionenleitern $D_2 \gg D_1$, wie bereits oben erwähnt wurde. Hieraus folgt für den häufig auftretenden erstgenannten Fall die — schon von WAGNER[1] an anderer Stelle abgeleitete — Beziehung:

$$D_a \approx (1 + z)\,D_i, \qquad (3.49)$$

wobei D_i stets die kleinere Diffusionskonstante — also für den ersten Fall die entweder der Kationen- oder der Anionenstörstellen — ist. Für einen NiO-Kristall erhält man also $D^a \approx 3\,D_{Ni}$ oder für Fe_3O_4, wenn man im wesentlichen nur die 3 wertigen Eisenionen als beweglich ansieht, $D^a \approx 4\,D_{Fe}$.

Wie wir in Abschn. 3.5.1 gezeigt haben, ist im allgemeinen bei dünnen Anlaufschichten — auch bei höheren Temperaturen — eine Mitwirkung von elektrischen Feldern in den während der Oxydation sich ausbildenden Raumladungsrandschichten stets vorhanden. Bei höheren Temperaturen spielen nur deswegen diese elektrischen Felder im allgemeinen keine Rolle, weil diese dünnen Raumladungsrandschichten schon in verhältnismäßig kurzer Zeit nach Oxydationsbeginn „überfahren" sind, d. h. weil sich schon dickere Anlaufschichten gebildet haben, wo bereits im „Hinterland" der Randschicht die langsamer verlaufende ambipolare Diffusion (Fall: WAGNER) maßgebend ist.

Bei alleiniger Ausbildung von Raumladungsrandschichten ist eine Vernachlässigung des Diffusionsanteils gegen diese starken, von den Raumladungen herrührenden, elektrischen Feldern unzulässig. Diese Feststellung ist aus der Behandlung der Vorgänge in den elektrodennahen Raumladungsgebieten von Gasentladungen hinlänglich bekannt[2]. Diese

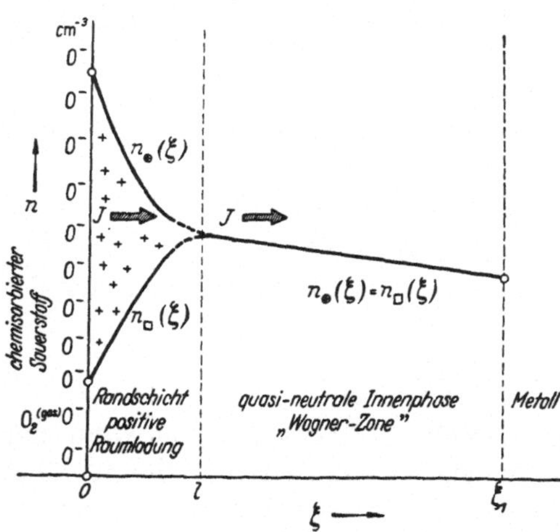

Abb. 28. Örtlicher Verlauf der Störstellenkonzentration $n_\oplus$ und $n_\square$ ($z = 1$) in der Raumladungsrandschicht und in der quasi-neutralen „WAGNER-Zone" einer defektleitenden Anlaufschicht während der Oxydation. l ist die während der Oxydation sich einstellende stationäre Randschichtbreite. Die Pfeile deuten die Richtung des $\square$- und $\oplus$-Stromes an

ist aus der Behandlung der Vorgänge in den elektrodennahen Raumladungsgebieten von Gasentladungen hinlänglich bekannt[2]. Diese

[1] WAGNER, C.: Diffusion and High Temperature Oxidation of Metals, in: Atom Movements. Cleveland 1951, S. 153 ff.

[2] WEIZEL, W., u. R. ROMPE: Theorie der elektrischen Lichtbögen und Funken, S. 97 ff. Leipzig 1949.

Zusammenhänge können wir uns auch folgendermaßen klarmachen: In Abb. 28 wirkt das starke elektrische Feld auf die negativ geladenen Störstellen abstoßend und auf die Störstellen mit positiver Ladung anziehend. Warum folgen nun diese Störstellen dieser Kraft nicht, trotzdem sie über eine ausreichende Beweglichkeit verfügen? Einfach deshalb nicht, weil der entgegengesetzt gerichtete Konzentrationsgradient diese Kraftwirkung gerade kompensiert. Seine Vernachlässigung würde also zu einem physikalisch unsinnigen „Zerfall" führen.

Die Behandlung der Transportvorgänge in den während der Oxydation sich ausbildenden Raumladungsrandschichten ist daher auf die Berücksichtigung der vollständigen Gl. (3.3) angewiesen. Bei Betrachtung einer p-leitenden Anlaufschicht mit Defektelektronen $\oplus$ und Kationenleerstellen $\square$ der Wertigkeit $z_\square$ gehen wir also von den folgenden Gleichungen aus:

$$j_\square = - D_\square \left\{ \operatorname{grad} n_\square + z_\square\, n_\square\, \frac{e}{kT}\, \mathfrak{E}(\xi) \right\} \qquad (3.50\,\text{a})$$

$$j_\oplus = - D_\oplus \left\{ \operatorname{grad} n_\oplus - n_\oplus\, \frac{e}{kT}\, \mathfrak{E}(\xi) \right\}, \qquad (3.50\,\text{b})$$

mit der Nebenbedingung: $j_\oplus = z_\square\, j_\square = \text{const.}$ Diese Nebenbedingung besagt, daß durch eine in der Anlaufschicht gedachte Begrenzungsfläche äquivalente Mengen negativer und positiver Störstellen je cm² und sec durchtreten sollen und daß der Materiestrom „divergenzfrei" sein soll in dem Sinne, daß sich in der Strombahn keine Materie staut oder abbaut. Letztere Forderung ist häufig nur in erster Näherung erfüllt. Zur Berechnung der Gl. (3.50) bedienen wir uns zwecks Eliminierung der im allgemeinen unbekannten Feldstärke $\mathfrak{E}(\xi)$ dem ersten Integral der POISSON-Gleichung, die eine Verknüpfung der Feldstärke mit der Raumladungsdichte herstellt:

$$\mathfrak{E}(\xi) = - \frac{dV}{d\xi} = \frac{4\pi}{\varepsilon} \int_0^\xi \varrho(\xi)\, d\xi = \frac{4\pi e}{\varepsilon} \int_0^\xi \left\{ n_\oplus(\xi) - n_\square(\xi) \right\} d\xi. \qquad (3.51)$$

Durch Einsetzen von Gl. (3.51) in Gl. (3.50) folgt dann nach kurzer Umrechnung:

$$\frac{dn_\oplus}{d\xi} + \frac{2}{x_0^2}\, \frac{n_\oplus}{n_\oplus^0} \int_0^\xi (n_\oplus - z_\square\, n_\square)\, d\xi + J_\oplus = 0$$

$$(3.52)$$

$$\frac{dn_\square}{d\xi} - \frac{2}{y_0^2}\, \frac{n_\square}{n_\square^0} \int_0^\xi (n_\oplus - z_\square\, n_\square)\, d\xi + J_\square = 0.$$

Hierbei sind $n_\square^0$ und $n_\oplus^0$ die Störstellenkonzentrationen an der Oberfläche bei $\xi = 0$. Ferner bedeuten

$$x_0 = \sqrt{\varepsilon\, k\,T/(2\pi\, e^2\, n_\oplus^0)} \quad \text{und} \quad y_0 = \sqrt{\varepsilon\, k\,T/(2\pi\, e^2\, z_\square\, n_\square^0)} \quad (3.53)$$

und

$$J_\oplus = z\, j_\oplus/(D_\oplus\, n_\oplus^0) \quad \text{bzw.} \quad J_\square = j_\square/(D_\square\, n_\square^0). \quad (3.54)$$

Diese schwer auswertbaren Integrodifferentialgleichungen formen wir nochmals um durch einen Ansatz, mit dem wir uns an den BOLTZMANN-Ausdruck für $j_\oplus = z_\square\, j_\square = 0$ anlehnen wollen. Wir verwenden also die Ansätze:

$$\begin{aligned} n_\oplus(\xi) &= n_\oplus^0 \exp\{-\psi(\xi)\} \\ n_\square(\xi) &= n_\square^0 \exp\{-\chi(\xi)\} \end{aligned} \quad \text{mit} \quad \psi(0) = \chi(0) = 0. \quad (3.55)$$

Durch Einführung dieser Ausdrücke in Gl. (3.52) ergibt sich nach nochmaliger Differentiation:

$$\begin{aligned} \frac{d^2\Psi}{d\xi^2} + \frac{2}{n_\oplus^0\, x_0^2}\,(n_\oplus - z_\square\, n_\square) - J_\oplus\, \frac{d\Psi}{d\xi}\, \exp\Psi(\xi) &= 0 \\[4pt] \frac{d^2\chi}{d\xi^2} - \frac{2}{n_\square^0\, y_0^2}\,(n_\oplus - z_\square\, n_\square) - J_\square\, \frac{d\chi}{d\xi}\, \exp\chi(\xi) &= 0. \end{aligned} \quad (3.56)$$

Denkt man sich die Störstellenkonzentration, $n_\oplus$ und $n_\square$, in den Klammerausdrücken noch nach Gl. (3.55) durch ψ und χ ausgedrückt, so hat man in Gl. (3.56) ein System zweier simultaner Differentialgleichungen für die gesuchten Größen $n_\oplus(\xi)$ und $n_\square(\xi)$. Auch diese Gleichungen sind immer noch zu kompliziert, um für die Behandlung konkreter Beispiele nützlich zu sein. Vielmehr wird man von Fall zu Fall nach Wegen zu suchen haben, die unter vertretbaren Vernachlässigungen auf einfachere Weise zu Näherungslösungen führen. Jedoch ist das Gleichungssystem (3.56) von allgemeiner Gültigkeit und schließt alle noch zu behandelnden Sonderfälle der Oxydation ein.

Ergänzend sei noch bemerkt, daß im Falle $J_\oplus = 0$ bzw. $J_\square = 0$ die Gl. (3.56) die Form einer gewöhnlichen POISSON-Gleichung annehmen. Das ist durchaus verständlich, wenn man berücksichtigt, daß im stromlosen oder Gleichgewichtszustand der Störstellenkonzentrationsverlauf durch die gewöhnliche POISSON-Gleichung beschrieben wird. Es läßt sich in der Tat zeigen, daß Gl. (3.56) in diesem Falle auf die bereits im vorigen Abschnitt behandelte Gl. (3.44a) führt. Diese Zusammenhänge erlauben uns, das Gleichungssystem (3.56) als eine Erweiterung der POISSON-Gleichung anzusehen, wo die Raumladungsrandschicht von Transportströmen durchflossen ist.

Aus der Darstellung dieses Abschnitts, das das „Kräftespiel" der elektrischen Felder und Konzentrationsgradienten („Diffusionskräfte") für den Teilchentransport zum Inhalt hat, geht eindeutig die Tatsache hervor, daß man stets beide Anteile zu berücksichtigen hat, was bei Oxydationsvorgängen mit dünnen Anlaufschichten — also solange $0 < \xi < l$ (kritische Randschichtdicke) — zu beachten ist.

In den wachsenden Oxydfilmen werden die Raumladungsrandschichten sowohl durch die verschiedene Affinität der einzelnen Phasen als auch durch die verschiedene Beweglichkeit der elektrisch geladenen Fehlstellen bei der Wanderung durch die Oxydschicht verursacht. Kürzlich konnte ILSCHNER[1] zeigen, daß die allein durch die Wanderung der Fehlstellen (ambipolare Diffusion) bedingten Raumladungsrandschichten von annähernd der gleichen Ausdehnung sein können wie die durch die Elektronenaffinität des Sauerstoffs hervorgerufenen.

Um die Darstellung der quantitativen Zusammenhänge zu vereinfachen, verwenden wir die in vielen Fällen erlaubte Annahme:

$$n_- \approx n_+ \approx n, \qquad n_+ - n_- \equiv \delta n, \qquad \delta n/n \ll 1 \tag{I}$$

($n_- \equiv n_\ominus$ bzw. $n_{\square'}$ und $n_+ = n_\ominus$ bzw. $n_\odot$.) und erhalten mit Gl. (3.47), wobei $z = 1$ ist, für die Raumladung δn aus der POISSONschen Gleichung:

$$\delta n(\xi) = -\frac{\varepsilon}{4\pi e}\frac{d^2 V}{d\xi^2} = -\frac{\varepsilon\beta}{4\pi e}\frac{d^2\mu}{d\xi^2}. \tag{II}$$

Um nun die Frage zu beantworten, wann die Raumladung bzw. der Ausdruck $\delta n/n$ zu vernachlässigen ist, müssen nähere Angaben über den Verlauf von $\mu(\xi)$ vorliegen.

Da im allgemeinen die Fehlstellendichte sehr klein ist, können wir $\mu(\xi)$ durch die folgende Beziehung ausdrücken:

$$\mu(\xi) = R T \ln\big(n(\xi)/N\big) + \text{const},$$

wo N die Zahl aller Gitter- bzw. Zwischengitterplätze in der Volumeneinheit des Stoffes ist. Bei Gültigkeit von Gl. (I) ist ferner

$$n(\xi) = n_0 + \alpha\,\xi,$$
$$\alpha = \big(n(\xi_1) - n_0\big)/\xi_1, \tag{III}$$

wobei ξ_1 die Dicke der Oxydschicht bedeutet. In p-leitenden Oxyden ist $n(\xi_1) \gg n_0$, woraus folgt:

$$n(\xi) \approx \alpha\,\xi,$$
$$\alpha \approx n(\xi_1)/\xi_1. \tag{III'}$$

Schließlich ist fast immer $D_- \gg D_+$ oder $D_+ \gg D_-$. Für den ersten Fall gilt:

$$\beta \approx \frac{1}{N_L e} \tag{3.47'}$$

und für den zweiten Fall:

$$\beta \approx -\frac{1}{N_L e}. \tag{3.47''}$$

---

[1] ILSCHNER, B.: Z. Elektrochem., Ber. Bunsenges. physik. Chem. **59**, 542 (1955).

Durch Einsetzen von Gl. (3.47') und Gl. (III') in Gl. (II) folgt dann in dieser Näherung für die Raumladung:

$$\delta n(\xi) = \frac{\varepsilon k T}{4 \pi e^2} \frac{1}{\xi^2} \quad \text{(positive Raumladung).} \tag{IV}$$

Die hier interessierende Größe $\delta n/n$ ist dem Betrage nach gegeben durch

$$\left| \frac{\delta n(\xi)}{n} \right| = \frac{e k T}{4 \pi e^2 n(\xi)} \frac{1}{\xi^2} . \tag{V}$$

Die Bedingung $\delta n \ll n$ ergibt nun die folgende Ungleichung für die Größe ξ mit der bereits oben diskutierten DEBYE-Länge, wenn man noch den Faktor $^1/_2$ in die Wurzel hineinnimmt:

$$\xi \gg [\varepsilon k T/(8\pi e^2 n(\xi))]^{1/2} . \tag{VI}$$

Um die zur Auswertung notwendige charakteristische Länge d zu erhalten, müssen wir die Funktion $n(\xi)$ in Gl. (VI) durch $n(\xi_1) \equiv n_\text{Max}$ mit Hilfe von Gl. (III') ersetzen. Wir erhalten dann:

$$\xi \gg [\varepsilon k T \xi_1/(8\pi e^2 n_\text{Max})]^{1/3} = d . \tag{VII}$$

d hängt also von der Schichtdicke des Oxydfilms ξ_1 und der maximalen Fehlstellenkonzentration n_Max — also für p-leitende Oxyde von der Konzentration der Fehlstellen an der Phasengrenze Oxyd/Sauerstoff — ab. In einem Bereich $6d < \xi < \xi_1$ ist die durch den Mechanismus der ambipolaren Diffusion hervorgerufene Raumladung δn kleiner als 1% der Fehlstellendichte $n(\xi)$. Die dadurch definierte Randschichtbreite ist in Abbildung 28a für verschiedene Werte von n_Max in Prozenten der Schichtdicke dargestellt.

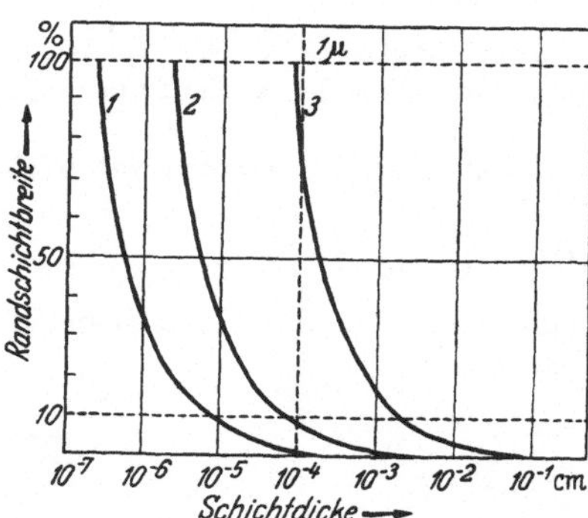

Abb. 28a. Prozentualer Anteil der Randschicht in Abhängigkeit von der Dicke der gesamten Oxydschicht, berechnet von ILSCHNER. $T = 1000\,°\text{K}$, $\varepsilon = 10\,\varepsilon_0$. Kurve 1: $n_\text{Max} = 10^{20}\,\text{cm}^{-3}$; Kurve 2: $n_\text{Max} = 10^{18}\,\text{cm}^{-3}$; Kurve 3: $n_\text{Max} = 10^{15}\,\text{cm}^{-3}$

Wie man aus diesen Zusammenhängen erkennt, wird der Anteil der Raumladungszone am Rande der Oxydschicht dort am größten sein, wo von Hause aus die kleinere Fehlstellenkonzentration vorhanden ist. So wird im Falle einer n-leitenden Oxydschicht, wie z. B. am System Zn/ZnO/O$_2$, die Raumladungszone, die durch ambipolare Diffusion verursacht ist, praktisch allein in der Nähe der Phasengrenze ZnO/O$_2$ von Einfluß sein. Bei p-leitenden Oxyden treten gerade entgegengesetzte Verhältnisse auf. Hier sollte die Raumladungszone an der Phasengrenze, z. B. Cu$_2$O/Cu, von Bedeutung werden, sofern keine Fehlordnungsinversion auftritt, worüber z. Zt. wenig bekannt ist. Aber auch bei Fehlen einer Fehlordnungsinversion an der inneren Phasengrenze dürfte die Raumladungszone an der äußeren Phasengrenze Cu$_2$O/O$_2$

ebenfalls von Bedeutung sein, da hier infolge der Elektronenaffinität des Sauerstoffs eine statische Raumladungsrandschicht auftritt mit einer Schichtdicke, welche durch die Ungleichung

$$\xi \gg [\varepsilon\, k\, T/(8\,\pi\, e^2\, n_H)]^{1/2}$$

gekennzeichnet ist. n_H ist hierbei die Gleichgewichts-Fehlstellenkonzentration im Innern der Oxydschicht. Wendet man diese Formel als Näherung für wachsende Oxydschichten sinngemäß an, so hat man (am Rande mit der kleineren Fehlstellendichte) für n_H die Größe n_0 zu setzen. Da $n(\xi)$ in Gl. (VI) größer ist als n_0 (das gilt nur für p-leitende Oxyde!), folgt, daß bei normalen Werten für die Elektronenaffinität der Nachbarphase deren Einfluß auf die Fehlstellenverteilung in der Schicht noch etwas weiter in das Innere reicht als die Auswirkungen des ambipolaren Diffusionsmechanismus.

Wie man aus der Darstellung schließen darf, haben wir im Falle eines Oxydationssystems mit n-leitender Oxydschicht praktisch nur mit einer Raumladungszone — und zwar in der Nähe der Oberfläche, z. B. ZnO/O$_2$ — zu rechnen, während im Falle eines Oxydationssystems mit p-leitender Oxydschicht, wie z. B. NiO/Ni, zur quantitativen Beschreibung stets mit zwei Raumladungsrandschichten zu rechnen ist, wobei die äußere praktisch durch die Elektronenaffinität des angreifenden Sauerstoffs und die innere praktisch allein durch die ambipolare Diffusion verursacht ist, sofern nicht auch im letzten Fall die Elektronenaffinität der Phasen NiO und Ni einen merklichen Einfluß ausübt.

3.5.3 Bildung dünner Anlaufschichten. — Das parabolische und kubische Zeitgesetz bei Mitwirkung des Feldtransports

Bei der Bildung dünner Anlaufschichten werden die oben ausführlich diskutierten Raumladungsrandschichten im allgemeinen den Feldtransport der Ionenstörstellen verursachen. Das sich während der Oxydation aufrichtende elektrische Feld hat seinen Ursprung in der durch Chemisorption von Sauerstoff verursachten negativen Flächenladung und der hierzu äquivalenten positiven Raumladung in der Anlaufschicht bis zu einer Tiefe von einigen 1000 Å. CABRERA und MOTT[1] führen nun in ihrer bekannten Theorie der Metalloxydation mit dünnen Anlaufschichten folgende bemerkenswerte Vereinfachungen ein, über deren Anwendbarkeit wir eine Diskussion vorausschicken müssen, da diese Vereinfachungen nicht immer erlaubt sind.

Erstens wird angenommen, daß die oben behandelten Raumladungseffekte in Schichten, die nicht dicker als einige 100 Å sind, vernachlässigt werden können. Diese Annahme ist im Falle sich während der

---

[1] CABRERA, N., u. N. F. MOTT: Rep. Progr. Physics **12**, 163 (1949).

Oxydation bildender n-leitender Anlaufschichten mit einer von Hause aus kleinen Konzentration an freien Elektronen und Kationen auf Zwischengitterplätzen bzw. Anionenleerstellen — wie z. B. im Falle des Aluminiumoxyds als Anlaufschicht bei der Aluminiumoxydation — in erster Näherung berechtigt. Bei n-leitenden Oxyden werden nämlich durch die Chemisorption des Sauerstoffs alle freien Elektronen in der Randschicht „abgesaugt", wobei sich eine Verarmungsrandschicht mit einer sehr kleinen Konzentration an freien Elektronen ausbildet, die mit den an sich geringen Ionenstörstellen eine sehr kleine Raumladungsdichte ergeben. Liegen jedoch n-leitende Anlaufschichten mit hohen Fehlordnungskonzentrationen vor, wie z. B. in Ag_2S bzw. NiS, dann wird die Annahme von Mott bedenklich und muß einer genauen Prüfung unterzogen werden.

Bei Defekt- bzw. p-Halbleitern hingegen, wie z. B. Cu_2O und NiO, die infolge Chemisorption von Sauerstoff Anreicherungsrandschichten mit hohen Defektelektronenkonzentrationen ausbilden, ist eine Vernachlässigung der Raumladungseffekte sicher unzulässig. Erst bei außerordentlich dünnen Schichten — von etwa 10 Å — könnte in erster Näherung, wie an anderer Stelle gezeigt wurde[1], die Raumladung in der Anlaufschicht vernachlässigt werden. Tatsächlich basiert aber das „kubische" Zeitgesetz der Oxydation, das zu Anlaufschichten mit Randschichtbreiten bis zu 1000 Å und darüber führt, auf die Mitwirkung dieser Raumladungseffekte, die dann in der Beschreibung der Oxydationsvorgänge unbedingt zu berücksichtigen sind.

Zweitens steckt in der Mottschen Theorie, obwohl dies nicht explizit angegeben ist, die Annahme, daß die Konzentration der Fehlstellen innerhalb der dünnen Oxydschichten konstant ist (Abb. 29a). Diese Annahme erweckt dann Bedenken,

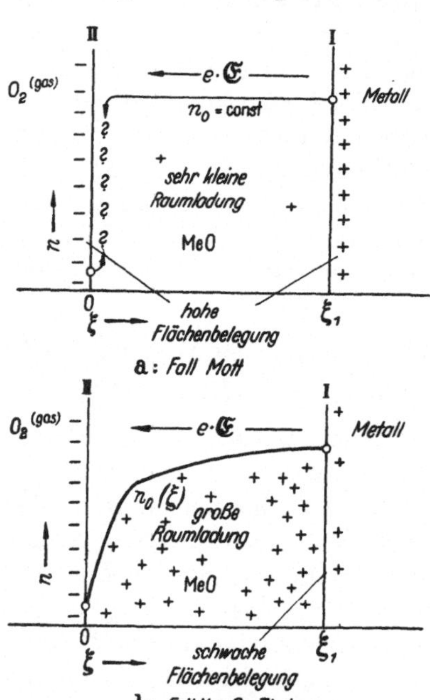

Abb. 29 a u. b. Örtlicher Konzentrationsverlauf der Ionen auf Zwischengitterplätzen $n_0(n_\ominus \approx 0)$ in einer n-leitenden Oxydschicht mit homogenem elektrischem Feld (Feldstärke $\mathfrak{E}$ als Vektor).

a Ohne Berücksichtigung eines Konzentrationsgefälles der Metallionen auf Zwischengitterplätzen und der Raumladung nach Cabrera und Mott, b mit Berücksichtigung dieses Konzentrationsgefälles und der Raumladung nach Hauffe und Ilschner

---

[1] Hauffe, K.: Reaktionen in und an festen Stoffen. Berlin/Göttingen/Heidelberg: Springer 1955, S. 551 ff.

wenn bei den Betrachtungen vorausgesetzt wird, daß die Reaktionen an den beiden Phasengrenzen schnell verlaufen und der Transport durch die Schicht die Geschwindigkeit des Gesamtvorganges bestimmt. Daraus ergibt sich nämlich, daß sich an den beiden Phasengrenzen stationäre Fehlordnungskonzentrationen von größenordnungsmäßig verschiedenen Werten einstellen, die wiederum zwischen den Phasengrenzen in der Anlaufschicht ein starkes Konzentrationsgefälle bewirken, was MOTT in seiner Theorie vernachlässigt. In Abb. 29 b ist der nach unserer Ansicht allgemeingültige Verlauf der Fehlstellenkonzentration wiedergegeben, wie er sich stationär während der Oxydation einstellt.

Nimmt man diese Vernachlässigungen in Kauf, so vermag man den Gedanken der Arbeit von CABRERA und MOTT ohne weiteres zu folgen. Wie in Abb. 30 dargestellt, treten in dem Anlaufsystem so lange Elektronen aus dem Metall infolge thermischer Emission in die Oxydschicht über und wandern so lange nach der äußeren Grenzschicht zu dem chemisorbierenden Sauerstoff mit seinen energetisch günstigeren Termen, bis das dadurch aufgerichtete homogene Feld die Einstellung eines stationären Gleichgewichts erzwingt (Abb. 30 b). Da voraussetzungsgemäß keine nennenswerten Raumladungen vorhanden sein sollen, befinden sich also zu beiden Seiten der Oxydschicht gleich viel Ladungen — außen negativ und innen positiv (vereinfachtes Modell eines Kondensators; s. Abb. 31). Die zwischen den Phasengrenzen herrschende Potentialdifferenz V ist gerade dem Unterschied der beiden Energieterme im Metall und im adsorbierten Sauerstoff gleich, und diese wiederum legt die Zahl der Ladungen fest.

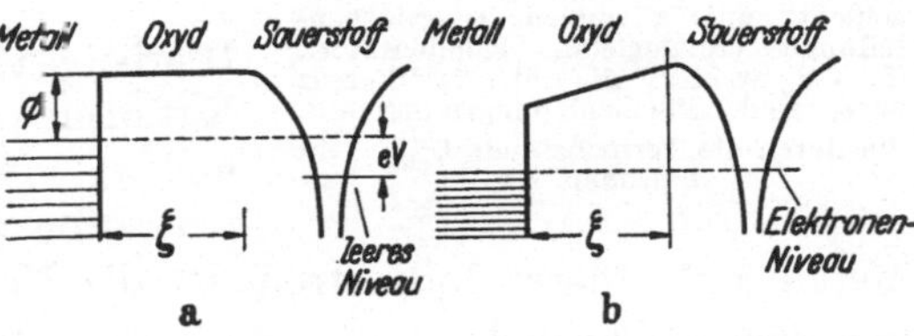

Abb. 30 a u. b. Schematische Darstellung der Lage der Elektronenniveaus im Metall, Oxyd und adsorbierten bzw. chemisorbierten Sauerstoff nach CABRERA und MOTT. a vorm Elektronenübergang; b im stationären Gleichgewicht

Abb. 30a stellt die Elektronenniveaus im Metall, im Oxyd und vom adsorbierten Sauerstoff vorm Elektronenübergang dar. Entsprechend der Berechnung von BARDEEN [1] liegt das Energieniveau des adsorbierten Sauerstoffs um etwa 1 eV unterhalb des FERMI-Niveaus im Metall. Abb. 30b hingegen zeigt qualitativ den Verlauf der Energieterme im stationären Zustand nach eingestelltem Elektronen-Gleichgewicht, ohne Transportvorgänge von Ionen. Da V im allgemeinen einen Wert zwischen 1 und 2 eV erreicht, ist im Bereich niedriger Temperaturen der Temperatureinfluß auf das Potential zu vernachlässigen.

---

[1] BARDEEN, J.: Physic. Rev. **71**, 374 (1947).

Unter der Annahme einer von der Schichtdicke ξ_1 unabhängigen Potentialdifferenz V befindet sich gemäß Annahme „1" keine nennens-

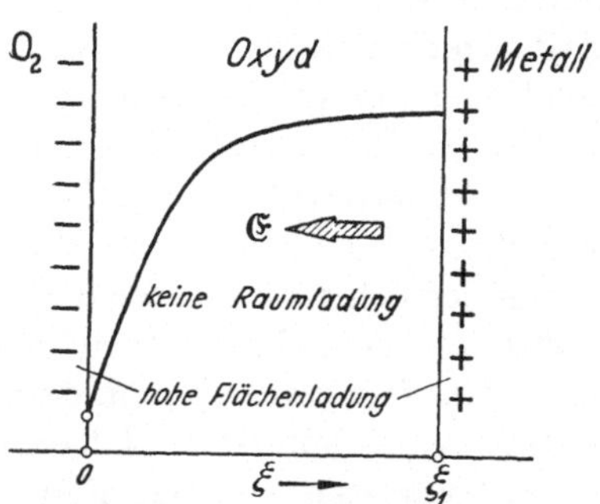

Abb. 31. Während der Oxydation sich ausbildende raumladungsfreie Oxydschicht mit alleinigen Oberflächenladungen (Analogiefall: Kondensator). $\mathfrak{E} = V/\xi_1$, wo hier V die Potentialdifferenz zwischen den Flächenladungen darstellt, die durch die Termabstände O^-_{chem} - Zn bestimmt ist

werte Raumladung in der Anlaufschicht, so daß in der gesamten Schicht, auf jede Störstelle ein konstantes, von der Koordinate ξ unabhängiges Feld $\mathfrak{E} = V/\xi_1$ wirkt (Abb. 31). Wenn fernerhin noch Annahme „2" zutrifft, fließt durch die Oxydschicht — z. B. durch Al_2O_3 im Falle der Al-Oxydation — ein Kationenstrom j_0 über Zwischengitterplätze:

$$j_0 = -B_0\, n_0^{\mathrm{I}}\, \frac{V}{\xi_1}.$$

Hierbei ist B_0 die Beweglichkeit der Kationen auf Zwischengitterplätzen und $n_0^{\mathrm{I}} = n_0$ die entsprechende Konzentration an der Phasengrenze Metall/

Metalloxyd. Dieser Ionenstrom ist die Ursache des Weiterwachsens der Schicht, so daß

$$\frac{d\xi_1}{dt} = \frac{k'}{\xi_1} \sim \frac{B_0\, n_0^{\mathrm{I}}\, V}{\xi_1} \tag{3.57}$$

ist. Wir erhalten auch in diesem Fall ein parabolisches Zeitgesetz, jedoch auf Grund des bezüglich der Hochtemperaturoxydation verschiedenen Mechanismus mit anderen Konstanten. HAUFFE und ILSCHNER konnten kürzlich zeigen, daß man zu dem gleichen Ergebnis wie MOTT auch ohne diese physikalisch an sich nicht zu begründende Annahme „2" $[n_0^{\mathrm{I}} = n_0\,(\xi)]$ gelangt.

Für den Fall von n-leitenden Deckschichten mit relativ kleiner Fehlordnungskonzentration wollen wir in Übereinstimmung mit MOTT auch die Raumladungen in der Anlaufschicht gegenüber den Flächenladungen an den Phasengrenzen Me/MeO und MeO/Sauerstoff vernachlässigen, was offenbar für die Zink-Oxydation in erster Näherung erlaubt zu sein scheint, wie man aus den Untersuchungen von MOORE und LEE[1] schließen darf.

Gemäß den Ausführungen des vorigen Abschnitts wirkt als treibende Kraft nicht nur die Feldstärke $\mathfrak{E}$, sondern auch der Konzentrationsgradient $[n_0\,(\xi) - n_0\,(0)]/\xi_1$, wobei hier n_0 sich auf die Zn-Ionen auf Zwischengitterplätzen im ZnO beziehen soll. Entsprechend erhalten wir eine für den vorliegenden Fall angepaßte zu Gl. (3.50)

---

[1] MOORE, W. J., u. J. K. LEE: Trans. Faraday Soc. **47**, 501 (1951).

identische Beziehung:

$$j_\mathrm{o} = -D_\mathrm{o}\left\{\operatorname{grad} n_\mathrm{o} + z\,n_\mathrm{o}\,\frac{eV}{kT}\,\frac{1}{\xi_1}\right\}. \tag{3.58}$$

Im stationären Zustand muß j_o für alle ξ konstant sein, d. h. $\operatorname{div} j_\mathrm{o} = 0$. Hieraus folgt unmittelbar die Differentialgleichung:

$$\frac{d^2 n_\mathrm{o}}{d\,\xi^2} + \frac{1}{\xi_1}\,\frac{eV}{kT}\,z\,\frac{d n_\mathrm{o}}{d\xi} = 0$$

mit der Lösung

$$n_\mathrm{o}(\xi) = n_\mathrm{o}^* - \alpha \exp\left\{-\frac{1}{\xi_1}\,z\,\frac{eV}{kT}\,\xi\right\}. \tag{3.59}$$

n_o^* und α sind Integrationskonstanten, die durch die folgenden Randbedingungen festgelegt sind:

$$n_\mathrm{o}(0) = n_\mathrm{c}^{\mathrm{II}} \quad \text{und} \quad n_\mathrm{o}(\xi_1) = n_\mathrm{o}^{\mathrm{I}}.$$

Es ergibt sich:

$$\alpha = \frac{n_\mathrm{o}^{\mathrm{I}} - n_\mathrm{o}^{\mathrm{II}}}{1 - \exp\left(-\dfrac{eV}{kT}\right)},$$

$$n_\mathrm{o}^* = n_\mathrm{o}^{\mathrm{II}} + \frac{n_\mathrm{o}^{\mathrm{I}} - n_\mathrm{o}^{\mathrm{II}}}{1 - \exp\left(-\dfrac{eV}{kT}\right)}.$$

Im Rahmen der verwendeten Näherungen kann man $n_\mathrm{o}^{\mathrm{II}}$ neben $n_\mathrm{o}^{\mathrm{I}}$, sowie kT neben eV im Argument der Exponentialfunktion vernachlässigen. Demzufolge ist:

$$n_\mathrm{o}^* \approx n_\mathrm{o}^{\mathrm{I}},$$

unabhängig von ξ_1.

Einsetzen von Gl. (3.59) mit den physikalisch sinnvollen Vereinfachungen in Gl. (3.58) ergibt für den fließenden Ionenstrom den einfachen Ausdruck

$$j_\mathrm{o} \approx -D_\mathrm{o}\,z\,n_\mathrm{o}^{\mathrm{I}}\,\frac{eV}{kT}\,\frac{1}{\xi_1},$$

weil sich die Exponentialglieder im Diffusions- und Feldanteil eliminieren, das konstante Glied jedoch bestehenbleibt. Da nun das Wachstum des Oxydfilms, $d\xi_1/dt$, dem Transportstrom j_o proportional ist, folgt unter Einführung einer Konstanten $k' = \Omega\,D_\mathrm{o}\,z\,n_\mathrm{o}^{\mathrm{I}}\,\frac{eV}{kT}$ ein parabolisches Anlaufgesetz für dünne Schichten:

$$\frac{d\xi_1}{dt} = \frac{k'}{\xi_1}. \tag{3.60}$$

Daß die hier für dünne ZnO-Schichten auftretende Anlaufkonstante k' grundsätzlich verschieden ist von der bei Auftreten dicker Oxydschichten nach WAGNER, geht auch aus der Sauerstoffdruckabhängigkeit der Zinkoxydation hervor. Während WAGNER und GRÜNEWALD[1] eine Sauerstoffdruckunabhängigkeit finden, was aus der WAGNERschen Zundertheorie zu erwarten ist, da $n_{\mathrm{O}}^{\mathrm{I}}$ vom Sauerstoffdruck unabhängig ist, tritt im Falle der Ausbildung dünner Oxydschichten eine Sauerstoffdruckabhängigkeit auf, wie ENGELL und HAUFFE[2] auf thermodynamischen Wege zeigen konnten, da das in der Konstanten k' vorhandene V eine Funktion des Sauerstoffdruckes ist.

Bei der Chemisorption von Sauerstoff werden dem Zink über die Oxydschicht hinweg Elektronen entzogen, gemäß:

$$\frac{1}{2}\,\mathrm{O}_2^{(\mathrm{g})} + \ominus^{(\mathrm{Me})} \longrightarrow \mathrm{O}^{-(\sigma)}. \tag{3.61 a}$$

Hier ist $\ominus^{(\mathrm{Me})}$ ein Metallelektron. Um das Auftreten der Konzentration der Leitungselektronen im Metall in der Endgleichung zu umgehen, beschreiben wir den Chemisorptionsvorgang durch die folgende symbolische Gleichung:

$$\frac{1}{2}\,\mathrm{O}_2^{(\mathrm{g})} \longrightarrow \mathrm{O}^{-(\sigma)} + \oplus^{(\mathrm{Me})}, \tag{3.61 b}$$

wobei $\oplus^{(\mathrm{Me})}$ eine positive Ladung in Form eines Defektelektrons ($\equiv$ fehlendes Elektron) an der Metalloberfläche bedeutet.

Unter Verwendung der elektrochemischen Thermodynamik folgt dann für das Gleichgewicht Gl. (3.61 b):

$$-\frac{1}{2}\,\mu_{\mathrm{O}_2} + \mu_{\mathrm{O}^-}^{(\sigma)} + \mu_{\oplus}^{(\mathrm{Me})} + \mathrm{e}V = 0$$

oder

$$\frac{n_{\oplus}^{(\mathrm{Me})}\,n^{(\sigma)}}{p_{\mathrm{O}_2}^{1/2}}\,\exp\left(+\frac{\mathrm{e}V}{kT}\right) = K. \tag{3.62}$$

Wegen unserer ersten Annahme muß $n_{\oplus}^{(\mathrm{Me})} = n^{(\sigma)}$ sein, woraus folgt:

$$\frac{(n^{(\sigma)})^4}{p_{\mathrm{O}_2}}\,\exp\left(+2\,\frac{\mathrm{e}V}{kT}\right) = K^2.$$

Andererseits ist die Spannung an dem durch das System gebildeten „Kondensator" mit $n^{(\sigma)}$ verknüpft durch:

$$V = \frac{2\,\pi\,e}{\varepsilon}\,n^{(\sigma)}\,\xi_1, \tag{3.63}$$

also

$$V^4\exp\left(+\frac{2\mathrm{e}V}{kT}\right) = \left(\xi_1\,\frac{2\,\pi\,e}{\varepsilon}\right)^4 K^2\,p_{\mathrm{O}_2}. \tag{3.64}$$

Da in den in Frage kommenden Temperaturbereichen stets $\mathrm{e}V \gg kT$ ist ($V \approx 1$ Volt!), kann man die Funktion V, die als linearer Faktor vor dem Exponentialausdruck steht, näherungsweise durch eine Kon-

[1] WAGNER, C., u. K. GRÜNEWALD: Z. physik. Chem. (B) 40, 458 (1938).
[2] ENGELL, H. J., u. K. HAUFFE: Metall 6, 285 (1952).

stante $\widetilde{V}$ ersetzen, die einem mittleren Wert entspricht. Dann folgt aus Gl. (3.64) unmittelbar:

$$V = \frac{kT}{2e} \ln \left\{ \left(\frac{2\pi e}{\varepsilon \widetilde{V}} \xi_1 \right)^4 K^2 \, p_{O_2} \right\}$$

oder mit Gl. (3.60):

$$k' = \Omega \, D_0 \, n_0^{I} \left\{ \ln p_{O_2} + \ln \left(K^2 \left[\frac{2\pi e}{\varepsilon \widetilde{V}} \xi_1 \right]^4 \right) \right\}$$

bzw.

$$k' = c_1 \ln p_{O_2} + 4 c_1 \ln (c_2 \, \xi_1). \tag{3.65}$$

Dieses Ergebnis steht mit den Versuchsergebnissen von MOORE und LEE im Einklang. Neben dem parabolischen Zeitgesetz (Abb. 32) wurde eine Sauerstoff-druckabhängigkeit der Oxydationsgeschwindig-keit gefunden, die sich befriedigend durch die logarithmische Beziehung Gl. (3.65) beschreiben läßt (Abb. 33). Diese Sauer-stoffdruckabhängigkeit, die nach der WAGNER-schen Theorie unver-ständlich ist, zeigt besonders eindringlich das Ein-

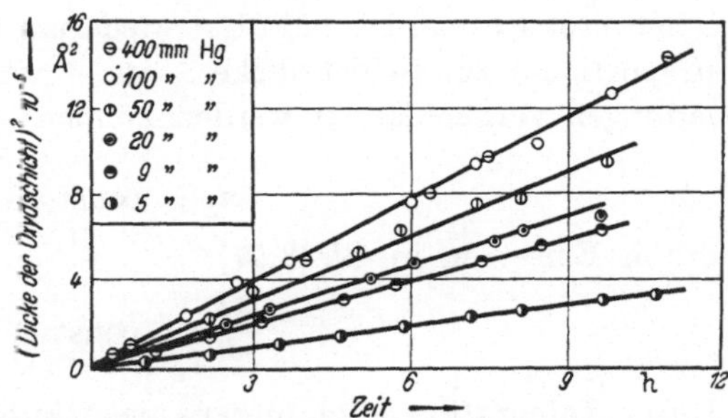

Abb. 32. Das Dickenwachstum der ZnO-Schicht (parabolisches Zeitgesetz) bei 400° C für verschiedene Sauerstoffdrucke nach MOORE und LEE

greifen der Randschichtvorgänge in die Oxydationskinetik. Aus dem 2-ten Term in Gl. (3.65) folgt außerdem, daß das Zeitgesetz der Zn-

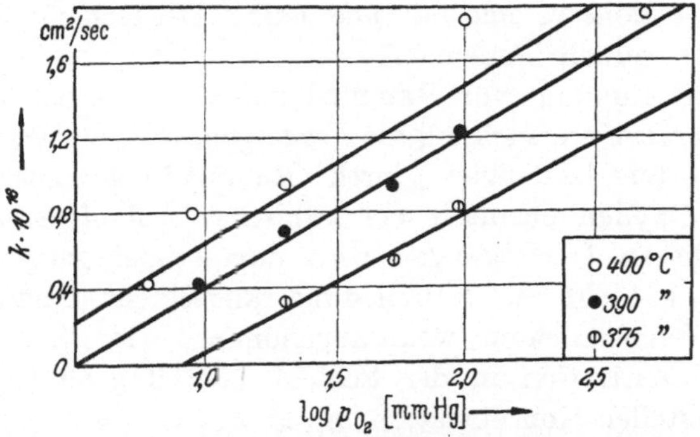

Abb. 33. Der logarithmische Verlauf der Sauerstoffdruckabhängigkeit der parabolischen Oxydationskonstanten, ausgewertet von ENGELL und HAUFFE nach Oxydationsversuchen von MOORE und LEE

Oxydation im Bereich dünner ZnO-Schichten nicht streng parabolisch sein kann, was sich für andere der Zn-Oxydation ähnliche Anlaufvorgänge durchaus stärker bemerkbar machen kann.

CABRERA und MOTT verwenden die gleichen physikalischen Voraussetzungen, die zur Ableitung des parabolischen Zeitgesetzes für dünne Schichten führten, zur Entwicklung des Zeitgesetzes mit p-leitenden Oxydschichten, wie sie beispielsweise bei der Cu- oder Ni-Oxydation auftreten. Es wird ein zu Gl. (3.57) völlig identischer Ansatz aufgestellt, nur das der Index „$\bigcirc$" für Zwischengitterplatzionen durch den Index „$\square$" für Leerstellen ersetzt wird. Nimmt man diese Voraussetzungen — keine Raumladungen in der Oxydschicht und praktisch konstante Leerstellenkonzentration in der Oxydschicht — als gültig an, dann ergibt sich aus der Tatsache, daß die Leerstellendichte $n_\square$ nahe der Oxydoberfläche der Flächendichte der chemisorbierten Sauerstoffionen proportional ist und diese wiederum gemäß Gl. (3.63) umgekehrt proportional zur Schichtdicke ξ_1 ist — wenigstens solange die Raumladungen vernachlässigt werden können —, also

$$n_\square = \text{const}\,\frac{1}{\xi_1}$$

durch Einsetzen in Gl. (3.57):

$$\frac{d\xi_1}{dt} = \text{const}\,\frac{1}{\xi_1^2}. \tag{3.66}$$

Durch Integration folgt hieraus das „kubische" Zeitgesetz:

$$\xi_1(t) = (A\,t + B)^{1/3}, \tag{3.67}$$

wo A und B Konstanten sind, die sich aus der Theorie von CABRERA und MOTT berechnen lassen, auf deren Interpretation allerdings hier verzichtet wird, da die oben eingeführten physikalischen Voraussetzungen für Oxydationssysteme mit p-leitenden Deckschichten nicht aufrechterhalten werden können.

Unter der Annahme von Raumladungsrandschichten wurde daher in einer neueren Untersuchung die Frage geprüft[1], ob bei Anwendung der Transporterscheinungen durch Raumladungsrandschichten in p-leitenden Oxyden ebenfalls ein kubisches Anlaufgesetz gefunden wird. Bei diesen Überlegungen wird davon ausgegangen, daß die gesamte Oxydschicht eine Raumladungsrandschicht darstellt. Es entspricht den Gegebenheiten, wenn angenommen wird, daß die Defektelektronenkonzentration in der Schicht überall groß ist gegen die Kationenleerstellen-Konzentration, $n_\oplus \gg n_\square$. Sowohl $n_\square$ als auch $n_\oplus$ sollen, da chemisches Gleichgewicht an den beiden Phasengrenzen vorausgesetzt wird, stetig von $\xi = 0$ nach $\xi = \xi_1$ abfallen.

Ein divergenzfreier Metallionenstrom durch eine derartige Schicht ist dann möglich, wie sich theoretisch zeigen läßt, wenn die Störstellen

---

[1] ENGELL, H. J., K. HAUFFE u. B. ILSCHNER: Z. Elektrochem., Ber. Bunsenges. physik. Chem. **58**, 478 (1954).

in einer Verteilung vorliegen, die Abb. 34 schematisch wiedergibt.
Entscheidend ist nun, daß in jedem Augenblick des Schichtwachstums,
d. h. für alle ξ_1, die Defektelektronenkonzentration an der Phasengrenze
MeO/Me durch den vergleichsweise
„unermeßlichen Elektronenvorrat" des
Metalls auf einen konstanten Wert gehalten wird.

Wie die Rechnung zeigt, liegt elek-
tronisches Gleichgewicht mit der konstanten Dichte n^* dann vor, wenn in
Analogie zu Gl. (3.53)

$$x_0 = [\varepsilon\,k\,T/(2\,\pi\,e^2\,n^*)]^{1/2} - \xi_1 = x_0' - \xi_1 \tag{3.68}$$

ist, wobei x_0' wieder eine Konstante —
die „DEBYE-Länge" — ist. Diese Festlegung hat aber nun weiter zur Folge, daß
die Defektelektronenkonzentration $n_\oplus(0)$
an der Oberfläche MeO/O_2 eine Funktion von n^* und der Schichtdicke wird:

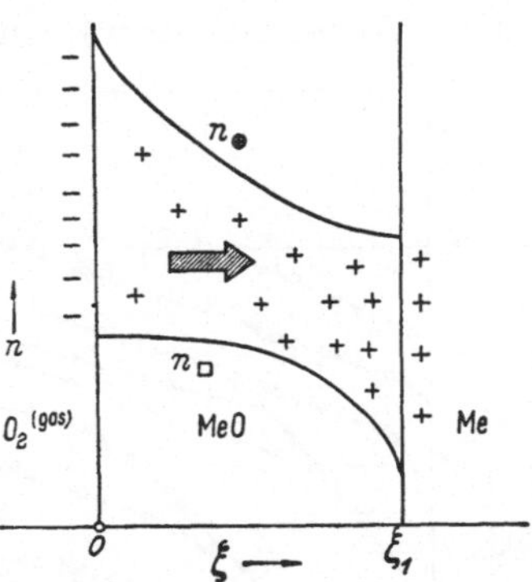

Abb. 34. Örtlicher Konzentrationsverlauf der Defektelektronen und Leerstellen in der Raumladungsrandschicht
eines dünnen p-leitenden Oxydfilms
mit der Schichtdicke ξ_1 nach ENGELL,
HAUFFE und ILSCHNER

$$n_\oplus(0) = \frac{kT}{4\,\pi\,e^2}\,(x_0' - \xi_1)^{-2}. \tag{3.69}$$

Mit wachsendem ξ_1 wird $n_\oplus(0)$ also größer, sofern natürlich ξ_1 kleiner
als die stationäre Randschicht bleibt. Diese ist gemäß Gl. (3.53)
größenordnungsmäßig gleich $(\varepsilon\,k\,T/(2\,\pi\,e^2\,n_\oplus^\circ)^{1/2} = x_0 < x_0'$, da die
Gleichgewichtskonzentration an der Oberfläche eines ausgedehnten
Kristalls, $n_\oplus^\circ$, größer ist als n^*.

Unter Verwendung der Überlegungen von MOTT setzen wir die
Konzentration der Nickelionenleerstellen an der Oberfläche dem mit
$\mathfrak{E}(0)$ verknüpften $\mathfrak{n}^{(\sigma)}$ proportional und erhalten:

$$n_\square(0) = \mathrm{const}\,(x_0' - \xi_1)^{-1}. \tag{3.70}$$

Zu dieser funktionalen Abhängigkeit gelangt man auch mit der Theorie
der raumladungsfreien Randschicht nach MOTT.

Unter Berücksichtigung, daß nur die Defektelektronen merklich
zum Feld beisteuern, erhält man aus der Gleichung für die Divergenz-
freiheit des Leerstellenstromes,

$$0 = \mathrm{div}\left\{- D_\square\,\mathrm{grad}\,n_\square + z\,n_\square\,\frac{D_\square e}{k\,T}\,\mathfrak{E}(\xi)\right\},$$

und der Beziehung

$$\mathfrak{E}(\xi) = -\,(4\pi\,e/\varepsilon)\int_0^\xi n_\oplus(\xi)\,d\xi$$

für den Leerstellenstrom

$$j_\square = -D_\square \{\operatorname{grad} n_\square - z\, n_\square/(\xi_1 + x_0)\} = \pm D_\square \beta. \tag{3.71}$$

Da der Leerstellenstrom zum Metall hin läuft, ist für β ein positives Vorzeichen zu wählen. Man erhält dann für die Leerstellendichte $n_\square(0)$ an der Phasengrenze MeO/O_2:

$$\begin{aligned} n_\square(0) &= \beta\, x_0 - n_\square' \\ &= \beta(x_0' - \xi_1) - n_\square'. \end{aligned} \tag{3.72}$$

Dieser Ausdruck erfüllt die Bedingung Gl. (3.70) in besonders einfacher Weise dann, wenn

$$\beta = K'(x_0' - \xi_1)^{-2};$$
$$n_\square' = K''(x_0' - \xi_1)^{-1}$$

ist. Für den Leerstellenstrom bedeutet dies

$$j_\square = \frac{D_\square K'}{(x_0' - \xi_1)^2}. \tag{3.73}$$

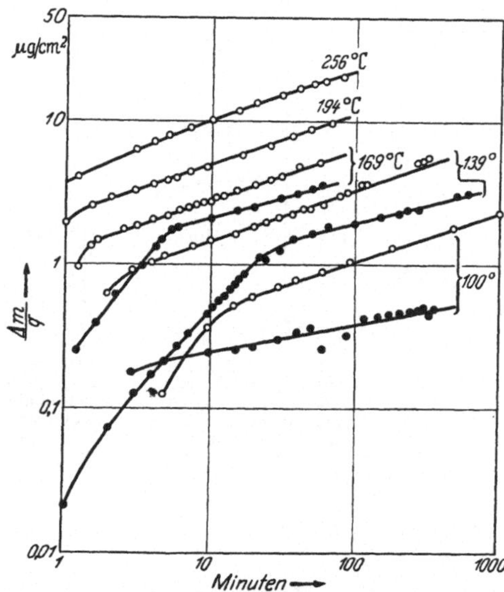

Abb. 35. Zeitlicher Verlauf der Oxydation von Kupfer im mittleren Temperaturbereich bei 150 mm Hg Sauerstoff (bzw. 150 mm Hg Sauerstoff + 15 mm Hg H₂O) in doppelt-logarithmischer Auftragung nach CAMPBELL und THOMAS. Die Oxydationskurven mit H₂O-freiem Sauerstoff gehorchen weitgehend dem kubischen Oxydationsgesetz mit einem Exponenten, der zwischen 0,32 und 0,38 liegt. (Die vollen Kreise kennzeichnen die Werte mit H₂O-Dampf, der die Geschwindigkeit stets herabsetzte)

Hierbei ist zu beachten, daß $D_\square$ *nicht* der Selbstdiffusionskoeffizient der Metallionen im Oxydgitter ist, sondern der *Diffusionskoeffizient der Leerstellen* (s. S. 79 ff). Da das Schichtwachstum $d\xi_1/dt$ proportional zu diesem Strom ist, folgt bei zweckmäßiger Zusammenfassung aller Konstanten:

$$\frac{d\xi_1}{dt} = \frac{\text{const}}{(x_0' - \xi_1)^2}$$

und durch Integration das Zeitgesetz:

$$\xi(t) = x_0' + \text{const}'(t + t_0)^{1/3}. \tag{3.74}$$

Auch nach dieser Darstellung wird ein kubisches

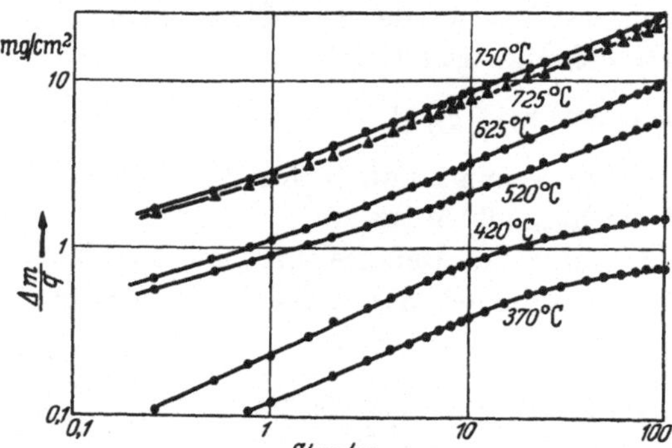

Abb. 36. Zeitlicher Verlauf der Oxydation von geglühten Kupferblechen in H₂O-dampfhaltiger Luft von 1 Atm ($p_{H_2O} \approx$ 15 mm Hg) nach TYLECOTE. Der anfänglich kubische Verlauf der 520°-Kurve geht nach etwa 5 Std. in einen parabolischen Verlauf über. Bei der 725°-Kurve erfolgt der Übergang bereits nach 1,5 Std.

Anlaufgesetz erhalten, jedoch mit der zusätzlichen Erkenntnis, daß das sogenannte kubische Anlaufgesetz nur einen möglichen Grenzfall darstellt, der in Strenge nur dann erfüllt ist, wenn in den Oxydationssystemen die hier gemachten Vereinfachungen erfüllt sind. Bei Berücksichtigung der hier eingeführten Vernachlässigungen wird man die oft im Experiment beobachteten Abweichungen von 1/3 im Exponent der Gl. (3.74) verstehen und auch den Übergang zum parabolischen Zeitgesetz erfassen, der bei Schichtdicken > 1000 Å erfolgen kann.

In Abb. 35 und 36 ist der sowohl von CAMPBELL und THOMAS[1] als auch der von TYLECOTE[2] beobachtete kubische Verlauf der Oxy-

dation von Kupfer im mittleren Temperaturbereich dargestellt. Desgleichen wurde von WABER[3] für die Oxydation von Titan bei 216°C (Abb. 37) und von Tantal bei 350°C (Abb. 38) ein kubisches Zeitgesetz gefunden. BELLE und MALLETT[4] berichten ebenfalls über ein kubisches Zeitgesetz bei der Oxydation von Zirkon in Sauerstoff von 0,1 bzw. 1 Atm sowohl zwischen 300 und 425°C als auch zwischen 575 und 950°C (s. Abbildung 102 im Kap. 4.2.2.3. HAUFFE und Mitarbeiter[5] stellten fest, daß bei der Oxydation von Nickel in Sauerstoff bei verschiedenen Drucken bei 400°C ein Zeitgesetz der Form

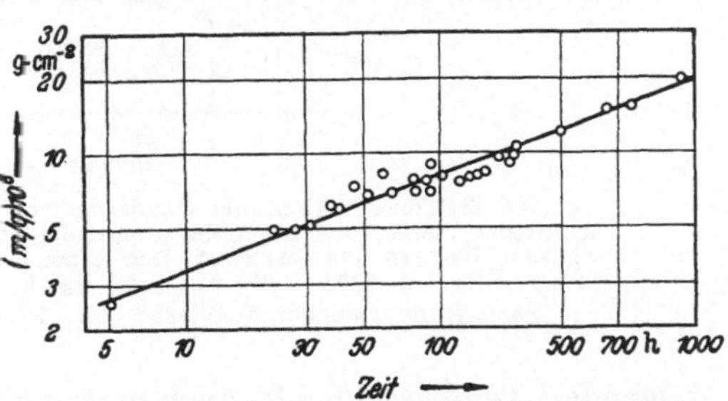

Abb. 37. Zeitlicher Verlauf der Oxydation von Titan in Sauerstoff bei 216°C in doppelt-logarithmischer Auftragung nach WABER. Der Exponent des kubischen Anlaufgesetzes: $\xi = \text{const } t^{1/3}$ beträgt hier 0,39. In einer neueren Arbeit finden J. T. WABER, G. E. STURDY und E. N. WISE: J. Amer. chem. Soc. 75, 2269 (1953) bei 250 und 316°C ein logarithmisches Zeitgesetz, das sich nicht durch Feldtransporterscheinungen deuten läßt, da Schichtdicken von 4000 bis 7000 Å auftreten

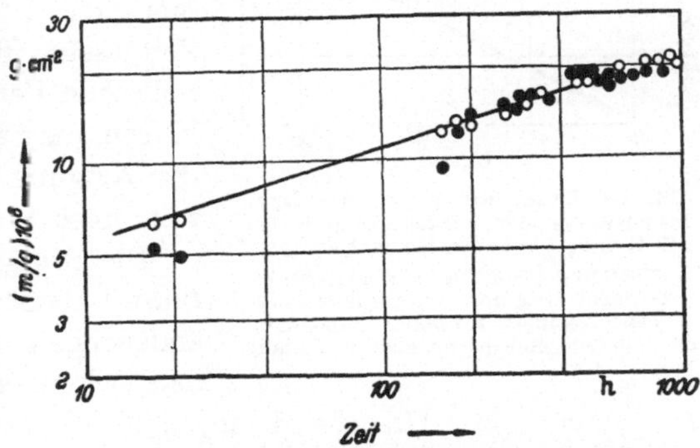

Abb. 38. Zeitlicher Verlauf der Oxydation von Tantal in Sauerstoff bei 350°C in doppelt-logarithmischer Auftragung nach WABER. Das sich hieraus ergebende kubische Anlaufgesetz lautet: $\xi = \text{const } t^{1/3,05}$

---

[1] CAMPBELL, W. E., u. U. B. THOMAS: Trans. electrochem. Soc. 91, 345 (1947).

[2] TYLECOTE, R. F.: J. Inst. Metals 81, 681 (1952/53).

[3] WABER, J. T.: J. chem. Physics 20, 734 (1952).

[4] BELLE, J., u. M. W. MALLETT: J. electrochem. Soc. 101, 339 (1954).

[5] ENGELL, H. J., K. HAUFFE u. B. ILSCHNER: Z. Elektrochem., Ber. Bunsenges. physik. Chem. 58, 478 (1954).

$\xi \sim t^{1/3,7}$ herrscht, daß bei größeren Schichtdicken ($> 800 \to 1000\,\text{Å}$) in ein parabolisches Zeitgesetz übergeht (Abb. 39 und 40). Hierbei wurde beobachtet, daß der Übergang ins parabolische Zeitgesetz sowohl mit

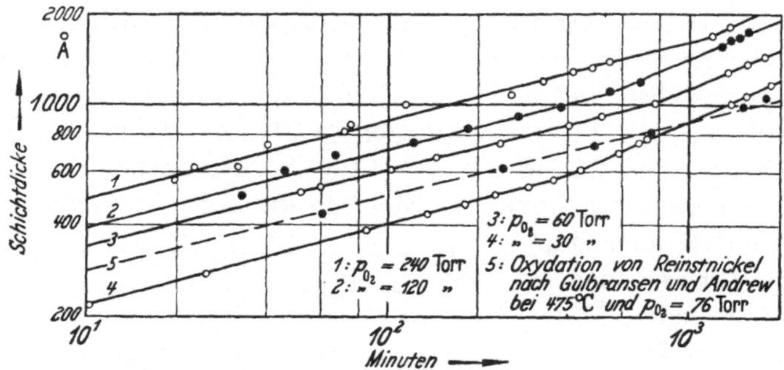

Abb. 39. Zeitlicher Verlauf der Oxydation von Nickel bei 400°C und verschiedenen Sauerstoffdrucken in doppelt-logarithmischer Darstellung nach ENGELL, HAUFFE und ILSCHNER. Der Exponent beträgt hier 1/3,3 bis 1/3,6. 1: p_{O_2} = 240; 2: 120; 3: 60; 4: 30 mm Hg. 5: Oxydation von Reinstnickel nach GULBRANSEN und ANDREW bei 475°C und p_{O_2} = 76 mm Hg

steigender Temperatur als auch mit steigendem Sauerstoffdruck zu höheren Schichtdicken verschoben wird. Eine ähnliche Beobachtung wurde auch bei der Oxydation von Kupfer in H_2O-dampfhaltiger Luft im Temperaturgebiet um 500°C von TYLECOTE gemacht. Nach einer Oxydationszeit von etwa 10 Std. erfolgte hier der Übergang ins parabolische Zeitgesetz. Für den anfänglich parabolischen Verlauf der 370°- und 420°-Kurve, die nach 20 Std. eine Abnahme der Neigung zeigen, ist eine Deutung z. Z. noch nicht möglich (Abb. 36).

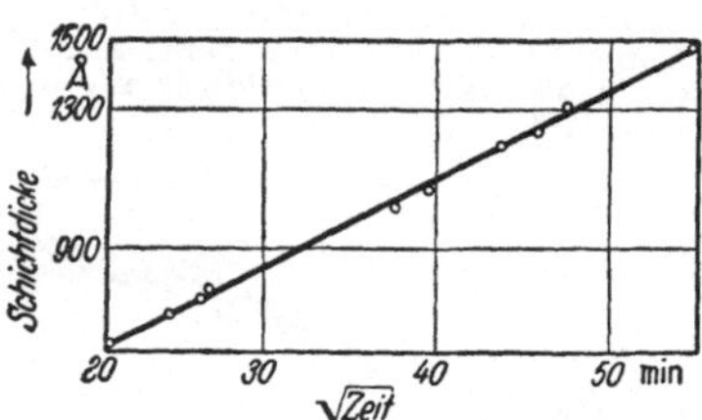

Abb. 40. Parabolischer Teil der Oxydationskurve der Nickeloxydation bei 400°C und p_{O_2} = 30 mm Hg nach ENGELL, HAUFFE und ILSCHNER. Wie aus Abb. 39 hervorgeht, beginnt unter diesen Versuchsbedingungen ab 500 Å NiO-Dicke ein überwiegend parabolischer Verlauf

Die von GULBRANSEN und ANDREW [1] beobachteten laufenden Veränderungen der parabolischen Oxydationskonstanten mit der Oxydationszeit haben ihre Ursache darin, daß bei kleinen NiO-Schichtdicken die Oxydation nicht einem parabolischen Zeitgesetz folgt, sondern im Sinne der obigen Ausführungen einem kubischen, wo Raumladungseffekte für den zeitlichen Fortgang der Oxydation verantwortlich sind. In Abb. 39 ist die 475°-Kurve von GULBRANSEN und ANDREW gemäß Gl. (3.74) ausgewertet. Daß die Messungen von HAUFFE und

---

[1] GULBRANSEN, E. A., u. K. F. ANDREW: J. electrochem. Soc. **101**, 128 (1954).

Mitarbeitern bei 400° C etwa die Zunderkonstante ergeben, die GUL-
BRANSEN und ANDREW bei 475° C finden, hängt wohl mit der größeren
Reinheit des von den zuletzt genannten Autoren verwendeten Nickels ab.

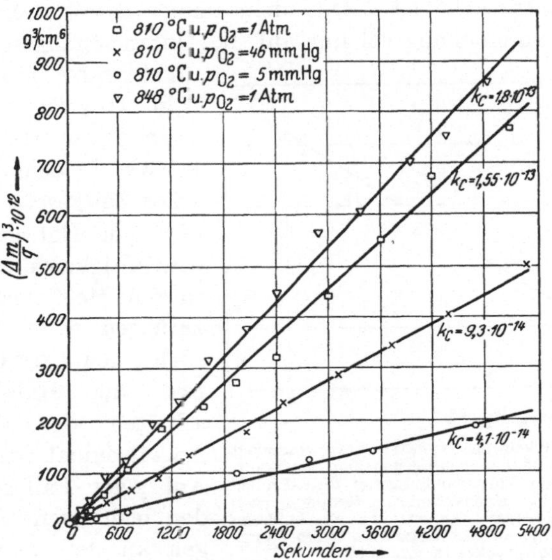

Abb. 41. Zeitlicher Verlauf der Oxydation von Cu₂O bei 810°
und 848° C bei verschiedenen Sauerstoffdrucken nach HAUFFE
und KOFSTAD. Die Oxydation folgt dem kubischen Zeitgesetz
mit dem Exponenten 1/2,9 bis 1/3,1

Ein überraschendes Ergebnis brachte die Oxydation von Cu₂O-
Blechen zwischen 800 und 1000° C bei verschiedenen Sauerstoffdrucken
insofern, als hier bei den hohen Temperaturen ebenfalls ein kubisches
Zeitgesetz gefunden wurde, das relativ genau den Exponenten 1/3
aufwies (Abb. 41), was auf einen geschwindigkeitsbestimmenden Feldtransport der Ionen durch die sich bildende CuO-Deckschicht schließen
läßt[1]. Dieser Befund weist eindringlich auf die Tatsache hin, daß das
Temperaturgebiet, in dem Feldtransportvorgänge maßgebend werden,
stark von der Art der Fehlordnung und der Höhe der Sattelsprünge, die
beim Platzwechsel zu überwinden sind, in der sich ausbildenden Oxydschicht abhängt. Als weiterer Nachweis für den maßgebenden Feldtransport in der CuO-Schicht ist die logarithmische Sauerstoffdruckabhängigkeit der Oxydationsgeschwindigkeit anzusehen (Abb. 42). Ferner
ist nur bei Feldtransport die von HAUFFE und KOFSTAD[2] beobachtete

---

[1] Die relativ hohe Schichtdecke von etwa 20000 Å wird hier vermutlich aus
einer inneren kompakten von etwa 2000 Å (Feldtransport) und aus einer äußeren
porigen (Korngrenzendiffusion) aufgebaut sein.

[2] HAUFFE, K., u. P. KOFSTAD: Z. Elektrochem., Ber. Bunsenges. physik.
Chem. **59**, 399 (1955).

Abhängigkeit der Oxydationsgeschwindigkeit vom Sauerstoffdruck des vor der Oxydation getemperten Cu_2O verständlich.

Inwieweit jedoch ein kubisches Zeitgesetz stets durch einen Feldtransport verursacht ist, kann nicht immer entschieden werden. In diesem Zusammenhang sei nur auf die Untersuchungen von WABER und STURDY[1] hingewiesen, die beim Angriff von H_2O-haltigem Sauerstoff auf Thallium bei 38° C ebenfalls ein kubisches Zeitgesetz fanden. Um hier eine Entscheidung über die Gültigkeit des oben diskutierten Mechanismus herbeizuführen, wären noch Untersuchungen über die Struktur und die Halbleiter-Eigenschaften der entstehenden Anlaufschicht durchzuführen. Auf jeden Fall scheint nach den bisherigen Untersuchungen an den verschiedensten Metallen und Legierungen im Bereich mittlerer und niedriger Temperaturen die Abweichung vom parabolischen Oxydationsgesetz die Regel zu sein.

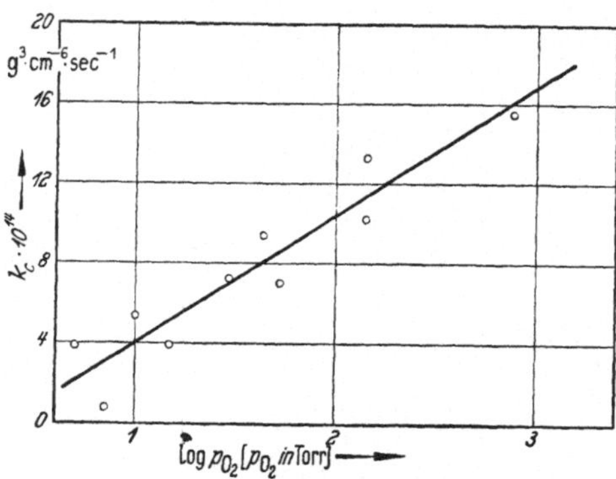

Abb. 42. Abhängigkeit der Oxydationsgeschwindigkeit von Cu_2O bei 810° C vom vorgegebenen Sauerstoffdruck bei gleicher Vorbehandlung der Cu_2O-Proben (jeweils 1 Std. im Hochvakuum getempert) nach HAUFFE und KOFSTAD. Aufgetragen die kubische Anlaufkonstante gegen den Logarithmus des Sauerstoffdruckes in mm Hg

In Ergänzung zu den obigen Ausführungen sei noch erwähnt, daß der Mechanismus der Titan- und Zirkonoxydation weitgehend die Vereinfachungen von MOTT — keine nennenswerten Raumladungen, sondern praktisch nur Flächenladungen — erfüllen kann, sofern die Konzentration der freien Elektronen in den n-leitenden TiO_2- bzw. ZrO_2-Deckschichten klein ist und sofern sich keine poröse Deckschicht aufbaut, was jedoch noch zu prüfen wäre. (Über die nicht-parabolischen Zeitgesetze durch poröse Deckschichten s. S. 121.)

3.5.4 Bildung sehr dünner Anlaufschichten.— Das reziprok-logarithmische und das logarithmische Zeitgesetz

Geht man zur Behandlung sehr dünner Anlaufschichten in der Größenordnung von einigen 10 Å über, wie sie bei der Oxydation von Metallen und Legierungen und bei der Bildung von Passivschichten, z. B. auf Eisen in Salpetersäure, bei niedrigen Temperaturen (0 bis 200° C) auftreten, so sind andere Erscheinungen zu berücksichtigen die für den Reaktionsmechanismus derartig dünner Schichten charak-

---

[1] WABER, J. T., u. G. E. STURDY: J. electrochem. Soc. **101**, 538 (1954).

teristisch sind. In der Diskussion dieser Erscheinungen lehnen wir uns an die Theorie von CABRERA und MOTT an. Für die Entwicklung der theoretischen Zusammenhänge sind die folgenden vier Punkte zu berücksichtigen:

1. Die Schichten sind jetzt so dünn, daß die in ihnen enthaltenen Raumladungen selbst bei p-leitenden Anlaufschichten in erster Näherung vernachlässigt werden dürfen. Es genügt hier also, das von MOTT entworfene Bild zu betrachten, wo lediglich auf beiden Seiten der Anlaufschicht eine gleich große Zahl von Flächenladungen mit entgegengesetztem Vorzeichen auftritt[1].

2. Die hierbei auftretenden sehr dünnen Anlaufschichten gestatten auch dann einen Elektronenübergang vom Metall zum chemisorbierenden Sauerstoff infolge Wirksamwerden des quantenmechanischen Tunneleffektes bis zu etwa 40 Å, wenn eine thermische Emission von Elektronen in die Defektstellen des Valenzbandes bzw. ins Leitungsband des Oxyds und umgekehrt ausgeschlossen ist.

3. Bei den in Frage stehenden dünnen Schichten wird die Energie U_E, die eine z-fach geladene Fehlstelle innerhalb eines Gitterabstandes a aus dem Feld annehmen kann, vergleichbar gegen ihre thermische Energie U, zumal bei tiefen Temperaturen:

$$U_E = z\,e\,a\,\mathfrak{E} = \frac{z\,e\,a\,V}{\xi_1}\,kT \qquad (3.75)$$

ist. In Abwesenheit eines Konzentrationsgefälles ist aber die Geschwindigkeit u, mit der ein Ladungsträger durch ein konstantes Feld im Gitter bewegt wird, gegeben durch[2]:

$$u = \frac{D}{A}\left\{\exp\left(\frac{U_E}{2kT}\right) - \exp\left(-\frac{U_E}{2kT}\right)\right\}, \qquad (3.76)$$

da durch das Feld die „Potentialberge" in einer Richtung erhöht und in der anderen erniedrigt werden. Solange — wie es häufig bei höheren Temperaturen der Fall ist — $U_E < kT$ ist, genügt die Reihenentwicklung der Exponentialfunktionen in Gl. (3.76) bis zur ersten Potenz in U_E/kT und man erhält eine lineare Abhängigkeit des Feldstromes von $\mathfrak{E}$, wie sie in den vorangehenden Abschnitten benutzt wurde. Ist jedoch $U_E > kT$, was besonders bei niedrigen Temperaturen der Fall ist, dann hängt die Wanderungsgeschwindigkeit u der Teilchen in der Anlaufschicht exponentiell von der Feldstärke ab, die wiederum reziprok der Schichtdicke ist. Dies läßt aber einen raschen Ionenstrom durch die Schicht erwarten.

---

[1] Kürzlich gab DEWALD die quantitativen Zusammenhänge zwischen der Konkurrenz der Oberflächen- und Raumladungen in Oxydfilmen für den Fall der anodischen Oxydfilmbildung (s. Kap. 7.2.1).

[2] MOTT, N. F.: J. Chim. physique **44**, 172 (1947).

4. Auf Grund dieser Situation ist die von CABRERA und MOTT eingeführte weitere Annahme eines geschwindigkeitsbestimmenden Übertritts von Metallionen aus der Metall- in die Oxydphase bzw. Austritt aus dem Oxyd in die Chemisorptionsschicht unter gewissen Voraussetzungen diskutabel. In diesem Fall ist dann eine Phasengrenzreaktion zeitbestimmend. Eine solche Annahme ist jedoch nicht ohne weiteres eine Folge der elektrischen Felder, wie MOTT diskutiert. Eine nähere Begründung dieser Zusammenhänge wurde kürzlich von HAUFFE und ILSCHNER[1] gegeben, erhält allerdings durch die neuen Untersuchungen von DEWALD eine gewisse Einschränkung (s. Kap. 7.2.1). Der andere Fall, geschwindigkeitsbestimmender Feldtransport durch die Anlaufschicht, liegt immer dann vor, wenn die maßgebende Aktivierungsenergie U_1 für den Übertritt eines Metallions aus der Metallphase in die Anlaufschicht kleiner ist als die Aktivierungsenergie U_2 für den Platzwechsel. In Abb. 43 ist $U_1 > U_2$, so daß der Übertritt geschwindigkeitsbestimmend ist.

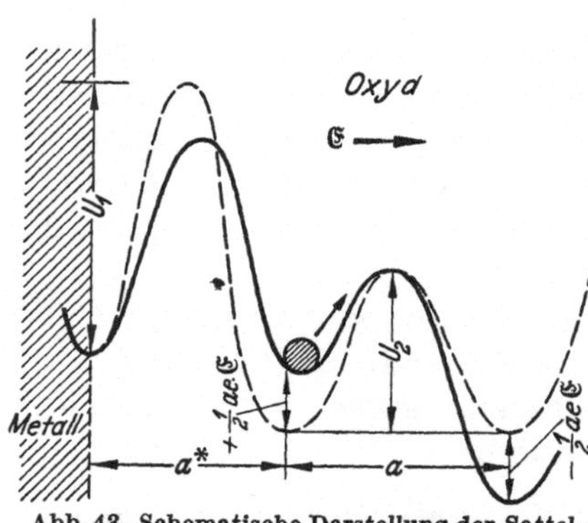

Abb. 43. Schematische Darstellung der Sattelsprünge der Metallionen bei Leerstellenwanderung in Gegenwart eines elektrischen Feldes in der Anlaufschicht $(a \neq a^*; U_1 > U_2)$

$$j \rightleftarrows j_0 \cdot \exp\left\{-\left(U \pm \frac{1}{2}U_E\right)\Big/ kT\right\}$$
mit
$$U_E = zea\,\mathfrak{E} \quad [\text{s. Gl. (3.75)}]$$

Unter der Voraussetzung eines genügend raschen Elektronen- und Ionentransports durch die Anlaufschicht beeinflußt das Feld den geschwindigkeitsbestimmenden Übertritt von Ionenstörstellen in das Gitter derart, daß die maßgebende Aktivierungsenergie U_1 um U_E vermindert wird (Abb. 43). Unter Beachtung der Beziehung (3.75) und des Ansatzes für die je Zeit- und Flächeneinheit durchtretende Anzahl von Störstellen,

$$\dot{n}_1 = A_1 \exp(-U_1/kT),$$

ergibt sich schließlich für das Schichtdickenwachstum:

$$\frac{d\xi_1}{dt} = \text{const} \cdot \exp\left(\frac{1}{\xi_1}\frac{z\,a\,e\,V}{2kT}\right) = \text{const} \cdot \exp(\xi_0/\xi_1), \qquad (3.77)$$

wobei

$$\xi_0 = \frac{z\,a\,e\,V}{2kT}$$

ist. Statt der Gitterkonstanten a des Oxyds müßte, strenggenommen, der Abstand a^* der ersten Gitterebene des Oxyds von der Metallober-

---

[1] HAUFFE, K.: Reaktionen in und an festen Stoffen, S. 565ff. Berlin/Göttingen/Heidelberg: Springer 1955.

fläche verwandt werden (Abb. 43). $a \approx a^*$ dürfte aber eine hinreichende Näherung sein. Um das der Differentialgleichung (3.77) entsprechende Zeitgesetz der Oxydation hinzuschreiben, sei der Fall betrachtet, daß $\xi_0 > \xi_1$ ist. ($\xi_0 \geqq 2\xi_1$ genügt schon; für $\xi_0 \approx \xi_1$ ist eine geschlossene Integration nicht möglich.) Dann können wir statt Gl. (3.77) schreiben:

$$\frac{d\xi_1}{dt} = \text{const}\,\frac{\xi_0}{\xi_0'}\exp(\xi_0/\xi_1) \approx \frac{\text{const}\,\xi_0}{\xi_0 + 2\xi_1}\exp(\xi_0/\xi_1). \qquad (3.78)$$

Das Integral dieser Differentialgleichung ergibt sich nach Trennung der Variablen zu:

$$t + t_0 = B^2\,\xi_1^2\exp(-\xi_0/\xi_1)$$

mit

$$B \equiv (\text{const}\,\xi_0)^{-1/2}$$

oder

$$\frac{1}{\xi_1} = \frac{2}{\xi_0}\ln(B\,\xi_1) - \frac{1}{\xi_0}\ln(t + t_0) \quad\text{für}\quad \xi_1 \ll \xi_0. \qquad (3.79)$$

t_0 ist eine Integrationskonstante. Wir bezeichnen Gl. (3.79) als das reziprok-logarithmische Anlaufgesetz. In der Literatur wird es häufig fälschlicherweise als „logarithmisches Anlaufgesetz" bezeichnet, was zu Verwechslungen mit dem eigentlichen logarithmischen Zeitgesetz Anlaß geben kann. Es findet sich gewöhnlich in der Form

$$\frac{1}{\xi_1} = A' - B'\ln t. \qquad (3.80)$$

Diese Form führt allerdings — wie man sich leicht überzeugen kann — nicht auf die von Mott abgeleitete Gl. (3.77). In dem hier in Frage kommenden Wertbereich kann man zeigen, daß das ξ_1 enthaltende logarithmische Glied der Gl. (3.79) nur sehr schwach veränderlich ist. Setzt man ξ_1 gleich einem Mittelwert $\bar{\xi} \approx 20$ Å, so ist man in der Lage, mittels der Lösung (3.79) die Konstanten in der Näherung (3.80), wie folgt, anzugeben:

$$A' = \ln(\tilde{\xi}^2/\text{const}\,\xi_0)/\xi_0, \quad B' = 1/\xi_0. \qquad (3.81)$$

Nach Gl. (3.79) verlangsamt sich das Wachstum der Oxydschicht so rasch, daß man eine kritische Schichtdicke ξ^* definieren kann, oberhalb welcher die zeitliche Zunahme der Schichtdicke praktisch nicht mehr zu beobachten ist[1]. Cabrera und Mott vergleichen in diesem Zusammenhang ihren theoretischen Ansatz mit den Versuchsergebnissen von Günterschulze und Betz[2]. Diese Autoren fanden bei der anodischen Oxydation von Aluminium in geeigneten wäßrigen Elektrolyten die oben diskutierte exponentielle Abhängigkeit des Stromes von

---

[1] Definition von Cabrera und Mott: Reaktion steht praktisch dann still wenn zum Aufbau einer Gitterebene 10^5 sec benötigt werden.

[2] Günterschulze, A., u. H. Betz: Z. Physik **92**, 367 (1934).

der Feldstärke $\mathfrak{E}$:

$$i = \alpha \exp(\beta\,\mathfrak{E}). \tag{3.82}$$

Ein ähnliches Zeitgesetz wurde schon früher von VERWEY[1] diskutiert. Mit Hilfe von Gl. (3.78) und (3.81) lassen sich die Konstanten α und β aus Gl. (3.82) in Beziehung setzen zu denen in Gl. (3.80). Beträgt $V = 2$ Volt, so ergibt sich eine kritische Schichtdicke von etwa 20 Å, was auch in der Tat von CABRERA, TERRIEN und HAMON[2] an Hand von Oxydationsversuchen an aufgedampften transparenten Aluminiumschichten (optisch wurde der zeitliche Verlauf der Lichtdurchlässigkeit und der Reflexion gemessen) gefunden wurde.

Ähnliche Verhältnisse muß man offenbar auch für die Oxydation von Kupfer bei tiefen Temperaturen bis herab zu 30° C annehmen, wo EVANS[3], RHODIN[4], LUSTMAN und MEHL[5] ebenfalls ein reziprok-logarithmisches Zeitgesetz finden. Oberhalb 50° C wird jedoch häufig schon ein Übergang ins kubische Zeitgesetz beobachtet. Ferner wurde eine Sauerstoffdruckabhängigkeit der Oxydationsgeschwindigkeit gefunden, deren Deutung noch nicht versucht wurde. Der von CAMPBELL und THOMAS[6] mitgeteilte Befund einer Abnahme der Oxydationsgeschwindigkeit (um etwa 10 % zwischen 100 und 160° C) in Gegenwart von Wasserdampf wird verständlich, wenn man bedenkt, daß durch die Chemisorption von H_2O gemäß

$$H_2O^{(g)} + \oplus^{(R)} \longrightarrow H_2O^{+(\sigma)}$$

die Konzentration der Defektelektronen in der Randschicht $n_\oplus^{(R)}$ und damit auch die Raumladung in ihr vermindert wird, und daß demzufolge auch der Feldtransport verlangsamt wird. Die verfeinerte Deutung des Mechanismus der Oxydschichtbildung wird allerdings durch die Tatsache erschwert, daß bei niedrigeren Temperaturen die CuO-Bildung mit fallender Temperatur immer mehr die Cu_2O-Bildung überdeckt. So wurde von TYLECOTE[7] beobachtet, daß bereits bei 700° C die Deckschicht zu etwa 35 % aus CuO besteht und bei 300° C sogar zu etwa 95 %. Wie wir noch weiter unten zeigen werden, ist das Auftreten einer praktisch reinen CuO-Schicht im Bereich der Gültigkeit des reziprok-logarithmischen Anlaufgesetzes zu erwarten, da gemäß den

---

[1] VERWEY, E. J. W.: Physica **2**, 1059 (1935).

[2] CABRERA, N., J. TERRIEN u. J. HAMON: C. R. Séances Acad. Sci. **224**, 1558 (1947).

[3] EVANS, U. R., u. H. A. MILEY: Nature (London) **139**, 283 (1937).

[4] RHODIN, T. N.: J. Amer. chem. Soc. **72**, 5102 (1950).

[5] LUSTMAN, B., u. R. F. MEHL: Trans. AIME **143**, 246 (1941).

[6] CAMPBELL, W. E., u. U. B. THOMAS: Trans. electrochem. Soc. **91**, 623 (1947).

[7] TYLECOTE, R. F.: J. Inst. Metals **78**, 301 (1950/51).

obigen Ausführungen der Antransport der Elektronen rasch erfolgt und damit das zur CuO-Bildung notwendige chemische Potential des chemisorbierten Sauerstoffs erreicht wird. Weitere Versuche in dieser Richtung wären wünschenswert.

Mit einem ähnlichen Mechanismus wird man auch bei der Oxydfilm- bzw. Passivschichtbildung auf Eisen in geeigneten Elektrolyten — insbesondere HNO_3-HNO_2-Lösungen — zu rechnen haben[1]. In einer neueren Arbeit über die Abhängigkeit des Ionentransports in solchen Passivschichten infolge eines elektrisches Feldes, das in einer HNO_3-HNO_2-Lösung sich selbst einstellt bzw. in einer $1n$-H_2SO_4 durch anodische Polarisation erzwungen werden kann, konnte VETTER[2] den experimentellen Beweis für die Richtigkeit der Annahme eines ähnlichen Mechanismus antreten. Wie MILEY und EVANS[3] beim Angriff feuchter Luft auf Eisen bei 18° C und BONHOEFFER und VETTER[4] beim Angriff von verdünnter Salpetersäure auf Eisen zeigen konnten, besteht der Hauptteil der Passivschicht aus einem oxydischen Körper mit 3 wertigen Eisenionen, wahrscheinlich Fe_2O_3. Während oberhalb 200° C bevorzugt α-Fe_2O_3 auftritt, scheint nach MILEY und EVANS unterhalb 200° C die Bildung von γ-Fe_2O_3 bevorzugt zu sein. Da Fe_2O_3 ein Elektronenüberschußleiter mit einer sehr kleinen äqui-

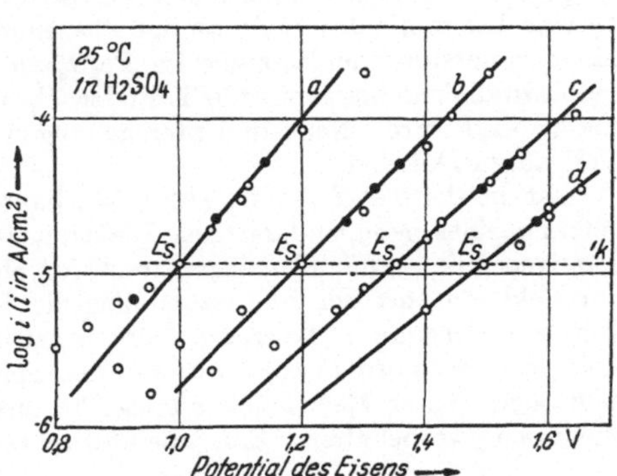

Abb. 44. Experimentell ermittelte Abhängigkeit der Stromdichte i vom Potential des Passiveisens für verschiedene stationäre Anfangszustände E_s nach VETTER

valenten Konzentration an freien Elektronen und Sauerstoffionenleerstellen zu sein scheint[5,6], kann man die Annahme 1 von MOTT als zutreffend betrachten. Die Dicke der Passivschicht wurde zu 40 bis 80 Å gefunden[7]. Abb. 44 stellt die experimentell ermittelte Abhängigkeit der Stromdichte i vom Potential V_A der Passivschicht für verschiedene stationäre Anfangszustände dar. Da bei diesen dünnen Passivschichten — ebenso wie am System $Al/Al_2O_3/Elektrolyt$ — das OHMsche Gesetz nicht mehr erfüllt ist, sondern eine zu Gl. (3.82) analoge exponentielle Abhängigkeit von der Feldstärke herrscht, formuliert VETTER[2] entsprechend dem Ansatz für die

---

[1] HAUFFE, K.: Z. Metallkunde **44**, 576 (1953).

[2] VETTER, K. J.: Z. Elektrochem., Ber. Bunsenges. physik. Chem. **58**, 230 (1954).

[3] MILEY, H. A., u. U. R. EVANS: J. chem. Soc. 1295 (1937). — U. R. EVANS: Metallic Corrosion, Passivity and Protection. London 1948.

[4] BONHOEFFER, K. F.: Z. Metallkunde **44**, 77 (1953). — K. J. VETTER: Z. Elektrochem., angew. physik. Chem. **55**, 274, 675 (1951).

[5] VERWEY, E. J. W., P. W. HAAYMAN u. F. C. ROMEYN: Chem. Weekblad **44**, 705 (1948).

[6] HAUFFE, K.: Metalloberfl. Abt. A. **8**, 97 (1954).

[7] VETTER, K. J.: Z. Elektrochem., angew. physik. Chem. **55**, 121 (1951).

[8] HAUFFE, K.: Werkstoffe u. Korr. **6**, 117 (1955).

„Durchtrittsspannung"[1]

$$i = i_0 \left\{ \exp\left(\frac{\alpha F}{RT} z \frac{V}{m} \right) - \exp\left(- \frac{(1-\alpha)F}{RT} z \frac{V}{m} \right) \right\} \qquad (3.83)$$

mit der Bedingung $z\,V/m \gg RT/F$ den Ausdruck für den Materiefluß:

$$i = i_0 \exp\left(\frac{\alpha F}{RT} z \frac{V}{m} \right). \qquad (3.84)$$

Dieser Ansatz läßt sich aber ähnlich wie Gl. (3.82) in den Ausdruck (3.78) überführen, wenn man den Faktor $\alpha \approx \frac{1}{2}$ und die Aktivierungsschwellen $m = \xi_1/a$ setzt[1]. Gegenwärtig bleibt allerdings noch die Frage offen, welcher der beiden möglichen Phasengrenzreaktionen — Eintritt eines chemisorbierten Sauerstoffions in eine Leerstelle des Fe_2O_3 an der Phasengrenze Fe_2O_3/Elektrolyt oder Bildung einer Sauerstoffionenleerstelle im Fe_2O_3 an der Phasengrenze Fe_2O_3/Fe — der geschwindigkeitsbestimmende ist oder ob überhaupt nicht der Feldtransport maßgebend wird. Neueste Untersuchungen von VETTER[1] scheinen den ersten Fall auszuschließen.

Ist in der Tat $U_1 < U_2$ (Abb. 43), dann wird — immer unter der Voraussetzung eines genügend raschen Elektronentransports durch die sich bildende Passivschicht — die Phasengrenzreaktion ebenfalls genügend rasch und damit der Feldtransport der Ionenstörstellen der langsamste und somit geschwindigkeitsbestimmende Teilvorgang. Auch unter diesen Bedingungen erhält man ein Zeitgesetz der Form (3.80). Inwieweit die experimentellen Ergebnisse von VETTER sich durch diesen Mechanismus besser beschreiben lassen, bleibt weiteren Untersuchungen vorbehalten. (Eine ausführlichere Diskussion findet sich in Kap. 6.)

Als weitere Möglichkeit bleibt nun noch die Annahme einer geschwindigkeitsbestimmenden Elektronenlieferung zu diskutieren. Bereits 1939 griff MOTT[2] versuchsweise diese Möglichkeit auf, um den von VERNON und Mitarbeitern[3] beobachteten logarithmischen Verlauf der Zinkoxydation unterhalb 225° C zu deuten. Neuere Messungen über die Einwirkung von Sauerstoff auf Nickel zwischen 0 und 200° C — unter sorgfältigen experimentellen Bedingungen von SCHEUBLE[4] durchgeführt — veranlaßten HAUFFE und ILSCHNER[5] die Diskussion von MOTT aufzugreifen und von neuem an die Deutung des logarithmischen Zeitgesetzes heranzugehen. SCHEUBLE fand für den Sauerstoffverbrauch, der nicht, wie er annimmt, durch eine Diffusion von Sauerstoff in das kompakte Metallgitter verursacht ist, sondern vielmehr durch Bildung eines NiO-Films, ein logarithmisches Zeitgesetz vom Typ:

$$\xi_1 = \xi_0 \ln(t + t_0) - \text{const} \qquad (3.85)$$

[1] VETTER, K. J.: Z. physik. Chem. (N. F.) **4**, 165 (1955).

[2] MOTT, N. F.: J. Inst. Metals **65**, 333 (1939).

[3] VERNON, W. H. J., E. J. AKEROYD u. E. G. STROUD: J. Inst. Metals **65**, 301 (1939).

[4] SCHEUBLE, W.: Z. Physik **135**, 125 (1953).

[5] HAUFFE, K., u. B. ILSCHNER: Z. Elektrochem., Ber. Bunsenges. physik. Chem. **58**, 382 (1954).

entsprechend einer Differentialformel

$$\frac{d\xi_1}{dt} = C \exp(-\xi_1/\xi_0).$$ (3.86)

Welche physikalischen Vorgänge können nun ein Zeitgesetz Gl. (3.85) zur Folge haben? Die Deutung dieses Zeitgesetzes stößt insofern auf Schwierigkeiten, als zunächst alle naheliegenden Ansätze nicht das experimentell gefundene Zeitgesetz liefern. Evans[1] hat gezeigt, daß sich ein Gesetz vom Typ Gl. (3.86) auch dann ergibt, wenn man einen maßgeblichen Einfluß statistisch im Oxyd verteilter Blasen und Spalten annimmt. Diese Porositätserscheinungen, die für dicke Oxydschichten durchaus plausibel sind, sind jedoch in den hier behandelten Oxydfilmen von nur wenigen Atomlagen kaum diskutabel. Wie wir weiter oben gesehen haben, ist im allgemeinen die in der Zeit- und Flächeneinheit durch die Oberfläche tretende Zahl der Elektronen größer als die der Ionen. Dies ist nach den bisherigen Erfahrungen an Halbleitern auch verständlich. Gehen wir jedoch zu sehr dünnen Anlaufschichten (<30 Å) über, dann muß infolge der sehr hohen elektrischen Felder von $>10^7$ Volt/cm der Ionentransport durch die Oxydschicht außerordentlich rasch erfolgen. Es fragt sich nun, ob der aus Elektroneutralitätsgründen erforderliche Elektronentransport stets mit diesem Prozeß Schritt zu halten vermag. Die Ergebnisse von Scheuble deuten darauf hin, daß dies bei der Ni-Oxydation nicht immer der Fall ist. Nehmen wir an, daß der Elektronentransport im Bereich sehr dünner Oxydschichten — und nur dort — der langsamste Teilschritt ist. Das bedeutet aber, daß sich in diesem Falle das Chemisorptionsgleichgewicht niemals einstellt, es sei denn, der äußere Sauerstoffdruck sei extrem niedrig. Unter diesen Bedingungen muß dann auch die Oxydationsgeschwindigkeit vom Sauerstoffdruck unabhängig sein, was auch in der Tat aus den Versuchsergebnissen von Scheuble zu entnehmen ist.

Der hier angenommene hohe Elektronenflußwiderstand des Oxydfilms kann seine Ursache sowohl in allgemein vorhandenen Hemmungen des Elektronenüberganges an der Phasengrenze Oxyd/Gas haben als auch in speziellen Eigenschaften der „Bänderstruktur" von sehr dünnen Halbleiterschichten in Gegenwart hoher elektrischer Felder. In Abb. 45 sind die Verhältnisse schematisch dargestellt. Man erkennt die Möglichkeit, daß bei sehr kleinen Schichtdicken (Bereich I) nicht so viele Elektronen durch die Schicht gelangen, wie Ionen unter dem Einfluß der Felder hindurchwandern könnten, vorausgesetzt, es wären genügend Elektronen vorhanden. Das Auftreten dieser dünnen Schichten bedingt offenbar das Wirksamwerden eines ganz neuen Effektes: des Elektronentransportes aus dem Leitfähigkeitsband des Metalls zum

---

[1] Evans, U. R.: Trans. electrochem. Soc. **91**, 547 (1947).

chemisorbierenden Sauerstoff durch wellenmechanischen *Tunneleffekt*. Da hiernach die Zahl der in der Zeit- und Flächeneinheit durch den Oxydfilm „getunnelten" Elektronen exponentiell mit ξ_1 abnimmt[1], führt die erwähnte Annahme unmittelbar auf eine Gleichung vom Typ (3.86) und damit auf das experimentell gefundene Zeitgesetz (3.85). Aus einer geeigneten graphischen Auftragung der Meßergebnisse der

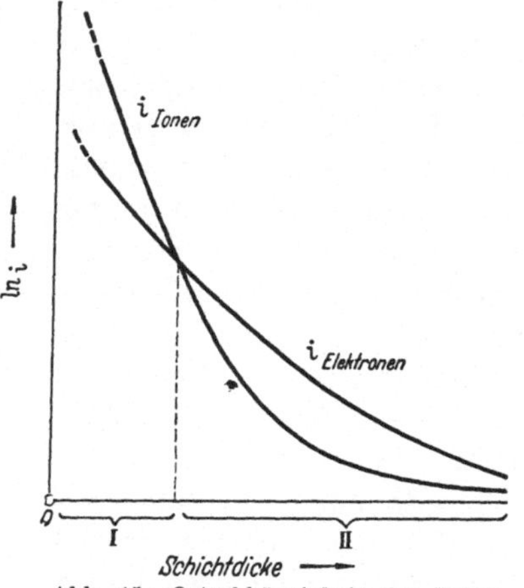

Abb. 45. Ortsabhängigkeit des Ionen- und Elektronenstroms in sehr dünnen Anlaufschichten nach HAUFFE und ILSCHNER. Im Bereich I ist der Elektronentransport und im Bereich II der Ionentransport der geschwindigkeitsbestimmende Vorgang

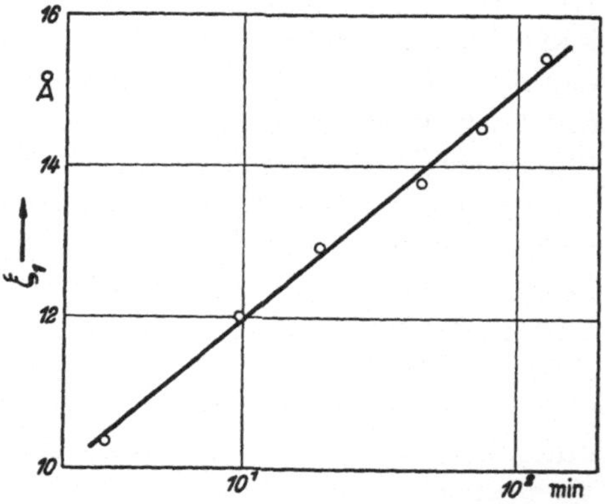

Abb. 46. Zeitlicher Verlauf der Oxydation von Nickel bei 200 °C in Luft, ausgewertet von HAUFFE und ILSCHNER aus Versuchsergebnissen von SCHEUBLE (Logarithmisches Zeitgesetz)

Ni-Oxydation bei z. B. 200 ° C (Abb. 46) lassen sich die Konstanten auf der rechten Seite von Gl. (3.85) empirisch bestimmen. Hiernach ergibt sich ξ_0 zu etwa 1 bis 2 Å. Diese Größe ist andererseits in bekannter Weise mit der „Höhe" Φ des der Einfachheit halber hier angenommenen rechteckigen Potentialwalls und der Elektronenmasse m verknüpft:

$$\xi_0 = \frac{h}{4\pi}\sqrt{2m\Phi}.$$

Mit $\Phi \approx 1$ eV ergibt sich ξ_0 ebenfalls zu etwa 1 Å in guter Übereinstimmung mit dem empirisch aus den Versuchsergebnissen ermittelten Wert.

Das Auftreten eines exakt gültigen Zeitgesetzes ist jedoch insofern recht fraglich, als bei derartig dünnen Schichten Inhomogenitäten infolge seitlichen Weiterbaus an „wiederholbaren Schritten" nach STRANSKI[2] und infolge Bildung neuer Keime auf dem bereits gebildeten

---

[1] Vgl. beliebige Lehrbücher der theoretischen Physik.
[2] Vgl. z. B. O. KNACKE u. I. N. STRANSKI: Die Theorie des Kristallwachstums, in Ergebn. exakt. Naturwiss. **26**, 383 (1952).

Oxyd zu berücksichtigen sind. Das „Verschmieren" der einzelnen angebauten Ionen über die gesamte Oxydfläche — worauf die Anwendung der Gl. (3.85) hinausläuft — ist daher nur eine sehr grobe Näherung an die tatsächlichen Verhältnisse. Die von vornherein vorhandene Ungleichmäßigkeit der Oxydschicht hat zur Folge, daß sich diese Abweichungen vom logarithmischen Zeitgesetz, welches den wirklichen Verlauf lediglich „umhüllt", im Rahmen der Meßgenauigkeit herausmitteln.

In diesem Zusammenhang ist eine Arbeit von HIRSCHBERG und LANGE[1] von Interesse. Diese Autoren haben frische — oxydfreie — Zinkoberflächen bei Temperaturen zwischen 20 und 407° C je 20 Minuten lang oxydiert und dadurch Schichten verschiedener Dicke ξ_1 erhalten, an denen sie VOLTA-Spannungsmessungen durchführten. Es zeigt sich, daß bei niedrigen Temperaturen, d. h. sehr kleinen Schichtdicken, positive VOLTA-Spannungen vorliegen, die mit wachsender Schichtdicke (infolge steigender Oxydations-Temperatur) immer kleiner werden und schließlich ihr Vorzeichen umkehren. Da der Wert der VOLTA-Spannung das „Vorzeichen" einer der beiden Ladungsträgersorten kennzeichnet, könnte das Resultat von HIRSCHBERG und LANGE als Übergang von dem „Bereich I" in den „Bereich II" der Abb. 45 gedeutet werden.

Der Mechanismus einer geschwindigkeitsbestimmenden Elektronenlieferung wird jedoch dann bedeutungslos werden, wenn in der Anlaufschicht die Ionenbeweglichkeit sehr klein ist oder wenn neben der Tunnelung von Elektronen die thermische Emission auch noch bei den tiefen Temperaturen für einen genügend raschen Elektronentransport sorgt. Letzteres ist dann zu erwarten, wenn die betreffenden Niveaus im Oxyd

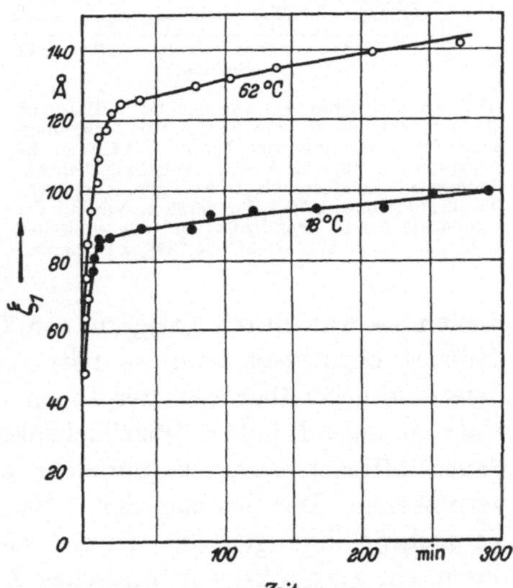

Abb. 47. Zeitlicher Verlauf der Oxydation von Kupfer nach EVANS und MILEY

zur FERMI-Kante der Metallelektronen günstig liegen; dies scheint z. B. am System Cu/Sauerstoff unter gewissen Bedingungen der Fall zu sein, wie aus den Messungen der Oxydationsgeschwindigkeit von EVANS[2]

---

[1] HIRSCHBERG, R., u. E. LANGE: Naturwiss. **39**, 187 (1952).
[2] EVANS, U. R., u. H. A. MILEY: Nature (London) **139**, 283 (1937).

und RHODIN[1] zu schließen ist (Abb. 47 und 48). Hier wird nämlich neben dem logarithmischen auch das reziprok-logarithmische Anlaufgesetz gefunden.

WHITE und GERMER[2] fanden bei 20 °C und $p_{O_2} = 20$ mm Hg ein logarithmisches Zeitgesetz der Form

$$\xi = 4 + 6{,}5 \log t,$$

wo ξ in Å und t in Minuten gerechnet ist. Die Konkurrenz dieser beiden Zeitgesetze hat nun einen entscheidenden Einfluß auf die Zusammensetzung der Anlaufschicht. Im Bereich des logarithmischen Zeitgesetzes wird wegen „Elektronenmangels" das Chemisorptionsgleichgewicht von Sauerstoff an der Oberfläche der Anlaufschicht nicht erreicht, so daß es auch nicht zu dem für die CuO-Bildung erforderlichen chemischen Potential des chemisorbierten Sauerstoffs kommen kann, obwohl der Sauerstoffdruck für die CuO-Bildung genügend hoch wäre. Infolge des rascheren Feldtransports der Cu-Ionen über Leerstellen wird die stationäre Oberflächenkonzentration des Sauerstoffs niedrig gehalten.

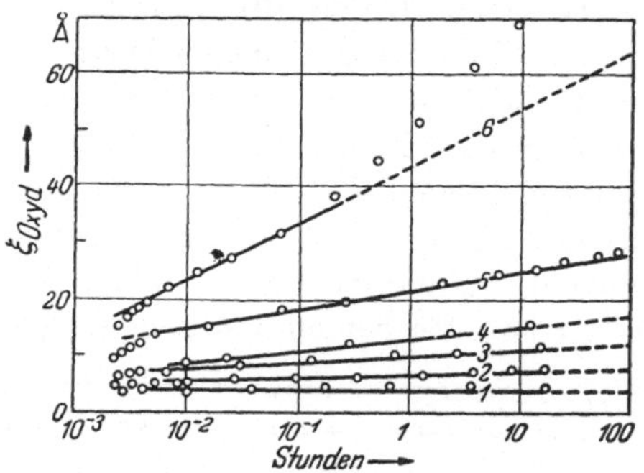

Abb. 48. Zeitlicher Verlauf der Oxydation von Kupfer zwischen 78 und 353° K mit logarithmischer Zeitauftragung nach RHODIN. Während die Auftragungen in 1 bis 5 dem logarithmischen Anlaufgesetz von 10 sec bis 30 Std. gehorchen, geht bei 353° K (bzw. 80°C) der zeitliche Verlauf der Oxydation bereits nach ¹/₂ Std. in einen kubischen über. (1: 78, 2: 195, 3: 273, 4: 298, 5: 323, und 6: 353° K)

Erst bei größeren Schichtdicken — was durch Steigern der Temperatur und des Sauerstoffdruckes begünstigt wird — tritt infolge der größeren Elektronenlieferung gegenüber der der Ionen Chemisorptionsgleichgewicht mit einer genügend hohen Oberflächenkonzentration an chemisorbierten Sauerstoffionen auf, die nunmehr eine überwiegende CuO-Bildung verursachen. Der Aufbau der Anlaufschicht wird also je nach den Versuchsbedingungen, die einmal ein logarithmisches und zum anderen ein reziprok-logarithmisches Zeitgesetz zur Folge haben, verschieden sein, obwohl wir dem Sauerstoffdruck nach stets im Existenzgebiet der CuO-Phase sind. Diese Überlegungen gelten ganz allgemein und sind auch für andere Oxydationssysteme von Bedeutung, wo verschiedenwertige Oxyde auftreten können, wie z. B. bei der Oxydation von Eisen, Kobalt und Titan.

[1] RHODIN, T. N.: J. Amer. Chem. Soc. 72, 5102 (1950). — Vgl. auch W. F. CAMPBELL u. U. B. THOMAS: Trans. electrochem. Soc. 91, 623 (1947).

[2] WHITE, A. H., u. L. H. GERMER: Trans. electrochem. Soc. 81, 305 (1942).

Ein logarithmisches Zeitgesetz kann auch dann erwartet werden, wenn man die Chemisorption des oxydierenden Gases als geschwindigkeitsbestimmenden Teilvorgang der Gesamtreaktion ansieht. Auf diesen Zusammenhang hat kürzlich LANDSBERG[1] in einer theoretischen Abhandlung aufmerksam gemacht. Nach Aufstellen unserer Chemisorptions-Theorie[2] wurde diese Möglichkeit, die uns verständlicherweise nahelag, ebenfalls überlegt, aber fallengelassen, da die Chemisorption von Sauerstoff im allgemeinen bei der Oxydation rascher verläuft als alle anderen Teilvorgänge. Prinzipiell ist jedoch dieser Mechanismus — insbesondere bei sehr dünnen Oxydschichten — diskutabel und sei daher erwähnt.

3.5.5 Über das nicht-parabolische Anlaufgesetz infolge Massestau und Hohlraumbildung an der Phasengrenze Metall/Oxydschicht

Bisher wurde nur der Fall der Oxydation behandelt, wo sich auf dem Metall eine kompakte und porenfreie Zunderschicht ausbildet, d. h. also, wo die zur Phasengrenze Metall/Metalloxyd während der Oxydation abfließenden Leerstellen sich nicht zu größeren Hohlräumen ausscheiden, sondern durch plastische Deformation der Deckschicht und des Metalls laufend zerstört werden. Im Bereich mittlerer und niedriger Temperaturen sind jedoch häufig diese Bedingungen nicht mehr erfüllt, so daß es zur Porenbildung und des öfteren auch zum Aufplatzen der Deckschicht kommt. Über den Mechanismus der Porenbildung und des Massestaus wurde in neuerer Zeit von BRASUNAS[3] berichtet. In Abb. 49 ist in einer Inconel-Legierung unmittelbar unterhalb der Oxydschicht Porenbildung zu erkennen, die durch eine 210 stündige Oxydation in Luft bei 1250° C erhalten wurde. In diesem Fall sind die an der Phasengrenze Metall/Metalloxyd entstandenen Leerstellen in die Metallphase abgewandert. Bei niedrigen Temperaturen aber erfolgt die Porenbildung überwiegend in der Oxydschicht. Die das plastische Fließen und damit das „Ausheilen" der Poren und das Beseitigen von Massestaus begünstigenden Kräfte werden wesentlich durch die beim Aufwachsen von Oxyden auf Metallen mit unterschiedlichen Mol- bzw. Atomvolumina bedingten inneren Spannungen verursacht. Diese inneren Spannungen, die bei hohen Temperaturen — sofern natürlich die Spannungen nicht zu groß sind — einen fördernden Einfluß auf die Ausbildung von kompakten Zunderschichten ausüben, bewirken bei niedrigen Temperaturen häufig, wo die „Plasti-

---

[1] LANDSBERG, P. T.: J. chem. Physics **23**, 1079 (1955).

[2] HAUFFE, K., u. H. J. ENGELL: Z. Elektrochem., Ber. Bunsenges. physik. Chem. **56**, 366 (1952). — H. J. ENGELL u. K. HAUFFE: Z. Elektrochem., Ber. Bunsenges. physik. Chem. **57**, 762 (1953).

[3] BRASUNAS, A. DE S.: Metal Progr. **62**, 88 (1952).

zität" der Kristalle der Zunderschicht so klein geworden ist, ein Aufplatzen der Oxydschicht. Diese aufbrechende Wirkung wird jedoch erst oberhalb 100 Å beobachtet. Unterhalb dieser Schichtdicke scheint weder die Leerstellen-Produktion noch der Massestau wirkungsvoll zu werden.

Um den experimentellen Nachweis des Auftretens von inneren Spannungen in auf Metallen aufwachsenden Oxydfilmen haben sich sowohl Evans[1] als auch Dankov und Churaev[2] verdient gemacht.

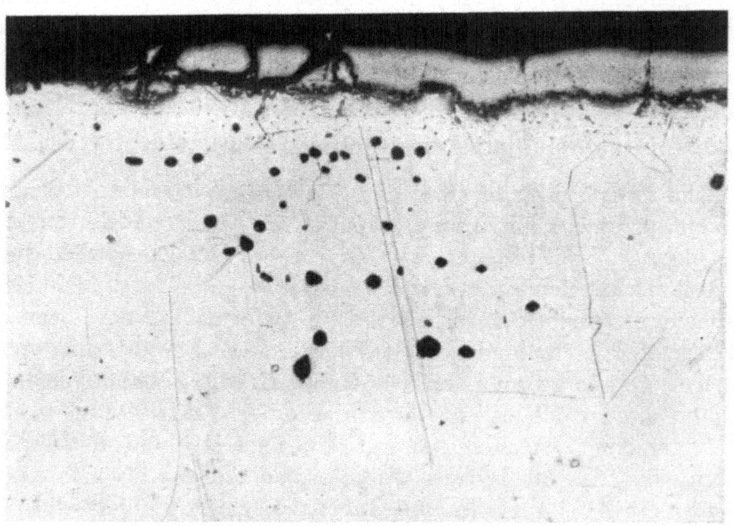

Abb. 49. Schliffbild einer 210 Stunden in Luft bei 1250° C oxydierten Inconel-Legierung nach Brasunas

Auf eine dünne MICA-Folie von etwa $15\,\mu$ Dicke wurde jeweils ein Metallfilm von etwa 200 Å aufgedampft und anschließend bei einem Sauerstoffdruck von 10 bis 12 mm Hg oxydiert. Hierbei wurde beobachtet, daß im Falle anoxydierter Eisen- oder Nickelfilme sich die Anordnung so krümmte, daß die Oxydschicht an der konvexen Seite auftrat, während im Falle eines anoxydierten Magnesiumfilms die Oxydschicht gerade auf der konkaven Seite beobachtet wurde. Diese experimentellen Ergebnisse zeigen, daß im ersten Falle die aufwachsenden Oxyde eine räumliche Ausdehnung ergeben, während im zweiten Falle das aufwachsende MgO eine Kontraktion bewirkt. Dies ist aus den Volumenverhältnissen zu erwarten: für FeO 1,76, für NiO 1,65 und für MgO 0,81.

---

[1] Evans, U. R.: Inst. Metals Symposium on Internal Stresses in Metals and Alloys, 291 (1947).

[2] Dankov, P. D., u. P. V. Churaev: Ber. Akad. Wiss. UdSSR **73**, 1221 (1950).

Am Anfang war die Deformationsgeschwindigkeit stets am größten. Anwesenheit von Wasserdampf vergrößerte den Deformationseffekt bei der Oxydation von Nickel und Eisen, verkleinerte ihn aber im Falle der Mg-Oxydation.

An Hand der Gleichungen für den Zug σ und die relative Dehnung ε

$$\sigma = (h^2/6\,r_0\,\xi)\,E_0$$

und

$$\varepsilon = (h^2/6\,r_0\,\xi)\,E/E_0,$$

wo h die Dicke der Folie, ξ die Dicke der Oxydschicht, r_0 den Krümmungsradius der Folie und E bzw. E_0 den Elastizitätsmodul der Folie bzw. der Oxydschicht bedeuten, schlossen DANKOV und CHURAEV auf Grund der zu kleinen Werte für r_0, die sich aus den Experimenten ergaben, auf ein vorzeitiges Aufbrechen der Oxydfilme, so daß in keinem Fall die nach den obigen Formeln zu erwartenden maximalen Zug- und Dehnungskräfte zur Wirkung kamen. Eine derartige Situation ist offenbar verantwortlich für das laufende Aufbrechen der Zunderschicht bei der Schwefelung von Nickel (s. Kap. 5) und bei der Oxydation von Titan und Titan-Legierungen (s. Kap. 4.2.2.2).

Über Poren- und Hohlraumbildung in der Zunderschicht auch bei höheren Temperaturen wurde des öfteren berichtet. So fanden u. a. BAUKLOH und THIEL[1] starke Porenbildung in der Nähe der Phasengrenze Metall/ Zunderschicht bei der Oxydation von ARMCO-Eisen in CO_2 und H_2O-Dampf oberhalb 1000° C (Abb. 50). In jedem Fall aber war die Metalloberfläche unterhalb der Poren und Blasen mit einem dünnen, festhaftenden, Oxydfilm bedeckt. Auch bei der Oxydation von ARMCO-Eisen und Stählen in Luft wurde von verschiedenen Autoren[2] eine solche Hohlraumbildung beobachtet.

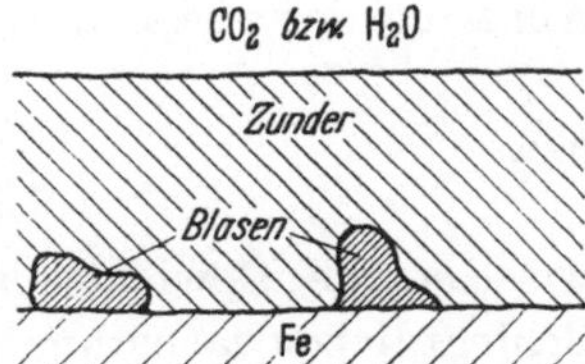

Abb. 50. Schematische Darstellung der Blasenbildung an der Phasengrenze Metall/Zunderschicht bei der Oxydation von ARMCO-Eisen in CO_2 und H_2O-Dampf oberhalb 1000° C nach BAUKLOH und THIEL

Es liegt auf der Hand, eine solche Hohlraumbildung für das Abweichen vom parabolischen Gesetz verantwortlich zu machen. Als erster hat EVANS[3] den Versuch unternommen, die durch Struktur-

---

[1] BAUKLOH, W., u. G. THIEL: Korrosion Metallsch. **16**, 121 (1940).

[2] HEINDLHOFER, K., u. B. M. LARSEN: Trans. Amer. Soc. Steel Treat. **21**, 865 (1933). — C. UPTHEGROVE u. D. W. MURPHY: Trans. Amer. Soc. Steel Treat. **21**, 73 (1933). — L. B. PFEIL: J. Iron Steel Inst. **119**, 501 (1929); **131**, 237 (1931). — R. GRIFFITH: J. Iron Steel Inst. **130**, 377 (1934). — B. W. DUNNINGTON, F. H. BECK u. M. G. FONTANA: Corrosion 8, 2 (1952).

[3] EVANS, U. R.: Trans. electrochem. Soc. **91**, 547 (1947).

fehler und Hohlraumbildung in der Zunderschicht verursachten nicht-parabolischen Zeitgesetze zu deuten. In einer kürzlich erschienenen Arbeit desselben Autors[1] wurden die Zusammenhänge erweitert dargestellt. Hiernach läßt sich das logarithmische Oxydationsgesetz für dicke Oxydfilme, das sich nicht im Sinne der Randschicht-Theorie der Oxydation erklären läßt, beschreiben. Den Gedankengängen EVANS folgend, betrachten wir unter vereinfachenden Annahmen die Auswirkung eines Leerstellenstromes von der Oberfläche des Zunders zum Metall. Dieser Leerstellenstrom kann nun entweder eine Anhäufung von Leerstellen (Hohlraumbildung) in der Nähe der Phasengrenze Metall/Zunderschicht verursachen oder in das Metall eindringen und durch Versetzungen abgefangen werden oder bei hinreichend rascher Diffusion dieser Leerstellen weit im Innern des Metalls an bereits vorhandenen Kristallfehlern Poren erzeugen, wie in Abb. 49 nach BRASUNAS gezeigt wurde. Da der Fall der Hohlraumbildung in der Nähe der Phasengrenze Metall/Zunderschicht oft beobachtet wird, soll er hier etwas ausführlicher behandelt werden.

Durch die Leerstellen-Anhäufung in der Nähe bzw. auf der Metalloberfläche wird dieselbe auf einen Bruchteil $\Theta = q_t/q_0 < 1$ verringert. Hier bedeutet q_0 die Metalloberfläche vor Versuchsbeginn und q_t die nach einer Oxydationszeit t noch von Poren und Blasen freie Oberfläche. Für die Leerstellenbildung an der Phasengrenze bzw. für die Abnahme der wirksamen — d. h. porenfreien — Oberfläche erhalten wir

$$- d\Theta = k_1\,\Theta\,dm \tag{3.87}$$

bzw.

$$\Theta = k_2 \exp\left(- k_1 m\right), \tag{3.88}$$

wo dm die Gewichtszunahme bedeutet. Setzen wir ferner für das Schichtdickenwachstum bei einer porenfreien Zunderschicht $d\xi/dt$, so folgt:

$$\frac{dm}{dt} = k_0\,\Theta\,\frac{d\xi}{dt} = k_3\,t^{-1/2} \exp\left(- k_1\,m\right). \tag{3.89}$$

Integration und Auflösung von Gl. (3.89) ergibt nach Zusammenfassung der Konstanten ein logarithmisches Zeitgesetz der Form:

$$m = k_5 + k_6 \ln t. \tag{3.90}$$

Ohne Zweifel werden die hier eingeführten Vereinfachungen häufig nicht erfüllt sein, was aber den Wert der EVANSschen Darstellung in keiner Weise schmälert. Der von DRAVNIEKS und MCDONALD[2] diskutierte Durchgang von abdissoziierten Sauerstoff durch die Hohlräume ist eine — allerdings wohl nicht sehr häufig auftretende — Möglichkeit, um einen Fortgang der Oxydation auch an den von Poren und Blasen

---

[1] EVANS, U. R.: Rev. pure and appl. Chem. **5**, 1 (1955).

[2] DRAVNIEKS, A., u. H. J. MCDONALD: J. electrochem. Soc. **94**, 139 (1948).

besetzen Flächenstücken zu verstehen. Nach Ansicht des Verfassers scheint der Effekt der Oberflächendiffusion in der Pore bzw. Blase energetisch günstiger zu liegen und dementsprechend für den weiteren Fortgang der Reaktion bedeutungsvoller zu sein. Hiernach werden laufend Metall- und Sauerstoffionen an der inneren Oberfläche der Blase bevorzugt zu der Blasenseite diffundieren, die der Metalloberfläche am nächsten liegt, so daß laufend die Blase nach oben erweitert und an der Metallseite zugefüllt wird, wie dies schematisch in der Abb. 51 angedeutet ist. Bei merklichem Wirksamwerden dieses Mechanismus müßte ein „Herausblubbern" von Blasen und Poren aus der Zunderschicht zu beobachten sein. Da die Oberflächendiffusion, auf die der „Blubber-Effekt" beruht, um Zehnerpotenzen schneller ist als die Gitterdiffusion, kann durchaus mit einer solchen Erscheinung besonders im Bereich mittlerer und niedriger Temperaturen zu rechnen sein, sofern die Zunderschicht nicht zu dick und porös ist.

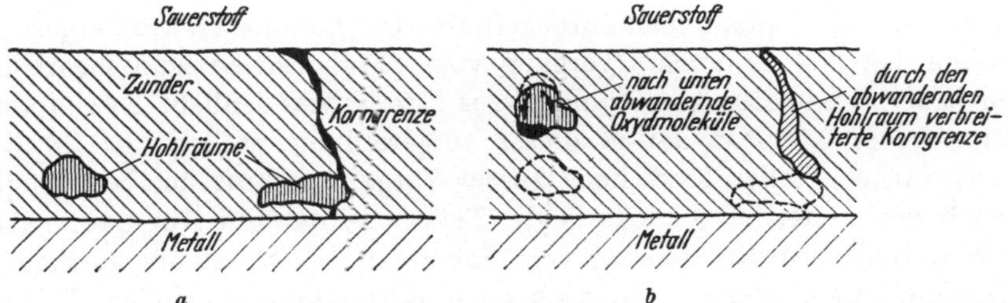

Abb. 51. Schematische Darstellung des „Herausblubbern" von Hohlräumen aus der Zunderschicht bei hohen Temperaturen

a Hohlraumbildung in der Nähe der Phasengrenze Metall/Oxyd; b Abwandern der Hohlräume zur Oberfläche durch Diffusion von Oxyd-Molekülen auf der inneren Oberfläche der Hohlräume und Korngrenzen

Über das zeitliche Abwechseln von parabolischem und linearem Zeitgesetz sowie über ein reziprok-exponentielles Oxydationsgesetz — unter Zugrundelegung eines Porenbildungsmechanismus — hat kürzlich BIRCHENALL[1] berichtet. Von einer Darstellung des mathematischen Zusammenhangs, der für weitere quantitative Betrachtungen in dieser Richtung eine wertvolle Basis bildet, soll hier abgesehen werden, da das experimentelle Material zur Prüfung dieser Beziehungen noch nicht ausreicht. Für den Fall der W-Oxydation konnten WAGNER und Mitarbeiter die Zusammenhänge quantitativ beschreiben (s. Kap. 4.5.1).

Über einen weiteren Oxydationsvorgang mit logarithmischem Zeitgesetz berichtet ebenfalls EVANS. Unter Berücksichtigung der Verhältnisse, daß bei niedrigen Temperaturen die normale Gitterdiffusion sehr langsam ist, kommen praktisch nur die Korngrenzen und Kristall-

---

[1] BIRCHENALL, C. E.: Metallurgical Rep. 1, Princeton Univ., Rep. Control Nr. OSR-TN-54-286.

fehler als Diffusionskanäle in Frage. Als Ergebnis eines solchen Oxydationsablaufs findet man keine glatten Phasengrenzen zwischen Oxyd und Metall. Auf Grund von Ablöse-Versuchen von Oxydfilmen konnte von Evans und Stockdale[1] unterhalb des Oxydfilms einer schwach erhitzten Eisenprobe eine Zone nachgewiesen werden, die aus einem Konglomerat von Oxyd und Metall bestand. Oberhalb 200° C fanden Vernon und Mitarbeiter[2] an geglätteten Eisenoberflächen eine Oxydfilmbildung nach dem parabolischen Zeitgesetz. Außerdem war das Gewicht des abgelösten Oxydfilms in Übereinstimmung mit der während der Oxydation bestimmten Gewichtszunahme. Unterhalb 200° C war jedoch keine Übereinstimmung festzustellen und es herrschte hier ein logarithmisches Zeitgesetz. Davies, Evans und Agar[3] wiederholten die Versuche unter etwas abgeänderten Bedingungen. Sie verwandten ein Eisenblech, dessen Oberfläche nicht geglättet war, sondern wo das Oxyd auf dem Eisenblech vor dem Oxydationsversuch mit Wasserstoff reduziert worden war, was eine rauhe Oberfläche ergab. Unter diesen Bedingungen durchgeführte Oxydationsversuche ergaben schon bei 300° C einen Übergang vom parabolischen zum logarithmischen Zeitgesetz. Auf Grund dieses Ergebnisses schließt Evans auf eine bevorzugte Oxydation dieser aufgerauhten Stellen, die er als „schwache“ Stellen bezeichnet. Dieser Vorgang scheint sich bevorzugt nach den Seiten und nicht in die Tiefe auszubreiten. Im Laufe der Oxydation wird die Zahl der vom Sauerstoff bevorzugt angegriffenen Stellen immer kleiner, die nach einer e-Funktion abnehmen. Unter Berücksichtigung dieses Mechanismus findet Evans eine weitere Möglichkeit, um zu einer plausiblen Deutung des beobachteten logarithmischen Zeitgesetzes zu gelangen. Über den verfeinerten Mechanismus der Zerstörung und evtl. Neuschaffung dieser „schwachen“ Stellen werden weitere Experimente Auskunft geben.

4. Zundervorgänge in Metallen und Legierungen unter Ausbildung dicker Deckschichten

Nachdem die wesentlichsten bei Oxydationsvorgängen auftretenden Erscheinungen an und in dicken und dünnen Deckschichten grundsätzlich behandelt wurden, werden wir in den folgenden Kapiteln

---

[1] Evans, U. R., u. J. Stockdale: J. chem. Soc. (London) 2651 (1929).

[2] Vernon, W. H. J., E. A. Calnan, C. J. B. Clews u. T. J. Nurse: Proc. Roy. Soc. (A) **216**, 375 (1953).

[3] Davies, D. E., U. R. Evans u. J. N. Agar: Proc. Roy. Soc. (A) **225**, 443 (1954).

die Anwendung und Erweiterung der oben diskutierten Mechanismen bringen. Wir beginnen mit den Oxydationsvorgängen, die zu kompakten und dicken Zunderschichten führen, was bei hohen Temperaturen und längeren Versuchszeiten im allgemeinen beobachtet wird. In der gegenwärtigen Situation ist die Forschung gerade an Oxydationssystemen mit dicken Zunderschichten gegenüber den mit dünnen Anlaufschichten in einem weit höheren Ausmaß vorangetrieben, so daß es zweckmäßig erscheint, in der folgenden Darstellung den Mechanismus gerade dieser Vorgänge eingehend zu behandeln. Zu diesem Zwecke knüpfen wir an die von WAGNER bereits auf S. 77 aufgestellten Zunderformeln (3.21) und (3.22) an. Während Gl. (3.21) den Zusammenhang zwischen Oxydationsgeschwindigkeit und den elektrischen Größen in der Zunderschicht (Leitfähigkeit und Überführungszahl) und deren Abhängigkeit vom chemischen Potential bzw. Partialdruck des Metalls und Nichtmetalls darstellt, zeigt Gl. (3.22), auf welche Weise die Oxydationsgeschwindigkeit aus den Selbstdiffusionskoeffizienten der den Zunderkristall aufbauenden Ionen bestimmt werden kann. Auch hier ist die Abhängigkeit der Selbstdiffusionskoeffizienten vom chemischen Potential des Metalls bzw. Nichtmetalls zu berücksichtigen. Gegenüber der allgemein gültigen Gl. (3.21) erfährt Gl. (3.22) insofern eine Einschränkung, als letztere nur für Zundersysteme mit elektronenleitenden Deckschichten anwendbar ist — sofern man nicht mit D_1^* und D_2^* die „Selbstdiffusionskoeffizienten" der Elektronen und Defektelektronen bezeichnen will, eine Begriffsbildung, die an sich physikalisch wenig sinnvoll ist.

Auf Grund des physikalischen Verhaltens dieser Deckschichten unter Berücksichtigung ihrer Leitfähigkeit und Überführungszahlen läßt Gl. (3.21) eine Einteilung der Zundersysteme nicht nach chemischen Gesichtspunkten, etwa in solche mit Oxyd-, Halogenid-, Sulfiddeckschichten usw., sondern vielmehr nach physikalischen Gesichtspunkten als zweckmäßig erscheinen. Wir werden im folgenden also eine Unterteilung in Zundersysteme mit ionen- und elektronenleitenden Deckschichten treffen. Bei den Systemen mit ionenleitenden Deckschichten — ganz gleich, ob die Kationen oder Anionen den Stromtransport durch die Deckschicht übernehmen — wird infolge $n_1 \varkappa \approx 1$ und $n_2 \varkappa \approx 0$ bzw. $n_2 \varkappa \approx 1$ und $n_1 \varkappa \approx 0$ die Zundergeschwindigkeit durch die Elektronenteilleitfähigkeit $n_3 \varkappa = \varkappa_3$ bestimmt sein. Im anderen Fall, also bei Zundersystemen mit elektronenleitenden Deckschichten, wird je nach Beweglichkeit der Kationen oder Anionen die Kationen- bzw. Anionenteilleitfähigkeit den geschwindigkeitsbestimmenden Faktor darstellen. Hierbei ist noch eine zusätzliche Einteilung in elektronen- und defektelektronenleitende Deckschichten zu berücksichtigen, deren Beachtung sowohl für die Oxydation von Legierungen als auch für die Verwendung der richtigen Selbstdiffusionskoeffizienten der Kristalle in den entsprechenden Atmosphären von entscheidender Bedeutung ist, worauf wir später jeweils bei den einzelnen Zundersystemen hinweisen werden (s. S. 79 ff.).

Bevor wir zur Behandlung der einzelnen Zundersysteme schreiten, wollen wir noch vorher einige für die Auswertung von Zundersystemen nützliche Formeln hinschreiben, die allerdings ohne Berücksichtigung von Phasengrenzreaktionen aufgestellt wurden. Zu diesem Zweck wird der Leser an die auf S. 3 stehende parabolische TAMMANNsche Anlaufformel[1] erinnert, die integriert folgendermaßen lautet:

$$(\Delta \xi)^2 = 2\,k'\,t. \tag{4.1}$$

Hier bedeutet $\Delta \xi$ die Dicke der Zunderschicht, meist in cm, und t die Oxydationszeit in Sekunden, Stunden oder Tage. Die Konstante k', in z. B. $cm^2 \cdot sec^{-1}$, bezeichnen wir als die TAMMANNsche Zunderkonstante. Unabhängig von TAMMANN stellten PILLING und BEDWORTH[2] ein gleiches Zeitgesetz auf. Zur Vermeidung von Unklarheiten in der Anwendung dieser Formel sei noch einmal darauf hingewiesen, daß Gl. (4.1) nur auf Oxydationsversuche mit Deckschichten > 5000 Å anwendbar ist, wo keine Raumladungsrandschichten und Phasengrenzreaktionen merklich ins Spiel kommen.

Häufig entspricht es den Gegebenheiten der Versuchsbedingungen, die TAMMANNsche Zunderkonstante k' aus der „rationellen Zunderkonsten" k zu berechnen und umgekehrt. Dies geschieht durch Einführung von Äquivalentgrößen, wie des Äquivalentvolumens $\tilde{v}$ ($=$ Äquivalentgewicht/Dichte) und der Äquivalentzahl $\tilde{n}$. Diese Größen sind mit der Schichtdicke wie folgt verknüpft:

$$\tilde{n} = \frac{\Delta \xi \, q}{\tilde{v}}. \tag{4.2}$$

Differentiation nach der Zeit t ergibt:

$$\frac{d\tilde{n}}{dt} = \frac{q}{\tilde{v}} \frac{d(\Delta \xi)}{dt}, \tag{4.3}$$

Aus Gl. (4.3) und der differenzierten Gl. (4.1) folgt:

$$\frac{d\tilde{n}}{dt} = \frac{q}{\Delta \xi} \frac{k'}{\tilde{v}} \tag{4.4}$$

(q $=$ Querschnitt bzw. Metalloberfläche in cm^2). Hieraus ergibt sich die Umrechnungsformel für die rationelle Zunderkonstante:

$$k = \frac{k'}{\tilde{v}} \quad \text{in Äquiv} \cdot cm^{-1} \cdot sec^{-1}. \tag{4.5}$$

---

[1] TAMMANN, G.: Z. anorg. allg. Chem. **111**, 78 (1920).
[2] PILLING, N. B., u. R. E. BEDWORTH: J. Inst. Metals **29**, 529 (1923).

Ähnliche Umrechnungsformeln haben bereits andere Autoren[1] verwandt, die aus optischen Meßverfahren den zeitlichen Verlauf des Schichtdickenwachstums verfolgten[2]. Eine ausführliche und kritische Darstellung der Methoden haben EVANS[3], MASING[4] und KUBASCHEWSKI[5] gegeben. Eine kritische Betrachtung der optischen Meßverfahren mit einer Diskussion über die Theorie der Anlauffarben findet man ferner von WINTERBOTTOM[6] im Anhang der Neuauflage des bekannten Buches von EVANS. Diese optischen Methoden eignen sich jedoch nur zur Messung dünner Anlaufschichten, wo häufig Transportvorgänge in Raumladungsrandschichten maßgebend sind.

Zur Bestimmung dickerer Oxydschichten, die wir zur Unterscheidung von den dünnen als Zunderschichten bezeichnen, wird im allgemeinen die Zunahme der Schichtdicke durch die Gewichtszunahme, Δm in g, der oxydierenden Probe mittels einer geeigneten Waage bestimmt. Dies geschieht beispielsweise in einer zweckmäßigen Versuchsanordnung mittels einer Quarzwaage[7,8] oder einer magnetischen Waage[8,9,10]. Für sehr empfindliche Messungen ist besonders die Waage von GULBRANSEN[8] zu empfehlen. (Eine kurze Darstellung einfacher Meßverfahren findet sich im Kap. 8.)

Analog zu Gl. (4.1) ergibt sich aus der Massenzunahme je Oberflächeneinheit, $\Delta m/q$ in g · cm^{-2}, und Zeiteinheit die ,,praktische Zunderkonstante" k'' (in g^2 · cm^{-4} · sec^{-1} bzw. g^2 · cm^{-4} · h^{-1}) zu:

$$\frac{1}{t}\left(\frac{\Delta m}{q}\right)^2 = k''. \tag{4.6}$$

Die Gewichtszunahme Δm ist gleich dem Produkt aus Äquivalentzahl $\tilde{n}$ und Äquivalentgewicht des Nichtmetalls X ($=$ Atomgewicht A_X

---

[1] EVANS, U. R.: J. Soc. chem. Ind. (Trans.) **45**, 211 (1926). — J. S. DUNN: Proc. Roy. Soc. (A) **111**, 210 (1926). — F. H. CONSTABLE: Proc. Roy. Soc. (A) **115**, 570 (1927). — U. R. EVANS u. L. C. BANNISTER: Proc. Roy. Soc. (A) **125**, 370 (1929).

[2] TAMMANN, G., u. G. SIEBEL: Z. anorg. allg. Chem. **152**, 149 (1926). — F. H. CONSTABLE: Proc. Roy. Soc. (A) **117**, 376 (1928); **125**, 630 (1929). — K. FISCHBECK: Z. Elektrochem. angew. phys. Chem. **37**, 593 (1931).

[3] EVANS, U. R.: Kolloid-Z. **69**, 129 (1934).

[4] MASING, G.: Korrosion metallischer Werkstoffe. Leipzig 1936, S. 97ff.

[5] KUBASCHEWSKI, O., u. B. E. HOPKINS: Oxidation of Metals and Alloys. London 1953, S. 80ff.

[6] WINTERBOTTOM, A. B., u. U. R. EVANS: Metallic Corrosion, Passivity and Protection. London 1948, S. 802ff.

[7] WAGNER, C., u. K. GRÜNEWALD: Z. physik. Chem. (B) **40**, 455 (1938). — K. HAUFFE u. CH. GENSCH: Z. physik. Chem. **195**, 116 (1950).

[8] GULBRANSEN, E. A.: Rev. Sci. Instruments **15**, 201 (1944).

[9] Vgl. u. a. H. DÜNWALD u. C. WAGNER: Z. anorg. allg. Chem. **199**, 321 (1931). — R. J. MAURER: J. chem. Physics **13**, 321 (1945).

[10] Vgl. CL. DUVAL: Inorganic Thermogravimetric Analysis. Amsterdam 1953.

dividiert durch Wertigkeit $|z_2|$). Lösen wir Gl. (4.2) nach $\Delta \xi$ auf, so erhalten wir:

$$\Delta \xi = \frac{\tilde{n}\,\tilde{v}}{q} = \frac{\Delta m\,\tilde{v}\,|z_2|}{q\,A_X}\,. \tag{4.7}$$

Durch Einsetzen von Gl. (4.7) in Gl. (4.1) ergibt sich:

$$k' = \frac{1}{t}\left(\frac{\Delta m}{q}\right)^2 \frac{1}{2}\left(\frac{|z_2|\cdot\tilde{v}}{A_X}\right)^2, \tag{4.8}$$

und hieraus folgen unmittelbar die wichtigen Umrechnungsformeln:

$$k' = \frac{1}{2}\left(\frac{|z_2|\,\tilde{v}}{A_X}\right)^2 k'', \tag{4.9}$$

$$k = \frac{1}{2}\,\tilde{v}\left(\frac{|z_2|}{A_X}\right)^2 k''. \tag{4.10}$$

Gl. (4.10) kann auch zur Ermittlung von Oxydationskonstanten aus gasvolumetrischen Messungen herangezogen werden.

Eine weitere Bestimmungsmethode der rationellen Zunderkonstanten k beruht auf der Anwendung der verschiedenen Leitfähigkeit der Metalle und deren Zunderschichten. Entsprechend dem im allgemeinen um Zehnerpotenzen niedrigeren Wert der elektrischen Leitfähigkeit der Zunderschicht wird im Augenblick des Verschwindens der noch vorhandenen metallischen Phase eine verhältnismäßig rasche Widerstandszunahme erfolgen. Bezeichnen wir die Zeit zwischen Reaktionsbeginn und Widerstandssprung mit τ und die Dicke des Metallbleches vor Versuchsbeginn mit δ und berücksichtigt man ferner, daß am Ende der Reaktion die Größe δ, im Verhältnis der Äquivalentvolumina $\tilde{v}$ (Zunderschicht) und $\tilde{v}_{Me}$ (Metall) gewachsen ist, so ergibt sich die folgende Beziehung:

$$\Delta \xi = \frac{1}{2}\,\delta\,\frac{\tilde{v}}{\tilde{v}_{Me}}\,.$$

Unter Verwendung von Gl. (4.1) und (4.5) folgt schließlich:

$$k = \frac{1}{8}\,\frac{\delta^2}{\tau}\,\frac{\tilde{v}}{\tilde{v}_{Me}^2}\,. \tag{4.11}$$

Zur Bestimmung des zeitlichen Verlaufs der Oxydation bei langsamer Zundergeschwindigkeit ist jedoch diese Bestimmungsmethode wenig geeignet, da der Widerstandssprung unscharf ist. Für schnell oxydierende Metallfolien ist die letzte Methode insofern besonders bequem, da man hier nur die Zeit τ zu ermitteln braucht, während alle anderen in Gl. (4.11) vorkommenden Größen bekannt sind[1].

---

[1] PALMER, W. G.: Proc. Roy. Soc. (A) **103**, 444 (1923). — H. REINHOLD u. H. MÖHRING: Z. physik. Chem. (B) **28**, 178 (1935).

Gemäß der oben geführten Diskussion über das Einteilungsprinzip der Zundervorgänge im Sinne der WAGNERschen Zunderformel wollen wir zunächst die wenigen bisher bekanntgewordenen Zundersysteme mit ionenleitenden Deckschichten behandeln.

4.1 Zundersysteme mit ionenleitenden Deckschichten

Als besonders gut untersuchte Beispiele seien hier die Bromierung und Chlorierung von Silber behandelt. Im Anschluß an Messungen von TAMMANN und KÖSTER[1] sowie KOHLSCHÜTTER und KRÄHENBÜHL[2] studierte WAGNER[3] die Bromierungs- und Chlorierungsgeschwindigkeit von 0,1 mm dicken Silberblechen (chem. rein $^{1000}/_{1000}$) im Temperaturgebiet zwischen 200 und 400° C bei verschiedenen Halogenpartialdrucken nach der Wägungsmethode. Zu diesem Zwecke wurden die Bleche jeweils $^1/_2$ bis 2 Std. im Chlor- bzw. Bromstrom oder in einem mit Chlor bzw. Brom beladenen Stickstoffstrom bei den genannten Temperaturen erhitzt und anschließend gewogen. HAUFFE und GENSCH[4] verbesserten die Versuchsdurchführung durch Verwendung einer Quarzspiralwaage, wodurch eine kontinuierliche Beobachtung der Massenzunahme möglich ist. Wie aus Abb. 52 zu erkennen ist, läßt sich der zeitliche Verlauf der Halogenierung durch das parabolische Zeitgesetz bestimmen. In Tab. 21 und 22 sind die von WAGNER erhaltenen Versuchsergebnisse zusammengestellt. Zur Berechnung der rationellen Zunderkonstanten k aus den sich aus den Versuchen unmittelbar ergebenden praktischen Zunderkonstanten k'' wurde Gl. (4.10) verwandt.

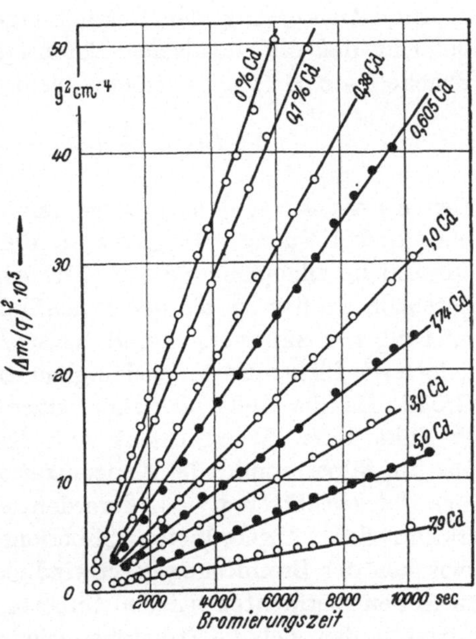

Abb. 52. Parabolischer Verlauf der zeitlichen Gewichtszunahme während der Bromierung von Silber und Silber-Cadmium-Legierungen bei 330° C und 170 mm Hg Bromdampfdruck nach HAUFFE und GENSCH. ($\Delta m/q$ in g · cm⁻²; die Zahlen an den Geraden bedeuten Atom-% Cd)

[1] TAMMANN, G., u. W. KÖSTER: Z. anorg. allg. Chem. **123**, 196 (1923).
[2] KOHLSCHÜTTER, V., u. E. KRÄHENBÜHL: Z. Elektrochem. angew. physik. Chem. **29**, 570 (1923).
[3] WAGNER, C.: Z. physik. Chem. (B) **32**, 447 (1936).
[4] HAUFFE, K., u. CH. GENSCH: Z. physik. Chem. **195**, 116 (1950).

Von TUBANDT und Mitarbeitern[1] durchgeführte Überführungsmessungen beweisen, daß im Silberhalogenidkristall bei höheren Temperaturen, $> 250°$ C, praktisch allein die Silberionen den Stromtransport übernehmen, was bereits auf eine bevorzugte Ag-Ionenfehlordnung und -Beweglichkeit hinweist. Von WAGNER und BEYER[2] konnte das seinerzeit von FRENKEL[3] aufgestellte Fehlordnungsmodell — gleiche Konzentration von Ag-Ionenleerstellen und Ag-Ionen auf Zwischengitterplätzen, $x_{\mathrm{Ag}\square'} = x_{\mathrm{Ag}\circ}.$ — an Hand von Messungen der Dichte und der Gitterkonstanten des Silberbromids bei $410°$ C bestätigt werden. Ferner schlossen sowohl KOCH und WAGNER[4] als auch TELTOW[5] aus dem Verlauf der elektrischen Leitfähigkeit in $\mathrm{AgCl\text{-}CdCl_2}$- und $\mathrm{AgBr\text{-}CdBr_2}$-Mischkristallen mit steigendem Gehalt an $\mathrm{CdCl_2}$ bzw. $\mathrm{CdBr_2}$ auf eine größere Beweglichkeit der Ag-Ionen auf Zwischengitterplätzen.

Zur Auswertung der Versuchsergebnisse wird Gl. (3.21) so umgeformt, daß die chemischen Potentiale μ_X durch die Halogenpartialdrucke — z. B. $p_{\mathrm{Br_2}}$ — ersetzt werden:

$$d\mu_X = \frac{1}{2}\,d\mu_{\mathrm{Br_2}} = \frac{1}{2}\,R\,T\,d\ln p_{\mathrm{Br_2}}. \tag{4.12}$$

Der Ausdruck $(n_1 + n_2)\,n_3\,\varkappa$ vereinfacht sich wegen $n_1 \approx 1$, $n_2 \approx 0$ und $n_3 \ll 1$ zu $n_3\,\varkappa = \varkappa_3$, wo $\varkappa_3$ die Elektronenteilleitfähigkeit ist. Obwohl im allgemeinen der Elektronenfluß um drei und mehr Zehnerpotenzen größer ist als der Ionenfluß, ist bei der thermischen Bromierung von Silber auf Grund der speziellen Fehlordnungsverhältnisse jedoch die Elektronenteilleitfähigkeit die geschwindigkeitsbestimmende Größe. Da die Teilleitfähigkeit einer Ladungsträgersorte durch das Produkt ihrer Beweglichkeit und Konzentration gegeben ist, muß also im Silberbromid die Konzentration der Elektronenstörstellen — hier Defektelektronen — außerordentlich klein sein gegen die Konzentration der fehlgeordneten Silberionen. Um einen Zusammenhang zwischen der Bromierungsgeschwindigkeit und dem Brompartialdruck zu finden, betrachten wir den Silberbromidkristall als festes Lösungsmittel, in dem sich die Störstellen wie in einer ideal verdünnten Lösung verhalten. Die Einwirkung von Brom können wir nun durch die folgende symbolische Umsetzungsgleichung beschreiben:

$$\tfrac{1}{2}\,\mathrm{Br_2^{(g)}} \rightleftharpoons \mathrm{AgBr} + \mathrm{Ag}\,\square' + \oplus. \tag{4.13}$$

---

[1] TUBANDT, C., H. REINHOLD u. W. JOST: Z. physik. Chem. (A) **129**, 69 (1927) — Z. anorg. allg. Chem. **177**, 253 (1928).

[2] WAGNER, C., u. J. BEYER: Z. physik. Chem. (B) **32**, 113 (1936).

[3] FRENKEL, J.: Z. Physik **35**, 652 (1926).

[4] KOCH, E., u. C. WAGNER: Z. physik. Chem. (B) **38**, 295 (1937).

[5] TELTOW, J.: Ann. Physik (6) **5**, 71 (1949).

Nach Gl. (4.13) wird eine gleich große Zahl von Leerstellen und Defektelektronen erzeugt. Da aber die auf S. 10 aufgestellte Massenwirkungsbeziehung (2.2) in jedem Fall ihre Gültigkeit behält, muß neben Gl. (4.13) auch die folgende Reaktion gleichberechtigt ins Spiel kommen:

$$\tfrac{1}{2}\,\mathrm{Br}_2^{(g)} + \mathrm{Ag}\,\bigcirc\cdot \longrightarrow \mathrm{AgBr} + \oplus. \qquad (4.13\,a)$$

Während die an sich von Hause aus vorhandene Ionenfehlordnung relativ groß ist und daher durch die Einwirkung von Br_2 nicht nennenswert geändert wird, folgt die Änderung der Defektelektronenkonzentration, $x_\oplus \ll x_{\mathrm{Ag}\square'}$, dem sich aus Gl. (4.13) ergebenden Massenwirkungsansatz

$$x_\oplus = \mathrm{const}\ p_{\mathrm{Br}_2}^{1/2}, \qquad (4.14)$$

wo nach dem Gesagten $x_{\mathrm{Ag}\square'}$ in const einbezogen wurde. Unter Einführung $x_{\oplus\,p_{\mathrm{Br}_2}\,=\,1}$ als Bezugsgröße schreiben wir Gl. (4.14):

$$x_\oplus = x_{\oplus\,(p_{\mathrm{Br}_2}\,=\,1)}\ p_{\mathrm{Br}_2}^{1/2} \qquad (4.14\,a)$$

und entsprechend für die in Gl. (3.21) benötigte Teilleitfähigkeit der Defektelektronen:

$$\varkappa_\oplus = \varkappa_{\oplus\,(p_{\mathrm{Br}_2}\,=\,1)}\ p_{\mathrm{Br}_2}^{1/2}. \qquad (4.15)$$

Nach Einsetzen der Gl. (4.12) und (4.15) in Gl. (3.21) folgt:

$$\frac{d\,n_{\mathrm{AgBr}}}{dt} = \frac{q}{\varDelta\,\xi}\left\{\frac{300}{96\,500}\,\varkappa_{\oplus\,(p_{\mathrm{Br}_2}\,=\,1)}\,\frac{R\,T}{N_L\,e}\left(\sqrt{p_{\mathrm{Br}_2}^{(a)}} - \sqrt{p_{\mathrm{Br}_2}^{(i)}}\right)\right\}. \qquad (4.16)$$

$p_{\mathrm{Br}_2}^{(a)}$ und $p_{\mathrm{Br}_2}^{(i)}$ sind die entsprechenden Brompartialdrucke an den Phasengrenzen $\mathrm{AgBr}/\mathrm{Br}_2$ und $\mathrm{AgBr}/\mathrm{Ag}$. Da die Diffusion zeitbestimmend ist, herrscht an beiden Phasengrenzen thermodynamisches Gleichgewicht, und $p_{\mathrm{Br}_2}^{(i)}$ ist demzufolge der „Zersetzungsdruck" von AgBr. Da aber $p_{\mathrm{Br}_2}^{(i)} \ll p_{\mathrm{Br}_2}^{(a)}$ ist, gilt für den Klammerausdruck in Gl. (4.16):

$$k = \frac{300}{96\,500}\,\varkappa_{\oplus\,(p_{\mathrm{Br}_2}\,=\,1)}\,\frac{R\,T}{N_L\,e}\,p_{\mathrm{Br}_2}^{1/2}. \qquad (4.17)$$

($p_{\mathrm{Br}_2}^{(a)}$ wird der Einfachheit halber mit p_{Br_2} bezeichnet.)

Die zu erwartende Proportionalität zwischen der rationellen Zunderkonstanten k und der Wurzel aus dem vorgegebenen Brompartialdruck wurde von WAGNER experimentell bestätigt (s. Tab. 22). Für die Chlorierung von Silber sind analoge Gleichungen anzusetzen.

Infolge der aus anderen Messungen nur schwer zu bestimmenden Teilleitfähigkeit der Defektelektronen im Silberhalogenid erscheint es zweckmäßiger, aus der experimentell erhaltenen Bromierungsgeschwindigkeit die Teilleitfähigkeit $\varkappa_\oplus$ und mittels Division durch die Gesamtleitfähigkeit $\varkappa$ die Überführungszahl der Elektronen zu berechnen. Während bei 400°C und $p_{\mathrm{Br}_2} = 0{,}23$ atm $\varkappa_\oplus$ in AgBr nur $3{,}8\cdot10^{-4}$

Tabelle 21. *Zundergeschwindigkeit von Silber in Chlor nach* WAGNER

T° C	$k \cdot 10^{10}$ [Äquiv $\cdot$ cm^{-1} $\cdot$ sec^{-1}]			Verhältniswerte	
	$p_{Cl_2} = 0{,}04$	$p_{Cl_2} = 0{,}17$	$p_{Cl_2} = 1$ atm	$\dfrac{k\,(p_{Cl_2} = 0{,}04)}{k\,(p_{Cl_2} = 1{,}0)}$	$\dfrac{k(p_{Cl_2} = 0{,}17)}{k(p_{Cl_2} = 1{,}0)}$
300	—	—	0,19	—	—
350	0,16	0,34	0,82	0,20	0,41
400	0,35	0,70	2,06	0,17	0,34

Tabelle 22. *Zundergeschwindigkeit von Silber in Brom nach* WAGNER

T° C	$k \cdot 10^{10}$ [Äquiv $\cdot$ cm^{-1} $\cdot$ sec^{-1}]		$\dfrac{k(p_{Br_2} = 0{,}09)}{k(p_{Br_2} = 0{,}23)}$
	$p_{Br_2} = 0{,}09$	$p_{Br_2} = 0{,}23$ atm	
200	0,23	0,38	0,61
250	0,53	0,91	0,58
300	0,96	1,78	0,54
350	1,21	2,32	0,52
400	1,15	2,27	0,50

gegenüber $\varkappa_{\mathrm{Ion}} = 3{,}8 \cdot 10^{-1}$ Ohm^{-1} $\cdot$ cm^{-1} und demzufolge $\mathfrak{n}_\oplus \equiv \mathfrak{n}_3$ $= 0{,}01$ beträgt, erreicht bei 200° C unter sonst gleichen Versuchsbedingungen der Elektronenleitungsanteil bereits den beachtlichen Wert von 17 % ($\mathfrak{n}_3 = 0{,}17$). Durch CdBr$_2$-Zusätze wird dieser allerdings wieder verringert, da durch den CdBr$_2$-Zusatz [s. S. 13 Gl. (2.9)] die Ag$\square$'-Konzentration erhöht und die der Defektelektronen erniedrigt wird, wie noch aus der folgenden Betrachtung hervorgehen wird.

Wenn bei Zundersystemen mit ionenleitender Deckschicht die Teilleitfähigkeit der freien Elektronen $\ominus$ oder der Defektelektronen $\oplus$ zeitbestimmend für die Gesamtreaktion ist, dann muß mit sinkenden Werten, z. B. von $\varkappa_\oplus$ im Falle des Systems Ag/AgBr/Br$_2$, die Zundergeschwindigkeit abnehmen. Diese Überlegung gilt ganz allgemein: verlaufen die Phasengrenzreaktionen mit genügender Geschwindigkeit, so ändert sich die Zundergeschwindigkeit eines Metalls bzw. einer Legierung, wenn man die für die Reaktion maßgebende Teilleitfähigkeit ändert. An Zundersystemen mit ionenleitender Deckschicht wird also mit einer Erniedrigung der Zundergeschwindigkeit zu rechnen sein, wenn man die Ionenteilleitfähigkeit erhöht und die Teilleitfähigkeit der Elektronen erniedrigt. Hingegen wird man bei Zundersystemen mit elektronenleitender Deckschicht die Zundergeschwindigkeit erhöhen oder erniedrigen, je nachdem man die Ionenteilleitfähigkeit erhöht oder erniedrigt. Auf diese Zusammenhänge wurde erstmalig von WAGNER, HAUFFE und Mitarbeitern [1] hingewiesen.

---

[1] Vgl. u. a. K. HAUFFE: Z. Metallkunde **42**, 34 (1951); The Mechanism of Oxidation of Metals and Alloys at High Temperatures, in Progr. Metal Physics **4**, 71 (1953).

Rechnet man mit einer von der Fehlordnungskonzentration praktisch unabhängigen Beweglichkeit der Ionen- und Elektronenfehlordnungsstellen — was häufig in erster Näherung erlaubt ist —, so muß die Änderung der Teilleitfähigkeit einer fehlgeordneten Ladungsträgersorte durch die Änderung der Konzentration der betreffenden Ladungsträgersorte bedingt sein. Eine derartige Beeinflussung der Konzentration der Fehlordnungsstellen gelingt durch den Einbau anderswertiger Ionen in den betreffenden Kristall, wie WAGNER[1], VERWEY[2] und HAUFFE[3] zeigen konnten. Hiernach muß man dem Metall in kleinerer Konzentration ein anderes Metall zulegieren, dessen Kationen in der Zunderschicht mit einer anderen Wertigkeit eingebaut werden. Diesen Mischkristall bezeichnet man als eine heterotype Mischphase. Hierbei nimmt die Löslichkeit des Fremdkations im allgemeinen mit zunehmender Gleichheit der Kationenradien zu.

Unter Beachtung dieser Tatsachen eignet sich im Falle einer AgBr-Deckschicht auf Silber als zundervermindernder Legierungszusatz besonders gut das Cadmium, das erstens höherwertiger (2wertig) als Silber ist und zweitens einen dem Silberion nahekommenden Ionen-

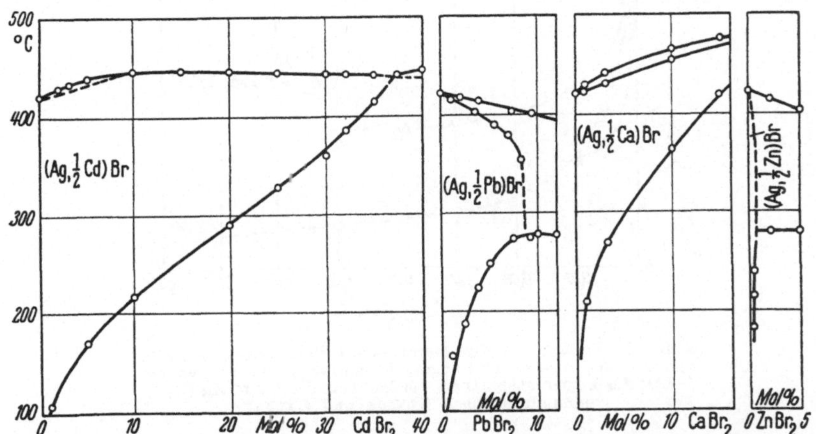

Abb. 53. AgBr-Seite der Zustandsdiagramme AgBr-CdBr₂, AgBr-PbBr₂, AgBr-CaBr₂, und AgBr-ZnBr₂ nach TELTOW

radius besitzt, sofern man die folgenden „Ionenradien" nach GOLDSCHMIDT als verbindlich ansehen darf, was im Falle des Auftretens von

---

[1] KOCH, E., u. C. WAGNER: Z. physik. Chem. (B) **38**, 295 (1937). — C. WAGNER: J. chem. Physics **18**, 62 (1950).

[2] VERWEY, E. J. W., P. W. HAAYMAN u. F. C. ROMEYN: Chem. Weekblad **44**, 705 (1948).

[3] HAUFFE, K.: Ann. Physik (6) **8**, 201 (1950); Fehlordnungserscheinungen und Leitungsvorgänge in ionen- und elektronenleitenden festen Stoffen, in Ergebn. exakt. Naturwiss. **25**, 193 (1951).

Ionenkristallen mit einem überwiegend heteropolaren Charakter statthaft ist:

$$Ag^+ : 1{,}13\,\text{Å}, \quad Cd^{2+} : 1{,}03\,\text{Å}, \quad Pb^{2+} : 1{,}32\,\text{Å}, \quad Zn^{2+} : 0{,}83\,\text{Å}.$$

In Übereinstimmung mit den Ionenradien kann man aus dem Löslichkeitsdiagramm einiger Metallbromide in Silberbromid nach TELTOW[1] erkennen (Abb. 53), daß bei 330° C $CdBr_2$ sich bis zu 25 Mol-% löst, während die Löslichkeit über $PbBr_2$ mit 8 Mol-% nach $ZnBr_2$ mit etwa 0,5 Mol-% stark abnimmt. Dementsprechend wird auch durch den Einbau von Cd^{2+}-Ionen ins AgBr-Gitter während der Bromierung einer Ag-Cd-Legierung die größte Abnahme der Bromierungsgeschwindigkeit gefunden, die mit steigendem Cd-Gehalt gesetzmäßig abnimmt, wie Bromierungsversuche an Silberlegierungen bei 330° C und einem Brompartialdruck von 170 mm Hg ergeben haben[2] (Abb. 54).

Wie bereits auf S. 13 besprochen, wird beim Einbau eines 2wertigen Cadmiums auf einen Ag-Gitterplatz im Silberbromidgitter wegen

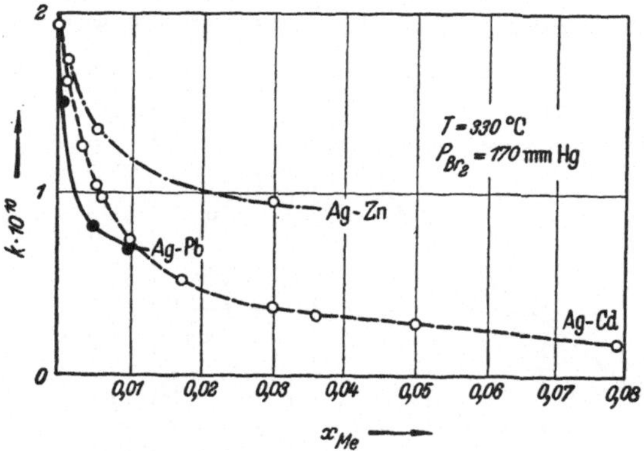

Abb. 54. Verlauf der Bromierungsgeschwindigkeitskonstanten von Ag-Cd-, Ag-Pb- und Ag-Zn-Legierungen mit steigendem Gehalt des Legierungspartners bei 230° C und 170 mm Hg Bromdampfdruck nach GENSCH und HAUFFE

seiner positiven Überschußladung aus Elektroneutralitätsgründen ein weiteres Ag^+-Ion von seinem Gitterplatz verdrängt, wodurch eine Silberionenleerstelle $Ag\,\square\,'$ entsteht, die eine negative Überschußladung repräsentiert:

$$CdBr_2 \longrightarrow Cd\,\bullet\,(Ag) + Ag\,\square\,' + 2\,AgBr \tag{4.18}$$

(s. a. Abb. 3). Bei konstantem Brompartialdruck und konstanter Temperatur folgt aus dem für Gl. (4.13) verbindlichen Massenwirkungs-

---

[1] TELTOW, J.: Ann. Physik (6) **5**, 63, 71 (1949).
[2] GENSCH, CH., u. K. HAUFFE: Z. physik. Chem. **195**, 386 (1950).

ansatz:

$$x_{\mathrm{Ag}\,\square'}\, x_{\oplus} = K \qquad (p_{\mathrm{Br_2}} = \mathrm{const}) \tag{4.19}$$

eine gleichzeitige Abnahme der Defektelektronenkonzentration $x_{\odot}$.

Der Zusammenhang zwischen Zundergeschwindigkeit und elektrischer Leitfähigkeit der Legierung und der heterotypen Mischphase einerseits und des reinen Silberbromids andererseits läßt sich durch Kombination der Massenwirkungsbedingung für das Fehlordnungsgleichgewicht des AgBr-Kristalls

$$x_{\mathrm{Ag}\,\square'}\, x_{\mathrm{Ag\,o\cdot}} = K \tag{4.20}$$

und der für den Mischkristall geltenden Elektroneutralitätsbeziehung

$$x_{\mathrm{Ag}\,\square'} = x_{\mathrm{Ag\,o\cdot}} + x_{\mathrm{Cd\bullet\cdot(Ag)}} \tag{4.21}$$

berechnen[1]. Aus Gl. (4.20) und (4.21) folgt für die Konzentration der Silberionenleerstellen mit der Substitution $x_{\mathrm{Cd}} \equiv x_{\mathrm{Cd\bullet\cdot(Ag)}}$:

$$x_{\mathrm{Ag}\,\square'} = \frac{1}{2}\, x_{\mathrm{Cd}} + \left\{\left(\frac{x_{\mathrm{Cd}}}{2}\right)^2 + K\right\}^{1/2}. \tag{4.22}$$

Da die Konzentration der Silberionenleerstellen nach Gl. (4.19) umgekehrt proportional der Defektelektronenkonzentration ist, folgt für das Verhältnis dieser Größen im Mischkristall und im reinen AgBr (Index 0):

$$\frac{x^0_{\mathrm{Ag}\,\square'}}{x_{\mathrm{Ag}\,\square'}} = \frac{x_{\oplus}}{x^0_{\oplus}}. \tag{4.23}$$

Da aber die Elektronenteilleitfähigkeit direkt proportional der Defektelektronenkonzentration und nach Gl. (4.17) auch der Zunderkonstanten ist, also

$$\frac{k}{k^0} = \frac{\varkappa_{\oplus}}{\varkappa^0_{\oplus}} = \frac{x^0_{\mathrm{Ag}\,\square'}}{x_{\mathrm{Ag}\,\square'}},$$

resultiert als Verhältnis der Zunderkonstanten der Legierung k und des reinen Silbers k^0 durch Kombination mit Gl. (4.22):

$$\frac{k}{k^0} = \frac{1}{\dfrac{x_{\mathrm{Cd}}}{2x^0_{\mathrm{Ag}\,\square'}} + \left[\left(\dfrac{x_{\mathrm{Cd}}}{2\,x^0_{\mathrm{Ag}\,\square'}}\right)^2 + 1\right]^{1/2}}. \tag{4.24}$$

Abb. 55 zeigt die befriedigende Übereinstimmung[2] des gemessenen (Kurve *1*) und des nach Gl. (4.24) berechneten (Kurve *2*) Verhältnisses k/k^0 unter Zugrundelegung des von TELTOW für 330° C angegebenen Wertes $x^0_{\mathrm{Ag}\,\square'} = 2{,}9 \cdot 10^{-3}$. Die Abweichungen dürften darauf zurückzuführen sein, daß Beziehung (4.24) unter Voraussetzung der

---

[1] GENSCH, CH., u. K. HAUFFE: Z. physik. Chem. **195**, 386 (1950).
[2] HAUFFE, K., u. CH. GENSCH: Z. physik. Chem. **195**, 116 (1950).

Gültigkeit des idealen Massenwirkungsgesetzes hergeleitet wurde, eine Annahme, deren strenge Gültigkeit offenbar schon bei Fehlordnungs-konzentrationen $> 0,5$ Mol-% infolge Auftretens von „DEBYE-HÜCKEL-Effekten" nicht mehr erfüllt sein dürfte[1].

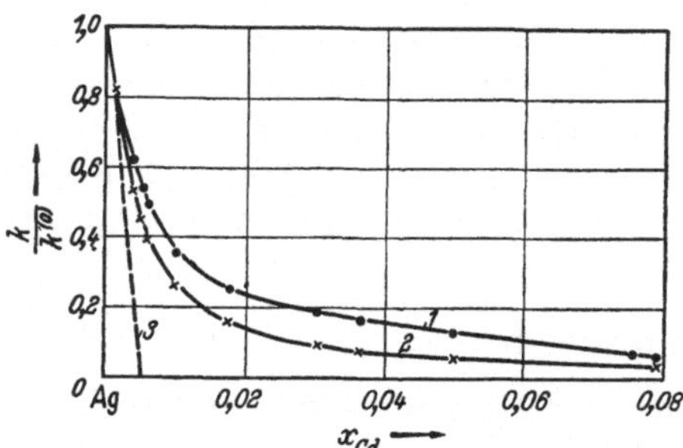

Abb. 55. Die Abhängigkeit des Verhältnisses der Zunderkonstanten k/k^0 vom Cd-Gehalt der Legierung bei 330° C und bei einem Bromdampfdruck von 170 mm Hg nach HAUFFE und GENSCH Kurve *1* aus experimentellen Daten gewonnen, Kurve *2* stellt den nach Gl. (4.24) errechneten theoretischen Verlauf dar. Die an Kurve *1* bei $x_{Cd} = 0$ angelegte Tangente schneidet die Abszisse bei $x_{Cd} = x^0_{Ag\,\square}{}' = 2,9 \cdot 10^{-3}$, in Übereinstimmung mit dem aus Leitfähigkeitsmessungen von TELTOW erhaltenen Wert

Entsprechend der Beziehung (4.17) erhalten wir für die Abhängigkeit der Bromierungs-geschwindigkeit vom Brompar-tialdruck für höherlegierte Ag-Cd-Legierungen, wo wir in aus-reichender Näherung

$$\left(\frac{x_{Cd}}{2\,x^0_{Ag\,\square}{}'}\right)^2 \gg 1$$

bzw.

$$x_{Cd} \approx x_{Ag\,\square}{}'$$

setzen können, den folgenden Ausdruck:

$$k = \frac{300}{96500}\,\varkappa_\odot\,(p_{Br_2} = 1)\,\frac{R\,T}{N_L\,e}\,\frac{x^0_{Ag\,\square}{}'}{x_{Cd}}\,p_{Br_2}^{1/2}. \tag{4.25}$$

$\varkappa_\odot(p_{Br_2} = 1)$ bedeutet, zum Unterschied in Gl. (4.17) die Elektronen-teilleitfähigkeit der AgBr-CdBr$_2$-Mischphase bei $p_{Br_2} = 1$ Atm. Er-gänzend ist noch zu bemerken, daß im vorliegenden Zundersystem x_{Cd} (Legierungsphase) $= x_{Cd}$ (Zunderschicht $=$ AgBr-CdBr$_2$-Mischkristall) war, wie die Analyse ergab. Diese Bedingung ist jedoch keineswegs ohne weiteres für andere Zundersysteme zutreffend, wie Untersuchun-gen ergeben haben, worüber noch weiter unten berichtet wird.

Völlig identische Beziehungen — wie Gl. (4.17), (4.24) und (4.25) — sind auch für die Chlorierung und Jodierung von Silber und Silber-legierungen zu erwarten. HIMMLER[2] versuchte die Chlorierungsgeschwin-digkeit von Silber dadurch zu erniedrigen, indem er die Chloratmosphäre mit PbCl$_2$ bzw. CdCl$_2$ sättigte. Wie jedoch die Messungen ergeben haben, sind die hierdurch erzielten Effekte sehr klein und kommen in keinem Fall an die gute Wirkung eines Cd-Legierungszusatzes heran. Die in Abb. 56 dargestellten zwei Temperaturbereiche der Kurven, die

[1] Siehe insbesondere den zusammenfassenden Artikel von J. TELTOW: Assoziation und Wechselwirkung von Störstellen, in Halbleiterprobleme, Bd. 3, herausgeg. von W. SCHOTTKY, im Druck.

[2] HIMMLER, W.: Z. physik. Chem. **195**, 129 (1950). — Vgl. auch J. SCHATZ: Werkstoffe u. Korrosion **1**, 248 (1950).

die Temperaturabhängigkeit der Bromierungsgeschwindigkeit von Silber und Silberlegierungen mit etwa 0,5 Mol-% Cd, Pb und Zn darstellen, lassen sich z. Zt. noch nicht deuten. Besonders eigentümlich und ungeklärt ist die Temperaturunabhängigkeit der Halogenierungsgeschwindigkeit von Silber mit Jod zwischen 15 und 140°C.

Im Anschluß an Korrosionsversuche von EVANS und BANNISTER[1] an Silber in verschiedenen jodhaltigen Lösungsmitteln, wie Hexan, Äther und Tetrachlorkohlenstoff, zwischen 0 und 35° C, wo ebenfalls ein parabolisches Zeitgesetz maßgebend ist, das allerdings bei dickeren Schichten durch eine überwiegende Diffusion von Jod durch Poren und entlang von Korngrenzen verursacht ist, haben REINHOLD und SEIDEL[2] die Jodierung von Silber auch bei höheren Temperaturen im Gebiet der α-AgJ-Phase untersucht. Die Versuchsergebnisse sind in Abb. 57 dargestellt. JOST und WEISS[3] berechnen aus den Anlaufkonstanten der Bildung von β-AgJ die Überführungszahl der Elektronen in Abhängigkeit vom Jodpartialdruck und finden für 140° C

$$n_{e^-} = 0,02 \quad \text{für} \quad p_{J_2} = 1,5 \text{ mm Hg}$$

$$n_{e^-} = 0,18 \quad \text{für} \quad p_{J_2} = 198 \text{ mm Hg}$$

in guter Übereinstimmung mit der gefundenen von $n_{e^-} \approx 0,14$. Dieses Resultat ist vergleichbar mit dem von WAGNER am AgBr.

Bedeuten k^α und k^β die rationellen Zunderkonstanten der Jodierung von Silber im α- und β-AgJ-Existenzgebiet, dann folgt bei Gül-

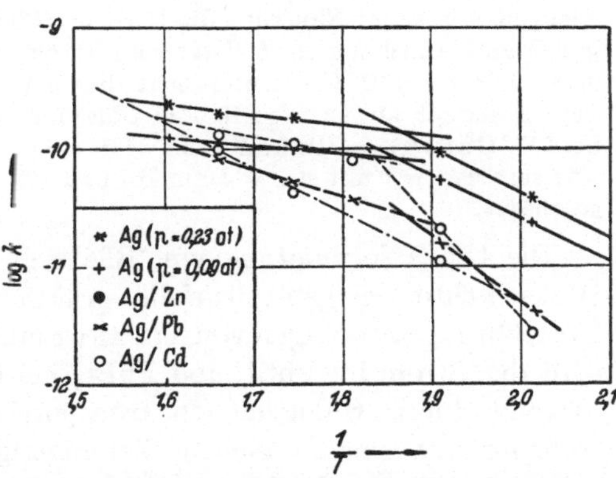

Abb. 56. Die Temperaturabhängigkeit der Bromierungsgeschwindigkeit von reinem Silber und Silberlegierungen mit 0,5 Atom-% Pb, 0,5 Atom-% Zn und 0,6 Atom-% Cd bei einem Bromdampfdruck von 170 mm Hg nach GENSCH und HAUFFE

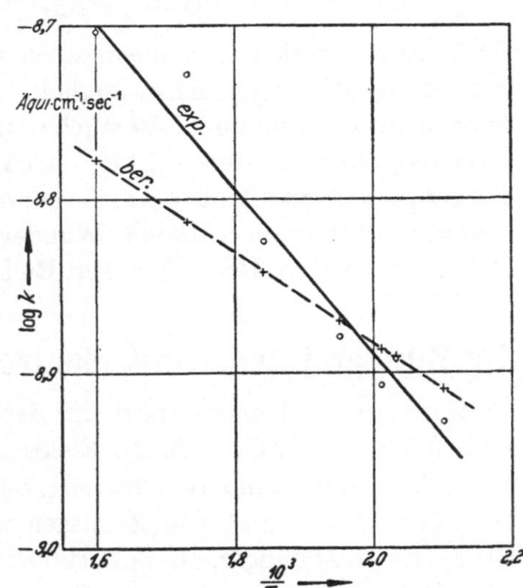

Abb. 57. Temperaturabhängigkeit der Jodierungsgeschwindigkeit von Silber bei p_{J_2} = 10 mm Hg nach REINHOLD und SEIDEL. ○ experimentelle und + berechnete Werte der rationellen Zunderkonstanten k in Äquiv·cm⁻¹·sec⁻¹

---

[1] EVANS, U. R., u. L. C. BANNISTER: Proc. Roy. Soc. (A) 125, 370 (1929).

[2] REINHOLD, H., u. H. SEIDEL: Z. Elektrochem. angew. physik. Chem. 41, 499 (1935).

[3] JOST, W., u. K. WEISS: Z. physik. Chem. (N. F.) 2, 112 (1954).

tigkeit der WAGNERschen Theorie:

$$\frac{k^{\alpha}}{k^{\beta}} \approx \frac{n_{e^-}^{\alpha}\, \varkappa^{\alpha}}{n_{e^-}^{\beta}\, \varkappa^{\beta}},$$

wenn man in erster Näherung die EMK der Bildungskette für beide Phasen etwa gleich groß annehmen darf. Setzt man für einen Jodpartialdruck von 10 mm Hg $n_{e^-} \approx 0{,}03$ bei 140° C ein und sieht diesen Wert auch am Umwandlungspunkt als verbindlich an, so folgt für die Überführungszahl der Elektronen im α-AgJ bei 179° C und $p_{J_2} = 10$ mm Hg mit $k^{\alpha} = 1{,}6 \cdot 10^{-12}$ und $k^{\beta} = 6 \cdot 10^{-13}\, n_{e^-}^{\alpha} \approx 10^{-5}$. Für reines α-AgJ mit $p_{J_2} = 3$ mm Hg und 179° C wird ein Wert von $n_{e^-} \leq 10^{-7}$ geschätzt.

Die bei Halogenierung von Blei sich ausbildenden Bleihalogenid-Deckschichten zeigen ebenfalls praktisch reine Ionenleitung. Wie Überführungsmessungen von TUBANDT und Mitarbeiter[1] ergeben haben, wird der Strom im $PbCl_2$ und $PbBr_2$ bei höheren Temperaturen überwiegend durch Halogenionen transportiert, während im PbJ_2 eine größenordnungsmäßig gleiche Beteiligung der Pb- und J-Ionen am Stromtransport beobachtet wird. Unter der Annahme einer überwiegenden Eigenfehlordnung nach dem SCHOTTKY-Modell, also

$$\text{Null} \longleftarrow Pb\square'' + 2Cl\square\,\dot{},$$

wird die Halogenierungsgeschwindigkeit in Gegenwart von Sauerstoff bzw. bei Anwesenheit von PbO auf Blei abnehmen, da infolge Einbaus von Sauerstoffionen ins Bleihalogenidgitter, z. B.

$$PbO \longleftarrow O\bullet'(Cl) + Cl\square\,\dot{} + PbCl_2 \tag{4.26}$$

die Zahl der Halogenionenleerstellen zunimmt und demgemäß die für die Halogenierungsgeschwindigkeit maßgebende Defektelektronenkonzentration abnimmt. Versuche an diesem System unter diesen Gesichtspunkten sind bisher noch nicht durchgeführt worden. DRAVNIEKS und McDONALD[2] konnten an Hand von „Marken-Versuchen" eine überwiegende Wanderung von Halogenionen durch die $PbCl_2$- bzw. $PbBr_2$-Deckschicht in Richtung auf das Metall nachweisen.

4.2 Zundersysteme mit elektronenleitender Deckschicht

Wird der Stromtransport in der Zunderschicht praktisch ausschließlich von fehlgeordneten Elektronen übernommen, so ist die Abhängigkeit der Zundergeschwindigkeit vom Partialdruck des oxydierenden Gases und von Zusätzen anderswertiger Ionen in hohem Grade davon abhängig, ob im Gitter der Zunderschicht freie Elektronen oder Defektelektronen für den Stromtransport zur Verfügung stehen.

---

[1] TUBANDT, C.: Leitfähigkeit und Überführungszahlen in festen Elektrolyten. Hb. Exp. Physik XII, 1. Leipzig 1932, S. 381 ff.

[2] DRAVNIEKS, A., u. H. J. McDONALD: J. electrochem. Soc. **93**, 177 (1948).

In der WAGNERschen Zunderformel (3.21) ist in diesen Fällen $n_3 \approx 1$, so daß entweder mit $n_2 \approx 0$ die Teilleitfähigkeit der Kationen $n_1 \varkappa = \varkappa_1$ oder mit $n_1 \approx 0$ die Teilleitfähigkeit der Anionen $n_2 \varkappa = \varkappa_2$ der geschwindigkeitsbestimmende Faktor für die Oxydation ist. Sieht man die Beweglichkeit der Fehlordnungsstellen bei konstanter Temperatur in erster Näherung als konstant und vom Fehlordnungsgrad unabhängig an, dann ist die Ionenteilleitfähigkeit und demzufolge auch die Zundergeschwindigkeit eine unmittelbare Funktion der Ionenfehlordnungskonzentration.

Während in Zundersystemen mit defektelektronenleitenden Deckschichten die Oxydationsgeschwindigkeit mit steigendem Partialdruck des Nichtmetalls in der äußeren Atmosphäre zunimmt, ist die Oxydationsgeschwindigkeit in Zundersystemen mit elektronenüberschußleitenden Deckschichten unabhängig vom äußeren Nichtmetall-Partialdruck, wie noch im einzelnen gezeigt werden soll. Ferner läßt sich generell feststellen, daß Legierungszusätze, deren Kationen höherwertiger sind als das Kation des Wirtskristalls im ersten Fall eine Erhöhung und im zweiten Fall eine Erniedrigung der Oxydationsgeschwindigkeit bewirken. Ein genau entgegengesetzter Einfluß auf die Oxydationsgeschwindigkeit ist mit niederwertigen Kationen des Legierungsmetalls zu erwarten.

Unter diesen Gesichtspunkten wollen wir daher die Oxydation von Metallen und Legierungen, so weit als möglich, unterteilen. Eine strenge Trennung wird allerdings insofern nicht immer möglich sein, als erstens zusätzliche Erscheinungen auftreten können, die eine gesonderte Behandlung erfordern und als zum anderen manche Zundersysteme wegen noch fehlender notwendiger Daten eine sichere Eingruppierung erschweren. Wir beginnen mit der Behandlung von Zundersystemen, die eine elektronendefektleitende Deckschicht ausbilden.

4.2.1 Zundersysteme mit elektronendefektleitender Deckschicht

In diesen Abschnitt fällt die ausführlich untersuchte Oxydation des Kupfers und Nickels und ihrer Legierungen. Im Anschluß hieran soll die Oxydation von Kobalt und Chrom diskutiert werden. Die Oxydation von Mangan und Eisen, deren niederwertige Oxyde, MnO und FeO, ausgesprochene Defektleiter sind, wird jedoch erst später behandelt, da bei höheren Sauerstoffdrucken sich kompliziert aufgebaute Deckschichten bilden, die aus mehreren Oxyden bestehen und da ferner im Falle der Oxydation von Eisen zu FeO oberhalb $900\,^\circ\mathrm{C}$ Phasengrenzreaktionen die Geschwindigkeit der Oxydation bestimmen. Untersuchungen über die alleinige Ausbildung von MnO-Deckschichten sind bisher nicht bekanntgeworden.

4.2.1.1 Über die Oxydationsgeschwindigkeit von Kupfer und Kupferlegierungen

Erste ausführliche Untersuchungen über die Oxydationsgeschwindigkeit von Kupferblechen und -drähten in Sauerstoff zwischen 400 und 1000° C und in Luft zwischen 800 und 1000° C liegen von PILLING und BEDWORTH[1] vor. Während oberhalb 800° C sich der Oxydationsverlauf nach einem parabolischen Zeitgesetz (Diffusionsvorgänge geschwindigkeitsbestimmend) beschreiben läßt, treten besonders im unteren Temperaturgebiet erhebliche Komplikationen auf, von denen einige bereits erwähnt wurden (s. S. 121). So trat beispielsweise bei 500°C nach einer 25 Minuten währenden parabolischen Oxydationsperiode durch Aufplatzen des Oxydfilms eine beschleunigte Zunahme der Oxydationsgeschwindigkeit auf. HUDSON und Mitarbeiter[2] fanden, daß bei Verwendung von arsenhaltigem Kupfer (0,47 Gew.-%) die Oxydation zwischen 300 und 600° C innerhalb von 6 Std. durch einen ungestörten parabolischen Verlauf dargestellt werden kann. Sämtliche Kupferproben, die oxydiert wurden, hatten bereits einen dünnen Oxydfilm vom Lagern in der Luft. Solche Oxydfilme werden auch auf anderen Metallen vorhanden sein, wenn sie nicht vor dem Versuch entfernt werden. VALENSI[3] untersuchte den Einfluß dieser Oxydfilme auf die Oxydation. Über den Mechanismus der Tieftemperatur-Oxydation von Kupfer, der zu einem reziprok-logarithmischen und zu einem kubischen Zeitgesetz führt, wurde bereits auf S. 119 und 106 berichtet. Auf Grund von Strukturuntersuchungen und von Studien über die physikalischen Eigenschaften der sich auf Kupfer unter den verschiedensten Versuchsbedingungen ausbildenden Oxydschichten konnte TYLECOTE[4] zeigen, daß unterhalb 600° C keine genügende „Duktilität" des Oxydfilms zu erwarten ist, was für festhaftende, nicht aufreißende, Deckschichten aber eine unumgängliche Voraussetzung ist. Bei 1000° C wird man auf Grund der besseren Duktilität stets eine genügend fest haftende und kompakte Cu_2O-Schicht erzeugen, wobei man den Sauerstoffdruck nicht über 70 mm Hg wählen sollte, um während der Oxydation im Existenzgebiet der Cu_2O-Phase zu bleiben. Solche Messungen wurden von WAGNER und GRÜNEWALD[5] durchgeführt. Entsprechend dem Fehlordnungsmodell von Cu_2O ist infolge Ausbildung von Cu^+-Leerstellen $Cu\,\square'$ und Defektelektronen $\oplus$ ($\equiv Cu^{2+}$,

[1] PILLING, N. B., u. R. E. BEDWORTH: J. Inst. Metals **29**, 529 (1923).

[2] HUDSON, D. F., T. M. HERBERT, F. E. BALL u. E. H. BUCKNALL: J. Inst. Metals **42**, 221 (1929).

[3] VALENSI, G.: Proc. Pittsburgh Intern. Conf. on Surface Reactions, 1948 S. 156.

[4] TYLECOTE, R. F.: J. Inst. Metals **78**, 301 (1950/51).

[5] WAGNER, C., u. K. GRÜNEWALD: Z. physik. Chem. (B) **40**, 455 (1938).

s. Abb. 58) eine überwiegende Wanderung von Cu-Ionen über Leerstellen und von Elektronen über Elektronendefektstellen zu erwarten, wenn ein chemisches Potentialgefälle von Kupfer bzw. Sauerstoff im Cu_2O auftritt. Bei hohen Temperaturen wird diese Wanderung bzw. Diffusion der geschwindigkeitsbestimmende Teilvorgang sein, da nach Erreichen einer gewissen Schichtdicke die Phasengrenzreaktionen genügend rasch verlaufen und Feldtransportvorgänge ohne Bedeutung werden. Wie Abb. 59 schematisch zeigt, ist die Fehlordnungskonzentration an der Phasengrenze Cu_2O/Cu im Falle dicker Cu_2O-Schichten klein gegenüber der an der Phasengrenze $Cu_2O/$ Sauerstoff und ist daher zu vernachlässigen.

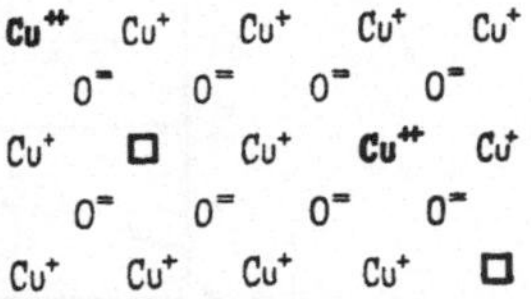

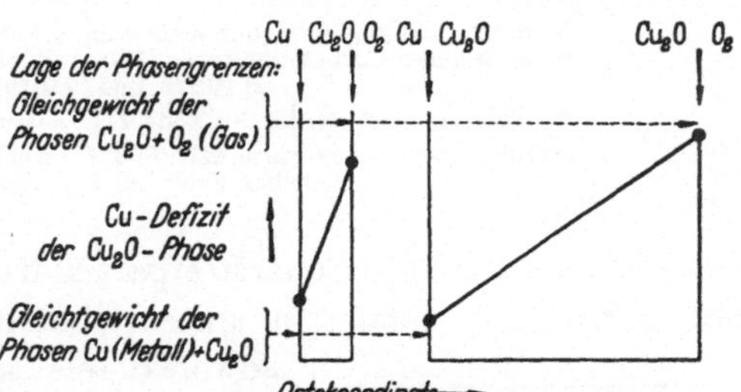

Abb. 58. Schematische Darstellung der Fehlordnung im Kupferoxydul nach WAGNER (Defektelektronen werden im Cu_2O durch 2 wertige Cu-Ionen repräsentiert)

Demzufolge wird sich auch nur die Änderung der Fehlordnungskonzentration mit variierendem Sauerstoffdruck an der äußeren Phasengrenze bemerkbar machen.

Die Fehlordnungskonzentration in Cu_2O im Gleichgewicht mit Sauerstoff kann hierbei beachtliche Werte annehmen, wie analytische Bestimmungen des Sauerstoffüberschußgehaltes bzw. des Cu-Defizits ergeben haben. So fanden WAGNER und HAMMEN[1] beispielsweise bei $1000°C$ und $p_{O_2} = 33$ mm Hg $x_{Cu\,\square'} = x_. = 2{,}2 \cdot 10^{-3}$. Entsprechend der symbolischen Fehlordnungsgleichung:

Abb. 59. Zunderschema für die Oxydation von Kupfer zu Cu_2O nach WAGNER. Während die Konzentration der Cu+-Leerstellen $x_{Cu\,\square'}$ an der Phasengrenze $Cu_2O/$ Cu zu vernachlässigen ist, nimmt sie an der Phasengrenze Cu_2O/O_2 beachtliche Werte an (z. B. bei $1000°C$ und $p_{O_2} = 33$ mm Hg ist $x_{Cu\,\square'} = 1{,}14 \cdot 10^{-3}$ nach WAGNER und HAMMEN). Entsprechend ist der Konzentrationsverlauf der Defektelektronen

$$\frac{1}{2} O_2^{(g)} \rightleftharpoons Cu_2O + 2Cu\,\square' + 2\oplus \tag{4.27}$$

mit dem Massenwirkungsansatz

$$x_{Cu\,\square'}^2 \cdot x_\oplus^2 = K\,p_{O_2}^{1/2}$$

und unter Berücksichtigung von

$$x_{Cu\,\square'} = x_\oplus$$

ergibt sich die Sauerstoffdruckabhängigkeit der Fehlordnungskonzentration zu:

$$x_{Cu\,\square'} = x_\oplus = K\,p_{O_2}^{1/8}, \tag{4.28}$$

was eine Abhängigkeit sowohl der Zunderkonstanten, die der Leer

---

[1] WAGNER, C., u. H. HAMMEN: Z. physik. Chem. (B) **40**, 197 (1938).

stellenkonzentration proportional ist, wie auch der elektrischen Leitfähigkeit, die der Defektelektronenkonzentration proportional ist,

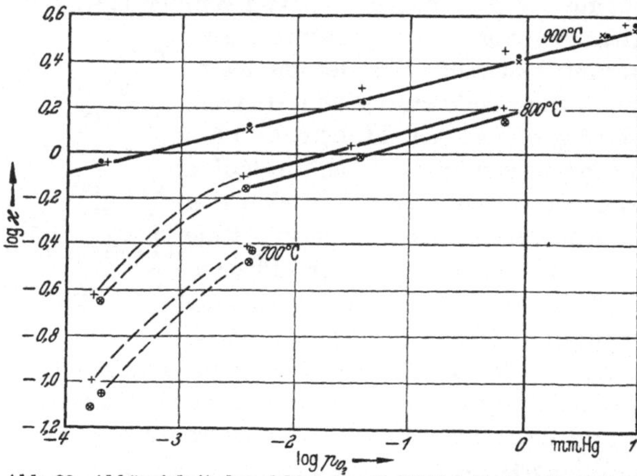

Abb. 60. Abhängigkeit der elektrischen Leitfähigkeit einer Cu_2O-Folie vom Sauerstoffdruck zwischen 700 und 900° C nach GUNDERMANN, HAUFFE und WAGNER.
⊕ Folie I, × Folie II, + Folie III. $\varkappa \sim p_{O_2}^{1/7}$. (Bei niedrigen Sauerstoffdrucken treten unterhalb 800° C erhebliche Abweichungen auf, die bisher noch nicht geklärt wurden)

von der 8. Wurzel des Sauerstoffpartialdruckes erwarten läßt. WAGNER und Mitarbeiter fanden in guter Übereinstimmung mit der Theorie sowohl die elektrische Leitfähigkeit[1] (Abb. 60) wie auch die Oxydationsgeschwindigkeit[2] (Abb. 61) proportional der 7. Wurzel des Sauerstoffdruckes.

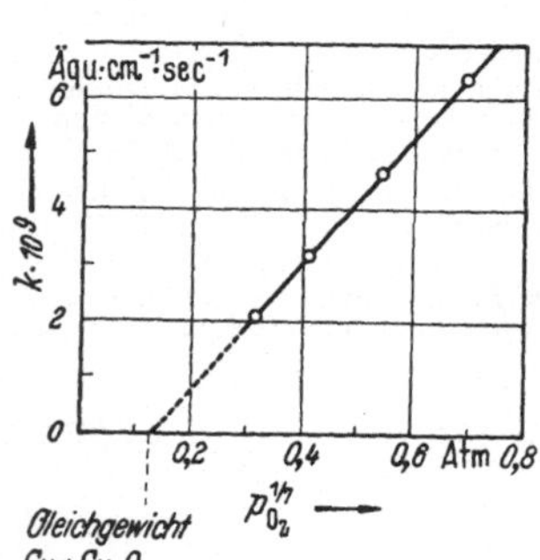

Abb. 61. Rationelle Zunderkonstante k für die Oxydation von Kupfer zu Cu_2O bei 1000° C als Funktion der 7. Wurzel des Sauerstoffdruckes nach WAGNER und GRÜNEWALD. (Der Schnittpunkt der verlängerten Geraden mit der Abszisse gibt den Sauerstoff-Gleichgewichtsdruck über Cu/Cu_2O wieder)

Führen wir in Gl. (3.21) an Stelle der chemischen Potentiale des Sauerstoffs die entsprechenden Sauerstoffdrucke ein,

$$d\mu_X = \tfrac{1}{2} d\mu_{O_2} = \tfrac{1}{2} R T d \ln p_{O_2},$$

so ergibt sich unter Beachtung der Sauerstoffdruckabhängigkeit der Gesamtleitfähigkeit

$$\varkappa = \varkappa_{(p_{O_2} = 1)} \, p_{O_2}^{1/7} \qquad (4.29)$$

und der von GUNDERMANN und WAGNER[3] aufgeklärten Stromtransportbeteiligung der

[1] DÜNWALD, H., u. C. WAGNER: Z. physik. Chem. (B) **22**, 212 (1933). — J. GUNDERMANN, K. HAUFFE u. C. WAGNER: Z. physik. Chem. (B) **37**, 148 (1937).
[2] WAGNER, C., u. K. GRÜNEWALD: Z. physik. Chem. (B) **40**, 455 (1938),
[3] GUNDERMANN, J., u. C. WAGNER: Z. physik. Chem. (B) **37**, 155 (1937).

Cu-Ionen, $n_{Cu^+} \approx 5 \cdot 10^{-4}$ bei 1000° C, die rationelle Zunderkonstante der Oxydation von Kupfer zu:

$$k = \frac{300}{96500}\, n_{Cu^+} \varkappa_{(p_{O_2}=1)} \frac{7}{4} \frac{RT}{N_L e} \left(\sqrt[7]{p_{O_2}^{(a)}} - \sqrt[7]{p_{O_2}^{(i)}} \right). \tag{4.30}$$

Die Gültigkeit der Beziehung (4.30) wurde von WAGNER und GRÜNE-WALD[1] an Hand von Oxydationsversuchen bei 1000° C und Sauer-stoffdrucken zwischen $3{,}0 \cdot 10^{-4}$ und $8{,}3 \cdot 10^{-2}$ atm bestätigt (s. Abbildung 61). Ferner ist aus Tab. 23 zu entnehmen, daß die nach Gl. (4.30) berechneten Zunder-konstanten mit den experimen-tell ermittelten gut überein-stimmen.

Wie aus Abb. 62 hervorgeht, ist zu Beginn der Cu-Oxydation das parabolische Zeitgesetz nicht streng erfüllt[2]. Dieser Befund wird verständlich, wenn man bedenkt, daß im ersten Reak-tionsstadium eine überwiegende Auflösung von Sauerstoff in Kupfer erfolgt und anschließend eine Cu_2O-Keimbildung stattfin-det. Dieser Mechanismus und das sich hieran anschließende Kristallwachstum bis zur Ausbil-dung einer geschlossenen Cu_2O-Deckschicht dürfte für den an-fänglichen Verlauf der Oxydation verantwortlich sein, während die Reaktion der Cu_2O-Bildung und das Austreten von Ionen aus dem Metall in die Zunderschicht sicher genügend rasch verlaufen.

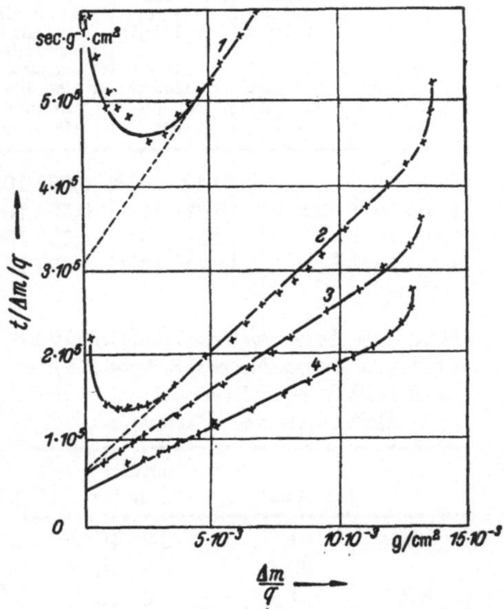

Abb. 62. Darstellung der Versuchsergebnisse unter Verwendung der Beziehung: $\dfrac{t}{\Delta m/q} = \dfrac{1}{k''}$ $(\Delta m/q) + \dfrac{1}{l''}$ (l'' = Geschwindigkeitskonstante der Phasengrenzreaktion in $g \cdot cm^{-2} \cdot sec^{-1}$) zum Nachweis von Phasengrenzreaktionen zu Beginn der Oxydation nach WAGNER und GRÜNEWALD. 1: $p_{O_2} = 3{,}0 \cdot 10^{-4}$; 2: $p_{O_2} = 2{,}25 \cdot 10^{-2}$; 3: $p_{O_2} = 1{,}45 \cdot 10^{-2}$; 4: $p_{O_2} = 8{,}3 \cdot 10^{-2}$ Atm

Im Falle des Überschreitens des Sauerstoffgleichgewichtsdruckes (Cu_2O/CuO) bildet sich auf der Cu_2O- eine dünne CuO-Schicht, was zur Folge hat, daß nunmehr die Oxydationsgeschwindigkeit annä-hernd unabhängig vom Sauerstoffdruck werden muß, was auch die Untersuchungen von PILLING und BEDWORTH[3], FEITKNECHT[4] und

---

[1] Siehe Fußnote 2, S. 144.

[2] Kürzlich wurden die Versuchsergebnisse von anderen Autoren bestätigt und durch weitere Versuche ergänzt. (BAUR, J. P., D. W. BRIDGES u. W. M. FASSELL JR.: Techn. Rep. No. X, Univ. Utah, Juni 1955.)

[3] PILLING, N. B., u. R. E. BEDWORTH: J. Inst. Metals **29**, 529 (1923).

[4] FEITKNECHT, W.: Z. Elektrochem. angew. physik. Chem. **35**, 142 (1929).

Fröhlich[1] ergeben haben. Auch bei relativ hohen Sauerstoffdrucken bis 30 Atm ist die Oxydationsgeschwindigkeit von Kupfer unabhängig vom Sauerstoffdruck, wie aus den von McKewan und Fassell[2] erhaltenen Meßergebnissen, von denen einige in Tab. 24 zusammengestellt sind, hervorgeht.

Tabelle 23. *Oxydation von Kupfer zu Cu_2O bei 1000° C nach* Wagner *und* Grünewald

p_{O_2} Atm	Kupferunterschuß der Cu_2O-Phase in g-Atom auf $\frac{1}{2}$ Mol Cu_2O		Konzentrationsdifferenz bei eingestelltem Gleichgewicht an den Phasengrenzen $y^{(a)} - y^{(i)}$	Rationelle Zunderkonstante k Äquiv $\cdot$ cm^{-1} $\cdot$ sec^{-1}		Geschwindigkeitskonstante 1 der Phasengrenzreaktionen Äquiv $\cdot$ cm^{-2} $\cdot$ sec^{-1}
	Cu_2O im Gleichgew. mit Cu $y^{(i)}$	Cu_2O im Gleichgew. mit O_2 $y^{(a)}$		beob.	ber.	
$3,0 \cdot 10^{-4}$		$0,40 \cdot 10^{-3}$	$0,28 \cdot 10^{-3}$	$2,0 \cdot 10^{-9}$	$2,1 \cdot 10^{-9}$	$0,6 \cdot 10^{-6}$
$2,25 \cdot 10^{-3}$	$0,12 \cdot 10^{-3}$	$0,62 \cdot 10^{-3}$	$0,50 \cdot 10^{-3}$	$3,1 \cdot 10^{-9}$	$3.4 \cdot 10^{-9}$	$1,4 \cdot 10^{-6}$
$1,45 \cdot 10^{-2}$		$0,91 \cdot 10^{-3}$	$0,79 \cdot 10^{-3}$	$4,5 \cdot 10^{9}$	$4,8 \cdot 10^{-9}$	$2,1 \cdot 10^{-6}$
$8,3 \cdot 10^{-2}$		$1,29 \cdot 10^{-3}$	$1,17 \cdot 10^{-3}$	$6,2 \cdot 10^{-9}$	$6.6 \cdot 10^{-9}$	$3.4 \cdot 10^{-6}$

Tabelle 24. *Sauerstoffdruckunabhängigkeit der Oxydationsgeschwindigkeit von Kupfer im Bereich höherer Sauerstoffdrucke nach* McKewan *und* Fassell jr.

$T°$ C	p_{O_2} Atm	mittlere k'' g^2 $\cdot$ cm^{-4} $\cdot$ sec^{-1}
600	1	$3,3 \cdot 10^{-10}$
	20,4	$3,2 \cdot 10^{-10}$
800	1	$7,6 \cdot 10^{-9}$
	3,4	$7,8 \cdot 10^{-9}$
	6,8	$7,8 \cdot 10^{-9}$
	13,6	$7,7 \cdot 10^{-9}$
	27,2	$7,9 \cdot 10^{-9}$
900	1	$3,0 \cdot 10^{-8}$
	20,4	$2,8 \cdot 10^{-8}$

Shockley[3], Moore und Mitarbeiter[4] untersuchten die Oxydation des Kupfers unter Verwendung des radioaktiven Kupferisotops Cu^{64} und bestimmten im Temperaturgebiet zwischen 800 und 1000° C die Diffusionsgeschwindigkeit der Cu-Ionen durch die Cu_2O-Deckschicht zu $D_{Cu^+} = 0,0358 \cdot \exp(-37000/RT)$ cm^2 $\cdot$ sec^{-1}. Die hierbei gefundene Aktivierungsenergie stimmt mit der der Cu-Oxydation von $38000 \pm$ 2000 cal/Mol Cu_2O — bei Gültigkeit des parabolischen Zeitgesetzes — recht gut überein und kann als weiterer Beweis einer bevorzugten Cu-Ionendiffusion durch die Zunderschicht angesehen werden. [Die Aktivierungsenergie bei Vorliegen des kubischen Zeitgesetzes beträgt nur 28300 cal/Mol: $k_c = 0,025 \cdot \exp(-28300/RT)$ g^3 $\cdot$ cm^{-6} $\cdot$ h^{-1}][5].

[1] Fröhlich, K. W.: Z. Metallkunde 28, 368 (1936).

[2] McKewan, W., u. W. M. Fassell jr.: J. Metals 5, 1127 (1953).

[3] Bardeen, J., W. H. Brattain u. W. Shockley: J. chem. Physics 14, 714 (1946).

[4] Castellan, G. W., u. W. J. Moore: J. chem. Physics 17, 41 (1949).

[5] Tylecote, R. F.: J. Inst. Metals 81, 681 (1952/53).

Wie aus der Darstellung aus Abschn. 3.3 hervorgeht, und worauf schon früher WAGNER[1] hingewiesen hat, ist auf Grund dieser Messungen eine quantitative Berechnung der Zunderkonstanten k bzw. k' aus den ermittelten Selbstdiffusionskoeffizienten insofern erschwert, als hier nicht $D_{Cu}^{*(a)}$ — Selbstdiffusion von Cu-Ionen in Cu_2O im Gleichgewicht mit der während der Oxydation herrschenden Sauerstoffatmosphäre — gemessen wurde, sondern D_{Cu}^* in einem Cu_2O mit einem Konzentrationsgefälle der Cu-Ionenleerstellen. Zur quantitativen Auswertung sind aber die oben erwähnten $D_{Cu}^{*(a)}$-Werte erforderlich, die später von MOORE und SELIKSON[2] bestimmt wurden. Entsprechend Gl. (3.25) erhalten wir mit $z_{Cu^+} = 1$ und Division durch $c_{äqu}(k/c_{äqu} = k')$ die von MOORE und SELIKSON verwandte Beziehung

$$k' = 2\,D_{Cu}^{*(a)}. \tag{4.31}$$

Eine Gegenüberstellung der k'- und $D_{Cu}^{*(a)}$-Werte in Tab. 25 ergibt, daß Gl. (4.31) unter Beachtung der oben diskutierten Voraussetzung recht gut erfüllt wird.

Tabelle 25. *Diffusions- und Oxydationsgeschwindigkeitskonstanten der Kupferoxydation bei 0,1 mm Hg Sauerstoff nach* MOORE *und* SELIKSON

$T°\,C$	k' $cm^2 \cdot sec^{-1}$	$D_{Cu}^{*(a)}$ $cm^2 \cdot sec^{-1}$	$k'/D_{Cu}^{*(a)}$
800	$2,1 \cdot 10^{-9}$	$1,9 \cdot 10^{-9}$	(1,1)?
850	$8,4 \cdot 10^{-9}$	$4,0 \cdot 10^{-9}$	2,1
900	$1,2 \cdot 10^{-3}$	$7,7 \cdot 10^{-9}$	1,6
950	$3,7 \cdot 10^{-8}$	$1,4 \cdot 10^{-8}$	2,6
1000	$5,8 \cdot 10^{-8}$	$3,2 \cdot 10^{-8}$	1,8

Wie bereits früher erwähnt wurde, wird das mittlere Temperaturgebiet zwischen 200 und 700° C zumindest in der ersten Reaktionsperiode von etwa 5 bis 10 Stunden durch das kubische Zeitgesetz beherrscht. Infolge der physikalischen Eigenschaften und der Struktur der Deckschichten treten erhebliche Komplikationen auf, wie insbesondere TYLECOTE[3] an Hand seiner umfangreichen Untersuchungen zeigen konnte. Die gegenüber gewalztem hartem Kupfer beobachtete höhere Oxydationsgeschwindigkeit von geglühtem Kupfer findet ihre Erklärung, wenn man berücksichtigt, daß die bei hart gewalztem

---

[1] WAGNER, C.: Diffusion and High Temperature Oxidation of Metals, in Atom Movements. Cleveland 1951, S. 153.

[2] MOORE, W. J., u. B. SELIKSON: J. chem. Physics **19**, 1539 (1951); **20**, 927 (1952).

[3] TYLECOTE, R. F.: J. Inst. Metals **81**, 681 (1952/53).

Kupfer auftretenden (1 1 0)-Ebenen[1] langsamer oxydieren als die nach dem Glühen überwiegend vorhandenen (1 0 0)-Ebenen (um etwa den Faktor 2).

Ferner wurde beobachtet, daß besonders im mittleren Temperaturbereich die „Blasenbildung" in der Oxydschicht bemerkenswert war, die auch offenbar für das „Abplatzen" der Oxydschicht vom Kupfer verantwortlich zu sein scheint. Diese Blasenbildung, die häufig zum Abplatzen der Oxydschicht führt, hat ihre Ursache in den während der Oxydation auftretenden hohen mechanischen Verspannungen. DANKOV und CHURAEV[2] konnten innere Verspannungen in der Größenordnung von 2—4 t/cm² nachweisen. Diese hohen mechanischen Belastungen, denen der Oxydfilm ausgesetzt ist, können aber erst oberhalb 600 bis 700° C, wenn das Oxyd genügend plastisch wird, von der Zunderschicht durch Veränderung der Ionenabstände hinreichend ausgeglichen werden. Über die Oxydationsgeschwindigkeit von Kupferlegierungen in Abhängigkeit von Temperatur und Gasatmosphäre liegt ebenfalls ein umfangreiches Versuchsmaterial vor, das von TYLECOTE kritisch gesichtet und durch eigene Messungen ergänzt wurde. In der nachfolgenden Betrachtung werden wir die schwach legierten Kupferlegierungen insofern außer acht lassen, als sie zu einem neuen Oxydationsphänomen, der „inneren Oxydation", führen, das später gesondert behandelt werden soll. Ferner sollen auch hier die Kupfer-Zink- und Kupfer-Palladium-Legierungen nicht besprochen werden, da für diese Zundersysteme unter bestimmten Voraussetzungen die Diffusionsgeschwindigkeit in der Legierungsphase zusätzlich zu berücksichtigen ist, wie später in Anlehnung an die WAGNERschen Ausführungen im einzelnen diskutiert werden soll (s. Kap. 4.7).

Bei Berücksichtigung des Fehlordnungsmodells von Cu_2O ist eine Herabsetzung der Cu□'-Konzentration und damit der Oxydationsgeschwindigkeit von Kupfer zu Cu_2O im Sinne der Ausführungen für die Halogenierungsgeschwindigkeit von Ag-Cd-Legierungen nicht möglich, da wir niederwertigere Kationen einbauen müßten, was nicht möglich ist. Aus diesem Grunde ist es auch verständlich, wenn man bevorzugt solche Metalle als Legierungspartner verwendet, die erheblich unedler als Kupfer sind und die unter bestimmten Versuchsbedingungen bevorzugt „herausoxydieren" unter Ausbildung einer des öfteren porenfreien und fest haftenden Fremdoxydschicht. Eine solche selektive Oxydation findet an Kupfer-Beryllium-Legierungen statt[3]. Wie

---

[1] BARRETT, C. S.: The Structure of Metals. New York 1943, S. 407 u. 426.

[2] DANKOV, P. D., u. P. V. CHURAEV: Ber. Akad. Wiss. UdSSR **73**, 1221 (1950).

[3] FRÖHLICH, K. W.: Z. Metallkunde **28**, 368 (1936). — L. E. PRICE u. G. J. THOMAS: Met. Ind. (London) **54**, 189 (1939).

HUBRECHT[1] zeigen konnte, treten nur dann auf Cu-Be(2%)-Legierungen gegen eine weitere Oxydation schützende BeO-Filme auf, wenn die Oxydationstemperatur über 600° C und der Sauerstoffpartialdruck < 0,02 mm Hg gewählt wird. Eine auf diese Weise erzeugte BeO-Schicht verhindert eine nennenswerte Oxydation im Temperaturgebiet von 25 bis 500° C. Nicht auf diese Weise behandelte Cu-Be-Legierungen oxydierten z. B. zwischen 400 und 500° C erheblich, wobei der größte Teil der Zunderschicht aus Kupferoxyden und nur ein kleiner Teil aus BeO bestand. Im gleichen Sinne liegen die Beobachtungen von HESSENBRUCH[2], der die Arbeitstemperatur von Konstantan (etwa 45% Ni + 55% Cu) durch Zusätze von 1% Be + 2% Si bzw. 1% Be + 1% Si von 600 auf 800° C erhöhen konnte. Auch Aluminium als Legierungspartner wird unter bestimmten Versuchsbedingungen bevorzugt oxydiert, wobei sich eine die Oxydationsgeschwindigkeit stark hemmende Al_2O_3-Schicht ausbildet. HALLOWES und VOCE[3] konnten nach einer selektiven Oxydation von Cu + 5% Al einen Oxydationsschutz gegen atmosphärische Oxydation bis 800° C erreichen, der allerdings in SO_2- und HCl-haltiger Atmosphäre nicht wirksam war. An Hand von Oxydationsversuchen an Cu-Al-Legierungen mit Al-Gehalten von 0,2 bis 20 Gew.-% bei verschiedenen Temperaturen fand SPINEDI[4] bei einem Gehalt von 9% Al die größte Zunderbeständigkeit. Wie bereits oben angedeutet, spielt die Temperatur eine entscheidende Rolle für den Aufbau der Zunderschicht. So war z. B. bei niedrigen Oxydationstemperaturen der Aufbau der Zunderschicht einer Aluminiumbronze (7% Al + 4% Mn + Rest Cu) ein völlig anderer als bei höheren Temperaturen, wie Elektronenbeugungsaufnahmen ergaben[5]. Während in Sauerstoff bei 183° C eine überwiegende Cu_2O-Bildung beobachtet wurde, bestand die Zunderschicht nach einer Oxydation bei 400° C praktisch aus MnO_2. In Übereinstimmung mit den Beobachtungen von HUBRECHT konnte unter diesen Versuchsbedingungen kein kristallisiertes Al_2O_3 im Zunder gefunden werden.

NISHIMURA[6] untersuchte die Einwirkung kleiner Legierungszusätze von Ni, Fe, Ti, Cr und As auf die Oxydationsgeschwindigkeit von Aluminiumbronzen mit Al-Gehalten von 8 und 10% bei 700° C in Luft. Während Zusätze bis zu 1% As, 1% Cr, 4% Ni und 6% Fe prak-

[1] BROUCKÉRE, L. DE, u. L. HUBRECHT: Bull. Soc. chim. belges **61**, 101 (1952).

[2] HESSENBRUCH, W.: Metalle und Legierungen für hohe Temperaturen Berlin: Springer 1940.

[3] HALLOWES, A. P., u. E. VOCE: Metallurgia **34**, 95 (1946).

[4] SPINEDI, P.: Metallurgia ital. **45**, 457 (1953).

[5] PRESTON, G. D., u. L. L. BIRCUMSHAW: Phil. Mag. (7) **20**, 706 (1935)

[6] NISHIMURA, H.: Suiyokwai-Shi **9**, 655 (1938).

tisch wirkungslos waren, verursachte ein Zusatz von Titan bis zu 6%
eine schwache Erniedrigung der Oxydationsbeständigkeit.

MIYAKE[1] führte Elektronenbeugungsexperimente an Kupfer-Nickel-
Legierungen mit 7% Ni, 40% Ni und 70% Ni + 1,4% Fe + 1% Mn
(Monel) aus. Die nach der Oxydation zwischen 300 und 700° C z. B.
auf der mit 7% Ni enthaltenden Cu-Legierung auftretende äußere
Zunderschicht bestand ausschließlich aus Kupferoxyden. Nach
Entfernen dieser äußeren Zunderschicht konnte die darunterliegende
braune Schicht auf Grund der erhaltenen Gitterkonstanten als NiO
identifiziert werden. Bei höheren Nickelkonzentrationen wird jedoch
eine bevorzugte NiO-Bildung erwartet, was noch später an Hand der
im Kap. 4.7 behandelten Oxydationstheorie der Metallegierungen erläutert wird und was auch aus Versuchen an Cu-Ni-Legierungen mit
12 bis 90% Ni nach HICKMAN und GULBRANSEN[2] zu entnehmen ist.

Edelmetallzusätze zu Kupfer schaffen insofern eine andere Situation
wie die bisher besprochenen Legierungszusätze, als sie selbst nicht in
die Oxydschicht eintreten, was zu starken Konzentrationsänderungen
in der Legierungsphase nahe der Phasengrenze Legierung/Oxyd führt.
LEROUX und RAUB[3] berichten über Oxydationsversuche an Kupfer-
Silber-Legierungen in Sauerstoff und Luft zwischen 600 und 700° C.
In späteren Messungen[4] konnte das parabolische Zeitgesetz an Cu-Legierungen mit 10 bis 80% Ag sichergestellt werden. Ferner wurde
beobachtet, daß die Oxydationsgeschwindigkeit sowohl an reinem
Kupfer als auch an einer Cu-Ag-Legierung mit 80% Ag am größten war.
Oberhalb 90% Ag verlief die Oxydationsgeschwindigkeit anfangs sehr
rasch und nahm im späteren Verlauf sogar „negative" Werte (Masse-
verluste) an. Die an diesen Legierungen besonders ausgeprägt auftretende „innere Oxydation" wird im Kap. 4.8 ausführlich diskutiert.
Weiterhin untersuchten RAUB und ENGEL[4] die Oxydation von Cu-Au-,
Cu-Pd- und auch von ternären Legierungen. In allen diesen Fällen trat
eine „innere" und „äußere" Oxydationszone auf. Während an Ni-Au-
Legierungen keine festhaftende Oxydschicht erhalten wird[5], fand
KUBASCHEWSKI[6] an Cu-Au-Legierungen mit 5 bis 10% Cu das parabolische Oxydationsgesetz dank der guten Haftfestigkeit der entstehenden Cu_2O-Schicht, die er auf das kleinere Volumenverhältnis
von Cu_2O und Au-Cu-Legierung gegenüber Cu/Cu_2O zurückführt

---

[1] MIYAKE, S.: Sci. Papers Inst. Phys. Chem. Res. (Tokyo) 31, 161 (1937).
[2] HICKMAN, J. W., u. E. A. GULBRANSEN: Trans. AIME 180, 534 (1949).
[3] LEROUX, J. A. A., u. E. RAUB: Z. anorg. allg. Chem. 188, 205 (1930).
[4] RAUB, E., u. M. ENGEL: Vorträge d. Hauptvers. Dtsch. Ges. Metallkunde. 1938, S. 83.
[5] WAGNER, C., u. K. GRÜNEWALD: Z. physik. Chem. (B) 40, 455 (1938).
[6] KUBASCHEWSKI, O.: Z. Elektrochem. angew. physik. Chem. 49, 446 (1943).

(Au $+$ 5% Cu zwischen 500 und 900° C: $k'' = 675 \cdot \exp(-11\,200/R\,T)$ und Au $+$ 10% Cu zwischen 400 und 870° C: $k'' = 11 \cdot 10^4 \cdot \exp(-11\,500/R\,T)\,\mathrm{g^2 \cdot cm^{-4} \cdot sec^{-1}}$).

Die relativ guten plastischen Eigenschaften von Cu_2O-Deckschichten im Bereich höherer Temperaturen, wo stets kompakte und porenfreie Deckschichten entstehen, werden durch die folgenden Modellversuche von MOORE[1] besonders eindrucksvoll demonstriert: Eine Kugel aus polykristallinem Cu wurde bei 1000° C in Luft so lange getempert, bis die Oxydschicht etwa 1 bis 3 mm stark war. Da die Oxydschicht polykristallin und frei von Hohlräumen und Bruchstellen blieb und da sich die Dichte des inneren Cu-Kerns nicht geändert hatte, muß der Oxydüberzug gleichmäßig eingeschrumpft sein in dem Maße, wie der Durchmesser der Cu-Kugel abnahm. In einem weiteren Versuch wurde ein Cu-Rohr (Außendurchmesser 9,6 mm und Wandstärke 0,58 mm) außen unter Luftzutritt auf 1000° C geheizt und innen von Argon durchströmt. Nach 20 Std. hatte der Innendurchmesser von 8,4 auf 8,3 mm abgenommen, während sich außen ein 0,9 mm starker Oxydüberzug gebildet hatte. Diese Versuche bestätigen in eindrucksvoller Weise, daß das Massedefizit an der Phasengrenze Kupfer/Oxyd durch plastisches Fließen beseitigt wird. Der Mechanismus dieses plastischen Fließens ist z. Z. jedoch noch weitgehend unbekannt.

4.2.1.2 Über die Oxydationsgeschwindigkeit von Nickel und Nickellegierungen

Nickel wird von Sauerstoff sowohl bei hohen als auch bei niedrigen Temperaturen angegriffen, wobei es sich mit einer mehr oder minder dicken, praktisch porenfreien, Oxydschicht überzieht, die die Ausgangsstoffe räumlich voneinander trennt, so daß einer der beiden Reaktionspartner — Nickel oder Sauerstoff — oder beide gemeinsam durch die Zunderschicht diffundieren. Hierbei ist die Oxydationsgeschwindigkeit kleiner als die der meisten anderen Metalle. Entsprechend den auf S. 19 diskutierten Fehlordnungsverhältnissen ist das sich bildende NiO ein Defektleiter mit Nickelionenleerstellen $Ni\square''$ und Defektelektronen $\oplus (= Ni^{3+})$. Hiernach ist eine bevorzugte Diffusion von Nickel in Form von Ionen und Elektronen über Leerstellen und Elektronendefektstellen zu erwarten, die bei hohen Temperaturen geschwindigkeitsbestimmend ist und das parabolische Zeitgesetz verursacht, das in der Tat auch gefunden wird.

Bei alleiniger Diffusion von Nickelionen und Elektronen durch die NiO-Schicht sollte man erwarten, daß auf der Oberfläche des Nickels aufgebrachte Pt-Marken in Form sehr dünner, chemisch indifferenter,

---

[1] MOORE, W. J.: J. chem. Physics **21**, 1117 (1953).

Drähte auch nach der Oxydation dort verbleiben. Wie ILSCHNER und PFEIFFER[1] jedoch an Hand ihrer bei 1000° C durchgeführten Oxydationsversuche zeigen konnten (s. Abb. 63), liegen die Pt-Drähte nach dem Versuch in der Mitte der Zunderschicht. Dieser Befund bleibt nach dem oben angedeuteten Diffusionsmechanismus über Fehlordnungsstellen zunächst unverständlich. Inwieweit eine „Markenverschiebung" durch ein plastisches Fließen der NiO-Schicht von außen nach innen verursacht werden kann, so wie dies bei der Cu-Oxydation von MOORE nachgewiesen wurde (s. S. 151), sollte durch geeignete Experimente geprüft werden.

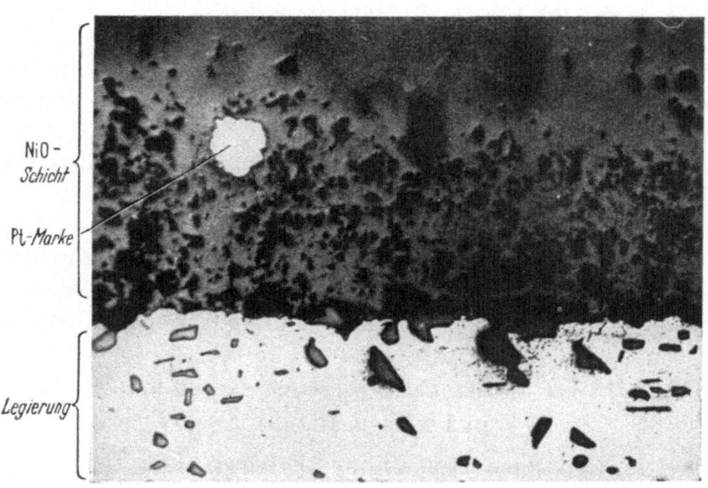

Abb. 63. Schliffbild einer 48 Std. an Luft bei 1000°C anoxydierten Nickel-Mangan-Legierung (0,1 Gew.-% Mn) nach ILSCHNER und PFEIFFER. Die als „Marken" verwandten Platindrähte (3 · 10⁻¹ cm ∅) liegen wider Erwarten in der Mitte der Oxydschicht (Vergrößerung 150 fach)

Entsprechend Gl. (2.21a) auf S. 19 folgt die Nickelionenleerstellen-Konzentration $x_{\text{Ni}\,\square''}$ bzw. die Nickelionenteilleitfähigkeit $\varkappa_{\text{Ni}}$ proportional der 6. Wurzel des Sauerstoffdruckes:

$$\varkappa_{\text{Ni}} = \text{const} \cdot p_{\text{O}_2}^{1/6}.$$

In völlig analoger Weise, wie im Falle der Cu-Oxydation abgeleitet, folgt die Oxydationsgeschwindigkeit von Nickel der 6. Wurzel des Sauerstoffdruckes, also

$$k = \text{const}\left\{\sqrt[6]{p_{\text{O}_2}^{(a)}} - \sqrt[6]{p_{\text{O}_2}^{(i)}}\right\}, \tag{4.32}$$

wie Oxydationsversuche von WAGNER und GRÜNEWALD[2] ergeben haben. Die bei 1000° C und verschiedenen Sauerstoffdrucken erhal-

[1] ILSCHNER, B., u. H. PFEIFFER: Naturwiss. **40**, 603 (1953).
[2] WAGNER, C., u. K. GRÜNEWALD: Z. physik. Chem. (B) **40**, 455 (1938).

tenen Versuchsergebnisse sind in Tab. 26 zusammengestellt. Bei hohen Sauerstoffdrucken $p_{O_2}^{(a)}$ kann der Wert für $p_{O_2}^{(i)}$ (Gleichgewichtsdruck über Ni + NiO) z. B. von $7{,}4 \cdot 10^{-11}$ Atm. bei 1000° C vernachlässigt werden (auch die 6. Wurzel). Da der relative Leitfähigkeitsanteil der Ni^{2+}-Ionen über Leerstellen $(\mathfrak{n}_1 \cdot \varkappa = \varkappa_1)$ unbekannt ist, kann eine Vorausberechnung der Zunderkonstanten wie im Falle der Cu-Oxydation nicht durchgeführt werden.

Tabelle 26. *Oxydation von Nickel zu Nickeloxyd bei 1000° C nach* WAGNER *und* GRÜNEWALD

p_{O_2} Atm	Rationelle Zunderkonstante k in Äquiv $\cdot$ cm^{-1} $\cdot$ sec^{-1}	Geschwindigkeitskonstante 1 der Phasengrenzreaktion in Äquiv $\cdot$ cm^{-2} $\cdot$ sec^{-1}
$3{,}0 \cdot 10^{-4}$	$0{,}6 \cdot 10^{-11}$	$0{,}7 \cdot 10^{-8}$
$2{,}25 \cdot 10^{-3}$	$1{,}1 \cdot 10^{-11}$	$3{,}1 \cdot 10^{-8}$
$1{,}45 \cdot 10^{-2}$	$1{,}4 \cdot 10^{-11}$	$4{,}6 \cdot 10^{-8}$
$8{,}3 \cdot 10^{-2}$	$1{,}8 \cdot 10^{-11}$	$5{,}3 \cdot 10^{-8}$
1.00	$2{,}8 \cdot 10^{-11}$	$6{,}2 \cdot 10^{-8}$

Sowohl KUBASCHEWSKI und GOLDBECK[1] als auch GULBRANSEN und ANDREW[2] haben sich mit der Kinetik der Oxydation von hoch-

reinem Nickel befaßt und ihre neuen Ergebnisse mit denen aus früheren Arbeiten verglichen. In Abb. 64 ist die Temperaturabhängigkeit der Zunderkonstanten einiger Nickelproben verschiedener Autoren aufgetragen. Wie man erkennt, treten an verschiedenen Nickelsorten Unterschiede in den Zunderkonstanten bis zu 4 Zehnerpotenzen auf. Bei Berücksichtigung der Fehlordnungsverhältnisse im NiO erscheint es naheliegend[3],

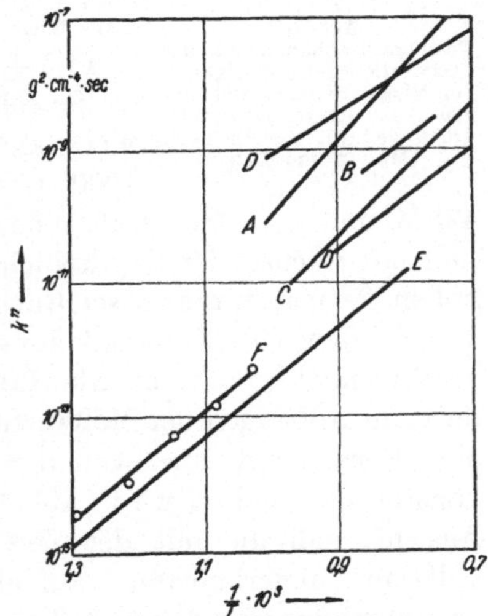

Abb. 64. Zusammenstellung einiger Meßergebnisse der Temperaturabhängigkeit der Nickeloxydation von GULBRANSEN und ANDREW

A: VON GOLDBECK (Carbonyl-Nickel im Vakuum geschmolzen)[4]; B: PILLING und BEDWORTH (Elektrolyt-Nickel); C: MATSUNAGA[5] (Elektrolyt-Nickel); D: KUBASCHEWSKI und VON GOLDBECK[4] (Carbonyl-Nickel und Reinnickel); MOORE[6] (99,9% reines Nickel); F: GULBRANSEN und ANDREW (Reinstnickel mit nur 0,0002% Fe, 0,0005% Si und 0,001% Cu)

---

[1] KUBASCHEWSKI, O., u. O. VON GOLDBECK: Z. Metallkunde **39**, 158 (1948).

[2] GULBRANSEN, E. A., u. K. F. ANDREW: J. electrochem. Soc. **101**, 128 (1954).

[3] Siehe die zusammenfassende Darstellung von K. HAUFFE: Ergebn. exakt. Naturwiss. **25**, 193 (1951).

[4] GOLDBECK, O. VON: Diplomarbeit, Stuttgart 1944.

[5] MATSUNAGA, Y.: Japan Nickel Rev. **1**, 347 (1933).

[6] MOORE, W. J.: J. chem. Physics **19**, 255 (1951).

diese Unterschiede auf Verunreinigungen solcher Metalle, wie z. B. Fe, Cr usw., zurückzuführen, die bei der Oxydation als höherwertige Kationen in die NiO-Deckschicht eingebaut werden und gemäß Gl. (2.23 b) auf S. 20 bereits in kleinen Konzentrationen die Ni^{2+}-Leerstellenkonzentration und damit auch die Oxydationsgeschwindigkeit um Zehnerpotenzen ändern können. Aus diesem Grunde möchten wir die Meßdaten, die die kleinsten Zunderkonstanten ergeben, als die wahrscheinlichsten für reines Nickel ansehen. Ähnlich wie bei der Cu-Oxydation wurde auch bei der Ni-Oxydation — selbst bei 1000° C — eine Mitwirkung von Phasengrenzreaktionen festgestellt (Tab. 26), deren Deutung allerdings noch aussteht.

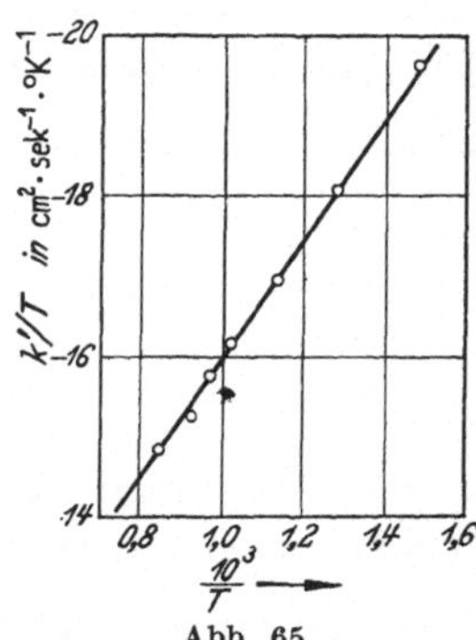

Abb. 65
Temperaturabhängigkeit der Oxydationsgeschwindigkeit von Nickel zwischen 400 und 900° C bei einem Sauerstoffdruck von 100 mm Hg nach MOORE und LEE

MOORE und LEE[1] untersuchten die Temperaturabhängigkeit der Oxydationsgeschwindigkeit von Nickel bei $p_{O_2} = 100$ mm Hg zwischen 400 und 900° C (Abb. 65). Die sich hieraus ergebende Aktivierungsenthalpie ΔH betrug $34,7 \pm 0,8$ kcal/Mol in guter Übereinstimmung mit dem Wert von 34 kcal/Mol nach KUBASCHEWSKI und VON GOLDBECK. Der Wert für die Aktivierungsentropie ΔS wurde zu $-17,3 \pm 0,9$ cal · Mol^{-1} · grad^{-1} gefunden.

Sowohl WAGNER und ZIMENS[2] als auch GULBRANSEN und ANDREW[2] konnten sowohl bei 1000° C und 1 Atm. Sauerstoff als auch bei 475° C und $p_{O_2} = 76$ mm Hg eine Abnahme der Oxydationsgeschwindigkeit mit wachsender Oxydschichtdicke nachweisen. Während bei den hohen Temperaturen dieser Gang wenig verständlich ist, täuschen bei 475° C offensichtlich Raumladungseffekte die Abnahme der Oxydationsgeschwindigkeit nur vor, wie HAUFFE und Mitarbeiter[3] zeigen konnten, da beim Auftragen der Meßwerte im Sinne des kubischen Zeitgesetzes eine Gerade mit einer von der Schichtdicke unabhängigen Zunderkonstanten erhalten wird (Abb. 66). Die von GULBRANSEN vertretene Ansicht, daß die mit der Zeit allmählich kleiner werdende parabolische Zunderkonstante auf ein „Herausoxydieren" der unedleren „Verunreinigungen" mit höherer Wertigkeit als die der Ni-Ionen zurückzuführen ist, scheint eine recht plausible Erklärung des bei 1000° C gefundenen Ganges zu sein. Bei den 475°-Versuchen neigt jedoch der Verfasser mehr zu der Ansicht, daß der Raumladungs-

[1] MOORE, W. J., u. J. K. LEE: Trans. Faraday Soc. 48, 916 (1952).

[2] WAGNER, C., u. K. E. ZIMENS: Acta chem. scand. 1, 547 (1947)

[3] ENGELL, H. J., K. HAUFFE u. B. ILSCHNER: Z. Elektrochem., Ber. Bunsenges. physik. Chem. 58, 478 (1954.)

effekt für den zeitlichen Verlauf der Oxydation verantwortlich zu sein scheint.

Treten bei der Oxydation von Nickel bzw. von Nickellegierungen höherwertige Metallionen, z. B. Cr^{3+} oder Mn^{3+} bzw. Mn^{4+}, in die aus NiO bestehende Zunderschicht ein, so wird gemäß Gl. (2.23b) auf S. 20 die Zahl der Nickelionenleerstellen $Ni\square''$ erhöht (Abbildung 11), was unmittelbar auch zur Erhöhung der Oxydationsgeschwindigkeit führen muß, wie noch im einzelnen gezeigt wird. Entsprechend Gl. (2.22b) sollte durch Einbau von 1wertigen Metallionen ins NiO-Gitter, wie z. B. Li^+ oder

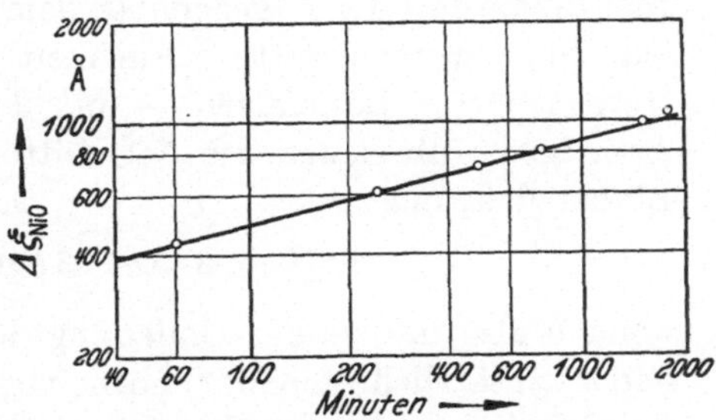

Abb. 66. Kubischer Verlauf der Oxydation von Nickel bei 475° C und $p_{O_2} = 76$ mm Hg, aus Meßergebnissen von GULBRANSEN und ANDREW ausgewertet von ENGELL, HAUFFE und ILSCHNER

Ag^+, die Zahl der $Ni\square''$-Stellen, und damit auch die Oxydationsgeschwindigkeit abnehmen. Da Lithium wegen seines niedrigen Schmelz-

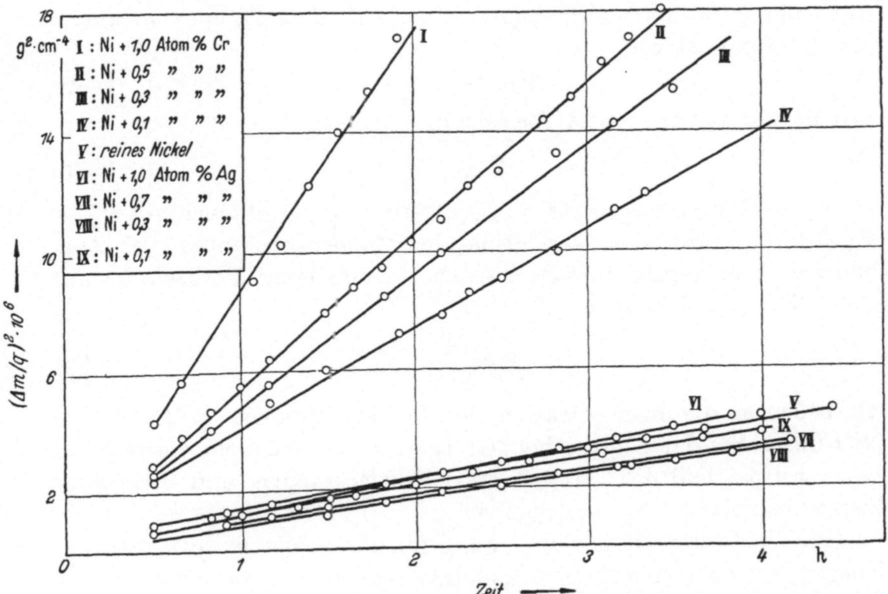

Abb. 67. Zeitlicher Verlauf der Oxydation von Nickel, Nickel-Chrom- und Nickel-Silber-Legierungen bei 1000° C in Sauerstoff von 1 Atm nach PFEIFFER und HAUFFE

punktes als Legierungsmetall für Nickel nicht in Betracht kommt, verwandten PFEIFFER und HAUFFE[1] Silber als Legierungsmetall. Wie

---

[1] PFEIFFER, H., u. K. HAUFFE: Z. Metallkunde **43**, 364 (1952).

jedoch die Versuche ergaben (Abb. 67), wird die Oxydationsgeschwindigkeit von Nickel mit Zusätzen von 0,1 bis 1 Atom-% Ag praktisch nicht geändert. Dieser Befund wird verständlich, wenn man berücksichtigt, daß auf Grund des verhältnismäßig großen Ionenradius der Ag^+-Ionen mit 1,1 Å gegenüber dem des Ni^{2+}-Ions mit 0,78 Å offenbar keine nennenswerte Löslichkeit auftritt. Es ist jedoch auch — trotz größerer Löslichkeit — mit der Möglichkeit des Einbaus von 2wertigen Silberionen ins NiO-Gitter zu rechnen, entsprechend der Einbaugleichung:

$$\tfrac{1}{2}O_2^{(g)} + Ag_2O \longrightarrow 2\,Ag\bullet^\times(Ni) + 2\,NiO, \tag{4.33}$$

wonach also infolge der Umladung der Ag-Ionen Fehlordnungsstellen weder zusätzlich gebildet noch vernichtet werden. Hier bedeutet $Ag\bullet^\times(Ni)$ ein auf einem Ni^{2+}-Gitterplatz befindliches 2wertiges Ag-Ion. Das Auftreten 2wertiger Silberionen wurde von verschiedenen Autoren[1] bereits beschrieben. Im Gegensatz zu Silber werden Li^+-Ionen, dank ihres Ionenradius von 0,78 Å, in beträchtlicher Menge ins NiO-Gitter eingebaut, wie Leitfähigkeitsmessungen am System $NiO + Li_2O$ nach Verwey und Mitarbeitern[2] ergeben haben (Abb. 12). Unter Anwendung des Massenwirkungsansatzes auf Gl. (2.20) bei konstantem Sauerstoffpartialdruck

$$x_{Ni\square''} \cdot x_\oplus^2 = K \qquad (p_{O_2} = \text{konst.}) \tag{4.34}$$

und der Elektroneutralitätsbeziehung

$$x_\oplus = 2\,x_{Ni\square''} + x_{Li}, \tag{4.35}$$

wo x_{Li} der Kürze wegen für $x_{Li\,\bullet'(Ni)}$ gesetzt ist, ergibt sich mit $x_{Li} \gg x_\oplus^0 = 2\,x_{Ni\,\square''}^0$ für das Verhältnis der Zunderkonstanten bei Ausbildung einer reinen NiO-Deckschicht k^0 und einer Deckschicht aus einer NiO-Li_2O-Mischphase k:

$$\frac{k}{k^0} \approx \frac{x_{\cdots}^0}{x_{Li}}. \tag{4.36}$$

$x_\oplus^0$ bedeutet die Konzentration der Defektelektronen in der reinen NiO-Phase bei der entsprechenden Temperatur und dem verwandten Sauerstoffpartialdruck. Aus Hall-Effektmessungen und Leitfähigkeitsmessungen ist $x_\oplus^0$ bestimmbar.

Um die Gültigkeit der Beziehung (4.36) wenigstens qualitativ zu belegen, wurde von Pfeiffer und Hauffe[3] die Oxydationsgeschwindigkeit von Nickel bei 1000° C einmal in reiner Sauerstoffatmosphäre

---

[1] Vgl. u. a. J. H. De Boer u. J. van Ormondt: Proc. Intern. Symp. Reactivity of Solids, S. 557. Göteborg 1952.

[2] Verwey, E. J. W., P. W. Haayman u. F. C. Romeyn: Chem. Weekblad **44**, 705 (1948).

[3] Pfeiffer, H., u. K. Hauffe: Z. Metallkunde **43**, 364 (1952).

und zum anderen in einer Li_2O-dampfhaltigen Sauerstoffatmosphäre durchgeführt. Abb. 68 zeigt die Versuchsergebnisse. Wie Vorversuche ergaben, hängt — wie zu erwarten war — das Ausmaß der erzielten Effekte vom Dampfdruck, d. h. von der Konzentration der sich einbauenden Li-Ionen, ab. Möglicherweise kann unter geeigneteren Bedingungen die Zunderkonstante noch weiter erniedrigt werden. Für den Einbau von Li_2O von außen in die entstehende Zunderschicht — da Ni-Li-Legierung technisch indiskutabel — ergeben sich insofern experimentelle Schwierigkeiten, als Quarz wie auch Metalle in direktem

Kontakt mit Li_2O heftig angegriffen werden und noch geeignete Methoden zur Erzeugung von Li_2O-Dampf zu entwickeln sind. Die anfänglich größere Zunderkonstante (Kurve II a in Abb. 68) beweist, daß unter den dortigen Versuchsbedingungen die Anfangsoxydation zu schnell verlaufen ist, als daß sich das Li_2O in geeigneter Konzentration in die entstehende Oxydschicht einbauen konnte. Diese Annahme erwies sich als richtig, wie folgender Versuch lehrt. Nickel wurde bei einem Sauerstoffdruck von etwa 1 mm Hg in Li_2O-Dampfat-

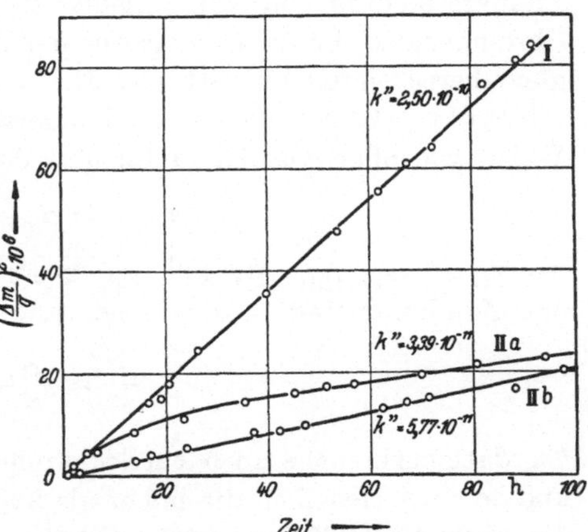

Abb. 68. Herabsetzung der Oxydationsgeschwindigkeit von Nickel bei 1000° C in einer Li_2O-dampfhaltigen Sauerstoffatmosphäre von 760 mm Hg nach PFEIFFER und HAUFFE
I: Ni-Blech in reinem Sauerstoff; II: Ni-Blech in Sauerstoff + Li_2O-Dampf (k'' ist in $g^2 \cdot cm^{-4} \cdot h^{-1}$ gerechnet!)

mosphäre 5 Stunden lang auf 1000° C erhitzt. Unter diesen Bedingungen verlief die Anfangsoxydation langsam genug, um den erwarteten Effekt des Einbaus von Li^+-Ionen in genügender Konzentration zu erzielen. Allerdings dürfte während dieser Vorbehandlung im Vakuum das im Reaktionsrohr eingebrachte Li_2O weitgehend verdampft und für den späteren Oxydationsverlauf nicht mehr in genügender Menge zur Verfügung gestanden haben. Hierdurch ist es verständlich, daß Kurve II b in Abb. 68 nicht die maximale Erniedrigung der Zunderkonstanten ergeben kann. Experimentell einfacher läßt sich der Einbau von Li_2O in die sich bildende Oxydschicht dadurch erreichen, indem man nicht mehr in einem Li_2O-Dampf erhitzt, sondern mit einem Li_2O-Oxydgemisch (z. B. 1 bis 10 Mol-% Li_2O + Rest MgO), in das man die zu oxydierende Nickelprobe locker einbettet.

An anderen Zundersystemen mit elektronendefektleitenden Zunderschichten sollten ähnliche Effekte auftreten. In diesem Zusammenhang wurde von BRAUNS und RAHMEL[1] die Beeinflussung der Oxydationsgeschwindigkeit von Eisen zu FeO in Gegenwart von Li_2O-Dampf studiert. Infolge der von Hause aus hohen $Fe\square''$- und $\oplus$-Konzentration kann jedoch der Einbau von Li^+-Ionen ins FeO-Gitter nicht ausreichen, um eine wirkungsvolle Herabsetzung der Oxydationsgeschwindigkeit zu verursachen. Dies wird durch die Experimente bestätigt.

Nicht ganz so übersichtlich liegen die Verhältnisse bei der Oxydation von Nickel-Chrom-Legierungen, wie die kinetischen Messungen von WAGNER und ZIMENS[2] und die elektronenoptischen Untersuchungen dieser Zunderschichten von GULBRANSEN[3] ergeben haben. Im Bereich kleiner Chromgehalte der Ni-Cr-Legierungen und unter Voraussetzung eines gleichberechtigten Eintritts der Ni^{2+}- und Cr^{3+}-Ionen in die Zunderschicht $[x_{Cr}$ (Legierung) $= x_{Cr}$ (Zunderschicht)] ergibt sich in ähnlicher Weise wie oben aus Gl. (4.34) und der Elektroneutralitätsbeziehung

$$2\,x_{Ni\,\square''} = x_\oplus + x_{Cr}, \tag{4.37}$$

wo $x_{Cr} \doteq x_{Cr\,\bullet\,\cdot\,(Ni)}$ ist, mit $x_{Cr} \gg x_\oplus^0 = 2\,x_{Ni\,\square''}^0$ für das Verhältnis der Zunderkonstanten der Legierung k und des reinen Nickels k^0

$$\frac{k}{k^0} \approx \frac{x_{Cr}}{x_\oplus^0}. \tag{4.38}$$

Oxydationsversuche an Nickellegierungen mit kleinen Zusätzen an Cr und solchen Metallen, die höher als 2wertige Ionen bilden, bestätigen die nach Gl. (4.38) erwartete Erhöhung der Oxydationsgeschwindigkeit (s. Tab. 27 und Abb. 67)[4]. Die Abnahme der Zundergeschwindigkeit bei höheren Chromzusätzen (>6 Atom-% Cr) hängt offenbar mit der immer stärker in Erscheinung tretenden Cr_2O_3- bzw. Spinellbildung — anfangs an den Korngrenzen der NiO-Cr_2O_3-Mischkristalle und bei Zusätzen >15 Atom-% Cr als Hauptprodukt — zusammen, worauf wir auf S. 162 noch näher eingehen werden.

Wie aus den Versuchsergebnissen von WAGNER und ZIMENS hervorgeht, ist die Annahme eines gleichen Konzentrationsverhältnisses der Metallionen in der Zunderschicht und in der Legierungsphase bei den Ni-Cr-Legierungen im allgemeinen nicht erfüllt, was offenbar auf die verschiedene Beweglichkeit der Ni^{2+}- und Cr^{3+}-Ionen in der Zunderschicht zurückzuführen ist. In Analogie zu Gl. (3.9) folgt für die hindurchwandernde Menge an Ni-Ionen + Elektronen in Äquivalenten je Sekunde:

$$\frac{d\,n_{Ni}}{d\,t} = q\,\frac{300}{96\,500}\,\frac{1}{2}\,\varkappa_{Ni}\,\frac{1}{N_L e}\left\{-\frac{d\,\mu_{Ni^{2+}}}{d\,\xi} - 2\,N_L e\,\frac{d\,\varphi}{d\,\xi}\right\}. \tag{4.39}$$

[1] BRAUNS, H., u. A. RAHMEL: Private Mitteilung.

[2] WAGNER, C., u. K. E. ZIMENS: Acta chem. scand. 1, 547 (1947).

[3] HICKMAN, J. W., u. E. A. GULBRANSEN: Trans. AIME Techn. Public. Nr. 2069 (1946).

[4] Vgl. auch L. HORN: Z. Metallkunde 40, 73 (1949).

Auf Grund der Dissoziationsgleichungen ergeben sich für die chemischen Potentiale μ_{Ni} und μ_{Cr} der neutralen Metallatome:

$$\mu_{Ni^{2-}} + 2\,\mu_{e^-} = \mu_{Ni}, \qquad (4.40)$$

$$\mu_{Cr^{3+}} + 3\,\mu_{e^-} = \mu_{Cr}. \qquad (4.41)$$

Im Falle der Mischphasen können wir das chemische Potential des Nickels bzw Chroms μ_{Ni} bzw. μ_{Cr} mit dem der reinen Phasen $\mu^{(Ni)}$ bzw. $\mu^{(Cr)}$ und den Aktivitäten a_{Ni} bzw. a_{Cr} verknüpfen gemäß [1]:

$$\mu_{Ni} = \mu^{(Ni)} + RT \ln a_{Ni},$$
$$\mu_{Cr} = \mu^{(Cr)} + RT \ln a_{Cr}. \qquad (4.42)$$

Unter Berücksichtigung von Gl. (4.40) bis (4.42) ergeben sich aus Gl. (4.39) nach Umrechnung im Sinne der Ausführungen auf S. 76 die folgenden Gleichungen:

$$\frac{d\,n_{Ni^{2+}}}{d\,t} = -\,q\,\frac{300}{96500}\,\frac{1}{2}\,\varkappa_{Ni}\,\frac{RT}{N_L\,e}\,\frac{d\ln a_{Ni}}{d\,\xi}, \qquad (4.43)$$

$$\frac{d\,n_{Cr^{3+}}}{d\,t} = -\,q\,\frac{300}{96500}\,\frac{1}{3}\,\varkappa_{Cr}\,\frac{RT}{N_L\,e}\,\frac{d\ln a_{Cr}}{d\,\xi}. \qquad (4.44)$$

Ferner ist das Verhältnis der durch die Zunderschicht wandernden Äquivalente an Ni und Cr (unabhängig von der Schichtdicke):

$$\frac{d\,n_{Cr^{3+}}}{d\,t}\bigg/\frac{d\,n_{Ni^{2+}}}{d\,t} = \frac{z_{Cr}}{z_{Ni}}\cdot x_{Cr} = \frac{3}{2}\,x_{Cr}. \qquad (4.45)$$

Durch Einsetzen von Gl. (4.43) und (4.44) in Gl. (4.45) folgt dann für das Verhältnis der transportierten Mengen:

$$\frac{d\,n_{Cr^{3+}}}{d\,t}\bigg/\frac{d\,n_{Ni^{2+}}}{d\,t} = \frac{2}{3}\,\frac{\varkappa_{Cr^{3+}}}{\varkappa_{Ni^{2+}}}\,\frac{d\ln a_{Cr}}{d\ln a_{Ni}}. \qquad (4.46)$$

Das Verhältnis der Leitfähigkeiten verhält sich wie die Zahl der Einzelsprünge der beiden Ionenarten und ist wegen der verschiedenen Ladungen zugleich durch den Faktor 3/2 und außerdem durch das Verhältnis der Zahl der Einzelsprünge, 3/2, bei vorgegebener elektrischer Feldstärke bzw. bei einem herrschenden konstanten chemischen Potentialgefälle gegeben. Bei sehr kleinen Cr-Gehalten ist das Verhältnis der Sprünge durch das Verhältnis der Konzentrationen wiederzugeben (x_{Cr}), während bei höheren Gehalten wegen der elektrostatischen Anziehung der entgegengesetzt geladenen Chromionen und Nickelionenleerstellen mit einem um den Faktor β größeren Sprungverhältnis der Chromionen, $\beta\,x_{Cr}$, zu rechnen ist. Durch Einführung der Beweglichkeiten, B_{Cr} und B_{Ni}, ergibt sich dann:

$$\frac{\varkappa_{Cr^{3+}}}{\varkappa_{Ni^{2+}}} = \frac{3}{2}\,x_{Cr}\,\beta\,\frac{3}{2}\,\frac{B_{Cr}}{B_{Ni}} \qquad (4.47)$$

und aus Gl. (4.45), (4.46) und (4.47)

$$\frac{d\ln a_{Cr}}{d\ln a_{Ni}} = \frac{1}{\beta}\,\frac{B_{Ni}}{B_{Cr}}. \qquad (4.48)$$

---

[1] Vgl. W. SCHOTTKY, H. ULICH u. C. WAGNER: Thermodynamik, S. 357 ff. Berlin: Springer 1929.

Die Beziehungen zwischen Aktivitäten und Fehlordnungskonzentrationen ergeben sich aus den Einbaugleichungen für die Metalle ins Oxyd:

$$\mathrm{Ni} + \mathrm{Ni}\square'' + 2\oplus = (\mathrm{Ni}^{2+} + 2e^-) \quad \text{auf Gitterplatz}$$

bzw.

$$\mathrm{Cr} + \mathrm{Ni}\square'' + 3\oplus = \mathrm{Cr}\bullet\cdot(\mathrm{Ni}) \tag{4.49}$$

und den daraus folgenden Gleichgewichtsbedingungen ($x_{\mathrm{Cr}} \equiv x_{\mathrm{Cr}\bullet\cdot(\mathrm{Ni})}$):

$$a_{\mathrm{Ni}} \cdot x_{\mathrm{Ni}\square''} \cdot x_\ominus^2 = K_1 \tag{4.50}$$

und

$$a_{\mathrm{Cr}} \cdot x_{\mathrm{Ni}\square''} \cdot x_\oplus^3 = K_2 \cdot x_{\mathrm{Cr}} . \tag{4.51}$$

Auf Grund der Umsetzungsgleichung

$$\mathrm{Ni} + \tfrac{1}{2}\mathrm{O}_2 = \mathrm{NiO}$$

gilt weiterhin

$$\mu_{\mathrm{Ni}} + \tfrac{1}{2}\mu_{\mathrm{O}_2} = \mu_{\mathrm{NiO}} . \tag{4.52}$$

Da μ_{NiO} als konstant anzusehen ist, folgt aus Gl. (4.52):

$$d\,\mu_{\mathrm{Ni}} = RT\,d\ln a_{\mathrm{Ni}} = -\tfrac{1}{2}d\,\mu_{\mathrm{O}_2} = -\tfrac{1}{2}RT\,d\ln p_{\mathrm{O}_2} . \tag{4.53}$$

Durch Einsetzen von Gl. (4.53) in Gl. (4.48) ergibt sich schließlich:

$$\frac{d\ln x_{\mathrm{Cr}}}{d\ln p_{\mathrm{O}_2}} = \frac{1}{2}\left(1 - \frac{2}{3}\frac{1}{\beta}\frac{B_{\mathrm{Ni}}}{B_{\mathrm{Cr}}}\right). \tag{4.54}$$

Wenn sich auch, wie WAGNER und ZIMENS betonen, eine einfache Voraussage über den Zahlenfaktor $\dfrac{1}{\beta}\left(\dfrac{B_{\mathrm{Ni}}}{B_{\mathrm{Cr}}}\right)$ nicht machen läßt, so läßt sich doch der Faktor β, der als Maß für die elektrostatisch begünstigte Aufenthaltswahrscheinlichkeit zur weiteren Auswertung von Bedeutung ist, nach Gl. (4.54) aus zusätzlichen Messungen zwecks Bestimmung der Beweglichkeiten, B_{Ni} und B_{Cr}, innerhalb gewisser Konzentrationsgebiete des NiO-Cr$_2$O$_3$-Mischkristalls berechnen.

Im folgenden führen wir für den Ausdruck (4.54) das Symbol γ ein:

$$\gamma = \frac{1}{2}\left(1 - \frac{2}{3}\frac{1}{\beta}\frac{B_{\mathrm{Ni}}}{B_{\mathrm{Cr}}}\right). \tag{4.55}$$

Durch Integration von Gl. (4.54) nach den Grenzen I und II (s. Abbildung 69) erhalten wir nach dem Delogarithmieren:

$$\frac{x_{\mathrm{Cr}}^{\mathrm{II}}}{x_{\mathrm{Cr}}^{\mathrm{I}}} = \left(\frac{p_{\mathrm{O}_2}^{\mathrm{II}}}{p_{\mathrm{O}_2}^{\mathrm{I}}}\right)^\gamma . \tag{4.56}$$

Auf Grund von Gl. (4.54) und (4.55) — mit $d\ln p_{\mathrm{O}_2} = \dfrac{1}{\gamma}\,d\ln x_{\mathrm{Cr}}$ — und den Beziehungen

$$x_{\mathrm{Cr}} \approx 2\,x_{\mathrm{Ni}\square''}$$

und

$$x_{\mathrm{Ni}^{2+}} \sim x_{\mathrm{Ni}\square''} = \tfrac{1}{2}K\,x_{\mathrm{Cr}} \tag{4.57}$$

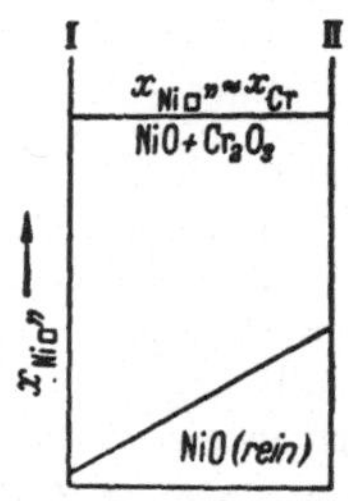

Abb. 69. Oxydationsschema einer Nickel-Chrom-Legierung. Während im Falle einer reinen NiO-Deckschicht die Konzentration $x_{\mathrm{Ni}\square''}$ von der Phasengrenze I zur Phasengrenze II stark zunimmt, wird im Falle des gleichzeitigen Einbaus von Cr-Ionen die Konzentration $x_{\mathrm{Ni}\square''}$ bereits an der Phasengrenze I hohe Werte annehmen und sich je nach Beweglichkeitsverhältnissen der Cr- und Ni-Ionen in der Zunderschicht entweder praktisch nicht mehr nennenswert ändern (obige Darstellung) oder sogar nach der Phasengrenze II hin abnehmen, also gerade den entgegengesetzten Verlauf wie in reinen NiO-Deckschichten zeigen

ergibt sich für die Transportgeschwindigkeit der Ni^{2+}-Ionen nach Gl. (4.32), (4.53) und 4.54):

$$\frac{d\,n_{Ni}}{d\,t} = q\,\frac{300}{96\,500}\,\frac{RT}{N_L\,e}\,\frac{K}{8\gamma}\,\frac{d\,x_{Cr}}{d\,\xi}. \tag{4.58}$$

Im stationären Zustand wird die Nickel-Transportgeschwindigkeit unabhängig von der Ortskoordinate ξ und das Konzentrationsgefälle $d\,x_{Cr}/d\,\xi$ wird als konstant angesehen, so daß wir mit einem mittleren Chromgehalt $\bar{x}_{Cr}$

$$\bar{x}_{Cr} = \tfrac{1}{2}(x_{Cr}^{I} + x_{Cr}^{II}) \tag{4.59}$$

rechnen können. Mittels der Beziehungen (4.56) und (4.59) kann man dann die Chromgehalte an den Phasengrenzen berechnen, wenn der mittlere Chromgehalt $\bar{x}_{Cr}$ und die entsprechenden Sauerstoffdrucke $p_{O_2}^{I}$ und $p_{O_2}^{II}$ an den Phasengrenzen I und II (Abb. 69) bekannt sind. Wir erhalten dann:

$$x_{Cr}^{I} = \frac{2\,\bar{x}_{Cr}}{1 + (p_{O_2}^{II}/p_{O_2}^{I})^{\gamma}} \tag{4.60}$$

und

$$x_{Cr}^{II} = \frac{2\,\bar{x}_{Cr}\,(p_{O_2}^{II}/p_{O_2}^{I})^{\gamma}}{1 + (p_{O_2}^{II}/p_{O_2}^{I})^{\gamma}}. \tag{4.61}$$

Durch Einsetzen der Differenz der Werte aus Gl. (4.60) und (4.61) in Gl. (4.58) nach vorheriger Division durch $\Delta\xi$ folgt unter Beachtung von Gl. (4.57) — entsprechend $\bar{x}_{Cr} \sim \bar{x}_{Ni}$ — für die Transportgeschwindigkeit der Ausdruck:

$$\frac{dn_{Ni}}{d\,t} = \frac{q}{\Delta\xi}\,\frac{300}{96\,500}\,\bar{\varkappa}_{Ni}\,\frac{RT}{4N_L\,e}\,\frac{2}{\gamma}\,\frac{(p_{O_2}^{II}/p_{O_2}^{I})^{\gamma} - 1}{(p_{O_2}^{II}/p_{O_2}^{I})^{\gamma} + 1}. \tag{4.62}$$

Da eine allgemeine Anwendung und Lösung von Gl. (4.62) z. Z. nicht möglich ist, behandeln WAGNER und ZIMENS die folgenden Grenzfälle:

1. Geht $\gamma \to 0$, d. h. wird $\beta\,(B_{Cr}/B_{Ni}) \approx 2/3$, dann vereinfacht sich Gl. (4.62) zu:

$$\frac{d\,n_{Ni}}{d\,t} = \frac{q}{\Delta\xi}\,\frac{300}{96\,500}\,\bar{\varkappa}_{Ni}\,\frac{RT}{4N_L\,e}\,\ln\frac{p_{O_2}^{II}}{p_{O_2}^{I}}. \tag{4.63}$$

Hiernach ist also die Transportgeschwindigkeit und entsprechend die Zundergeschwindigkeit infolge des Logarithmus des Verhältnisses der Sauerstoffdrucke nur wenig vom Sauerstoffdruck abhängig. Ferner besteht in diesem Fall praktisch kein Diffusionsgefälle der Cr^{3+}-Ionen, was wegen der aus elektrostatischen Gründen bedingten Paarbildung, $Cr^{3+}Ni\square''$, ebenfalls zu einem vernachlässigbar kleinen Konzentrationsgefälle der $Ni\square''$-Stellen führt.

2. Für den Fall, daß $\gamma > 0$ wird, ist auch $\beta\,(B_{Cr}/B_{Ni}) > 2/3$, was eine Chromanreicherung auf der Seite des höheren Sauerstoffpartialdruckes zur Folge hat. Ist jedoch ferner noch $p_{O_2}^{II} \gg p_{O_2}^{I}$, dann wird der zuletzt stehende Bruch in Gl. (4.62) gleich 1, was eine Sauerstoffdruckunabhängigkeit der Oxydationsgeschwindigkeit ergibt.

3. Findet man $\gamma < 0$, dann ist auch $\beta\,(B_{Cr}/B_{Ni}) < 2/3$. Hier wird die rechte Seite der Beziehung (4.55) negativ, und dementsprechend reichert sich Chrom an Orten niedrigeren Sauerstoffdruckes bevorzugt an. Das Konzentrationsgefälle wird also dem Wanderungssinn der Kationenleerstellen entgegengerichtet sein, so daß nur durch ein zusätzliches Diffusionspotential eine Wanderung zur Phasengrenze Oxyd/Sauerstoff erzwungen werden kann. Nach Strukturuntersuchungen der Zunderschicht von MOREAU und BÉNARD (s. Abb. 71) scheint dieser Fall einzutreten.

11

Zur Auswertung dieser theoretischen Zusammenhänge sind jedoch weitere Untersuchungen über Aufbau und Zusammensetzung von Zunderschichten an Nickel-Chrom-Legierungen erforderlich. Versuche dieser Art wurden kürzlich von GULBRANSEN und ANDREW[1] veröffentlicht. Nach diesen und früheren Ergebnissen[2] bildet sich im ersten Oxydationsstadium (2 Stunden) zwischen 500 und 1000° C und $p_{O_2} = 76$ mm Hg überwiegend NiO, während sich bei einer Versuchszeit von über 30 Stunden eine Cr_2O_3-Anreicherung bemerkbar machte. In gleicher Weise wurde an den Nickel-Chrom-Legierungen mit der Zusammensetzung (0,08 C; 0,01 Mn; 1,39 bzw. 0,30 Si; 19,91 bzw. 19,98 Cr; 0,34 bzw. 0,32 Fe; 0,10 bzw. 0,05 Zr, 0,024 bzw. 0,029 Ca und 0,07 bzw. 0,08 Al in Gew.-%) unter den gleichen Versuchsbedingungen wie oben eine überwiegende Cr_2O_3-Bildung im Zunder beobachtet. Die Versuchsergebnisse der Zundergeschwindigkeit mit Angabe der Aktivierungsenthalpie, -entropie und der freien Aktivierungsenergie sind in Tab. 28 dargestellt.

Tabelle 27. *Oxydationsgeschwindigkeit von Nickel-Chrom-Legierungen bei 1000° C und* $p_{O_2} = 1\,Atm$ *nach* WAGNER, ZIMENS, PFEIFFER *und* HAUFFE

Gew.-% Cr	Oxydationszeit in sec	$\dfrac{\Delta m}{q}$ in g · cm⁻²	$k'' = \dfrac{1}{t}\left(\dfrac{\Delta m}{q}\right)^2$ g² · cm⁻⁴ · sec⁻¹	
		W. u. Z	W. u. Z	PF. u. H
0	16080 (14400)	$2,5 \cdot 10^{-3}$	$3,8 \cdot 10^{-10}$	$2,4 \cdot 10^{-10}$
0,1	14400	—	—	$8,4 \cdot 10^{-10}$
0,3	14400	$4,7 \cdot 10^{-3}$	$15 \ \cdot 10^{-10}$	$11 \ \cdot 10^{-10}$
0,5	14400	—	—	$14 \ \cdot 10^{-10}$
1,0	14400	$6,3 \cdot 10^{-3}$	$28 \ \cdot 10^{-10}$	$28 \ \cdot 10^{-10}$
3,0	14400	$7,2 \cdot 10^{-3}$	$36 \ \cdot 10^{-10}$	—
10,0	14400	$2,7 \cdot 10^{-3}$	$5,0 \cdot 10^{-10}$	—

Tabelle 28. *Temperaturabhängigkeit der parabolischen Zunderkonstanten einer 80—20 Ni-Cr-Legierung mit Angabe der Aktivierungsenthalpie* ΔH, *der Aktivierungsentropie* ΔS *und der freien Aktivierungsenergie* ΔF *nach* GULBRANSEN *und* ANDREW

T ° C	k'' (g² · cm⁻⁴ · sec⁻¹) Mittelwerte	ΔH cal/Mol	ΔS cal/(Mol · grad)	ΔF cal/Mol
650	$2,32 \cdot 10^{-15}$		$-15,7$	52650
750	$1,46 \cdot 10^{-14}$	38150	$-16,2$	54750
850	$9,49 \cdot 10^{-14}$		$-15,8$	55900
875	$1,81 \cdot 10^{-13}$		$-15,1$	55450

[1] GULBRANSEN, E. A., u. K. F. ANDREW: J. electrochem. Soc. **101**, 163 (1954).
[2] GULBRANSEN, E. A., u. W. R. McMILLAN: Ind. Eng. Chem. **45**, 1734 (1953).

Hingegen kam es zu einer bevorzugten Spinellbildung der Zusammensetzung $MnCr_2O_4$, wenn man den Mangangehalt auf 1,70 Gew.-% erhöhte. Die bei 1175° C ermittelte Lebensdauer war hier um den Faktor 4 bis 6 kleiner. GULBRANSEN nimmt eine bevorzugte Diffusion der Cr-Ionen über Leerstellen an. Eine Spinellbildung auf Ni-Mn-Legierungen ist aber nur dann zu erwarten, wenn Chrom gleichzeitig zugegen ist. Bei Abwesenheit von Chrom in Ni-Mn-Legierungen tritt mit steigendem Mn-Gehalt eine stetige Zunahme der Oxydationsgeschwindigkeit auf, wie WAGNER und ZIMENS nachgewiesen haben. Leider ist man heute noch nicht in der Lage, die Gründe anzuführen, warum es in einem Fall zu einer bevorzugten NiO- bzw. Cr_2O_3-Bildung kommt und im anderen Fall zu einer überwiegenden Spinellbildung. An Hand von Elektronenbeugungsaufnahmen konnten z. B. JITAKA und MIYAKE[1] an anoxydierten 80-20-Nickel-Chrom-Legierungen nachweisen, daß der größte Teil der Zunderschicht aus $NiCr_2O_4$ bestand. Die auffallend hohe Oxydationsbeständigkeit der von FONTANA[2] untersuchten Legierung, die aus 25 Gew.-% Cr, 50 Gew.-% Ni, 0,50 Gew.-% C und Rest Eisen bestand, ist voraussichtlich ebenfalls auf eine Spinellbildung zurückzuführen.

Nach dem gegenwärtigen Stand der Forschung kann man den Oxydationsablauf an Nickel-Chrom-Legierungen etwa folgendermaßen formulieren: Zu Beginn der Oxydation einer Ni-Cr-Legierung mit weniger als 10% Cr bildet sich zunächst eine Zunderschicht aus einem NiO-Cr_2O_3-Mischkristall, der je nach den oben diskutierten Versuchsbedingungen eine mehr oder minder große Veränderung seiner Zusammensetzung quer durch die Zunderschicht aufweist. Dieser Mischkristall kann auch bei längeren Versuchszeiten mengenmäßig den größten Teil der Zunderschicht ausmachen. Dann folgt — besonders bei Legierungen mit höheren Chromgehalten ($>$10 Gew.-%) — eine Schicht, die überwiegend aus $NiCr_2O_4$ besteht. Schließlich kann noch an der Außenseite eine dünne Cr_2O_3-Schicht auftreten. Die Vermutung einer größeren Beweglichkeit der Cr-Ionen bzw. des Cr_2O_3 entlang von Korngrenzen steht im Einklang mit Beobachtungen über die Diffusionsgeschwindigkeit von Ni- und Cr-Ionen im Ni-Cr-Spinell von HAUFFE und PSCHERA[3]. Diese Autoren berichten über eine bevorzugte, wenn auch geringe, Wanderung von 3 wertigen Metallionen durch die Spinellschicht, während eine nennenswerte Ni-Ionenwanderung in der angewandten Versuchsanordnung nicht festgestellt werden konnte. Wenn auch z. Z. noch quantitative Messungen über die Diffusionsgeschwindigkeiten von Ni^{2+}- und Cr^{3+}-Ionen durch Cr_2O_3 und

---

[1] JITAKA, J., u. S. MIYAKE: Nature (London) **137**, 457 (1936).
[2] FONTANA, M. G.: Ind. Eng. Chem. **45**, 95 A, Nr. 9 (1953).
[3] HAUFFE, K., u. K. PSCHERA: Z. anorg. allg. Chem. **262**, 147 (1950).

$NiCr_2O_4$ fehlen, so scheint aber auf Grund der Fehlordnungsstruktur und der von GULBRANSEN[1] durchgeführten Messungen der Diffusionsgeschwindigkeit von Cr^{3+}-Ionen im Cr_2O_3 im allgemeinen die Spinellphase den größten Diffusionswiderstand aufzuweisen. Auf Grund des bisherigen experimentellen Materials möchten wir die Zunderschicht, die sich beim Sauerstoffangriff bei 1100° C auf einer 80-20-Ni-Cr-Legierung ausbildet, im wesentlich aus einem Spinell der Zusammensetzung $NiCr_2O_4$ bestehend annehmen. Infolge der relativ leichten Verdampfbarkeit von Cr_2O_3 wird es an der Phasengrenze II (s. Abb. 70) zu einem geringen Unterschuß an Chromoxyd kommen, so daß die von WAGNER und ZIMENS diskutierte Möglichkeit einer bevorzugten Wanderung von Cr-Ionen wahrscheinlich wird, da das zusätzliche, infolge Verdampfung auftretende Konzentrationsgefälle den Transport begünstigt. Auf Grund dieser Überlegungen ist zumindest bei 1100° C das Auftreten einer äußeren Cr_2O_3-Schicht unwahrscheinlich, obwohl bei niedrigen Temperaturen, wo die Verdampfungsgeschwindigkeit von Cr_2O_3 vernachlässigbar klein ist, mit dem Auftreten einer Cr_2O_3-Schicht an der Außenseite der Zunderschicht durchaus zu rechnen ist, wie auch HICKMAN und GULBRANSEN[2] an Hand elektronenoptischer Untersuchungen nachgewiesen haben.

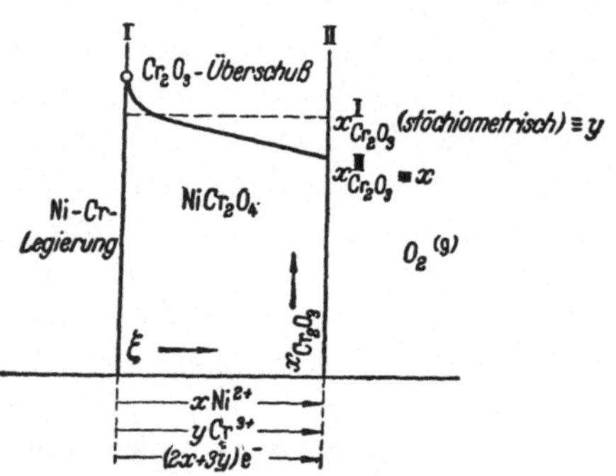

Abb. 70. Mutmaßliches Zunderschema einer Nickel-Chrom-Legierung mit > 10% Cr bei > 1000° C nach HAUFFE [Z. Metallkunde 42, 34 (1951)]. $x^{I}_{Cr_2O_3}$ ist der der stöchiometrisch aufgebauten Spinellphase entsprechende Cr_2O_3-Gehalt und $y - x$ der durch Verdampfung von Cr_2O_3 an der Phasengrenze II verursachte Verlust

Wie neuere Untersuchungen von MOREAU und BÉNARD[3] zeigen, kann der Aufbau der Zunderschicht von Nickel-Chrom-Legierungen (0 bis 10 Gew.-% Cr) in seinem Kristallgefüge je nach Versuchsbedingungen recht verschiedenartig sein. So ergab sich beispielsweise nach längeren Oxydationszeiten in Luft zwischen 800 und 1300° C der in Abb. 71 schematisch dargestellte Aufbau. Neben der äußeren Zunderschicht, die im Innern aus einem heterogenen Gemenge von NiO und $NiCr_2O_4$ und im Bereich der Phasengrenze Zunderschicht/Luft aus reinem NiO bestand, trat auch eine innere Oxydationszone auf,

---

[1] GULBRANSEN, E. A., u. K. F. ANDREW: J. electrochem. Soc. **99**, 402 (1952).

[2] HICKMAN, J. W., u. E. A. GULBRANSEN: Trans. AIME, Techn. Publ. Nr. 2069 (1946).

[3] MOREAU, J., u. J. BÉNARD: C. R. hebd. Séances Acad. Sci. **237**, 1417 (1953) — J. Inst. Metals **83**, 87 (1954/55).

in der durch den in die Legierung eindringenden Sauerstoff das Legierungsmetall zu Cr_2O_3 in feiner Verteilung herausoxydiert wurde, so daß die innere Oxydationszone aus praktisch reinem Nickel mit eingebetteten Cr_2O_3-Partikelchen bestand (über den Mechanismus der inneren Oxydation s. Kap. 4.8).

Wird der Sauerstoffpartialdruck laufend reduziert — z. B. durch Verwendung von Wasserstoff-Wasserdampf-Gemischen —, so beobachtet man in zunehmendem Maße eine selektive Oxydation. In diesem Fall wird bevorzugt das Chrom oxydiert, das als Cr_2O_3 auf der Legierung auftritt. An Hand von Oxydationsversuchen an Nickel-Chrom-Legierungsproben mit 4,6 Gew.-% Cr zwischen 800

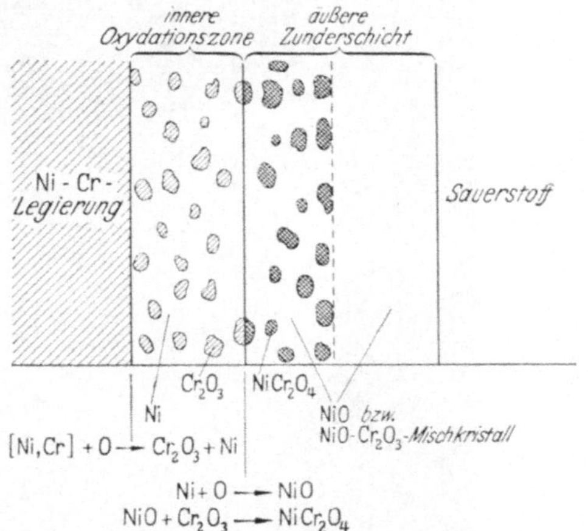

Abb. 71. Aufbau der inneren und äußeren Oxydationszone einer Nickel-Chrom-Legierung nach MOREAU und BÉNARD. Während der rechte Teil der äußeren Oxydationszone aus praktisch reinem NiO bzw. einer NiO-Cr₂O₃-Mischphase besteht, enthält der im Inneren liegende Teil ein Gemenge aus NiO und NiCr₂O₄. (Der Cr-Gehalt der Legierung betrug hier nur 5%)

und 1250° C in einem H_2O/H_2-Verhältnis zwischen $6{,}5 \cdot 10^{-3}$ und $5{,}9 \cdot 10^{-2}$ kann man fünf Oxydationsperioden registrieren, die in Abb. 72 dargestellt sind. In der ersten Oxydationsperiode tritt auf den verschiedenen Kristallflächen eine verschieden große Zahl von Cr_2O_3-Kristalliten auf mit einer mittleren Dimension $< 1\,\mu$ (Abbildung 73). In der zweiten Oxydationsperiode ist der H_2O-Partialdruck erhöht, was zu größeren Cr_2O_3-Kristalliten führt. In beiden Fällen tritt entlang der Korngrenzen der Kristallite eine von Oxydkristalliten freie Zone auf, die stets auf der Seite des Kristallits liegt, der die kleinere Zahl an Oxydkriställchen aufweist (s. Abb. 74). Die dritte Oxydationsperiode ist dadurch gekennzeichnet, daß nunmehr bei höheren Temperaturen und noch höheren H_2O-Dampfdrucken die wachsenden Oxydkriställchen sich zu orien-

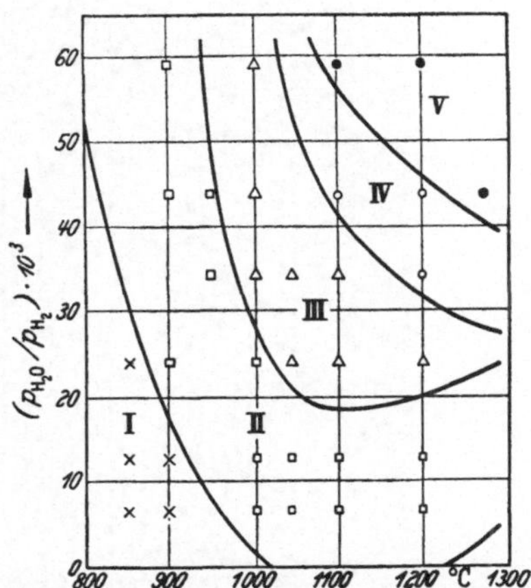

Abb. 72. Die bei der Oxydation einer Nickel-Chrom-Legierung auftretenden fünf Oxydationsperioden nach MOREAU und BÉNARD. (Die Perioden entsprechen dem zeitlichen Fortgang der Keimbildung und des Wachstums der Oxydkristalle in Abhängigkeit von Temperatur und Gaszusammensetzung)

Abb. 73. Periode I gemäß Abb. 72. Primäre Keimbildung bei 900°C und $p_{H_2O}/p_{H_2} = 6{,}5 \cdot 10^{-3}$.
Vergr. 135fach

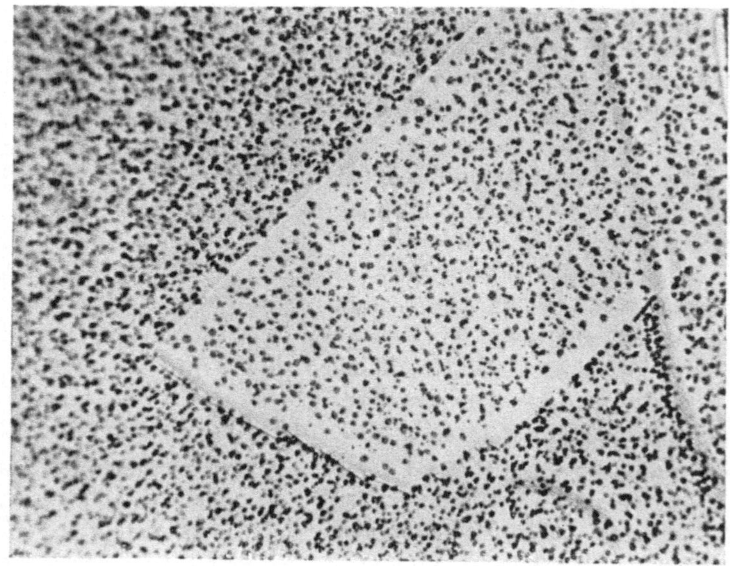

Abb. 74. Periode II gemäß Abb. 72. Keimbildung und Rekristallisation der Oxydkristalle bei
1040°C mit $p_{H_2O}/p_{H_2} = 6{,}5 \cdot 10^{-3}$. Vergr. 500fach. (An den Korngrenzen treten Verarmungs-
zonen an Oxydkristallen auf)

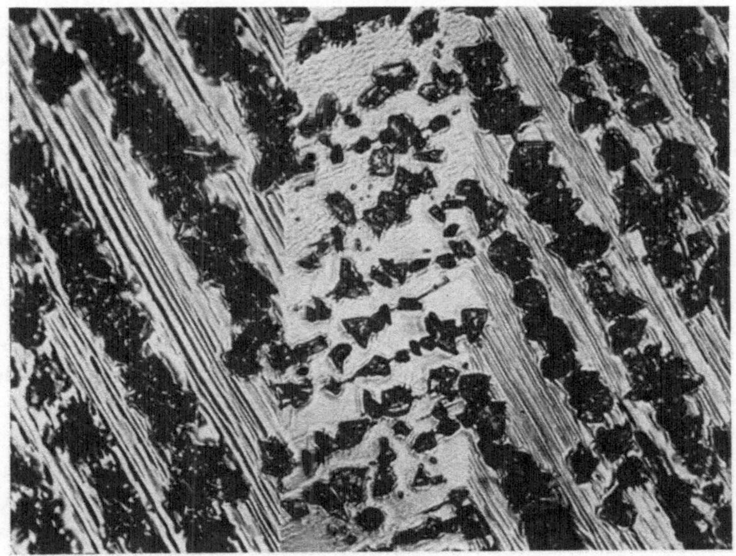

Abb. 75. Periode III gemäß Abb. 72. Zusammenlagerung der wachsenden Oxydkriställchen zu orientierten Streifen bei 1200°C mit $p_{H_2O}/p_{H_2} = 2,4 \cdot 10^{-2}$. Vergr. 850 fach

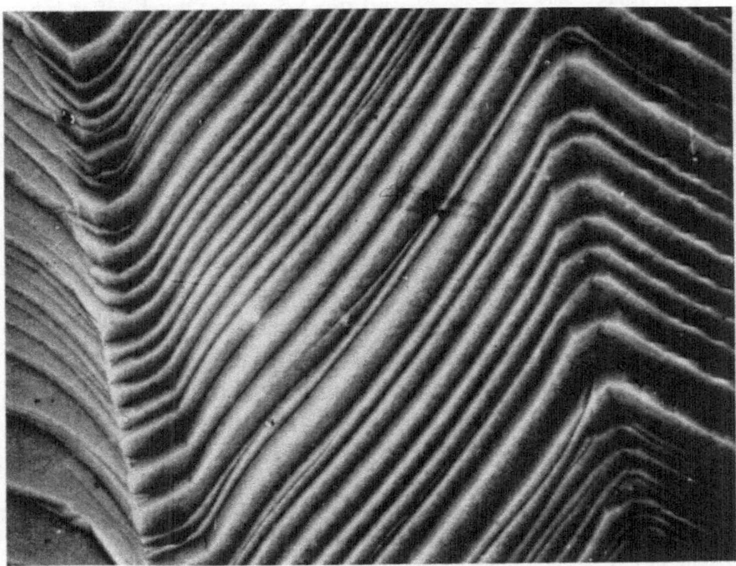

Abb. 76. Elektronenmikroskopische Aufnahme der anoxydierten Ni-Cr-Legierungen in der IV. Oxydationsperiode. Vergr. 2500 fach (reduziert auf $^1/_{10}$ in der Reproduktion). Hier erkennt man den Übergang der einzelnen Oxydstreifen von einem Kristallit über die Korngrenze zum anderen

tierten Streifen zusammenlagern (Abb. 75). Bemerkenswert ist ferner, daß jeder Kristall nur eine bestimmte parallele Schichtung der aufwachsenden Oxydkriställchen zuläßt. Wenn man diese Streifenbildung durch weitere Erhöhung der Temperatur und des H_2O-Partialdruckes begünstigt (Oxydationsperiode 4), so beobachtet man bei stärkerer Vergrößerung (Abb. 76), daß die Streifen auf den einzelnen Kristalliten in der Nähe der Korngrenze ihre Richtung ändern und über die Korngrenze ineinander einmünden. Eine Behandlung in Wasserstoff oder in Argon — im letzten Fall allerdings nicht so ausgeprägt — bringt die Streifenbildung praktisch zum Verschwinden. Nach längeren Oxydationszeiten (Periode 5) tritt schließlich eine kompakte Cr_2O_3-Schicht auf.

Nach dem gegenwärtigen Stand der Experimente kann man diese Streifenbildung während der selektiven Oxydation als eine durch die selektive Oxydation hervorgerufene periodische Veränderung der mit einem dünnen Cr_2O_3-Film bedeckten Legierungsoberfläche auffassen, so wie dies MOREAU und BÉNARD in der Abb. 77 schematisch angedeutet haben. Bei einer sich anschließenden Wasserstoffbehandlung wird die Oberfläche weitgehend vom Oxydfilm befreit, so daß größere Anteile der freien Legierungsoberfläche zum Vorschein kommen, die auf Grund der höheren Oberflächenspannung die Tendenz zur Verkleinerung der Oberfläche — d. h. zur Einebenung der Oberfläche — zeigt. Eisen-Chrom-Legierungen mit 5 % Cr ergaben die gleichen Erscheinungen[1].

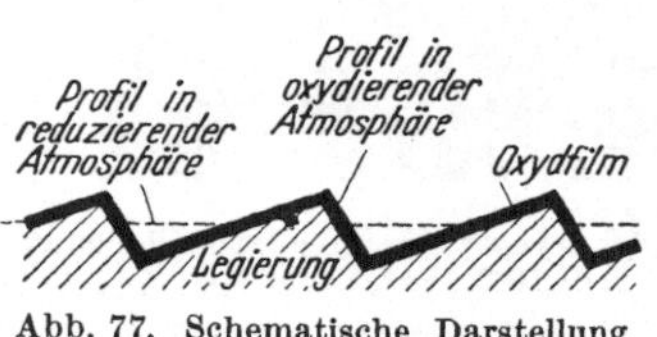

Abb. 77. Schematische Darstellung des Oberflächenprofils der Ni-Cr-Legierung, entstanden durch oxydierende und reduzierende Atmosphäre, nach MOREAU und BÉNARD

Über ähnliche Beobachtungen bei der Oxydation von Kupfer wurde auch schon von anderen Autoren[2,3] berichtet. Besonders an dem Beispiel der Ni-Cr-Oxydation dürfte eindrucksvoll hervorgehen, daß der Aufbau der Oxydschicht bei der Oxydation von Metallegierungen entscheidend von den Versuchsbedingungen abhängt, was wiederum für das Zeitgesetz der Oxydation und die Haftfestigkeit von Zunderschichten von Bedeutung ist.

Als Ergänzung zu den obigen Untersuchungen wären noch die Ergebnisse der Elektronenbeugungsversuche von MIYAKE[4] an Zunderschichten auf Eisen-Nickel (3 bis 36 %)-Legierungen, auf Chromstahl, Chrom-Nickel-Stahl (18 % Cr und 8 % Ni) und Nickel-Chrom-Legie-

---

[1] KNACKE, O., u. I. N. STRANSKI (Vortrag auf der Bunsen-Tagung 1956; Z. Elektrochem., im Druck) diskutieren die Folgen der Gas-Chemisorption auf die Gleichgewichtsformen der Metallkristalle.

[2] ELAM, C. F.: Trans. Faraday Soc. **32**, 1604 (1946).

[3] GWATHMEY, A. T., u. A. F. BENTON: J. chem. Physics 8, 431, 569 (1940). — P. JAQUET: Recherche aéronaut. **1951**, 35.

[4] MIYAKE, S.: Sci. Pap. Inst. physic. chem. Res. Tôhoku **31**, 161 (1937).

rungen zu erwähnen. Während auf Fe-Ni-Legierungen und Fe-Al-Legierungen sich eine Zunderschicht ausbildete, die überwiegend aus α-Fe_2O_3 bestand, wurden auf Chrom-Nickel-Stählen und Nickel-Chrom-Legierungen je nach Versuchsbedingungen entweder Spinellschichten gemeinsam mit Cr_2O_3 oder feste Lösungen von Cr_2O_3 und Fe_2O_3 beobachtet. Bei hohen Temperaturen anoxydierte Ni-Cr-Legierungen wiesen stets eine äußere Zunderschicht aus praktisch reinem $NiCr_2O_4$ auf[1]. In die gleiche Richtung weisen die Versuchsergebnisse an hitzebeständigen Chrom-Nickel-Stählen von QUARRELL[2]. Auch hier wird auf die allgemeine Bedeutung der Schutzwirkung solcher Spinellschichten in zundernden Ofenatmosphären hingewiesen. Ferner schließt sich eine qualitative Diskussion über die Abhängigkeit der Spinellbildung von der Stahlzusammensetzung und von der Zusammensetzung der Ofenatmosphäre an.

Ein umfangreiches Material über die Oxydationsgeschwindigkeit von Nickellegierungen — bis 1939 — wurde von HESSENBRUCH[3] zusammengestellt. Unter dem speziellen Gesichtspunkt der Verwendung von Ni-Cr-Legierungen als Heizleiterwerkstoffe wurde besonders der Einfluß oxydischer Einbettungsmassen auf die Oxydationsbeständigkeit der Legierungen und auf die Haftfestigkeit der sich auf ihnen ausbildenden, Oxydschichten untersucht. Ganz allgemein lassen sich die folgenden Gesetzmäßigkeiten aufstellen: Eine Erhöhung der Zundergeschwindigkeit von Heizleitern wird immer dann beobachtet, wenn die oxydischen Einbettungsmassen durch Eindiffusion in die Zunderschichten die Konzentration der Ionenfehlordnungsstellen erhöhen, oder wenn sie mit den bei der Zunderung auftretenden Oxyden und Spinellen niedrig schmelzende Reaktionsprodukte ergeben. Im letzten Fall tritt besonders starke Zerstörung des Heizleiters auf. Man spricht dann in einem solchen Fall von einer „katastrophalen" Oxydation (s. Kap. 4.3)

PREECE und LUCAS[4] berichten über die Oxydationsgeschwindigkeit von Ni-W- und Ni-Mo-Legierungen (mit 5, 10 und 15 Gew.-% W bzw. Mo) zwischen 800 und 1200° C. Hier kommt es zu keiner Spinellbildung in der Zunderschicht. Erst bei Temperaturen über 1000° C trat eine Erhöhung der Oxydationsgeschwindigkeit der Legierungen gegenüber reinem Nickel auf. Im allgemeinen war sie ungefähr doppelt so groß wie die von reinem Nickel. Die auf Ni-Mo-Legierungen ent-

---

[1] Vgl. u. a. A. GRUNERT, W. HESSENBRUCH u. K. SCHICHTEL: Elektrowärme 5, 2, 131 (1935). — E. LUSTMAN: Iron Coal Trades Rev. 154, 889 (1947).

[2] QUARRELL, A. G.: Heat Treat Forg. 27, 345 (1941) — Iron Coal Trades Rev. 142, 703, 709 (1941).

[3] HESSENBRUCH, W.: Metalle und Legierungen für hohe Temperaturen. Berlin: Springer 1940.

[4] PREECE, A., u. G. LUCAS: J. Inst. Metals 81, 219 (1952/53).

stehende Zunderschicht bestand aus einer äußeren Schicht von NiO und einer inneren aus einem Gemenge von NiO und Molybdat. Eine Verdampfung von Molybdänoxyden wurde nicht beobachtet.

Weitere Aufklärung über den Mechanismus der Oxydation von Nickel-Molybdän-Legierungen bringen die Versuche von BRENNER[1]. Es wurde der Einfluß des Mo-Gehaltes sowohl auf die Oxydationsgeschwindigkeit als auch auf den Aufbau der Zunderschicht untersucht. Wie man aus Abb. 78 erkennt, nimmt bei 1000° C die Oxydationsgeschwindigkeit der Ni-Mo(W)-Legierungen bis 4 Atom-% Mo + W zu, um dann bei weiterem Zusatz bis zu etwa 14 Atom-% Mo konstant zu bleiben. Erst oberhalb 15 Atom-% Mo nimmt die Oxydationsgeschwindigkeit wieder ab und erreicht bei etwa 20 Atom-% Mo den Wert für reines Nickel. Vermutlich ist die anfängliche Zunahme der Zundergeschwindigkeit mit steigendem Mo-Gehalt, die auch schon

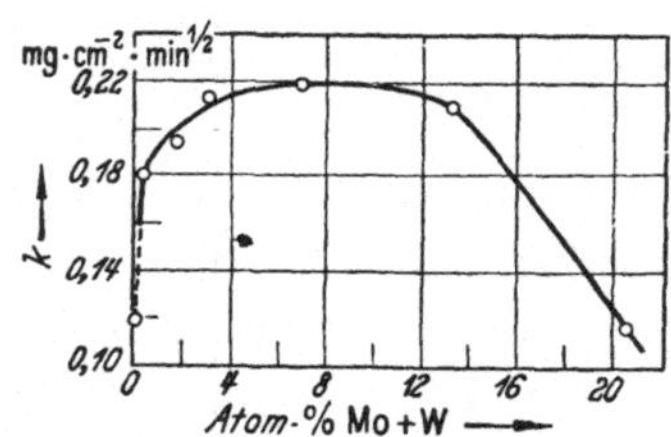

Abb. 78. Abhängigkeit der Oxydationsgeschwindigkeit von Nickel-Molybdän-Legierungen vom Mo-W-Gehalt bei 1000° C in Luft nach BRENNER

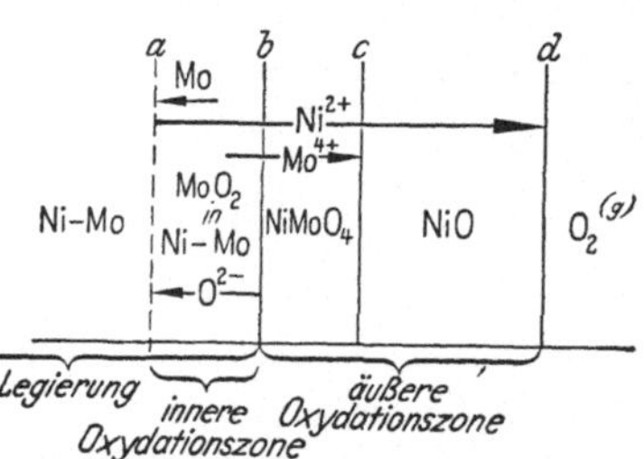

Abb. 79. Schematische Darstellung des Aufbaus der Zunderschicht auf einer Ni-Mo-Legierung bei 1000° C nach BRENNER. (In der inneren Oxydationszone ab sind fein verteilte MoO$_2$-Kriställchen vorhanden. Die äußere Zunderschicht $bc + cd$ besteht aus zwei Schichten, NiMoO$_4$ und NiO)

früher von HORN[2] beobachtet wurde, auf die Ausbildung einer heterotypen Mischphase mit erhöhter Leerstellenbildung zurückzuführen, wie dies durch die symbolische Gleichung angedeutet ist:

$$MoO_2 \longrightarrow Mo\bullet\text{\"{}}(Ni) + Ni\square\text{\"{}} + 2NiO.$$

Die auf den Legierungen entstehenden Zunderschichten konnten stets in drei Bereiche unterteilt werden, wie dies schematisch in Abb. 79 dargestellt ist. Ähnlich wie bei den Ni-Cr-Legierungen trat zusätzlich neben der aus NiMoO$_4$ und NiO bestehenden äußeren Zunderschicht eine innere Oxydationszone auf, in der durch den in die Legierung diffundierenden Sauerstoff eine partielle Oxydation von Mo zu MoO$_2$ verursacht wurde. Über das in der äußeren Zunderschicht auftretende NiMoO$_4$ ist noch wenig bekannt. Bis herauf zu 1150° C scheint NiMoO$_4$

[1] BRENNER, S. S.: J. electrochem. Soc. **102**, 7 (1955).
[2] HORN, L.: Z. Metallkunde **40**, 73 (1949).

beständig zu sein. Die Abnahme der Oxydationsgeschwindigkeit von Ni-Mo-Legierungen mit Mo-Zusätzen >15 Atom-% soll nach BRENNER durch die Zunahme der MoO_2-Partikelchen in der inneren Oxydationszone bewirkt werden, die den Antransport neuer Nickelatome zur Reaktionsfront abbremsen. Die Wachstumsgeschwindigkeit der inneren Oxydationszone ist durch die Differenz der Diffusionsgeschwindigkeiten der Metallionen durch die Zunderschicht und des Sauerstoffs durch die Legierungsphase bzw. durch die innere Oxydationszone gegeben. Die Zusammenhänge ließen sich quantitativ berechnen, so wie dies später bei der inneren Oxydation der Kupferlegierungen im Kap. 4.8 gezeigt wird, wenn die betreffenden Diffusionskoeffizienten einzeln ermittelt würden. Weitere Untersuchungen über den Einfluß von Molybdän in Eisen auf die Oxydationsgeschwindigkeit soll später bei den Eisenlegierungen besprochen werden.

4.2.1.3 Über die Oxydationsgeschwindigkeit von weiteren Metallen und Legierungen mit elektronendefektleitenden Deckschichten

Weitere Metalle, die wenigstens in der niedrigsten Oxydstufe elektronendefektleitende Oxyde bilden, sind z. B. Eisen, Kobalt, Mangan und Chrom. Über den Oxydationsmechanismus von Eisen und Mangan soll aus einem anderen Zusammenhang heraus (s. Kap. 4.4 und 4.5 später diskutiert werden. Da ferner auch Kobalt mehrere Oxydstufen bildet, werden verschiedene Ergebnisse ebenfalls später behandelt.

Auf Grund des p-leitenden Charakters des Cr_2O_3[1] gehört die Oxydation von Chrom ebenfalls in dieses Kapitel, wenn auch der Mechanismus der Fehlstellenbildung ein anderer ist[1], wie wir ihn bei normalen p-leitenden Oxyden (z. B. NiO) bisher diskutiert haben. Auf Grund dieses speziellen Fehlordnungsmechanismus wird auch keine nennenswerte Sauerstoffdruckabhängigkeit der Oxydationsgeschwindigkeit erwartet, da durch die ,,innere Eigenfehlordnung'' gemäß

$$\text{Null} \longrightarrow Cr\square''' + Cr\bigcirc^{\cdot\cdot} + \oplus \tag{4.64}$$

die für die Oxydationsgeschwindigkeit maßgebende Konzentration der Cr-Ionenleerstellen $Cr\square'''$ und der Cr-Ionen auf Zwischengitterplätzen $Cr\bigcirc^{\cdot\cdot}$ bereits so groß ist, daß die durch verschiedene Sauerstoffdrucke verursachte Verminderung und Vermehrung dieser Ionenfehlordnungsstellen relativ klein ist. Diffusionsversuche unter Beachtung dieser Gesichtspunkte wären wünschenswert.

GULBRANSEN und ANDREW[2] studierten die Oxydationsgeschwindigkeit von Chrom in einer Sauerstoffatmosphäre von 76 mm Hg zwischen

---

[1] HAUFFE, K., u. J. BLOCK: Z. physik. Chem. **198**, 232 (1951).
[2] GULBRANSEN, E. A., u. K. F. ANDREW: J. electrochem. Soc. **99**, 402 (1952).

700 und 900° C. Die in Tab. 29 mitgeteilten Versuchsergebnisse, die unter Anwendung der Transition-State-Theorie ausgewertet sind, lassen sich durch das parabolische Zeitgesetz beschreiben. Im Chrom anwesender Kohlenstoff reagiert mit dem Oxyd bzw. Sauerstoff zu CO. Wie man aus den Zahlenwerten erkennt, ist die Oxydationsgeschwindigkeit von Chrom sehr klein und liegt in der gleichen Größenordnung wie die der Ni-Cr-Legierungen.

Tabelle 29. *Zunderkonstanten und Aktivierungsgrößen der Chromoxydation nach* GULBRANSEN *und* ANDREW

T °C	k'' $g^2 \cdot cm^{-4} \cdot sec^{-1}$	ΔS $cal \cdot mol^{-1} \cdot grad^{-1}$	ΔH $cal \cdot mol^{-1}$	ΔF $cal \cdot mol^{-1}$
700	$2{,}38 \cdot 10^{-14}$	13,0		53 680
800	$2{,}2 \ \cdot 10^{-13}$	10,8	66 300	54 700
850	$8{,}9 \ \cdot 10^{-13}$	10,7		54 280
900	$1{,}32 \cdot 10^{-11}$	13,5		50 450

Oxydationsversuche an Chromlegierungen sind in der Literatur bisher nicht beschrieben worden. Eine Vorhersage der Beeinflussung der Oxydationsgeschwindigkeit durch Legierungszusätze, die 2- oder 4wertige Metallionen in der Cr_2O_3-Deckschicht bilden, kann im Hinblick auf das Fehlordnungsgleichgewicht (4.64) leider noch nicht gemacht werden. Vermutlich wird ein Titanzusatz die Oxydationsgeschwindigkeit von Chrom herabsetzen.

Leichter übersehbare Verhältnisse findet man bei der Oxydation von Kobalt. Nach VALENSI[1] verläuft die Oxydation von Kobalt in Luft oberhalb 700° C überwiegend unter CoO-Bildung und unterhalb 700° C unter Co_3O_4-Bildung. ARKHAROV und LOMAKIN[2] setzen die kritische Temperatur der Co_3O_4-Bildung in Luft auf 890° C fest. Ferner weist ARKHAROV[3] durch röntgenographische Untersuchungen nach, daß bei der Oxydation von Kobalt in Luft zwischen 385 und 800° C die Dicke der sich auf der CoO-Schicht ausbildenden Co_3O_4-Schicht mit abnehmender Oxydationstemperatur zunimmt. Unverständlich ist die von CHAUVENET[4] beobachtete höhere Oxydationsgeschwindigkeit von CoO zu Co_3O_4, die von JOHNS und BALDWIN[5] nach einer experimentellen Überprüfung der Versuchsergebnisse nicht bestätigt werden

[1] VALENSI, G.: La Metallurgia ital. **42**, 77 (1950).

[2] ARKHAROV, V. I., u. G. D. LOMAKIN: Z. techn. Physik UdSSR **14**, 155 (1944).

[3] ARKHAROV, V. I., u. Z. A. VOROSHILOVA: Z. techn. Physik UdSSR **6**, 781 (1936). — V. I. ARKHAROV u. K. M. GRAEVSKII: Z. techn. Physik UdSSR **14**, 132 (1944).

[4] CHAUVENET, G.: Diss. Univ. Caën, Nr. 34 (1942).

[5] JOHNS, CH. R., u. W. M. BALDWIN JR.: Metals Trans. **185**, 720 (1949).

konnte (Abb. 80). Als maßgebenden Teilvorgang sowohl oberhalb 900° C, wo nur die CoO-Phase in Luft stabil ist, als auch unterhalb

dieser Temperatur sollten wir die Diffusionsgeschwindigkeit der Co-Ionen über Leerstellen durch die Zunderschicht ansehen, da CoO ein Elektronendefektleiter mit Co-Ionenleerstellen ist, wie WAGNER und KOCH[1] an Hand der Sauerstoffdruckabhängigkeit der elektrischen Leitfähigkeit nachweisen konnten. Die Zunahme der Leitfähigkeit durch Einbau von Li_2O in CoO bestätigt den Fehlordnungscharakter[2].

GULBRANSEN und ANDREW[3] untersuchten ebenfalls die Oxydationsgeschwindigkeit von Kobalt im Temperaturgebiet zwischen 200 und 700° C bei verschiedener Vorbehandlung der Kobaltproben. Auffallend ist der experimentelle Befund, daß unterhalb 400° C und selbst noch bei 200° C ein parabolisches Zeitgesetz beobachtet

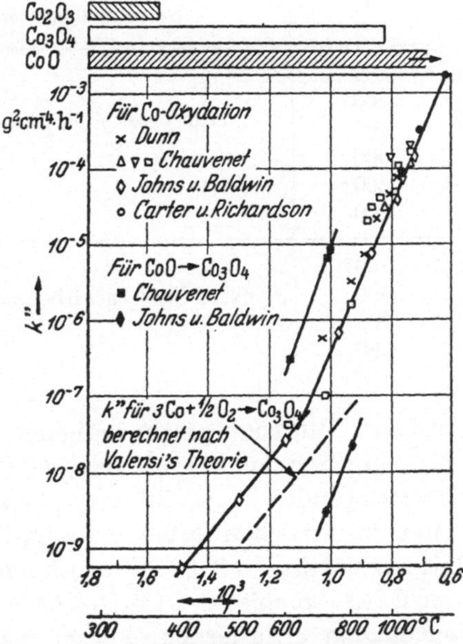

Abb. 80. Zusammenstellung der Meßdaten einiger Autoren über die Temperaturabhängigkeit der Oxydationsgeschwindigkeit von Co zu CoO und CoO zu Co_3O_4 bei 1 Atm Sauerstoff bzw. Luft

wurde. Eine Auswahl der Versuchsergebnisse ist in Tab. 30 zusammengestellt. MOORE und LEE[4] fanden für die Geschwindigkeitskonstanten der Oxydfilmbildung auf Nickel zwischen 400 und 960° C und auf Kobalt zwischen 500 und 800° C die folgenden Ausdrücke:

$$k' = 3,09 \cdot 10^{-5} \exp(-38400/RT) \quad cm^2 \cdot sec^{-1} \quad \text{(für Ni)}$$

und

$$k' = 7,60 \cdot 10^{-4} \exp(-38400/RT) \quad cm^2 \cdot sec^{-1} \quad \text{(für Co)}.$$

Auf Grund der Gleichheit der Aktivierungsenergie der Nickel- und Kobaltionendiffusion in NiO bzw. CoO kann man die 25mal größere Oxydationsgeschwindigkeit des Kobalts auf die im CoO 25mal größere Kationenleerstellen-Konzentration zurückführen. TICHENOR[5] versucht für die höhere Oxydationsgeschwindigkeit des Kobalts die

[1] WAGNER, C., u. E. KOCH: Z. physik. Chem. (B) **32**, 439 (1936).
[2] VERWEY, E. J. W., P. W. HAAYMAN u. F. C. ROMEYN: Chem. Weekblad **44**, 705 (1948).
[3] GULBRANSEN, E. A., u. K. F. ANDREW: J. electrochem. Soc. **98**, 241 (1951).
[4] MOORE, W. J., u. J. K. LEE: J. chem. Physics **19**, 255 (1951).
[5] TICHENOR, R. L.: J. chem. Physics **19**, 796 (1951).

Tabelle 30. *Zunderkonstanten von Kobalt bei $p_{O_2} = 76\ mm\ Hg$ nach* GULBRANSEN *und* ANDREW

T °C	Vorbehandlung der Co-Bleche	k'' $g^2 \cdot cm^{-4} \cdot sec^{-1}$
200		$4{,}2 \cdot 10^{-16}$
300		$4{,}0 \cdot 10^{-14}$
400	kalt bearbeitet und abgezogen	$1{,}2 \cdot 10^{-12}$
500		$2{,}8 \cdot 10^{-12}$
600		$8{,}1 \cdot 10^{-12}$
700		$1{,}3 \cdot 10^{-11}$
400		$8{,}9 \cdot 10^{-14}$
500	6stündige Wärmebehandlung bei 885°	$1{,}6 \cdot 10^{-12}$
600		$5{,}8 \cdot 10^{-12}$
700		$2{,}2 \cdot 10^{-11}$

größere Diffusionsgeschwindigkeit des jeweiligen Kations im Co_3O_4 im Vergleich zu der im $Ni_{0{,}995}O$ verantwortlich zu machen, was bei überwiegender Co_3O_4-Bildung plausibel erscheint. Mit dem Auftreten einer zusätzlichen äußeren Co_2O_3-Schicht bei der Oxydation in Luft ist nur unterhalb 350° C zu rechnen. Um den Oxydationsmechanismus im Existenzgebiet der Co_3O_4-Phase aufzuklären, wären weitere Untersuchungen erforderlich. Ferner wäre die Klärung des Mechanismus der Aufoxydation von CoO zu Co_3O_4 wünschenswert.

Die vorliegenden Ergebnisse der eben genannten Autoren einschließlich der Versuchsresultate von DUNN[1] und der am Schluß des Kapitels besprochenen von PREECE gestatten noch keine Aussage über den Mechanismus der Oxydation. Die von PREECE, VALENSI und ARKHAROV vorgeschlagene Sauerstoffdiffusion durch die CoO-Schicht erscheint auf Grund der Fehlordnungsstruktur wenig wahrscheinlich. Die z. Z. vollständigsten Versuchsergebnisse über den Mechanismus der Co^{2+}-Diffusion durch CoO und der Co-Oxydation wurden kürzlich von CARTER und RICHARDSON[2] veröffentlicht. Da diese Versuchsergebnisse von allgemeiner Bedeutung sind und ein ganz neues Problem — das der Verteilung der Co-Ionenleerstellen in der Oxydschicht — zur Diskussion stellen, erscheint eine etwas eingehendere Betrachtung gerechtfertigt.

Die von CARTER und RICHARDSON[3] in Abb. 80 aufgetragenen Meßpunkte der Temperaturabhängigkeit der Oxydationsgeschwindigkeit

---

[1] DUNN, J. S., u. F. WILKINS: Review of the Oxidation and Scaling of Heated Metals. II. The Oxidation of Non-Ferrous Metals. London 1936, S. 67.

[2] CARTER, R. E., u. F. D. RICHARDSON: J. Metals **7**, 336 (1955), mit einem theoretischen Anhang von C. WAGNER.

[3] CARTER, R. E., u. F. D. RICHARDSON: J. Metals **6**, 1244 (1954).

zwischen 1000 und 1350° C sind durch Meßpunkte anderer Autoren bei tieferen Temperaturen ergänzt. Das Streuen der Meßwerte bei tieferen Temperaturen ist wahrscheinlich durch das gleichzeitige Auftreten einer Co_3O_4-Phase in dem äußeren Teil der Zunderschicht verursacht. Nach Abb. 81 folgt die Sauerstoffdruckabhängigkeit der Oxydationsgeschwindigkeit von Kobalt[1] bei 1148° C der 0,29-ten Potenz des Sauerstoffdruckes in guter Übereinstimmung mit dem Wert von 0,30 für die Diffusionsgeschwindigkeit der Co^{60}-Ionen, wodurch die Leistungsfähigkeit der WAGNERschen Zunderformel auch hier bestätigt wird. Auf Grund der Tatsache einer praktisch alleinigen Diffusion von Co^{2+}-Ionen ($D_1^* = D_{Co}^{*(a)}$ und $D_2^* = D_0^* \approx 0$) konnte die Oxydationsgeschwindigkeitskonstante jeweils aus dem Selbstdiffusionskoeffizienten nach der für den vorliegenden Fall aus Gl. (4.10) und (3.22) umgerechneten Zunderformel

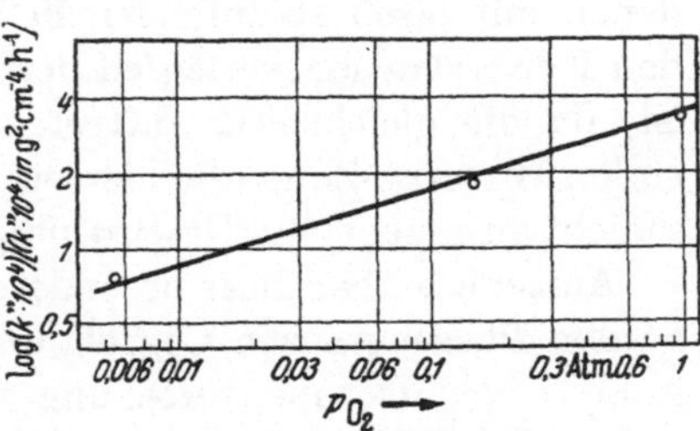

Abb. 81. Sauerstoffdruckabhängigkeit der Oxydationsgeschwindigkeit von Co zu CoO bei 1148° C nach CARTER und RICHARDSON.
$$k'' \sim p_{O_2}^{0,29}$$

$$k'' = \frac{2A_X^2}{\bar{v}|z_2|} c_2 \int\limits_{a_X^{(i)}}^{a_X^{(a)}} \frac{z_1}{|z_2|} D_1^* \, d\ln a_X \qquad (4.65)$$

bei verschiedenen Temperaturen und einem Sauerstoffdruck von 1 Atm berechnet werden. Die gute Übereinstimmung zwischen den berechneten und experimentell erhaltenen praktischen Zunderkonstanten ist aus Tab. 31 zu ersehen.

Diese Übereinstimmung ist stets zu erwarten, wenn es sich um reine diffusionsgesteuerte Zundervorgänge handelt. Die WAGNERsche Formel macht aber nun keine Aussage — und sie braucht diese auch nicht — über die Verteilung der Fehlordnungsstellen bzw. der diffundierenden

Tabelle 31. *Gegenüberstellung der experimentell erhaltenen und nach Gl. (4.65) aus Selbstdiffusionskoeffizienten berechneten praktischen Zunderkonstanten der Oxydation von Co zu CoO in Sauerstoff von 1 Atm nach* CARTER *und* RICHARDSON

T °C	$k \cdot 10^9$ Äquiv · cm^{-1} · sec^{-1}	$k'' \cdot 10^8$ g^2 · cm^{-4} · sec^{-1}		Prozentuale Abweichung von ber. u. exp. k''
		ber	exp	
1000	1,25	2,72	2,43	$+11$
1148	5,15	10,5	9,3	$+11$
1350	31,25	68,2	78,2	-13

[1] Vgl. auch D. W. BRIDGES, J. P. BAUR u. W. M. FASSELL JR.: im Druck.

Ionen durch die sich bildende Oxydschicht. Wie ferner im Kapitel 3.2 auseinandergesetzt wurde, erfassen die WAGNERschen Formeln nicht die besonderen Verhältnisse in den stets in der Nähe der Phasengrenzen — auch bei hohen Temperaturen — auftretenden Randschichten, in denen mit rasch ablaufenden Feldtransportvorgängen und abweichenden Konzentrationsverläufen der Fehlordnungsstellen stets zu rechnen ist, da die gleichzeitig auftretenden Diffusionsvorgänge in der neutralen WAGNER-Zone (die hier bei weitem den größten Teil der Zunderschicht ausmacht) die Geschwindigkeit der Gesamtreaktion bestimmen.

Aufschluß über diese besonderen Verhältnisse in den Randschichten an den Phasengrenzen Co/CoO und CoO/O_2 sollte aber gerade aus der Analyse der Isotopenverteilung von Co^{60} zu erwarten sein, die sich während der Oxydation in der Oxydschicht einstellt. Der von CARTER und RICHARDSON erhaltene Konzentrationsverlauf des Isotops — nach einer verfeinerten Schicht-Abtragungsmethode erhalten — ist in Abb. 82 dargestellt. Wie aus dem Kurvenverlauf in Abb. 82 hervorgeht, ist in der Nähe der Phasengrenze CoO/O_2 die Konzentration des Isotops zu groß und in der Nähe der anderen Phasengrenze zu klein. Ein derartiger Verlauf wird aber gerade erwartet, wenn man die besonderen Verhältnisse in diesen Randschichtzonen berücksichtigt.

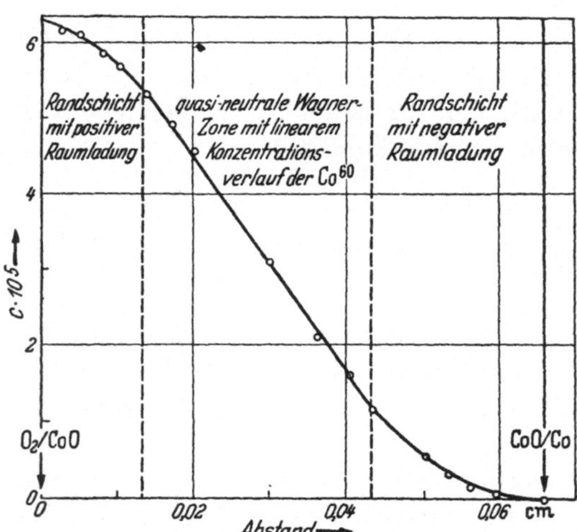

Abb. 82. Konzentrationsverlauf der Co⁶⁰-Ionen durch die CoO-Schicht nach CARTER und RICHARDSON. (Auf Grund des Konzentrationsverlaufs kann man die Oxydschicht in drei Zonen unterteilen)

Wie bereits oben ausführlich diskutiert wurde, wird der Oxydationsvorgang durch eine Chemisorption von Sauerstoff eingeleitet, wodurch es im Zusammenwirken mit der ambipolaren Diffusion (s. S. 90ff.) zu einer Vermehrung von Defektelektronen und zu einer Erniedrigung der Zahl der Metallionenleerstellen kommt (s. Abb. 25 und 28). Diese durch Raumladung erzwungene Erniedrigung der Leerstellenkonzentration kann aber nur durch einen vermehrten Zufluß von Co-Ionen — also in diesem Fall überwiegend von Isotopen — verursacht sein. Hierdurch muß es also in Übereinstimmung mit dem Experiment zu einer Anreicherung von Co-Isotopen in der Nähe der Oberfläche kommen.

In der Nähe der Phasengrenze Co/CoO liegen die Verhältnisse
insofern komplizierter, als man gegenwärtig nicht entscheiden kann,
ob der zu niedrige Konzentrationswert an Co^{60} durch eine erhöhte
$Co\square''$-Stellenbildung, wie dies in Abb. 83 angedeutet ist, oder durch
ein vollständiges Auffüllen der Leerstellen durch nach längerer Oxydationszeit praktisch nur noch vorhandener normaler Co-Ionen — verbunden mit einer Fehlordnungsinversion ($CoO^{\cdot\cdot}$ und $\ominus$) — verursacht
ist. Wie auch im einzelnen der Randschichtmechanismus an der inneren
Phasengrenze aussehen mag, in jedem
Fall kommt es zu einer zusätzlichen
Abnahme der Isotopenkonzentration (Ver-
dünnungseffekt). Wenn die hier mitgeteilten Überlegungen zu Recht bestehen,
sollten mit sinkender Oxydationstemperatur die Randschichtzonen (wenn
auch schmäler) noch ausgeprägter auftreten, was wohl auf der einen Seite eine
Verbreiterung der WAGNER-Zone (Abb. 83)
aber auf der anderen Seite stärkere Kon-
zentrationsanreicherungen und -verar-
mungen, d. h. stärkere Abweichungen in
den Konzentrationsgradienten der Isotope, in den Randschichten zur Folge
hätte. Mit steigender Temperatur — ins-

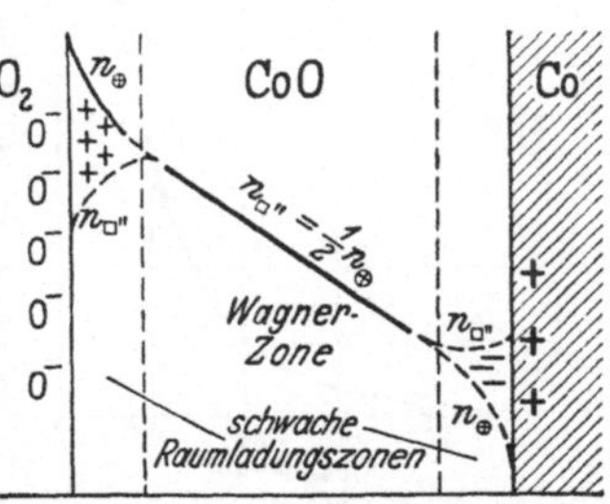

Abb. 83. Schematische Darstellung
des Konzentrationsverlaufs der Co-
Ionenleerstellen $Co\square''$ ($= \square''$) und
der Defektelektronen $\oplus$ in der CoO-
Schicht während der Oxydation von
Kobalt. Während in den Randschichten eine positive bzw. negative
Raumladung auftritt, ist die WAG-
NER-Zone elektrisch neutral. (Daher
ist auch nur in der WAGNER-Zone
der Diffusionskoeffizient konstant,
d. h. ortsunabhängig)

besondere oberhalb 1200° C — sollten die Randschichteffekte immer
unbedeutender werden, so daß wir schließlich mit einem praktisch
ortsunabhängigen Konzentrationsgradienten (konstantem D) durch die
gesamte Oxydschicht rechnen können. Die Realisierung dieses idealen
Verlaufs wird von Oxyd zu Oxyd verschieden sein und sollte sich vielleicht in einfacher Weise an den Systemen $Cu/Cu_2O/O_2$ und $Fe/FeO/O_2$
durchführen lassen.

Für die WAGNERsche Theorie ist also *nur* der Konzentrationsverlauf
im Innern der Oxydschicht — nach „Abschneiden" der beiden Randschichten — maßgebend, und dieser Verlauf ist linear mit dem Abstand,
wie dies bereits bei früheren Berechnungen vorausgesetzt wurde. Die
weitere Feststellung, daß die Co-Isotope in eine auf Kobalt sitzende
CoO-Schicht viel langsamer eindiffundieren als in eine vom Metall
isolierte CoO-Schicht, die im Gleichgewicht mit der betreffenden Sauerstoffatmosphäre steht, ist auf Grund der obigen Diskussion evident,
da man unter diesen experimentellen Bedingungen (totales Gleichgewicht durch den gesamten Kristall) keine Randschichten vorfindet.

Wie man aus diesen Überlegungen erkennt, sind gerade solche
Konzentrationsverteilungs-Analysen der Isotope in Zunder- und An-

laufschichten eine neue und gut funktionierende Methode, um Breite und Intensität von Raumladungsrandschichten experimentell näher zu untersuchen. Weitere Arbeiten in dieser Richtung — auch an anderen Metallen — erscheinen für die Aufklärung des Oxydationsmechanismus wünschenswert, da sie von allgemeiner Bedeutung sind.

Kürzlich wurde von FREDERICK und CORNET[1] die Oxydationsgeschwindigkeit von Reinstnickel, Kobalt und Ni-Co-Legierungen in Luft zwischen 800 und 1400° C untersucht. Wie aus Abb. 84 hervorgeht, wird die Oxydationsgeschwindigkeit der Legierungen bis 10% Co kaum verändert. Erst mit weiter steigendem Co-Gehalt nimmt die Oxydationsgeschwindigkeit zu und mündet stetig in den Wert für reines Kobalt. Die Unbeeinflußbarkeit der Oxydationsgeschwindigkeit von Nickel durch kleine Zusätze von Kobalt ist verständlich, wenn man berücksichtigt, daß der überwiegende Teil der in die Zunderschicht eintretenden Co-Ionen 2wertig ist. Hierdurch wird aber die für die Oxydationsgeschwindigkeit maßgebende Leerstellenkonzentration in den Oxydkristallen nicht verändert.

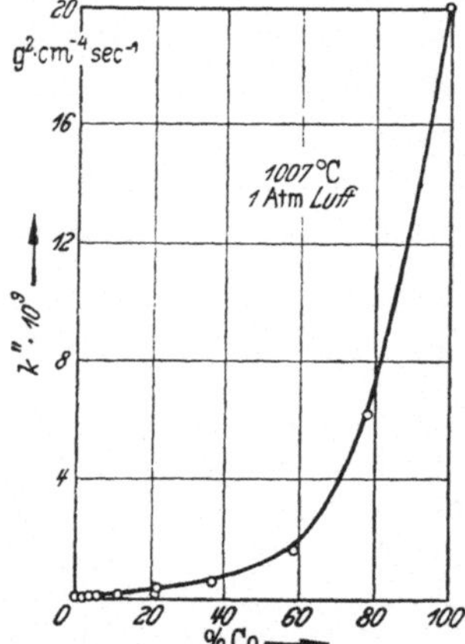

Abb. 84. Abhängigkeit der Oxydationsgeschwindigkeit von Ni-Co-Legierungen bei 1000° C und in Luft von 1 Atm von der Zusammensetzung nach FREDERICK und CORNET

Abschließend seien noch einige Untersuchungen über die Oxydationsgeschwindigkeit an Kobalt und Kobaltlegierungen von PREECE und LUCAS[2] erwähnt. Diese Autoren beobachteten oberhalb 950° C eine bis 1000° C abnehmende Oxydationsgeschwindigkeit (etwa um den Faktor 4), die dann

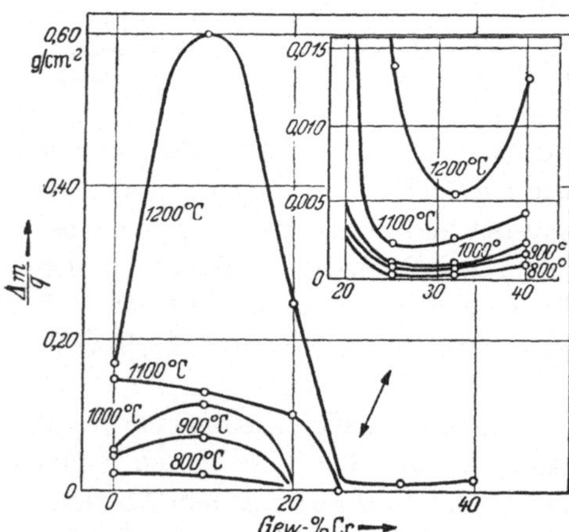

Abb. 85. Der Einfluß des Chromgehaltes auf die Oxydationsgeschwindigkeit von Kobalt-Chrom-Legierungen bei verschiedenen Temperaturen in Luft nach PREECE und LUCAS. (Auf der Ordinate ist jeweils die gebildete Oxydmenge nach 50 Std. aufgetragen)

mit steigender Temperatur wieder zunimmt. Die sich hierbei in Luft ausbildende Zunderschicht bestand aus einer äußeren harten, fest-

---

[1] FREDERICK, S. F., u. I. CORNET: J. electrochem. Soc. **102**, 285 (1955).
[2] PREECE, A., u. G. LUCAS: J. Inst. Metals **81**, 219 (1952/53).

sitzenden CoO-Schicht mit einer inneren bröckligen CoO-Schicht. Ferner wurde die Oxydation einiger weiterer Kobaltlegierungen untersucht. Ein Zusatz von 5 bzw. 10 Gew.-% Mo verursacht eine Abnahme der Oxydationsgeschwindigkeit zwischen 800 und 1100° C um den Faktor 2. Während bei 800° C eine Co-40%-Ni-Legierung eine gegenüber Kobalt etwa 20fach geringere Oxydationsgeschwindigkeit aufweist, nimmt mit steigender Temperatur dieselbe wieder zu. Bei 1100° C ist die Oxydationsgeschwindigkeit der Legierung nur noch um den Faktor 3 geringer. Ein ähnliches Verhalten zeigt eine Co-5%-Al-Legierung. Die sich bildende Zunderschicht besteht außen aus CoO und innen aus einem blauen Spinell der wahrscheinlichen Zusammensetzung $CoAl_2O_4$. Die oberhalb 1000° C entstandenen Zunderschichten bleiben auch beim Abkühlen festhaftend. Bemerkenswert ist die Oxydationsbeständigkeit einer Co-Cr-Legierung mit 25 bis 30 Gew.-% Chrom, während Zusätze bis 22% Cr keine Verbesserung der Oxydationsgeschwindigkeit bewirken (Abb. 85).

4.2.2 Zundersysteme mit elektronenüberschußleitender Deckschicht

Elektronenüberschußleitende Deckschichten bilden sich während der Oxydation auf Zink, Cadmium, Titan, Zirkon und deren Legierungen aus. Desgleichen ist wahrscheinlich mit der Ausbildung einer elektronenüberschußleitenden Oxydschicht bei der Oxydation der folgenden Metalle zu rechnen: Molybdän, Wolfram, Vanadium, Tantal, Niob, Uran, Cer und Thorium. Die Zundersysteme mit elektronenüberschußleitenden Sulfidschichten, die hier ebenfalls eingruppiert werden müßten, sollen in einem gesonderten Kapitel behandelt werden, da der Mechanismus durch zusätzliche Erscheinungen verwickelter werden kann.

4.2.2.1 Über die Oxydationsgeschwindigkeit von Zink und Zinklegierungen

Oxydiert man Zink bei 400° C und verschiedenen Sauerstoffdrucken, so beobachtet man erstens das Auftreten einer kompakten ZnO-Deckschicht und zweitens, daß die Oxydationsgeschwindigkeit bei dickeren ZnO-Schichten (> 5000 Å) vom Sauerstoffdruck unabhängig ist. Nach Oxydationsversuchen von WAGNER und GRÜNEWALD[1] an Zink bei 390° C ergibt sich die Zunderkonstante k'' sowohl bei einem Sauerstoffdruck von 1 Atm als auch bei einem von 0,022 Atm. im Mittel zu $0,72 \cdot 10^{-10}$ bzw. $0,75 \cdot 10^{-10} \, g^2 \cdot cm^{-4} \cdot h^{-1}$. Bei genügend hohen Temperaturen und dicken ZnO-Deckschichten, wo gemäß der

---

[1] WAGNER, C., u. K. GRÜNEWALD: Z. physik. Chem. (B) **40**, 455 (1938).

WAGNERschen Zundertheorie allein Diffusionsvorgänge auf Grund des herrschenden Gradienten des chemischen Potentials von Zink maßgebend sind, ist die beobachtete Sauerstoffdruckunabhängigkeit verständlich (Abb. 86). Unter Verwendung von Gl. (3.21) und (2.16a) bzw. (2.16b) ergibt sich nach Umrechnung, wie dies zur Ableitung der Zunderformel (4.30) für die Cu-Oxydation vorgeführt wurde, die folgende Formel:

$$k = \frac{300}{96\,500}\, \mathfrak{n}_{Zn}\, \varkappa_{(p_{O_2}=1)}\, \frac{6}{4}\, \frac{R\,T}{N_L\,e}\left(\sqrt[6]{\frac{1}{p_{O_2}^{(i)}}} - \sqrt[6]{\frac{1}{p_{O_2}^{(a)}}}\right), \qquad (4.66)$$

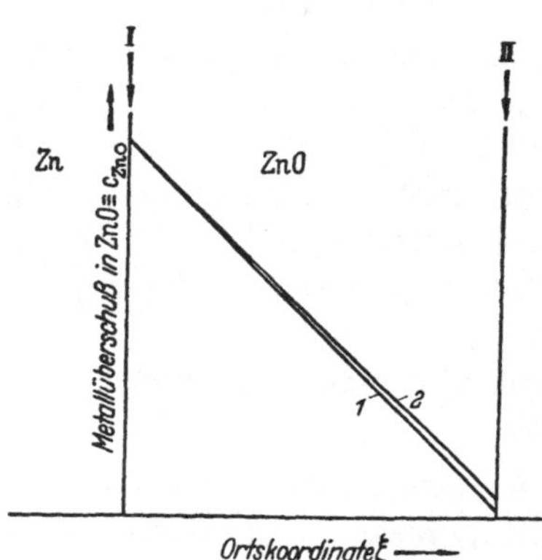

Abb 86. Konzentrationsverlauf der Zinkionen auf Zwischengitterplätzen durch die ZnO-Schicht nach WAGNER. Die Geraden *1* und *2* kennzeichnen das Konzentrationsgefälle der Zinkionen auf Zwischengitterplätzen bei niedrigen und hohen Sauerstoffdrucken. Wie man erkennt ist $(d c_{Zn\,O}./d\xi)_1 \approx (d c_{Zn\,O}./d\xi)_2$

wo gemäß der früheren Bezeichnungsweise $\mathfrak{n}_{Zn}$ die Überführungszahl der Zn^{2+}-Ionen und $x_{(p_{O_2}=1)}$ die elektrische Leitfähigkeit von ZnO bei $p_{O_2} = 1$ Atm. bedeuten. Wie man aus Abb. 86 und der Fehlordnungsstruktur von ZnO weiß, ist die Konzentration der Zn-Ionen auf Zwischengitterplätzen an der Phasengrenze Zn/ZnO gegenüber der an der Phasengrenze ZnO/O₂ erheblich größer. Ferner folgt aus der Bildungsarbeit von ZnO $p_{O_2}^{(i)} \ll p_{O_2}^{(a)}$ und damit wird $1/p_{O_2}^{(i)} \gg 1/p_{O_2}^{(a)}$ (auch die 6. Wurzel), so daß das zweite Glied in der Klammer von Gl. (4.66) zu streichen ist. Hierdurch vereinfacht sich Gl. (4.66) zu:

$$k = \frac{300}{96\,500}\, \varkappa_{Zn(p_{O_2}=1)}\, \frac{3}{2}\, \frac{R\,T}{N_L\,e}\, \sqrt[6]{\frac{1}{p_{O_2}^{(i)} = \text{const}}}. \qquad (4.67)$$

In Gl. (4.67) ist aber der Wurzelausdruck bei konstanter Temperatur ein konstanter Wert und somit k vom Sauerstoffdruck unabhängig.

Da die experimentelle Ermittlung der zur Berechnung von k erforderlichen Zn-Ionenleitfähigkeit nicht einfach ist, erscheint es zweckmäßiger, zur Berechnung der Zunderkonstanten den Selbstdiffusionskoeffizienten von Zn in ZnO heranzuziehen, der einer experimentellen Bestimmung dank der fortgeschrittenen Diffusionsmeßtechnik mittels radioaktiver Isotope leichter zugänglich ist. Zu diesem Zwecke verwenden wir die auf S. 82 stehende Gl. (3.26), die etwas umgeschrieben, folgendermaßen lautet:

$$k = (1 + z_{Zn})\, z_{Zn}\, c_{Zn}\, D_{Zn}^{*\,(i)}\left(1 - \frac{c_{Zn\,O}^{(a)}}{c_{Zn\,O}^{(i)}}\right), \qquad (4.68)$$

wo z_{Zn} die Wertigkeit bzw. die Zahl der Äquivalente, c_{Zn} die Gesamt-konzentration der Zn-Ionen im ZnO und $D_{Zn}^{*(t)}$ der Selbstdiffusions-koeffizient der Zn-Ionen in ZnO ist, das sich im Gleichgewicht mit Zink befindet. Für höhere Sauerstoffdrucke ist wegen $c_{Zn}^{(t)} \gg c_{Zn}^{(a)}$ der Klammerausdruck gleich 1. Wie bereits schon weiter oben erwähnt, liegen zur Zeit keine auswertbaren Selbstdiffusionsmessungen an ZnO im Gleichgewicht mit Zn vor. Während der Zinkoxydation durch-geführte Selbstdiffusionsmessungen von Moore[1] sind in ihrer rech-nerischen Auswertung erheblich komplizierter[2].

Wie Moore und Lee[3] zeigen konnten, ist im Bereich dünner Oxyd-schichten ($< 1000\ \text{Å}$) die Oxydationsgeschwindigkeit von Zink propor-tional dem Logarithmus des Sauerstoffdruckes (s. Abb. 33 auf S. 103). Diese Abhängigkeit wird aber nur so lange beobachtet, als die Oxyda-tionsgeschwindigkeit überwiegend vom Feldtransport der Zn-Ionen durch die Oxydschicht abhängt. Vernon und Mitarbeiter[4] untersuchten die Oxydationsgeschwindigkeit von Zink im Bereich niedriger Tem-peraturen (25 bis 400° C). Unterhalb 300° C wurde das parabolische durch ein logarithmisches Zeit-gesetz abgelöst. Abb. 87 stellt den zeitlichen Verlauf der Oxy-dation bei niedrigeren Tem-peraturen dar. Bei sehr dünnen Schichten von 20 bis 40 Å kann ebenso wie bei der auf S. 116ff. behandelten Tieftemperatur-oxydation von Nickel die Elek-tronentunnelung als langsam-ster Teilvorgang angesehen werden, wie er bereits 1939 von Mott[5] diskutiert wurde. Da jedoch das logarithmische Zeit-gesetz auch bei erheblich dik-keren ZnO-Schichten ($> 1000\text{Å}$)

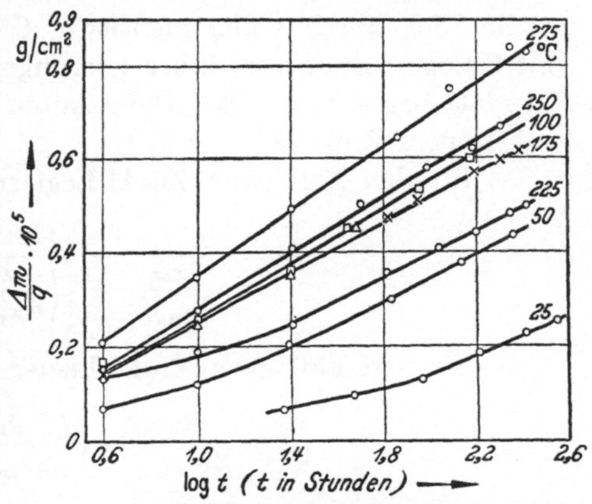

Abb. 87. Zeitlicher Verlauf der Oxydation von Zink in Luft zwischen 25 und 275° C nach Vernon und Mitarbeitern. (Die Gewichtszunahme ist hier proportional dem Logarithmus der Oxydationszeit)

beobachtet wurde, muß ein anderer Mechanismus zur Deutung heran-gezogen werden. Hier kommen in erster Linie Hohlraumbildung und Rekristallisationserscheinungen in Frage, worüber in Kapitel 3.5.5 be-richtet wurde.

[1] Moore, W. J.: J. electrochem. Soc. **100**, 302 (1953).

[2] Wagner, C.: Diffusion and High Temperature Oxidation of Metals, in Atom Movements, S. 153. Cleveland 1951.

[3] Moore, W. J., u. J. K. Lee: Trans. Faraday Soc. **47**, 501 (1951).

[4] Vernon, W.H.J., E.J.Akeroyd u. E.G.Stroud: J.Inst.Metals **65**,301(1939).

[5] Mott, N. F.: J. Inst. Metals **65**, 333 (1939).

Wie aus den Gl. (2.17a) und (2.18a) hervorgeht, nimmt beim Einbau von Li^+-Ionen in die ZnO-Schicht die Konzentration der wanderungsfähigen Zn-Ionen auf Zwischengitterplätzen zu und entsprechend beim Einbau von Al^{3+}-Ionen ab. Diese Feststellung ist für die Oxydationsgeschwindigkeit von Zinklegierungen von weittragender Bedeutung. Unter der Annahme, daß auch das Legierungsmetall als Ion in ausreichender Menge in die ZnO-Schicht eintritt, muß die Oxydationsgeschwindigkeit im Falle einer Zn-Al-Legierung abnehmen und im Falle einer Zn-Li-Legierung zunehmen.

Durch Kombination des aus Gl. (2.15) für konstanten Sauerstoffpartialdruck folgenden Massenwirkungsansatzes

$$x_{Zn\,o\cdot}\cdot x_\ominus = K \qquad (p_{O_2} = \text{const})$$

mit den entsprechenden Elektroneutralitätsbeziehungen

und
$$x_\ominus = x_{Zn\,o\cdot} + x_{Al\,\bullet\cdot(Zn)} \qquad \text{(für ZnO + Al}_2\text{O}_3\text{)}$$
$$x_{Zn\,o\cdot} = x_\ominus + x_{Li\,\bullet\cdot(Zn)} \qquad \text{(für ZnO + Li}_2\text{O)}$$

ergibt sich durch völlig identische Gleichungsentwicklungen wie bei der Halogenierung von Silberlegierungen auf S. 137 das Verhältnis der Oxydationsgeschwindigkeitskonstanten von einer Zinklegierung k und von reinem Zink k^0

a) für den Fall einer Zn-Al-Legierung:

$$\frac{k}{k^0} = \frac{1}{\dfrac{x_{Al}}{2\,x^0_{Zn\,o\cdot}} + \left[\left(\dfrac{x_{Al}}{2\,x^0_{Zn\,o\cdot}}\right)^2 + 1\right]^{1/2}}, \qquad (4.69)$$

b) für den Fall einer Zn-Li-Legierung:

$$\frac{k}{k^0} = \frac{x_{Li}}{2\,x^0_{Zn\,o\cdot}} + \left[\left(\frac{x_{Li}}{2\,x^0_{Zn\,o\cdot}}\right)^2 + 1\right]^{1/2}. \qquad (4.70)$$

Hier ist $x_{Li} \equiv x_{Li\,\bullet\cdot(Zn)}$ und $x_{Al} \equiv x_{Al\,\bullet\cdot(Zn)}$. Aus Leitfähigkeitsmessungen nach HAUFFE und VIERK[1] läßt sich die Konzentration der Zinkionen auf Zwischengitterplätzen $x^0_{Zn\,o\cdot}$ im reinen ZnO bei 400° C zu $4\cdot 10^{-5}$ $(x^0_{Zn\,o\cdot} = x^0_\ominus)$ abschätzen. Danach dürfte selbst bei kleineren Legierungszusätzen von 0,1 Atom-% x_{Al} bzw. $x_{Li} \gg x^0_{Zn\,o\cdot}$ sein. Unter Berücksichtigung dieses Sachverhalts folgen aus Gl. (4.69) und (4.70) die entsprechenden Näherungsgleichungen:

$$\frac{k}{k^\ominus} \approx \frac{x^0_{Zn\,o\cdot}}{x_{Al}}, \qquad (4.69\,a)$$

$$\frac{k}{k^0} \approx \frac{x_{Li}}{x^0_{Zn\,o\cdot}}. \qquad (4.70\,a)$$

---

[1] HAUFFE, K., u. A. L. VIERK: Z. physik. Chem. **196**, 160 (1950).

Hierbei ist entsprechend Gl. (4.67)

$$k^0 = \frac{300}{96\,500}\, x_{Zn}^{0\,(i)}\, \frac{3}{2}\, \frac{RT}{N_L\, e}\,.$$

(4.71)

Durch Oxydationsversuche an Zn-Al- und Zn-Li-Legierungen bei 390° C in Luft konnten die Beziehungen bestätigt werden (Abb. 88)[1].

Sieht man die von GENSCH und HAUFFE[1] gefundenen Zunderkonstanten an spektralreinem Zink mit $k^0 = 8 \cdot 10^{-10}\ \mathrm{g^2 \cdot cm^{-4} \cdot h^{-1}}$ — diese sind deutlich größer als die von anderen Autoren mitgeteilten Werte, was im Gegensatz zu zahlreichen anderen Metallen, die p-leitende Deckschichten bilden, nicht ein Zeichen von Verunreinigung, sondern gerade von hoher Reinheit zeugt, wie noch weiter unten gezeigt werden soll — als richtig an und rechnet wegen der nicht guten Reproduzierbarkeit der Meßergebnisse an reinem Zink in erster Näherung mit $k''^0 \approx 10^9$, so muß für die Zunderkonstante k'' einer Zn-Al-Legierung mit 0,1 bzw. 1,0 Atom-% Al

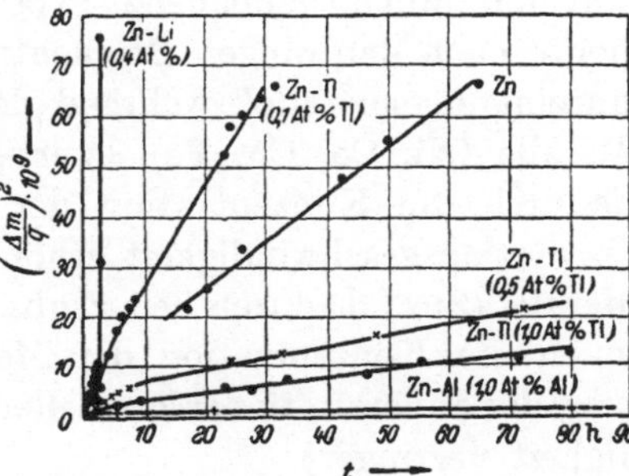

Abb. 88. Zeitlicher Verlauf der Oxydation von Zinklegierungen in Abhängigkeit von den Legierungspartnern (Li, Tl und Al) und deren Konzentration bei 390° C in 1 Atm Luft nach GENSCH und HAUFFE

$$k'' = k''^0\, \frac{x_{ZnO}^{0]}\,\cdot}{x_{Al}} \approx 10^{-9}\, \frac{4 \cdot 10^{-5}}{10^{-3}} = 4 \cdot 10^{-11}$$

bzw.

$$k'' \approx 10^{-9}\, \frac{4 \cdot 10^{-5}}{10^{-2}} = 4 \cdot 10^{-12}\ \mathrm{g^2 \cdot cm^{-4} \cdot h^{-1}}$$

erhalten werden. Gefunden wurde $k'' \approx 1 \cdot 10^{-11}$. Oxydationsversuche an Zn-Li-Legierungen mit 0,4 Atom-% Li ergaben

$$k'' \approx 2 \cdot 10^{-7}\ \mathrm{g^2 \cdot cm^{-4} \cdot h^{-1}},$$

berechnet wurde $k'' \approx 1 \cdot 10^{-7}$. Gleichzeitig durchgeführte Oxydationsversuche an Zink-Thallium-Legierungen ergaben bei niedrigen Tl-Gehalten eine Erhöhung und bei höheren Tl-Gehalten eine Erniedrigung der Oxydationsgeschwindigkeit. Ob ein Einbau von 1- und 3wertigen Ionen diesen Verlauf der Oxydation verursacht, kann z. Z. noch nicht diskutiert werden. Ohne Zweifel sind die Zahlenangaben für die Oxydation der Zn-Legierungen noch mit Vorbehalt zu verwenden, da der Fremdoxydgehalt der Oxydschicht damals nicht ermittelt wurde.

---

[1] GENSCH, CH., u. K. HAUFFE: Z. physik. Chem. **196**, 427 (1950).

Abschließend wollen wir uns überlegen, warum die von GENSCH und HAUFFE gefundene Zunderkonstante von Zink auf ein besonders reines Zink schließen läßt. Während z. B. im Nickel, Kobalt und Eisen die üblichen metallischen Verunreinigungen, wie z. B. Al, Fe, Cr usw., eine Erhöhung der Oxydationsgeschwindigkeit verursachen, tritt gerade bei Zink und sicher auch bei Cadmium durch die gleichen „Verunreinigungen" eine Abnahme der Zundergeschwindigkeit auf. Diese bisher unverständlich gebliebene experimentelle Beobachtung kann man heute nach den obigen Betrachtungen verstehen. Während die „Verunreinigungsmetalle" während der Oxydation der ersten Gruppe der Metalle (Ni, Co, Cu, Fe) 3wertig in die Oxydschicht eintreten und dadurch die Konzentration der Kationenleerstellen und damit die Oxydationsgeschwindigkeit erhöhen, wird in der zweiten Gruppe der Metalle (Zn, Cd) durch den Einbau dieser höherwertigen Fremdmetallionen die Konzentration der Metallionen auf Zwischengitterplätzen bzw. der Sauerstoffionenleerstellen, und damit die Oxydationsgeschwindigkeit verringert.

4.2.2.2 Über die Oxydationsgeschwindigkeit von Titan und Titanlegierungen

In die Gruppe der Metalle, die ebenso wie Zink elektronenüberschußleitende Oxydschichten bilden, muß auch das Titan und seine Legierungen eingeordnet werden. Wegen seiner guten mechanisch-technologischen Eigenschaften auch bei höheren Temperaturen (bis $< 550°$ C) und seines verhältnismäßig kleinen spezifischen Gewichts werden gegenwärtig, nachdem die industrielle Produktion keine prinzipiellen Schwierigkeiten mehr bereitet, in einer heute schon nur noch schwierig zu übersehenden Flut von Untersuchungen, die legierungstechnischen und mechanisch-technologischen Eigenschaften in Abhängigkeit von Temperatur und Gasatmosphäre erforscht. Hierbei kommt dem Studium der Einwirkung der Gasatmosphäre eine besondere Bedeutung insofern zu, als eine Eigenschaft des Titans — nämlich die Gaslöslichkeit, insbesondere von Wasserstoff, Sauerstoff und Stickstoff — die Anwendung von Titan und Titanlegierungen bei höheren Temperaturen erheblich einschränkt, wenn es nicht durch technische Kunstgriffe gelingt, diese unangenehme Eigenschaft auszuschalten, die durch ein Ansteigen der Härte und durch eine Abnahme der Duktilität gekennzeichnet ist.

Im folgenden wollen wir uns daher etwas ausführlicher mit dem Mechanismus der Einwirkung von Sauerstoff und Stickstoff bei höheren Temperaturen auf Titan und auf einige seiner Legierungen beschäftigen[1]. Gleich zu Anfang sei hervorgehoben, daß der größte Teil der bisherigen Ergebnisse über den Angriff von Sauerstoff nur Kurzzeitversuche darstellt, die für die Beurteilung der Oxydationsbeständigkeit von Titan häufig wertlos sind, wie wir noch weiter unten zeigen werden. Ferner liegen z. Z. noch keine Untersuchungen über die „innere Oxydation" vor, die insbesondere an Titanlegierungen immer dann eine Rolle spielen kann, wenn das Oxyd des zulegierten Metalls eine hohe negative Bildungsarbeit besitzt. Über die partiellen thermodynamischen Potentiale der einzelnen Oxyde — TiO, Ti_2O_3, Ti_3O_5 und TiO_2 —, die während der Oxydation von Titan auftreten können, berichten KUBASCHEWSKI und DENCH[2]. Röntgenographische Messungen an α-Ti und TiO wurden von ROSTOKER[3] durchgeführt. Weitere thermodynamische Daten über das System Titan-Sauerstoff wurden von GROVES, HOCH und JOHNSTON[4] veröffentlicht. Zur allgemeinen Orientierung ist in Abb. 89 das Zustandsdiagramm Ti-TiO$_2$ wiedergegeben, so wie es von DE VRIES und ROY[5] aus Literaturdaten konstruiert wurde.

Auf Grund der bisher vorliegenden Versuchsergebnisse über die Kinetik der Oxydation und den Aufbau der Zunderschicht scheint der Mechanismus der Oxydation recht verwickelt zu sein. Während im Bereich mittlerer Temperaturen bis 800° C die Zunderschicht praktisch ausschließlich aus TiO_2 zu bestehen scheint[6], wird oberhalb 800° C — insbesondere nach längeren Oxydationszeiten — sowohl TiO-Bildung in unmittelbarer Nachbarschaft der Metallphase als auch eine Ti_2O_3-Schicht im mittleren Bereich der Zunderschicht neben TiO_2 beobachtet[7]. Diese Oxydfolge, wie sie auch bei der Eisenoxydation gefunden wird, ist einleuchtend und aus thermodynamischen Gründen zu erwarten. Die Dicke dieser Oxydbereiche hängt jedoch von der Bildungsgeschwindigkeit der einzelnen Oxyde — d. h. von ihrer Fehl-

---

[1] Aus Anlaß eines folgenschweren Explosionsunglücks im Korrosions-Laboratorium des College Park, Maryland, Station of the Federal Bureau of Mines, USA, mit Titanblechen, die mit rauchender Salpetersäure behandelt wurden, sei darauf hingewiesen, daß Titan und auch Titanlegierungen mit roter, rauchender Salpetersäure oder mit anderen stark oxydierenden Flüssigkeiten und Dämpfen potentiell gefährlich sind. Es sind daher bei Ätzungen mit solchen Flüssigkeiten die notwendigen Sicherheitsmaßnahmen zu treffen (Näheres s. Corrosion 11, 86 (General News) (1955)].

[2] KUBASCHEWSKI, O., u. W. A. DENCH: J. Inst. Metals 82, 87 (1953/54).

[3] ROSTOKER, W.: J. Metals 4, 981 (1952).

[4] GROVES, W. O., M. HOCH u. H. L. JOHNSTON: J. physic. Chem. 59, 127 (1955).

[5] DE VRIES, R. C., u. R. ROY: Amer. Cer. Soc. Bull. 33, 370 (1954).

[6] HICKMAN, J. W., u. E. A. GULBRANSEN: J. analyt. Chem. 20, 158 (1948). — A. E. JENKINS: J. Inst. Metals 82, 213 (1953/54).

[7] ARKHAROV, V. I., u. G. P. LUSCHKIN: Ber. Akad. Wiss. UdSSR 83, 837 (1952).

ordnungsstruktur und der Ionendiffusion in ihnen — ab. Morton und Baldwin[1] konnten an Hand von mikroskopischen und röntgenographischen Untersuchungen den Aufbau der Zunderschicht in drei Temperaturbereiche einteilen (Abb. 90):

1. Bis 800° C bei nicht zu langen Oxydationszeiten wurde ausschließlich eine TiO_2-Bildung mit einer Blaufärbung beobachtet.

2. Zwischen 825 und 850° C entstand nach langen Oxydationszeiten ebenfalls in dem äußeren Teil der Zunderschicht ein blau gefärbtes TiO_2. Zwischen dieser blauen Schicht und dem Metall bildete

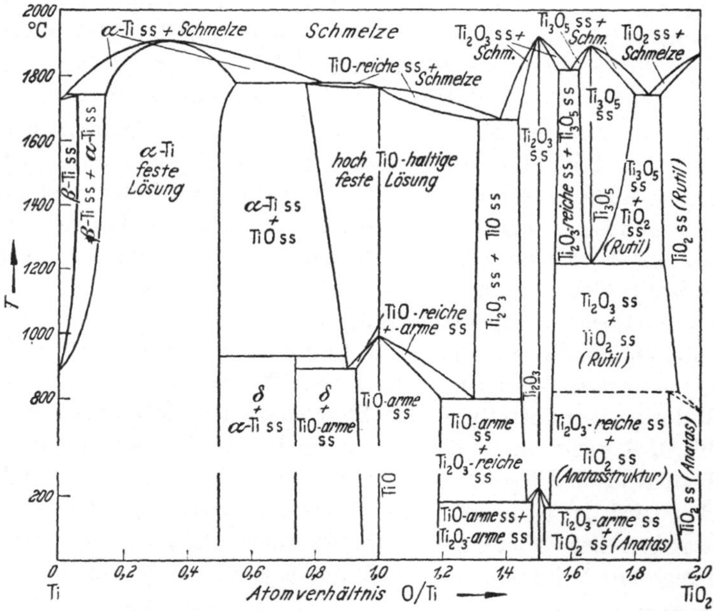

Abb. 89. Mögliches Zustandsdiagramm des Systems Ti-TiO_2, aufgestellt aus den derzeitig zur Verfügung stehenden Literaturdaten nach De Vries und Roy (*ss* bedeutet feste Lösungen)

sich jedoch eine TiO-Schicht aus, die auf Grund ihrer NaCl-Struktur (Gitterparameter $a = 4,19$ Å) relativ sicher identifiziert werden konnte. Infolge der erheblichen gegenseitigen Löslichkeit der TiO- und Ti-Phase sitzt dieser Teil der Zunderschicht relativ locker auf dem Titan, wodurch die anfänglich gute Haftfestigkeit der Oxydschicht verlorengeht.

3. Zwischen 875 und 1050° C wird nach längeren Oxydationszeiten auch eine Ti_2O_3-Bildung beobachtet, die jedoch gegenüber der TiO_2- und TiO-Schicht relativ dünn ist. Auch hier ist offenbar die TiO-Schicht für die schlechte Haftfestigkeit der Zunderschicht hauptsächlich verantwortlich zu machen.

---

[1] Morton, P. H., u. W. M. Baldwin: Trans. ASM **44**, 1004 (1952).

Die dunkelblaue Farbe der äußeren TiO_2-Schicht wird vermutlich durch in Sauerstoffionenleerstellen $O\square^{\cdot\cdot}$ beim Abkühlen auf Zimmertemperatur eingefangene Leitungselektronen im Sinne der Blaufärbung von Kochsalzkristallen nach POHL und SCHOTTKY[1] bewirkt. Gemäß der Fehlordnung im TiO_2

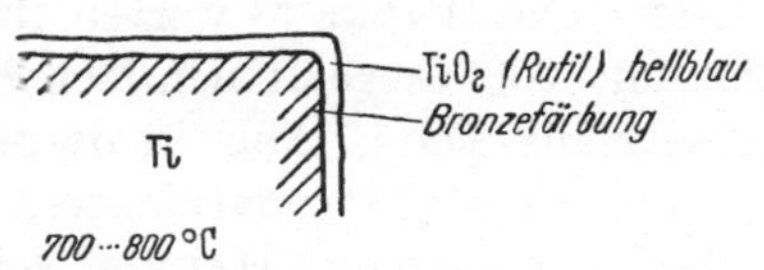

$$\text{Null} \longrightarrow O\square^{\cdot\cdot} + 2\,\Theta + \tfrac{1}{2}O_2 \qquad (4.72)$$

kann man den Einfangprozeß folgendermaßen formulieren:

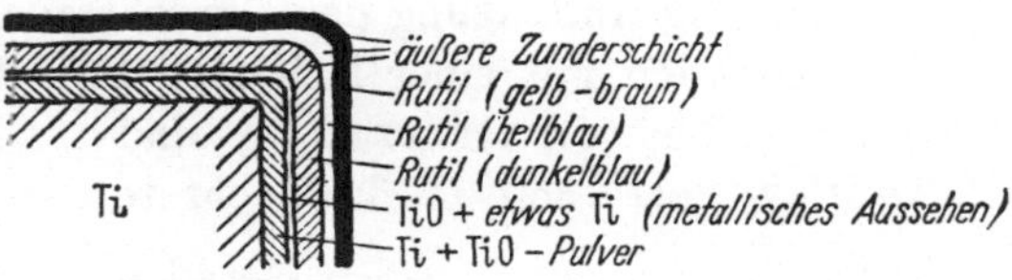

$$O\square^{\cdot\cdot} + \Theta \longrightarrow O\square^{\cdot} \qquad (4.73)$$
(blaues F-Zentrum).

Inwieweit die Blaufärbung auch durch den folgenden Einfangprozeß verursacht sein kann

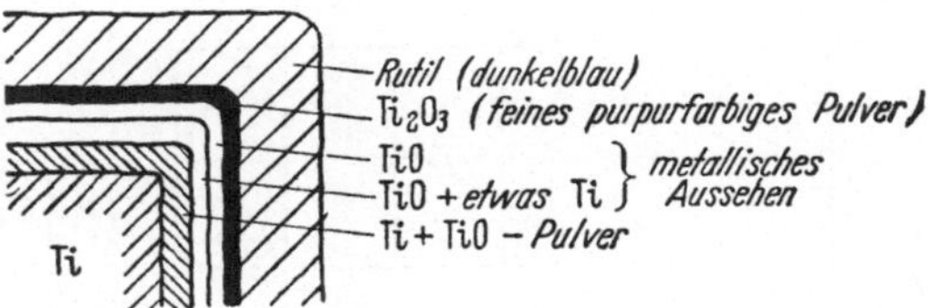

$$Ti^{4+} + \Theta \longrightarrow Ti^{3+}, \qquad (4.73\,a)$$

ist z. Z. schwer zu entscheiden.

Abb. 90. Zusammensetzung der Zunderschicht, die sich auf Titan bei verschiedenen Temperaturen und Oxydationszeiten ausbildet, nach MORTON und BALDWIN

Auf Grund dieses komplizierten Aufbaus der Zunderschicht und des völligen Fehlens quantitativer Diffusionsdaten der Ti- und O-Ionen durch die einzelnen Oxydschichten sind die vorhandenen Schwierigkeiten in der Aufklärung des Oxydationsmechanismus verständlich. Hinzu kommt noch die Tatsache, daß in verschiedenen Temperaturbereichen verschiedene Zeitgesetze für die Oxydation gefunden wurden. So berichten ALEXANDER und PIDGEON[2], daß die Titanoxydation sich zwischen 25 und 330° C in einem Sauerstoffdruckbereich von 20 bis 200 mm Hg durch ein logarithmisches Zeitgesetz der Form

$$\ln(t + 3) = k_1 v + k_2,$$

beschreiben läßt, wo t die Versuchszeit, v das gesamte verbrauchte Sauerstoffvolumen und 3 ein willkürlicher Zahlenwert einer Konstanten ist, die wohl von der Vorbehandlung der Versuchsprobe aber im Gegensatz zu k_1 und k_2 nicht von der Versuchstemperatur abhängt.

---

[1] Vgl. z. B. K. HAUFFE: Ergebn. exakt. Naturwiss. **25**, 193 (1951).

[2] ALEXANDER, W. A., u. L. M. PIDGEON: Canad. J. Res. (B) **28**, 60 (1950).

Im Gegensatz hierzu findet WABER[1] für die Oxydation von reinen Titanblechen bei 216° C ein kubisches Zeitgesetz, worauf auf S. 107 bereits hingewiesen wurde.

GULBRANSEN und ANDREW[2] werten ihre aus Oxydationsversuchen zwischen 250 und 600°C erhaltenen Meßergebnisse nach dem parabolischen Zeitgesetz aus. Die in Abb. 91 dargestellten Kurven zeigen aber — besonders in der ersten Oxydationsperiode — erhebliche Abweichungen. Wie jedoch KOFSTAD und HAUFFE[3] zeigen konnten, erhält man bei einer log-log-Auftragung der Gewichtszunahme gegen die Zeit einheitliche Geraden mit einer Neigung, die dem kubischen Zeitgesetz entspricht. Der von GULBRANSEN und ANDREW bei 350° C beobachtete Knick in der $\log k'' - \frac{1}{T}$-Geraden kennzeichnet offenbar den Übergang

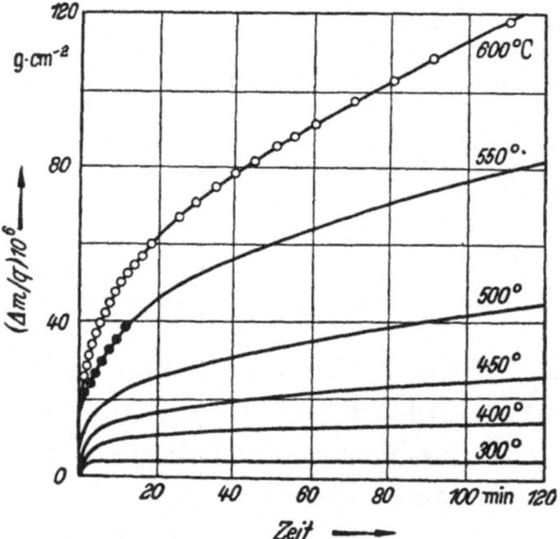

Abb. 91
Zeitlicher Verlauf der Oxydation von Titan zwischen 250 und 600° C in Sauerstoff von 76 mm Hg nach GULBRANSEN und ANDREW. (Ab 400° C kubisches Zeitgesetz)

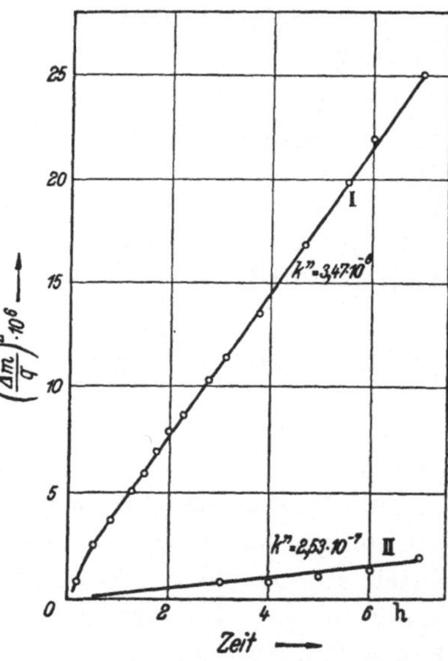

Abb. 92. Zeitlicher Verlauf der Oxydation von Titan bei 800° C und einem Sauerstoffdruck von 1 Atm in und ohne Gegenwart von WO₃ nach PFEIFFER und HAUFFE (parabolisches Zeitgesetz). Kurve I: in reinem Sauerstoff; Kurve II: in Sauerstoff und einer lockeren Einbettung mit WO₃

vom kubischen ins logarithmische Zeitgesetz. Dies bringt die Ergebnisse von GULBRANSEN und ANDREW in gute Übereinstimmung mit

---

[1] WABER, J. T.: J. chem. Physics **20**, 734 (1952). — In einer später veröffentlichten Arbeit [J. Amer. chem. Soc. **75**, 2269 (1953)] findet WABER bei 250 und 316° C ebenfalls ein logarithmisches Zeitgesetz der Oxydation. Nach 1200 Std. hatte z. B. bei 250° C die Oxydschicht eine Dicke von 5000 Å erreicht.

[2] GULBRANSEN, E. A., u. K. F. ANDREW: Metals Trans. **185**, 741 (1949).

[3] KOFSTAD, P., u. K. HAUFFE: erscheint demnächst als Bericht bei Air Research and Development Command, U. S. Air Force, Contract No. AF 61 (514—892), Arch. Eisenhüttenwes. 1956, im Druck.

denen anderer Autoren[1]. Nach längeren Oxydationszeiten wird jedoch ein Übergang ins parabolische Zeitgesetz beobachtet (ähnlich wie bei der Ni-Oxydation, s. S. 108). Die von GULBRANSEN gefundene Sauerstoffdruckabhängigkeit der Oxydationsgeschwindigkeit von Titan bei 550°C — besonders im Bereich dünner Oxydfilme — läßt auf einen Feldtransportmechanismus schließen, wie er auf S. 102 für die Sauerstoffdruckabhängigkeit der Oxydationsgeschwindigkeit von Zink diskutiert wurde. (Evtl. konzentrationsabhängige O-Diffusion im Ti?) Auf Grund der n-Leitung des TiO_2 sollte bei diffusionsgesteuerter Oxydation eine solche Abhängigkeit nicht beobachtet werden.

Wie man aus den Versuchsergebnissen von DAVIES und BIRCHENALL[2] in Abb. 93 schließen muß, läßt sich der zeitliche Verlauf der Oxydation von Titan oberhalb 820°C durch ein lineares Zeitgesetz wiedergeben. Unterhalb dieser Temperatur bis etwa 650°C läßt sich der zeitliche Verlauf der Oxydation in Übereinstimmung mit den Versuchsergebnissen von PFEIFFER und HAUFFE[3] (Abb. 92), JENKINS[4], RICHARDSON und GRANT[5] (Abb. 94) durch ein parabolisches Zeitgesetz beschreiben. Auf Grund der obigen qualitativen Strukturbetrachtung der Zunderschicht werden die experimentellen Befunde der letzten drei Beobachtungsgruppen verständlich. Wie wir nämlich in Abb. 90 sahen, tritt unterhalb 800°C bei nicht zu langen Oxydationszeiten ausschließlich eine blau gefärbte TiO_2-Schicht auf, die relativ kompakt aufgebaut ist, so daß unter diesen Bedingungen eine Ionendiffusion über Sauerstoffionenleerstellen durch die Oxydschicht zum Metall erfolgt, was bei geschwindigkeitsbestimmender Diffusion zu einem parabolischen Zeitgesetz führt. Daß tatsächlich hier die Sauerstoffionen durch die Schicht diffundieren, und nicht die Metallionen über Zwischengitterplätze

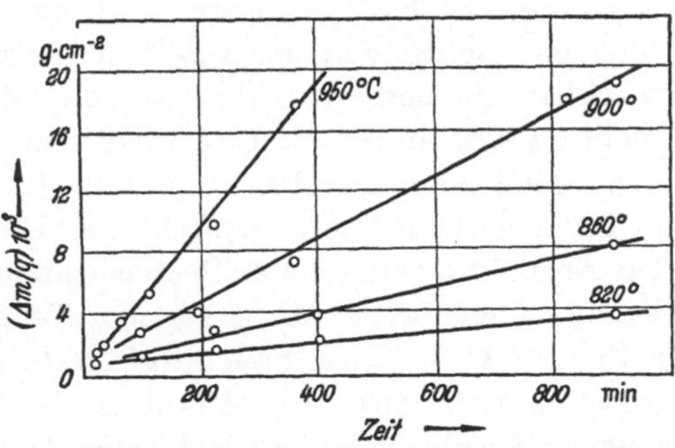

Abb. 93. Zeitlicher Verlauf der Oxydation von Titan zwischen 820 und 950°C bei einem Sauerstoffdruck von 1 Atm nach DAVIES und BIRCHENALL (lineares Zeitgesetz). A. E. JENKINS [J. Inst. Metals 82, 213 (1953/54)] findet in Übereinstimmung hierzu ebenfalls oberhalb 800°C in Sauerstoff von 1 Atm ein lineares Zeitgesetz mit annähernd den gleichen Werten für die lineare Zunderkonstante l'' in mg·cm⁻²·min⁻¹:
$$l'' = 2{,}4 \cdot 10^4 \cdot \exp(-47\,500/RT) \quad \text{nach DAVIES und BIRCHENALL}$$
$$l'' = 2{,}5 \cdot 10^3 \cdot \exp(-30\,500/RT) \quad \text{nach JENKINS}$$

[1] MORTON, P. H., u. W. M. BALDWIN: Trans. ASM 44, 1004 (1952).
[2] DAVIES, M. H., u. C. E. BIRCHENALL: J. Metals 3, 877 (1951).
[3] PFEIFFER, H., u. K. HAUFFE: Z. Metallkunde 43, 364 (1952).
[4] JENKINS, A. E.: J. Inst. Metals 84, 1 (1955/56).
[5] RICHARDSON, L. S., u. N. J. GRANT: J. Metals 6, 69 (1954).

wie im Falle der Zinkoxydation, wird aus dem Fehlordnungsgleichgewicht Gl. (4.72) erwartet[1] und konnte an Hand von *Markenversuchen* mit radioaktivem Silber von DAVIES und BIRCHENALL[2] bewiesen werden.

Oberhalb 820° C hingegen erhalten wir auf reinem Titan keine festhaftenden Oxydschichten mehr, da das sich ausbildende TiO und Ti_2O_3 als lockere — teilweise leicht pulvrige — Schicht auftritt, wodurch dem Sauerstoff genügend breite Korngrenzen und Poren zum raschen Antransport zur Reaktionsfront zur Verfügung stehen, so daß mit geschwindigkeitsbestimmenden Phasengrenzreaktionen zu rechnen ist. Da die Oxydationsgeschwindigkeit nullter Ordnung in bezug auf Sauerstoff ist, dürfte ein geschwindigkeitsbestimmender Vorgang an der Phasengrenze Oxyd/Sauerstoff kaum in Frage kommen. Bei geschwindigkeitsbestimmender Reaktion an der Phasengrenze Ti/TiO hingegen sollte sich die α-β-Titanumwandlung[3] bei etwa 880° C bemerkbar machen, was aber aus den bisherigen Versuchsergebnissen nicht zu entnehmen ist. Das Ausbleiben dieses Effektes wird verständlich, wenn man berücksichtigt, daß durch die Lösung von Sauerstoff in Titan der Umwandlungspunkt über 1000° C verschoben werden kann. Die Aufklärung aller dieser Beobachtungen wird noch durch die folgende Tatsache erschwert: Mit steigender Temperatur — insbesondere oberhalb 700° C — wird Sauerstoff in beachtlichen Mengen von Titan gelöst. Ferner tritt beim Abkühlen der Zunderschicht in der äußeren sauerstoffreichen Zunderschicht zum Teil ein Zerfall in TiO und Ti auf, wobei das TiO sich bevorzugt an den Korngrenzen abscheidet, was zur Zerstörung der anfänglich kompakten Deckschicht führt. Durch eine Vakuumbehandlung zwischen 900 und 1000° C gelang es JENKINS[4] nachzuweisen, daß die auf Titan erzeugten Oxydschichten bis zum Gleichgewicht von der Metallphase gemäß der Bruttogleichung:

$$TiO_2 + Ti \longrightarrow 2\,O \text{ (gelöst in Ti)}$$

absorbiert wurden. Zwischen 900 und 1100° C fanden MORTON und BALDWIN einen zeitlich unregelmäßigen Verlauf der Oxydation, wobei im periodischen Wechsel nach einer gewissen Oxydationszeit die Oxydationsgeschwindigkeit anschnellt und dann allmählich auf ihren alten Wert wieder absinkt. An Hand von Langzeit-Versuchen, die über einige Tage gingen, konnten HAUFFE und KOFSTAD[5] dieses periodische

---

[1] EARLE, M. D.: Physic. Rev. **61**, 56 (1942). — K. HAUFFE, H. GRUNEWALD u. R. TRÄNCKLER-GREESE: Z. Elektrochem., Ber. Bunsenges. physik. Chem. **56**, 937 (1952).

[2] Siehe Fußnote 2, S. 189.

[3] JAFFEE, R. I., H. R. OGDEN u. D. J. MAYKUTH: Trans. AIME **188**, 1261 (1950). — A. J. WILLIAMS, R. W. CAHN u. C. S. BARRETT: Acta Metallurgica **2**, 117 (1954).

[4] JENKINS, A. E.: J. Inst. Metals **82**, 213 (1953/54).

[5] HAUFFE, K., u. P. KOFSTAD: unveröfftl. Messungen, s. a. Fußn. 3 auf S. 188.

Schwanken der Oxydationszeitkurven bestätigen, was wahrscheinlich auf ein periodisches Aufreißen der Oxydschicht zurückzuführen ist. Das quasi-lineare Zeitgesetz setzt sich also durch kleine parabolische Äste zusammen. Aus diesem Grunde sind für die richtige Beurteilung der Oxydationsbeständigkeit von Titan und Titanlegierungen unbedingt Langzeit-Versuche zu empfehlen. Insofern sind alle bisherigen Untersuchungen, die zu kurze Oxydationszeiten verwandten, für eine Beurteilung der Oxydationsbeständigkeit nicht zu verwenden.

Der von RICHARDSON und GRANT[1] zwischen 700 und 1050° C gefundene parabolische Verlauf der Oxydation von Titan in Sauerstoff von 0,5 Atm ist ein typisches Ergebnis eines Kurzzeit-Versuchs. Wie man aus der Lage der Meßpunkte in Abb. 94 sieht, wird der parabolische Verlauf offensichtlich recht genau eingehalten, wenn man kurze

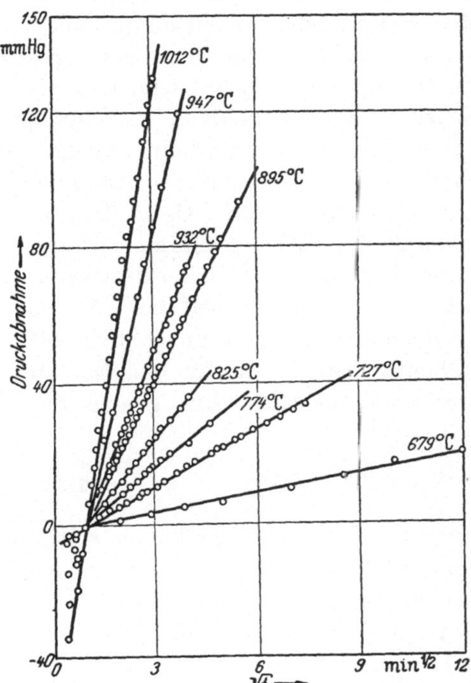

Abb. 94. Zeitliche Sauerstoffdruckabnahme während der Oxydation von Titan in Sauerstoff von 0,5 Atm Druck zwischen 679 und 1012° C nach RICHARDSON und GRANT (Oberfläche: 18,52 cm²)

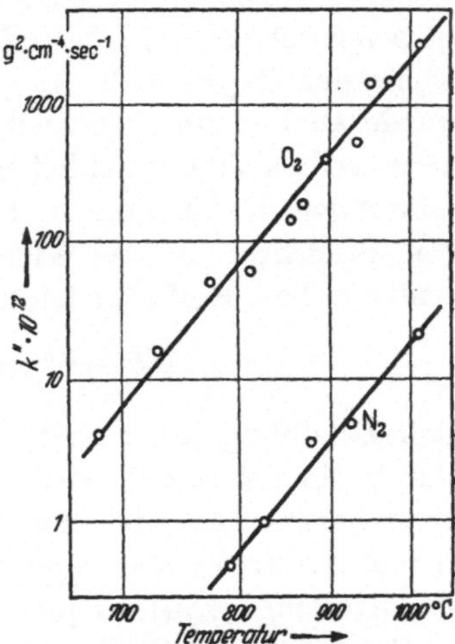

Abb. 95. Temperaturabhängigkeit der parabolischen Oxydations- und Nitrierungskonstante nach RICHARDSON und GRANT

Oxydationszeiten zwischen 25 und 150 min wählt. Offenbar werden in diesen kurzen Versuchszeiten die für die lineare Zunderung maßgebenden lockeren TiO + Ti- und Ti_2O_3-Schichten noch nicht gebildet. Bei diesen kurzen Oxydationszeiten kann man auch aus den Versuchsergebnissen von DAVIES und BIRCHENALL einen parabolischen

[1] RICHARDSON, L. S., u. N. J. GRANT: J. Metals 6, 69 (1954).

Verlauf zwischen 700 und 900° C erkennen. Ferner ist der oberhalb von 700° C von GRANT[1] gefundene Wert der Aktivierungsenergie mit 47,4 kcal/Mol (Abb. 95) fast doppelt so groß wie der von GULBRANSEN und ANDREW[2] erhaltene Wert von 26 kcal/Mol unterhalb 600° C. Diese unterschiedlichen Werte der Aktivierungsenergien werden verständlich, wenn man berücksichtigt, daß oberhalb 700° C überwiegend Diffusionsvorgänge (auch in die Titanphase hinein) maßgebend sind — daher parabolischer Verlauf — und unterhalb 600° C sicher Feldtransporte der Ionen durch die Oxydschicht oder Gasdiffusion im Metall—daher quasi-parabolisches und kubisches Zeitgesetz.

ARKHAROV und LUSCHKIN[3] berichten, daß die Oxydationsgeschwindigkeit von Titan oberhalb 1150° C in Luft schneller ist als in Sauerstoff. Gleichzeitig durchgeführte röntgenographische Untersuchungen an den entstandenen Oxydschichten bzw. an TiO_2 ergaben, daß die Gitterkonstanten von TiO_2 zwischen 1100 und 1200° C, die einmal durch Oxydation in Luft und zum anderen in Sauerstoff erhalten wurden, voneinander verschieden, unterhalb dieser Temperaturen einander gleich sind. Die Abweichung der Gitterkonstanten von TiO_2 aus Oxydationsversuchen in Luft und Sauerstoff bei 1200° C nimmt mit der Dicke der Oxydschicht zu. Dieselbe Änderung der Gitterkonstanten wurde auch dadurch erreicht, daß in reinem Sauerstoff bei 1200° C hergestelltes TiO_2 anschließend bei derselben Temperatur in Stickstoff erhitzt wurde[4]. JAFFEE und Mitarbeiter[5] machen hierfür den Einbau von Stickstoff in das TiO_2-Gitter verantwortlich, was gemäß der symbolischen Einbaugleichung

$$N_2^{(g)} \longleftarrow 2N\bullet{}'(O^{2-}) + O\square{}^{\cdot\cdot} + \frac{3}{2} O_2^{(g)} \qquad (4.74)$$

eine Erhöhung der Leerstellenkonzentration zur Folge haben sollte. Durch diese zusätzliche Leerstellenproduktion wird die Zunahme der Gitterkonstanten und der Oxydationsgeschwindigkeit verständlich. Jedoch bedarf es noch weiterer Versuche, um die Gültigkeit der Einbaugleichung (4.74) zu prüfen.

CARPENTER und REAVELL[6] vergleichen die Oxydations- mit der Nitrierungsgeschwindigkeit von Titan zwischen 700 und 1000° C. In allen Fällen war die Geschwindigkeit der Oxydation größer als die der Nitrierung. Auf die Nitrierung kommen wir noch später zu sprechen.

---

[1] Siehe Fußnote 1, S. 191.

[2] GULBRANSEN, E. A., u. K. F. ANDREW: J. Metals **1**, 741 (1949).

[3] ARKHAROV, V. I., u. G. P. LUSCHKIN: Ber. Akad. Wiss. UdSSR **83**, 837 (1952).

[4] EHRLICH, P.: Angew. Chem. **59**, 163 (1947).

[5] JAFFEE, R. I., H. R. OGDEN u. D. J. MAYKUTH: Trans. AIME **188**, 1261 (1950).

[6] CARPENTER, L. G., u. F. R. REAVELL: Metallurgia **39**, 63 (1949).

Die in verschiedenen Temperaturbereichen und Oxydationszeiten beobachteten Zeitgesetze möchten wir in dem folgenden Schema zusammenfassen:

Zeitgesetze					
1 Std. Oxydation	logarithmisch	kubisch	parabolisch	parabolisch	parabolisch
Längere Oxydation	kubisch	parabolisch	parabolisch mit Sprüngen[1]	linear[2]	parabolisch und linear[3]

$$300 \quad 400 \quad 500 \quad 600 \quad 700 \quad 800 \quad 900 \quad 1000 \quad 1100°\,C$$

Unter der Voraussetzung einer bevorzugten TiO_2-Bildung während des Angriffs von Sauerstoff auf Titan — was bei Kurzzeitversuchen der Fall zu sein scheint — und einer Fehlordnung gemäß Gl. (4.72) sollte man durch kleine Legierungszusätze von Wolfram oder Niob zu Titan bzw. durch Einbetten der zu oxydierenden Titanproben in WO_3 bzw. Nb_2O_5 eine Abnahme der Oxydationsgeschwindigkeit erwarten, da der Einbau von 6wertigen Wolframionen bzw. 5wertigen Niobionen ins TiO_2-Gitter gemäß der Einbaugleichung

$$WO_3 + O\square^{\cdot\cdot} \longleftarrow W\bullet^{\cdot\cdot}(Ti) + TiO_2 \tag{4.75}$$

bzw.

$$Nb_2O_5 + O\square^{\cdot\cdot} \longleftarrow 2Nb\bullet^{\cdot}(Ti) + 2TiO_2 \tag{4.76}$$

mit einer Verringerung der $O\square^{\cdot\cdot}$-Konzentration verbunden ist. Mit Gl. (4.75) gleichbedeutend ist die Zunahme der Konzentration der freien Elektronen $\ominus$ gemäß

$$WO_3 \longrightarrow W\bullet^{\cdot\cdot}(Ti) + 2\ominus + TiO_2 + \frac{1}{2}O_2^{(g)}, \tag{4.77}$$

was durch die beobachtete Zunahme der elektrischen Leitfähigkeit bestätigt wird (Abb. 96)[4]. HAUFFE und Mitarbeiter konnten die Richtigkeit der Schlußfolgerungen durch Oxydationsversuche an Titan in einer lockeren Aufschüttung von WO_3 (Abb. 92)[5] und an Titan-Wolfram- bzw. Titan-Niob-Legierungen zwischen 600 und 1000° C bestätigen. In Abb. 97 ist die Abnahme der Oxydationsgeschwin-

---

[1] Durch Aufreißen der Zunderschicht.

[2] Poröse Deckschicht; abhängig von der Ti-Qualität.

[3] Mit höheren Temperaturen wieder Überwiegen des parabolischen Verlaufs, da Erreichen der TAMMANN-Temperatur für TiO_2, dadurch bessere Sinterung.

[4] HAUFFE, K., H. GRUNEWALD u. R. TRÄNCKLER-GREESE: Z. Elektrochem., Ber. Bunsenges. physik. Chem. **56**, 937 (1952).

[5] PFEIFFER, H., u. K. HAUFFE: Z. Metallkunde **43**, 364 (1952).

digkeit durch einen Niobzusatz von 1 Atom-% zu erkennen[1]. Der hier aufgetragene parabolische Verlauf der Oxydation, der auch nach längeren Zeiten erhalten blieb, wird hier nicht mehr durch ein periodisches Aufplatzen der Deckschicht gestört. Im Gegensatz zu Titan ist an Titanlegierungen häufig eine größere Haftfestigkeit der Deckschicht zu beobachten. Wie röntgenographische und elektronenoptische Untersuchungen ergaben[1], bestand die kompakte Zunderschicht aus einem Rutil bzw. einem Mischkristall aus TiO_2-Nb_2O_5. Eine TiO- und Ti_2O_3-Bildung war nicht beobachtbar. Die durch die Anoxydation von Ti-Nb-Legierungen entstehende Sprödigkeit der Legierung ist allerdings so verheerend, daß man die Legierungsbleche mit Leichtigkeit zerbrechen kann. Inwieweit diese Sprödigkeit durch eine „innere Oxydation" verursacht wird, ist z. Z. noch nicht untersucht worden. Um diese Sprödigkeit zu verhindern, kann man beispielsweise metallische oder keramische Schutzschichten verwenden, wie dies TOLER[2] an einem Beispiel ausführt.

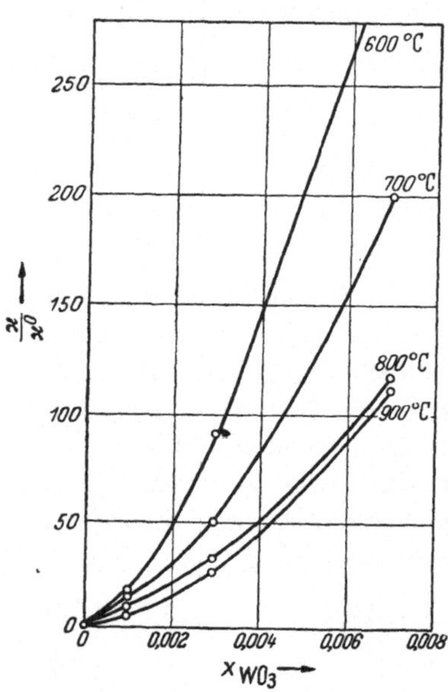

Abb. 96. Verlauf des Leitfähigkeitsverhältnisses $\varkappa/\varkappa^0$ von TiO_2-WO_3-Mischoxyden in Abhängigkeit vom WO_3-Gehalt in 1 Atm Luft nach HAUFFE, GRUNEWALD und TRÄNCKLER-GREESE. $\varkappa$ ist die elektrische Leitfähigkeit der Mischphase und $\varkappa^0$ die der reinen TiO_2-Phase

Auf Grund des Verlaufs der elektrischen Leitfähigkeit von TiO_2-Cr_2O_3-Mischoxyden in Abhängigkeit vom Cr_2O_3-Gehalt (unerwartete Zunahme unterhalb 800° C) sollte ein Zulegieren von kleinen Mengen Chrom unterhalb 800° C ebenfalls eine Abnahme der Oxydationsgeschwindigkeit bewirken. Hierbei ist jedoch zu berücksichtigen, wie eine Untersuchung des Phasendiagramms Titan-Chrom[3] ergeben hat, daß die Löslichkeit von Chrom in Titan unterhalb 885° C < 0,5 Gew.-% ist (α-Phase). Erst oberhalb dieser Temperatur — dann allerdings mindestens bis zu 20 Gew.-% Cr — ist die Löslichkeit von Cr in der β_1-Phase genügend groß. Dieses Temperaturgebiet ist aber nach den obigen Ausführungen für die Oxydation von Ti-Cr-Legierungen uninteressant, da ja oberhalb 885° C der Einbau von Chromionen in die TiO_2-Zunderschicht die Leerstellenkonzentration der Sauerstoffionen

---

[1] KOFSTAD, P., u. K. HAUFFE: Unveröffentlichte Versuche
[2] TOLER jr., H. R.: Amer. ceram. Soc. Bull. **34**, 4 (1955).
[3] CUFF, F. B., N. J. GRANT u. C. F. FLOE: J. Metals **4**, 848 (1952).

und damit die Oxydationsgeschwindigkeit erhöht. In der Tat wird die Oxydationsgeschwindigkeit von Titan durch Zusatz einiger Prozente Chrom erhöht, wie McPHERSON und FONTANA[1] nachweisen konnten. Erst oberhalb 17 Gew.-% Cr tritt eine gewisse Verbesserung der Oxydationsbeständigkeit auf, die sich aber nicht aus den Fehlordnungsverhältnissen einer TiO_2-Mischphase deuten läßt. Die von GRANT und Mitarbeitern durchgeführten Strukturuntersuchungen[2] am System Titan-Chrom (bis 20 Gew.-%)-Sauerstoff (bis 10 Gew.-%) sind für die Aufklärung des Chromeinflusses auf die Oxydationsgeschwindigkeit nützlich. Abschließend sei noch auf die Strukturuntersuchungen und die Aufnahmen von Zustandsdiagrammen von Ti-W-,[3] Ti-Nb-[4] und Ti-Cr-O-Legierungen[5] hingewiesen, die von allgemeinem Interesse sind.

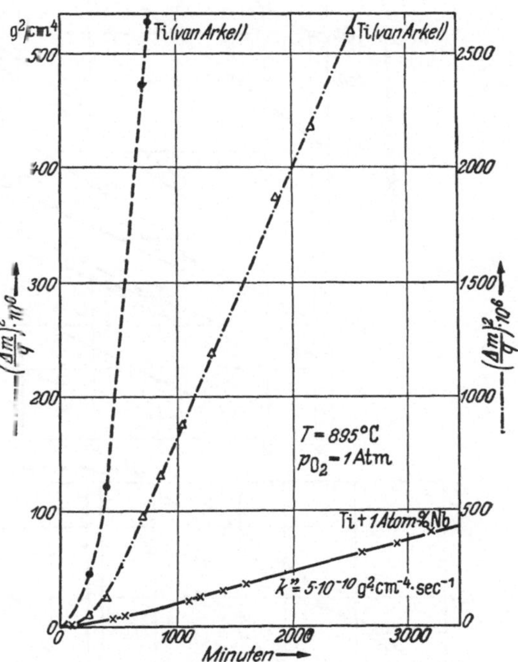

Abb. 97. Zeitlicher Verlauf der Oxydationsgeschwindigkeit von VAN ARKEL-Titan und einer Ti-Nb-Legierung mit 1 Atom-% Nb in Sauerstoff von 1 Atm bei 895 °C nach KOFSTAD und HAUFFE. Die Oxydationsgeschwindigkeit der Legierung war um etwa 1,5 Zehnerpotenzen kleiner als die von Titan[6]

Kürzlich wurde von MAYNOR, BARRETT und SWIFT[7] in einer Großzahl-Versuchsserie die Oxydationsgeschwindigkeit von Titan und Titanlegierungen (binäre und ternäre) mit kleinen Zusätzen zwischen 0,5 und 5 Gew.-% der folgenden Legierungsmetalle in Luft bei 650°, 760°, 871° und 982° C untersucht: Al, Cr, Cu, Fe, Mn, Mo, Nb, Ni, Si, Ta,

---

[1] McPHERSON, D. J., u. M. G. FONTANA: Trans. ASM **43**, 1098 (1951).

[2] WANG, CH.-CH., u. N. J. GRANT: J. Metals **6**, 200 (1954).

[3] MAYKUTH, D. J., H. R. OGDEN u. R. I. JAFFEE: J. Metals **5**, 231 (1953)

[4] AMES, S. L., u. A. D. McQUILLAN: Acta Metallurgica **2**, 831 (1954).

[5] ROSTOKER, W.: J. Metals **7**, 113 (1955).

[6] Unter anderen Versuchsbedingungen werden erheblich kleinere Unterschiede der Oxydation von Ti und Legierung beobachtet.

[7] MAYNOR jr., H. W., B. R. BARRETT u. R. E. SWIFT: WADC Techn. Rep. 54—109, Contract No. AF 18 (600)—60, Project No. 7351, März 1955. — Vgl. auch A. E. JENKINS: J. Inst. Metals **84**, 1 (1955/56).

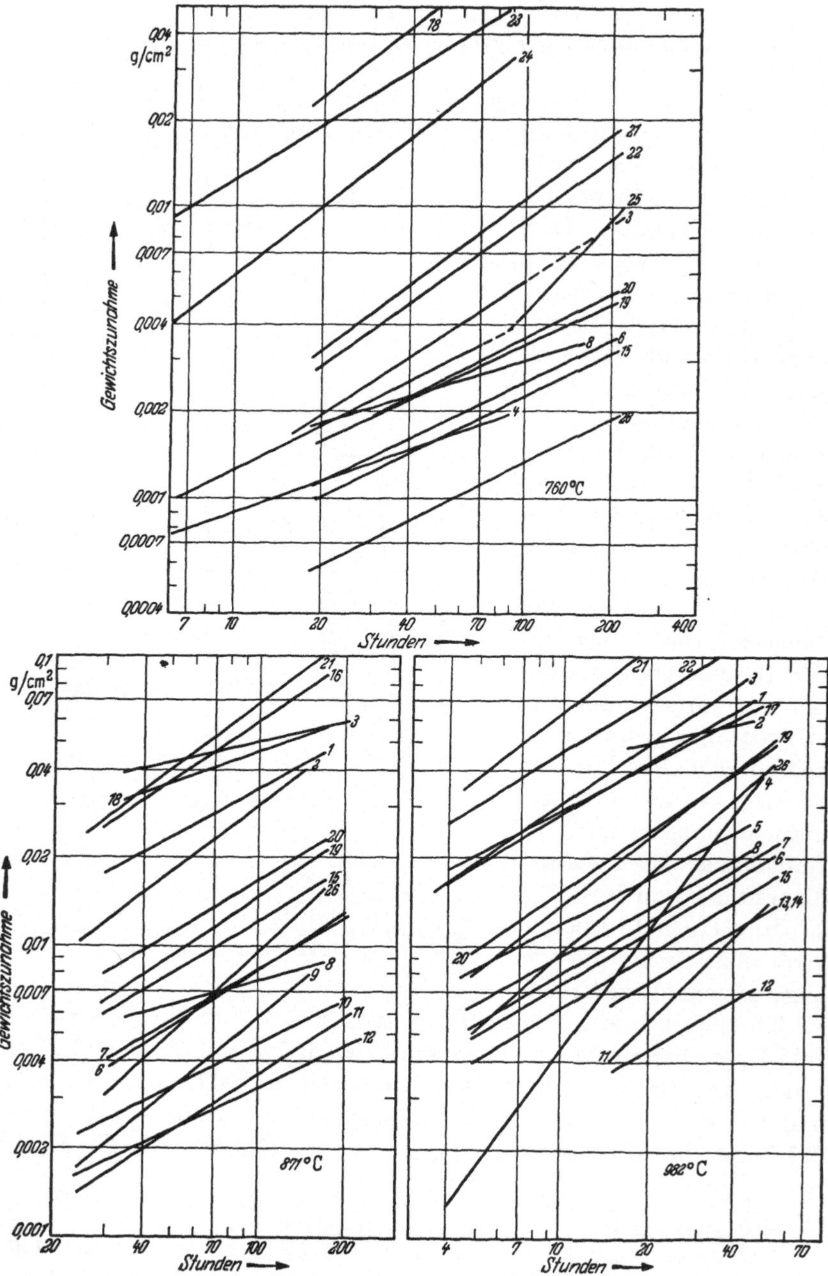

Abb. 98. Zeitlicher Verlauf der Oxydation von Titan (mit verschiedenen Wärmebehandlungen), Titanlegierungen und Stählen bei 760° (a), 871° (b) und 982° C (c) in Luft von 1 Atm nach MAYNOR, BARRETT und SWIFT

Die folgenden Nummern geben die Zusammensetzung der Titanlegierungen in Gew.-% an:

1: Titan (Nr. 7 u. 21)	8: 302-Typ Stahl (Republik Steel)	15: 1,03% Si
2: Titan (Nr. 115)	9: 4% W + 1% Mo	16: 2,28% Fe + 2,55% V (Mallory-Sharon-Titan)
3: Titan (Standard)	10: 6% Al + 1% Si	17: 1,93% Al + 5,38% Cr (Mallory-Sharon-Titan)
4: 2,95% W	11: 4% W + 1% Si	
5: 302-Typ Stahl (United States Steel)	12: 4% Ta + 1% Si	18: RS-70 (Titan der Republik Steel)
6: 4,45% Nb	13: 4% Ta + 1% W	
7: 4,37% Ta	14: 4% Ta + 1% Nb	

19: 1,0 % Nb	
20: 0,54% Ta	
21: 0,84% V	
22: 3,88% V	
23: 4,03% Cr	
24: 1,05% Cr	
25: 3,96% Mo	
26: 3,69% Si	

V, W. In eindrucksvoller Weise geht aus den Ergebnissen dieser Versuche, die in Abb. 98 dargestellt sind, hervor, daß im Sinne der obigen Betrachtung nur diejenigen Legierungszusätze die Oxydationsgeschwindigkeit herabsetzen, die überwiegend höher- als 4wertig in die Zunderschicht eingebaut werden, wie z. B. Nb, Ta, W. (Eine Ausnahme macht Silicium.) Die Wirkung von Molybdän und Mangan ist insofern schwer zu übersehen, da diese Metalle auch stabile 3- und 4wertige Ionen in Form von MoO_2 und MnO_2 bzw. Mn_2O_3 bzw. Mn_3O_4 bilden. Nach den vorliegenden Versuchsergebnissen in Abb. 98 wird die oxydationshemmende Wirkung von Niob, Tantal und Wolfram durch einen Siliciumzusatz von etwa 1 Gew.-% erhöht. Aber schon ein Zusatz von 1% Si allein bewirkt eine starke Herabsetzung der Oxydationsgeschwindigkeit. Die Ursache dieser Wirkung dürfte kaum auf eine Erniedrigung der Sauerstoffionenleerstellen-Konzentration zurückzuführen sein, da Silicium nur als 4wertiges Ion in die Zunderschicht eintreten kann. Vermutlich beruht die gute Wirkung des Siliciums auf eine Verbesserung der Epitaxie und auf eine Silicatschichtbildung, die sich als „Sperrschicht" zwischen der Legierung und der TiO_2- bzw. TiO_2-Mischoxydschicht ausbildet. Bei höheren Siliciumgehalten (3 Gew.-%. im Titan wird insbesondere bei höheren Temperaturen wieder eine Zunahme der Oxydationsgeschwindigkeit beobachtet.

Bemerkenswert ist die gefundene erhebliche Zunahme der Oxydationsgeschwindigkeit von Titan mit kleinen Zusätzen an Vanadium (0,84%). Bei einem Zusatz von etwa 4 Gew.-% V ist die Zunahme allerdings nur noch halb so groß. Zur Aufklärung der Wirkungsweise dieses Legierungszusatzes sind systematische Untersuchungen erforderlich. Zur Erforschung der Brauchbarkeit von Titanlegierungen als Werkstoffe, die vanadinoxydhaltigen Brenngasen ausgesetzt sind, erscheinen Oxydationsversuche in Gegenwart von V_2O_5 wünschenswert.

Die Aufklärung des Oxydationsmechanismus von Titancarbid, worauf wir noch näher im Kap. 6 eingehen, ist insofern recht schwierig, als man heute noch nicht die Mitwirkung des Kohlenstoffs bei der Oxydation kennt. KINNA und RÜDIGER[1] fanden ein parabolisches Zeitgesetz der Oxydation von Titan- und Titan-Kobalt-Carbiden zwischen 600 und 800° C (Abb. 99). Gleichzeitig durchgeführte Oxydationsversuche an einer Hartmetallegierung mit 82 Gew.-% TiC und 18% Co bei 1000° C ergaben eine etwas höhere Zunderkonstante als reines TiC. Unterhalb 900° C bestand nach 40 bis 60 Versuchsstunden die Zunderschicht überwiegend aus TiO_2 mit Co_3O_4-Einschlüssen und bei 1000° C überwiegend aus TiO_2 mit Co- und CoO-Einlagerungen. Diese Untersuchungen stehen im Einklang mit den Oxydationsversu-

---

[1] KINNA, W., u. O. RÜDIGER: Arch. Eisenhüttenwes. **24**, 535 (1953).

chen an Hartmetallen mit einer Zusammensetzung von 80 Gew.-% TiC und 20% Co von GREENHOUSE und Mitarbeitern[1]. In Übereinstimmung mit den obigen Ausführungen über den Mechanismus der Titanoxydation wird auch bei den Hartmetallen die Diffusion des Sauerstoffs durch die Zunderschicht als maßgebender Vorgang angesehen.

In diesem Zusammenhang ist eine Arbeit von ROACH[2] über die Verbesserung der Oxydationsbeständigkeit von Titancarbid durch Chromzusätze erwähnenswert. Ein Cr-Gehalt von 5 Gew.-% brachte eine deutliche Herabsetzung der Oxydationsgeschwindigkeit zwischen 600 und 1400° C. Neben dieser Arbeit ist besonders noch eine Untersuchung über die verbessernden Einflüsse von kleinen Cr-, TiN-, Mo- und MoSi-Zusätzen zu nennen[3]. Auch an ternären Carbidsystemen aus Titan, Silicium und Bor wurde über einen oxydationsbremsenden Einfluß fremder Carbidzusätze berichtet[4]. Über den Mechanismus dieser Einflüsse läßt sich jedoch z. Z. nichts Sinnvolles sagen.

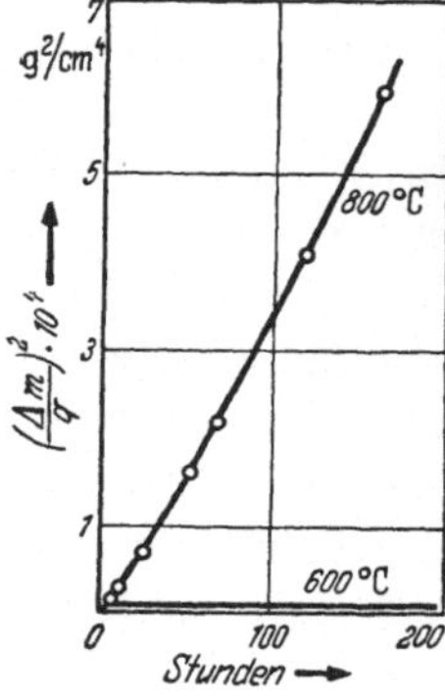

Abb. 99. Zeitlicher Verlauf der Oxydation einer Legierung aus 82 Gew.-% TiC und 18 Gew.-% Co in Luft von 1 Atm nach KINNA und RÜDIGER (parabolisches Zeitgesetz)

Hier müssen noch wesentliche grundsätzliche Erkenntnisse erarbeitet werden, die zur Deutung notwendig sind (s. a. Kap. 6). Über das Zustandsdiagramm Titan-Kohlenstoff liegen Untersuchungen von JAFFEE und Mitarbeitern[5] vor. DUWEZ und ODELL[6]

Tabelle 32. *Nitrierung von Titan in Ammoniak nach* WYANT *und* GRANT *und in Stickstoff nach* GULBRANSEN *und* ANDREW

p_{NH_3} = 1 Atm		p_{N_2} = 0,1 Atm	
T °C	k'' g²·cm⁻⁴·sec⁻¹	T °C	k'' g²·cm⁻⁴·sec⁻¹
743	$1,5 \cdot 10^{-11}$	550	$5,3 \cdot 10^{-15}$
780	$3,2 \cdot 10^{-11}$	600	$3,0 \cdot 10^{-14}$
800	$7,0 \cdot 10^{-11}$	700	$2,8 \cdot 10^{-13}$
827	$8,8 \cdot 10^{-11}$	775	$1,1 \cdot 10^{-12}$
854	$9,6 \cdot 10^{-11}$	800	$1,5 \cdot 10^{-12}$
883	$1,1 \cdot 10^{-10}$	850	$3,2 \cdot 10^{-12}$
910	$1,7 \cdot 10^{-10}$		

[1] MCBRIDE, C. C., H. M. GREENHOUSE u. T. S. SHEVLIN: J. Amer. ceram. Soc. **35**, 28 (1952). — Vgl. auch O. E. ACCOUNTIUS, H. S. SISLER, T. S. SHEVLIN u. G. A. BOLE: J. Amer. ceram. Soc. **37**, 173 (1954).

[2] ROACH, J. D.: J. electrochem. Soc. **98**, 160 (1951).

[3] TINKLEPAUGH, J. R., E. W. HOLMAN u. R. E. WILSON: Rep. ATI-108738.

[4] ACCOUNTIUS, O. E., H. S. SISLER, T. S. SHEVLIN u. G. A. BOLE: J. Amer. ceram. Soc. **37**, 173 (1954).

[5] JAFFEE, R. I., H. R. OGDEN u. D. J. MAYKUTH: J. Metals **2**, 1261 (1950).

[6] DUWEZ, P., u. F. ODELL: J. electrochem. Soc. **97**, 299 (1950).

berichten über Strukturuntersuchungen an binären Carbidsystemen des Zirkons, Niobs, Titans und Vanadins[1].

Den Angriff von Stickstoff auf Titan zwischen 550 und 850° C haben GULBRANSEN und ANDREW[2] studiert. Die Nitrierung folgt in diesem Temperaturbereich angenähert einem parabolischen Zeitgesetz mit einer Aktivierungsenergie von 36,3 kcal/Mol (Abb. 100). Die Versuchsergebnisse der bei 76 mm Hg Stickstoff durchgeführten Nitrierungen von Titan sind in Tab. 32 zusammengestellt[3]. Wie aus Abb. 101 hervorgeht, ist die Nitrierungsgeschwindigkeit vom Stickstoffdruck abhängig.

Thermodynamische und Strukturuntersuchungen von TiN-Schichten wurden aus einem anderen Zusammenhang heraus von MÜNSTER und Mitarbeitern[4] durchgeführt. Über die Fehlordnungsverhältnisse in TiN-Kristallen läßt sich heute noch nichts Verbindliches angeben. Nach MÜNSTER[5] können TiN-Schichten metallische (besser als Ti) und halbleitende Eigenschaften

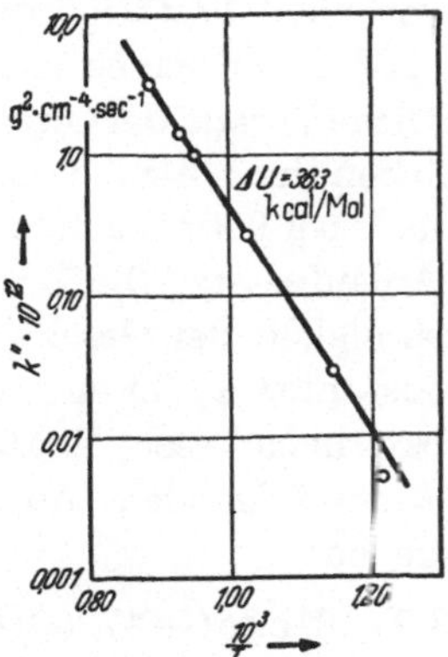

Abb. 100. Temperaturabhängigkeit der Nitrierungsgeschwindigkeit von Titan in Stickstoff von 76 mm Hg zwischen 550 und 850° C nach GULBRANSEN und ANDREW

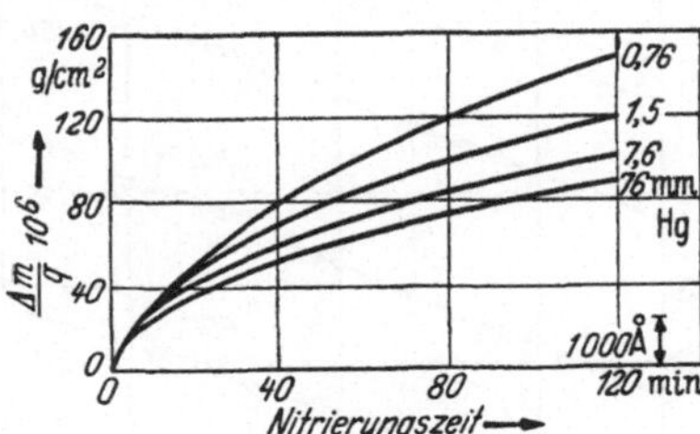

Abb. 101. Einfluß des Stickstoffdruckes auf die Nitrierungsgeschwindigkeit von Titan bei 800° C nach GULBRANSEN und ANDREW

aufweisen, was von der Unterlage dieser dünnen Schichten abhängt (siehe auch die elektrischen Leitfähigkeitsmessungen an Cr-Ti-Nitriden[6]). Wegen der Kurzlebigkeit der radioaktiven Ti-Isotope sind Selbstdiffusionsmessungen in TiN leider nicht durchführbar, so daß

---

[1] Vgl. auch A. E. KOVALSKII u. Y. S. UMANSKII: Z. phys. Chem. UdSSR **20**, 769 (1946). — H. NOWOTNY u. R. KIEFFER: Metallforsch. **2**, 257 (1947).

[2] GULBRANSEN, E. A., u. K. F. ANDREW: Metals Trans. **185**, 741 (1949).

[3] WYANT, J. L., u. N. J. GRANT: Preprint Nr. 3, ASM (1953).

[4] MÜNSTER, A., u. W. RUPPERT: Z. Elektrochem. Ber., Bunsenges. physik. Chem. **57**, 558, 564 (1953). — A. MÜNSTER u. K. SAGEL: Z. Elektrochem. Ber. Bunsenges. physik. Chem. **57**, 571 (1953).

[5] MÜNSTER, A., K. SAGEL u. G. SCHLAMP: Nature (London) **174**, 1154 (1954). — A. MÜNSTER u. K. SAGEL: Z. Physik **144**, 139 (1956).

[6] OLSON, E. R., E. H. LAYER u. A. E. MIDDLETON: J. electrochem. Soc. **102**, 73 (1955).

eine wichtige experimentelle Methode zur Aufklärung des Diffusionsmechanismus der Ionen in TiN-Kristallen ausfällt. „Markenversuche" sollten eine Entscheidung zwischen den beiden Diffusionsmöglichkeiten (ob Ti oder N) bringen.

4.2.2.3 Über die Oxydationsgeschwindigkeit von Zirkon und Niob

Sowohl GULBRANSEN[1] als auch CUBICCIOTTI[2] untersuchten die Oxydationsgeschwindigkeit von Zirkon zwischen 200 und 425° C in 76 mm Hg Sauerstoff bzw. zwischen 600 und 920° C in einem Sauerstoffdruckbereich von 0,1 bis 202 mm Hg. Die Ergebnisse des ersten Autors können durch ein kubisches Zeitgesetz beschrieben werden mit einer Aktivierungsenergie von etwa 26,2 kcal/Mol. Der bei höheren Temperaturen von CUBICCIOTTI gefundene parabolische Verlauf der Oxydation konnte von BELLE und MALLETT[3] nicht bestätigt werden. Wie aus den Versuchsergebnissen in Abb. 102 zu erkennen ist, folgt der zeitliche Verlauf der Oxydation von Zirkon in 1 Atm Sauerstoff auch noch bei 900° C einem kubischen Anlaufgesetz. Die Temperaturabhängigkeit der Geschwindigkeitskonstanten k_c (in cm$^9 \cdot$ cm$^{-6} \cdot$ sec^{-1} bzw. in cm$^3 \cdot$ sec^{-1}) läßt sich durch den folgenden Ausdruck wiedergeben:

$$k_c = 3{,}9 \cdot 10^6 \exp(-47200/R\,T).$$

Über den Oxydationsmechanismus kann man z. Z. wenig aussagen, da die Fehlordnungsverhältnisse im ZrO_2, das sich als Hauptprodukt bei der Oxydation bildet, nicht genügend bekannt sind. Unter den hier vorliegenden Bedingungen ist eine bevorzugte

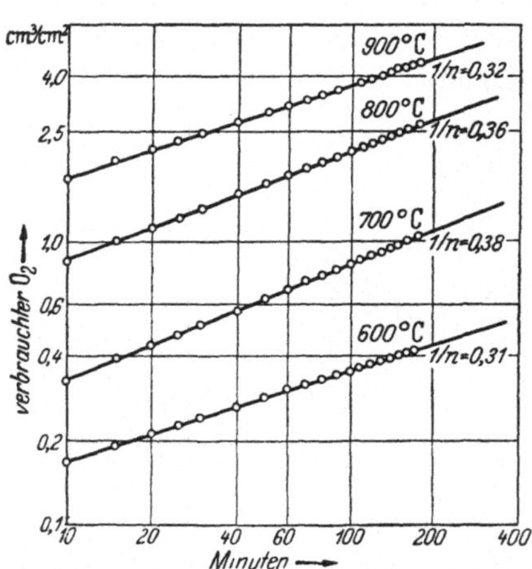

Abb. 102. Zeitlicher Verlauf des Sauerstoffverbrauches während der Oxydation von Zirkon in 1 Atm Sauerstoff zwischen 600 und 900° C nach BELLE und MALLET (kubisches Zeitgesetz: $\xi_1(t) = (A\,t + B)^{1/n}$)

n-Leitung wahrscheinlich. Durch Analogieschlüsse aus experimentellen Beobachtungen über die Stromleitung in NERNST-Stiftmassen (85% ZrO_2 + 15% Y_2O_3)[4] liegt für das ZrO_2-Gitter die Vermutung einer überwiegenden SCHOTTKY-Fehlordnung mit Zr☐''''- und O☐··-Stellen nahe, wobei offenbar den Sauerstoffionenleerstellen die größere Beweg-

[1] GULBRANSEN, E. A., u. K. F. ANDREW: J. Metals 1, 515 (1949).
[2] CUBICCIOTTI, D.: J. Amer. chem. Soc. 72, 4138 (1950).
[3] BELLE, J., u. M. W. MALLETT: J. electrochem. Soc. 101, 339 (1954).
[4] WAGNER, C.: Naturwiss. 31, 265 (1943).

lichkeit zukommt[1], wie aus Messungen der EMK geeigneter elektrochemischer Ketten ($CO/CO_2|ZrO_2 + Y_2O_3|O_2$) angenommen werden muß. Infolge der weitgehenden Ioneneigenfehlordnung ist es schwierig, zu übersehen, auf welche Weise sich Zusätze von höher- und niederwertigen Ionen auf die Oxydationsgeschwindigkeit auswirken können.

CHARLESBY[2] findet für die elektrolytische Filmbildung bei anodischer Oxydation ebenfalls Anzeichen für ein kubisches Zeitgesetz. Eine Verknüpfung dieser Beobachtung mit der bei hohen Temperaturen ist jedoch noch nicht möglich. Über die Zunderbeständigkeit von Zirkon in verschiedenen angreifenden Medien haben HAYES, ROBERSON und ROBERTSON[3] berichtet. In Gegenwart anderer Gase als Sauerstoff sind jedoch die Verhältnisse noch erheblich komplizierter, was besonders eindrucksvoll bereits aus den Oxydationsversuchen von Zirkon in Gegenwart von Stickstoff (Luft) hervorgeht, wie die Versuche von PHALNIKAR und BALDWIN[4] zeigen.

MALLETT und ALBRECHT[5] untersuchten die Oxydationsgeschwindigkeit von Zirkon-Zinn-Legierungen mit 1,5 und 2,5 Gew.-% Zinn in 1 Atm Sauerstoff zwischen 600 und 900° C. Die Legierung mit dem niedrigen Zinngehalt oxydierte nach einem kubischen Zeitgesetz, während die Oxydation der anderen durch ein parabolisches Zeitgesetz beschrieben werden konnte. Im ersten Fall ergaben sich zwei Oxydationsbereiche:

1. Zwischen 600 und 800° C:

$$k_c = 5{,}34 \cdot 10^4 \exp(-38400/R\,T);$$

2. Zwischen 825 und 900° C:

$$k_c = 87{,}2 \cdot \exp(-22600/R\,T) \quad (cm^3/cm^2)^3 \cdot sec^{-1}.$$

Die Temperaturabhängigkeit der parabolischen Zunderkonstanten, im Fall der zweiten Legierung, läßt sich zwischen 550 und 900° C durch den folgenden Ausdruck wiedergeben:

$$k = 2{,}63 \cdot 10^3 \exp(-32400/R\,T) \quad (cm^3/cm^2)^2 \cdot sec^{-1}.$$

Thermokraftmessungen an diesen ZrO_2-Schichten ergaben ein negatives Vorzeichen, was auf freie Elektronen und einen n-Leitungscharakter der Deckschicht schließen läßt und was mit dem Auftreten von Sauerstoffionenleerstellen vereinbar ist.

Die Bemerkungen der Autoren, daß das bei diesen dicken Schichten

[1] WEININGER, J. L., u. P. D. ZEMANY: J. chem. Physics **22**, 1469 (1954).

[2] CHARLESBY, A.: Proc. Phys. Soc. (B) **66**, 317 (1953) — Acta Metallurgica **1**, 340, 348 (1953).

[3] HAYES, E. T., A. H. ROBERSON u. R. H. ROBERTSON: J. electrochem. Soc. **97**, 316 (1950).

[4] PHALNIKAR, C. A., u. W. M. BALDWIN: Proc. Amer. Soc. Testing Mater. **51**, 1038 (1951).

[5] MALLETT, M. W., u. W. M. ALBRECHT: J. electrochem. Soc. **102**, 407 (1955).

beobachtete kubische Zeitgesetz sich nicht im Sinne der Theorie von CABRERA und MOTT (s. S. 104) deuten läßt, bedürfen einer Erläuterung. Die von ihnen angeführte Tatsache, daß ihre Deckschichten erheblich dicker waren als die nach der MOTTschen Theorie zulässige Schichtdicke von $\leqq 2 \cdot 10^{-4}$ cm (diese kritische Schichtdicke ist natürlich noch temperaturabhängig, was stets zu berücksichtigen ist) erscheint insofern nicht stichhaltig, solange nicht der Beweis angetreten wird, daß die gesamte Deckschicht porenfrei war. Auf Grund dieses Tatbestandes möchten wir eine andere Deutung zur Diskussion vorschlagen: Die Oxydschicht ist nur bis maximal etwa $2 \cdot 10^{-4}$ cm kompakt und darüber porös. Hierdurch bleibt der „kubische Feldtransport" geschwindigkeitsbestimmend, da der Antransport der Reaktionspartner durch den porigen übrigen Teil der Zunderschicht rasch erfolgt[1].

Mikroskopische und röntgenographische Untersuchungen der in Luft bei 900° C anoxydierten Zirkonproben ergaben neben einer weißen äußeren noch eine dünne dunkle ZrO_2-Schicht im Innern des Zunders. Gleichzeitig hatte sich die Oberfläche der oxydierten Proben bereits nach 4 Std. um 200% vergrößert, eine Erscheinung, die an anderen Metallen in diesem Ausmaße nicht beobachtet wurde. Wie aus den Schliffbildaufnahmen zu ersehen ist, zeigt die Begrenzungsfläche Zunder/Zirkon einen auffallend unregelmäßigen Verlauf. Durch die Löslichkeit von Sauerstoff und Stickstoff im Zirkon (Volumeneffekt) ist diese starke Dimensionsänderung nicht zu deuten. Im Reaktionsofen hängende Proben wiesen nach dem Oxydationsversuch am unteren Ende eine größere Verbreiterung auf als am oberen Ende. Abb. 103 stellt die prozentuale Zunahme der Oberfläche des Zirkonbleches mit der Zeit bei verschiedenen Temperaturen in Luft (also $O_2 + N_2$) dar. Diese Erscheinung kann nicht als ein „Fließen" unter Druck angesehen werden. Bemerkenswert ist der Befund, wonach an in reinem Sauerstoff bzw. Stickstoff bei 900° C angezunderten Blechen innerhalb von 4 Std. keine Zunahme der Oberfläche festgestellt werden konnte.

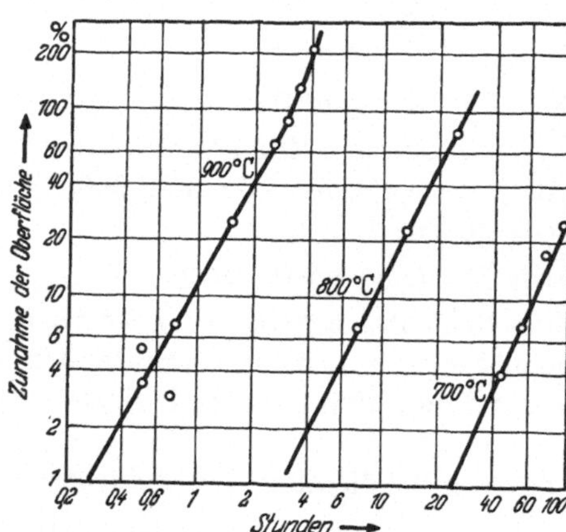

Abb. 103. Zeitliche Zunahme der Oberfläche in Prozenten während der Oxydation von Luft nach PHALNIKAR und BALDWIN

Wie ferner aus den Versuchsergebnissen von PHALNIKAR und BALDWIN hervorgeht, tritt ein Übergang vom kubischen ins para-

[1] Es kann auch eine O-Diffusion im Metall maßgebend sein!

bolische Zeitgesetz bei 500° C nach 100, bei 600° C nach 20 und bei 700° C schon nach 5 Std. Oxydationsdauer auf.

Untersuchungen der Oxydationsgeschwindigkeit von Niob sind insofern besonders reizvoll, da Niob einen hohen Schmelzpunkt (2415° C) und gute mechanische Eigenschaften bei hohen Temperaturen besitzt und da das in der Zunderschicht auftretende Nb_2O_5 — im Gegensatz zu den Molybdänoxyden — nur eine geringe Verdampfbarkeit aufweist. Messungen über die Geschwindigkeit der Reaktion von Niob mit Sauerstoff, Stickstoff und Wasserstoff im Gebiet niedriger Temperaturen (250 bis 375° C) wurden von GULBRANSEN und ANDREW[1] durchgeführt. Sie fanden ein parabolisches Zeitgesetz mit einer Aktivierungsenergie von 22,8 kcal/Mol. Da nach BRAUER[2] drei Oxydphasen (NbO, Nb_2O_3 und Nb_2O_5) existieren, muß neben den kinetischen Messungen der Aufbau der Zunderschicht gesondert untersucht werden. Ferner dürften für den Aufbau der Zunderschicht die drei Modifikationen des Nb_2O_5 ebenfalls von Bedeutung sein. BRAUER fand, daß die „T-Modifikation" zwischen 500 und 900° C, die „M-Modifikation" zwischen 1000 und 1100° C und die „H-Modifikation" über 1100° C beständig ist. Es ist gegenwärtig ungeklärt, ob die thermodynamischen Gleichgewichte dieser Modifikationen während der Oxydation sich überhaupt einstellen.

Aus einer neuen Arbeit von INOUYE[3] über die Oxydationsgeschwindigkeit von Niob in 1 Atm Luft mit und ohne Wasserdampf zwischen 400 und 1200° C entnehmen wir, daß der zeitliche Verlauf der Oxydation oberhalb 600° C nach einem kurzzeitigen parabolischen Gang dem linearen Zeitgesetz gehorcht (Abb. 104). Während bei 600° C ein H_2O-Dampfdruck von 18,6 mm Hg eine etwa 50%ige Abnahme der Oxydationsgeschwindigkeit ergab, war dieser bei 800° C ohne Einfluß. Die Temperatur-

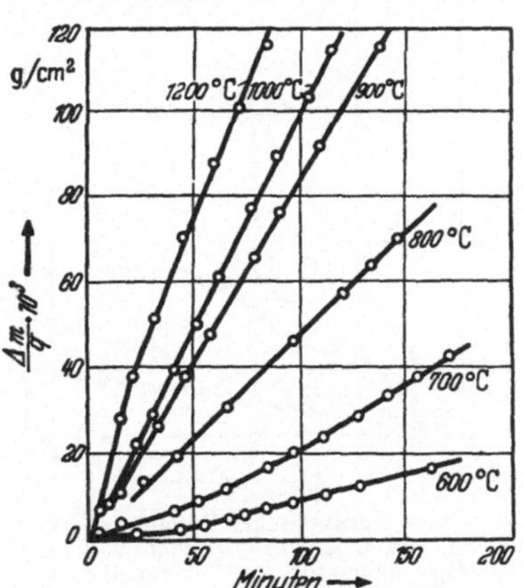

Abb. 104. Linearer zeitlicher Verlauf der Oxydation von Niob in Luft von 1 Atm zwischen 600 und 1200° C nach INOUYE

abhängigkeit der linearen Oxydationsgeschwindigkeitskonstanten zeigte bei 900° C einen „Knick", der mit dem Verschwinden der T-Modifikation zusammenfällt. Unterhalb 900° C beträgt die Aktivierungsenergie 13400 und oberhalb 900° C nur 4350 cal/Mol. Bemerkenswert ist die

---

[1] GULBRANSEN, E. A., u. K. F. ANDREW: Trans. AIME 188, 586 (1950).

[2] BRAUER, G.: Z. anorg. allg. Chem. 248, 1 (1941).

[3] INOUYE, H.: Document of the Oak Ridge National Lab., Tennessee, ORNL 1565 (1954).

hohe Sprödigkeit von oberhalb 800° C anoxydierten Niob-Blechen, obwohl die Sauerstofflöslichkeit relativ klein ist.

Soweit Voraussagen hier überhaupt möglich sind, sollten Wolframzusätze von 0,1 bis 2 Atom-% zu Niob die Oxydationsbeständigkeit erhöhen.

4.2.2.4 Weitere Zundersysteme mit wahrscheinlich elektronenüberschußleitenden Deckschichten

Über die Oxydationsgeschwindigkeit von Thorium berichten LEVESQUE und CUBICCIOTTI[1]. Die Versuchsergebnisse in den Abb. 105a und 105b zeigen, daß der zeitliche Verlauf der Oxydation zwischen 250 und 350° C durch ein parabolisches und zwischen 350 und 450° C durch ein lineares Zeitgesetz bestimmt wird. Die zugehörigen Aktivierungsenergien betragen 31 und 22 kcal/Mol. Die Änderung des Zeitgesetzes ist mit einer Umwandlung der Farbe der ThO_2-Deckschicht von Schwarz nach Weiß verbunden. Durch diese Umwandlung wird die Deckschicht porös und Phasengrenzreaktionen werden geschwindigkeitsbestimmend. Einem ähnlichen Mechanismus folgt auch die

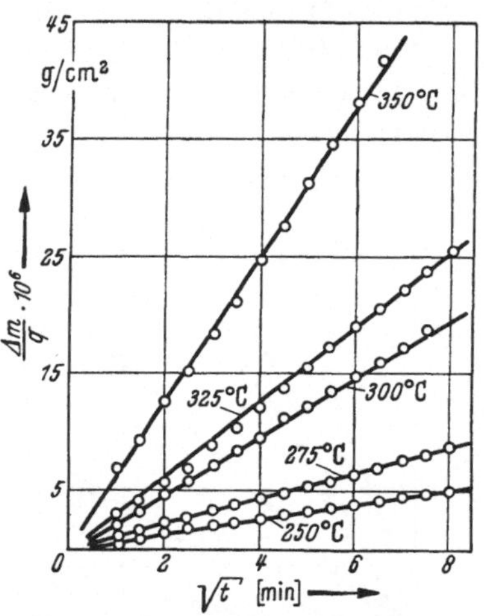

Abb. 105a. Parabolischer Verlauf der Oxydation von Thorium zwischen 250 und 350° C in Sauerstoff von 760 mm Hg nach LEVESQUE und CUBICCIOTTI

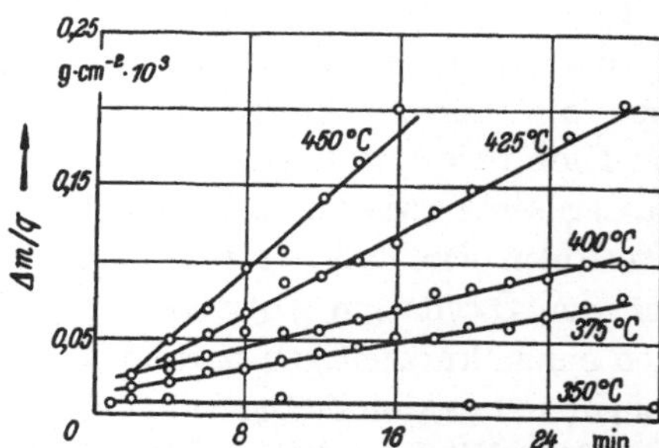

Abb. 105b. Linearer Verlauf der Oxydation von Thorium zwischen 350 und 450° C in Sauerstoff von 760 mm Hg nach LEVESQUE und CUBICCIOTTI

Wolframoxydation, worüber im Kap. 4.5.1 näher berichtet wird. Bei einem 500° C-Versuch, wo der zeitliche Verlauf der Reaktionstemperatur unmittelbar an der Thoriumprobe verfolgt wurde, ergab sich nach etwa 6 min. Reaktionszeit ein steiles Ansteigen der Temperatur bis über 700° C, die dann im Laufe der weiteren Oxydation allmählich wieder abnahm und nach 1 Std. praktisch den Wert der Ofentemperatur zeigte. Unterhalb 450° C war ein solcher Temperaturanstieg nicht mehr zu beobachten.

---

[1] LEVESQUE, P., u. D. CUBICCIOTTI: J. Amer. chem. Soc. **73**, 2028 (1951).

Bei höheren Temperaturen ergaben Oxydationsversuche mit Thorium sowohl von CUBICCIOTTI[1] zwischen 500 und 650° C als auch von GERDS und MALLETT[2] zwischen 850 und 1415° C wieder ein parabolisches Zeitgesetz. Der Verlauf der Oxydation von Thorium kann im letzten Temperaturintervall durch die folgende Beziehung wiedergegeben werden:

$$k'' = 5,5 \cdot 10^7 \exp(-62\,800/R\,T) \quad (\text{ml/cm}^2)^2 \cdot \sec^{-1}.$$

(Verbrauchter Sauerstoff in ml je cm² Oberfläche). Offenbar muß bei den hohen Temperaturen sich wieder eine kompakte und gut haftende ThO_2-Deckschicht ausbilden. Über die Struktur der Hochtemperaturdeckschicht ist z. Z. noch nichts bekannt.

Ein ähnliches Verhalten bei mittleren Temperaturen zeigt Cer beim Angriff von Sauerstoff[3]. Zwischen 30 und 125° C wurde in einem Beobachtungsintervall von 100 min ein parabolisches und oberhalb 125° (bis 190° C) nach einem anfänglich parabolischen Verlauf ein lineares Zeitgesetz gefunden[4]. Mit steigender Temperatur wird die Periode des parabolischen Verlaufs immer kürzer. In den Abb. 106a und 106b sind die Versuchsergebnisse von CUBICCIOTTI wiedergegeben.

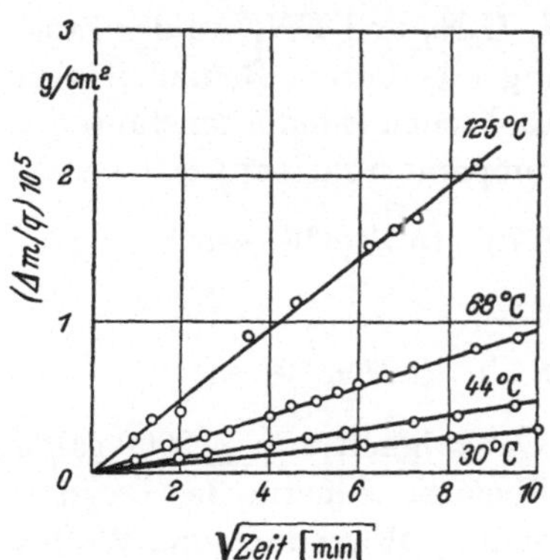

Abb. 106a. Zeitlicher Verlauf der Oxydation von Cer in Sauerstoff von 760 mm Hg zwischen 30 und 125° C nach CUBICCIOTTI. In diesem Temperatur-Zeitintervall herrscht das parabolische Zeitgesetz

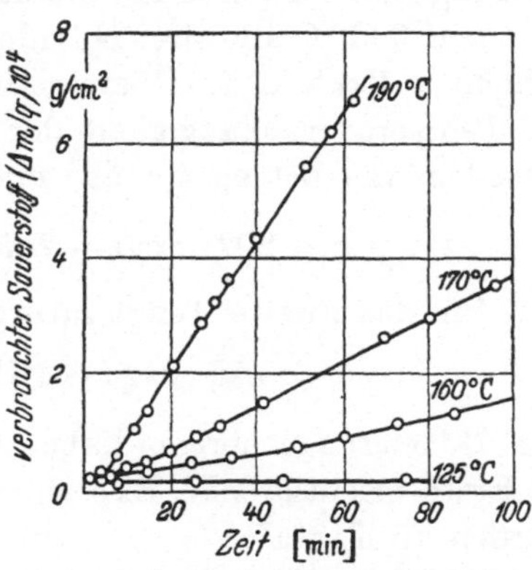

Abb. 106b. Zeitlicher Verlauf der Oxydation von Cer in Sauerstoff von 760 mm Hg zwischen 125 und 190° C nach CUBICCIOTTI. In diesem Temperatur-Zeitintervall herrscht das lineare Zeitgesetz

Auffallend ist hier der Befund, daß in diesem niedrigen Temperaturbereich das parabolische Zeitgesetz gültig ist. Bei Zimmertemperatur betrug beispielsweise die parabolische Oxydationskonstante etwa $2 \cdot 10^{-15}\,g^2 \cdot cm^{-4} \cdot \sec^{-1}$. Bemerkenswert ist ferner die kleine Aktivierungsenergie von 12 kcal/Mol, die auch im Bereich des linearen

[1] Siehe Fußnote 1, S. 204 (ml ≡ cm³).
[2] GERDS, A. F., u. M. W. MALLETT: J. electrochem. Soc. **101**, 171 (1954).
[3] LORIERS, J.: C. R. hebd. Séances Acad. Sci. **229**, 547 (1949).
[4] CUBICCIOTTI, D.: J. Amer. chem. Soc. **74**, 1200 (1952).

Zeitgesetzes auftritt. Auch hier hängt das Auftreten des linearen Zeitgesetzes mit dem Fehlen einer kompakten und porenfreien Deckschicht zusammen. Ganz ähnliche Verhältnisse finden wir bei der Oxydation von Uran[1], wo bis etwa 170°C ein parabolischer und darüber ein linearer Verlauf der Oxydation gefunden wird. Auch hier ist man geneigt, die besonderen Verhältnisse der Kinetik als Folge einer porösen Deckschichtenbildung anzusehen. Die Aktivierungsenergien sind jedoch hier merklich größer. Sie betragen für den Bereich mit parabolischem Verlauf 31 und für den mit linearem Verlauf 22 kcal/Mol. Über den Aufbau dieser Deckschichten liegen gegenwärtig noch keine Untersuchungen vor.

Erheblich andere Verhältnisse findet man beim Angriff von Stickstoff (1 Atm.) auf Uran. Hier konnte im Temperaturbereich von 550 bis 900° C ein parabolisches Zeitgesetz — wenigstens im Zeitintervall bis 300 min, soweit gemessen wurde — von MALLETT und GERDS[2] gefunden werden. Nach röntgenographischen Beugungsaufnahmen wurde im Temperaturbereich von 550 bis 750° C eine überwiegende Bildung von UN_2 mit nur wenig U_2N_3 festgestellt, während zwischen 775 und 900° C alle drei Nitride, UN, U_2N_3 und UN_2, in der Zunderschicht auftraten. In Übereinstimmung mit diesem Befund war auch die Temperaturabhängigkeit der parabolischen Zunderkonstanten verschieden. Sie betrug für das erste Temperaturgebiet:

$$k = 202 \cdot \exp(-25500/R\,T) \quad (\text{ml/cm}^2)^2 \cdot \sec^{-1}$$

und für das zweite Temperaturgebiet:

$$k = 3.95 \cdot \exp(-15100/R\,T) \quad (\text{ml/cm}^2)^2 \cdot \sec^{-1}.$$

Die Aktivierungsenergien haben eine Genauigkeit von $\pm$ 2000 cal/Mol.

Erste orientierende Experimente über die Kinetik der Oxydation wurden an Tantal[3,4] (s. a. S. 107), Vanadin[5], Molybdän[6] und Wolfram[7] durchgeführt. Über die Oxydationsgeschwindigkeit von Wolfram[8] und Molybdän[9] wurden kürzlich ausführliche Untersuchungen veröffent-

[1] CUBICCIOTTI, D.: J. Amer. chem. Soc. **74**, 1079 (1952).

[2] MALLETT, M. W., u. A. F. GERDS: J. electrochem. Soc. **102**, 292 (1955).

[3] GULBRANSEN, E. A., u. K. F. ANDREW: Trans. AIME **188**, 586 (1950).

[4] WABER, J. T.: J. chem. Physics **20**, 734 (1952). — J. T. WABER, G. E. STURDY, E. M. WISE u. C. R. TIPTON jr.: J. electrochem. Soc. **99**, 121 (1952).

[5] GULBRANSEN, E. A., u. K. F. ANDREW: J. electrochem. Soc. **97**, 396 (1950).

[6] GULBRANSEN, E. A., u. W. S. WYSONG: Trans. AIME **175**, 611, 628 (1948).— R. M. PARK: Metal Progr. **60**, 81 (1951). — E. NACHTIGAL: Z. Metallkunde **43**, 23 (1952).

[7] GULBRANSEN, E. A.: Ind. Eng. Chem. **41**, 1385 (1949).

[8] WEBB, W. W., J. T. NORTON u. C. WAGNER: J. electrochem. Soc., **103**, 107 (1956).

[9] SIMNAD, M., u. A. SPILNERS: J. Metals **7**, 1011 (1955).

licht (über die Oxydation von Wolfram s. Kap. 4.5.1). Einige dieser Ergebnisse seien im folgenden genannt.

Die Oxydationsgeschwindigkeit von Molybdän gehorcht im mittleren Temperaturbereich von 250 bis 450° C bei Sauerstoffdrucken von 0,75 bis 76 mm Hg dem parabolischen Zeitgesetz. Die Temperaturabhängigkeit der parabolischen Zunderkonstanten ist in Abb. 107 aufgetragen. Die sich hieraus ergebende Aktivierungsenergie beträgt 36,5 kcal/Mol. Bei Temperaturen über 800° C tritt laufend Verdampfung der sich ausbildenden Oxydschicht auf.

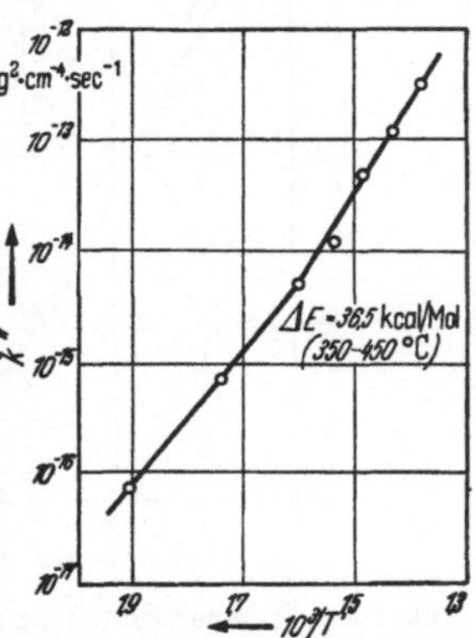

Abb. 107. Temperaturabhängigkeit der parabolischen Oxydationsgeschwindigkeitskonstanten von Molybdän zwischen 250 und 450° C nach GULBRANSEN

SIMNAD und SPILNERS[1] berichten über die Oxydationsgeschwindigkeit von Molybdän zwischen 500 und 770° C in Sauerstoff von 1 Atm. Die quantitative Durchführung der Versuche oberhalb 600° C wird durch die hohe Verdampfungsgeschwindigkeit des während der Oxydation in der äußeren Zunderschicht auftretenden MoO_3 erschwert. Eine getrennte Bestimmung der Verdampfungsgeschwindigkeit von MoO_3 in diesem Temperaturgebiet ergab, wie aus Abb. 108a zu entnehmen ist, oberhalb 650° C eine Aktivierungsenergie von 89 600 und unterhalb dieser Temperatur eine solche von 53 000 cal/Mol. Der letzte Wert steht im Einklang mit dem von GULBRANSEN ermittelten Wert von 50 800 im Temperaturgebiet von 474 bis 523° C.

Während die Oxydationsgeschwindigkeit unterhalb 600° C praktisch allein durch die Gewichtszunahme des Molybdänbleches bestimmt werden kann, muß oberhalb dieser Temperatur die verdampfte MoO_3-Menge noch hinzuaddiert werden. In diesen Fällen bestimmen die Autoren

1. die verdampfte MoO_3-Menge,

2. die in dem äußeren Teil der Zunderschicht vorhandene MoO_3-Menge durch Auflösen in Ammoniak,

3. den noch verbleibenden Teil der Zunderschicht, der aus MoO_2 besteht, durch eine 2stündige Reduktion bei 700° C mit Wasserstoff.

In Abb. 108b ist das Verhältnis der verdampften MoO_3-Menge zur MoO_3-Menge in der Zunderschicht bei verschiedenen Temperaturen gegen die Zeit aufgetragen. Wie man erkennt, nimmt unterhalb 650° C das Verhältnis bereits nach einer Stunde einen konstanten Wert an, was für 700° C nicht der Fall ist. Die sich unter der äußeren Zunder-

---

[1] Siehe Fußnote 9, S. 206.

schicht bildende MoO_2-Schicht erreichte zwischen 600 und 725° C bereits nach einer halben Stunde eine konstante Dicke, die unabhängig von der Temperatur war. Offenbar wird hier die Bildungsgeschwindigkeit von MoO_2 gleich der Geschwindigkeit der Aufoxydation zu MoO_3.[1] Ferner verlief die Oxydationsgeschwindigkeit unterhalb 700° C nach

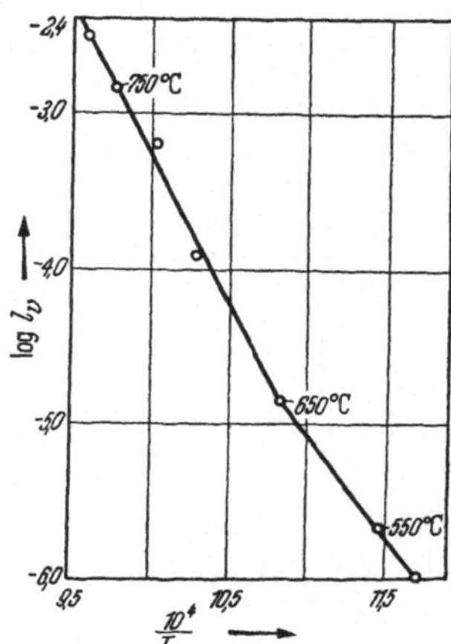

Abb. 108 a. Temperaturabhängigkeit der Verdampfungsgeschwindigkeit von MoO_3 in Sauerstoff von 1 Atm nach SIMNAD und SPILNERS

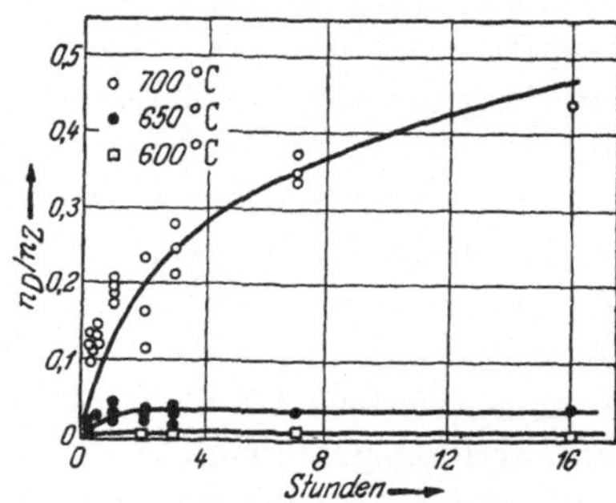

Abb. 108 b. Einfluß von Zeit und Temperatur auf das sich während der Oxydation bildende Verhältnis $MoO_{3(Dampf)}/MoO_{3(Zunderschicht)} = n_D/n_Z$ nach SIMNAD und SPILNERS

einem parabolischen Zeitgesetz, während sie oberhalb dieser Temperatur einem linearen Zeitgesetz mit Unstetigkeiten folgte. In Abb. 109 ist der zeitliche Verlauf der Oxydation zwischen 500 und 770° C dargestellt.

An der Metalloberfläche vor Versuchsbeginn aufgebrachte „Marken" aus radioaktivem Silber waren nach der Oxydation stets auf der Oberfläche der Zunderschicht wiederzufinden. Dieses Ergebnis schließt eine Mo-Ionendiffusion unter diesen Versuchsbedingungen aus. Inwieweit es sich um eine Sauerstoffdiffusion über Leerstellen oder durch Poren unter diesen Verhältnissen handelt, läßt sich z. Z. nicht entscheiden.

Ein parabolischer Verlauf wird auch für die Oxydation von Wolfram beobachtet. In Tab. 33 sind einige Zunderkonstanten zwischen 700 und 1000° C zusammengestellt[2]. Die bei 400° C gefundene Sauerstoffdruckabhängigkeit der Oxydationsgeschwindigkeit von Wolfram läßt sich z. Z. noch nicht deuten.

Über die Oxydationsgeschwindigkeit von Molybdän- und Wolframlegierungen liegen nur wenige Untersuchungen vor. So berichten KESSLER und HANSEN[3] über den Angriff von Luft und Sauerstoff

---

[1] Die quantitative Durchrechnung wurde bei der Wolfram-Oxydation im Kap. 4.5.1 ausgeführt.

[2] DUNN, J. S.: J. chem. Soc. (London) **1929**, 1149.

[3] KESSLER, H. D., u. M. HANSEN: Trans. Amer. Soc. Metals **42**, 1008 (1950).

auf Mo-Cr-Legierungen bis zu 40 Gew.-% Chrom. Die Geschwindigkeit folgt einem linearen Zeitgesetz und die sich ausbildende Oxydschicht

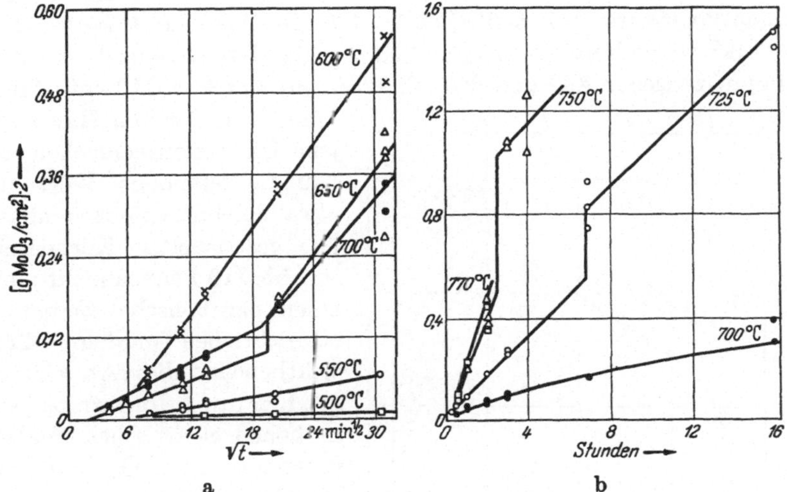

Abb. 109 a u. b. Zeitlicher Verlauf der Oxydation von Molybdän in Sauerstoff von 1 Atm bei verschiedenen Temperaturen nach SIMNAD und SPILNERS

a unterhalb 700° C folgt ein parabolischer Verlauf der zeitlichen Bildung der gesamten MoO₃-Menge. (Unterhalb 600° C beträgt die Aktivierungswärme der MoO₃-Bildung 48 900 cal/Mol.)
b oberhalb 700° C folgt die zeitliche Zunahme der Gesamtmenge an MoO₃ einem linearen Zeitgesetz

ist porös und pulvrig. Elektronenbeugungsuntersuchungen von HICK-MAN[1] an Molybdän- und Wolframlegierungen ergaben bei nicht zu hohen Legierungszusätzen von 7% Ni, 5% Co, 5% Cr, daß die Zunderschicht ausschließlich aus $MoO_2 + MoO_3$ bzw. $WO_2 + WO_3$ bestand. Auf Grund der technischen Bedeutung der Silicierung von Metalloberflächen haben KIEFFER und Mitarbeiter[2,3] sich mit der Oxydationsgeschwindigkeit von Mo-Si- und W-Si-Legierungen in Luft bis herauf zu 1500° C beschäftigt. Die beste Oxydationsbeständigkeit wurde im Bereich von 22 bis 40 Gew.-% Si gefunden. Kürzlich konnte FITZER[4] zeigen, daß $MoSi_2$ bis herauf zu 1700° C auffallend gute Zunderbeständigkeit aufweist. Eine Deutung des Mechanismus steht noch aus.

Die Oxydationsgeschwindigkeit von Aluminium sollte bei Ausbildung einer kompakten und porenfreien Al_2O_3-Deckschicht besonders

[1] HICKMAN, J. W.: Trans. AIME **180**, 547 (1949).
[2] KIEFFER, R., u. E. CERWENKA: Z. Metallkunde **43**, 101 (1952).
[3] KIEFFER, R., F. BENESOVSKY u. E. GALLISTI: Z. Metallkunde **43**, 284 (1952), Vergleich der Oxydationsbeständigkeit von $MoSi_2$, WSi_2, $CrSi_2$, $TaSi_2$, $TiSi_2$, $ZrSi_2$, $NbSi_2$, VSi_2, $ThSi_2$.
[4] FITZER, H. in: Passivierende Filme und Deckschichten, herausgeg. von H. FISCHER, K. HAUFFE u. W. WIEDERHOLT, Berlin/Göttingen/Heidelberg 1956.

klein sein, da eine Diffusion von Ionen durch Al_2O_3 auch bei hohen Temperaturen noch sehr niedrig ist. PILLING und BEDWORTH[1] finden in Übereinstimmung mit dieser Erwartung für die parabolische Oxydationskonstante bei 600° C $k'' = 8,5 \cdot 10^{-16}\,g^2 \cdot cm^{-4} \cdot sec^{-1}$. MAKOLKIN[2] wiederholte in neuerer Zeit die Oxydationsversuche an Aluminium zwischen 460 und 600° C. Wie man aus Abb. 110 entnehmen kann, liegt der von MAKOLKIN aus Oxydationsversuchen bei 600° C gefundene Wert um etwa 2 Zehnerpotenzen höher. Die gestrichelten Kurventeile in Abb. 110 können nicht mehr einem parabolischen Zeitgesetz zugeschrieben werden. Offensichtlich sind diese Abweichungen hier durch Ionentransporte in hohen elektrischen Feldern innerhalb des Al_2O_3-Films verursacht. Bei 460° C scheint sogar das Wachstum des Al_2O_3-Films nach Erreichen einer gewissen Dicke zum Stillstand zu kommen. Wie jedoch schon frühere Untersuchungen von GULBRANSEN[3] zeigen, hängen Oxydationsgeschwindigkeit und Mechanismus (Zeitgesetz) erheblich von der Beschaffenheit der Al-Oberfläche und

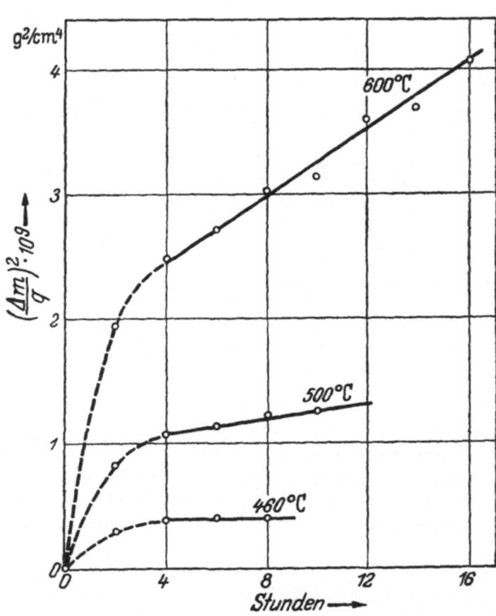

Abb. 110. Zeitlicher Verlauf der Oxydation von Aluminium in Luft zwischen 460 und 600° C in parabolischer Auftragung nach MAKOLKIN. (Nach einem anfänglich raschen Verlauf der Oxydation läßt sich nach 4 Std. Versuchszeit die Oxydation nach einem parabolischen Zeitgesetz beschreiben

dessen Reinheit ab. Diese Annahme wird durch das wechselseitige Auftreten des linearen und parabolischen Zeitgesetzes gerechtfertigt.

CABRERA und Mitarbeiter[4] studierten die Oxydationsgeschwindigkeit von im Hochvakuum auf Trägern aufgedampften Aluminiumschichten im Temperaturbereich von 10 bis 450° C in Luft mit und ohne Wasserdampf und im Ozon (Abb. 111). Besonders bei niedrigen Temperaturen war die reaktionsbeschleunigende Wirkung von Ozon und H_2O-Dampf beachtlich, während bei Abwesenheit von Ozon

[1] PILLING, N. B., u. R. E. BEDWORTH: J. Inst. Metals 29, 529 (1923).
[2] MAKOLKIN, I. A.: Z. angew. Chem. UdSSR 24, 460 (1951).
[3] GULBRANSEN, E. A.: Trans. electrochem. Soc. 91, 537 (1947).
[4] CABRERA, N.: Rev. Metallurgie 45, 86 (1948). — N. CABRERA u. J. HAMON: C. R. Séances Acad. Sci. 224, 1713 (1947); 225, 59 (1947). — N. CABRERA, J. TERRIEN u. J. HAMON: C. R. Séances Acad. Sci. 224, 1558 (1947).

die Gegenwart des H_2O-Dampfes nur etwa eine Verdoppelung der Oxydationsgeschwindigkeit hervorrief.

Tabelle 33. *Temperaturabhängigkeit der Oxydationsgeschwindigkeit von Wolfram in Luft von 1 atm nach* DUNN

T °C	k'' g² · cm⁻⁴ · sec⁻¹
700	$4,5 \cdot 10^{-9}$
800	$5,5 \cdot 10^{-8}$
900	$4 \cdot 10^{-8}$
1000	$1,3 \cdot 10^{-7}$

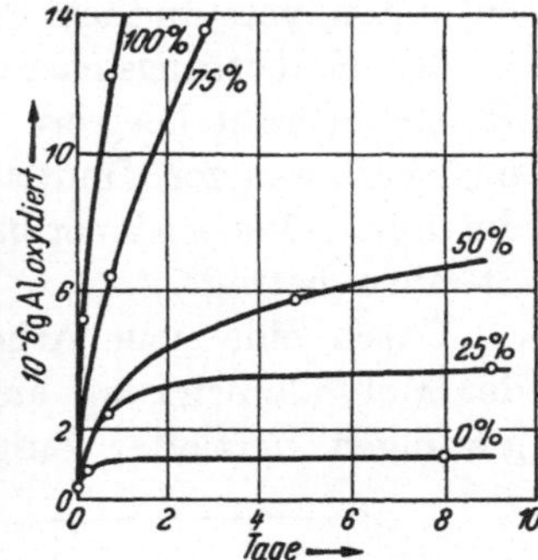

Abb. 111. Einfluß des Wasserdampfgehaltes auf die Oxydationsgeschwindigkeit von Aluminium in Ozon bei 25° C nach CABRERA und HAMON. (Die an den Kurven angegebenen Prozentzahlen beziehen sich auf bei 10° C erreichte Sättigung des Ozons mit H_2O-Dampf)

4.3 Über die katastrophale Oxydation

Es ist verschiedentlich berichtet worden, daß Stähle und auch andere Metallegierungen durch höhere Zusätze von gewissen Metallen zu einer besonders starken Oxydation neigen, die zu einer raschen Zerstörung eines Teils der Legierung führen kann. LESLIE und FONTANA[1] fanden an Stählen mit relativ hohem Molybdängehalt eine ungewöhnlich hohe Oxydationsgeschwindigkeit, die sie als „katastrophale Oxydation" bezeichnen. Diese Erscheinung wird auf das tiefschmelzende MoO_3 (Smp: 795° C) zurückgeführt. In ähnlicher Weise zeigen auch höher vanadinlegierte Stähle eine katastrophale Oxydation, da das entstehende V_2O_5 (Smp: 658° C) mit den anderen bei der Oxydation entstehenden Oxyden tiefschmelzende Eutektika bildet. RATHENAU und MEIJERING[2] konnten durch weitere Versuche, insbesondere an Kupfer, Silber und Cr-Ni-Stahl in Kontakt mit MoO_3, zeigen, daß die katastrophale Oxydation bei der eutektischen Temperatur des gebildeten Metalloxyds mit MoO_3 einsetzt. So erkennt man beispielsweise in Abb. 112 die bei 500° C einsetzende starke Oxydationsgeschwindigkeit eines Silberbleches, das sich in einer MoO_3-haltigen Luft befindet. Als Ursache der plötzlichen Reaktionsbeschleunigung wird die rasche Diffusion der Ag-Ionen in einer bei 495° C auftretenden eutektischen Schmelze von $Ag_2MoO_4 + MoO_3$ angesehen. Zu einem gleichen Ergebnis kommen BRASUNAS und GRANT[3]. Hiermit wird die schon vor längerer Zeit von HESSENBRUCH[4] beobachtete katastrophale

---

[1] LESLIE, W. C., u. M. G. FONTANA: Trans. Amer. Soc. Metals **41**, 1213 (1949).

[2] MEIJERING, J. L., u. G. W. RATHENAU: Nature (London) **165**, 240 (1950) — Metallurgia **42**, 167 (1950).

[3] BRASUNAS, A. DE S., u. N. J. GRANT: Iron Age **85**, 17 (1950).

[4] HESSENBRUCH, W.: Metalle und Legierungen für hohe Temperaturen. Berlin: Springer 1940.

14*

Oxydation von Heizleiterdrähten in Gegenwart von oxydischen Isoliermassen, die teilweise niedrigschmelzende Oxyde — wie z. B. PbO — enthalten, verständlich. So kann z. B. bereits eine kleine Menge Asbest in der Einbettungsmasse genügen, um einen auf 1300° C erhitzten Heizleiterdraht (Legierung aus 73% Fe, 20% Cr, 6% Al und 1% Co) innerhalb weniger Minuten zum Durchbrennen zu veranlassen, während die übliche Lebensdauer bei dieser Temperatur in Luft mehrere hundert Stunden beträgt.

Durch eine neue Arbeit von BRENNER[1] wurde der Mechanismus der Molybdänwirkung auf die Oxydation von molybdänhaltigen Legierungen vertiefter aufgeklärt. Zunächst konnte gezeigt werden,

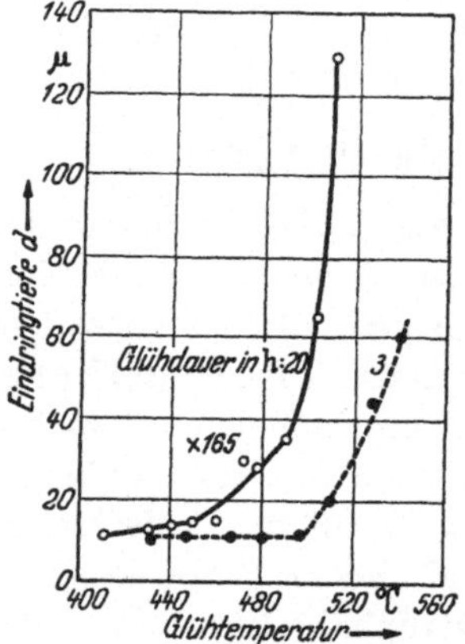

Abb. 112. Effektive Eindringtiefe in μ ($=10^{-4}$ cm) beim Angriff von Silber mit 99,6% Ag durch MoO$_3$-haltige Luft in Abhängigkeit von der Glühtemperatur nach MEIJERING und RATHENAU

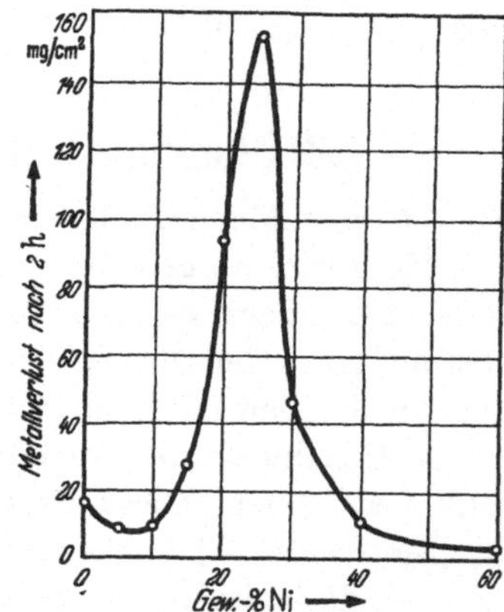

Abb. 113. Oxydationsgeschwindigkeit einer 20 Mo-Fe-Ni-Legierung bei 1000° C in Sauerstoff von 1 Atm (2 l/Min) in Abhängigkeit vom Nickelgehalt nach BRENNER. (Die Ausgangslegierung bestand aus 20% Mo und 80 Gew.-% Fe, das durch steigende Gehalte an Ni ersetzt wurde.) Es wurde jeweils der Gewichtsverlust an Metall in mg/cm^2 nach einer Oxydationszeit von 2 Std. aufgetragen

daß sowohl Ni-Mo-Legierungen bis zu 30% Mo als auch Fe-Mo-Legierungen bis zu 20% Mo bei 1000° C in Luft nicht bemerkenswert rasch oxydieren. Erst ein Zusatz von Ni oder Cr oder von beiden zu Eisen-Molybdän-Legierungen verursacht eine katastrophale Oxydation. Zu diesem Zwecke ging BRENNER von einer 20-Mo-80-Fe-Legierung aus, und ersetzte schrittweise das Eisen durch Nickel. Hierbei ergab sich aus 2-Stundenversuchen bei 1000° C in Luft (Abb. 113), daß bis 10% Nickel sogar eine schwache Abnahme der Oxydationsgeschwindigkeit eintrat, die dann plötzlich bei höheren Ni-Zusätzen in einem relativ kurzen Legierungsintervall um maximal 1,5 Zehnerpotenzen zunahm. In Abb. 114 sind die Legierungsbereiche, die zur katastrophalen

---

[1] BRENNER, S. S.: J. electrochem. Soc. **102**, 16 (1955).

Oxydation neigen, schraffiert gezeichnet. Nach diesem Ergebnis
scheint Chrom in einer Fe-Mo-Legierung für das Auftreten der katastrophalen Oxydation besonders gefährlich zu sein. Auf Grund des
Aussehens der Zunderschichten muß ein Chromzusatz die Porosität
des Zunders erhöhen, wodurch infolge des frei eindringenden Sauerstoffs praktisch kein MoO_2 mehr auftritt, sondern nur das leicht-
schmelzende MoO_3, das entlang der Phasengrenze Legierung/Zunder,
mit dem Chrom und Eisen in folgender Weise reagieren kann:

$$MoO_3 + 2Fe \longrightarrow Mo + Fe_2O_3$$

$$MoO_3 + 2Cr \longrightarrow Mo + Cr_2O_3.$$

Dieser Reaktionsablauf wird noch dadurch gefördert, daß wahrscheinlich flüssiges MoO_3 die entstehenden Eisen- und Chromoxyde auflöst.

Im übrigen ist das Aufplatzen
Cr-reicher Oxydschichten auch
von FONTANA[1] beobachtet worden. Wie bereits oben erwähnt,
kann in Mo-freien Legierungen
das die katastrophale Oxydation
verursachende MoO_3 bzw. V_2O_5
auch von außen über die Gasatmosphäre zugeführt werden, wie dies
z. B. im Falle einer 8-92 Al-Cu-
Legierung von MEIJERING und
RATHENAU ausprobiert wurde.

Diese experimentellen Ergebnisse sind nun technisch von
größter Bedeutung, weil verschiedene Brennöle Vanadin enthalten, das in den Verbrennungs-
gasen in Form von V_2O_5 auftritt
und gemäß dem oben besprochenen Mechanismus verheerende

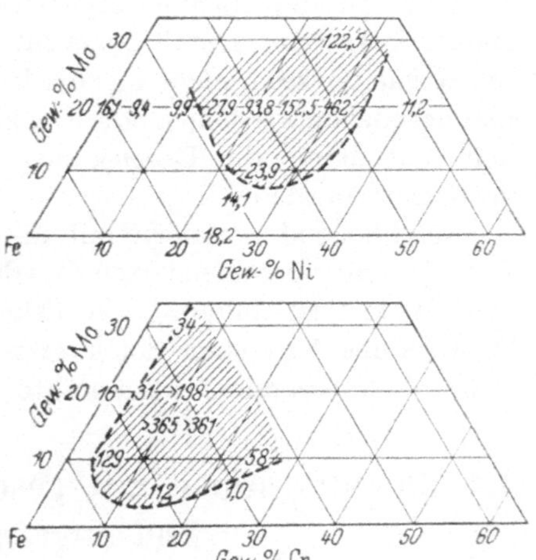

Abb. 114. Oxydationsdiagramm von Fe-Mo-Ni-
Cr-Legierungen nach BRENNER. Die Zahlen geben
den Gewichtsverlust in mg/cm² nach einer Oxydationszeit von 2 Std. bei 1000° C an. Die
schraffierten Flächen deuten die Gebiete der
katastrophalen Oxydation an

Verzunderungen hervorrufen kann. In Übereinstimmung mit den obigen
Ausführungen fanden PREECE und Mitarbeiter[2], daß Legierungen, deren
Hitzebeständigkeit auf Chrom beruht, gegen V_2O_5-Angriff bei hohen Temperaturen sehr anfällig sind. Daher ist bei Verwendung von Legierungen,
die V_2O_5-haltigen Gasen ausgesetzt sind, das Chrom durch andere Metalle
zu ersetzen, die gegen V_2O_5 unempfindlich sind, wobei das Auftreten
eines hohen Schmelzpunktes mit V_2O_5 als wesentlichste Forderung

---

[1] MCCULLOUGH, H. M., M. G. FONTANA u. F. H. BECK: Trans. Amer. Soc.
Metals 43, 404 (1951).

[2] LUCAS, G., M. WEDDLE u. A. PREECE: J. Iron. Steel Inst. 179, 342 (1955).

anzusehen ist. In Gasturbinen beispielsweise wurden derartige Erscheinungen von SCHLÄPFER, AMGWERD und PREIS[1] sowie von SYKES und SHIRLEY[2] beschrieben. Sowohl Titan als auch Titanlegierungen wären hingegen Plattierungswerkstoffe, die gegen das in den Brenngasen auftretende V_2O_5 wenigstens in der ersten Betriebszeit unempfindlich sein sollten, da das V_2O_5 erstens die bei hohen Temperaturen entstehende, nicht fest haftende, teilweise porige Deckschicht wahrscheinlich „zukitten" würde und da außerdem die Platzwechselmöglichkeit durch Verminderung der Zahl der Leerstellen (hier O^{2-}-Leerstellen) und damit die Oxydationsgeschwindigkeit herabgesetzt würde. Versuche in dieser Richtung sind noch nicht durchgeführt worden. Legierungszusätze von Vanadin zu Titan ergaben jedoch eine schwache Erhöhung der Oxydationsgeschwindigkeit (s. Abb. 98).

Diese Zusammenhänge ergeben auch wichtige Anregungen für den Industrieofenbau. Durch Auswahl geeigneter Oxyde als Isolierstoffe für Heizleiter kann nicht nur die katastrophale Oxydation mit Sicherheit vermieden werden, sondern es kann auch die Oxydationsbeständigkeit und damit die Lebensdauer dieser Heizleiterdrähte wesentlich verbessert werden.

Abschließend sei noch auf die vermehrte Leerstellenbildung als Ursache einer beschleunigten Oxydation hingewiesen, wie dies bereits von HAUFFE[3] an anderer Stelle diskutiert wurde. Die oben beschriebene Ursache des Auftretens der katastrophalen Oxydation ist nur eine — wenn auch besonders ausgeprägte — der möglichen Ursachen.

4.4 Zundersysteme mit geschwindigkeitsbestimmender Phasengrenzreaktion

Wird die Oxydation eines Metalls oder einer Legierung durch eine Phasengrenzreaktion als geschwindigkeitsbestimmenden Vorgang gesteuert, so beobachtet man ein lineares Zeitgesetz, d. h. die Menge des verbrauchten Sauerstoffs bzw. die Schichtdickenzunahme der Zunderschicht ist proportional der Zeit. Während dieses Zeitgesetz bei Ausbildung poröser Deckschichten, wo die Diffusion des angreifenden Gases zur Reaktionsfront rasch verläuft, bis zu beliebig dicken Schichten gültig bleibt, ist dies bei Ausbildung kompakter Deckschichten — also ohne Poren — insofern nur bedingt der Fall, als nach dem parabolischen Zeitgesetz die Geschwindigkeit der Diffusion mit wachsender Schichtdicke abnimmt und schließlich mit der der Phasengrenzreaktion

---

[1] SCHLÄPFER, P., P. AMGWERD u. H. PREIS: Schweiz. Arch. **15**, 291 (1949)
[2] SYKES, C., u. H. SHIRLEY: Symposium on High-Temperature Steels and Alloys for Gas Turbines, Iron Steel Inst. 1951, S. 153.
[3] HAUFFE, K.: Arch. Eisenhüttenwes. **24**, 161 (1953).

vergleichbar wird, und mit weiter wachsender Schicht dann allein zeitbestimmend ist, was durch das nunmehr herrschende „reine" parabolische Zeitgesetz angezeigt wird.

Bei tiefen Temperaturen, z. B. 20° C, sind auch Fälle bekannt, wo bei nachweislich auftretenden porösen Deckschichten ein parabolisches Zeitgesetz beobachtet wurde. Bei Bromierungsversuchen mit Silber in Br_2-haltigen Br^--Lösungen wurde von JAENICKE und PFEIFFER[1,2] ein parabolisches Gesetz gefunden, das auf Grund von gleichzeitig durchgeführten Leitfähigkeits- und Potentialmessungen an geeigneten elektrochemischen Ketten nur dann befriedigend gedeutet werden kann, wenn man eine geschwindigkeitsbestimmende Diffusion der Ag-Ionen entlang von Korngrenzen und durch Poren der AgBr-Schicht annimmt.

Wie in neuerer Zeit sowohl EVANS[3] als auch BIRCHENALL[4] zeigen konnten, kann bei Vorliegen einer äußerlich kompakten Deckschicht durch einen besonderen Mechanismus, der vorzugsweise bei niedrigen Temperaturen ins Spiel kommt, wo infolge Mangels eines genügend raschen plastischen Fließens eine Anhäufung von Leerstellen stattfindet, das parabolische Zeitgesetz durch ein lineares abgelöst werden. Über Einzelheiten dieses Mechanismus wurde bereits auf S. 124ff. berichtet. In der folgenden Betrachtung wollen wir jedoch diese Erscheinungen, deren Aufklärung noch nicht genügend weit fortgeschritten ist, unberücksichtigt lassen.

Folgt man einer allgemeinen Betrachtung von FISCHBECK[5] über die Temperaturabhängigkeit des Diffusionswiderstandes W_D und des Reaktionswiderstandes W_R (s. Abb. 115) bzw. des Diffusionskoeffizienten und der Geschwindigkeit der Phasengrenzreaktionen, so wird ohne weiteres verständlich, daß in einem bestimmten Schichtdickenbereich der maßgebende Einfluß — ob Diffusion oder Phasengrenzreaktion geschwindigkeitsbestimmend — von der Temperatur herrührt. Ferner sieht man leicht ein, daß das parabolische Zeitgesetz seinen physikalischen Sinn verliert, wenn man zu sehr kleinen Schichtdicken übergeht — $\Delta \xi \to 0$ — und genügend hohe Temperaturen wählt, so daß der Einfluß elektrischer Raumladungsfelder und deren transportfördernde Wirkung in erster Näherung zu vernachlässigen ist.

<hr>

[1] JAENICKE, W.: Z. Elektrochem. angew. physik. Chem. **55**, 186 (1951).

[2] PFEIFFER, I., K. HAUFFE u. W. JAENICKE: Z. Elektrochem., Ber. Bunsenges. phys. Chem. **56**, 728 (1952).

[3] EVANS, U. R.: Trans. electrochem. Soc. **91**, 547 (1947).

[4] BIRCHENALL, C. E.: Metallurgical Rep. 1, Princeton Univ. Rep. Control Nr. OSR-TN-54-286.

[5] FISCHBECK, K., L. NEUNDEUBEL u. F. SALZER: Z. Elektrochem. angew. physik. Chem. **40**, 517 (1934). — K. FISCHBECK u. F. SALZER: Metallwirt. **14**, 733 (1935).

Dieser kritische Temperaturbereich — ob lineares oder parabolisches Zeitgesetz geschwindigkeitsbestimmend — ist von Zundersystem zu Zundersystem verschieden. Häufig wird das lineare Zeitgesetz schon so früh am Anfang der Oxydation vom parabolischen abgelöst, so daß es mit den normalen experimentellen Methoden nicht beobachtbar ist. Für die Oxydation von Fe zu FeO in einer CO-CO_2-Atmosphäre beispielsweise wurde von HAUFFE und PFEIFFER[1] unterhalb 900° C ein parabolisches und oberhalb 900° C ein lineares Zeitgesetz gefunden, in Übereinstimmung mit dem qualitativen Schema in Abb. 115. Während die Aufklärung des Reaktionsmechanismus von diffusionsgesteuerten Festkörperreaktionen in zahlreichen Fällen möglich war, wird durch Phasengrenzvorgänge die Aufklärung des Mechanismus ganz erheblich

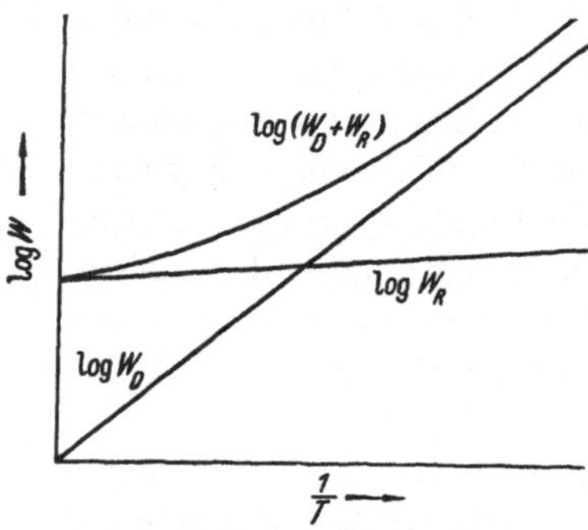

Abb. 115. Schematische Darstellung der Überlagerung von Diffusionswiderstand W_D und Reaktionswiderstand W_R in logarithmischer Darstellung

erschwert. Auf diese Situation haben schon vor längerer Zeit JOST[2] und WAGNER[3] hingewiesen. Befriedigend ist die Deutung des Mechanismus der Metalloxydation mit geschwindigkeitsbestimmender Phasengrenzreaktion nur vereinzelt gelungen. Die Ursache ist einfach darin zu suchen, daß die Phasengrenzreaktion durch die folgenden Teilschritte bestimmt sein kann:

1. Die Aufspaltung der Sauerstoffmolekel und die Chemisorption der Atome an der Grenzfläche MeO/O_2.

2. Der An- oder Einbau der chemisorbierten Sauerstoffionen an der Phasengrenze MeO/O_2.

3. Der Übertritt von Metallionen aus der Metall- bzw. Legierungsphase in das Oxydgitter und auch gegebenenfalls die Reaktion mit dem dort eintreffenden Sauerstoff im Falle überwiegender Sauerstoffionendiffusion.

4. Wenn mehrere Oxydphasen die Deckschicht aufbauen, der Übertritt von Metall- oder Sauerstoffionen von einer Oxydphase in die andere oder die Umladung der Ionen beim Übertritt in die benachbarte Phase.

5. Keimbildung und Kristallwachstum.

Treten beim Reaktionsablauf keine neuen Phasen auf, was bei heterogen katalysierten Reaktionen und bei verwandten Vorgängen

---

[1] HAUFFE, K., u. H. PFEIFFER: Z. Metallkunde **44**, 27 (1953).

[2] JOST, W.: Diffusion u. chemische Reaktion in festen Stoffen. Dresden 1937, S. 133.

[3] WAGNER, C.: Chemische Reaktion der Metalle, in Hb. Metallphysik Bd. I, 2. Leipzig 1940, S. 139.

der Fall ist, wie z. B. der Aufkohlung und Entkohlung von Metallen
in CO-CO_2-Gasgemischen oder der Auflösung von Gasen in Metallen,
so ist die Aufklärung der maßgebenden Phasengrenzreaktion erheblich einfacher und auch
oft durchgeführt worden.

Von älteren Arbeiten, die zunächst den
Phasengrenzvorgang in toto berücksichtigten,
seien die von WILKINS und RIDEAL[1] erwähnt,
die auf Grund des zeitlichen Verlaufs der
Oxydation von Kupfer bei 200° C und verschiedenen Sauerstoffdrucken Phasengrenzreaktionen als maßgebend erkannten. Unter
diesem Gesichtswinkel prüften BÉNARD und
TALBOT[2], inwieweit bei der Oxydation des
Eisens schon in den ersten Minuten der Reaktion mit einer Gültigkeit des parabolischen
Zeitgesetzes zu rechnen ist. Zu diesem Zwecke
wurde eine Eisenfolie von 0,3 mm Stärke und
14 cm² Oberfläche mittels eines rotierenden

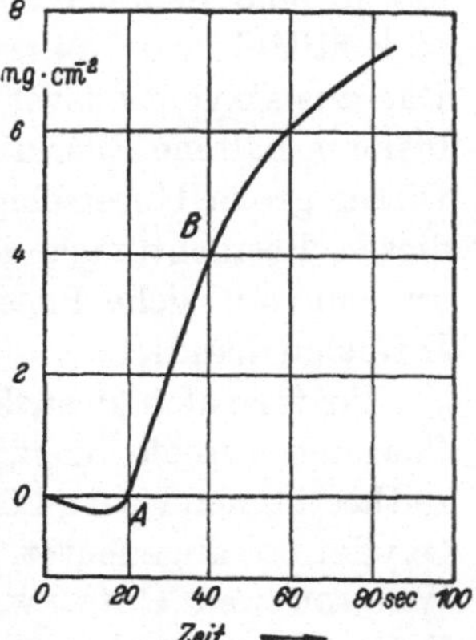

Abb. 116. Zeitlicher Verlauf der
Oxydation von Eisen bei 950° C
im ersten Reaktionsstadium nach
BÉNARD und TALBOT

Zylinders in die Reaktionszone (Umlaufgeschwindigkeit: 0,4 mm/sec)
gebracht. Die unter diesen Bedingungen zwischen 850 und 1050° C
in Luft von 1 Atm erhaltenen Kurven können in die folgenden drei
Perioden zerlegt werden (Abb. 116):

1. In Periode OA erfolgt Einstellung des thermischen Gleichgewichts, das bei den benutzten Blechen nach etwa 20 sec erreicht ist.

2. In eine lineare Periode AB, deren Dauer ebenfalls etwa 20 sec
beträgt.

3. In eine Periode, die im wesentlichen dem parabolischen Zeitgesetz gehorcht.

Es existiert also eine Übergangsperiode, während der die Oxydationsgeschwindigkeit unabhängig von irgendwelchen Diffusionsvorgängen ist. Diese Situation bleibt solange gültig, als die Geschwindigkeit der Vorgänge an der Phasengrenze kleiner ist als die anfänglich
sehr rasche Diffusionsgeschwindigkeit, die sich mit wachsender Zunahme der Oxydschicht verlangsamt und schließlich nach einer bestimmten Reaktionszeit bzw. kritischen Schichtdicke der langsamste
und damit geschwindigkeitsbestimmende Teilvorgang wird. BÉNARD
und TALBOT fanden den Übergang von reiner Phasengrenzreaktion zu
Diffusion von Fe-Ionen bei 850° C bei einer Dicke von etwa 1,3 und
bei 950° C bei etwa 7 μ. Die Neigung des linearen Teils der Kurve in

---

[1] WILKINS, F. J., u. E. K. RIDEAL: Proc. Roy. Soc. (A) 128, 394 (1930). —
F. J. WILKINS: Proc. Roy. Soc. (A) 128, 407 (1930).

[2] BÉNARD, J., u. J. TALBOT: C. R. Séances Acad. Sci. 226, 912 (1948).

Abhängigkeit von der Temperatur ist ein Maß für die wahre Aktivierungsenergie, die der Oxydation von α-Fe entspricht und nicht durch eine hemmende Diffusion verfälscht ist. Sie liegt mit etwa 59 kcal/Mol in der Nähe der Bildungsenthalpie von FeO mit 63 kcal/Mol. Das aus Oxydationsversuchen mit geschwindigkeitsbestimmender Diffusion erhaltene Energieinkrement betrug hingegen nur 36,6 kcal/Mol[1]. Dieser große Unterschied zwischen den beiden Werten ist also nach diesen Betrachtungen nicht überraschend, da es sich im ersten Fall um eine wirkliche Phasengrenzreaktion und im zweiten Fall um eine Diffusion handelt.

Zur formalen Berücksichtigung der Konkurrenz von Diffusion und Phasengrenzreaktionen, die unter bestimmten Versuchsbedingungen zeitbestimmend sein können, wie wir es bereits für die Fe- und Cu-Oxydation angedeutet haben, ist nach EVANS[2], FISCHBECK[3], JOST[4], WAGNER und GRÜNEWALD[5] sowie NÖLDGE[6] ein Zeitgesetz folgender Form zu verwenden:

$$\frac{\Delta m}{q} \cdot \frac{1}{l''} + \left(\frac{\Delta m}{q}\right)^2 \cdot \frac{1}{k''} = t \qquad (4.78)$$

Hier bedeutet l'' (g $\cdot$ cm^{-2} $\cdot$ sec^{-1}) die Reaktionskonstante der Phasengrenzreaktion und k'' die bereits schon öfter erwähnte praktische Zunderkonstante. Infolge seines formalen Charakters kann natürlich dieses Zeitgesetz nur zur ersten Orientierung angewandt werden.

Zur unmittelbaren Auswertung der Meßergebnisse dividieren wir Gl. (4.78) durch $\Delta m/q$ und erhalten eine lineare Beziehung zwischen $\Delta m/q$ und $\frac{t}{\Delta m/q}$:

$$\frac{1}{l''} + \frac{\Delta m}{q} \frac{1}{k''} = \frac{t}{\Delta m/q}. \qquad (4.79)$$

Tragen wir also $\Delta m/q$ gegen $t/(\Delta m/q)$ auf, so ergibt sich aus dem Steigungsmaß der Geraden der reziproke Wert der praktischen Zunderkonstanten k'' (g^2 $\cdot$ cm^{-4} $\cdot$ sec^{-1}) und aus dem Schnittpunkt der Geraden mit der Ordinatenachse ($\Delta \xi = 0$) der reziproke Wert von l''.

Auf diese Weise sind die in Tab. 23 und 26 eingetragenen Geschwindigkeitskonstanten l'' der Phasengrenzreaktion für die Oxydation von Kupfer und Nickel von WAGNER und GRÜNEWALD berechnet worden. Trotz Fehlens einer näheren Diskussion des Mechanismus erkennt man

---

[1] BÉNARD, J., u. O. COQUELLE: C. R. Séances Acad. Sci. **222**, 796 (1946).

[2] EVANS, U. R.: Trans. Amer. electrochem. Soc. **46**, 247 (1924).

[3] FISCHBECK, K.: Z. Elektrochem. angew. physik. Chem. **39**, 316 (1934).

[4] JOST, W.: Diffusion und chemische Reaktion in festen Stoffen. Dresden 1937, S. 31.

[5] WAGNER, C., u. K. GRÜNEWALD: Z. physik. Chem. (B) **40**, 455 (1938).

[6] NÖLDGE, H.: Physik. Z. **39**, 546 (1938).

jedoch sowohl aus den Werten in den Tabellen wie aus dem Kurvenverlauf in Abb. 62, daß die Geschwindigkeitskonstanten l'' bzw. l, wobei $l = l''/A_0$ ist ($A_0 = 8 =$ Äquivalentgewicht des Sauerstoffs), mit steigendem Sauerstoffdruck zunehmen. WAGNER vermutet, daß bei hohen Sauerstoffdrucken von allen unter 1. bis 5. aufgezählten Phasengrenzreaktionen der Übergang von Metallionen aus der Metall- in die Oxydphase der langsamste der möglichen Teilvorgänge ist, während bei kleinen Sauerstoffdrucken die Reaktion an der äußeren Phasengrenze Metalloxyd/Sauerstoff infolge Chemisorption und Aufspaltung von O_2-Molekülen in Atome und Einbau derselben als Ionen ins Oxydgitter als zeitbestimmender Vorgang anzusehen ist. Im letzteren Falle müßte die Reaktionsgeschwindigkeit ebenfalls vom Sauerstoffdruck abhängen, wie noch näher bei der Eisenoxydation diskutiert werden soll.

Von FISCHBECK und Mitarbeitern[1] durchgeführte Oxydationsversuche an Eisen zwischen 850 und 1000° C im Existenzgebiet der Fe_2O_3-Phase ergaben, daß in der Nähe des α-γ-Umwandlungspunktes ($\sim$ 900° C) ein deutlicher Sprung in der Oxydationszeitkurve auftritt, wie aus Abb. 117 hervorgeht. Hiernach wird α-Fe rascher oxydiert als γ-Fe. Diese Ergebnisse wurden in neuerer Zeit von BÉNARD und TALBOT[2] bestätigt. Diese Autoren fanden außerdem, daß die Diskonti-

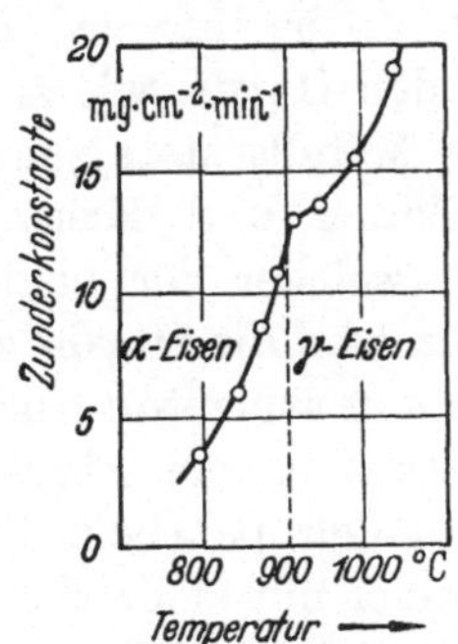

Abb. 117. Änderung der Oxydationsgeschwindigkeit von Eisen beim Übergang von der α- in die γ-Phase nach FISCHBECK und BÉNARD

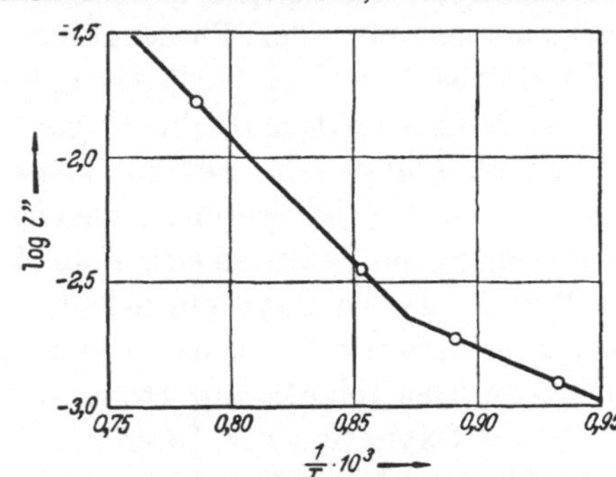

Abb. 118. Temperaturabhängigkeit der Oxydationsgeschwindigkeit von Eisen bei konstantem Sauerstoffpartialdruck (70 Vol.-% CO_2 + 30 Vol.-% CO) nach HAUFFE und PFEIFFER. Auch hier tritt bei etwa 900° C ein Knick in der Kurve auf

nuität der Oxydationskurve von α- und γ-Eisen nicht mit dem kristallographischen Umwandlungspunkt des Eisens zusammenfällt, sondern etwas höher liegt (etwa 905 bis 910° C).

In Abb. 118 ist ebenfalls die um 900° C auftretende Diskontinuität in dem Knick der Oxydationszeitkurve zu erkennen, wie sie aus

[1] FISCHBECK, K., L. NEUNDEUBEL u. F. SALZER: Z. Elektrochem. angew. physik. Chem. **40**, 517 (1934). — K. FISCHBECK u. F. SALZER: Metallwirt. Metallwiss., Metalltechn. **14**, 733 (1935).
[2] BÉNARD, J., u. J. TALBOT: C. R. Séances Acad. Sci. **226**, 912 (1948).

Oxydationsversuchen an Eisenblechen in einem CO-CO_2-Gemisch (30 Vol.-% CO) im Existenzgebiet der FeO-Phase von HAUFFE und PFEIFFER[1] erhalten wurden. Im Gegensatz zum parabolischen Verlauf der Oxydation in Luft herrscht hier ein lineares Zeitgesetz der Oxydation. Die von FISCHBECK und Mitarbeitern gegebene Deutung einer geschwindigkeitsbestimmenden Phasengrenzreaktion an der Phasengrenze Fe/FeO, wonach der Übertritt von Fe-Ionen + Elektronen aus α-Eisen in die FeO-Phase rascher erfolgen soll als aus γ-Eisen, ist allerdings nur dann diskutabel, wenn ein lineares Zeitgesetz der Oxydation herrscht, wie es für die FeO-Bildung auf Eisen beispielsweise gefunden wurde. Bei gleichzeitig beobachtetem parabolischem Zeitgesetz kann jedoch diese Deutung nicht aufrechterhalten werden, da bei erwiesener Gültigkeit des parabolischen Gesetzes eine geschwindigkeitsbestimmende Phasengrenzreaktion ausgeschlossen ist. Wie wir jedoch gleich zeigen werden, kann die bei etwa 900° C auftretende Diskontinuität auch bei Vorliegen eines linearen Zeitgesetzes nicht durch den Übertritt von Fe-Ionen aus der Fe-Phase verursacht sein. Zu diesem Zwecke wollen wir uns am Beispiel der Fe-Oxydation zu FeO etwas eingehender über Phasengrenzreaktionen orientieren.

Wird ein lineares Zeitgesetz beobachtet, so ist, wie bereits erwähnt, im allgemeinen eine der Phasengrenzreaktionen zeitbestimmend für die Gesamtreaktion. Bei Vorliegen eines p-leitenden Oxyds, wie z. B. FeO, als Deckschicht muß die Oxydation eines Metalls stets sauerstoffdruckabhängig sein (sofern nicht Keimbildung und Kristallwachstum maßgebend werden), gleichgültig, an welcher der beiden Phasengrenzen die Reaktion sich abspielt. Dagegen wird die Oxydation eines Metalls, dessen Oxyd ein n-Leiter ist, nur dann sauerstoffdruckabhängig sein, wenn der zeitbestimmende Teilschritt an der Phasengrenze Oxyd/Gas abläuft. Auf Grund des Befundes eines parabolischen Verlaufs der Oxydation von Eisen bei Vorliegen einer mit einer Fe_3O_4-Schicht überdeckten FeO-Schicht, wo der höchstmögliche Sauerstoffdruck für die FeO-Bildung — nämlich der Zersetzungsdruck des Fe_3O_4 — maßgebend ist, und eines linearen Verlaufs der Oxydation bei Abwesenheit dieser zusätzlichen Fe_3O_4-Schicht — aber bei annähernd gleichem Sauerstoffdruck wie der Zersetzungsdruck von Fe_3O_4 — wird die FeO-Bildung in CO-CO_2-Gemischen durch die folgende Chemisorption bestimmt:

$$CO_2^{(g)} \longrightarrow O_{chem}^- + \oplus + CO^{(g)} \qquad (4.80)$$

Wie der Kurvenverlauf in Abb. 119 zeigt, ist außerdem die Oxydationsgeschwindigkeit bei gleichzeitig vorhandener Fe_3O_4-Schicht

---

[1] HAUFFE, K., u. H. PFEIFFER: Z. Metallkunde **44**, 27 (1953).

(Oxydationsversuch bei 1 Atm) erheblich rascher als die Oxydationsgeschwindigkeit bei Fehlen einer Fe_3O_4-Schicht aber bei annähernd gleichem wirksamen Sauerstoffdruck ($\approx$ Zersetzungsdruck des Fe_3O_4). Dieses unterschiedliche Verhalten schließt auch im Falle der Oxydation

von Eisen zu FeO bei linearem Zeitgesetz, was oberhalb 900° C der Fall ist, die Möglichkeit des zeitbestimmenden Übertritts von Eisen ins Oxyd aus, da sonst bei praktisch gleichem Sauerstoffdruck an der Phasengrenze FeO/ Fe_3O_4 bzw. FeO/CO_2-CO erstens eine annähernd gleiche Oxydationsgeschwindigkeit gefunden würde, und zweitens auch bei auf FeO folgenden

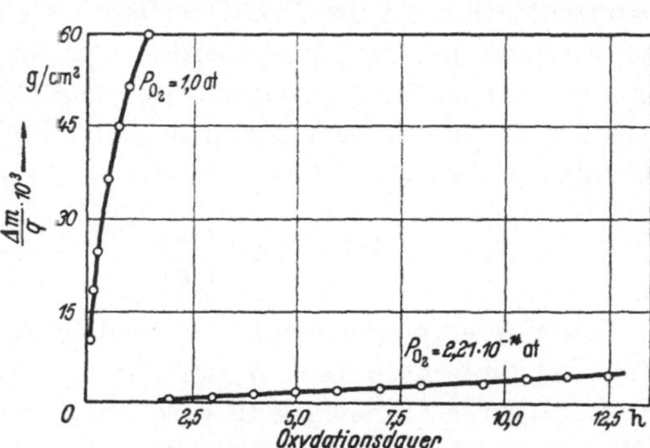

Abb. 119. Zeitlicher Verlauf der Oxydation von Eisen bei 1000° C nach HAUFFE und PFEIFFER. Parabolischer Verlauf der Oxydation in reinem Sauerstoff von 1 Atm und linearer Verlauf in einem CO_2-CO-Gemisch mit einem Sauerstoffpartialdruck $\approx$ Zersetzungsdruck von Fe_3O_4

höheren Oxyden die Oxydationsgeschwindigkeit dem linearen Zeitgesetz gehorchen sollte. Durch die bei hohen Sauerstoffdrucken gleichzeitig entstehende Fe_3O_4-Schicht wird die reaktionshemmende Chemisorption gemäß Gl. (4.80) aufgehoben.

Nach dieser Betrachtung bleibt in der Tat nur noch die Annahme des geschwindigkeitsbestimmenden Teilvorganges Gl. (4.80) übrig. Die für diesen Vorgang maßgebende „Schwellenhemmung" bzw. Aktivierungsenergie wird im Falle der Oxydation in Luft bzw. Sauerstoff von 1 Atm durch eine andere, schwächere, ersetzt. Wie weitere Versuche ergeben haben, ist der Übergang vom linearen zum parabolischen Zeitgesetz bei Erreichen des Sauerstoffgleichgewichtsdruckes Fe_3O_4/FeO (Zersetzungsdruck des Fe_3O_4) keineswegs zu beobachten. Die gleichzeitige Bildung der Fe_3O_4-Phase setzt erst bei einem erheblich höheren Sauerstoffdruck ein, wie Oxydationsversuche bei 1000° C mit CO-armen Gasgemischen (10 und 1 Vol.-% CO) ergeben haben. Erst nach völliger Durchoxydation des Eisenbleches zu Wüstit (FeO) war hier unter den genannten Sauerstoffpartialdrucken die Bildung von Fe_3O_4 zu beobachten, woraus zu schließen ist, daß bei Vorhandensein von Eisen wegen der relativ großen Diffusionsgeschwindigkeit der Eisenionen durch die FeO-Schicht zur Phasengrenze FeO/Gas der aus dem CO_2 stammende chemisorbierte Sauerstoff ständig verbraucht wird, so daß unter diesen Versuchsbedingungen das zur Ausbildung von Fe_3O_4 erforderliche chemische Potential der chemisorbierten Sauerstoffionen, das ja letzten Endes für die Fe_3O_4-Bildung maßgebend ist, nicht erreicht wurde, obwohl das chemische Potential bzw. der Partialdruck des Sauerstoffs in der Gasphase bei weitem ausgereicht hätte.

Der in CO_2-CO-Gemischen vorhandene molekulare Sauerstoff hat auf die Oxydationsgeschwindigkeit sicher keinen Einfluß, da seine Konzentration an der FeO-Oberfläche verglichen mit der an CO_2 verschwindend gering ist. Außerdem spricht auch die hohe Spaltungsenergie von 5,05 eV gegenüber der von CO_2 mit 2,9 eV dagegen. Wie aus den Oxydationsversuchen in Abb. 120 zu entnehmen ist, folgt die Oxydationsgeschwindigkeit der dritten Wurzel des Sauerstoffdruckes:

$$l'' \approx \text{const} \left(\frac{p_{CO_2}}{p_{CO}} \right)^{2/3} = \text{const*} \cdot p_{O_2}^{1/3}. \tag{4.81}$$

Die rein empirisch ermittelte Beziehung (4.81) kann selbstverständlich nur innerhalb bestimmter Grenzen annähernd gelten, da notwendigerweise l'' gleich Null wird bei einem Sauerstoffdruck, der dem Gleichgewichtsdruck an der Zweiphasengrenze Fe/FeO entspricht.

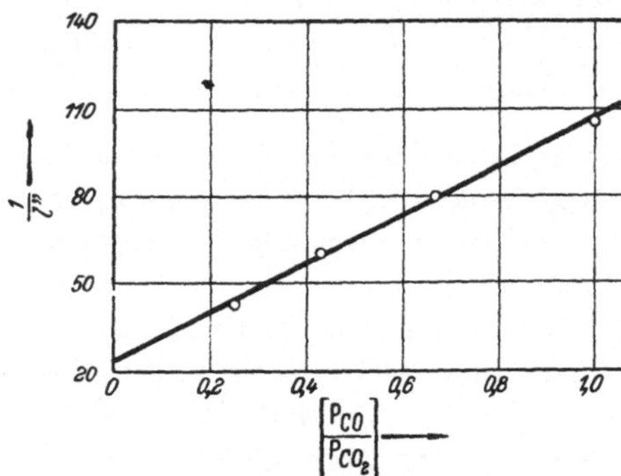

Abb. 120. Abhängigkeit des Kehrwertes der Geschwindigkeitskonstanten $1/l''$ vom Kehrwert des CO_2-CO-Verhältnisses [$1/(p_{CO_2}/p_{CO})$] bei 1000° C nach HAUFFE und PFEIFFER. $k_1 = 0,042$ und $k_3 = 0,29$

Nach Abb. 120 gilt die Beziehung im Sauerstoffdruckbereich von $p_{O_2} = 1,6 \cdot 10^{-13}$ bis $9,8 \cdot 10^{-15}$ Atm entsprechend den CO-Molenbrüchen von $x_{CO} = 0,2$ bis 0,5.

Unter der Annahme einer geschwindigkeitsbestimmenden Chemisorption des CO_2, deren langsamer Ablauf infolge der hohen Konzentration der Defektelektronen im FeO ($x_\odot \approx 0,1$) verständlich ist, kann man hier infolge der hohen Beweglichkeit der Fe-Ionen über Leerstellen und der großen Defektelektronenkonzentration nennenswerte Randschichten ausschließen. Dies bedeutet, daß wir den Chemisorptionsvorgang — aber nur hier unter den speziellen Bedingungen — mittels der μ-Thermodynamik ohne ein elektrisches Diffusionspotential behandeln können. Aus diesem Grunde ist die Aufstellung eines der LANGMUIRschen Gleichung identischen Ansatzes möglich, wie von HAUFFE und PFEIFFER gezeigt wurde. Es ergab sich die folgende Beziehung:

$$\frac{1}{l''} = \frac{1}{k_2 (p_{CO_2}/p_{CO})} + \frac{1}{k_1}, \tag{4.82}$$

wobei k_1 und k_2 ($= k_1 k_3$) Konstanten sind. In Abb. 120 sind die Versuchsergebnisse nach Gl. (4.82) aufgetragen. Die Konstanten wurden zu $k_1 = 0{,}042$ und $k_3 = 0{,}29$ ermittelt. Die von HAUFFE und PFEIFFER untersuchte FeO-Bildung ist wohl der erste Fall, wo oberhalb $900°\,C$ bei einer nachweislich kompakten Deckschicht keine Diffusionsvorgänge, sondern Phasengrenzvorgänge — speziell hier die Chemisorption von CO_2 und der Einbau des chemisorbierten Sauerstoffs ins FeO-Gitter — zeitbestimmend sind. Dieser Befund ist auf Grund der hohen Fe-Ionenleerstellenkonzentration von 7 bis 11 Atom-% im FeO-Gitter bei $1000°\,C$ verständlich. Das FeO-Gitter stellt also ein Sieb mit vielen Löchern dar, das die Fe-Ionen relativ rasch durcheilen. Da an anderen Oxyden bisher eine so hohe Fehlordnung nicht beobachtet wurde, ist es auch plausibel, daß man an anderen Zundersystemen bei Ausbildung einer kompakten Deckschicht derartige Erscheinungen noch nicht festgestellt hat.

PFEIFFER und LAUBMEYER[1] untersuchten die Sauerstoffdruckabhängigkeit der Eisenoxydation zu FeO im Sauerstoffdruckbereich von 10^{-3} bis 1 mm Hg (auch hier entsteht aus kinetischen Gründen nur FeO) und fanden für die lineare Oxydationsgeschwindigkeit l'', die außerdem in derselben Größenordnung lag wie die mit CO_2/CO-Gemischen, die folgende Druckabhängigkeit:

$$l'' = \text{const} \cdot p_{O_2}^{0{,}7}.$$

Dieser Befund ist ein weiterer Beweis für die bereits früher gemachte Annahme, daß nicht der Sauerstoffpartialdruck maßgebend ist, sondern allein der durch Chemisorption von CO_2 nach Gl. (4.80) erhaltene Sauerstoff. Sobald über dem FeO höhere Oxyde entstehen, folgt die Oxydation einem parabolischen Zeitgesetz und wird unabhängig vom Gasdruck.

In diesem Zusammenhang ist der von BÉNARD und COQUELLE[2] gefundene zeitliche Verlauf des Dickenwachstums der einzelnen Oxydschichten FeO, Fe_3O_4 und Fe_2O_3 bemerkenswert. Es wurde nämlich beobachtet, daß die Fe_3O_4- und Fe_2O_3-Schicht während der Eisenoxydation bei 1 Atm Sauerstoff bzw. Luft zwischen 700 und $1000°\,C$ nach einem linearen Zeitgesetz wachsen, während die FeO-Bildung sich durch ein parabolisches Zeitgesetz beschreiben läßt. Der Befund eines mit der Zeit linearen Wachstums der Fe_3O_4- und Fe_2O_3-Schicht ist jedoch *nur* dann verständlich, wenn sich diese beiden Oxydschichten porös ausbilden. Von HIMMEL, MEHL und BIRCHENALL[3] konnte ein lineares Wachstum dieser Schichten nicht bestätigt werden.

---

[1] PFEIFFER, H., u. C. LAUBMEYER: Z. Elektrochem. Ber. Bunsenges. phys. Chem. **59**, 579 (1955).

[2] BÉNARD, J., u. O. COQUELLE: C. R. Séances Acad. Sci. **222**, 884 (1946).

[3] HIMMEL, L., R. F. MEHL u. C. E. BIRCHENALL: J. Metals **5**, 827 (1953).

Wie bereits weiter oben mitgeteilt, findet man einen Übergang vom parabolischen zum linearen Zeitgesetz und umgekehrt auch an anderen Zundersystemen, so z. B. bei der Oxydation von Titan (S. 189ff.)[1], Germanium[2], Silicium[3], Cer[4], Thorium[5] und bei der Schwefelung von Nickel[6]. In allen diesen Fällen, außer der Ge-Oxydation, ist der Mechanismus der für das lineare Zeitgesetz maßgebenden Phasengrenzreaktion noch nicht genügend aufgeklärt. Die von BERNSTEIN und CUBICCIOTTI[2] untersuchte Oxydation von Germanium zwischen 575 und 705° C ist insofern recht interessant, als hier das sich überwiegend bildende GeO bei diesen Temperaturen relativ flüchtig ist. Die Oxydationsgeschwindigkeit konnte durch die zeitliche Gewichtsabnahme bestimmt werden. Hieraus ergab sich, daß die Verdampfung des GeO der für die Oxydation maßgebende Teilvorgang ist. Das Zeitgesetz lautet:

$$n_{O_2} = n_v[1 - \exp(-k_v t)],$$

wo n_{O_2} die Zahl der Mole verbrauchten Sauerstoffs je cm² Metallfläche und k_v eine Konstante bedeuten. n_v ist annähernd proportional dem Kehrwert des Sauerstoffdruckes.

In ähnlicher Weise wird auch das Arsen nach einem linearen Anlaufgesetz oxydiert[7]. Beim Molybdän wurde ebenfalls eine totale Verdampfung der bei der Oxydation entstehenden MoO_3-Schicht beobachtet, wenn die Oxydationstemperatur oberhalb vom Schmelzpunkt des MoO_3 (795° C) verwandt wurde[8]. Da aber das lineare Zeitgesetz der Oxydation auch unterhalb des Schmelzpunktes gefunden wurde, kann die Verdampfung zumindest im gesamten Temperaturbereich nicht die Kinetik bestimmen. Über den Mechanismus im Bereich der niedrigen Temperaturen kann man z. Z. noch keine Aussagen machen.

Häufig ist jedoch die Ursache des Auftretens eines linearen Oxydationsgesetzes in der Ausbildung stark poröser Deckschichten zu suchen. Poröse Deckschichten treten bevorzugt dort auf, wo das Molvolumen des sich ausbildenden Reaktionsproduktes — z. B. eines Oxyds — kleiner ist als das Atomvolumen des darunterliegenden Metalls bzw. als das Molvolumen der darunter befindlichen Verbindung. Derartige Verhältnisse der Atom- und Molvolumina der Ausgangs- und Endstoffe finden wir bei den Alkali- und Erdalkalimetallen und beim

[1] DAVIES, M. H., u. C. E. BIRCHENALL: J. Metals **3**, 877 (1951).
[2] BERNSTEIN, R. B., u. D. CUBICCIOTTI: J. Amer. chem. Soc. **73**, 4112 (1951).
[3] BRODSKY, M. B., u. D. CUBICCIOTTI: J. Amer. chem. Soc. **73**, 3497 (1951).
[4] CUBICCIOTTI, D.: J. Amer. chem. Soc. **74**, 1200 (1952).
[5] LEVESQUE, P., u. D. CUBICCIOTTI: J. Amer. chem. Soc. **73**, 2028 (1951).
[6] HAUFFE, K., u. A. RAHMEL: Z. physik. Chem. **199**, 152 (1952).
[7] KALMAN, L.: Mag. Chem. Foly **57**, 65 (1951).
[8] LUSTMAN, B.: Metal Progr. **57**, 629 (1950).

Magnesium. Aus diesem Grunde ist es auch verständlich, warum die Oxydation von Barium (Abb. 121)[1] und die des Magnesiums (Abb. 122)[2] einem linearen Zeitgesetz folgt. Im Bereich niedriger Temperaturen verhält sich jedoch Magnesium anders, als man auf Grund des Volumenquotienten erwarten sollte. Trotz der hohen Bildungsenthalpie des MgO von — 146,1 kcal/Mol ist Magnesium bei Raumtemperatur gegen oxydierende Atmosphären auffallend stabil. FINCH und QUARRELL[3] glauben dieses Verhalten darauf zurückführen zu können, daß MgO in dünnen Schichten in einer instabilen Modifikation orientiert auf dem Metall aufwächst und kompakte Schichten bildet. Erst wenn eine kritische Dicke der Deckschicht erreicht ist, reichen offenbar die Gitterkräfte des MgO aus, um die normale kubische Struktur zu erzwingen, wodurch die Deckschicht aufplatzt. Für die dann einsetzende rein chemische Reaktion finden LEONTIS und RHINES[2] zwischen 475 und 575° C eine Aktivierungsenergie von 50,5 kcal/Mol. Über 600° C verläuft die Oxydation infolge der relativ hohen Verdampfungsgeschwindigkeit des Magnesiums sehr rasch und bis zur Selbstentzündung. Die unterhalb 450° C zu Beginn der Oxydation auftretenden kompakten Deckschichten sind durch den parabolischen Verlauf der Oxydation festzustellen und auch in der Literatur beschrieben worden[4].

In diesem Zusammenhang ist es verständlich, daß auch die Kristallorientierung der auf ein Metall oder eine Legierung aufwachsenden Deckschichten die Oxydationsgeschwindigkeit maßgebend beeinflussen

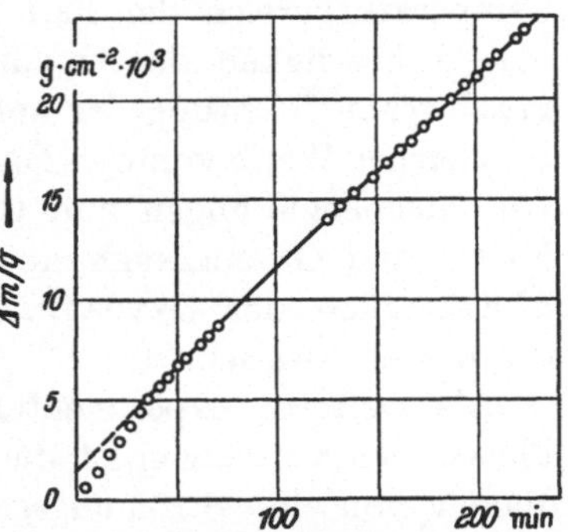

Abb. 121. Zeitlicher Verlauf der Oxydation von Barium bei 17° C in Luft mit 71,5% relativer Feuchtigkeit nach PILLING und BEDWORTH

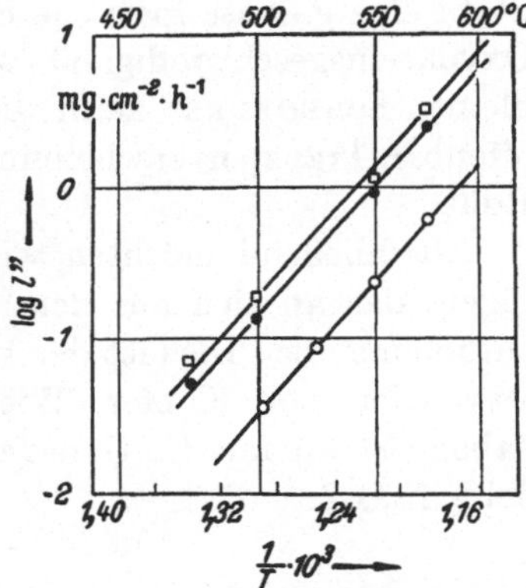

Abb. 122. Die Temperaturabhängigkeit der linearen Zunderkonstanten l'' (mg·cm^{-2}·h^{-1}) der Magnesiumoxydation nach LEONTIS und RHINES

○ Gewalztes Mg in reinem Sauerstoff oxydiert.
● Anfängliche Geschwindigkeit
□ Geschwindigkeit gegen Ende der Oxydation
} kompaktes Mg in trockner Luft oxydiert

---

[1] PILLING, N. B., u. R. E. BEDWORTH: J. Inst. Metals **29**, 529 (1923).

[2] LEONTIS, T. E., u. F. N. RHINES: Trans. AIME **166**, 256 (1946).

[3] FINCH, G. J., u. A. G. QUARRELL: Nature (London) **131**, 877 (1933). — Proc. Roy. Soc. (A) **141**, 398 (1933).

[4] GULBRANSEN, E. A.: Trans. electrochem. Soc. **87**, 589 (1945).

kann, auch dann, wenn wir kein lineares Zeitgesetz mehr beobachten, wie dies z. B. bei der Oxydation von Kupfer im mittleren Temperaturbereich der Fall ist. Hier fanden BÉNARD und TALBOT[1] eine Abhängigkeit der Oxydationsgeschwindigkeit von der kristallographischen Richtung der auf Kupfer aufwachsenden Cu_2O-Kristalle. In gleicher Weise konnten BÉNARD und BARDOLLE[2] bei der Oxydation von Nickellegierungen und GWATHMEY und BENTON[3], LUSTMAN und MEHL[4] und GULBRANSEN und RUKA[5] auch an anderen Systemen die Abhängigkeit der Oxydationsgeschwindigkeit von der Kristallorientierung nachweisen.

Als weiteres experimentelles Kriterium für das Erkennen von Phasengrenzvorgängen ist die Abhängigkeit der Oxydationsgeschwindigkeit von der Strömungsgeschwindigkeit des angreifenden Gases. BAUKLOH und REIF[6] berichten, daß die Oxydationsgeschwindigkeit von ARMCO-Eisen von der Strömungsgeschwindigkeit abhängt. MURPHY, WOOD und JOMINY[7] beobachten bei der Oxydation von weichem Stahl eine gewisse kritische Strömungsgeschwindigkeit, bis zu der die Oxydationsgeschwindigkeit ansteigt und oberhalb dieser konstant bleibt. SCHROEDER[8] kann die Beobachtung bestätigen. Hier spielen offenbar Transporterscheinungen in der Gasphase eine maßgebende Rolle.

Abschließend möchten wir noch ein interessantes Beispiel hinzufügen, das an sich aus dem Arbeitsgebiet der heterogenen Katalyse entnommen ist. Dies ist der katalytische N_2O-Zerfall bei gleichzeitiger Oxydation von Kupfer. Wie DELL, STONE und TILEY[9] festgestellt haben, ist an mit Cu_2O bedeckten Kupferblechen die Reaktionsfolge beim N_2O-Zerfall:

$$N_2O^{(g)} \rightarrow O^-_{chem} + \oplus + N_2^{(g)} \qquad \text{langsam}$$

$$\left.\begin{array}{l} O^-_{chem} \rightarrow Cu_2O + 2\,Cu\,\square' + \oplus \\ \text{Cu-Diffusion über Leerstellen} \end{array}\right\} \text{rasch,}$$

wobei die Chemisorption der langsame Teilschritt ist. Ferner ist die Zerfallsgeschwindigkeit des N_2O von der Schichtdicke des Cu_2O un-

---

[1] BÉNARD, J., u. J. TALBOT: C. R. Séances Acad. Sci. **225**, 411 (1947).

[2] BÉNARD, J., u. J. BARDOLLE: C. R. Séances Acad. Sci. **232**, 231 (1951); **239**, 706 (1954).

[3] GWATHMEY, A. T., u. A. F. BENTON: J. physic. Chem. **46**, 969 (1942).

[4] LUSTMAN, B., u. R. F. MEHL: Trans. AIME, Techn. Publ. Nr. 1317 (1941)

[5] GULBRANSEN, E. A., u. R. RUKA: J. electrochem. Soc. **99**, 360 (1952).

[6] BAUKLOH, W., u. O. REIF: Metallwirt. **14**, 1055 (1935).

[7] MURPHY, D. W., W. P. WOOD u. W. E. JOMINY: Trans. Amer. Soc. Steel Treat. **19**, 193 (1931).

[8] SCHROEDER, W.: Arch. Eisenhüttenwes. **6**, 47 (1932).

[9] DELL, R. M., F. S. STONE u. P. F. TILEY: Trans. Faraday Soc. **49**, 201 (1953).

abhängig. Andererseits wird auch kein gasförmiger Sauerstoff gebildet, d. h., die Desorptionsgeschwindigkeit des Sauerstoffs bzw. die Desorptionsreaktion ist gegenüber der Oxydationsgeschwindigkeit bzw. der Diffusionsgeschwindigkeit der Cu-Ionen im Cu_2O zu vernachlässigen. Ähnlich wie bei der Oxydation des Eisens zu FeO in CO_2-CO-Gemischen ist hier die Oxydationsgeschwindigkeit von Kupfer allein abhängig von der Zerfallsgeschwindigkeit des N_2O. Eine Erhöhung der Defektelektronenkonzentration im Cu_2O (z. B. durch Sauerstoff-Vorbelegung) sollte die Oxydationsgeschwindigkeit erhöhen, da der N_2O-Zerfall erhöht wird[1].

4.5 Zundersysteme mit mehrphasigen Deckschichten

Während man im Laboratorium durch geeignete Wahl des Partialdruckes der zundernden Atmosphäre prinzipiell ohne Schwierigkeiten eine einphasige homogene Zunderschicht auf dem Metall erzeugen kann, wie z. B. die Ausbildung von FeO auf Fe und Cu_2O auf Cu oder CoO auf Co, ist dies in der Technik häufig nicht möglich, da der Sauerstoffpartialdruck, z. B. bei Feuerungsvorgängen und anderen Reaktionsführungen mit einem Sauerstoffüberschuß im Reaktionsgas, des öfteren einen Druck von 1 Atm. und höher erreichen kann. Unter diesen Bedingungen befinden wir uns aber in den meisten Fällen im Existenzgebiet der höchsten Oxydationsstufe des Zunderproduktes — also z. B. im Falle der Eisenoxydation im Existenzgebiet der Fe_2O_3-Phase. Wie die Untersuchung derartiger Zunderschichten ergeben hat, besteht unter diesen Bedingungen die Zunderschicht aus mehreren Oxydphasen entweder in unregelmäßiger Anordnung oder auch in einer zum Metall parallelen Schichtung.

Unter der Annahme einer bevorzugten parallelen Schichtung der einzelnen Oxyde und Sulfide in der Zunderschicht, in der sich die niedrigste Oxydationsstufe unmittelbar in Nachbarschaft des Metalls befindet und die höchste im Gleichgewicht mit der Sauerstoffatmosphäre steht, läßt sich der Mechanismus der Deckschichtenbildung in einigen Fällen in erster Näherung quantitativ beschreiben, sofern die Oxydationsgeschwindigkeiten der einzelnen Oxyde — z. B. Cu → Cu_2O und Cu_2O → CuO oder Fe → FeO, FeO → Fe_3O_4 und Fe_3O_4 → Fe_2O_3 — bekannt sind. Solche Untersuchungen liegen für die Oxydation von Kupfer, Eisen und Mangan vor, und ferner für die Schwefelung von Eisen, die daher als Beispiele für weitere Zundersysteme mit mehrphasigen Deckschichten zur Anregung näher beschrieben werden sollen.

---

[1] Siehe auch den zusammenfassenden Artikel von J. BLOCK: Phasengrenzreaktionen bei der Metalloxydation, im Druck.

Bringt man beispielsweise eine Kupferprobe bei 1000° C in eine Gasatmosphäre, deren Sauerstoffpartialdruck >100 mm Hg ist, so beobachtet man, daß erstens die Oxydationsgeschwindigkeit sich nach einem parabolischen Zeitgesetz beschreiben läßt, und daß zweitens die Oxydschicht praktisch aus Cu_2O besteht und nur eine sehr dünne äußere Schicht aus CuO aufweist, obwohl der während der Oxydation herrschende Sauerstoffdruck im Existenzgebiet der CuO-Phase liegt. Die Ursache einer bevorzugten Cu_2O-Bildung liegt in den kinetischen Vorgängen und wurde bereits qualitativ von WAGNER[1] beschrieben. Entsprechend Abb. 123 wird bei der Einwirkung von Sauerstoff auf Kupfer im Existenzgebiet der CuO-Phase am Anfang der Oxydation eine sehr dünne CuO-Schicht gebildet, die beim Fortschreiten der Oxydation an der Metallseite infolge des großen Angebots an Kupferionen und Elektronen von einer Cu_2O-Schicht abgelöst wird. Infolge der erheblich größeren Diffusionsgeschwindigkeit der Cu-Ionen über

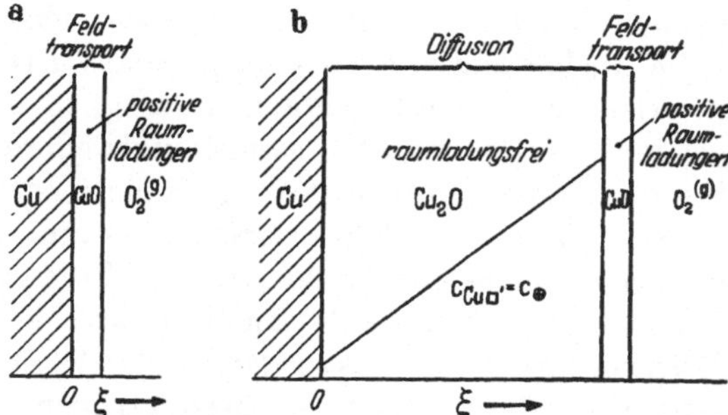

Abb. 123 a u. b. Zunderschema für die Oxydation von Kupfer zu Cu_2O + CuO im Existenzgebiet der CuO-Phase

a zeigt den Anfang der Oxydation, wo nur eine dünne CuO-Schicht ($\ll 1\mu$) auf Cu vorhanden ist;

b stellt den Aufbau der Zunderschicht nach längeren Oxydationszeiten dar. Während im Cu_2O die Konzentration der Cu-Ionenleerstellen $x_{Cu\square'}$ an der Phasengrenze Cu_2O/Cu zu vernachlässigen ist, nimmt sie an der Phasengrenze Cu_2O/CuO den höchsten Wert an (z. B. bei 1000° C ist $x_{Cu\square'} > 1{,}2 \cdot 10^{-3}$). Entsprechend ist der Verlauf der Defektelektronen in der Cu_2O-Schicht

Cu-Ionenleerstellen im Cu_2O wird die sich langsam bildende CuO-Schicht bis auf eine sehr kleine stationäre Schichtdicke laufend „aufgezehrt". Erst wenn alles Kupfer zu Cu_2O oxydiert ist, d. h. wenn kein Kupfer mehr vorhanden ist, kann die CuO-Schicht weiterwachsen. Die von PILLING und BEDWORTH[2], FEITKNECHT[3] und FRÖHLICH[4] gefundene Unabhängigkeit der Oxydationsgeschwindigkeit des Kupfers vom Sauerstoffdruck — wenn wir im CuO-Existenzgebiet oxydieren — kann man in der Weise verstehen, daß bei einer Oxydschichtenfolge

---

[1] WAGNER, C.: Reaktionen mit Metallen, im Hdb. Metallphysik Bd. I, 2. Leipzig 1940, S. 144.

[2] PILLING, N. B., u. R. E. BEDWORTH: J. Inst. Metals **29**, 529 (1923).

[3] FEITKNECHT, W.: Z. Elektrochem. angew. physik. Chem. **35**. 142 (1929).

[4] FRÖHLICH, K. W.: Z. Metallkunde **28**, 368 (1936).

von $Cu/Cu_2O/CuO/O_2$ ebenso wie bei der einfachen Cu_2O-Bildung die Diffusion in der Cu_2O-Phase allein zeitbestimmend ist und infolge des herrschenden konstanten CuO-Zersetzungsdruckes $[p_{O_2}(CuO/Cu_2O)]$ unabhängig vom äußeren Sauerstoffdruck sein muß. Es ist nämlich die Konzentration der Cu-Ionenleerstellen und die der Defektelektronen in der Cu_2O-Phase an den Phasengrenzen Cu/Cu_2O und CuO/Cu_2O eindeutig durch die Zwischengleichgewichte $Cu + Cu_2O$ und $Cu_2O + CuO$ festgelegt, wodurch das chemische Potentialgefälle des Kupfers bzw. der Konzentrationsgradient der Cu-Ionenleerstellen in der Cu_2O-Schicht konstant wird, der ja letzten Endes für die Diffusionsgeschwindigkeit der Cu-Ionen in Cu_2O verantwortlich ist.

DRAVNIEKS[1] konnte nachweisen, daß die Oxydschicht, die sich während der Oxydation von Cu bei 500° C und bei einem Sauerstoffdruck von 2 mm Hg ausbildet, bis zu etwa $4 \cdot 10^{-4}$ cm aus reinem Cu_2O besteht und sich erst oberhalb dieser Dicke mit einem allmählich wachsenden CuO-Film überzieht. Dieser Befund bedeutet keinen unmittelbaren Widerspruch gegen die obigen Ausführungen, wenn man bedenkt, daß sich in diesem Temperaturbereich bereits Raumladungsrandschichten und Feldtransporterscheinungen bemerkbar machen, die den Aufbau der Zunderschicht — wie bereits auf S. 90ff diskutiert wurde — erheblich verändern können.

Unter der Annahme eines auch für die CuO-Schichtbildung auf Cu_2O maßgebenden parabolischen Wachstums berechneten WAGNER[2] und VALENSI[3] die stationäre Dicke der Cu_2O- und CuO-Schicht, die sich während der Oxydation von Kupfer ausbildet. Diese Ansätze, die für alle Zundersysteme mit paralleler Schichtung der einzelnen Oxydphasen und parabolischem Reaktionsablauf gültig sind, versagen für die Schichtdickenberechnung am Kupfer-Sauerstoff-System insofern, als hier die Oxydation von Cu_2O zu CuO nicht

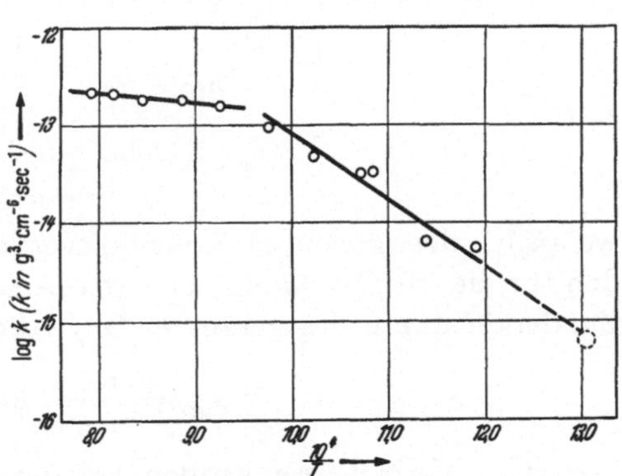
Abb. 124. Temperaturabhängigkeit der Oxydationsgeschwindigkeit von Cu_2O zu CuO in Sauerstoff von 1 Atm zwischen 500 und 1000° C nach HAUFFE und KOFSTAD. Vor der Oxydation wurde jeweils 1 Std. im Hochvakuum — etwa 10^{-3} bis 10^{-4} mm Hg — getempert. k ist die kubische Anlaufkonstante $(g^3 \cdot cm^{-6} \cdot sec^{-1})$

---

[1] DRAVNIEKS, A.: Private Mitteilung.

[2] WAGNER, C.: Reaktionen mit Metallen, in Hdb. Metallphysik Bd. I, 2, Leipzig 1940, S. 144.

[3] VALENSI, G.: Intern. Conf. Surface Reactions (1948), S. 156.

durch ein parabolisches, sondern durch ein kubisches Zeitgesetz erfolgt. Dieses Zeitgesetz sowie die logarithmische Sauerstoffdruckabhängigkeit der Oxydationsgeschwindigkeit deuten auf einen Feldtransport der Ionen in der CuO-Schicht hin, wie auf S. 102 diskutiert wurde[1]. In Abb. 124 ist die Temperaturabhängigkeit der kubischen Zunderkonstanten der CuO-Bildung bei 1 Atm. Sauerstoff zwischen 500 und 1000° C wiedergegeben.

Sind jedoch die obigen Voraussetzungen — parabolisches Zeitgesetz für alle Oxydphasen — erfüllt, so lassen sich einfache Beziehungen herleiten, wie sie von Jost[2] und Valensi[3] vorgeschlagen wurden. Unter Berücksichtigung der Dichte und des Molekulargewichts der Oxydschichten, z. B. ϱ_{Me_2O} bzw. ϱ_{MeO} und M_{Me_2O} bzw. M_{MeO}, erhält man für die Geschwindigkeit des Sauerstoffverbrauchs bei der Me_2O- und MeO-Bildung die folgenden Ausdrücke:

$$-\left(\frac{d\,n_O}{d\,t}\right)_{Me_2O} = \frac{M_{Me_2O}}{\varrho_{Me_2O}} \frac{k_{Me_2O}}{\Delta\,\xi_{Me_2O}} \tag{4.83a}$$

$$-\left(\frac{d\,n_O}{d\,t}\right)_{MeO} = \frac{M_{MeO}}{\varrho_{MeO}} \frac{k_{MeO}}{\Delta\,\xi_{MeO}}, \tag{4.83b}$$

wo k die parabolische Zunderkonstante bedeutet. Hieraus folgt für den Gesamtvorgang der Oxydation

$$-\left(\frac{d\,n_O}{d\,t}\right)_{Me_2O\,+\,MeO} = \frac{1}{2}\,\frac{z+1}{z}\,\frac{k_{MeO}}{(n_O)_{ges}} \tag{4.84}$$

mit

$$z = \frac{(n_O)_{ges} - (n_O)_{Me_2O}}{(n_O)_{Me_2O}},$$

wo $(n_O)_{ges}$ den gesamten Sauerstoffverbrauch in g-Atom und $(n_O)_{Me_2O}$ den für die Me_2O-Bildung bedeuten. Aus Gl. (4.84) folgt die rationelle Zunderkonstante des gesamten Oxydationsprozesses zu:

$$k_{ges} = \frac{z+1}{z}\,k_{MeO}. \tag{4.85}$$

Derartige Verhältnisse wurden bei der Schwefelung des Eisens bei höheren Temperaturen mit Schwefeldampfdrucken erhalten, die im Existenzgebiet der FeS_2-Phase liegen. So fanden beispielsweise Hauffe und Rahmel[4] für die Schwefelungsgeschwindigkeit von Eisen bei 670° C und einem Schwefelpartialdruck von 310 mm Hg, der annähernd dem Gleichgewichtsdruck $p_{S_2}(FeS/FeS_2)$ entspricht, $k_{\dot{F}eS} = 3,3 \cdot 10^{-8}$

---

[1] Hauffe, K., u. P. Kofstad: Z. Elektrochem., Ber. Bunsenges. physik. Chem. **59**, 399 (1955).

[2] Jost, W.: Diffusion u. chem. Reaktion in festen Stoffen. Dresden 1937, S. 162 u. 167.

[3] Valensi, G.: Intern. Conf. Surface Reactions (1948), S. 156.

[4] Hauffe, K., u. A. Rahmel: Z. physik. Chem. **199**, 152 (1952).

g-Atom $\cdot$ cm^{-1} $\cdot$ sec^{-1} und für die Geschwindigkeit der Aufschwefelung von FeS zu FeS$_2$ bei derselben Temperatur und einem Schwefeldampf-druck von 1 Atm. $k_{\text{FeS}_2} = 1{,}4 \cdot 10^{-11}$ g-Atom $\cdot$ cm^{-1} $\cdot$ sec^{-1}. Auch in diesem Zundersystem besteht der Hauptanteil der Zunderschicht aus FeS, und nur etwa $1^0/_{00}$ der Schichtdicke des Zunders besteht aus FeS$_2$, solange eine Fe-Phase noch anwesend ist (nähere Angaben s. S. 325).

GURNICK und BALDWIN[1] untersuchten die Oxydationsgeschwindig-keit von Mangan in Luft zwischen 400 und 1000° C, die sich durch ein parabolisches Zeitgesetz dar-stellen ließ. Trotz der thermo-dynamischen Bildungsmöglich-keit von MnO, Mn$_3$O$_4$ und Mn$_2$O$_3$ bestand bis 900° C die Oxyd-schicht praktisch allein aus Mn$_3$O$_4$ (s. Abb. 125). Erst ober-halb 900° C nahm mit steigen-der Temperatur der Anteil an MnO in der Zunderschicht zu. Bei 1100° C betrug er bereits etwa 20%.

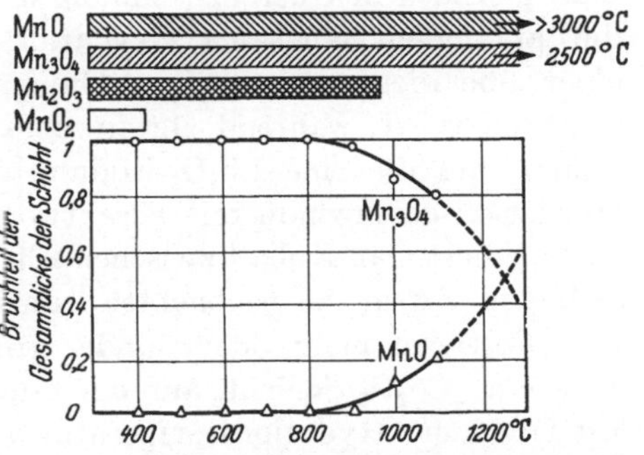

Abb. 125. Relative Schichtdicke der sich während der Oxydation von Mangan zwischen 400 und 1200°C in Luft von 1 Atm ausbildenden MnO- und Mn$_3$O$_4$-Schicht nach GURNICK und BALDWIN. (Oben sind die Breiten der Existenzbereiche der Manganoxyde aufgetragen)

Die Oxydation von festem und flüssigem Blei ist ein wei-teres Zundersystem, wo unter-halb 540° C bei 1 Atm. Sauer-stoff zwei Oxydschichten — PbO und Pb$_3$O$_4$ — auftreten können, wie GRUHL[2] und BALD-WIN[3] zeigen konnten. Unter-halb 400° C sollte man noch eine zusätzliche Pb$_2$O$_3$-Bildung erwarten, worüber aber z. Z. noch nichts bekannt ist. Neben diesen Möglichkeiten wurde von beiden Autoren unterhalb 486° C eine rote PbO-Schicht

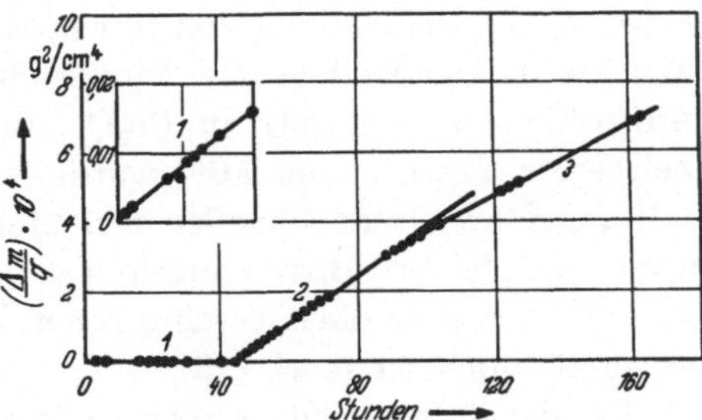

Abb. 126. Zeitlicher Verlauf der Oxydation von flüssigem Blei mit ruhiger Oberfläche bei 500° C in Sauerstoff von 1 Atm nach WEBER und BALD-WIN (3 parabolische Zeitgesetze)

(tetragonales β-PbO) beobachtet, die sich aus der stets zu Beginn der Oxydation entstehenden gelben (orthorhombisches α-PbO) bilden kann. Wie aus Abb. 126 hervorgeht, finden WEBER und BALDWIN, daß der zeitliche Verlauf der Oxydation von flüssigem Blei bei 500° C in 1 Atm. Luft durch drei verschiedene parabolische Zunderkonstanten zu

---

[1] GURNICK, R. S., u. W. M. BALDWIN jr.: Preprint of ASM 1949, Nr. 9.
[2] GRUHL, W.: Z. Metallkunde 40, 225 (1949).
[3] WEBER, E., u. W. M. BALDWIN jr.: J. Metals 4, 3 (1952).

beschreiben ist. Röntgenuntersuchungen an diesen Oxydschichten im Bereich der Gültigkeit der ersten parabolischen Zunderkonstanten gaben leider kein klares Bild über die Existenz von Pb_3O_4 neben PbO. Im Bereich der Gültigkeit der zweiten parabolischen Zunderkonstanten (unterhalb 540° C) konnte eindeutig gelbes ($> 486°$ C) oder rotes ($< 486°$ C) PbO festgestellt werden, neben geringen Mengen Pb_3O_4, das im Bereich des dritten parabolischen Zunderkoeffizienten mit Sicherheit ausgeschlossen werden konnte. Dieser Befund ist insofern bemerkenswert, als man hiernach in Übereinstimmung mit BALDWIN annehmen muß, daß die anfänglich langsame Oxydationsgeschwindigkeit wahrscheinlich einer überwiegenden Pb_3O_4-Bildung zu Beginn der Oxydation zuzuschreiben ist, während GRUHL eine überwiegende PbO-Bildung annimmt, auf die eine Pb_3O_4-Bildung folgt, die für die Abnahme der Oxydationsgeschwindigkeit verantwortlich gemacht wird.

Oxydiert man Kobalt zwischen 200 und 1000° C in Luft oder Sauerstoff von 1 Atm., so beobachtet man in der Zunderschicht neben CoO auch Co_3O_4 in mehr oder minder großer Menge. Jedoch wurde niemals eine Co_2O_3-Schicht auf der Außenseite des Zunders gefunden. Mit fallender Oxydationstemperatur wird der Anteil an Co_3O_4 größer. An Hand von Elektronenbeugungsaufnahmen konnten GULBRANSEN und HICKMAN[1] an zwischen 300 und 400° C bei 1 mm Hg Sauerstoff kurzzeitig anoxydierten Kobaltblechen eine alleinige CoO-Schicht nachweisen, die erst durch längeres Oxydieren von einer wahrnehmbaren Co_3O_4-Schicht überdeckt wurde. In allen Fällen überwog auch hier der CoO-Anteil in der Zunderschicht[2]. Die Geschwindigkeit der Aufoxydation von CoO zu Co_3O_4, die sich durch ein parabolisches Zeitgesetz beschreiben läßt, wurde von CHAUVENET[3] bestimmt. Sie soll ungefähr 10 mal schneller verlaufen als die Oxydation von Kobalt unter den gleichen Bedingungen, was bei Berücksichtigung der anderen — bereits weiter oben beschriebenen — experimentellen Ergebnissen unverständlich ist (s. S. 173).

Da des öfteren ein Abplatzen der CoO-Schicht von der Metallunterlage beim Abkühlen beobachtet wird, wurden von ARKHAROV[4] die Aufwachsbedingungen bei verschiedenen Temperaturen und mechanischer Vorbehandlung der Kobaltbleche untersucht. EDWARDS und LIPSON[5] wiesen an Hand von Röntgenaufnahmen nach, daß oberhalb 500° C die kubische Struktur des CoO stabil ist und daß sich erst bei 300° C bemerkbare Mengen von CoO mit hexagonaler

[1] GULBRANSEN, E. A., u. J. W. HICKMAN: Trans. AIME **171**, 306 (1947).
[2] ARKHAROV, V. I., u. Z. A. VOROSHILOVA: Z. techn. Physik UdSSR **6**, 781 (1936).
[3] CHAUVENET, G.: Diss. Univ. Caën 1942, Nr. 34.
[4] ARKHAROV, V. I., u. G. D. LOMAKIN: Z. techn. Physik UdSSR **14**, 155 (1944).
[5] EDWARDS, O. S., u. H. LIPSON: J. Inst. Metals **69**, 177 (1943).

Struktur nachweisen lassen, die bei weiterer Abkühlung bis Zimmertemperatur bis zu 50% ausmachen. Diese beiden Strukturen müssen offenbar für die unterschiedliche Haftfestigkeit der CoO-Deckschichten auf der Metallunterlage verantwortlich sein.

Auf Grund der Meßwerte von JOHNS und BALDWIN[1] für die CoO-Oxydation und insbesondere der neuesten Werte der Co-Oxydation zu CoO von CARTER und RICHARDSON[2] kann man aus Gl. (4.84) und (4.85) die Dicke der CoO- und der Co_3O_4-Schicht berechnen.

Eines der interessantesten Beispiele von Zundersystemen mit mehreren Oxydschichten ist die Oxydation von Eisen, wo alle drei Oxydschichten — FeO, Fe_3O_4 und Fe_2O_3 — nicht nur nachgewiesen, sondern auch ihre Bildungsgeschwindigkeit quantitativ gemessen wurde. Der hieraus abgeleitete Oxydationsmechanismus wurde durch Selbstdiffusionsmessungen in den einzelnen Oxyden bestätigt. Infolge der überragenden technischen Bedeutung des Eisens und seiner Legierungen ist dieser erhebliche Arbeitsaufwand verständlich. Ältere zusammenfassende Arbeiten über die Oxydationsgeschwindigkeit von Eisen liegen u. a. von FISCHBECK und SALZER[3], PFEIL und WINTERBOTTOM[4] sowie HUDSON und ROONEY[5] vor. Wenn auch diese Arbeiten sich zunächst nur mit der Bestimmung der Geschwindigkeit des Gesamtvorganges der Oxydation und der mikroskopischen Untersuchung der Zunderschicht befassen, so konnte doch schon damals eine qualitative Beschreibung des Ausmaßes der Schichten und ihrer Bildungsbedingungen in der Zunderschicht mit der heterogenen Schichtenfolge Fe/FeO/Fe_3O_4/Fe_2O_3/O_2 gegeben werden, obwohl damals noch keine Messungen weder über die FeO-Bildung auf Eisen, bzw. die Fe_3O_4-Bildung auf FeO usw., noch über die Diffusionsgeschwindigkeiten der Ionen durch die einzelnen Oxydphasen vorlagen. Unter Berücksichtigung der Sauerstofflöslichkeit von Eisen hat FISCHBECK den Aufbau der Zunderschicht diskutiert, wie er z. B. aus einer Arbeit von PAIDASSI[6] und von RAHMEL in Abb. 127 wiedergegeben ist. Spätere Untersuchungen haben diesen Aufbau der Zunderschicht immer wieder bestätigt[7].

---

[1] JOHNS, CH. R., u. W. M. BALDWIN jr.: Metals Trans. **185**, 720 (1949).

[2] CARTER, R. E., u. F. D. RICHARDSON: J. Metals **7**, 336 (1955), mit einem theoretischen Anhang von C. WAGNER.

[3] FISCHBECK, K., L. NEUNDEUBEL u. F. SALZER: Z. Elektrochem. angew. physik. Chem. **40**, 517 (1934). — K. FISCHBECK u. F. SALZER: Metallwirtsch. **14**, 733 (1935).

[4] PFEIL, L. B., u. A. B. WINTERBOTTOM: Beitrag in Rev. of Oxidation and Scaling of Heated Solid Metals, London, H. M. Stationary Office 1935.

[5] HUDSON, J. C., u. E. E. ROONEY: Beitrag in Rev., wie in Fußn. 4.

[6] PAIDASSI, J.: J. Metals 4, 536 (1952). — S. auch A. RAHMEL: Private Mitteilung.

[7] PAIDASSI, J.: Bol. Soc. Chilena de Chim. **3**, 55 (1951); **5**, 46 (1953); **6**, Juli (1954).

Im Sinne der oben mitgeteilten Berechnung der Schichtdicken verallgemeinert JOST[1] die Formulierungen auf mehr als zwei Schichten, so daß eine Berechnung der Schichtdicke der einzelnen Oxyde möglich

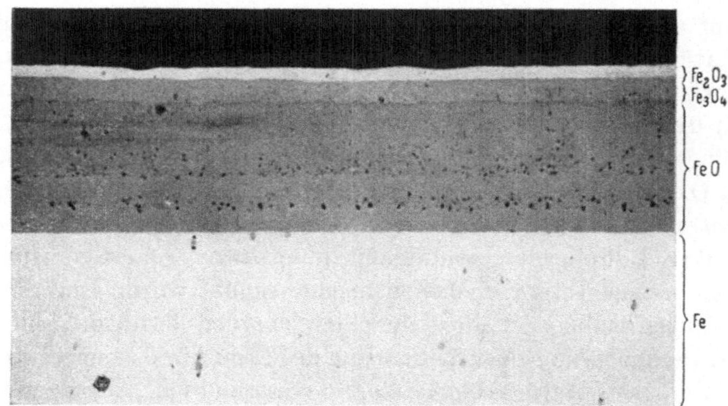

Abb. 127. Oxydfolge in der Zunderschicht einer in Luft bei 600° C 16 Std. oxydierten Reinsteisenprobe nach RAHMEL. (Vergr. 500fach)
Analyse des Eisens in Gew.-%: 0,003 C, 0,002 Si, 0,002 Mn, 0,007 P, 0,005 S, 0,004 N, 0,007 Al, 0,075 O

ist. Diese Beziehungen sind aber auch nur dann anwendbar, wenn alle Phasengrenzreaktionen einschließlich der Keimbildung und des Kristallwachstums genügend rasch ablaufen und die Bildungsgeschwindigkeit der einzelnen Oxydschichten sich durch ein gemeinsames Zeitgesetz, z. B. durch das parabolische Zeitgesetz, beschreiben lassen. Diese Voraussetzungen sind auch hier zu beachten, da bei Nichterfüllung derselben eine Berechnung der einzelnen Oxydschichtdicken nicht möglich ist. Aus dem formelmäßigen Ansatz weist JOST allgemein auf den Fall hin, daß häufig nur eine Oxydphase der Zunderschicht bevorzugt vertreten ist, während die anderen mengenmäßig vernachlässigt werden können, wie dies z. B. bei der Oxydation von Eisen im Existenzgebiet der höchsten Oxydationsstufe, z. B. zwischen 700 und 1000° C, beobachtet wurde.

An Hand neuerer Untersuchungsergebnisse über die Oxydation von Eisen[2,3] und Selbstdiffusionsmessungen von Eisen in den einzelnen Eisenoxyden von HIMMEL, MEHL und BIRCHENALL[4] sowie Strukturuntersuchungen an den unter verschiedenen Bedingungen auf Eisen

[1] JOST, W.: Diffusion u. chem. Reaktion in festen Stoffen. Dresden 1937, S. 162 u. 167.

[2] DAVIES, M. H., M. T. SIMNAD u. C. E. BIRCHENALL: J. Metals 3, 889 (1951); 5, 1250 (1953).

[3] HAUFFE, K., u. H. PFEIFFER: Z. Elektrochem., Ber. Bunsenges. physik. Chem. 56, 390 (1952) — Z. Metallkunde 44, 27 (1953).

[4] HIMMEL, L., R. F. MEHL u. C. E. BIRCHENALL: J. Metals 5, 827 (1953).

aufwachsenden Oxydschichten insbesondere durch BÉNARD und Mitarbeiter[1] sind wir heute in der Lage, den Oxydationsmechanismus und den Aufbau der Zunderschicht weitgehend quantitativ zu beschreiben. Da diese Ergebnisse der Aufklärung des Zundermechanismus der technisch interessanten Eisenlegierungen und Stähle als Ausgangsbasis dienen, sollen diese im folgenden näher diskutiert werden[2].

Entsprechend dem Zustandsdiagramm des Systems Eisen-Sauerstoff[3] (Abb. 128) haben wir zwei Temperaturbereiche der Oxydation zu unterscheiden. In Übereinstimmung mit dem Zustandsdiagramm besteht unterhalb 570° C der weitaus größte Teil der Zunderschicht aus

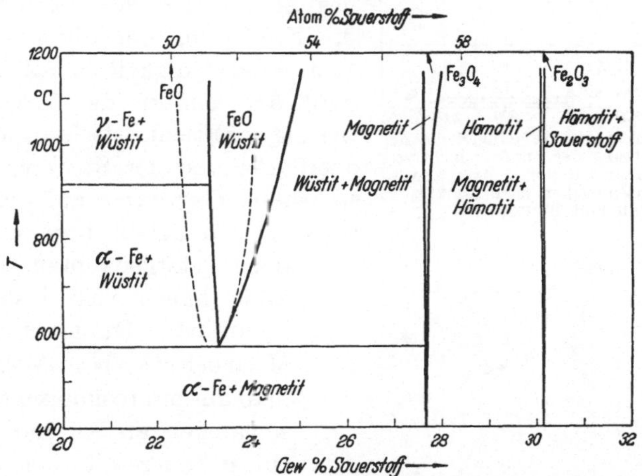

Abb. 128. Zustandsdiagramm des Systems Eisen-Sauerstoff nach DARKEN und GURRY. Die gestrichelt eingezeichneten Begrenzungslinien der FeO-Phase entstammen Messungen von BÉNARD

Fe_3O_4, das von einer dünnen Schicht aus γ- und α-Fe_2O_3 bedeckt ist. Die Oxydationsgeschwindigkeit ist hier nur durch die Wachstumsgeschwindigkeit der Fe_3O_4-Schicht gegeben[4]. Oberhalb 570° C hingegen besteht der größte Teil der Zunderschicht aus FeO, und nur eine dünne äußere Schicht besteht aus Fe_3O_4 und Fe_2O_3, wie aus Abb. 129 zu ersehen ist. Von diesen beiden äußeren Schichten ist die Fe_2O_3-Schicht am dünnsten. BIRCHENALL und Mitarbeiter[5] untersuchten die Temperaturabhängigkeit der Zusammensetzung der Zunderschicht. Wie man aus den Versuchsergebnissen in Abb. 129 erkennt,

---

[1] BARDOLLE, J., u. J. BÉNARD: Rev. Metallurgie **49**, 613 (1952) — C. R. Séances Acad. Sci. **239**, 706 (1954).

[2] HAUFFE, K.: Metalloberfl. (A) **8**, 97 (1954).

[3] DARKEN, L. S., u. R. W. GURRY: J. Amer. chem. Soc. **68**. 798 (1946).

[4] BÉNARD, J., u. O. COQUELLE: Rev. Metallurgie **43**, 113 (1946). — O. A. TESCHE: Trans. AIME **142**, 641 (1950).

[5] Siehe Fußnote 2, S. 234.

sind oberhalb 750° C nennenswerte Anteile an Fe_3O_4 und Fe_2O_3 nicht mehr festzustellen. Das zwischen 650 und 975° C gefundene parabolische Zeitgesetz beschreibt also die Wachstumsgeschwindigkeit der FeO-Schicht unter den speziellen Bedingungen eines unveränderlichen vorgegebenen Sauerstoffpartialdruckes $[= p_{O_2}(FeO/Fe_3O_4)]$ infolge der Anwesenheit einer dünnen Fe_3O_4-Schicht.

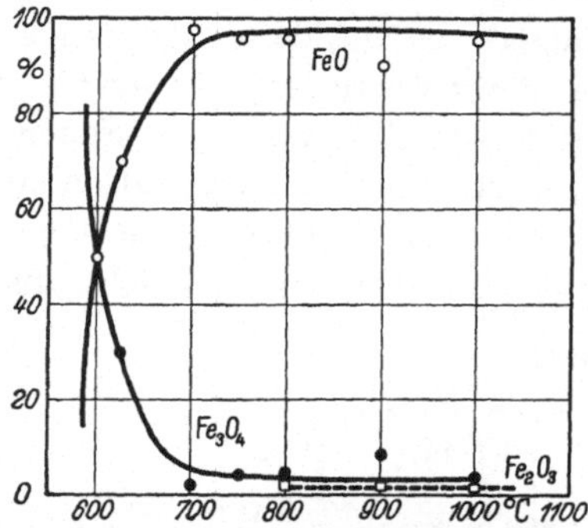

Abb. 129. Temperaturabhängigkeit der Zusammensetzung der Zunderschicht von in reinem Sauerstoff von 1 Atm anoxydierten Eisenblechen nach DAVIES, SIMNAD und BIRCHENALL

Hand in Hand mit den kinetischen Untersuchungen, die die Aufklärung des Zeitgesetzes der Oxydation und die Ermittlung der absoluten Reaktionsgeschwindigkeit zum Ziele haben, wird der Einfluß der Kristallorientierung der Eisenkristalle an der Metalloberfläche und der Struktur der entstehenden Oxydfilme auf die Oxydationsgeschwindigkeit untersucht. Mit dem letztgenannten Problemkreis haben sich insbesondere BÉNARD[1], GULBRANSEN und Mitarbeiter[2] beschäftigt. Wie man aus mikroskopischen Untersuchungen an bei 850° C unter einem Sauerstoffdruck von 10^{-3} bis 10^{-2} mm Hg oxydierten Eisenkristallen erkennt, ist die Zahl der je Flächen- und Zeiteinheit entstehenden Oxydkeime abhängig von der Kristallorientierung, wie aus Abb. 130 deutlich hervorgeht. Abb. 131 stellt ein stereographisches Diagramm nach BARDOLLE und BÉNARD dar[3], wo die Eckpunkte des Dreiecks durch die kristallographischen Ebenen (100), (111) und (110)

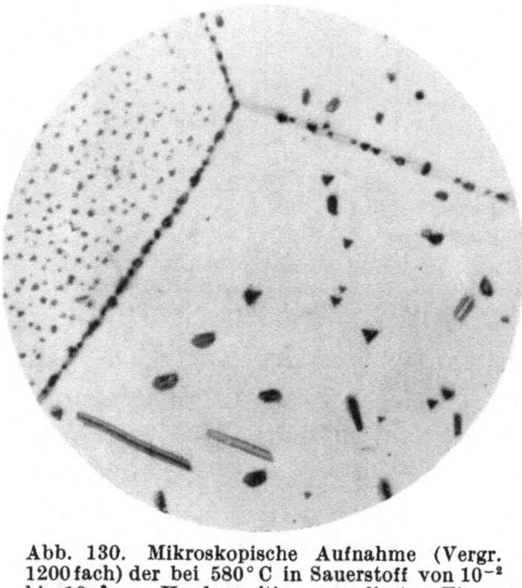

Abb. 130. Mikroskopische Aufnahme (Vergr. 1200 fach) der bei 580° C in Sauerstoff von 10^{-2} bis 10^{-3} mm Hg kurzeitig anoxydierten Eisenoberfläche nach BARDOLLE und BÉNARD. (Die Zahl der Oxydkeime schwankt von Kristallfläche zu Kristallfläche)

festgelegt sind. In die Fläche des Dreiecks sind jeweils die mittleren Keimzahlen je 10^{-4} mm² eingetragen, die unter den oben angegebenen

[1] BARDOLLE, J., u. J. BÉNARD: Rev. Metallurgie **49**, 613 (1952).

[2] GULBRANSEN, E. A., u. R. RUKA: J. electrochem. Soc. **99**, 360 (1952). — E. A. GULBRANSEN, W. R. MCMILLAN u. K. F. ANDREW: J. Metals **6**, 3 (1954).

[3] BARDOLLE, J., u. J. BÉNARD: C. R. Séances Acad. Sci. **239**, 706 (1954).

Versuchsbedingungen erhalten wurden. Da die Orientierung des α-FeO auf der 100-Ebene des Eisenkristalls am günstigsten ist, erscheint es auch nicht überraschend, wenn die meisten FeO-Keime auf der 100-Ebene gebildet werden (s. linke Ecke der Abb. 131).

Nach GULBRANSEN kann man sich den Verlauf der Oxydation in vier Reaktionsabschnitte aufteilen, wie dies schematisch in Abb. 132 dargestellt ist. A kennzeichnet den Ausgangszustand einer oxydfreien Eisenoberfläche. Die nunmehr bei 850° C einsetzende Oxydation erzeugt relativ rasch eine etwa 100 Å dicke kompakte FeO-Schicht (Reaktionsabschnitt B), auf der nun im weiteren Verlauf der Oxydation die im Schliffbild Abb. 130 vorhandenen FeO-Kristallite in einer bestimmten kristallographischen Anordnung aufwachsen. Reaktionsabschnitt D stellt dann den Zustand dicker Oxydschichten dar, wo die im Reaktionsabschnitt C entstandenen Hohlräume durch weitere aufwachsende FeO-Kristallite

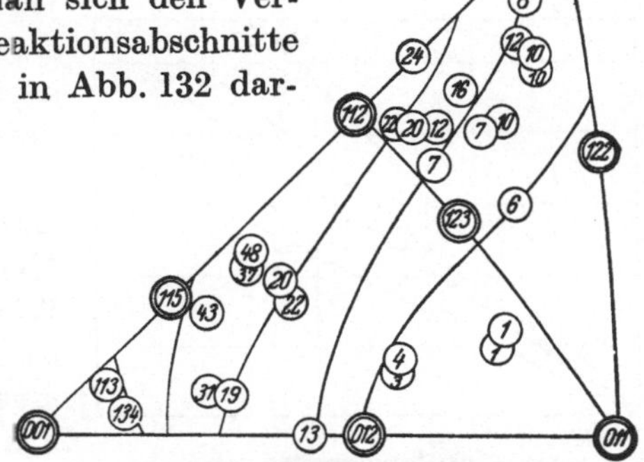

Abb. 131. Stereographisches Diagramm der Oxydkeimzahl in Abhängigkeit von der kristallographischen Ebene (Doppelkreise) nach BARDOLLE und BÉNARD. (Das Fe wurde wie in Abb. 130 oxydiert). Die Zahlen im einfachen Kreis geben die Zahl der Oxydkeime je 10^{-4} mm² Kristalloberfläche an

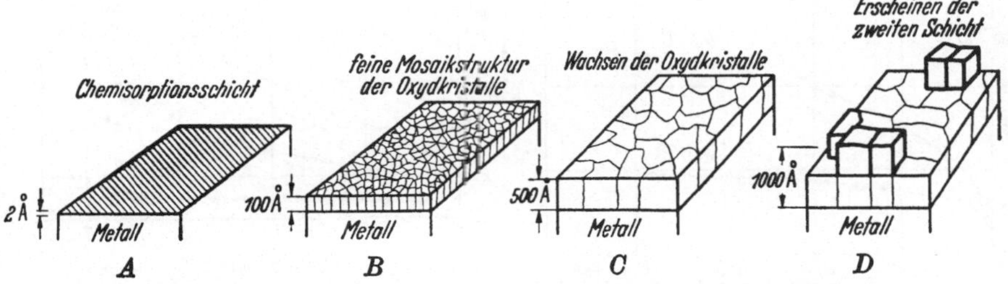

Abb. 132. Schematische Darstellung des Aufwachsens der Oxydschicht auf Eisen, wie es sich nach elektronenmikroskopischen Untersuchungen von GUBRANSEN ergibt
A: Chemisorption von Sauerstoff. B: Schicht von etwa 100 Å mit feiner Mosaikstruktur. C: Wachsen der Oxydkristalle bis 500 Å. D: Erscheinen der 2. Schicht

zugebaut sind. In Erweiterung dieser Versuche wurden von GULBRANSEN die Abbaureaktionen der höheren Oxyde zu FeO studiert:

$$4\,\alpha\text{-}Fe_2O_3 + Fe \longrightarrow 3\,Fe_3O_4$$

und

$$Fe_3O_4 + Fe \longrightarrow 4\,FeO.$$

Auch das durch Reduktion entstehende FeO zeigte orientierte Lagen. In der gleichen Richtung liegen die Versuchsergebnisse über orientiertes Aufwachsen der sich auf α-Fe bildenden Oxyde bei niedrigen

Temperaturen (250° C) in Luft von SATO[1]. Unter diesen Bedingungen konnte durch Elektronenbeugungsaufnahmen in Übereinstimmung mit früheren Untersuchungen von IIMORI[2] eine bevorzugte γ-Fe_2O_3-Bildung auf α-Fe festgestellt werden. Auf Grund der Strukturähnlichkeit des γ-Fe_2O_3 und Fe_3O_4 und der gegenseitigen Löslichkeit[3] kann

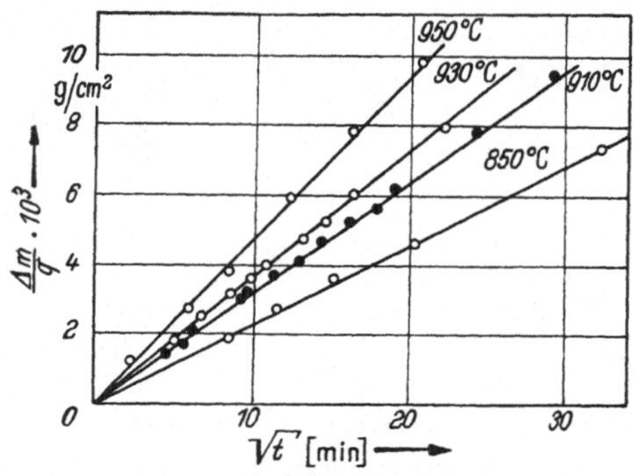

Abb. 133. Parabolischer Verlauf der Oxydation von FeO zu Fe_3O_4 nach DAVIES, SIMNAD und BIRCHENALL

jedoch z. Z. keine weiterführende Aussage gemacht werden. Im wesentlichen wurden durch die hier vorliegenden Untersuchungen über die Epitaxie der Oxydschichten auf Eisen die früheren Ergebnisse von MEHL und McCANDLESS[4] bestätigt. Wie wir im folgenden sehen werden, ist der Hochtemperatur-Mechanismus der Eisenoxydation grundsätzlich verschieden vom Tieftemperatur-Mechanismus, was bereits aus den Strukturuntersuchungen zu erwarten ist.

In den Abb. 133 und 134 sowie Tab. 34 ist der parabolische Verlauf der Oxydation von Fe zu FeO, FeO zu Fe_3O_4 und von Fe_3O_4 zu Fe_2O_3 zwischen 850 und 1100° C dargestellt. Wie man erkennt, läßt sich im

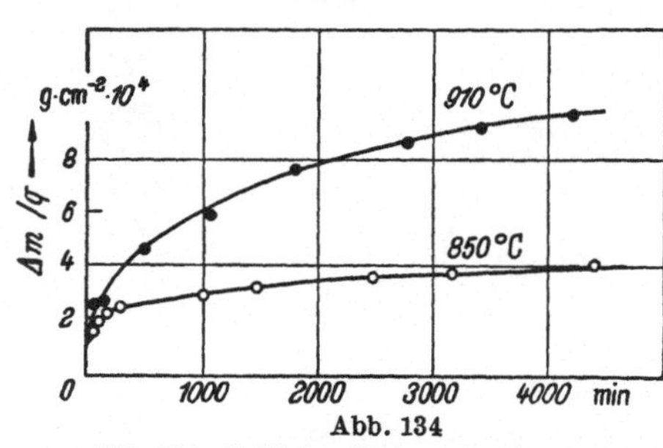

Abb. 134

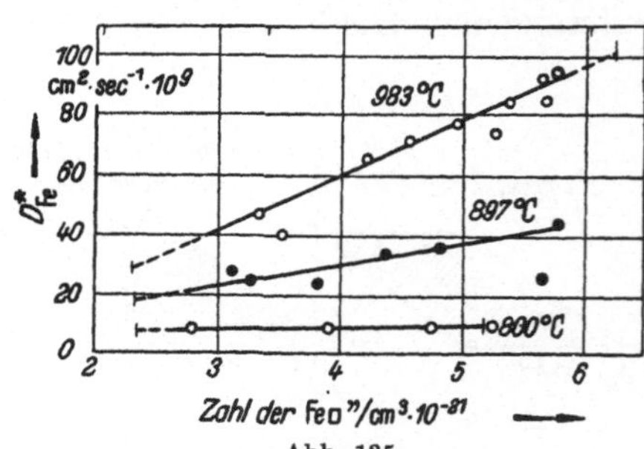

Abb. 135

Abb. 134. Zeitlicher Verlauf der Oxydation von Fe_3O_4 zu Fe_2O_3 in Sauerstoff von 1 Atm nach DAVIES, SIMNAD und BIRCHENALL

Abb. 135. Abhängigkeit des Selbstdiffusionskoeffizienten von Eisen in Wüstit von der Zusammensetzung bzw. vom Fehlordnungsgrad der FeO-Phase nach HIMMEL, MEHL und BIRCHENALL. Die kurzen senkrechten Striche geben die Existenzgrenzen der FeO-Phase bei den entsprechenden Temperaturen nach DARKEN und GURRY an

Gegensatz zur Aufoxydation des Cu_2O das Schichtdickenwachstum der höheren Eisenoxyde ebenfalls durch ein parabolisches Zeitgesetz

[1] SATO, R.: J. physic. Soc. Japan 8, 758 (1953).
[2] IIMORI, T.: Nature (London) 140, 278 (1937) — Sci. Pap. I. P. C. R. 34, 60 (1937).
[3] WYCKOFF, R. W. G.: Crystal Structures, Bd. I u. II. New York 1951.
[4] MEHL, R. F., u. E. L. McCANDLESS: Trans. AIME 125, 531 (1937).

darstellen. Bemerkenswert ist der parabolische Verlauf der Oxydation von Eisen zu FeO in einer H_2-H_2O-Atmosphäre oberhalb 950° C. Bei diesen Temperaturen fanden HAUFFE und PFEIFFER[1] in einer CO-CO_2-Atmosphäre ein lineares Zeitgesetz. Offenbar verlaufen im Gegensatz zur Chemisorption von CO_2 und dessen Aufspaltung die entsprechenden Vorgänge mit H_2O genügend rasch, so daß hier der Antransport der Fe-Ionen durch die FeO-Schicht der langsame Vorgang ist und damit das Zeitgesetz bestimmt.

Wie aus den aus Selbstdiffusionsmessungen mit radioaktiven Eisenionen, Fe^{55}, erhaltenen Selbstdiffusionskoeffizienten in FeO, Fe_3O_4 und Fe_2O_3 und den hieraus berechneten Zunderkonstanten (s. Tab. 34) zu schließen ist, erfolgt sowohl durch die FeO- als auch durch die Fe_3O_4-Schicht eine überwiegende Diffusion von Eisenionen, während man im Fe_2O_3 auf Grund der großen Abweichungen zwischen den erhaltenen und den aus Diffusionsmessungen berechneten Zunderkonstanten auf eine bevorzugte Sauerstoffdiffusion schließen muß. Die Meßwerte der Selbstdiffusion von Eisenionen in FeO sind aus Abb. 135 zu entnehmen. Wie man erkennt, ist oberhalb 900° C eine deutliche Abhängigkeit der Selbstdiffusionskoeffizienten von der Fe-Ionenleerstellen-Konzentration vorhanden und damit auch vom Sauerstoffdruck

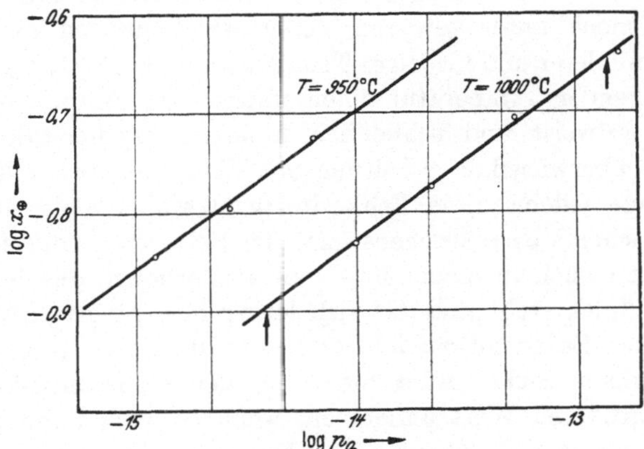

Abb. 136. Abhängigkeit der Eisenionenleerstellen-Konzentration $x_{Fe\,\square''}$ ($= \frac{1}{2} x_{\oplus}$) im FeO vom Sauerstoffpartialdruck bei 950 und 1000° C nach HAUFFE und PFEIFFER. Die Neigung der Geraden ergibt $n = {}^1/_6$, so daß folgt: $x_{Fe\,\square''} = $ const $p_{O_2}^{1/6}$

der umgebenden Gasatmosphäre während der Diffusion. Entsprechend dem von HAUFFE und PFEIFFER in Abb. 136 wiedergegebenen Befund

$$x_{Fe\,\square''} = \text{const} \cdot p_{O_2}^{1/6}$$

---

[1] HAUFFE, K., u. H. PFEIFFER: Z. Metallkunde 44, 27 (1953).

ergibt sich für den Selbstdiffusionskoeffizienten $(D^*_{Fe})_{FeO}$ der Eisenionen in FeO bei 1000° C die folgende Beziehung, wenn wir für const $\equiv x_{Fe\square''}[p_{O_2}(FeO/Fe_3O_4)]$ setzen:

$$(D^*_{Fe})_{FeO} = x_{Fe\square''}[p_{O_2}(FeO/Fe_3O_4)]\, B_{Fe\square''}\, \frac{kT}{e}\, p_{O_2}^{1/6}.$$

Hier bedeutet $x_{Fe\square''}[p_{O_2}(FeO/Fe_3O_4)]$ die Konzentration der Eisenionenleerstellen beim Sauerstoffgleichgewichtsdruck der Reaktion $3\,FeO + \tfrac{1}{2}\,O_2 \rightharpoonup Fe_3O_4$. Mit $B_{Fe\square''} \approx 1,3 \cdot 10^{-4}\,cm^2 \cdot sec^{-1} \cdot Volt^{-1}$ ergibt sich der Selbstdiffusionskoeffizient bei 1000° C und $p_{O_2} \approx 10^{-13}$ Atm. zu etwa $2 \cdot 10^{-7}\,cm^2 \cdot sec^{-1}$ in befriedigender Übereinstimmung mit den Meßwerten von HIMMEL, MEHL und BIRCHENALL.

Die Selbstdiffusionskoeffizienten der Eisenionen in Fe_3O_4 wurden in einer wasserdampfhaltigen Argonatmosphäre zwischen 799 und 987° C und die der Eisenionen in Fe_2O_3 in reinem Sauerstoff zwischen 1000 und 1217° C ermittelt. Während die Versuchsbedingung für Fe_3O_4 korrekt ist, scheint sie in Fe_2O_3 fraglich zu sein. Wie auf S. 79 ff ausgeführt, ist nur dann der bei einem bestimmten Sauerstoffdruck ermittelte Selbstdiffusionskoeffizient der Eisenionen in Fe_2O_3 zur Berechnung der Zunderkonstanten brauchbar, wenn Fe_2O_3 ein p-Leiter ist, was nach den bisherigen Untersuchungen von WAGNER[1] und MORIN[2] unwahrscheinlich, jedoch unter gewissen Versuchsbedingungen möglich ist. Im Bereich mittlerer und niedriger Temperaturen ist Fe_2O_3 ein n-Leiter, der mit steigender Temperatur einen wachsenden Anteil von Eigenhalbleitung aufweist und schließlich in stark oxydierenden Atmosphären eine überwiegende p-Leitung mit Eisenionenleerstellen zeigen kann. Solange jedoch diese Fehlordnungsinversion nicht sicher gestellt ist, erscheint es wünschenswert, die Selbstdiffusionsmessungen der Eisenionen auch in einem Fe_2O_3 zu wiederholen, das im Gleichgewicht mit Fe_3O_4 steht und das sich ferner in einer Atmosphäre befindet, wo der Sauerstoffpartialdruck etwa dem Fe_2O_3-Zersetzungsdruck entspricht. Sicher wird hierdurch der Selbstdiffusionskoeffizient einen größeren Wert annehmen, wenn es auch zweifelhaft ist, ob hierdurch der in Tab. 34 gefundene Unterschied in den gemessenen und berechneten Zunderkonstanten beseitigt wird. Wenn auch erst eine klare Entscheidung nach Durchführung der eben erwähnten Experimente möglich ist, so möchten wir trotz der noch ausstehenden Experimente, in Übereinstimmung mit HIMMEL, MEHL und BIRCHENALL, doch eine bevorzugte Diffusion von Sauerstoffionen durch die Fe_2O_3-Schicht als wahrscheinlich ansehen.

---

[1] WAGNER, C., u. E. KOCH: Z. physik. Chem. (B) **32**, 439 (1936).
[2] MORIN, F. J.: Physic. Rev. **83**, 1005 (1951); **93**. 1195 (1954).

Wie man erkennt, liegen die an Fe_2O_3-Einkristallen gefundenen Selbstdiffusionskoeffizienten um $^1/_2$ bis 1 Zehnerpotenz niedriger als die von LINDNER[1] an polykristallinen Fe_2O_3-Pastillen erhaltenen Werte (Abb. 137), was auf überwiegende Korngrenzendiffusion im

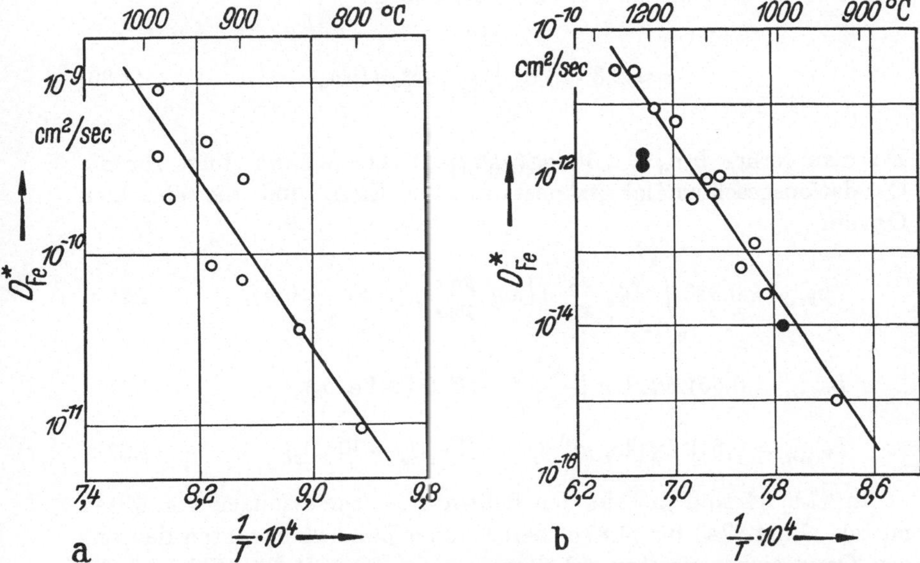

Abb. 137. Temperaturabhängigkeit der Selbstdiffusion von Eisenionen im Magnetit (Fe_3O_4) und Hämatit (Fe_2O_3) zwischen 800 und 1200° C nach HIMMEL, MEHL und BIRCHENALL

a Messungen an Magnetit mit einer mittleren Zusammensetzung von $Fe_{2,993}O_4$ in H_2O-dampf-haltiger Argon-Atmosphäre,

b Messungen an Fe_2O_3-Einkristallen (●) und an gesinterten Fe_2O_3-Pastillen (○, nach LINDNER) in Sauerstoff

letzten Fall hinweist. Die sich aus den Versuchsergebnissen in den beiden Abbildungen ergebenden Aktivierungsenergien

$$(D^*_{Fe})_{Fe_3O_4} = 5,2 \cdot \exp(-55\,000/R\,T)$$

und

$$(D^*_{Fe})_{Fe_2O_3} = 4 \cdot 10^5 \exp(-112\,000/R\,T) \quad cm^2 \cdot sec^{-1}$$

sind im ersten Falle größer als die unterhalb 570° C aus Oxydationsversuchen von Fe zu Fe_3O_4 sich zu 45 000 cal/Mol ergebende Aktivierungsenergie und im zweiten Falle wesentlich größer als die durch Aufoxydation von Fe_3O_4 zu Fe_2O_3 erhaltene Aktivierungsenergie von 53 000 cal/Mol. Unter Anwendung der WAGNERschen Zunderformel

$$k = |z_2|\,c_2 \int_{a_2^{(i)}}^{a_2^{(a)}} \left(\frac{z_1}{|z_2|}\, D_1^* + D_2^* \right) d\ln a_2,$$

---

[1] LINDNER, R.: Ark. KEMI **4**, 381 (1952).

Hauffe, Metalloxydation

wo z_1 und z_2 die Wertigkeiten der Eisen- und Sauerstoffionen, c_2 die Konzentration des Sauerstoffs in g-Atome/ml und $a_2^{(i)}$ und $a_2^{(a)}$ die thermodynamische Aktivität des Sauerstoffs an der Phasengrenze Eisen/Oxyd bzw. Oxyd/Oxyd und Oxyd/Sauerstoff bedeuten, ergibt sich mit $D_2^* \approx 0$ die auswertbare Beziehung:

$$k \approx 2{,}3 \cdot 2 \cdot c_O \int\limits_{a_0^{(i)}}^{a_0^{(a)}} \frac{z_{Fe}}{|z_O|} D_{Fe}^* \, d\ln a_0 . \qquad (4.86)$$

Da man ferner $\ln a_0 = 2{,}3 \cdot \log(p_{H_2O}/p_{H_2})$ setzen kann, folgt für die Oxydationsgeschwindigkeitskonstante für Eisen und die einzelnen Oxyde:

$$k_{FeO} = 0{,}383 \int\limits_{a_0^{(i)}}^{a_0^{(a)}} D_{Fe}^* \frac{x_0}{x_{Fe}} \, d\left(\log \frac{p_{H_2O}}{p_{HO}}\right) \quad (Fe \to FeO) \qquad (4.87\,a)$$

$$k_{Fe_3O_4} = 0{,}551 \, D_{Fe}^* \log\left(\frac{a_0^{(a)}}{a_0^{(i)}}\right) \quad (FeO \to Fe_3O_4) \qquad (4.87\,b)$$

$$k_{Fe_2O_3} = 0{,}679 \, D_{Fe}^* \log a_0^{(i)} \quad (Fe_3O_4 \to Fe_2O_3) \qquad (4.87\,c)$$

In Tab. 34 sind die aus den Selbstdiffusionsmessungen von Eisen mittels Gl. (4.87a) bis (4.87c) berechneten Zunderkonstanten den aus den Oxydationsversuchen erhaltenen gegenübergestellt. Während die Anwendung von Gl. (4.87a) und (4.87b) zur Berechnung der Zunderkonstanten berechtigt ist, führt die Anwendung von Gl. (4.87c) zu Ergebnissen, die um etwa 3—4 Zehnerpotenzen zu niedrig sind als die

Tabelle 34. *Vergleich der experimentell erhaltenen Zunderkonstanten mit den nach der* WAGNER*schen Zunderformel berechneten unter Verwendung der experimentell erhaltenen Selbstdiffusionskoeffizienten der Eisenionen in FeO, Fe$_3$O$_4$ und Fe$_2$O$_3$ nach* HIMMEL, MEHL *und* BIRCHENALL

Reaktionen	T °C	k Äquiv.$\cdot$cm$^{-1}\cdot$sec^{-1}	k'' g$^2\cdot$cm$^{-4}\cdot$sec^{-1} ber.	exp.
$\frac{1}{2}O_2^{(g)} + Fe = FeO$	983	$2{,}8\cdot10^{-8}$	$5{,}9\cdot10^{-7}$	$6{,}7\cdot10^{-7}$
	897	$1{,}1\cdot10^{-8}$	$2{,}3\cdot10^{-7}$	$2{,}5\cdot10^{-7}$
	800	$2{,}5\cdot10^{-9}$	$5{,}3\cdot10^{-8}$	$5{,}3\cdot10^{-8}$
$3FeO + \frac{1}{2}O_2^{(g)} = Fe_3O_4$	1100	$9{,}2\cdot10^{-9}$	$2{,}9\cdot10^{-8}$	$3{,}2\cdot10^{-8}$
	1050	$4{,}1\cdot10^{-9}$	$1{,}2\cdot10^{-8}$	$1{,}7\cdot10^{-8}$
	1000	$1{,}4\cdot10^{-9}$	$4{,}5\cdot10^{-9}$	$8{,}1\cdot10^{-9}$
$2Fe_3O_4 + \frac{1}{2}O_2^{(g)} = 3Fe_2O_3$	1100	$1{,}7\cdot10^{-12}$	$4{,}8\cdot10^{-12}$	$1{,}0\cdot10^{-8}$
	1000	$2{,}1\cdot10^{-14}$	$5{,}8\cdot10^{-14}$	$2{,}3\cdot10^{-9}$

durch Oxydationsversuche erhaltenen. Dieser Befund ist auf Grund der obigen Diskussion nicht verwunderlich. Wenn auch die Annahme einer bevorzugten Sauerstoffdiffusion durch die Fe_2O_3-Schicht naheliegend ist, so erscheint es trotzdem ratsam, neben den bereits durchgeführten „Markenversuchen" von DAVIES, SIMNAD und BIRCHENALL, wonach $D_2^* \gg D_1^*$ ist, noch weitere Experimente zur Sicherstellung der Sauerstoffdiffusion durchzuführen. Für Gl. (4.87c) wäre dann die folgende Beziehung zu verwenden:

$$k_{Fe_2O_3} = -\,0{,}679\,D_0^*\log a_0^{(i)}\,. \tag{4.87d}$$

Da Selbstdiffusionsmessungen von Sauerstoff durch Fe_2O_3-Einkristalle noch nicht vorliegen, kann man umgekehrt aus den erhaltenen Zunderkonstanten den Selbstdiffusionskoeffizienten von Sauerstoff bei 1000° C bzw. 1100° C aus Gl. (4.87d) berechnen.

Abgesehen von der Beweisführung der Anwendbarkeit der WAGNERschen Theorie auf Zundersysteme mit mehreren Oxydschichten, dürfte

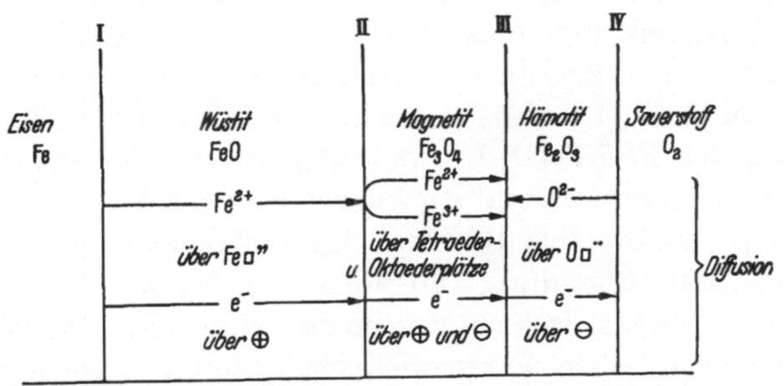

I : Fe (Metall-Phase) $+$ (Fe$\square$'' $+ 2\oplus$)$_{\text{im FeO}} \rightleftharpoons$ Null
II: $Fe_3O_4 \rightleftharpoons$ (4FeO $+$ Fe$\square$'' $+ 2\oplus$)$_{\text{im FeO}}$ (Fe_3O_4-Abbau).
Ein Teil der durch die FeO-Phase eintreffenden Fe^{2+}-Ionen und der an der Phasengrenze FeO/Fe_3O_4 entstehenden Fe^{3+}-Ionen ($\equiv \oplus$) treten in die Magnetit-Phase über:

$\oplus$ $_{\text{im FeO}} +$ (Fe$\square$'' $+$ Fe$\square$''') $_{\text{leere Tetraeder- und Oktaederplätze im Fe}_3\text{O}_4}$
$\rightleftharpoons$ Platzbesetzung $+ (2\text{Fe}\square'')_{\text{im FeO}}$
$_{\text{im Fe}_3\text{O}_4}$

III: $12 Fe_2O_3 \rightleftharpoons 9 Fe_3O_4$
$+$ (Fe$\square$'' $+ 2$Fe$\square$''' $+ 8 \oplus$) (Fe_2O_3-Abbau)
$2 Fe_3O_4 \rightleftharpoons 3 Fe_2O_3 +$ (O$\square$·· $+ 2\ominus$)$_{\text{im Fe}_2\text{O}_3}$ (Fe_2O_3-Bildung)
IV: $\tfrac{1}{2}O_2^{(g)} +$ (O$\square$·· $+ 2\ominus$)$_{\text{im Fe}_2\text{O}_3} \rightleftharpoons$ Null

Phasen-
grenz-
reaktionen

Abb. 138. Schematische Darstellung der Diffusionsvorgänge und Phasengrenzreaktionen während der Oxydation von Eisen in Sauerstoff nach HAUFFE

durch die vorliegenden Arbeiten von BÉNARD, BIRCHENALL, GULBRANSEN, HAUFFE und MEHL der Mechanismus der Eisenoxydation bei höheren Temperaturen weitgehend aufgeklärt sein. Abschließend sei in Abb. 138 eine schematische Darstellung der Diffusions- und Phasengrenzvorgänge gegeben, die während der Fe-Oxydation mit Sauerstoffdrucken im Existenzgebiet der Fe_2O_3-Phase eine Rolle spielen können[1].

Erheblich anders liegen die Verhältnisse, wenn man Eisen unterhalb 570° C oxydiert. Hier wird die Brutto-Oxydationsgeschwindigkeit durch die Wachstumsgeschwindigkeit des Fe_3O_4 gegeben, während eine FeO-Schicht nur als sehr dünner Film an der Phasengrenze Fe/Anlaufschicht gebildet wird und nur schwer der unmittelbaren Beobachtung zugänglich ist. Im Anschluß an Untersuchungen von CHAUDRON und BÉNARD[2] studierten GULBRANSEN und RUKA[3] den Aufbau der Deckschicht nach Oxydationsversuchen in der Nähe des Gleichgewichtspunktes der Reaktion (570° C)

$$Fe_3O_4 + Fe \rightleftharpoons 4\,FeO. \tag{4.88}$$

An Hand von Elektronenbeugungsaufnahmen wurde festgestellt, daß die Einstellung des Gleichgewichts nach beiden Seiten nur sehr langsam erfolgt und nur bei Vorliegen dünner Filme mit gut meßbaren Geschwindigkeiten abläuft. Bei kurzen Oxydationszeiten mit dünnen Oxydfilmen konnte eine FeO-Bildung auch noch unterhalb 570° C bis zu 400° C herab beobachtet werden. Diese Temperaturerniedrigung der FeO-Fe_3O_4-Umwandlung ist nur für dünne Anlaufschichten charakteristisch und wird durch eine anschließende Vakuum-Oxydation ($p_{O_2} \approx 10^{-2}$ bis 10^{-3} mm Hg) weitgehend aufgehoben. Die im ersten Oxydationsstadium auftretenden größeren Gitterparameter der aufwachsenden Oxydschicht deuten darauf hin, daß die Oxydschicht sich unter mechanischen Verspannungen ausbildet. Die Schlußfolgerung der Autoren, daß die Temperaturerniedrigung des Umwandlungspunktes wesentlich durch den Spannungszustand der auf Fe aufwachsenden Fe_3O_4-Schicht zurückzuführen ist, erscheint einleuchtend, wenn man berücksichtigt, daß FeO-Schichten derartige Erscheinungen nicht verursachen.

Kinetische Untersuchungen über die Einstellgeschwindigkeit der Reaktion (4.88) zwischen 570 und 630° C ergaben an dünnen Oxydfilmen stets höhere Geschwindigkeiten als an dicken. Die Kinetik der Umwandlung wurde als Funktion der Zeit, der Temperatur und der Zusammensetzung des Oxyds studiert. Als geschwindigkeitsbestimmender Teilvorgang beim Reaktionsablauf von rechts nach links der Reaktion (4.88) wird die Keimbildung bzw. das Kristallwachstum von Fe- und Fe_3O_4-Kristallen in der Zunderschicht angesehen. Die Aus-

---

[1] HAUFFE, K.: Metalloberfl. (A) 8, 97 (1954).
[2] CHAUDRON, G., u. J. BÉNARD: Bull. Soc. Chim. France, 1949, 88.
[3] GULBRANSEN, E. A., u. R. RUKA: J. Metals 2, 1500 (1950).

drücke der Reaktionsgeschwindigkeit basieren auf den Darstellungen von VOLMER und WEBER[1] und BECKER[2].

Sowohl EVANS[3] als auch VERNON und Mitarbeiter[4] haben sich um die Aufklärung des Tieftemperatur-Oxydationsmechanismus verdient gemacht. Ferner ist noch eine neuere Arbeit von CAULE und COHEN[5] zu erwähnen. VERNON verwandte schwach legierten Stahl (C: 0,09; Si: 0,019; S: 0,016; P: 0,024; Mn: 0,33; Ni: 0,048; Cr: 0,038 und Cu: 0,10 Gew.-%), den er nach verschiedenen Oberflächenbehandlungen zwischen 180 und 225° C oxydierte. Während oberhalb 200° C ein parabolisches Zeitgesetz die Oxydation beherrschte, folgte unterhalb 200° C die Oxydationsgeschwindigkeit einem logarithmischen Zeitgesetz der Form (s. Abb. 139a)

$$\Delta m/q = \log(0,1\,t + 1).$$

In gleicher Weise — wenn auch mit einem nach höheren Temperaturen (etwa 325° C) verschobenen Übergangsgebiet (parabolisch ⇀ logarithmisch) — findet auch EVANS unterhalb einer bestimmten Temperatur (hier < 325° C) ein logarithmisches Zeitgesetz, wie aus Abb. 139b zu erkennen ist. Das von EVANS verwandte Schweden-Eisen (0,034 C; 0,010 Si; 0,145 Mn; 0,030 Ni;

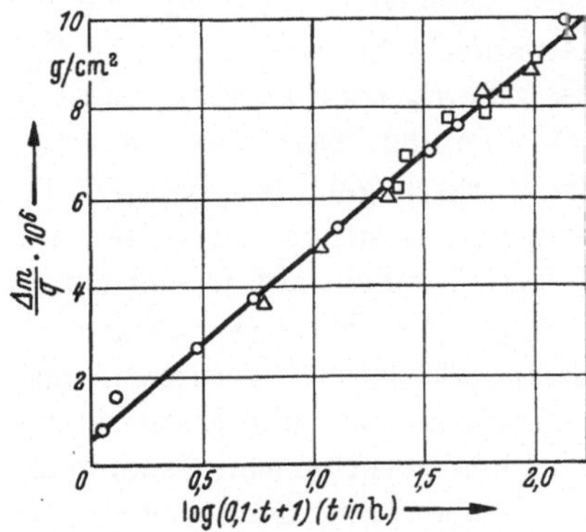

Abb. 139a. Logarithmischer Verlauf der Oxydation von Eisen in Sauerstoff bei 180° C nach VERNON und Mitarbeitern
o mechanisch bearbeitete Oberfläche, △ chemisch geätzte Oberfläche, □ im Vakuum getemperte Oberfläche

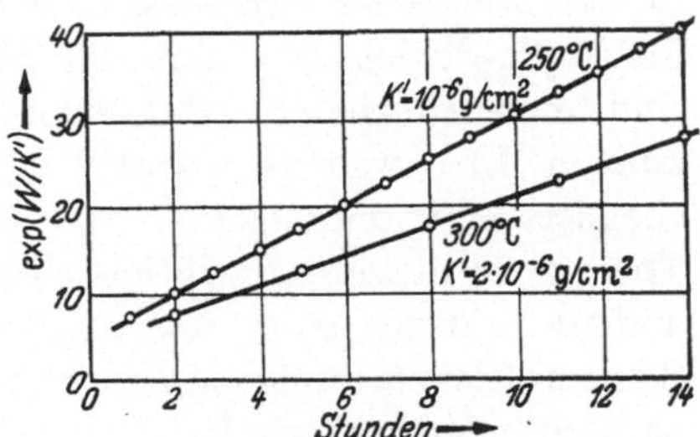

Abb. 139b. Logarithmischer Verlauf der Oxydation von reinem Eisen im Sauerstoff bei 250 und 300° C nach DAVIES, EVANS und AGAR. (W stellt den Sauerstoffgehalt des α-Fe$_2$O$_3$-Films in μg/cm^2 dar)

0,007 Cr und 0,010 Gew.-% Cu) war etwas reiner, wodurch vielleicht die Verschiebung des Übergangsgebietes zu höheren Temperaturen verur-

[1] VOLMER, M., u. A. WEBER: Z. physik. Chem. **119**, 277 (1926).

[2] BECKER, R.: Ann. Physik (5) **32**, 128 (1938).

[3] DAVIES, D. E., U. R. EVANS u. J. N. AGAR: Proc. Roy. Soc. (A) **225**, 443 (1954).

[4] VERNON, W. H. J., E. A. CALNAN, C. J. B. CLEWS u. T. J. NURSE: Proc. Roy. Soc. (A) **216**, 375 (1953).

[5] CAULE, E. J., u. M. COHEN: Canad. J. Chem. **33**, 298 (1955).

sacht sein könnte. Inwieweit hierbei der 300° C-Oxydationsverlauf in Abb. 139 b sich besser nach einem kubischen Zeitgesetz — als quasi Übergangszeitgesetz zum logarithmischen — verstehen ließe, muß durch weitere Versuche entschieden werden. Eindeutig steht jedoch fest, daß unterhalb einer gewissen Temperatur ein logarithmisches Zeitgesetz gefunden wird, das auf Grund der sich ausbildenden Oxydschichtdicken von $\geqq 1000\ \text{Å}$ nicht durch die von MOTT diskutierte Theorie einer geschwindigkeitsbestimmenden Elektronenlieferung (s. S. 116f.) gedeutet werden kann. Diese Tatsache und der experimentelle Nachweis von auf verschiedenen Flächen der Eisenkristalle in verschiedener Zahl und Größe aufwachsenden Oxydkeimen nach BARDOLLE und BÉNARD [1] macht die von EVANS [2] erstmalig entwickelte Theorie des logarithmischen Wachstumsgesetzes und seine erweiterte Diskussion [3], wie sie bereits auf S. 123ff. behandelt wurde, überzeugend.

Durch die kritische Anwendung verschiedener Meßmethoden — gravimetrisch, elektrochemische Reduktion [4], mikrochemisch-analytisch und Elektronenbeugung — haben EVANS und VERNON einen wertvollen Beitrag zur Aufklärung des Oxydationsmechanismus im Bereich niedriger Temperaturen geliefert. Ergänzend sei noch hervorgehoben, daß die äußere Zone der Anlaufschicht stets aus $\alpha\text{-Fe}_2\text{O}_3$ bestand, die zum Metall hin von einer $\gamma\text{-Fe}_2\text{O}_3$-Zone abgelöst wurde, die mit steigender Versuchszeit in Fe_3O_4 überging. Nach VERNON wird die Fe_3O_4-Schicht oberhalb 225° C relativ rasch gebildet. Bei 180° C sind hingegen über 450 Std. erforderlich, um sie sicher nachweisen zu können. Inwieweit das parabolische Zeitgesetz allein auf Grund eines chemischen Potentialgefälles von Sauerstoff bzw. Eisen (WAGNERsche Theorie) in diesem relativ niedrigen Temperaturbereich verursacht ist und nicht durch einen überwiegenden Feldtransport der Eisen- bzw. Sauerstoffionen infolge eines sich durch Chemisorption von Sauerstoff aufrichtenden elektrischen Feldes, kann gegenwärtig noch nicht entschieden werden. Hier könnte die Sauerstoffdruckabhängigkeit der Oxydationsgeschwindigkeit zwischen 180 und 250° C gewisse Auskunft geben (unabhängig: Diffusion, logarithmische Abhängigkeit: Feldtransport).

4.5.1 Zusammenwirken eines parabolischen und linearen Wachsens zweier aufeinanderfolgender Oxydschichten

Wie wir im Falle der Kupfer- und Eisenoxydation im Existenzgebiet der höchsten Oxydationsstufe gezeigt haben, wird in beiden

---

[1] BARDOLLE, J., u. J. BÉNARD: Rev. Metallurgie **49**, 613 (1952).
[2] EVANS, U. R.: Nature (London) **164**, 909 (1949).
[3] EVANS, U. R.: Rev. Pure & Appl. Chem. **5**, 1 (1955).
[4] EVANS, U. R., u. J. STOCKDALE: J. chem. Soc. **1929**, 2651.

Fällen auch nach langen Oxydationszeiten ein parabolischer Verlauf der Oxydation gefunden, der im wesentlichen durch die Diffusion der Metallionen durch die „unterste" Oxydschicht (Cu_2O bzw. FeO) verursacht wird. Eine quantitative Berechnung des Wachstums der einzelnen Schichten ist in einfacher Weise jedoch nur dann möglich, wenn das Wachstum aller Schichten durch das gleiche Zeitgesetz (also durch einen verwandten Mechanismus) bestimmt wird.

Verwickelter werden die Verhältnisse, wenn nach mehr oder minder langen Oxydationszeiten das parabolische in das lineare Zeitgesetz übergeht, so wie dies z. B. für den Fall der Ti-, Ce- und Th-Oxydation (s. S. 184 und 204) beschrieben wurde. Die Ursache der Änderung des zeitlichen Verlaufs der Oxydation kann nun recht verschiedenartig sein. Neigen beispielsweise die unter dem höchstwertigen Oxyd (wie z. B. im Falle der Ti-Oxydation die TiO und Ti_2O_3 unter TiO_2) entstehenden niederwertigen Oxyde zu einer porösen Struktur infolge Mangels einer guten Epitaxie, so wird die gesamte Oxydschicht einschließlich der anfänglich kompakten im Laufe der Oxydation porig, so daß jetzt nicht mehr Diffusions- und Transportvorgänge geschwindigkeitsbestimmend sind, sondern Phasengrenzreaktionen. In solchen Fällen ist eine Vorherberechnung des zeitlichen Verlaufs der Oxydation nicht möglich. Erheblich einfacher werden aber die Verhältnisse, wenn die kompakte Schicht unmittelbar auf dem Metall aufwächst und erst auf dieser sich im Laufe der Oxydation eine poröse Schicht ausbildet. Hier lassen sich durch rechnerische Ansätze die maximale Dicke der kompakten Oxydschicht berechnen und der Zeitpunkt bestimmen, wo das parabolische in das lineare Zeitgesetz übergeht. Derartige Berechnungen wurden von WEBB, NORTON und WAGNER[1] zur Auswertung ihrer Versuchsergebnisse der Wolframoxydation durchgeführt. Da die von diesen Autoren gewonnenen Beziehungen auch auf andere Oxydationssysteme mit einem ähnlichen Deckschichtenbildungs-Mechanismus anwendbar sind, wollen wir im folgenden die quantitativen Zusammenhänge am Beispiel der Wolframoxydation diskutieren.

Wolframbleche (0,05 cm dick und mit einer Oberfläche von 4 bis 10 cm²) von 99,9% Reinheit (0,002% Fe; 0,005% Si; 0,01% Al; 0,033% C und 0,004 Gew.-% S) wurden in Sauerstoff von 1 Atm. zwischen 700 und 1000° C oxydiert. In der ersten Oxydationsperiode verlief die Oxydation nach einem parabolischen Zeitgesetz unter Ausbildung einer fest haftenden, porenfreien Deckschicht aus einem dunkelblauen Oxyd mit der Zusammensetzung $WO_{2,75}$. Jedoch schon recht bald machte sich außen eine gelbe lockere Oxydschicht mit der Zusammensetzung WO_3 bemerkbar. Die dunkelblaue Oxydschicht

---

[1] WEBB, W. W., J. T. NORTON u. C. WAGNER: J. electrochem. Soc., **103**, 107 (1956).

wächst nach dem parabolischen Zeitgesetz und erreicht bei 700° C eine Dicke von etwa $2 \cdot 10^{-3}$ cm. Bei 900° C ist die Schicht etwa dreimal so dick. Die äußere gelbe Oxydschicht wächst mit konstanter Geschwindigkeit. Wir haben also die folgenden beiden Geschwindigkeitsgleichungen zu berücksichtigen:

$$\frac{d m_1}{d t} = \frac{a}{m_1} - b \qquad (4.88\,a)$$

$$\frac{d m_2}{d t} = f b. \qquad (4.88\,b)$$

m_1 bzw. m_2 ist die Masse des Sauerstoffs in der fest haftenden unteren bzw. porigen äußeren Schicht je Flächeneinheit, und f ist das Verhältnis der Sauerstoffgehalte je g-Atom in der porigen und in der kompakten Oxydschicht. Ferner sind a und b Konstanten.

Die gesamte aufgenommene Sauerstoffmenge je Flächeneinheit ist dann

$$\Delta m = m_1 + m_2. \qquad (4.88\,c)$$

Nach kurzen Oxydationszeiten, wenn die untere Schicht noch sehr dünn ist und daher auch m_1 noch sehr klein, überwiegt das erste Glied auf der rechten Seite von Gl. (4.88a). Hierdurch kann die Konstante a, wie folgt, berechnet werden:

$$a = \lim_{t \to 0} \left\{ \frac{1}{2} \frac{d (\Delta m)^2}{d t} \right\} = \frac{1}{2} k''. \qquad (4.88\,d)$$

a ist also gerade die Hälfte der praktischen Zunderkonstanten k'' (in $g^2 \cdot cm^{-4} \cdot sec^{-1}$).

Das Zeitgesetz (4.88b), das für die Geschwindigkeit der Umwandlung des kompakten Oxyds (W_4O_{11} + WO_3) in das porige gelbe Oxyd (WO_3) maßgebend ist, tritt mit steigender Reaktionszeit immer mehr in den Vordergrund, was sich im Experiment durch den Übergang vom parabolischen ins lineare Zeitgesetz zu erkennen gibt. Mit steigender Schichtdicke wird schließlich der gesamte Sauerstoff nur zum Aufbau der äußeren Oxydschicht verbraucht, d. h. der Antransport von Wolframionen zur Phasengrenze untere/äußere Oxydschicht ist gerade so groß wie der Verbrauch von Wolfram zum Weiterbau der äußeren Oxydschicht. Dadurch erreicht m_1 einen Grenzwert, $m_{1(max)}$, und es wird $dm_1/dt = 0$. Hieraus folgt:

$$m_{1(max)} = a/b. \qquad (4.88\,e)$$

Die Geschwindigkeit der Massenzunahme je Flächeneinheit wird dann dm_2/dt, und wir erhalten aus Gl. (4.88b) unter Beachtung von Gl. (4.88c) ($\Delta m = m_2$):

$$f b = \lim_{t \to \infty} \left\{ \frac{d (\Delta m)}{d t} \right\} = l'', \qquad (4.88\,f)$$

wo l'' (in $g \cdot cm^{-2} \cdot sec^{-1}$) die Geschwindigkeitskonstante des linearen Zeitgesetzes für lange Oxydationszeiten ist.

Integration von Gl. (4.88a) und (4.88b) ergibt die folgenden Ausdrücke:

$$\ln(1 - b\,m_1/a)^{-1} - b\,m_1/a = b^2 t/a \qquad (4.88\,\mathrm{g})$$

$$m_2 = b\,f\,t, \qquad (4.88\,\mathrm{h})$$

wobei die Werte von m_1 und m_2 in Gl. (4.88c) als Funktionen der Zeit bestimmt sind. Unter Verwendung der folgenden Substitutionen

$$X = \ln(1 - b\,m_1/a)^{-1} \qquad (4.88\,\mathrm{i})$$

und

$$Y = b^2 t/a \qquad (4.88\,\mathrm{j})$$

können wir Gl. (4.88g) auf die folgende Form umschreiben:

$$X - [1 - \exp(-X)] = Y \qquad (4.88\,\mathrm{k})$$

und $\log Y$ — berechnet aus Gl. (4.88k) — gegen $\log X$ auftragen. Mit Hilfe dieser Auftragung erhalten wir die Werte von X für ein vorgegebenes $Y = b^2 t/a$.

Durch Substitution von Gl. (4.88g) und (4.88h) in Gl. (4.88c) erhalten wir schließlich:

$$\Delta m = \frac{a}{b}\ln(1 - b\,m_1/a)^{-1} + b(f - 1)t$$
$$= \frac{a}{b}[X + Y(f - 1)]. \qquad (4.88\,\mathrm{l})$$

Aus dieser Gleichung läßt sich für jede Versuchszeit t der entsprechende Wert Δm berechnen und mit den Versuchsdaten vergleichen ($f = 1{,}09$ für $WO_{2,75}$); gerechnet wurde mit $f \approx 1$, da die Zusammensetzung der Schicht noch nicht genügend bekannt ist; ferner mit $a = \frac{1}{2} k''$ und $b = l''$). Die gute Übereinstimmung zwischen den nach Gl. (4.88l) berechneten und den experimentell erhaltenen Werten geht aus Abb. 140 hervor.

Die maximale Dicke $\Delta \xi_{\mathrm{max}}$ der kompakten blauen Oxydschicht läßt sich aus der folgenden Beziehung berechnen:

$$\Delta \xi_{\mathrm{max}} = m_{1(\mathrm{max})} M/(16 N_0 \varrho), \qquad (4.88\,\mathrm{m})$$

wo M das Molekulargewicht und ϱ die Dichte des blauen Oxyds ist. Ferner kennzeichnet N_0 die Zahl der Sauerstoffatome je Wolframatom. Unter der Annahme in erster Näherung: $N_0 \approx 3$ ergibt sich für $\Delta \xi_{\mathrm{max}}$ und $m_{1\,\mathrm{max}}$:

	700	800	900	1000 °C
$\Delta \xi_{\mathrm{max}}$	$2{,}0 \cdot 10^{-3}$	$3{,}1 \cdot 10^{-3}$	$5{,}5 \cdot 10^{-3}$	$1{,}35 \cdot 10^{-2}$ cm
$m_{1(\mathrm{max})}$	$3{,}1 \cdot 10^{-3}$	$4{,}7 \cdot 10^{-3}$	$8{,}4 \cdot 10^{-3}$	$2{,}0 \cdot 10^{-2}$ g/cm²
$t_{0,5}$	1490	280	264	214 sec

Die gleichzeitig mit aufgeführte „Halbwertszeit" $t_{0,5}$, die erforderlich ist für $m_1 = \tfrac{1}{2}\,m_{1\,max}$ — also für die halbe maximal erreichbare Dicke der schützenden blauen Oxydschicht —, berechnet sich aus Gl. (4.88e) und (4.88g) zu:

$$t_{0,5} = \frac{a}{b^2}\,(\ln 2 - 0,5) = 0,19\,\frac{a}{b^2}\,.\qquad(4.88\,\mathrm{n})$$

Wie man erkennt, wird oberhalb 700° C die Hälfte dieser Oxydschicht schon nach kurzen Oxydationszeiten erhalten.

Nach Klärung dieses Sachverhalts für die Oxydation von Wolfram erscheinen zwecks Aufklärung des Oxydationsmechanismus im obigen Sinne zusätzliche Untersuchungen über die Oxydation von Cer, Uran, Thorium und weiteren Metallen, die während der Oxydation einen Übergang vom parabolischen zum linearen Zeitgesetz zeigen, wünschenswert.

FASSELL und Mitarbeiter[1] untersuchten die Oxydationsgeschwindigkeit von Wolfram zwischen 600 und 850° C in einem Sauerstoffdruckbereich von 1,4 bis 34 Atm. Abgesehen von einem anfänglich kurzen parabolischen Verlauf

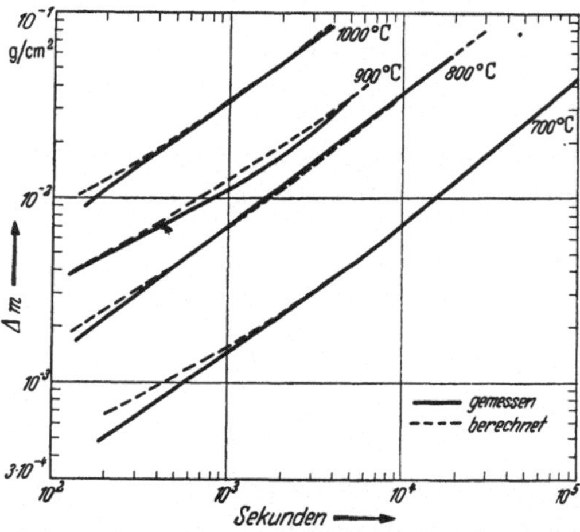

Abb. 140. Zeitlicher Verlauf der Oxydation von Wolframblechen in Sauerstoff von 1 Atm in doppelt-logarithmischer Auftragung nach WEBB, NORTON und WAGNER

der Oxydation, der offenbar von der Vorbehandlung der Probe vor der Oxydation abhängig ist, läßt sich der zeitliche Verlauf der Oxydation im untersuchten Temperatur- und Druckbereich durch ein lineares Zeitgesetz wiedergeben. In Abb. 140a ist die Sauerstoffdruckabhängigkeit der linearen Zunderkonstanten für 750, 800 und 850° C dargestellt. Unterhalb 750° C war die Oxydationsgeschwindigkeit praktisch unabhängig vom Sauerstoffdruck ($l''_{600} = 0,6 \cdot 10^{-7}$, $l''_{650} = 2,5 \cdot 10^{-7}$ und $l''_{700} = 9 \cdot 10^{-7}$ g · cm⁻² · sec⁻¹). Die Aktivierungsenergie der Wolframoxydation betrug zwischen 600 und 850° C 48 kcal/Mol. Die von den Autoren verwandte modifizierte LANGMUIR-Gleichung zur Deutung der Sauerstoffdruckabhängigkeit der Oxydationsgeschwindigkeit unter Heranziehung der „Geschwindigkeits-

---

[1] BAUR, J. P., D. W. BRIDGES u. W. M. FASSELL jr.: Techn. Rep. Nr. 8, Mai 1955, Army Ordonance Contract DA-04-495-ORD-237.

theorie" von EYRING läßt trotz der formalen Übereinstimmung noch
keine Beschreibung des wahren Reaktionsmechanismus zu.

In gleicher Weise wurde
von PETERSON und FASSELL[1]
die Oxydationsgeschwindigkeit
von Molybdän zwischen 525
und 700° C im Sauerstoffdruckbereich von 1 bis 47,6 Atm
untersucht. Auch hier folgte
die Oxydation in Übereinstimmung mit den Untersuchungen
von SIMNAD auf S. 207 einem
linearen Zeitgesetz. Zwischen
550 und 650° C läßt sich die
Sauerstoffdruckabhängigkeit
der Oxydationsgeschwindigkeit
durch die folgende Beziehung
wiedergeben:

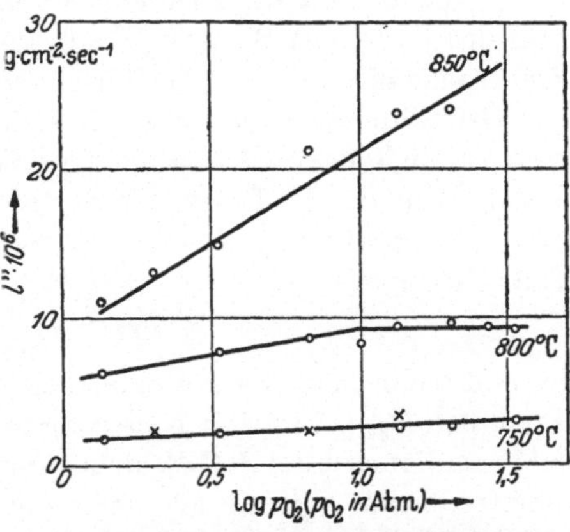

Abb 140 a. Logarithmische Sauerstoffdruckabhängigkeit der linearen Zunderkonstanten für 750, 800
und 850° C von Wolfram nach BAUR, BRIDGES
und FASSELL. (Die Kreise und Kreuze entsprechen
Wolframblechen verschiedener Herkunft)

$$l'' = \text{const } k_1 c_{O_2}/(1 + k_1 c_{O_2}),$$

wo k_1 die Gleichgewichtskonstante der Adsorption von Sauerstoff auf
den Reaktionsplätzen und c_{O_2} die Sauerstoffkonzentration im Gasraum
ist.

4.6 Über die Verzunderung von Eisenlegierungen

Wegen der technischen Bedeutung der Eisenlegierungen und Stähle
und insbesondere wegen ihrer Verwendung bei höheren Temperaturen
in verschiedenen korrodierenden Atmosphären ist den Zundervorgängen
an Eisenlegierungen ein besonderes Kapitel gewidmet. Ohne Berücksichtigung der mechanisch-technologischen Eigenschaften wollen wir
auf Grund des Oxydationsmechanismus von reinem Eisen die Möglichkeiten diskutieren, die uns gegenwärtig zur Herabsetzung der Oxydationsgeschwindigkeit von Eisen und Stahl sinnvoll erscheinen, und das
Ergebnis unserer Betrachtung mit den Versuchsergebnissen in der
Literatur vergleichen.

Wie oben dargestellt wurde, besteht oberhalb 570° C die Oxydschicht im wesentlichen aus FeO, das ein defektelektronenleitendes
Oxyd (p-Leiter) mit einer relativ hohen Konzentration an Defektelektronen $\oplus$ und Eisenionenleerstellen Fe$\square$'' ist. Entsprechend der
WAGNERschen Zunderformel auf S. 77 erkennt man sofort, daß bei

---

[1] PETERSON, R. C., u. W. M. FASSELL jr.: Techn. Rep. Nr. 6, September 1954,
Army Ordonance Contract DA-04-495-ORD-237.

konstantem Sauerstoffdruck p_{O_2} bzw. chemischem Potential μ_{O_2} die Oxydationsgeschwindigkeit durch die Teilleitfähigkeit der Fe-Ionen $\varkappa \cdot \mathfrak{n}_{Fe}$ gegeben ist ($\varkappa$ = Gesamtleitfähigkeit und $\mathfrak{n}_{Fe}$ = Überführungszahl der Fe-Ionen), da ja $\mathfrak{n}_{O^-} \approx 0$ und wegen der weit überwiegenden Elektronenleitung die Überführungszahl der Elektronen $\mathfrak{n}_{e^-} \approx 1$ ist. Auf Grund dieser Situation ergibt sich die Möglichkeit, die Oxydationsgeschwindigkeit von Eisen dadurch herabzusetzen, daß man die Teilleitfähigkeit der Fe-Ionen, die der geschwindigkeitsbestimmende Vorgang ist, herabsetzt. Wenn man weiterhin berücksichtigt, daß diese Teilleitfähigkeit

$$\varkappa \cdot \mathfrak{n}_{Fe} \sim x_{Fe\square''} B_{Fe\square''}$$

ist und wenn man die Beweglichkeit der Eisenionen bzw. Eisenionenleerstellen $B_{Fe\square''}$ in erster Näherung unabhängig von der Konzentration der Fremdionen in der FeO-Schicht annimmt, was bei kleinen Fremdionengehalten sicher zulässig ist, kann die Teilleitfähigkeit der Eisenionen nur dann herabgesetzt werden, wenn man die Konzentration der Eisenionenleerstellen $x_{Fe\square''}$ herabsetzt. Dieses ist prinzipiell dadurch möglich, daß man entweder dem Eisen oder dem Stahl ein Metall zulegiert, dessen Ionen beim Oxydationsvorgang 1 wertig in die Zunderschicht eintreten, oder daß man von außen während der Oxydation Oxyde mit 1 wertigen Kationen in die sich bildende Zunderschicht eindiffundieren läßt. Hierbei muß der Ionenradius der Fremdmetallionen ungefähr dem der Eisenionen entsprechen.

Wie wir in den vorangehenden Kapiteln gesehen haben, muß nämlich beim Einbau von 1 wertigen Fremdmetallionen, z. B. in Form von Li_2O, aus Gründen der Elektroneutralität die Zahl der Eisenionenleerstellen abnehmen und die der Defektelektronen zunehmen. Die entsprechenden Fehlordnungsgleichungen lauten:

$$Li_2O + Fe\square'' \longrightarrow 2\,Li\bullet'(Fe) + FeO \tag{4.89a}$$

bzw.
$$\tfrac{1}{2}O_2^{(g)} + Li_2O \longrightarrow 2\,Li\bullet'(Fe) + 2\oplus + 2\,FeO. \tag{4.89b}$$

Entsprechend dem sich aus der Fehlordnungsgleichung

$$\tfrac{1}{2}O_2^{(g)} \longrightarrow FeO + Fe\square'' + 2\oplus \tag{4.90}$$

ergebenden Massenwirkungsansatz bei konstantem Sauerstoffdruck

$$x_{Fe\square''}\, x_{\oplus}^2 = K \quad (p_{O_2} = \text{konst.}) \tag{4.91}$$

wird beim Einbau von Li_2O in FeO — in völlig gleicher Weise wie beim NiO — das Verhältnis der $Fe\square''$- und $\oplus$-Konzentration durch die Massenwirkungsgleichung (4.91) gesteuert. Da die hierbei entstehenden heterotypen Mischphasen häufig aber nur einen engen Existenzbereich haben, erscheinen Zusätze bis zu höchstens 3 Atom-% bzw. Mol-%

sinnvoll. Da aber auf der anderen Seite FeO bis zu 10 Mol.-% Eisenionenleerstellen aufweisen kann, erscheint der Weg, die Oxydationsgeschwindigkeit im obigen Sinne herabzusetzen, wenig aussichtsreich. Diese Argumentation wird durch die Experimente über den Li_2O-Einfluß auf die FeO-Bildungsgeschwindigkeit von BRAUNS und RAHMEL[1] belegt. Weiterhin ist vom Standpunkt der Fehlordnungserscheinungen in Oxyden der Einbau von höherwertigen Fremdmetallionen auszuschließen, da sie die Zahl der Eisenionenleerstellen und damit auch die Oxydationsgeschwindigkeit erhöhen, wie dies z. B. im Falle kleiner Chromzusätze (≤ 1 Atom-%) auf Grund der entsprechenden Fehlordnungsgleichung:

$$Cr_2O_3 \longleftarrow 2Cr\bullet^{\cdot}(Fe) + Fe\square'' + 3FeO \tag{4.92}$$

zu erwarten ist. Ähnliche oxydationsbeschleunigende Wirkungen sollten auch bei kleinen Zusätzen von Titan, Wolfram, Molybdän, Aluminium usw. zu unlegiertem Eisen und Stahl beobachtet werden, sofern nicht ein anderer Mechanismus ins Spiel kommt.

Erheblich andere Verhältnisse treten nämlich dann auf, wenn die Legierungszusätze so hoch sind, daß nunmehr die Ausbildung einer heterotypen FeO-Mischphase weitgehend in den Hintergrund tritt und neue — besser zunderschützende — Oxydphasen auftreten, wie dies z. B. bei den Chrom- und Chrom-Nickel-Stählen der Fall ist, oder wenn die Legierungszusätze so unedel sind, daß sie bevorzugt aus dem Stahl herausoxydieren. Mit dem letzten Fall wollen wir uns zuerst beschäftigen und den Mechanismus der Spinellbildung später betrachten.

Wie wir aus der vorangehenden Darstellung sahen, ist die hohe Oxydationsgeschwindigkeit von Eisen und unlegiertem Stahl oberhalb 570° C auf die rasche Bildungsgeschwindigkeit der FeO-Phase zurückzuführen. Diese „gefährliche" FeO-Bildung kann man aber dadurch verhindern, daß man dem Eisen ein Legierungsmetall zusetzt, das bevorzugt auf der Eisenoberfläche entsteht und den Kontakt zwischen Eisen und Eisenoxyd aufhebt. Durch diese sperrende Fremdoxydschicht wird erstens der Antransport von Eisenionen stark abgebremst und zweitens durch die Instabilität der FeO-Phase als niedrigstes Oxyd nur noch Fe_3O_4 gebildet. Von diesem Gesichtspunkte aus sind die Oxydationsversuche an Eisen-Molybdän-Legierungen von BRENNER[2] aufschlußreich. Wie aus Abb. 141 zu erkennen ist, nimmt bei 1000° C die Oxydationsgeschwindigkeit von Eisen in Sauerstoff von 1 Atm. schon mit kleinen Zusätzen an Molybdän ab (s. a. Tab. 35).

---

[1] BRAUNS, H., u. A. RAHMEL: Private Mitteilung.
[2] BRENNER, S. S.: J. electrochem. Soc. **102**, 7 (1955).

Dieser Befund deutet zunächst darauf hin, daß die sich ausbildende Zunderschicht nicht aus einer heterotypen Mischphase $FeO\text{-}MoO_2$

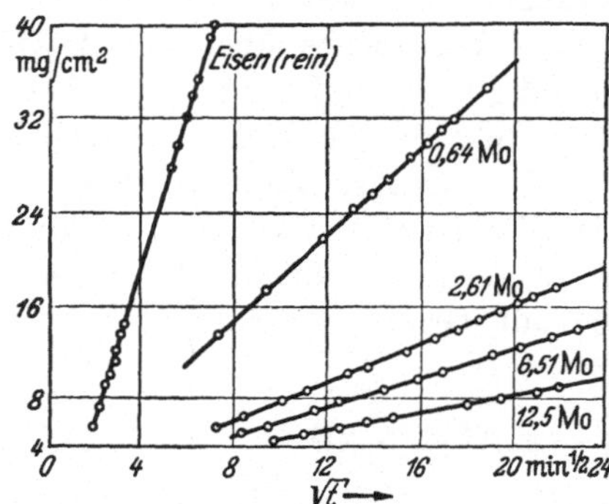

Abb. 141. Parabolischer Verlauf der Oxydation von Eisen und Fe-Mo-Legierungen bei 1000°C und in strömendem Sauerstoff (etwa 1 l/min) von 1 Atm nach BRENNER

zusammengesetzt sein kann, da ja ein Einbau von MoO_2 ins FeO-Gitter die Zahl der $Fe\square''$-Stellen und damit die Oxydationsgeschwindigkeit erhöhen würde. Wie mikroskopische Aufnahmen und Röntgen-Beugungsuntersuchungen ergeben haben, besteht die Zunderschicht aus drei unterscheidbaren Schichten (s. Abbildung 142). Von diesen besteht die äußere Schicht aus Fe_2O_3, die mittlere aus Fe_3O_4 und die innere aus einem Oxydgemisch nicht bekannter Zusammensetzung mit dem Hauptanteil aus MoO_2. Es konnten keine Anzeichen einer FeO-Schicht nachgewiesen werden.

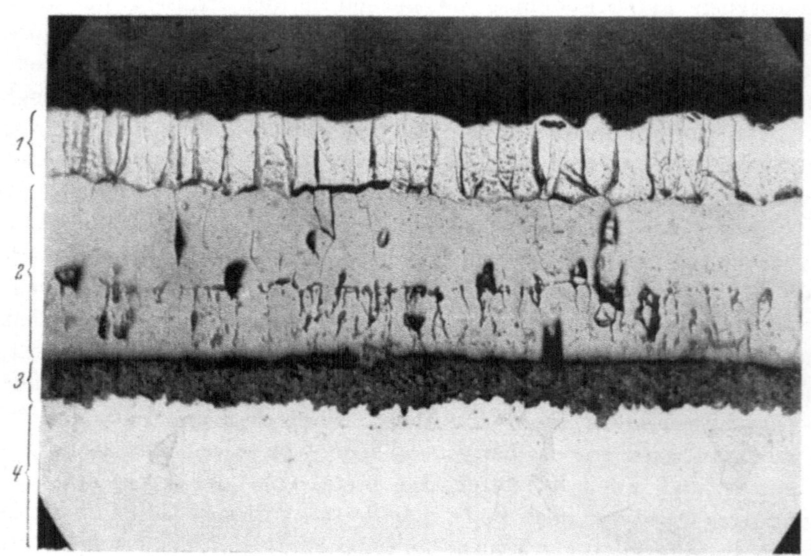

Abb. 142. Aufbau der Zunderschicht einer Fe-Mo-Legierung mit 0,64 Atom-% Mo nach 350 min Oxydation in Sauerstoff von 1 Atm bei 1000°C nach BRENNER (Vergr. 250fach)
1: Fe_2O_3,   2: Fe_3O_4,   3: $MoO_2 + (Fe_xMo_y)O$,   4: Legierung

Diesen heterogenen Aufbau der Zunderschicht kann man im Sinne der noch später zu diskutierenden WAGNERschen Theorie der Oxydation von Metallegierungen folgendermaßen deuten. Auf Grund des niedrigen Dissoziationsdruckes von FeO und Fe_3O_4, z. B. bei 1000° C mit $1{,}69 \cdot 10^{-15}$ und $6{,}08 \cdot 10^{-15}$ Atm. gegenüber dem von MoO_2 mit $2{,}99 \cdot 10^{-14}$ Atm., wird sich im ersten Oxydationsstadium bevorzugt FeO und Fe_3O_4 neben wenig Fe_2O_3 bilden, während eine nennenswerte MoO_2-Bildung nicht auftreten wird. Da nun Eisen laufend aus den oberflächennahen Gebieten der Legierung herausoxydiert wird und die hierdurch bewirkte Mo-Anreicherung nur zu einem kleinen Teil durch Abdiffusion ins Legierungsinnere abgeschwächt wird, stellt sich schließlich eine kritische Konzentration an Mo ein, die zur MoO_2-Bildung führt. Unter Berücksichtigung der beiden Reaktionsgleichungen

$$2\,Fe - O_2 \rightleftharpoons 2\,FeO$$

$$Mo - O_2 \rightleftharpoons MoO_2$$

ergibt sich die folgende Beziehung (s. S. 269 ff.):

$$\frac{\pi_{FeO}}{x^2_{(i)Fe}} = \frac{\pi_{MoO_2}}{1 - x_{(i)Fe}},$$

wo π_{FeO} und π_{MoO_2} die Dissoziationsdrucke von FeO und MoO_2 darstellen und wo $x_{(i)Fe}$ der Atombruch an Eisen in der Legierung an der Phasengrenze Legierung/Zunderschicht ist. Unter Verwendung der obigen Werte für die Dissoziationsdrucke ergibt sich für 1000° C, daß unter idealen Bedingungen eine MoO_2-Bildung bei $x_{(i)Fe} = 0{,}21$ auftritt. Sobald also der Eisengehalt kleiner als 0,21 wird, kann entlang der Phasengrenze Legierung/Zunderschicht FeO durch MoO_2 ersetzt werden. Hierdurch wird die FeO-Schicht von der Eisenunterlage getrennt, was zur Folge hat, daß das FeO während der weiteren Oxydation thermodynamisch instabil wird und zu Fe_3O_4 aufoxydiert wird. Durch das Verschwinden der FeO-Phase wird die starke Abnahme der Oxydationsgeschwindigkeit der Fe-Mo-Legierung verständlich. Es tritt also durch Molybdänzusätze keine „katastrophale" Oxydation auf, wie sie an Cu- und Ni-Legierungen von MEIJERING und RATHENAU[1] beobachtet wurde. In Abb. 143 ist auf Grund des Aufbaus der

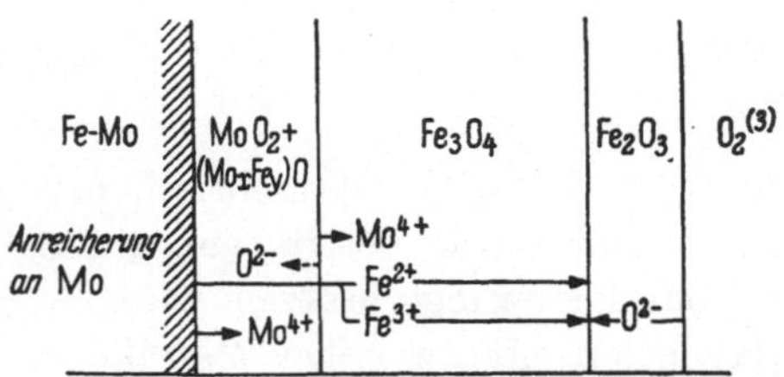

Abb. 143. Schematische Darstellung der Diffusionsvorgänge durch die einzelnen Schichten des sich auf einer Fe-Mo-Legierung bei 1000° C in Sauerstoff ausbildenden Zunders

Zunderschicht der Wachstumsmechanismus schematisch dargestellt. In welchem Ausmaß eine Wanderung von O^{2-}- und Mo^{4+}-Ionen durch die MoO_2-$(Mo_xFe_y)O$-Schicht erfolgt, kann z. Z. noch nicht angegeben werden. Der Bildungsmechanismus der beiden äußeren Schichten,

[1] MEIJERING, J. L., u. G. W. RATHENAU: Nature (London) 165, 240 (1950).

Tabelle 35. *Abnahme der Oxydationsgeschwindigkeit von Fe-Mo-Legierungen mit steigendem Mo-Gehalt zwischen 800 und 1000° C nach* BRENNER

Mo (Atom-%)	T °C	$k'' \cdot 10^8$ $g^2 \cdot cm^{-4} \cdot sec^{-1}$	A $g^2 \cdot cm^{-4} \cdot sec^{-1}$	Q cal/Mol
—	1000	80,0	1,2	36000 ± 1000
0,64	1000	5,8		
1,83	800	0,019		
	850	0,048		
	900	0,18	$1,0 \cdot 10^3$	63000 ± 3000
	950	0,75		
	1000	1,60		
2,61	1000	.1,22		
5,29	1000	0,72		
6,16	800	0,23		
	850	0,56		
	900	0,15	23,0	54000 ± 2000
	950	0,50		
	1000	1,15		
6,51	1000	0,66		
12,5	800	0,022		
	850	0,053		
	900	0,087	$1,2 \cdot 10^{-3}$	33000 ± 1000
	950	0,16		
	1000	0,26		

$$k'' = A \cdot \exp(-Q/RT)$$

Fe_3O_4 und Fe_2O_3, ist identisch dem bei der Oxydation von reinem Eisen und wurde bereits auf S. 235ff besprochen.

Bei Legierungszusätzen wie Chrom und Aluminium, die bei der Oxydation mit 2wertigen Metallionen zur Spinellbildung neigen, wird die Zunderschicht im wesentlichen aus einem Chrom-Eisen-Spinell bzw. einem Chrom-Aluminium-Eisen-Mischspinell bestehen. Jedoch ist bei chromhaltigen Stählen auch mit einer überwiegenden Cr_2O_3-Bildung zu rechnen, wenn die Oxydationstemperatur nicht zu hoch ist, worauf u. a. LUSTMAN[1] hinweist. An Hand von Elektronenbeugungsaufnahmen konnten HICKMAN und GULBRANSEN an Eisen-Chrom-Legierungen mit Gehalten von 1 bis 13 Gew.-% Cr ebenfalls eine überwiegende

---

[1] LUSTMAN, B.: Iron Coal Trades Rev. **154**, 889 (1947).

Cr_2O_3-Bildung[1] feststellen, wenn bei 600° C 1 Std. in einer Sauerstoff-atmosphäre von 1 mm Hg oxydiert wurde. Die Legierung mit 13 Gew.-% Chrom zeigte auch Spinellbildung, während dieselbe bei den anderen Legierungen nicht zu beobachten war. Im Gegensatz zu reinem Eisen trat an einer 13 Cr-Fe-Legierung weit oberhalb 570° C — bei 700° C — noch eine Fe_3O_4-Bildung auf, die nur durch die Gegenwart von Chrom möglich ist. Zu ähnlichen Ergebnissen kamen MAHLA und NIELSEN[2], die an Chrom-Eisen-Legierungen mit 12 und 27 Gew.-% Chrom nach einer Oxydationsdauer von 10 min bei 675° C eine aus α-Fe_2O_3 und Fe_3O_4 zusammengesetzte Anlaufschicht fanden.

Der Oxydationsmechanismus der Chromstähle scheint insofern recht kompliziert zu sein, als neben den drei Oxyden FeO, Fe_3O_4 und Fe_2O_3 auch Chromoxyd in die Zunderschicht eintritt, was zu zusätzlichen Spinellreaktionen in der Zunderschicht führt. Wie aus mikroskopischen Untersuchungen von MOREAU[3] hervorgeht, entstehen in der der Legierung benachbarten FeO-Phase $FeCr_2O_4$-„Inseln", während in der Fe_3O_4-Schicht ein Eisen-Chrom-Mischspinell auftritt, der an der Phasengrenze FeO/Fe_3O_4 eine hohe Konzentration erreicht und mit zunehmender Entfernung von der Phasengrenze FeO/Fe_3O_4 abnimmt und schließlich nicht mehr feststellbar ist. Der äußere Teil der Zunder-schicht besteht in jedem Fall prak-tisch aus reinem α-Fe_2O_3. Nach längeren Oxydationszeiten konnte MOREAU kein Fe_3O_4 mehr nachwei-sen, da die anfänglich vorhandene Fe_3O_4-Schicht sich praktisch voll-kommen in eine Mischspinellschicht verwandelt hatte. Ferner war auch im äußeren Teil der Zunderschicht an Stelle des α-Fe_2O_3 eine Eisen-Chromoxyd-Mischphase aufgetre-ten. Durch das Ergebnis dieser Untersuchungen, das in Abb. 144 schematisch dargestellt ist, werden die früheren Beobachtungen bestä-tigt und erweitert. Diese aufschluß-

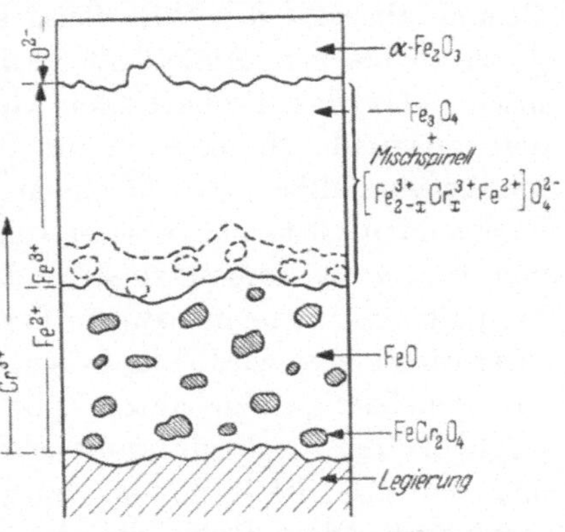

Abb. 144. Schematische Darstellung des Aufbaus der Zunderschicht einer zwischen 800 und 1250° C anoxydierten Eisen-Chrom-Legierung nach MOREAU

reichen Versuchsergebnisse lassen sich folgendermaßen verstehen: Im ersten Reaktionsstadium ist das Angebot an Eisen infolge der

[1] HICKMAN, J. W., u. E. A. GULBRANSEN: Trans. AIME, Techn. Publ. Nr. 2069 (1946).
[2] MAHLA, E. M., u. N. A. NIELSEN: The electrochem. Soc. Preprint 87—27 (1946).
[3] MOREAU, J.: C. R. Séances Acad. Sci. 236, 85 (1953) — Thèse Paris 1953. — J. MOREAU u. J. BÉNARD: C. R. Séances Acad. Sci. 237, 1417 (1953).

leichten FeO-Bildung relativ groß, so daß es zu einer bevorzugten FeO-Bildung bei hohen Temperaturen kommt. Die mit fortschreitender Oxydation steigende Anreicherung an Chrom in der Legierung an der Phasengrenze Legierung/Oxydschicht verursacht infolge Chromoxydation ein steigendes Angebot von Cr_2O_3 an dieser Phasengrenze. Infolge der geringen Löslichkeit von Cr_2O_3 in FeO kommt es einmal zur Ausbildung von Fe-Cr-Spinellkeimen, die im Laufe der Zeit wachsen, und zum anderen zu einer Abdiffusion von Chrom in die außen vorhandene — anfänglich dünne — Fe_3O_4-Schicht, wo günstige Bedingungen zur Mischspinellbildung vorliegen. Durch den laufenden Verbrauch von Chrom in der Spinellphase des Zunders wird ein relativ großer Gradient des chemischen Potentials der Chromionen in der FeO-Phase eingestellt, wodurch die bevorzugte Diffusion des Chroms zur Spinellphase verständlich wird. In der Mischspinellzone hingegen wird die Diffusionsgeschwindigkeit der Metallionen herabgesetzt, und dadurch letzten Endes die Zunderbeständigkeit der Legierung erhöht.

Im Gegensatz zu den kubisch-flächenzentrierten und -raumzentrierten einfachen Oxydgittern ist der Diffusionsmechanismus im Spinellgitter noch wenig aufgeklärt. Aus diesem Grunde ist man auch heute noch nicht in der Lage, modellmäßige Voraussagen über die Beeinflußbarkeit der Diffusionsgeschwindigkeit der Ionen im Spinellgitter zu machen. Außerdem erscheint es fraglich, ob die an den kubischen Oxyden beobachteten Gesetzmäßigkeiten der Beeinflussung der Ionenfehlordnung auch für Spinellgitter zutreffend sind. Es ist schwer vorstellbar, daß in einem Spinellgitter, wo die Hälfte der zu besetzenden Gitterplätze — sowohl Tetraeder- wie Oktaederplätze — von Hause aus unbesetzt sind, durch kleine Zusätze anderswertiger Fremdionen eine nennenswerte Veränderung der Zahl der leeren Plätze zu erwarten sein wird. Das bedeutet also hier, daß bei der Ausbildung von spinellartig aufgebauten Zunderschichten wohl genügend Sprungmöglichkeiten für die diffundierenden Ionen im Grundgitter vorhanden sind, daß aber die Höhe der „Sprung-Barrieren" eine rasche Diffusion verhindert. Diese Höhe, die sich wesentlich in der Größe der Aktivierungsenergie der Diffusion bemerkbar macht, bestimmt primär das Ausmaß der Diffusion, während die Veränderung der Zahl der „Sprungplätze" infolge Veränderung der Zahl der Leerstellen, die sich im präexponentiellen Faktor bemerkbar macht, für die Diffusion durch Spinellgitter nur von untergeordneter Bedeutung ist. Aus diesem Grunde sollte man auch die in Mischspinellphasen auftretende Änderung der Diffusionsgeschwindigkeit der Ionen, die indirekt durch eine Änderung der Oxydationsgeschwindigkeit einer entsprechenden Legierung meßbar ist, im wesentlichen auf die mit der Mischspinellbildung auftretende Änderung der Höhe dieser Barrieren zurückführen. Untersuchungen in dieser Richtung wären wünschenswert und für die weitere Aufklärung des Mechanismus aufschlußreich.

Wenn also die überwiegend aus einem Chromspinell bestehende Zunderschicht den Anforderungen eines Zunderschutzes nicht genügt, erscheint es zweckmäßig, dem Chromstahl eine geeignete Menge eines Metalls zuzugeben, das während der Oxydation entweder mit Chrom, Eisen oder einem weiteren Legierungspartner einen Spinell bildet, der höhere Barrieren und damit kleinere Diffusionsgeschwindigkeiten aufweist als der ursprünglich vorhandene Eisen-Chrom- bzw. Nickel-Chrom-Spinell. Ein solches Metall scheint offenbar Aluminium zu sein. Dieser Aluminiumzusatz kann je nach Konzentration und Oxydationsbedingungen auf zweierlei Weise einen günstigen Einfluß auf die Oxydationsbeständigkeit ausüben. Entweder wird im Laufe der Oxydation bevorzugt ein Fe-Al-Spinell gebildet oder eine Al_2O_3-Schicht bzw. eine Schicht aus einem Al_2O_3-Cr_2O_3-Mischoxyd (rubinartig), die bevorzugt zwischen dem Stahl und der eigentlichen Zunderschicht auftreten kann, wie Versuche ergeben haben[1]. Diese Aluminiumzusätze haben offenbar auf die Oxydationsgeschwindigkeit einen ähnlich bremsenden Einfluß wie die bei Heizleitern von HESSENBRUCH[2] beschriebenen Cer- und Thoriumzusätze. In beiden Fällen wird hierdurch die Diffusionsgeschwindigkeit der Ionen infolge Auftretens einer Spinell- bzw. Al_2O_3-Sperrschicht und einer CeO_2- bzw. ThO_2-Sperrschicht abgebremst, was letzten Endes mit einer Abnahme der Oxydationsgeschwindigkeit verbunden ist. Als weitere Möglichkeit erscheint ein gemeinsamer Zusatz von Aluminium und Beryllium oder von Titan und Magnesium aussichtsreich, wobei die Gehalte so zu wählen wären, daß es zu einer bevorzugten Bildung eines Beryllium-Aluminium- bzw. eines Magnesium-Titan-Spinells (Perowskit) käme. Versuche hierüber liegen noch nicht vor.

Das Auftreten einer Sperrschicht beobachtete man auch bei kleinen Siliciumgehalten im Chromstahl[3]. Wie PORTEVIN, PRETET und JOLIVET[4] an Hand von Oxydationsversuchen mit Siliciumstählen nachwiesen, ist in den Eisenoxydschichten selbst kein Silicium nachzuweisen. Das gesamte oxydierte Silicium befindet sich als SiO_2 an der Phasengrenze Stahl/Zunder. Neuere Untersuchungen von CAPLAN und COHEN[5] be-

---

[1] KORNILOW, J. J., u. A. J. SCHPIKELMANN: Ber. Akad. Wiss. UdSSR **53**, 813 (1946).

[2] HESSENBRUCH, W.: Metalle und Legierungen für hohe Temperaturen. Berlin: Springer 1940.

[3] KORNILOW, J. J., u. A. J. SCHPIKELMANN: Ber. Akad. Wiss. UdSSR **54.**, 511 (1946). — D. M. DOVEY u. J. JENKINS: J. Inst. Metals **76**, 581 (1950). — B. LUSTMAN: Trans. AIME **188**, 995 (1950).

[4] PORTEVIN, A., E. PRETET u. E. JOLIVET: Rev. Metallurgie **31**, 219 (1934).

[5] CAPLAN, D., u. M. COHEN: J. Metals **4**, 1057 (1952).

stätigen diese Beobachtungen. Offenbar beruht diese Erscheinung auf der großen Bildungsarbeit des SiO_2 — ähnlich wie beim Al_2O_3 — bei hohen Temperaturen gegenüber den der anderen auftretenden Oxyde. Durch die Gegenwart von Silicium wird insbesondere beim Chromstahl an der Phasengrenze Stahl/Oxydschicht eine Reduktion des Chrom- bzw. Eisenoxyds unter Ausscheidung von SiO_2 bewirkt, die im Verlaufe des weiteren Zundervorganges durch zu hohe Anreicherung von SiO_2 allerdings ein Abplatzen der Oxydschicht verursachen kann.

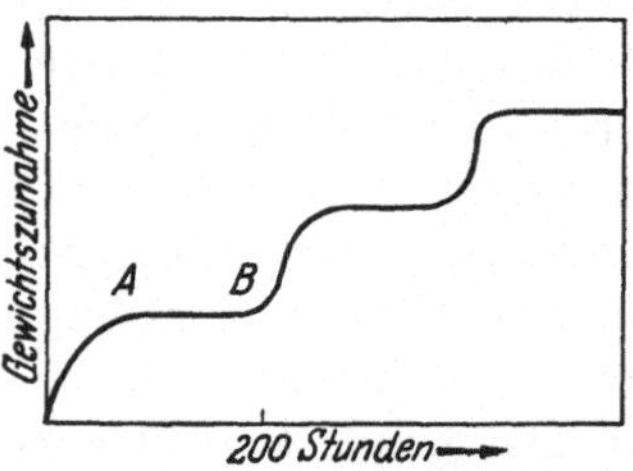

Abb. 145. Schematischer zeitlicher Verlauf der Oxydation einer Eisen-Chrom-Legierung (0,20% C; 0,40% Mn; 0,44% Si; 0,32% Ni und 26,54 Gew.-% Cr.) zwischen 800 und 1100° C nach CAPLAN und COHEN

Die hierdurch freigelegte Legierung überzieht sich dann wieder mit einer Oxydschicht, die nach Erreichen einer kritischen SiO_2-Konzentration wieder aufplatzt. Es kommt zu einem treppenförmigen Verlauf der Oxydationszeitkurve. Hierbei können die treppenförmigen Perioden relativ lang sein und bis zu 200 Std. dauern, wie in Abb. 145 schematisch dargestellt ist. In solchen Fällen wird es immer empfehlenswert sein, möglichst lang dauernde Oxydationsversuche durchzuführen, da bei zu kurzen Beobachtungszeiten die Versuche gerade im flach verlaufenden Teil AB der Oxydationskurve abgebrochen würden, was eine viel zu günstige Zunderbeständigkeit vortäuschen würde.

Hingegen gibt es eine Anzahl von Mo-Si-Cr-, Mo-Cr-Ti- und 18-8-Stähle, die auch nach einer Oxydationszeit von 15000 Std. dem parabolischen Zeitgesetz, ohne Diskontinuitäten in der Oxydationszeitkurve, gehorchen, wie z. B. aus den Oxydationsversuchen in Wasserdampfatmosphäre bei 595° C in Abb. 146 nach ROHRIG, VAN DUZER und FELLOWS[1] hervorgeht. Wie man erkennt, verhalten sich nach diesen Versuchen die Chromstähle mit etwa 12 Gew.-% Cr ohne Nickel noch widerstandsfähiger gegen Wasserdampfangriff als der 18-8-Stahl. Zu im wesentlichen gleichen Ergebnissen kommen SOLBERG, HAWKINS und POTTER[2]. Hier zeigten auch die mit Niob stabilisierten 18-8-Stähle eine besonders hohe Zunderbeständigkeit. In Abb. 147 ist die Abnahme der Oxydationsgeschwindigkeit eines Chromstahls mit steigendem Cr-Gehalt aufgetragen.

CORNELIUS und BUNGARDT[3] untersuchten das Zunderverhalten vanadinlegierter Chrom-Nickel-Stähle. Während ein Chrom-Nickel-

[1] ROHRIG, I. A., R. M. VAN DUZER u. C. H. FELLOWS: Trans. ASME **66**, 277 (1944).

[2] SOLBERG, H. L., G. A. HAWKINS u. A. A. POTTER: Trans. ASME **64**, 303 (1942).

[3] CORNELIUS, H., u. W. BUNGARDT: Arch. Eisenhüttenwes. **15**, 107 (1942).

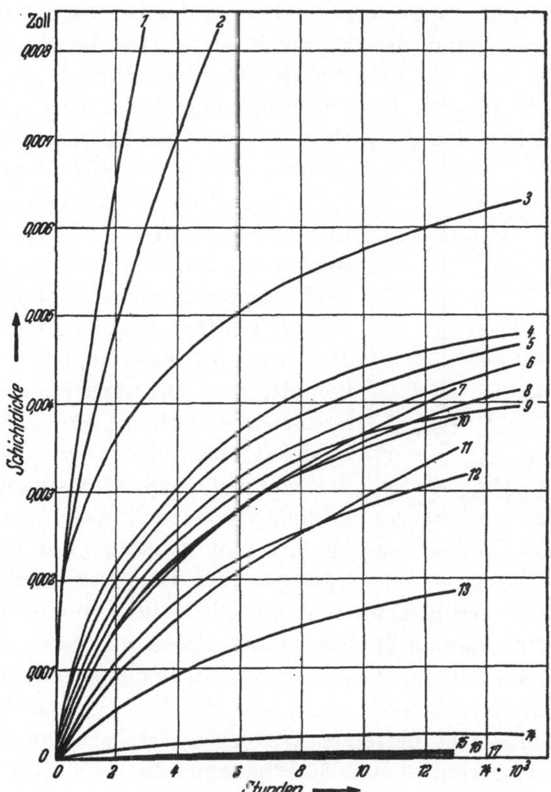

Abb. 146. Zeitlicher Verlauf einiger Stähle in Wasserdampf bei 595° C nach ROHRIG, VAN DUZER und FELLOWS. Die Zusammensetzung der Stähle ist folgende:

Nr.	Stahltyp	C	Si	Mn	P	S	Cr	Ni	Mo	Al	V	Ti	Gew.-%
1	SAE 1010	0,11											
2	SAE 1035	0,34											
3	Cr-Mo-Si	0,10	1,40	0,41	0,01	0,013	1,24	—	0 58				
4	Si-Mo	0,11	1,35	0,19	0,01	0,012	—	—	0,50				
5	SAE 6120	0,24	0,28	0,65	0,02	0,021	0,94	—	—	—	0,18		
6	5 Cr-Mo-Si	0,10	1,55	0,30	0,01	0,016	4,83	—	0,51				
7	C-Mo	0,15	0,34	0,40	0,023	0,015	—	—	0,49				
8	1,25 Cr-Mo-Si	0,09	0,78	0,41	0,01	0,013	1,21	—	0,58				
9	5 Cr-Mo	0,13	0,32	0,45	0,01	0,016	4,96	—	0,52				
10	C-Mo	0,18	0,35	0,70	—	—	—	—	0,51				
11	5 Cr-Mo-Ti	0,06	0,41	0,36	0,01	0,008	5,18	0,19	5,58	—	—	0,46	
12	Nitralloy	0,35	0,25	0,40	0,02	0,02	1,25	—	0,20	1,20			
13	12 Cr-2 Mo	0,05	0,30	0,13	0,024	0,011	12,18	0,10	2,01				
14	18 Cr-8 Ni Typ 304	0,07	0,16	0,14	—	—	17,16	10,20					
15	12 Cr, Typ 420	0,32	0,22	0,36	0,014	0,008	13,57						
16	12 Cr, Typ 416	0,11	0,25	0,35	0,016	0,308	12,27						
17	12 Cr, Typ 403	0,10	0,20	0,35	0,017	0,022	12,33	0,18					

Stahl mit 17 Gew.-% Cr und 20 Gew.-% Ni bei 930° C in Luft von
1 Atm. eine gute Zunderbeständigkeit zeigt, wird bereits durch einen
Zusatz von 2 Gew.-% Vanadin die Geschwindigkeit um über zwei
Zehnerpotenzen erhöht. Eine Verringerung dieses verheerenden Ein-
flusses von Vanadin kann man offen-
sichtlich dadurch erzielen, daß man den
Nickelgehalt auf etwa 8 Gew.-% und den
Chromgehalt auf etwa 12 Gew.-% herabsetzt. Nach den Ausführungen auf S. 211 ff.
darf man wohl schließen, daß es an einem
vanadinhaltigen Stahl während der Oxydation zu einer bevorzugten V_2O_5-Bildung
kommt, das mit den anderen Oxyden
in der Zunderschicht ein niedrig schmelzendes eutektisches Oxydgemisch bildet
und somit die oxydationsschützende Ausbildung des Spinells bzw. des Cr_2O_3 verhindert. Im Einklang mit diesen Überlegungen sind die experimentellen Ergeb-

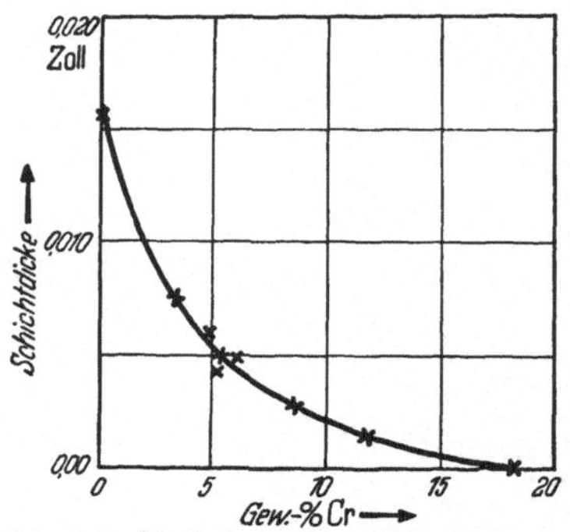

Abb. 147. Einfluß des Chromgehaltes auf
die Dicke des sich nach 1300 Std. in
Wasserdampf bei 650° C ausbildenden
Zunders auf Stahl in Zoll (1 Zoll =
2,54 cm) nach SOLBERG, HAWKINS und
POTTER

nisse von Zunderversuchen unterhalb 900° C — insbesondere 650° C — an
schwach legierten Stählen. Hier tritt deswegen eine oxydationsschützende
Wirkung auf, als hier die Schmelztemperatur des eutektischen Oxyd-
gemisches noch nicht erreicht wird und das V_2O_5 gemeinsam mit den
Eisenoxyden eine fest haftende, porenfreie Deckschicht bildet. Eine
ähnliche Situation können auch Molybdängehalte im Stahl verursachen,
worauf ebenfalls auf S. 254 hingewiesen wurde. Neben dem teilweisen
Aufschmelzen des Zunders ist bei hohen Temperaturen, von 1000° C
und darüber, auch die hohe Verdampfungsgeschwindigkeit von MoO_3
für die hohe Oxydationsgeschwindigkeit mit verantwortlich[1].

Von BINDER und WEISERT[2] wurde eine Serie von Gußstählen auf
Basis Cr-Ni-Co-Fe-W-Legierungen mit 18 bis 20 Gew.-% Cr und variie-
renden Mengen an Ni, Co, Fe und W mit 0 bis 1,31 Gew.-% Bor in
Luft zwischen 900 und 1100° C oxydiert. Eisen und Bor und in einem
geringeren Ausmaß auch Kobalt wirken der Oxydationsbeständigkeit
entgegen. Infolge des relativ hohen Chromgehaltes der Legierungen
bewirkte Molybdän — in Übereinstimmung mit den Versuchsergebnissen von BRENNER[3] — auch hier eine starke Verschlechterung der
Zunderbeständigkeit. Röntgenbeugungsaufnahmen zeigten, daß die
für den Zunderschutz verantwortliche Cr_2O_3- bzw. Spinellschicht in

---

[1] KUBASCHEWSKI, O., u. O. VON GOLDBECK: Metalloberfl. (A) 7, 113
(1953). — O. KUBASCHEWSKI u. A. SCHNEIDER: J. Inst. Metals 75, 403 (1949).

[2] BINDER, W. O., u. E. D. WEISERT: Corrosion 9, 329 (1953).

[3] BRENNER, S. S.: J. electrochem. Soc. 102, 7, 16 (1955).

Gegenwart von höheren Borgehalten nicht auftreten kann, wenn nicht gleichzeitig der Eisengehalt < 6 Gew.-% gewählt, Mo durch W als Legierungspartner für die Warmfestigkeit und Co weitgehend durch Ni ersetzt wird.

UHLIG und BRASUNAS[1] untersuchten den Einfluß der magnetischen Umwandlung von Chromstählen am CURIE-Punkt auf die Oxydationsgeschwindigkeit dieser Legierungen. Zur Untersuchung kamen Stähle mit 0,5 bis 1 Gew.-% C, 0,2 bis 0,3 Si, 0,3 bis 0,4 Mn und den folgenden Chromgehalten: 9,22; 10,59; 12,22; 13,84; 19,12 und 24,08 Gew.-%. An den jeweiligen CURIE-Punkten, die von 750 bis 615° C mit steigendem Chromgehalt sinken, wurde stets unterhalb des CURIE-Punktes eine deutliche Abnahme der Oxydationsgeschwindigkeit festgestellt. In Abb. 148 ist als ein Beispiel der zeitliche Verlauf der Oxydation eines Chromstahls mit 13,84 Gew.-% Cr in Abhängigkeit von der Temperatur aufgetragen.

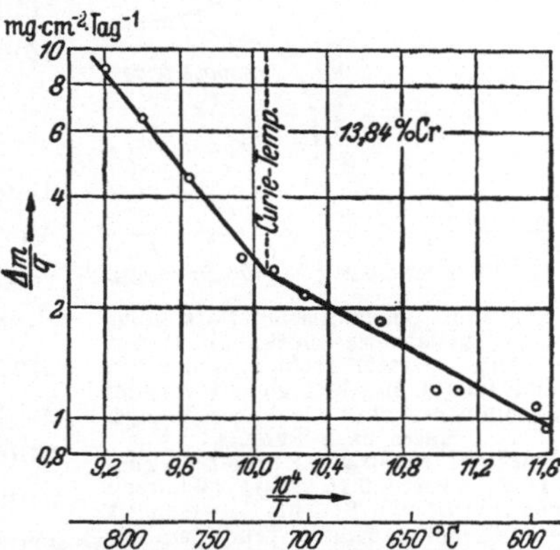

Abb. 148. Temperaturabhängigkeit der Oxydationsgeschwindigkeit einer Eisen-Chrom-Legierung mit 13,84 Gew.-% Cr in Sauerstoff von 1 Atm nach UHLIG und BRASUNAS

Dadurch sind die schon früher von TAMMANN und SIEBEL[2] mitgeteilten Beobachtungen bestätigt und erweitert worden.

Noch erheblich komplizierter wird der Zundermechanismus, wenn das angreifende Gas nicht nur aus O_2 besteht, sondern auch SO_2 und CO_2 enthält. Nach PREECE[3] greifen Verbrennungsgase mit 0,15% SO_2 bei Abwesenheit von Sauerstoff einen niedrig legierten Stahl bereits bei 850° C erheblich an unter Bildung von Sulfid im Zunder. Wie Versuche ergaben, wird mit steigendem Sauerstoffgehalt der Verbrennungsgase der SO_2-Einfluß vermindert und bei 4% O_2 völlig ausgeschaltet. Unter diesen Bedingungen war eine Sulfidbildung nicht mehr festzustellen. In Abb. 149 sind die Verhältnisse schematisch dargestellt. Man darf also hieraus schließen, daß bei richtiger Führung der Gas- oder Ölfeuerung mit Sauerstoffüberschuß ein Schwefelgehalt der Feuergase, wenn er als einzige Verunreinigung auftritt, ohne Einfluß auf die Oxydationsgeschwindigkeit des Stahls ist.

Während ein Chrom- und Aluminiumzusatz zu Stählen im allgemeinen bevorzugt oxydiert wird, was sich im Auftreten einer Cr_2O_3- oder Al_2O_3- bzw. Spinellschicht bemerkbar macht, wird Nickel aus

[1] UHLIG, H. H., u. A. DE S. BRASUNAS: J. electrochem. Soc. **97**, 448 (1950).
[2] TAMMANN, G., u. G. SIEBEL: Z. anorg. allg. Chem. **148**, 297 (1925).
[3] PREECE, A.: J. Iron Steel Inst. **139**, 149 (1951).

Stahl bei Abwesenheit von Chrom und Aluminium erheblich geringer herausoxydiert. Dies geht besonders eindrucksvoll aus den Untersuchungen von MOREAU[1] hervor. Entsprechend dem Stabilitätsdiagramm der Mischoxyde FeO + NiO in Abb. 150 sind z. B. bei 800° C nur etwa 2 Gew.-% NiO im FeO löslich. Höhere Ni-Gehalte müssen eine Fe_3O_4-Bildung gemäß:

$$3FeO + NiO \longleftrightarrow Fe_3O_4 + Ni$$

begünstigen, was beispielsweise für die Verschiebung des FeO/Fe_3O_4-Punktes nach höheren Temperaturen von Bedeutung ist. In diesem Zusammenhang sind die Oxydationsversuche von Fe-Ni-Legierungen mit 42 Gew.-% Ni zwischen 600 und 900° C in Luft von FOLEY[2] recht aufschlußreich. Auf Grund von Elektronenbeugungsaufnahmen und der chemischen Analyse, die neben Fe_2O_3 auch Ferritstruktur und einen relativ hohen Ni-Gehalt ergaben, scheint die Bildung von $NiFe_2O_4$ wahrscheinlicher zu sein als die von Fe_3O_4. Der geschwindigkeitsbestimmende Schritt ist die Diffusion durch die Ni-Ferrit-Schicht, die die Oxydationsgeschwindigkeit erniedrigt. In Übereinstimmung mit Untersuchungen von QUARRELL[3] stabilisiert auch Nickel ebenso wie Chrom die entstehenden Spinelle. Die Oxydationsgeschwindigkeit betrug:

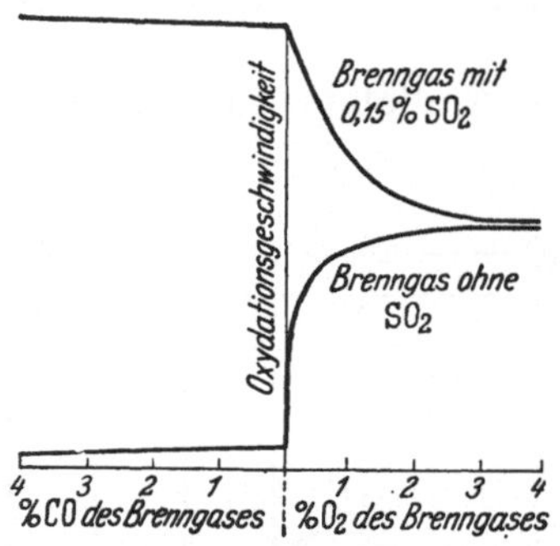

Abb. 149. Schematische Darstellung der Oxydationsgeschwindigkeit von niedrig legiertem Stahl zwischen 600 und 1200° C in Abhängigkeit von der Zusammensetzung des Verbrennungsgases nach PREECE Kurve *a*: SO_2-frei, Kurve *b*: Atmosphäre enthält 0,15% SO_2. (Während der Angriff von SO_2 bei Anwesenheit von freiem Sauerstoff sehr klein ist, bewirkt SO_2 im sauerstoffreien Verbrennungsgas eine starke Verzunderung)

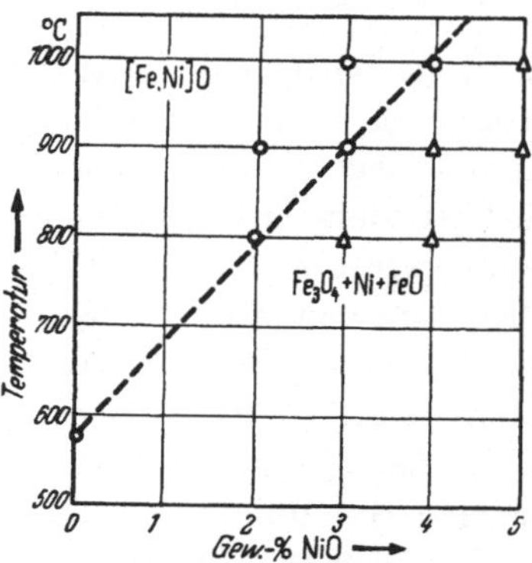

Abb. 150. Stabilitätsdiagramm der Mischphase FeO-NiO nach MOREAU. Die gestrichelte Linie entspricht ungefähr der Gleichgewichts-Temperaturlinie der Reaktion $3FeO + NiO_{gelöst\,in\,FeO} \longleftrightarrow Fe_3O_4 + Ni$

$$k'' = 0,129 \exp(-44\,200/R\,T)$$
$$\text{(Legierung)}$$
$$k'' = 0,37 \exp(-33\,000/R\,T)\,g^2\cdot cm^{-4}\cdot sec^{-1}$$
$$\text{(Eisen)}.$$

Dieser Sachverhalt ist für die Verwendung schwach legierter ferritischer Stähle für den Dampfkesselbau von Bedeutung. Hier ist es nämlich

[1] MOREAU, J.: Recherches sur l'oxydation des alliages binaires Fe-Ni et Fe-Cr aux températures élevées. Thèse Paris, 1953.
[2] FOLEY, R. T.: J. electrochem. Soc. **102**, 440 (1955).
[3] QUARRELL, A. G.: Trans. AIME **171**, 341 (1947).

wünschenswert, die Temperatur der FeO-Bildung, die bei reinem Eisen bei 570° C liegt, nach höheren Temperaturen zu verschieben, um hierdurch die Betriebstemperatur der Dampfkessel über 570° C zu steigern, was aber nur dann möglich ist, wenn man gleichzeitig durch Legierungszusätze, die bei der Oxydation in die Zunderschicht eintreten, die Fe_3O_4-Bildung wegen des besseren Zunderschutzes auch noch bei höheren Temperaturen als 570° C erzwingt. Die thermodynamischen Überlegungen zeigen, daß dies aber wieder nur dann realisierbar ist, wenn man ein Metall — wie z. B. Cr — mit einer hohen Oxydbildungsarbeit zusetzt. Je höher nämlich die Bildungsarbeit des Fremdoxyds ist, um so ein kleinerer Legierungszusatz ist notwendig, um den erwünschten Effekt zu erzielen. Ausführliche Untersuchungen über die Oxydation von ferritischen und austenitischen Stählen bei höheren Temperaturen wurden von YEARIAN und Mitarbeitern[1] durchgeführt. Ein intensives Studium wurde der Aufklärung der Zusammensetzung der Zunderschicht gewidmet. Aus der Vielzahl der Versuchsergebnisse wollen wir hier die Analysenergebnisse der Zunderschicht einiger ferritischer Stähle von 13 bis 25,5 Gew.-% Chrom in der folgenden Tabelle zusammenstellen. In allen Fällen wurde an Hand von Elektronenbeugungsaufnahmen eine Zunderschicht gefunden, die aus einer festen Lösung von 0 bis 50 Gew.-% Cr_2O_3 und α-Fe_2O_3 bestand. Der Nachweis einer Spinellphase war insofern erschwert, als der Gitterparameter der Spinellphase schwer zu ermitteln war. Wie aus Tab. 36 zu entnehmen ist, war der Chromgehalt in der Zunderschicht (außer für Legierung A) erheblich größer als in der Metallphase. Diese Erscheinung ist ein weiterer Beweis für das bevorzugte Herausoxydieren von Chrom aus der Legierung im Sinne der Theorie nach WAGNER (s. S. 268). Ferner ist bemerkenswert, daß Mangan ebenfalls bevorzugt aus der Legierung herausoxydiert. Röntgenuntersuchungen und chemische Analysen ergaben übereinstimmende Werte. Trotz des von LONGO[2] und KORTRIGHT[3] festgestellten Auftretens von $MnCr_2O_4$ lagen die in den Zunderschichten der Legierungen D und E ermittelten Mengen Mangan nicht als Spinell sondern überwiegend als MnO vor.

Bemerkenswert ist das Auftreten von Cr_2N in dem anfänglich entstehenden dünnen Oxydfilm. Eine derartige Beobachtung wurde auch von DULIS und SMITH[4] bei Dehnungs-Bruch-Versuchen an austeni-

---

[1] YEARIAN, H. J.: Investigations of the Oxidation of Chromium and Nickel-Chromium Steels. Summary Techn. Rep. 1954, Contr. N 7onr-39419. — J. F. RADAVICH u. H. J. YEARIAN: High Temperature Oxidation of Some Ferritic Stainless Steels, unveröfftl. Bericht.

[2] LONGO, T. A.: M. S. Thesis in Physics. Purdue Univ. 1953.

[3] KORTRIGHT, J. W.: M. S. Thesis in Physics. Purdue Univ. 1953.

[4] DULIS, E. J., u. G. V. SMITH: J. Metals 4, 1083 (1952).

Tabelle 36. *Chemische Zusammensetzung der Zunderschichten, die sich nach 20-stündiger Oxydation auf ferritischen Stählen bei 980° C in Luft bilden, nach* RADAVICH *und* YEARIAN

Typ	Legierungszusammensetzung in Gew.-%					Zusammensetzung der Zunderschicht in Gew.-%						
	C	Mn	Si	N	Cr	Si	SiO_2	Cr	Cr_2O_3	Fe	Fe_2O_3	MnO
A	0,077	0,40	0,23	—	13,72	—	—	(12,4)	18,1	50,8	72,6	—
						—	—	15,2	22,2	44,0	63,0	—
						4,3	9,2	15,2	22,2	46,2	66,0	0,41
B	0,14	0,68	0,74	0,115	26,31	—	—	51,5	75,2	16,1	23,0	—
						5,1	10,9	50,9	74,5	17,9	25,6	3.84
C	0,05	0,38	0,54	—	27,88	—	—	(44,7)	65,3	5,1	7,3	—
						—	—	49,3	72,0	4,8	6,9	—
						7,3	15,6	50,6	74,0	5,2	7,5	2,40
D	0,022	0,12	0,16	0,016	26,01	—	—	57,8	84,5	6,3	9,0	—
						2,2	4,6	58,3	85,6	6,5	9,2	0,79
E	0,009	0,01	0,12	0,018	25,47	—	—	65,1	95,0	4,8	6,9	—
						7,3	15,6	65,0	95,0	6,1	8,7	0,73

tischen Stählen mitgeteilt. Jedoch trat diese Nitridbildung nur an der Legierung B mit dem höchsten Stickstoffgehalt auf. An Legierungen mit höherem Si-Gehalt war auch eine SiO_2-Bildung an der inneren Phasengrenze zu bemerken. Diese Versuchsergebnisse sind außerordentlich aufschlußreich und zeigen besonders eindrucksvoll, wie schwierig z. Z. Vorhersagen über die Oxydationsbeständigkeit und deren Beeinflussung an mehrkomponentig aufgebauten Eisenlegierungen sind.

Schon aus den wenigen — aber wichtigen — aus einer Vielzahl von Erscheinungen herausgegriffenen Beispielen über den Zundermechanismus von Stählen erkennt man, daß die hierbei auftretenden Fragen recht verwickelt und häufig wegen Fehlens weiterer experimenteller Ergebnisse nicht genügend erschöpfend zu beantworten sind. Unter den derzeitigen Verhältnissen erscheint es wünschenswert, Legierungszusätze zu verwenden, die entweder mit den Fe-Ionen eine neue Spinelldeckschicht oder bei überwiegend alleiniger Oxydation eine kompakte Fremdoxyd-Deckschicht bilden, durch die eine Metall- bzw. Sauerstoffionen-Diffusion stark abgebremst wird, wie z. B. durch kompaktes Al_2O_3 oder CeO_2, das sich unmittelbar an der Phasengrenze Stahl/Zunderschicht ausbildet. Als weitere Möglichkeit sind solche Legierungszusätze zum Stahl zu wählen, die ohne nennenswerte Beteiligung des Eisens fest haftende Fremd-Spinellschichten ergeben, wie z. B. durch Zulegieren von Aluminium gemeinsam mit Beryllium oder Kobalt bzw. Calcium. Inwieweit seltene Erdmetalle oder noch weitere Erdalkalimetalle in Frage kommen, läßt sich heute noch nicht übersehen. Auf jeden Fall dürften damit prinzipiell die Möglichkeiten zur Verbesserung der Zunderbeständigkeit der Stähle erschöpft sein, sofern man nicht zu Eisenlegierungen mit hohen Tantal-, Niob- und Chromzusätzen übergeht, die — wie es auch im einzelnen sich ergeben möge — aus merkantilen Gründen von vornherein uninteressant sind. Auch vom wissenschaftlichen Standpunkt aus sind Oxydationsexperimente an solchen Legierungen nach dem heutigen Stande unseres Wissens wenig reizvoll, da die Elementarvorgänge sich noch nicht erfassen lassen.

Diese Schlußfolgerungen werden durch eine kritische Betrachtung von WETTERNIK[1] über hitzebeständige Stähle und Legierungen gestützt. Ohne Zweifel ist der Weiterentwicklung der hitzebeständigen Stähle und Legierungen im Sinne einer Heraufsetzung der Zunderbeständigkeit zu höheren Temperaturen sowohl durch die Schmelzpunkte der Legierungen als auch durch die die Zunderschicht aufbauenden oxydischen Verbindungen eine Grenze gesetzt. In gleicher Weise bildet der Abfall der Warmfestigkeit und der Dauerstandsfestigkeit eine Begrenzung der Temperatur, bei der eine Legierung noch arbeitsfähig ist. Bei der Entwicklung technisch verwertbarer hochzunderbeständiger Legierungen wird man also stets die mechanischen Eigenschaften bei den Arbeitstemperaturen als wesentlichen Faktor mit zu berücksichtigen haben.[2]

In diesem Kapitel wurde nicht die Verzunderung von Gußeisen behandelt, da z. Z. über die Mitwirkung des Kohlenstoffs, der ja hier in relativ hoher Konzentration vorliegt, keine auswertbaren Ergebnisse vorliegen. Wie SCHEIL[3] schon vor längerer Zeit nachweisen konnte, kann sich Gußeisen beim Aufheizen in Luft bis zu etwa 13% ausdehnen. Nach BENEDICKS und LÖFQUIST[4] wird durch mehrmaliges Aufheizen und Abkühlen eine nicht mehr rückgängige Volumenvermehrung bewirkt. Im Sinne der Ausführungen von THYSSEN[5] kann man versuchsweise eine bevorzugte Oxydation des Graphits im Gußeisen und des dem Graphit benachbarten Eisens annehmen. Jedoch kann man diese starke Volumenänderung nicht auf einen Oxydationsvorgang allein zurückführen. Vielmehr scheint der gleichzeitig einsetzende

---

[1] WETTERNIK, L.: Radex Rundsch. **1954**, 87.

[2] Ein mehr auf technischer Basis beruhender Informationsbericht über technisch verwertbare Stähle und Superlegierungen für hohe Temperaturen wurde von CLAUSER veröffentlicht (H. R. CLAUSER: Materials & Methods **1954**, 118). Siehe a. C. L. CLARK: High Temperature Alloys, Pitman Publ. Corp., 1953.

[3] SCHEIL, E.: Arch. Eisenhüttenwes. **6**, 66 (1932/33).

[4] BENEDICKS, C., u. H. LÖFQUIST: J. Iron Steel Inst. **115**, 603 (1927).

[5] THYSSEN, M. H.: J. Iron Steel Inst. **130**, 153 (1934).

Zementitzerfall hierbei eine maßgebliche Rolle zu spielen. 4 bis 10 Gew.-% Silicium bewirken eine weitgehende Herabsetzung dieser Erscheinung. Ferner bewirken Chrom- und Nickelzusätze ebenfalls wie beim normalen Stahl eine weitere Verbesserung der Oxydationsbeständigkeit und der mechanisch-technologischen Eigenschaften, die z. B. für schnelles Aufheizen und Abkühlen erforderlich sind.

4.7 Die Beeinflussung der Zundergeschwindigkeit durch Metalldiffusion in der Legierungsphase

In der bisherigen Behandlung des Oxydationsmechanismus haben wir allein die Diffusions- und Transportvorgänge in der Zunderschicht betrachtet mit der Annahme, daß die Metalldiffusion in der Legierungsphase genügend rasch verläuft. Wie wir jedoch an einzelnen Legierungssystemen (Ni-Mo, Fe-Mo, Ni-Cr usw.) bemerkt haben und wie wir im folgenden zeigen werden, ist diese Voraussetzung häufig nicht erfüllt. Schon in den vorangehenden Abschnitten haben wir konstatiert, daß erheblich andere Verhältnisse immer dann anzutreffen sind, wenn das Legierungsmetall eine erheblich größere Bildungsarbeit während der Oxydation aufweist als das Basismetall. Die Folge hiervon ist dann die bevorzugte Oxydation des unedleren Legierungspartners und damit eine starke Anreicherung dieses Oxyds im Zunder. Folgende Faktoren sind bei der Oxydation einer binären Legierung entscheidend für die Frage, ob nur bevorzugt ein Oxyd oder eine oxydische Mischphase mit annähernd dem gleichen Metallverhältnis wie in der Legierungsphase im Zunder auftritt oder ob zwei Oxyde im heterogenen Gemenge nebeneinander bzw. hintereinander gebildet werden:

1. Die freien Bildungsenergien der in Betracht kommenden Oxyde, 2. die gegenseitige Löslichkeit beider Oxyde, 3. die prozentuale Zusammensetzung der Legierung, 4. das Verhältnis der Oxydationsgeschwindigkeitskonstanten der reinen Metalle, 5. das Verhältnis der Diffusionskonstanten innerhalb der Legierung zu der Oxydationskonstanten eines der reinen Metalle.

Ein an und für sich wichtiger Faktor — die Löslichkeit und Diffusionsgeschwindigkeit von Sauerstoff, bzw. allgemein des angreifenden Gases, in der Legierung —, der zum Phänomen der „inneren Oxydation" führt, soll hier zunächst nicht betrachtet werden. Im anschließenden Kapitel wollen wir diese Erscheinung gesondert behandeln.

Um den in Punkt 1 bis 5 genannten Erscheinungskomplex etwas zu vereinfachen, betrachten wir zunächst den Oxydationsmechanismus einer Ni-Pt- und einer Ni-Au-Legierung bei höheren Temperaturen, da man hier mit der Ausbildung nur einer aus NiO bestehenden Zunderschicht zu rechnen hat. Damit entfallen die Punkte 2 und 4. Während

für Ni-reiche Edelmetallegierungen die Diffusionsgeschwindigkeit der
Ni-Ionen durch die NiO-Schicht der geschwindigkeitsbestimmende
Teilschritt ist, ist dies bei kleinen Ni-Gehalten nicht mehr der Fall.
Hier wird, wie noch im folgenden gezeigt werden soll, die Diffusion
der Ni-Atome in der Legierungsphase aus dem Innern zur Phasengrenze
Legierung/Oxyd geschwindigkeitsbestimmend. Die hier zu behandelnden
Probleme beruhen also auf der Konkurrenz der Diffusionsvorgänge
in der Legierungs- und in der Oxydphase. Für die folgende Betrachtung, die thermodynamisches Gleichgewicht an den Phasengrenzen
und nur Diffusionsprozesse als geschwindigkeitsbestimmende Teilvorgänge voraussetzt, wird die WAGNERsche Arbeit ,,Theoretical
Analysis of the Diffusion Processes Determining the Oxidation Rate
of Alloys" zugrunde gelegt[1].

4.7.1 Ausbildung einer glatten Phasengrenze Legierung/Zunder

Während WAGNER und GRÜNEWALD[2] im Falle der Oxydation von
Ni-Au-Legierungen bei 900° C fanden, daß der Zunder aus einem
porösen Konglomerat aus NiO und Gold bestand, ohne Vorhandensein
einer ,,glatten" Phasengrenze Legierung/Zunder, konnten KUBA-
SCHEWSKI und VON GOLDBECK[3] an Hand von Oxydationsversuchen
zwischen 800 und 1100° C mit Ni-Pt-Legierungen nachweisen, daß
sich hier eine kompakte, fest haftende, NiO-Schicht bildet. Auf Grund
dieser Situation wird auch im ersten Fall kein parabolisches Zeitgesetz
beobachtet, während im zweiten Fall hin-
gegen dieses gut erfüllt ist. Ferner wird
im Gegensatz zum Ni-Pt-System mit steigendem Goldzusatz eine Erhöhung der
Oxydationsgeschwindigkeit gefunden.

Wie auf S. 152 entwickelt wurde, ist die
Oxydationsgeschwindigkeit von reinem
Nickel gegeben zu:

$$k = \text{const}\,\{(p_{O_2}^{(a)})^{1/6} - (p_{O_2}^{(i)})^{1/6}\},$$

wo $p_{O_2}^{(a)}$ der in der Gasatmosphäre vorgegebene Sauerstoffdruck und $p_{O_2}^{(i)}$ der Gleichgewichtsdruck an der Phasengrenze Nickel/

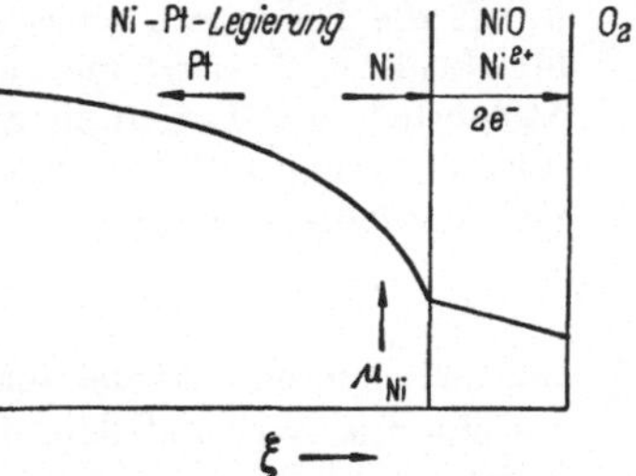

Abb. 151. Schematische Darstellung
der Diffusionsprozesse und des örtlichen Verlaufs des chemischen
Potentials von Nickel in der Legierung und Oxydphase während der
Oxydation einer Ni-Pt-Legierung

NiO ist, der im Falle des ,,reinen" Systems Ni/NiO gleich ist dem Dissoziationsdruck π_{O_2} von NiO mit koexistierendem Nickel. Wie aus Abb. 151
zu ersehen ist, wo die Konzentrationsverläufe in einer anoxydierten

[1] WAGNER, C.: J. electrochem. Soc. **99**, 369 (1952).
[2] WAGNER, C., u. K. GRÜNEWALD: Z. physik. Chem. Abt. B. **40**, 455 (1938).
[3] KUBASCHEWSKI, O., u. O. VON GOLDBECK: J. Inst. Metals **76**, 255 (1949).

Ni-Pt-Legierung schematisch dargestellt sind, werden an einer Ni-Edelmetallegierung die Verhältnisse insofern komplizierter, als sich hier während der Oxydation an der Phasengrenze Ni-Legierung/NiO in der Legierung eine Ni-Konzentration einstellt, die erheblich kleiner ist als im Innern der Legierung, sofern die Legierung vom „diffusionsrechnerischen" Standpunkt als „unendlich" dick angesehen werden kann[1]. Entsprechend dem während der Oxydation fortschreitenden Verbrauch von Nickel wird ein Konzentrationsgefälle von Ni und Pt (bzw. einem anderen Edelmetall) erzeugt, das zu einer Abdiffusion des Edelmetalls ins Innere der Legierung und zu einer Andiffusion von Nickel zur Oxydationsfront führt.

Allgemein schreiben wir für die Oxydationskonstanten bzw. Kationenströme S^0 und S durch die sich auf reinem Nickel und einer Nickel-Edelmetalllegierung bildenden NiO-Schicht (für eine Ni-Legierung ist der Exponent n am Sauerstoffdruck ebenfalls annähernd 6):

$$S^0 = \text{const}\,\{(p_{O_2}^{(a)})^{1/n} - \pi_{O_2}^{1/n}\}/\varDelta\xi_{\text{Oxyd}} \qquad (4.93)$$

und

$$S = \text{const}\,\{(p_{O_2}^{(a)})^{1/n} - (p_{O_2}^{(i)})^{1/n}\}/\varDelta\xi_{\text{Oxyd}}. \qquad (4.94)$$

Im Falle der Oxydation einer Ni-Legierung betrachten wir die folgende Gleichgewichtsbedingung:

$$2\,\text{Ni}_{(\text{Legierung})} + O_2^{(g)} \longrightarrow 2\,\text{NiO} \qquad (4.95)$$

mit dem Massenwirkungsansatz

$$a_{\text{Ni}}^{4/z} \cdot p_{O_2} = \pi_{O_2} \equiv K. \qquad (4.96)$$

K hat die Dimension eines Druckes, und z ist die Wertigkeit des Metallions, für Ni gleich 2. Setzt man an Stelle der thermodynamischen Aktivität a den Atombruch der Legierung x_{Ni}, so ergeben sich die Gleichgewichte zwischen einer Legierung mit dem Atombruch an Nickel $x_{\text{Ni}}^{(i)}$, dem zugehörigen Sauerstoffgleichgewichtsdruck $p_{O_2}^{(i)}$

$$(x_{\text{Ni}}^{(i)})^{4/z} \cdot p_{O_2}^{(i)} = \pi_{O_2} \qquad (4.97)$$

und zwischen dem Nickelatombruch $x_{\text{Ni}}^{(i)}$ in einer Legierung, die sich im Gleichgewicht mit NiO und dem Sauerstoffpartialdruck des umgebenden Gases befindet,

$$(x_{\text{Ni}}^{(a)})^{4/z} \cdot p_{O_2}^{(a)} = \pi_{O_2}. \qquad (4.98)$$

Hieraus folgt für den „Gleichgewichts-Atombruch" von Nickel $x_{\text{Ni}}^{(a)}$ für einen vorgegebenen Sauerstoffpartialdruck:

$$x_{\text{Ni}}^{(a)} = \left(\frac{\pi_{O_2}}{p_{O_2}^{(a)}}\right)^{z/4}. \qquad (4.99)$$

Bezeichnet α das Verhältnis der Zunderkonstanten von einer Legierung und von reinem Nickel, so folgt für eine gegebene Dicke der Oxydschicht durch Division

---

[1] Siehe u. a. K. HAUFFE: Reaktionen in und an festen Stoffen. Berlin/Göttingen/Heidelberg: Springer 1955, S. 269 ff.

von Gl. (4.94) durch Gl. (4.93) und Eliminieren von $p_{O_2}^{(i)}$ und $p_{O_2}^{(a)}$ unter Verwendung der Beziehungen (4.97) und (4.98):

$$\alpha = \frac{S}{S^0} = \frac{1 - (x_{Ni}^{(a)}/x_{Ni}^{(i)})^{4/zn}}{1 - (x_{Ni}^{(a)})^{4/zn}}. \tag{4.100}$$

Bezüglich der Diffusion in der Legierungsphase wird in erster Näherung der Diffusionskoeffizient D als unabhängig von der Zusammensetzung der Legierung angenommen, so daß wir das 2. FICKsche Gesetz

$$\frac{\partial x_{Ni}}{\partial t} = D\frac{\partial^2 x_{Ni}}{\partial \xi^2}$$

anwenden können, wobei x_{Ni} der örtliche Atombruch von Nickel in der Entfernung ξ von der Oberfläche der Legierung ist. Die Anfangsbedingung lautet:

$$x_{Ni} = x_{Ni\,(Legierung)} \quad \text{für } t = 0 \text{ und } \xi > 0, \tag{4.101}$$

wo $x_{Ni\,(Legierung)}$ den Atombruch von Nickel weit im Innern der Legierung bedeutet. Bezeichnet c die Konzentration des Metalls in Grammatomen für das Einheitsvolumen der Legierung, so sind $c\,(1 - x_{Ni}^{(i)})\,d\,\Delta\xi_{Metall}$ die Grammatome Platin in der Legierung pro Volumenelement, die je Querschnittseinheit und Dicke $d\,\Delta\xi_{Metall}$ in das Innere der Legierung abdiffundieren, was durch das 1. FICKsche Gesetz, wie folgt, formuliert werden kann:

$$c\,(1 - x_{Ni}^{(i)})\frac{d\,\Delta\xi_{Metall}}{dt} = -D\left\{\frac{\partial\,[c\,(1 - x_{Ni})]}{\partial\xi}\right\}_{\xi\,=\,\Delta\xi_{Metall}}$$

$$\approx Dc\left(\frac{\partial x_{Ni}}{\partial\xi}\right)_{\xi\,=\,\Delta\xi_{Metall}}. \tag{4.102}$$

Aus dem TAMMANNschen Anlaufgesetz und Beziehung (4.100) folgt für die Dickenabnahme der Legierung:

$$\left|-\frac{d\,\Delta\xi_{Metall}}{dt}\right| = \alpha\frac{k^0}{\Delta\xi_{Metall}}. \tag{4.103}$$

Da häufig k- und x_{Ni} bei gegebenem Sauerstoffpartialdruck und D aus Diffusionsmessungen hinreichend genau ermittelt werden können und der Dissoziationsdruck π_{O_2} von NiO bekannt ist, kann eine Berechnung der anderen Größen, insbesondere von $x_{Ni}^{(i)}$ und α, nach Gl. (4.97) und (4.100) durchgeführt werden. Unter Verwendung der dimensionslosen Kenngröße $\gamma = D/k_0$ erhält WAGNER schließlich die folgende Beziehung:

$$\frac{x_{Ni\,(Legierung)} - x_{Ni}^{(i)}}{1 - x_{Ni}^{(i)}} = F\left\{\left(\frac{1}{2}\frac{\alpha}{\gamma}\right)^{1/2}\right\}, \tag{4.104}$$

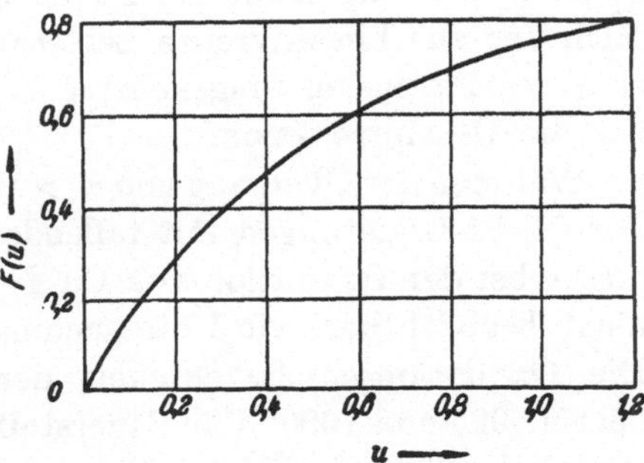

Abb. 152. Graphische Darstellung der Funktion $F(u) = \pi^{1/2}\,u\,(1 - \Phi u)\exp u^2$ in Abhängigkeit von $u = (\frac{1}{2}\alpha/\gamma)^{\frac{1}{2}}$ nach WAGNER

wobei die Werte der Hilfsfunktion $F(u)$ mit $u = (\frac{1}{2}\alpha/\gamma)^{1/2}$ aus Abb. 152 abgelesen werden können.

Durch Anwendung der Beziehungen (4.100) und (4.104) konnte WAGNER die Größe α in Abhängigkeit vom Ni-Atombruch des Systems Ni-Pt berechnen, wobei der Dissoziationsdruck π_{O_2} von FRICKE und WEITBRECHT[1] und die Diffusionskoeffizienten aus Messungen von KUBASCHEWSKI und EBERT[2] verwandt wurden. Das Ergebnis der Rechnungen ist in Abb. 153 dargestellt. Während die von KUBASCHEWSKI und VON GOLDBECK erhaltenen Meßpunkte bei den 850° C-Versuchen mit befriedigender Genauigkeit auf der von WAGNER berechneten theoretischen Kurve liegen, streuen die Meßpunkte bei 1100° C erheblich.

Bei niedrigen Temperaturen ist $x_{\mathrm{Ni}}^{(a)} \ll 1$, so daß in Gl. (4.100) die Ausdrücke $(x_{\mathrm{Ni}}^{(a)}/x_{\mathrm{Ni}}^{(i)})^{4/zn}$ und $(x_{\mathrm{Ni}}^{(a)})^{4/zn}$ zu vernachlässigen sind, außer, wenn $x_{\mathrm{Ni}}^{(i)}$ ebenfalls sehr klein, etwa $= 0,01$, wird. S wird also S^0, $\alpha = 1$ und damit die Diffusion im Oxyd bzw. die Oxydationsgeschwindigkeit praktisch allein geschwindigkeitsbestimmend für die Verzunderung der Legierung. Die Zusammensetzung ist also unter diesen Bedingungen ohne Einfluß auf die Oxydationsgeschwindigkeit, solange $x_{\mathrm{Ni}}^{(i)} > 0,01$ ist. Für $x_{\mathrm{Ni}}^{(i)} < 0,01$ wird entsprechend Gl. (4.104)

$$x_{\mathrm{Ni}} = F\left\{\left(\frac{1}{2}\,\frac{\alpha}{\gamma}\right)^{1/2}\right\},$$

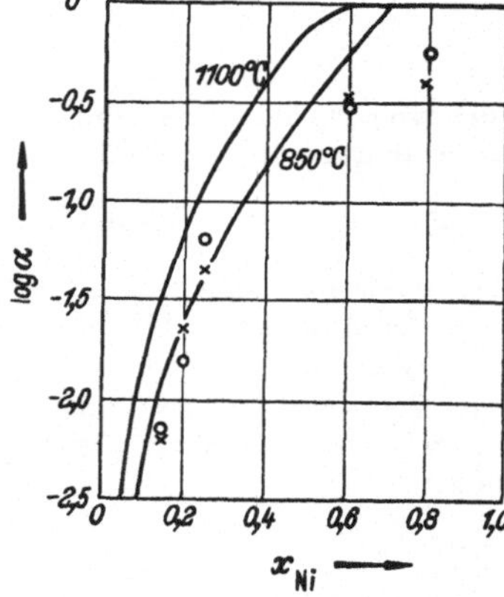

Abb. 153. Verhältnis der Oxydationsgeschwindigkeiten α von Ni-Pt-Legierungen zu reinem Ni in Abhängigkeit vom Ni-Gehalt x_{Ni} der Legierung
$\times$ und $\circ$: Meßpunkte bei 850 und 1100° C nach KUBASCHEWSKI und VON GOLDBECK. Die ausgezogenen Kurven von WAGNER aus den Gl. (4.100) und (4.104) berechnet

sowie $\alpha < 1$ und damit die Diffusion von Nickel in der Legierung in Richtung zur Phasengrenze Legierung/Oxyd gekoppelt mit der Diffusion des Platins in umgekehrter Richtung praktisch zeitbestimmend für die Gesamtreaktion.

Während der Übergang von $\alpha > 1$ nach $\alpha \leqq 1$ im Falle der Oxydation von Ni-Pt-Legierungen mit fallendem Nickelgehalt erreicht wird, ist dieser bei der Oxydation von Cu-Pt-, Cu-Au- und Cu-Pd-Legierungen nicht beobachtbar, wie Untersuchungen von THOMAS[3] ergeben haben. Die Oxydationsgeschwindigkeit der genannten Legierungen wurde bei 850, 925 und 1000° C in Sauerstoff von 1 Atm. bestimmt. Verwendet man bei 1000° C niedrige Sauerstoffdrucke bis zu 100 mm Hg, so

[1] FRICKE, R., u. G. WEITBRECHT: Z. Elektrochem. angew. physik. Chem. 48, 87 (1942).

[2] KUBASCHEWSKI, O., u. H. EBERT: Z. Elektrochem. angew. physik. Chem. 50, 138 (1944).

[3] THOMAS, D. E.: J. Metals 3, 926 (1951).

besteht die Oxydschicht aus Cu_2O, die bei höheren Sauerstoffdrucken
jedoch mit einer CuO-Schicht bedeckt ist (s. S. 228ff.). Da der Zersetzungsdruck von Cu_2O erheblich größer ist als der von NiO, muß
auch $x_{Cu}^{(a)}$ in Gl. (4.99), wo $x_{Ni}^{(a)}$ sinngemäß durch $x_{Cu}^{(a)}$ zu ersetzen ist,
ebenfalls größer sein (unter den angegebenen Bedingungen etwa 0,045).
Demzufolge zeigen die nach Gl. (4.100) und (4.104) berechneten Kurven
(α gegen x_{Cu} aufgetragen) keinen Knickpunkt wie die der Oxydationskurven der Nickellegierungen, sondern die Oxydationsgeschwindigkeit
nimmt kontinuierlich mit fallendem Kupfergehalt ab. In Abb. 154
sind zwei Meßreihen auf-
getragen. Die von THOMAS
gleichzeitig beobachtete ,,innere
Oxydation'', mit welcher wir
uns anschließend beschäftigen
wollen, kompliziert wohl den
Mechanismus und die sie be-
schreibenden Gleichungen, bringt
aber keine weiteren prinzipiellen
Schwierigkeiten. Das Zusammenwirken zwischen äußerer und
innerer Oxydation wurde besonders an den Cu-Pd-Legierungen
studiert. Während in dem untersuchten Temperaturbereich das
Fortschreiten der inneren Oxydationszone in Cu-Pd-Legierungen mit Pd-Gehalten $<$ 5 Atom-%
stets kleiner war als die äußere
Oxydationsgeschwindigkeit,
wird die Geschwindigkeit der
inneren Oxydation im Vergleich
zu der der äußeren Oxydation
mit steigendem Pd-Gehalt immer größer. Die quantitativen Werte

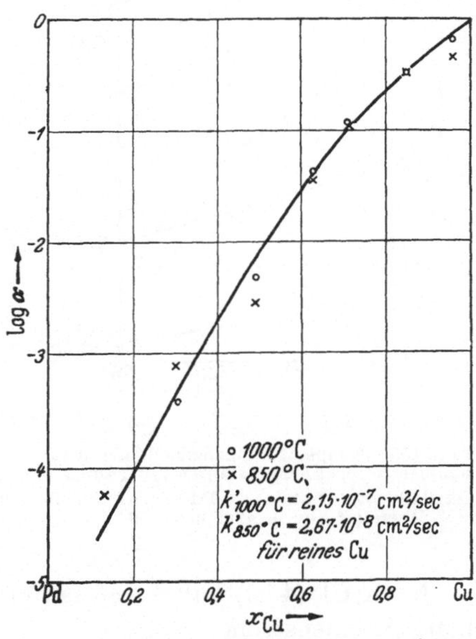

Abb. 154. Verhältnis der Oxydationsgeschwindigkeit α von Cu-Pd-Legierungen und von reinem
Kupfer in Abhängigkeit vom Cu-Gehalt x_{Cu} der
Legierung in Sauerstoff von 1 Atm bei 850 und
1000° C nach THOMAS

der äußeren und inneren Oxydationsgeschwindigkeit kann man aus
den Abb. 155 und 156 entnehmen, wo die Temperaturabhängigkeit
der äußeren und inneren Oxydationsgeschwindigkeit verschiedener
Pd-Cu-Legierungen zwischen 850 und 1000° C aufgetragen ist.
Wie man aus den beiden Abbildungen erkennt, ist beispielsweise
im Falle einer Pd-Cu-Legierung mit 50 Atom-% Pd die Geschwindigkeit der inneren Oxydation bei 1000° C und 1 Atm. Sauerstoff
um etwa zwei Zehnerpotenzen größer als die der äußeren Oxydation.

Bisher haben wir solche Edelmetallegierungen betrachtet, deren
unedler Legierungsbestandteil, wie z. B. Cu, Ni, während der Oxyda-

tion ein p-leitendes Oxyd mit Kationenleerstellen bildet. Die Behandlung der Oxydation solcher Legierungen, die ein Metall, wie z. B. Zink, Cadmium oder Titan, enthalten, dessen Oxyd ein n-Leiter ist, mit Metallionen auf Zwischengitterplätzen oder mit Sauerstoffionenleerstellen, gibt in Analogie zu oben folgendes Bild:

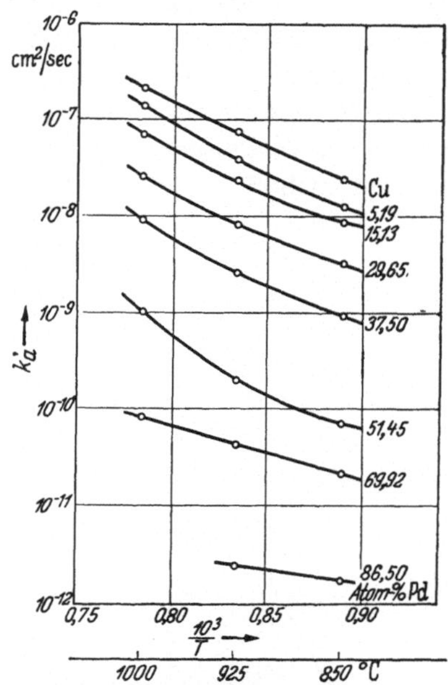

Abb. 155. Temperaturabhängigkeit der parabolischen Wachstumskonstanten k_a der äußeren Oxydschicht für einige Cu-Pd-Legierungen in Sauerstoff von 1 Atm nach Thomas

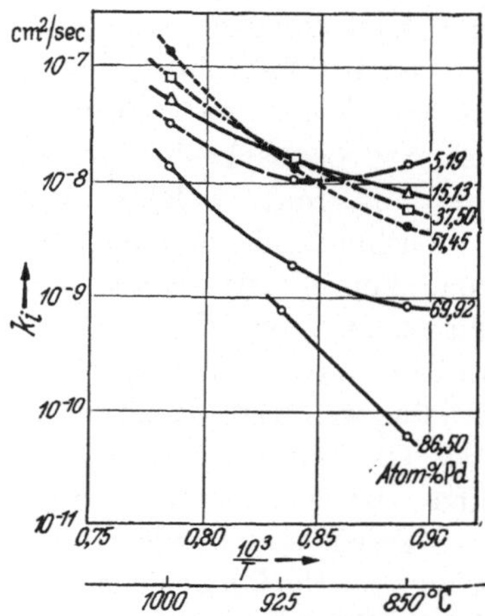

Abb. 156. Temperaturabhängigkeit der parabolischen Wachstumskonstanten k_i der inneren Oxydationszone von einigen Cu-Pd-Legierungen bei Vorhandensein einer äußeren Oxydschicht nach Thomas

Nach Gl. (4.66) auf S. 180 lautet der Ausdruck für den Kationen- bzw. Anionenstrom:

$$S = \text{const}\,\{(p_{O_2}^{(i)})^{-1/n} - (p_{O_2}^{(a)})^{-1/n}\}/\Delta\,\xi_{\text{Oxyd}}. \qquad (4.105)$$

Wie im Falle der Zinkoxydation gezeigt wurde, kann $(p_{O_2}^{(a)})^{-1/n}$ in erster Näherung vernachlässigt werden. Unter Beachtung der zu Gl. (4.95) bis (4.99) äquivalenten Ausdrücke für eine Zink-Edelmetall-Legierung erhält man dann für α:

$$\alpha = \frac{S}{S^0} \equiv \frac{k}{k^0} = \left(\frac{p_{O_2}^{(i)}}{\pi_{O_2}}\right)^{-1/n}, \qquad (4.106)$$

woraus sich aus Gl. (4.97) mit $x_{\text{Ni}}^{(i)} \equiv x_{\text{Zn}}^{(i)}$ ergibt:

$$\alpha = (x_{\text{Zn}}^{(i)})^{4/zn}. \qquad (4.107)$$

Durch Kombination von einem zu Gl. (4.104) identischen Ausdruck mit Gl. (4.107) läßt sich dann das Verhältnis der Zunderkonstanten als Funktion der Legierungszusammensetzung, d. h. α als

Funktion von x_{Zn}, darstellen, wenn man für $4/z\, n = 1/3$ setzt, was dem System Zn/ZnO entspricht (s. Abb. 157). Auch hier findet man nicht den für Ni-Pt-Legierungen charakteristischen Knick in den Kurven.

Die hier behandelten Erscheinungen werden nicht nur an solchen Legierungen beobachtet, deren eine Komponente ein Edelmetall ist, sondern auch unter gewissen Bedingungen an solchen Legierungen, wo beide Legierungspartner oxydierbar sind. Über derartige Legierungen, wie z. B. Cu/Ni, Cu/Zn, Cu/Sn, Cu/Be, Ni/Cr, Ni/Mo und Fe/Mo, liegt ein umfangreiches Versuchsmaterial über das Oxydationsverhalten vor, über das teilweise schon in früheren Kapiteln berichtet wurde. Es seien hier nur einige Autoren genannt, deren Meßergebnisse zu einer unmittelbaren Prüfung der oben abgeleiteten theoretischen Zusammenhänge verwandt werden können. Dies sind insbesondere die Arbeiten von DUNN[1], SCHEIL und SCHULZ[2], SCHEIL und KIWIT[3], SCHEIL[4],

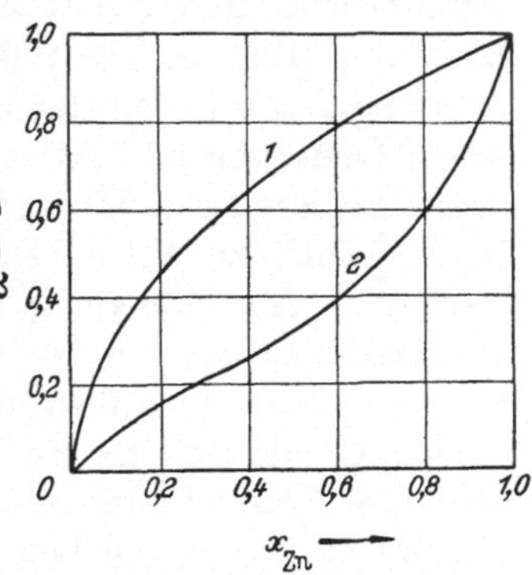

Abb. 157. Theoretisch berechnete Kurven der Oxydationsgeschwindigkeit von Edelmetall-Legierungen, deren unedle Legierungskomponente ein Oxyd mit Metallüberschuß bildet, nach WAGNER. Aufgetragen ist das Verhältnis der Oxydationsgeschwindigkeiten α nach Gl. (4.106) gegen den Atombruch x_{Zn}

Kurve 1: $\gamma = 10$; Kurve 2: $\gamma = 0{,}1$

RHINES und NELSON[5], BRENNER[6], MOREAU und BÉNARD[7], GULBRANSEN und HICKMAN, BOETTCHER, DE BROUCKÈRE und HUBRECHT[8]. Unter der Annahme, daß die gebildeten Oxyde ineinander praktisch unlöslich sind, dagegen die Metalle in der Legierungsphase eine feste ideale Lösung bilden, lauten die Gleichgewichtsbedingungen:

$$(x_{\mathrm{A}}^{(i)})^{4/z} \cdot p_{\mathrm{O_2}}^{(i)} = \pi_{\mathrm{O_2}} \quad \text{für Oxyd AO} \tag{4.108}$$

$$(x_{\mathrm{B}}^{(i)})^{4/z} \cdot p_{\mathrm{O_2}}^{(i)} = \pi_{\mathrm{O_2}} \quad \text{für Oxyd BO}. \tag{4.109}$$

Verlaufen die Diffusionsvorgänge in der Legierung mit genügender Geschwindigkeit, so daß keine örtliche Anreicherung oder Verarmung

[1] DUNN, J. S.: J. Inst. Metals 46, 25 (1931).

[2] SCHEIL, E., u. E. H. SCHULZ: Arch. Eisenhüttenwes. 6, 155 (1932/33).

[3] SCHEIL, E., u. K. KIWIT: Arch. Eisenhüttenwes. 9, 405 (1935/36).

[4] SCHEIL, E.: Z. Metallkunde 29, 209 (1937).

[5] RHINES, F. N., u. B. J. NELSON: Trans. AIME 156, 171 (1944).

[6] BRENNER, S. S.: J. electrochem. Soc. 102, 7 (1955).

[7] MOREAU, J., u. J. BÉNARD: J. Inst. Metals 83, 87 (1954/55).

[8] HICKMAN, J. W., u. E. A. GULBRANSEN: Trans. AIME 171, 344 (1946); 180, 519, 534 (1949); J. physic. Chem. 52, 1186 (1948) — Anal. Chem. 20, 158 (1948). — J. W. HICKMAN: Trans. AIME 180, 547 (1948). — A. BOETTCHER: Z. angew. Physik 2, 249 (1950). — L. DE BROUCKÈRE u. L. HUBRECHT: Physik. Ber. 32, 63 (1953).

der Komponenten A bzw. B in der Legierung an der Phasengrenze
Legierung/Zunderschicht zu erwarten ist, so ergibt sich im Falle idealer
Lösungen der Gleichgewichtsdruck $p_{O_2}^{(i)}$ als Funktion der Gleichgewichts-
Atombrüche und damit der Ausgangs-Atombrüche aus den Bezie-
hungen (4.108) und (4.109). Wie man aus Abb. 158 erkennt, ist für
A-reiche Legierungen der Sauerstoffdruck für das Gleichgewicht zwi-
schen Legierung und AO niedriger als der für das Gleichgewicht zwi-
schen Legierung und BO, so daß im A-reichen Legierungsbereich BO
im Vergleich zu AO unbeständig ist. Das Umgekehrte gilt nach dem
Verlauf in Abb. 158 für B-reiche Legierungen. Ganz allgemein ist der
Beständigkeitsbereich des Oxyds mit dem höheren Zersetzungsdruck
um so kleiner, je größer der Unterschied der Zersetzungsdrucke der

beiden Oxyde ist. Als ein hierher-
gehöriges Beispiel kann die Oxydationskurve der Cu-Pd-Legierungen
in Abhängigkeit von der Zusammensetzung gelten. Wie man aus
den Versuchsergebnissen von THO-

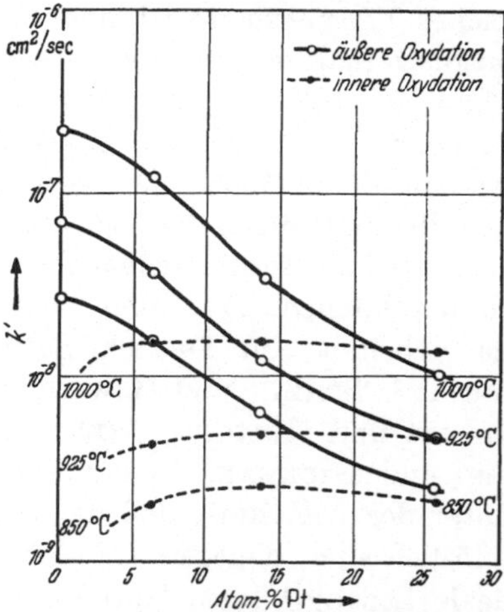

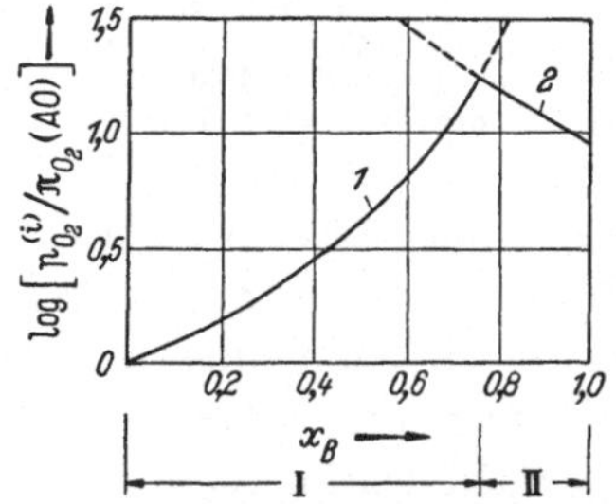

Abb. 158. Sauerstoffgleichgewichtsdrucke über
den zwei Bodenkörpern AB-Legierung + AO-
Oxyd (Kurve *1*) bzw. AB-Legierung + BO-
Oxyd (Kurve *2*) mit $\pi_{O_2(BO)} = 10\,\pi_{O_2(AO)}$ und
$D \gg k_{AO}^0$ bzw. k_{BO}^0 nach WAGNER. Gebiet I
mit ausschließlicher Bildung von AO und Gebiet II mit ausschließlicher Bildung von BO

Abb. 159. Oxydationskurve der Cu-Pt-Legierungen in Abhängigkeit von der Zusammensetzung nach THOMAS. Mit steigendem Pt-
Gehalt nimmt der Anteil der inneren Oxydation zu in dem Maße, wie die Geschwindigkeit der äußeren Oxydation abnimmt

MAS erkennt, kann erst oberhalb 90 Atom-% Pd im Temperaturbereich
von 850 bis 1000° C eine deutliche PdO-Bildung auftreten. Als weiteres
Beispiel ist in Abb. 159 die Oxydationskurve der Cu-Pt-Legierungen
in Abhängigkeit von der Zusammensetzung dargestellt.

Ist jedoch die Diffusionsgeschwindigkeit in der Legierungsphase
nicht genügend groß, sondern gilt $D_A \approx k_{AO}^0$ und $D_B \approx k_{BO}^0$, dann
treten örtliche Konzentrationsunterschiede auf, und der Sauerstoffgleichgewichtsdruck an diesen Phasengrenzflächen wird erheblich
geändert. Diese Verhältnisse werden in Abb. 160 berücksichtigt.

Wir wollen nun diese Überlegungen zur Auswertung des Oxydationsmechanismus von Ni-Cu- und Cu-Zn-Legierungen verwenden und

versuchen den bisher unverständlich gebliebenen Verlauf der Abhängigkeit der Oxydationsgeschwindigkeit von der Legierungszusammensetzung für diese beiden Legierungsreihen aufzuklären. PILLING und BEDWORTH[1] studierten die Oxydationsgeschwindigkeit von

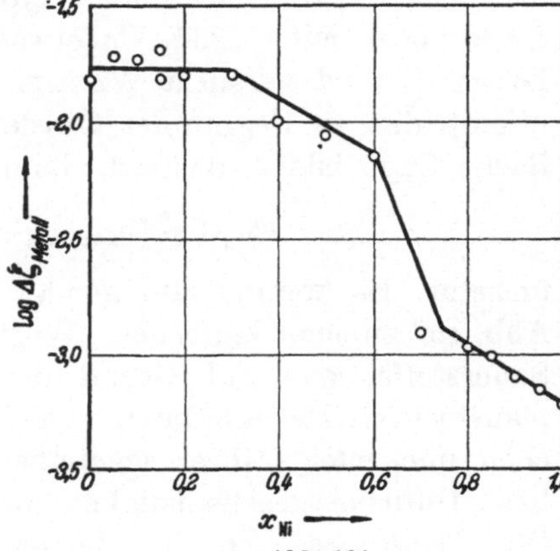

Abb. 160   Abb. 161

Abb. 160. Sauerstoffgleichgewichtsdrucke über den Zwei-Bodenkörpern, AB-Legierung + AO bzw. + BO für $\pi_{O_2(BO)} = 10\,\pi_{O_2(AO)}$ und $D_A \approx k^0_{AO}$ bzw. $D_B \approx k^0_{BO}$ nach WAGNER
Kurve *1*: Sauerstoffgleichgewichtsdruck an der Phasengrenze Legierung und aufwachsendes Oxyd AO; Kurve *2*: Sauerstoffdruck des virtuellen Gleichgewichts zwischen Legierung und Oxyd BO an der Legierung-AO-Phasengrenze; Kurve *3*: Sauerstoffgleichgewichtsdruck an der Phasengrenze zwischen Legierung und dem aufwachsenden Oxyd BO; Kurve *4*: Sauerstoffdruck des virtuellen Gleichgewichts zwischen Legierung und Oxyd AO an der Legierung-BO-Phasengrenze.
Gebiet *I*: ausschließlich Bildung von AO; Gebiet *II*: ausschließlich Bildung von BO und Gebiet *III*: Bildung eines Konglomerats beider Oxyde

Abb. 161. Abnahme des Metallverlusts von Nickel-Kupferlegierungen mit steigendem Nickelgehalt (angegeben in $\Delta\xi_{\text{Metall}}$ gegen x_{Ni}) nach 1stünd. Oxydation in Luft bei 950° C nach PILLING und BEDWORTH

Ni-Cu-Legierungen in Abhängigkeit von der Legierungszusammensetzung. Sie fanden bei 950° C die Gültigkeit des parabolischen Zeitgesetzes nur im Bereich von 0 bis 20 und 80 bis 100% Ni erfüllt. Die Versuchsergebnisse sind in Abb. 161 dargestellt. Für die hier maßgebenden Reaktionen

$$2\,\mathrm{Ni}_{\text{Legierung}} + \mathrm{O}_2^{(g)} \longrightarrow 2\,\mathrm{NiO}, \tag{4.110}$$

$$4\,\mathrm{Cu}_{\text{Legierung}} + \mathrm{O}_2^{(g)} \longrightarrow 2\,\mathrm{Cu}_2\mathrm{O} \tag{4.111}$$

lauten die Gleichgewichtsbedingungen

$$(x_{\text{Ni}}^{(i)})^2 \cdot p_{\mathrm{O}_2} = \pi_{\mathrm{O}_2(\text{NiO})}, \tag{4.112}$$

$$(x_{\text{Cu}}^{(i)})^4 \cdot p_{\mathrm{O}_2} = \pi_{\mathrm{O}_2(\text{Cu}_2\text{O})}, \tag{4.113}$$

wo $\pi_{\mathrm{O}_2(\text{NiO})}$ und $\pi_{\mathrm{O}_2(\text{Cu}_2\text{O})}$ die entsprechenden Sauerstoffgleichgewichtsdrucke von NiO und Cu$_2$O mit koexistierendem Nickel und Kupfer sind. Wie WAGNER auf Grund rechnerischer Abschätzungen zeigen konnte, haben wir bei 950° C oberhalb $x_{\text{Ni}} = 0{,}75$ ausschließlich NiO-Bildung

---

[1] PILLING, N. B., u. R. E. BEDWORTH: J. Inst. Metals **29**, 529 (1923).

und unterhalb dieses Wertes die Ausbildung eines heterogenen Konglomerats von NiO und Cu_2O zu erwarten.

Wie man aus den Versuchsergebnissen von PILLING und BEDWORTH entnehmen kann, ist die Oxydationsgeschwindigkeit der Ni-Cu-Legierungen mit $< 25\%$ Cu etwas höher als die von reinem Nickel. Diesen Befund versucht WAGNER dadurch zu deuten, indem er annimmt, daß zu Beginn der Oxydation sich stellenweise an der Oberfläche Cu_2O bildet, das sich dann mit Nickel gemäß

$$Cu_2O + Ni_{Legierung} \longrightarrow 2Cu_{Legierung} + NiO \qquad (4.114)$$

umsetzt. Es kommt also gemäß der schematischen Darstellung in Abb. 162 zu einer laufenden „Wegnahme" des am Kupfer gebundenen Sauerstoffs, was auf Grund der thermodynamischen Verhältnisse plausibel ist. Die hierdurch vom Sauerstoff befreiten Cu-Ionen erreichen nun infolge ihrer gegenüber Ni-Ionen größeren Beweglichkeit bzw. Diffusionsgeschwindigkeit durch das Cu_2O-Gitter sehr rasch die Oberfläche, wo sich die chemisorbierten Sauerstoffionen befinden,

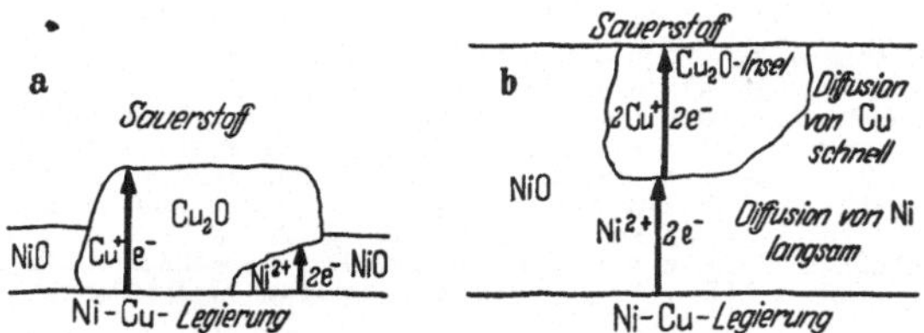

Abb. 162a u. b. Konkurrenz der Diffusionsgeschwindigkeit der Cu^+- und Ni^{2+}-Ionen durch die Cu_2O-Insel im Zunder nach WAGNER

a Hier wächst die „Cu_2O-Insel" noch, da sie unmittelbaren Kontakt mit der Legierung hat.
b Dieser Kontakt geht immer mehr verloren und ist hier nicht mehr vorhanden, so daß die „Cu_2O-Insel" nicht mehr wachsen kann, da jetzt die Ni-Diffusion im NiO den Gesamtvorgang der Oxydation kontrolliert

und bilden „neues" Cu_2O. Trotz der thermodynamischen Instabilität wird die Cu_2O-Phase weiterwachsen infolge ihrer gegenüber NiO viel schnelleren Bildung und damit den Gesamtvorgang der Oxydation beschleunigen. Im späteren Verlauf der Oxydation jedoch, wenn die Cu_2O-Inseln von der Legierungsphase abgeschnitten sind, wie dies in Abb. 162b angedeutet ist, wird das Marschtempo der Oxydation nur noch von der Diffusionsgeschwindigkeit der Ni-Ionen durch die sich immer mehr ausbreitende NiO-Schicht abhängen. Denn bei Fehlen einer unmittelbaren „Cu-Lieferungsquelle", wie dies durch Kontakt zwischen Metall und Cu_2O-Inseln der Fall ist, kann nur dann ein Cu-Ion zur Oberfläche durch die Cu_2O-Insel abdiffundieren, wenn gemäß der Reaktionsfolge

$$\left. \begin{array}{l} NiO + (Cu_2O + 2Cu\,\square')_{Cu_2O\text{-Kristall}} \longrightarrow (NiO + Ni\,\square'')_{NiO} \\ 2\oplus + Ni\,\square'' + Ni \longrightarrow Null \end{array} \right\} \qquad (4.115)$$

ein vom Sauerstoff befreites Cu-Ion in die Cu_2O-Insel abgegeben wird. Bei genügend langen Oxydationszeiten müßte demnach die Oxydationsgeschwindigkeit einer Cu-Ni-Legierung mit < 25 Atom-% Cu gleich werden der von reinem Nickel, selbst wenn die einmal gebildeten Cu_2O-Inseln — unter Annahme einer gegenseitigen Unlöslichkeit der Oxyde, was bei großem NiO-Überschuß kaum mehr aufrechtzuerhalten ist — für „immer" erhalten blieben und zwar unmittelbar an der Oberfläche.

Als weiteres interessantes System wurde von WAGNER der Oxydationsmechanismus von Cu-Zn-Legierungen besprochen. Oxydationsversuche bei 800° C an Cu-Zn-Legierungen mit 0,1 bis 10 Atom-% Zn ergaben ein parabolisches Zeitgesetz mit einer Zunderkonstanten, die annähernd der des reinen Kupfers entspricht. Die Zunderschicht bestand zur Hauptsache aus Cu_2O mit kleinen Einschlüssen von ZnO[1,2]. Wie man aus Abb. 163 erkennt, nimmt die Oxydationsgeschwindigkeit der Legierung zwischen 10 und 20 Atom-%

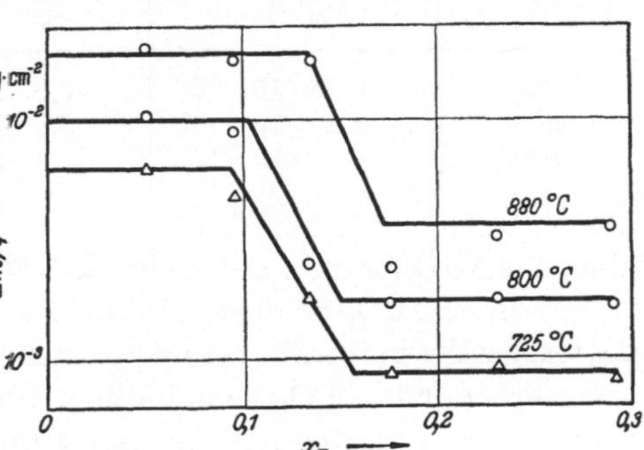

Abb. 163. Die Gewichtszunahme von Cu-Zn-Legierungen (in g · cm⁻²) nach 5stünd. Oxydation in Sauerstoff in Abhängigkeit vom Zinkgehalt nach DUNN

ab und zeigt ferner erhebliche Abweichungen vom parabolischen Zeitgesetz, was man offenbar auf die Austauschreaktion

$$Cu_2O + Zn_{Legierung} \longrightarrow ZnO + 2Cu_{Legierung} \qquad (4.116)$$

zurückführen muß, da ja nunmehr beide Oxyde in praktisch gleichem Mengenverhältnis auftreten. Für Legierungen mit mehr als 20 Atom-% Zn ist die Oxydationsgeschwindigkeit wieder annähernd unabhängig von der Legierungszusammensetzung. Ferner gilt wieder das parabolische Zeitgesetz, und die Zunderschicht besteht überwiegend aus ZnO. Dieser Befund von DUNN stimmt mit den rechnerischen Ansätzen von WAGNER überein. Unter Verwendung der Schlußgleichung

$$x_{Zn(min)} = \frac{2}{16 z_{Zn} c} \left(\frac{k''}{D} \right)^{1/2} \cdot \frac{1 - 0,177\, \beta\, x_{Zn(min)}}{1,128}, \qquad (4.117)$$

wo k'' die parabolische Zunderkonstante, $\beta = d \ln D / d x_{Zn}$ und $x_{Zn(min)}$ die kritische Zinkkonzentration im Messing ist, oberhalb dieser ein

---

[1] DUNN, J. S.: J. Inst. Metals 46, 25 (1931).
[2] RHINES, F. N., u. B. J. NELSON: Trans. AIME 156, 171 (1944).

heterogenes Gefüge von zwei Oxyden, Cu_2O und ZnO, in der Zunderschicht auftritt, wurden die in Tab. 37 für drei Temperaturen zusammengestellten Werte für $x_{Zn(min)}$ berechnet.

Durch diesen Mechanismus können die schon früher von FROEHLICH[1] veröffentlichten Oxydationsversuche an Kupferlegierungen mit edleren und unedleren Legierungspartnern gedeutet werden. Im Falle

Tabelle 37. *Zusammenstellung der berechneten Werte für die kritische Zinkkonzentration im Messing aus Oxydations- und Diffusionsdaten nach* WAGNER

T °C	k'' $g^2 \cdot cm^{-4} \cdot sec^{-1}$	D $cm^2 \cdot sec^{-1}$	β	$x_{Zn(min)}$
725	$0{,}35 \cdot 10^{-10}$	$0{,}8 \cdot 10^{-10}$	7,4	0,14
800	$1{,}4 \ \cdot 10^{-10}$	$3{,}0 \cdot 10^{-10}$	6,5	0,15
880	$6{,}4 \ \cdot 10^{-10}$	$1{,}3 \cdot 10^{-9}$	5,5	0,16

einer Cu-Al-Legierung mit mehr als 3 Atom-% Al ist das alleinige Auftreten einer Al_2O_3-Schicht, die für die starke Verminderung der Oxydationsgeschwindigkeit verantwortlich ist, auf Grund der hohen Bildungsarbeit von Al_2O_3 verständlich. Gleiches gilt für die Cu-Be-Legierungen, die von BROUCKÈRE und HUBRECHT[2] untersucht wurden. In gleicher Weise lassen sich auch die Versuchsergebnisse von HONJO[3] über die selektive Oxydation von Cu-Legierungen mit 7 Gew.-% Mn und 7% Ni sowie an Eisenlegierungen mit 13 Gew.-% Al deuten. Die Entstehung der Oxydschicht aus dem Oxyd mit der höheren Bildungsarbeit war von den Oxydationsbedingungen abhängig. Je höher die Temperatur und je niedriger der Sauerstoffdruck, um so ausgeprägter das selektive Herausoxydieren des unedleren Legierungsbestandteils.

Ohne Zweifel sind die von WAGNER entwickelten theoretischen Betrachtungen zum Oxydationsmechanismus von binären Legierungen auch von größter Bedeutung für die Aufklärung des Oxydationsmechanismus technischer Legierungen, wie z. B. der Ni-Cr- und der Ni-Cr-Mo- sowie der Ni-Cr-Al-Stähle. Gerade an diesen Stählen wird häufig erst dann ein guter Zunderschutz beobachtet, wenn nicht eine Mischoxydphase die Zunderschicht aufbaut, sondern bevorzugt eine Spinellphase oder ein einzelnes Oxyd, wie z. B. Cr_2O_3, Al_2O_3 usw., wo eine Ionendiffusion nur außerordentlich langsam erfolgen kann. Unter Verwendung ähnlicher Ansätze, wie sie von WAGNER aufgestellt wurden, kann man rechnerisch die Mindestkonzentration an wertvollen Legierungsmetallen ausrechnen, die gerade erforderlich sind,

---

[1] FROEHLICH, K. W.: Z. Metallkunde **28**, 368 (1936).
[2] BROUCKÈRE, L. DE, u. L. HUBRECHT: Physik. Ber. **32**, 63 (1953).
[3] HONJO, G.: J. physic. Soc. Japan **8**, 113 (1953).

um in einem gewissen Temperaturbereich bevorzugt die gewünschte
zunderschützende Oxydschicht zu erhalten. Gerade unter diesem Gesichtspunkte sind besonders die zur Aufklärung des Aufbaus der
Zunderschicht von GULBRANSEN und Mitarbeitern weiter oben zitierten
Elektronenbeugungsaufnahmen an anoxydierten Legierungsproben von
großem Wert. Alle diese Arbeiten sind für technische Fragestellungen
unmittelbar von Bedeutung, da man erst hierdurch in der Lage ist,
die sogenannten „Phänomene" — wie z. B. das Grün-Rot-Anlaufen
von Ni-Cr-Basis-Heizleitern[1] — nicht nur aufzuklären, sondern auch
sinnvolle Gegenmaßnahmen zu treffen ohne den kostspieligen Aufwand
von empirischen Versuchsserien.

4.7.2 Ausbildung einer zerklüfteten Phasengrenze Legierung/Zunder

Es ist auch möglich, daß bei der Oxydation einer Edelmetallegierung
eine zweiphasige Zunderschicht entsteht, wo das Edelmetall in einer
Matrix des Oxyds des unedleren Legierungspartners eingebettet ist.
In einer neuen Arbeit konnte WAGNER[2] die Bedingungen ausarbeiten,
unter denen eine einheitliche Oxydschicht stabil ist und wo eine zweiphasige Zunderschicht mit zerklüfteter Phasengrenze Legierung/
Zunder auftritt. Unter vereinfachenden Annahmen (z. B. eines sinus-
förmigen Verlaufs der Phasengrenze Legierung/Zunder) kommt man
zu einer Kenngröße q,

$$q = \frac{x_A^*}{1 - x_A^*} \frac{D'/V'}{D_A^*/V''},$$

deren Zahlenwert für das Auftreten einer ebenen Phasengrenze von entscheidender Bedeutung ist. In der obigen Formel bedeuten x_A^* den
Molenbruch des Legierungspartners A im Oxyd an der mittleren
Phasengrenze, D' den Interdiffusionskoeffizienten der Legierung[3],
D_A^* den Selbstdiffusionskoeffizienten von A im Oxyd und V' bzw. V''
das Molvolumen der Legierung bzw. des Oxyds (in erster Näherung
als unabhängig von der Zusammensetzung angenommen).

WAGNER fand nun, daß mit $q > 1$ die ebene Phasengrenze stabil
ist und mit $q < 1$ eine irreguläre Phasengrenze möglich ist. Hierbei
muß aber einschränkend erwähnt werden, daß die letzte Bedingung
($q < 1$) wohl eine notwendige, aber keineswegs hinreichende Bedingung

---

[1] SPOONER, N., J. M. THOMAS u. L. THOMASSEN: J. Metals **5**, 844 (1953).

[2] WAGNER, C.: J. electrochem. Soc., im Druck.

[3] Unter dem Interdiffusionskoeffizienten versteht man den mittleren Diffusionskoeffizienten der gegeneinander diffundierenden Metallatome A und B in
einer Legierung AB.

ist, um für eine zerklüftete Phasengrenze verantwortlich gemacht zu werden. Der Quotient q in obiger Gleichung wird definitiv kleiner als 1, wenn die Konzentration von A im Innern der Legierung und in gleicher Weise auch an der Phasengrenze klein ist.

Daß jedoch auch andere Verhältnisse auftreten können, zeigen die Oxydationsversuche an Cu-Au-Legierungen von RAUB und ENGEL[1]. Eine derartige Legierung mit 0,14 Atom-% Cu ergab einen CuO-Film von einheitlicher Dicke, während Legierungen mit höheren Cu-Gehalten (0,50; 0,60 und 0,87 Atom-%) Oxydfilme mit veränderlicher örtlicher Dicke ergaben. An diesen Legierungen mit $q < 1$ treten gerade Oxydfilme von einheitlicher Dicke auf.

Unter gewissen vereinfachenden Bedingungen ($V' = V''$) und unter Annahme eines plastischen Fließens nur der Oxydschicht, wodurch eine Bewegung des Sauerstoffs verständlich wird, kann WAGNER den Mechanismus aller dieser Erscheinungen beschreiben.

In einer weiteren Arbeit verfeinert WAGNER[2] die auf S. 277 skizzierten Überlegungen über den Mechanismus der Oxydation von Metalllegierungen, wo prinzipiell beide Legierungspartner zu Oxyden mit verschiedenen Bildungsarbeiten abreagieren. Wenn entsprechend Abb. 164 das Oxyd AO rascher wächst als das Oxyd BO, so wird schließlich letzteres nach einer gewissen Zeit begraben, und der äußere Zunder besteht ausschließlich aus AO. Diese Anordnung, wie sie z. B. von RHINES und NELSON[3] an Cu-Zn-Legierungen beobachtet wurde, ist jedoch nur dann stabil, wenn das Oxyd BO (z. B. ZnO) die höhere Bildungsarbeit aufweist. In einem solchen Fall kann BO auch dann noch weiterwachsen, wenn es nicht in direktem Kontakt mit Sauerstoff steht. Hat jedoch BO eine kleinere Bildungsarbeit als AO, so wird es im Laufe der Oxydation, wenn es von AO abgedeckt ist, wieder verschwinden. WAGNER hat nun die mathematische Analyse für den Fall aufgestellt, wo BO beständig ist.

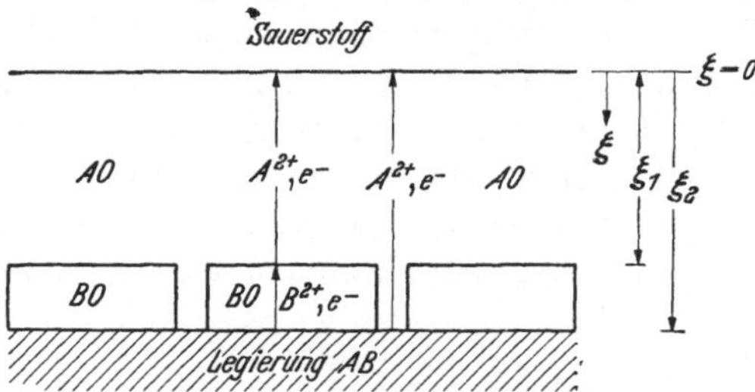

Abb. 164. Schematischer Querschnitt einer Zunderschicht auf einer Legierung AB mit einer äußeren Oxydschicht AO und einer inneren BO nach WAGNER. An der Phasengrenze AO/BO kann auf Grund der Austauschreaktion

$$B^{2+} + 2e^- + AO = A^{2+} + 2e^- + BO$$

das Oxyd BO wachsen, obwohl es nicht in Berührung mit der oxydierenden Atmosphäre steht

[1] RAUB, E., u. M. ENGEL: Vorträge der Hauptversammlung d. Deutsch. Ges. Metallkunde 1938, S. 83. Berlin: VDI-Verlag 1938.

[2] WAGNER, C.: J. electrochem. Soc., im Druck.

[3] RHINES, F. N., u. B. J. NELSON: Trans. AIME **156**, 171 (1944).

4.7.3 Über den Mechanismus der Ausbildung einer aus zwei Oxyden bestehenden Oxydschicht

Durch die bereits oben erwähnte Arbeit von WAGNER wird erstmalig eine quantitative Beschreibung dieses Oxydationsmechanismus gegeben. Hierbei hat es sich als zweckmäßig erwiesen, gewisse Vereinfachungen einzuführen, um die sich ergebenden Gleichungen wenigstens für gewisse Grenzfälle einer Auswertung zugänglich zu machen. Als erste Vereinfachung wird angenommen, daß die Molvolumina der Oxyde AO und BO praktisch gleich sind ($V_{AO} = V_{BO}$) und ein plastisches Fließen beider Phasen zu vernachlässigen ist. Ferner soll in jedem Volumenelement der Oxyde und der Legierung die gleiche Zahl von Metallatomen vorliegen. Zur mathematischen Vereinfachung soll $V = V_{AO} = V_{BO}$ (V = Volumen der Legierung) sein. Des weiteren wird an Hand des in Abb. 164 stehenden Schemas angenommen, daß die Größe der BO-Partikeln und die Breite der zwischen den BO-Partikeln vorhandenen AO-Kanäle klein ist gegenüber der Gesamtdicke der Zunderschicht. Schließlich wird die Diffusion nur senkrecht zur Oberfläche berücksichtigt (1-dimensionales Problem).

Im folgenden wird mit der Aktivität des atomaren Sauerstoffs, a, als charakteristische Variable gerechnet, die an der äußeren Oberfläche $\xi = 0$ gleich 1 sein soll. Ferner verwenden wir ξ_1 und ξ_2 für die Orte der Phasengrenzen BO/AO und AO/Legierung. Die von der Fehlordnungskonzentration bzw. von der Aktivität des Sauerstoffs abhängenden Selbstdiffusionskoeffizienten D_A^* und D_B^* der Metallionen in den Oxyden AO und BO sind einer Messung zugänglich und daher in den aufzustellenden Gleichungen einzubeziehen. Bezeichnen wir mit ψ den Volumenbruch des Oxyds BO in der Zunderschicht im Abstand ξ von der Oberfläche und setzen $D_A^* = D_A^0 \cdot a^\alpha$ bzw. $D_B^* = D_B \, a^\beta$, wobei α und β Konstanten sind (für p-leitende Oxyde positiv und für n-leitende Oxyde negativ), so ergeben sich für die Transportgeschwindigkeiten in der ξ-Richtung die folgenden Ausdrücke:

$$j_A = (1 - \psi)\,(D_A^0/V)\,a^\alpha\,(\partial \ln a/\partial \xi) + u\,(1 - \psi)/V \qquad (4.118\,\text{a})$$

$$j_B = \psi\,(D_B^0/V)\,a^\beta\,(\partial \ln a/\partial \xi) + u\,\psi/V. \qquad (4.118\,\text{b})$$

$u = d\xi_2/dt$ ist die Driftgeschwindigkeit der Oxyde in Richtung auf die Legierung infolge Massenabnahme der Legierung.

Auf Grund der oben eingeführten Vereinfachungen ist

$$j_A + j_B = 0. \qquad (4.119)$$

Aus Gl. (4.118) und (4.119) erhalten wir:

$$u = d\xi_2/dt = -[(1 - \psi)\,D_A^0\,a^\alpha + \psi D_B^0\,a^\beta]\,(\partial \ln a/\partial \xi). \qquad (4.120)$$

Da keine weiteren speziellen Annahmen gemacht wurden, gelten Gl. (4.118) bis (4.120) sowohl für die äußere Zunderschicht, wo $\psi = 0$ und nur das Oxyd AO auftritt, als auch für den inneren Bereich der Zunderschicht, wo $\psi > 0$ und beide Oxyde AO und BO auftreten.

Über einige Zwischenrechnungen erhält WAGNER für die Geschwindigkeit der Änderung der Konzentration von B in der Zunderschicht:

$$\frac{\partial \psi}{\partial t} = - \frac{d \xi_2}{d t} \frac{\partial}{\partial \xi} \left\{ \frac{\psi (1 - \psi) [D_A^0 a^\alpha - D_B^0 a^\beta]}{(1 - \psi) D_A^0 a^\alpha + \psi D_B^0 a^\beta} \right\} \qquad (4.121)$$

Zur Berechnung der Konstanten $z_1 = \xi_1/2 (D_A^0 t)^{1/2}$ und $z_2 = \xi_2/2 (D_A^0 t)^{1/2}$ werden die folgenden beiden Gleichungen abgeleitet

$$x_B = x_B^0 + (x_{B(2)} - x_B^0)\, \Phi\, (z_1/r^{1/2})/\Phi\, (z_2/r^{1/2}) \qquad (4.122)$$

$$\frac{z_2 - z_1}{z_2} = \frac{q a_1^\gamma}{1 - \psi_1 + \psi_1 q a_1^\gamma}.$$

Hier bedeutet x_B der örtliche Molenbruch von B in der Legierung (^{0} kennzeichnet den Ausgangszustand), $x_{B(2)} = x_B$ bei $\xi = \xi_2$. Ferner kennzeichnet Φ die Fehlerfunktion und $\gamma = \beta - \alpha$, $q = D_B^0/D_A^0$ und $r = D/D_A^0$.

Aus den letzten beiden Gleichungen kann man dann die Sauerstoff-Aktivität a und den Volumenbruch ψ im 2-Phasenbereich der Zunderschicht als Funktion von z darstellen, wenn die Werte der Parameter α, β, q, r, a_2, $x_{B(2)}$ und x_B^0 gegeben sind.

Trotz der relativ großen Zahl der Parameter lassen sich einige allgemeine Schlüsse ziehen. Unter der des öfteren realisierten Bedingung, daß die freien Bildungsenergien der Oxyde ΔF_{AO} und $\Delta F_{BO} \gg RT$ und $\Delta F_{AO} < \Delta F_{BO}$ sowie a_2 für die Koexistenz der Phasen Legierung/AO/BO sehr klein ist gegenüber a_2 an der Phasengrenze.

Wenn $r \gg 1$, d. h. $D \gg D_A^0$, ist, sind die Konzentrationsunterschiede in der Legierung sehr klein, so daß die Zusammensetzung der Legierung im Innern annähernd gleich der an der Phasengrenze Legierung/Zunderschicht ist. Ferner wird nur das Oxyd AO bzw. BO gebildet, wenn $x_B^0 < x_{B(2)}$ bzw. $x_B^0 > x_{B(2)}$ ist.

Auf der anderen Seite, wenn $r \ll 1$ ist, enthält die Zunderschicht zwei Oxyde in einem gewissen Legierungsbereich. Unter der letzten Annahme und unter der Voraussetzung eines Metalldefizits der beiden Oxyde (z. B. FeO und NiO) mit $\alpha = \beta$, d. h. $\gamma = 0$, kann WAGNER den Oxydationsmechanismus quantitativ beschreiben.

Wie aus den in früheren Abschnitten beschriebenen Versuchsergebnissen zu entnehmen ist, in Übereinstimmung mit den WAGNER-schen Überlegungen, ist häufig das Oxyd des Basismetalls bevorzugt im äußeren Teil der Zunderschicht zu finden, während das Oxyd des

Legierungsmetalls sich im inneren Bereich der Zunderschicht befindet. Noch verwickelter werden die Verhältnisse, wenn neben den beiden Oxyden noch zusätzlich Spinellbildung erfolgt, wie z. B. bei der Oxydation von Fe-Ni-Legierungen[1].

4.8 Über den Mechanismus der inneren Oxydation von Metallegierungen

Wie in den vorangehenden Abschnitten ausführlich entwickelt wurde, kann die Oxydationsgeschwindigkeit von zahlreichen Metallen und Legierungen, sofern kompakte Oxyddeckschichten ausgebildet werden, bei hohen Temperaturen (500 bis 1200° C, je nach den Beweglichkeiten der Ionenfehlordnungsstellen in den die Deckschicht aufbauenden oxidischen Kristallen) durch das parabolische Zeitgesetz von TAMMANN-PILLING-BEDWORTH beschrieben werden. In allen diesen Fällen wächst die Zunderschicht proportional mit der Quadratwurzel der Zeit. Weiterhin ist innerhalb einer gewissen Oxydationsperiode und eines bestimmten Temperaturbereichs der Logarithmus des quadratischen Wertes der Zunderschichtdicke proportional dem reziproken Wert der absoluten Oxydationstemperatur. Diese Gesetzmäßigkeiten behalten solange ihre Gültigkeit, solange wie die Diffusion von Metallionen + Elektronen oder Sauerstoffionen allein auf Grund eines chemischen Potentialgefälles dieser wanderungsfähigen Teilchen als der maßgebende Vorgang angesehen werden kann. Im Falle der Oxydation reiner Metalle, wo das Auftreten nur einer oder auch mehrerer definierter Oxydschichten vorher zu übersehen ist, wird die Aufklärung des Oxydationsmechanismus durch keine weiteren zusätzlichen Erscheinungen mehr erschwert. Erheblich komplizierter werden jedoch die Verhältnisse für die Oxydation von Metallegierungen. Hier wurden bisher zwei wichtige Mechanismen diskutiert, mit denen oft zu rechnen ist.

1. Es gibt zahlreiche Metallegierungen, die bei der Oxydation bevorzugt eine oxidische Mischphase bilden und damit unter Anwendung der WAGNERschen Zundertheorie und unter Berücksichtigung der Fehlordnungstheorie der heterotypen Mischphasen zu beschreiben sind. Dies ist häufig bei kleinen Legierungszusätzen hinreichend erfüllt.

2. Es gibt zahlreiche Metallegierungen (Edelmetallegierungen und Legierungen mit stark unterschiedlichen Oxydationsarbeiten ihrer Legierungskomponenten), wo häufig der Aufbau der Zunderschicht und das Zunderschichtwachstum infolge der thermodynamischen Bildungsbedingungen der einzelnen Oxyde durch die Konkurrenz der

---

[1] FOLEY, R. T., J. U. DRUCK u. R. E. FRYELL: J. electrochem. Soc. **102**, 440 (1955).

Diffusionsvorgänge in der Legierung und in der Zunderschicht bestimmt werden. Im vorigen Kapitel haben wir gezeigt, daß auch dieser Mechanismus prinzipiell zu lösen ist.

Als weitere Komplikation tritt nun zusätzlich noch eine Erscheinung auf, die die Aufklärung des Oxydationsmechanismus weiter erschweren kann. Das ist die Sauerstofflöslichkeit in verschiedenen Metallen, wie z. B. Ag, Cu, Ni, Ti, Zr usw., und die Oxydation des unedleren Legierungspartners — auch wenn er in kleiner Konzentration auftritt — in der Legierungsphase. Diese Erscheinung wurde zuerst von RHINES[1] in seiner vollen Tragweite erkannt und durch eingehende Untersuchungen aufgeklärt. Bei der Oxydation von z. B. Kupferlegierungen entsteht nach RHINES nicht nur eine Zunderschicht auf der Legierung, die je nach den Sauerstoffpartialdrucken im wesentlichen aus Cu_2O oder aus Cu_2O mit einer äußeren dünnen CuO-Schicht besteht und die wir als „äußere Zunderzone" (external scale) bezeichnen, sondern auch eine Oxydationszone im Innern der Legierung, die wir als „innere Oxydationszone" (subscale) bezeichnen. Als Ursache für das Auftreten einer solchen inneren Oxydationszone sind die Löslichkeit von Sauerstoff in der Legierungsphase und die höheren Bildungsarbeiten der Oxyde der unedlen Legierungsbestandteile anzusehen, die laufend Sauerstoff verbrauchen und dadurch infolge des sich ausbildenden hohen chemischen Potentialgefälles an Sauerstoff (in guter Näherung häufig identisch mit dem Konzentrationsgefälle an Sauerstoff) zwischen den Phasengrenzen Legierung/äußere Zunderschicht und Legierung/innere Oxydationszone eine laufende Nachlieferung von Sauerstoff bewirken, der durch die Dissoziation

$$Cu_2O_{\text{(äußere Oxydschicht)}} \longrightarrow 2Cu + O_{\text{(gelöst in Legierung)}}$$

der inneren Oxydation zur Verfügung gestellt wird. In neuerer Zeit wurde von MEIJERING und DRUYVESTEYN[2] die innere Oxydation zur Deutung der Härtung von duktilen Metallen bzw. Metallegierungen herangezogen. Da die Arbeiten von RHINES und Mitarbeitern diesen Autoren nicht bekannt waren, wurden gewisse Probleme, wie z. B. das Eindringen von Sauerstoff in schwach legierte Metallegierungen, ebenfalls bearbeitet. Jedoch verliert damit die letzte Arbeit keinesfalls an Bedeutung, da sie erstens aus einer anderen Problemstellung heraus entstanden ist und zweitens die kinetische Darstellung durch thermodynamische Betrachtungen in sinnvoller Weise ergänzt. Aufschlußreiche Messungen über die Bildung der inneren Oxydationszone

[1] RHINES, F. N.: Trans. AIME **137**, 246 (1940). — J. Corrosion **4**, 15 (1947). — F. N. RHINES, W. A. JOHNSON u. W. A. ANDERSON: Trans. AIME, Techn. Publ. Nr. 1368 (1941).

[2] MEIJERING, J. L., u. M. J. DRUYVESTEYN: Philips Res. Rep. **2**, 81, 260 (1947).— Vgl. auch J. W. MARTIN u. G. C. SMITH: J. Inst. Metals **83**, 153 (1954/55).

in Cu-Pd-Legierungen wurden von THOMAS[1] durchgeführt, wo erstmalig auch hohe Legierungszusätze verwandt wurden (s. Abb. 155 und 156). Hier ist der unedlere Legierungspartner das Kupfer selbst, das in der Legierung zu Cu_2O oxydiert wird, wie bereits auf S. 273 berichtet wurde.

Bevor wir zur Behandlung des Mechanismus schreiten, sei bemerkt, daß das Ausmaß der inneren Oxydation mit fallender Temperatur geringer werden sollte und schließlich vernachlässigbar klein, wenn die Diffusionsgeschwindigkeit des Sauerstoffs in der betreffenden Legierung kleiner geworden ist als die Diffusionsgeschwindigkeit des Legierungsmetalls zur Phasengrenze Legierung/äußere Zunderschicht. Über die Temperaturabhängigkeit der inneren und äußeren Oxydation sind bisher besonders sorgfältige Untersuchungen an Cu-Pd- und Cu-Pt-Legierungen von THOMAS veröffentlicht worden. Die Durchführung derartiger Messungen an anderen Legierungssystemen (z. B. Cu- und Ni-Legierungen) wäre wünschenswert, da das Auftreten einer inneren Oxydation, die für die mechanischen Eigenschaften aller Legierungen von Bedeutung ist, dann mit Sicherheit vorherbestimmt werden könnte, was für den Apparatebau eine große Hilfe wäre. Nach diesem Sachverhalt ist die Kenntnis des Mechanismus der inneren Oxydation und die maßgebenden Faktoren, die die innere Oxydation weitgehend zurückdrängen, zur Beurteilung der technischen Verwendbarkeit derartiger Legierungen als Hochtemperatur-Werkstoffe unerläßlich.

Die ersten quantitativen Untersuchungen über diese Art der Oxydation stammen von RHINES und Mitarbeitern, die zunächst die innere Oxydation allein an Legierungen auf Kupferbasis mit geringen Fremdmetallgehalten im α-Mischkristallgebiet bei verschiedenen Temperaturen in Luft und Sauerstoff und auch in Cu_2O-Einbettungsmassen in Gegenwart von Inertgasen bzw. im Vakuum untersuchten. Die letzte Versuchsanordnung wurde dann gewählt, wenn es galt, die innere Oxydation allein — also ohne äußere Zunderschicht — zu studieren. In Abb. 165 sind die Schliffbildaufnahmen von je einer reinen Cu-Probe und einer Cu-Si-Legierung mit 0,5 Gew.-% Si nach einer 2stündigen Oxydation in Luft bei 1000° C wiedergegeben. Obwohl die beiden Proben unter den gleichen Versuchsbedingungen oxydiert wurden, erkennt man an der gezunderten Legierung im Gegensatz zu reinem Kupfer zwei deutlich voneinander unterscheidbare Oxydationszonen. Die äußere (dunklere), die im wesentlichen aus einem Gemenge von Cu_2O und SiO_2 besteht, hat praktisch dieselbe Schichtdicke wie die Zunderschicht des reinen Kupfers. Die anschließende Oxydationszone besteht aus SiO_2-Kristallen, die in reinem Kupfer eingebettet sind und in der kein Kupferoxyd beobachtet

---

[1] THOMAS, D. E.: J. Metals **3**, 926 (1951).

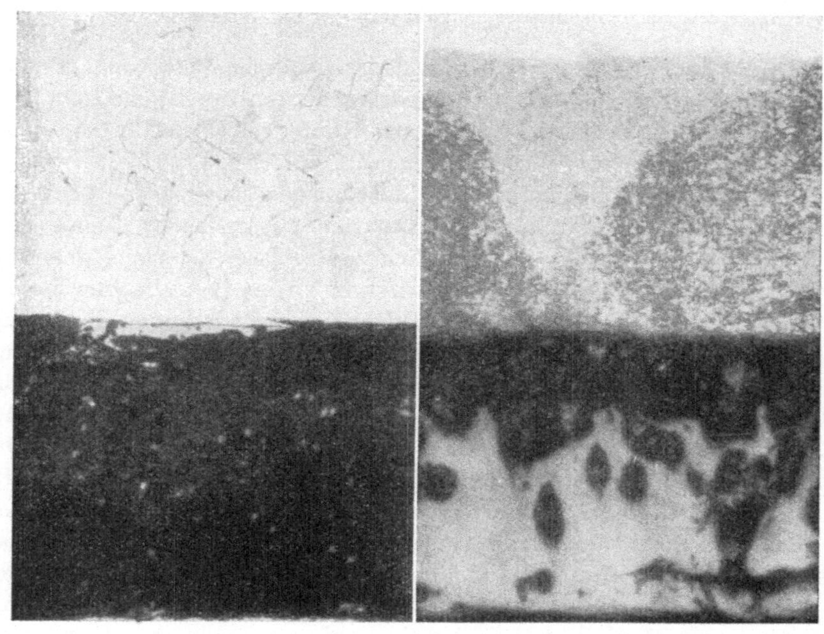

Abb. 165a u. b. Schliffbildaufnahme einer 2 Stunden in Luft bei 1000° C erhitzten Cu- bzw. Cu-Si-Legierungsprobe nach RHINES (Vergr. 150 fach)

a Cu$_2$O-Schicht auf reinem Cu;   b Äußere und innere Zunderschicht von einer Cu-Si-Legierung

Abb. 166. Innere Oxydation einer Cu-Legierung mit 0,103% Si nach RHINES (50 fache Vergr.) Die Probe wurde bei einem so niedrigen Sauerstoffdruck oxydiert, daß keine äußere Zunderschicht zu beobachten war. Die innere Oxydationszone ist durch eine dunkelgraue, scharf abgegrenzte Schattierung erkenntlich

werden konnte. Von RHINES wurde hierfür, wie bereits erwähnt, der Begriff „subscale" gleich „Zone innerer Oxydation" geprägt. Wählt man den Sauerstoffpartialdruck hinreichend klein, $p_{O_2} \leqq \pi_{O_2}$ (über Cu_2O/Cu im Gleichgewicht), so bildet sich nur eine innere Oxydationszone aus. Wie aus Abb. 166 hervorgeht, bleibt unter diesen speziellen Versuchsbedingungen die Oberfläche der Cu-Si-Legierung vollkommen blank und frei von jeder Oxydschicht, abgesehen von den die Oberfläche besetzenden Si-Atomen, die zu SiO_2 oxydiert werden, während die innere Oxydation in der Tat bis zu einer beachtlichen Tiefe in die Legierung fortschreitet. Diese Versuchsbedingungen gestatten eine Trennung beider Vorgänge, der äußeren und der inneren Oxydation, und damit ein Studium der einzelnen Oxydationsarten. Auf Grund dieser Möglichkeit konnten RHINES und Mitarbeiter durch Zusammentragen eines größeren Versuchsmaterials die für die äußere und innere Oxydation maßgebenden Teilvorgänge quantitativ formulieren.

Für derartige Versuche muß das Basismetall von hoher Reinheit sein. Das beispielsweise für die Oxydationsversuche an Kupferlegierungen verwandte Kupfer enthielt weniger als 0,05 Gew.-% an gesamten Verunreinigungen. Desgleichen bestanden die Legierungspartner aus möglichst reinen Metallen. Die Legierungen wurden im Graphittiegel unter einer reinen Boraxschmelze erschmolzen und waren frei von Oxydeinschlüssen. Sämtliche zu oxydierenden Legierungen wurden entweder in Luft oder in einem Gemisch von gleichen Teilen Cu_2O- und Cu-Pulver eingebettet und erhitzt, das sich in einem mit Kupfer ausgekleideten Eisenrohr befand. In der letzten Versuchsanordnung überstieg der Sauerstoffpartialdruck in keinem Fall den Sauerstoffgleichgewichtsdruck der Reaktion $Cu_2O \rightleftharpoons 2\,Cu + \frac{1}{2}\,O_2$. Im allgemeinen wurden nur zwei Versuchstemperaturen, 600 und 1000° C, gewählt. Entsprechend früheren Untersuchungen über die Löslichkeit von Sauerstoff in Kupfer[1] dringt der Sauerstoff zunächst in die Cu-Legierung ein, ohne eine Oxydbildung zu verursachen. Erst nach Erreichen der für die Fremdoxydbildung erforderlichen Sauerstoffkonzentration kommt es dann zu der in Abb. 166 dargestellten inneren Oxydation. Zwecks Ermittlung des zeitlichen Fortschreitens der inneren Oxydationszone wurden kleine Körper aus den Versuchsproben herausgesägt, poliert und geätzt und anschließend die Breite der Oxydationszone an zehn verschiedenen Stellen im Querschliff mittels eines empfindlichen Mikrokomparators gemessen. Nach diesem Verfahren wurden ungefähr tausend solcher Proben untersucht. Eine Zusammenstellung der verwendeten Legierungen mit den ausgewerteten Daten für die innere und äußere Oxydation findet sich in Tab. 38. Zur Auswertung der

---

[1] RHINES, F. N., u. C. H. MATHEWSON: Trans. AIME **111**, 342 (1934).

Tabelle 38. *Zusammenstellung der Oxydationsgeschwindigkeit in der äußeren und inneren Oxydationszone an Cu-Legierungen nach* RHINES, JOHNSON *und* ANDERSON

Gelöstes Metall	Konz. in Gew.-%	Konstanten von $\log \dfrac{\xi^2}{t} = \dfrac{a}{T} + b$ für innere Oxydationszone allein		Konstanten von $\log \dfrac{\xi^2 c_M}{t} = \dfrac{a'}{T} + b'$ für innere Oxydationszone allein		Werte für $\dfrac{\xi^2}{t}$ für innere Oxydationszone allein bei 600° C	Konstanten von $\log \dfrac{(\Delta \xi_i)^2}{t} = \dfrac{c}{T} + d$ für eine sich unter der äußeren ausbildende innere Oxydationszone		Werte für $\dfrac{(\Delta \xi_i)^2}{t}$ für innere Oxydationszone unter einer äußeren bei 600° C	Äußere Oxydationszone Werte für $\dfrac{(\Delta \xi_a)^2}{t}$	Temp. der Oxydation ° C
		a	b	a'	b'		c	d			
Al	0,03	-12110	4,110	-10350	1,035		-11890	3,614	$2,02 \cdot 10^{-10}$	$4,25 \cdot 10^{-9}$	750
Al	0,06	-11580	3,261	-10350	1,035	$2,45 \cdot 10^{-12}$	-11680	3,185	$1,05 \cdot 10^{-10}$		
Al	0,08	-11540	3,142	-10350	1,035		-11710	3,053	$1,46 \cdot 10^{-10}$		
Al	0,17	-12160	3,142	-10350	1,035	$6,52 \cdot 10^{-11}$	-12020	2,912	$8,51 \cdot 10^{-11}$	$2,54 \cdot 10^{-9}$	750
										$3,90 \cdot 10^{-8}$	875
Al	0,45	-11970	2,983	-10350	1,035		-10800	1,215		$6,35 \cdot 10^{-9}$	750
										$3,16 \cdot 10^{-8}$	875
Al	0,72	-12140	2,753	-10350	1,035		-12140	2,015		$1,69 \cdot 10^{-7}$	1000
B	0,05	-10420	2,882	-10400	1,582	$5,76 \cdot 10^{-11}$	-10420	2,762		$1,13 \cdot 10^{-7}$	1000
Ba	0,10	-13480	5,228	-13700	4,432	$1,82 \cdot 10^{-10}$	-13480	4,248	$7,10 \cdot 10^{-11}$		
Be	0,018	-11150	3,330	-10420	0,542	$2,42 \cdot 10^{-10}$	-11150	3,492	$2,96 \cdot 10^{-10}$	$1,72 \cdot 10^{-7}$	1000
Be	0,054	-14290	4,830	-10420	0,542	$6,13 \cdot 10^{-11}$	-14290	4,487	$1,39 \cdot 10^{-10}$		
Be	0,101	-11980	2,652	-10420	0,542	$7,74 \cdot 10^{-11}$	-11980	2,572	$2,44 \cdot 10^{-11}$		
Ca	0,01	-10080	2,121	-11150	0,974	$5,18 \cdot 10^{-10}$	-10080	1,955	$2,26 \cdot 10^{-10}$	$1,61 \cdot 10^{-7}$	1000
Nb	0,04	-10250	2,742	-10210	1,328	$8,39 \cdot 10^{-11}$	-10250	2,681	$3,20 \cdot 10^{-10}$		
Cd	0,28										
Ce	0,01	-10870	2,984	-10880	1,009	$5,05 \cdot 10^{-11}$	-10870	2,984	$1,28 \cdot 10^{-10}$	$1,83 \cdot 10^{-7}$	1000
Co	0,14	-10500	2,842	-11750	2,932	$7,10 \cdot 10^{-13}$	-10500	2,812	$2,68 \cdot 10^{-10}$	$1,31 \cdot 10^{-7}$	1000
Cr	0,08	-11910	3,910	-11450	2,557	$2,45 \cdot 10^{-12}$	-11910	3,824	$1,45 \cdot 10^{-12}$	$1,79 \cdot 10^{-7}$	1000

Fe	0,037	−11220	3,944	−10260	1,594						
Fe	0,10	−10390	2,509	−10260	1,594	$4,19 \cdot 10^{-12}$	−10390	2,620	$1,75 \cdot 10^{-12}$	$2,07 \cdot 10^{-7}$	1000
Fe	0,56	−10730	2,393	−10260	1,594	$9,08 \cdot 10^{-11}$	−10730	2,072		$1,40 \cdot 10^{-7}$	1000
Fe	1,52	−10630	1,885	−10260	1,594	$3,68 \cdot 10^{-11}$	−10630	1,533		$1,11 \cdot 10^{-7}$	1000
Fe	2,65	−10310	1,288	−10260	1,594	$4,70 \cdot 10^{-12}$	−10310	0,878		$1,35 \cdot 10^{-7}$	1000
Ga	0,03	−15880	7,357	−15930	5,885		−15880	7,135	$4,80 \cdot 10^{-10}$		
Ge	0,02	−10210	1,996	−11470	1,543		−10210	1,790		$1,59 \cdot 10^{-7}$	1000
In	0,25	−11300	3,376	−10720	2,206	$3,93 \cdot 10^{-11}$	−11300	3,274	$1,69 \cdot 10^{-10}$	$1,78 \cdot 10^{-7}$	1000
Li	0,02	−10330	2,094	−11450	1,290	$6,13 \cdot 10^{-11}$	−10330	2,011	$1,07 \cdot 10^{-10}$		
Mg	0,10	−11830	3,453	−11130	1,773	$4,24 \cdot 10^{-11}$	−11830	3,362	$1,05 \cdot 10^{-10}$	$1,66 \cdot 10^{-7}$	1000
Mn	0,033	−10980	3,452	−10620	1,640	$4,71 \cdot 10^{-12}$	−10710	2,765	$2,59 \cdot 10^{-11}$		
Mn	0,084			−10620	1,640		−10610	2,708	$1,16 \cdot 10^{-10}$		
Mn	0,22			−10620	1,640		−10840	2,316	$6,16 \cdot 10^{-11}$		
Mn	0,12	−10470	1,778	−10620	1,640	$6,12 \cdot 10^{-12}$	−10570	1,648	$1,04 \cdot 10^{-11}$	$4,46 \cdot 10^{-8}$	875
Mn	1,55	−10500	1,452	−10620	1,640	$1,78 \cdot 10^{-11}$	−10570	1,186	$3,27 \cdot 10^{-11}$		
Ni	0,115	−11110	3,695	−12840	2,306	$1,20 \cdot 10^{-10}$	−11110	3,660	$3,48 \cdot 10^{-10}$	$2,74 \cdot 10^{-7}$	1000
Ni	5,00	−13710	4,032				−13710	3,510		$1,78 \cdot 10^{-7}$	1000
P	0,03	−12050	3,835	−11870	2,142	$3,62 \cdot 10^{-11}$	−12050	3,703			
P	0,07	−11700	3,274	−11870	2,142		−11700	2,955			
P	0,24	−11050	2,050	−11870	2,142	$2,32 \cdot 10^{-11}$	−11050	1,749			
Pb	0,03	−10610	1,115	−11290	0,150					$1,84 \cdot 10^{-8}$	1000
Si	0,045	−11320	3,275	−11110	1,660	$1,48 \cdot 10^{-10}$	−10800	2,614	$1,57 \cdot 10^{-10}$		
Si	0,076	−11110	2,790	−11110	1,660	$1,73 \cdot 10^{-10}$	−10680	2,181	$3,91 \cdot 10^{-10}$	$2,21 \cdot 10^{-9}$	750
Si	0,103	−11010	2,481	−11110	1,660	$2,79 \cdot 10^{-10}$	−10720	2,048	$1,53 \cdot 10^{-10}$		
Si	0,180	−10310	1,723	−11110	1,660	$3,38 \cdot 10^{-11}$	−10730	1,914	$1,19 \cdot 10^{-10}$		
Si	0,30	− 9725	0,919	−11110	1,660	$6,12 \cdot 10^{-11}$	−10050	0,952	$8,58 \cdot 10^{-11}$	$2,84 \cdot 10^{-9}$ $3,41 \cdot 10^{-8}$	750 875
Si	0,59	− 9345	0,407	−11110	1,660	$5,36 \cdot 10^{-11}$	− 8950	−0,331	$8,16 \cdot 10^{-11}$	$2,30 \cdot 10^{-9}$ $1,77 \cdot 10^{-8}$	750 875

Tabelle 38. (Fortsetzung)

Gelöstes Metall	Konz. in Gew.-%	Konstanten von $\log\frac{\xi^2}{t}=\frac{a}{T}+b$ für innere Oxydationszone allein		Konstanten von $\log\frac{\xi^2 c_M}{t}=\frac{a'}{T}+b'$ für innere Oxydationszone allein		Werte für $\frac{\xi^2}{t}$ für innere Oxydationszone allein bei 600 °C	Konstanten von $\log\frac{(\Delta\xi_i)^2}{t}=\frac{c}{T}+d$ für eine sich unter der äußeren ausbildende innere Oxydationszone		Werte für $\frac{(\Delta\xi_i)^2}{t}$ für innere Oxydationszone unter einer äußeren bei 600 °C	Äußere Oxydationszone Werte für $\frac{(\Delta\xi_a)^2}{t}$	Temp. der Oxydation °C
		a	b	a'	b'		c	d			
Si	0,858	$-\ 7785$	1,205	-11110	1,660	$1,33\cdot10^{-10}$			$9,24\cdot10^{-11}$		
Si	1,93	$-\ 6570$	2,709	-11110	1,660	$1,27\cdot10^{-10}$	$-\ 7010$	$-2,667$	$7,37\cdot10^{-11}$		
Sn	0,31	-11820	3,665	-13550	4,521	$3,21\cdot10^{-11}$	-11820	3,536	$7,51\cdot10^{-11}$		
Sr	0,10	-11140	3,602	-13510	4,492		-11140	3,444		$1,69\cdot10^{-7}$	1000
Ta	0,04	-10810	3,208	-10820	1,843	$6,50\cdot10^{-11}$	-10810	3,000	$1,69\cdot10^{-10}$		
Ti	0,05	-10430	3,010	-10220	2,849					$2,25\cdot10^{-7}$	1000
V	0,09	-13000	4,633	-13200	3,767	$2,45\cdot10^{-10}$	-13000	4,492	$7,72\cdot10^{-11}$		
Zn	0,16	-10840	3,185	-12750	3,855				$3,58\cdot10^{-10}$	$1,80\cdot10^{-7}$	1000
Zn	0,21	-12180	4,049	-12750	3,855	$2,12\cdot10^{-10}$	-12180	3,861	$5,22\cdot10^{-11}$		
Zr	0,16	-11110	2,955	-10430	1,511		-11110	2,809	$2,64\cdot10^{-10}$	$1,73\cdot10^{-7}$	1000
Al + Be	0,049+0,003	-13600	4,534			$3,30\cdot10^{-10}$			$3,91\cdot10^{-11}$		
Al + Sn	0,06 +5,43	-12150	1,976			$9,51\cdot10^{-11}$	-12150	2,132	$1,76\cdot10^{-11}$		
Al + Zn	0,13 +9,29	-10500	0,991			$3,62\cdot10^{-13}$	-10500	0,510	$2,81\cdot10^{-11}$		
Be + Sn	0,02 +0,30	-13500	4,357			$7,92\cdot10^{-11}$	-13500	3,703	$2,67\cdot10^{-11}$		
Be + Sn	0,006+4,93	-12380	2,440			$7,52\cdot10^{-10}$	-12380	2,555	$5,22\cdot10^{-12}$		
Be + Zn	0,03 +9,52	-11040	1,307			$5,21\cdot10^{-13}$	-11040	1,046	$1,76\cdot10^{-12}$		
Si + Sn	0,085+5,02	-12000	2,342			$1,66\cdot10^{-10}$	-12000	2,300	$2,45\cdot10^{-12}$		
Si + Zn	0,085+9,81	-11120	1,337			$3,34\cdot10^{-11}$	-11200	1,140	$2,45\cdot10^{-12}$		

Temperaturabhängigkeit des Schichtdickenwachstums wurde die Formel

$$\log \frac{\Delta \xi_i^2}{t} = \frac{a}{T} + b \tag{4.123}$$

angewandt. Die Oxydation gehorchte dem parabolischen Zeitgesetz nach TAMMANN. Hier bedeuten $\Delta \xi_i$ die Dicke der inneren Oxydationszone in cm, t die Versuchszeit in Sekunden, T die absolute Temperatur, und a und b sind Konstanten, die für jedes Legierungssystem charakteristisch sind. Wie sich aus den Versuchen ergab, behält die Beziehung (4.123), die als Typ bisher für die zeitliche Dickenzunahme der äußeren Oxydationszone angewandt wurde, auch ihre Gültigkeit für das zeitliche Wachsen der inneren Oxydationszone. Dies geht z. B. aus den in den Abb. 167 und 168 dargestellten zeitlichen Verläufen des Wachsens der inneren und äußeren Oxydationszone von Cu-Si- und

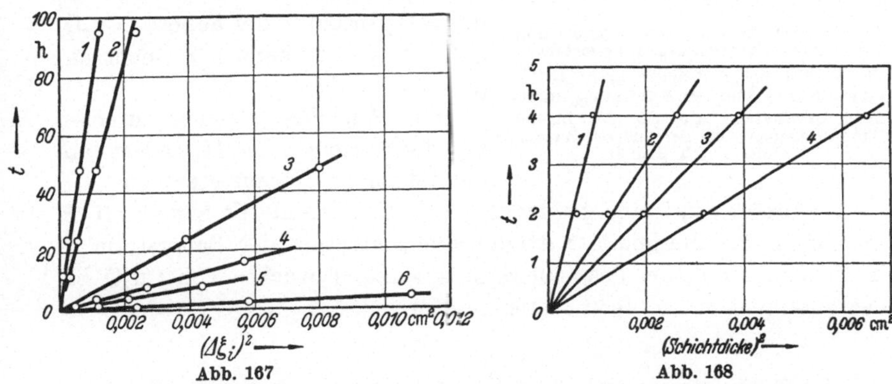

Abb. 167   Abb. 168

Abb. 167. Parabolischer Verlauf der zeitlichen Zunahme der inneren Oxydationszone zwischen 750 und 1000°C in Cu-Si- und Cu-Mn-Legierungen nach RHINES
1: 0,42% Mn bei 750°C; *2:* 1,003% Si bei 750°C; *3:* 0,033% Mn bei 750°C;
4: 0,103% Si bei 875°C; *5:* 1,55% Mn bei 1000°C; *6:* 0,103% Si bei 1000°C

Abb. 168. Parabolischer Verlauf der zeitlichen Zunahme der inneren Oxydationszone und der äußeren Zunderschicht einer Cu-Si- und einer Cu-Mn-Legierung bei 875°C nach RHINES, JOHNSON und ANDERSON
1: innere Oxydation } 0,59 Gew.-% Si; *3:* innere Oxydation } 0,42 Gew.-% Mn
2: äußere Oxydation }   *4:* äußere Oxydation }

Cu-Mn-Legierungen hervor. (An den hier vorliegenden Legierungen wurde zwischen 750 und 1000°C stets ein parabolisches Zeitgesetz beobachtet.) Ab 600°C treten größere Abweichungen vom parabolischen Verlauf auf, deren Aufklärung bisher noch nicht versucht wurde (z. B. Feldtransporterscheinungen in der inneren Oxydationszone).

Im Anschluß hieran wollen wir uns unter Zugrundelegung der Darstellung von RHINES mit dem Mechanismus und dem quantitativen Ablauf der inneren Oxydation beschäftigen und den Konzentrationsverlauf von Sauerstoff, Kupfer und vom Fremdmetall in der Oxydationszone und in der Legierungsphase und die hierdurch verursachten

Transportvorgänge berechnen. Gemäß der schematischen Darstellung in Abb. 169 soll sich an der äußeren Phasengrenze Oxyd/Gas einer Kupferlegierung eine kompakte Zunderschicht, 0 bis I, aus Cu_2O bzw. einem heterogenen Gemenge von Cu_2O + Fremdoxyd ausbilden. Ein Wachsen dieser äußeren Zunderschicht kann nur in der Weise erfolgen, daß Cu^+-Ionen und Elektronen aus der Legierungsphase durch die Cu_2O-Schicht diffundieren und mit dem an der Oberfläche chemisorbierten Sauerstoff nach dem bereits auf S. 142 mitgeteilten Mechanismus ein nach außen erweitertes Gitter von Cu_2O bilden. Auf welche Weise die Wanderung von Silicium und die Bildung der SiO_2-Inseln in der äußeren Cu_2O-Schicht erfolgt, kann z. Z. nicht angegeben werden.

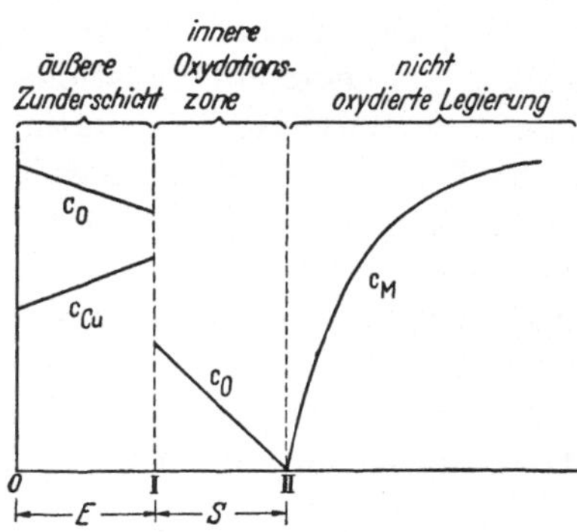

Abb. 169. Schematische Darstellung des Konzentrationsverlaufs des Legierungsmetalls c_M (im Inneren bei $\xi \rightarrow \infty$ ist $c_M = c_M^\infty$), des Sauerstoffs c_O und des Kupfers c_{Cu} in der nicht oxydierten Legierung, der inneren Oxydationszone und der äußeren Zunderschicht nach Rhines

Die Ausbildung einer inneren Oxydationszone I bis II basiert nun auf folgenden Voraussetzungen:

1. Kupfer zeigt eine genügend große Löslichkeit für Sauerstoff[1,2]. Ferner ist die maximale Sättigungskonzentration des Sauerstoffs c_O^I in Cu eine Funktion des Sauerstoffzersetzungsdruckes von Cu_2O bei der entsprechenden Versuchstemperatur

$$c_O^I = f[\pi_{O_2}(Cu_2O/Cu)].$$

2. Ferner muß die Beweglichkeit der Sauerstoffatome in Kupfer bzw. in der α-Kupferlegierung größer sein als die Beweglichkeit der Atome des Legierungsmetalls im Kupfer. Bei Vorliegen eines Konzentrationsgefälles kann · die Diffusionsfähigkeit des Legierungsmetalls ebenfalls beachtlich werden, was bei der quantitativen Auswertung stets zu berücksichtigen ist und bereits auf S. 268ff. behandelt wurde.

3. Die freie Energie ΔF der Oxydbildung aus dem Legierungsmetall muß stets einen größeren negativen Wert besitzen als die freie Bildungsenergie für Cu_2O oder CuO (z. B. $\Delta F_{V_2O_5} = -397,1$ kcal, $\Delta F_{Cr_2O_3} = -248,3$ kcal, $\Delta F_{SiO_2} = -190,5$ kcal, $\Delta F_{MgO} = -137,9$ kcal usw. gegenüber $\Delta F_{CuO} = -25,0$ kcal oder $\Delta F_{Cu_2O} = -11,8$ kcal).

Abb. 169 stellt den idealisierten Verlauf der Konzentration des Sauerstoffs und des Legierungsmetalls in der inneren Oxydationszone und in der Legierungsphase dar. Die gleichzeitig dargestellten Konzen-

---

[1] Vogel, R., u. W. Pocher: Z. Metallkunde 21, 333 (1929).
[2] Rhines, F. N., u. C. H. Mathewson: Trans. AIME 111, 342 (1934).

trationsverläufe in der äußeren Zunderschicht wollen wir zunächst unberücksichtigt lassen. Bezeichnet c_O^I die durch den Zersetzungsdruck von Cu_2O in Gegenwart von Cu bedingte Sauerstoffkonzentration in der Legierung an der Phasengrenze äußere Zunderschicht/innere Oxydationszone und c_O^{II} die Sauerstoffkonzentration an der Phasengrenze innere Oxydationszone/Legierung, deren Wert durch den Zersetzungsdruck des Oxyds des Legierungsmetalls bestimmt ist, dann ist unter Annahme eines geradlinigen Konzentrationsverlaufs $(c_O^I - c_O^{II})/\varDelta \xi_i$ das Konzentrationsgefälle in der inneren Oxydationszone. Hält man den Sauerstoffpartialdruck — wie bereits erwähnt — genügend klein $[p_{O_2} = \pi_{O_2}(Cu_2O/Cu)]$, so wird es nur zu einer Oxydation des unedlen Legierungsmetalls kommen. Durch den Verbrauch an Legierungsmetall wird in der Nähe der Grenzfläche innere Oxydationszone/Legierung eine Konzentrationsverarmung an Legierungsmetall eintreten. Im stationären Zustand sei die Konzentration c_M^{II} gegenüber der Ausgangszusammensetzung c_M — wie sie noch im Innern der Legierung herrscht — klein. Entsprechend beträgt das Konzentrationsgefälle $(c_M - c_M^{II})/\varDelta \xi$, wo $\varDelta \xi$ diejenige Diffusionsstrecke ist, die von der Phasengrenze II bis ins Innere der Legierung zu der Stelle reicht, wo die Ausgangskonzentration c_M zu etwa 95% erreicht ist. Während der weitere Konzentrationsverlauf des Fremdmetalls in das Innere der Legierung für das zeitliche Fortschreiten der inneren Oxydation wesentlich ist, kann der weitere Verlauf der Sauerstoffkonzentration innerhalb der Legierungsphase wegen seines geringen Wertes und der Bedeutungslosigkeit für den Fortgang der inneren Oxydation vernachlässigt werden.

Die Diffusionsgeschwindigkeit von Sauerstoff durch Kupfer wurde bei verschiedenen Temperaturen von RANSLEY[1] gemessen. Es erscheint berechtigt, in erster Näherung auch für die Sauerstoffdiffusion in der inneren Oxydationszone von schwach legierten Cu-Legierungen die gleiche Diffusionsgeschwindigkeit anzunehmen, solange die in dieser Zone sich bildenden Oxyde den Diffusionsquerschnitt nicht wesentlich verringern[2]. In schwach legierten Kupferlegierungen scheint aber diese Voraussetzung erfüllt zu sein.

In gleicher Weise wurde von RHINES und MEHL[3] die Diffusionsgeschwindigkeit einer Anzahl Metalle in α-Kupferlegierungen gemessen, deren Daten zur Auswertung der Meßergebnisse der inneren Oxydation herangezogen wurden. Um ein reines Diffusionsproblem zu erhalten, nehmen wir weiter an, daß sowohl die Sauerstofflieferung an der

---

[1] RANSLEY, C. E.: J. Inst. Metals **65**, 147 (1939).

[2] MEIJERING, J. L., u. M. J. DRUYVESTEYN: Philips Res. Rep. **2**, 81, 260 (1947).

[3] RHINES, F. N., u. R. F. MEHL: Trans. AIME **128**, 185 (1938).

Phasengrenze I (Abb. 169) gemäß der Reaktionsgleichung

$$Cu_2O \longrightarrow 2Cu_{(Leg)} + O_{(gelöst\ in\ Cu\text{-}Leg)}$$

als auch der Sauerstoffverbrauch an der Phasengrenze II gemäß der Reaktionsgleichung, z. B.

$$2O_{(gelöst\ in\ Cu\text{-}Leg)} + Si_{(gelöst\ in\ Cu)} \longrightarrow SiO_2\ {}_{(eingebettet\ in\ Cu)}$$

gegenüber den Diffusionsgeschwindigkeiten von Sauerstoff und Legierungsmetall bzw. Silicium genügend groß sind.

Unter Berücksichtigung der oben diskutierten Diffusionsmöglichkeiten wird eine auf dem FICKschen Diffusionsgesetz basierende Gleichung abgeleitet, die eine quantitative Berechnung des zeitlichen Wachsens der inneren Oxydationszone aus den in der Literatur bekanntgewordenen Diffusions- und Konzentrationsdaten ermöglicht[1]. Unter Umgehung der Ableitung, die an anderer Stelle bereits ausführlich dargestellt und kommentiert wurde[2], sei hier nur das Ergebnis der Berechnung der parabolischen Zunderkonstanten k' für den Fall der inneren Oxydation hingeschrieben. Unter weitgehender Verwendung der Symbole von RHINES ergibt sich für k':

$$k' = \frac{K_s}{2} = \frac{D_O c_O^I - 0{,}84 c_M D_M \dfrac{O}{M}}{c_M \dfrac{O}{M} + \dfrac{c_O^I}{3}} \tag{4.124a}$$

bzw.

$$\frac{\Delta \xi_i^2}{t} = \frac{2 D_O c_O^I - 1{,}68 c_M D_M \dfrac{O}{M}}{c_M \dfrac{O}{M} + \dfrac{c_O^I}{3}}. \tag{4.124b}$$

Hier bedeuten D_O und D_M die Diffusionskoeffizienten des Sauerstoffs und des Fremdmetalls in der Kupferlegierung, $\Delta \xi_i$ die Dicke der inneren Oxydationszone, c_O^I die Konzentration des Sauerstoffs an der Phasengrenze I und c_M die Konzentration des Legierungsmetalls vor der Oxydation. Ferner ist O/M das Gewichtsverhältnis des Sauerstoffs zum Metall im Fremdmetalloxyd der inneren Oxydationszone. Nach RHINES ist der Fehler, der sich für die Berechnung des zeitlichen Verlaufs der inneren Oxydation aus den Gl. (4.124) ergibt, nicht größer als 1%, wenn

$$\frac{D_O c_O^I \cdot O}{D_M c_M \cdot M} > 5$$

---

[1] RHINES, F. N., W. A. JOHNSON u. W. A. ANDERSON: Als Anhang veröffentlicht im American DOCUMENTATION Institute, Office of Science Service 2101 Constitution Ave, Washington, D. C., in Document Nr. 1588.

[2] HAUFFE, K.: Reaktionen in und an festen Stoffen. S. 522ff. Berlin/Göttingen/Heidelberg: Springer 1955.

ist. Sollte dieser Faktor jedoch kleiner als 5 werden, so sind die in den auf der vorigen Seite (in den Fußn. 1 und 2) zitierten Arbeiten abgeleiteten genaueren — allerdings komplizierteren — Gleichungen zu verwenden. [Siehe z. B. bei K. HAUFFE, Gl. (6.180) bis (6.182) auf S. 528.]

Tab. 38 enthält eine Gegenüberstellung der experimentellen Daten und der nach Gl. (4.124b) berechneten. Die Übereinstimmung ist im allgemeinen recht gut, wenn auch an einigen Systemen beachtliche Abweichungen auftreten. Ganz allgemein erkennt man aus Gl. (4.124), daß die innere Oxydationsgeschwindigkeit mit wachsendem Prozentgehalt des Legierungsmetalls abnehmen muß.

Zur Beschreibung der Temperaturabhängigkeit der Wachstumsgeschwindigkeit der inneren Oxydationszone wurde die folgende, zu Gl. (4.123) identische, Beziehung verwandt:

$$\log \frac{\varDelta \xi_i^2}{t} c_M = \frac{a'}{T} + b',   \tag{4.125}$$

die im allgemeinen innerhalb des Legierungsbereiches von 0,1 bis 1 Gew.-% Legierungsmetall mit einer Genauigkeit von $\pm 5\%$ erfüllt ist. Die entsprechenden Werte für a' und b' sind in Tab. 38, Spalte 4, aufgeführt.

Der hier skizzierte Mechanismus der inneren Oxydation ist zwischen 750 und 1000° C gültig. Bereits unterhalb 750° C werden merkliche Abweichungen in der Berechnung des zeitlichen Verlaufs der inneren Oxydation beobachtet, die mit fallender Temperatur größer werden. Ferner wurde festgestellt, daß bei höheren Temperaturen ($>800°$ C) im allgemeinen die Ausscheidung des Fremdoxyds im Innern des Kupferkristalls in homogener statistischer Verteilung erfolgt, während bei niedrigeren Temperaturen die Oxydbildung überwiegend an den Korngrenzen stattfindet. Durch solch eine bevorzugte Oxydbildung entlang der Korngrenzen kann es infolge Umhüllung der Kupferkristalle durch die Oxydschicht gelegentlich zu erheblichen Störungen der Sauerstoffdiffusion und damit zu einer Abnahme der inneren Oxydationsgeschwindigkeit kommen. Bei etwas höheren Konzentrationen an Legierungsmetall kann auch infolge zu starker Oxydbildung an den Korngrenzen eine Aufsprengung der Oxydumhüllungen der Kupferkristalle eintreten. Hierdurch wird aber dem Sauerstoff die Diffusion infolge „innerer Hohlräume" erleichtert, was mit einem Ansteigen der inneren Oxydationsgeschwindigkeit verbunden ist. Weitere Abweichungen von den Beziehungen (4.124) können auch dann auftreten, wenn sich während der Oxydation eine flüssige Phase bildet, wie das bei den Kupferlegierungen mit Molybdän der Fall ist (s. S. 211) und mit Blei, Cadmium und höheren Gehalten an Phosphor zu vermuten ist.

Wie eingangs erwähnt, muß das Auftreten einer inneren Oxydationszone einen mehr oder minder großen Einfluß auf die mechanischen Eigenschaften dieser Legierungen bei höheren Temperaturen haben. MARTIN und SMITH[1] untersuchten den Einfluß der inneren Oxydation auf die Ermüdungserscheinungen von Kupferlegierungen mit 0,3 Gew.-% Si und 0,05 bzw. 0,25 Gew.-% Al an polykristallinem Material und auch an Einkristallen. Hierbei wurde festgestellt, daß an polykristallinen Kupferlegierungen der Ermüdungswiderstand mit der inneren Oxydation abnimmt. An Einkristallen wird der entgegengesetzte Effekt beobachtet, d. h. Zunahme des Ermüdungswiderstandes. Die Ermüdungserscheinungen eines Materials bei Wechselbeanspruchung, die mit dem plastischen Fließen und damit auch mit der Bewegung von Versetzungen im Zusammenhang stehen, werden von MARTIN und SMITH unter Zugrundelegung der Darstellung von FISHER, HART und PRY[2] mit der Art der Ausscheidung der sich in der inneren Oxydationszone ausbildenden Oxydpartikelchen in Zusammenhang gebracht. Hiernach sollen die für die Ermüdungserscheinungen maßgebenden „freien" Versetzungen in der inneren Oxydationszone eines Legierungs-Einkristalls durch die Fremdoxydteilchen „eingefangen" werden, so daß sie damit weitgehend für das plastische Fließen ausscheiden. Das Ausmaß dieses Einfangvorganges wird wesentlich von der Größe und dem Abstand dieser Oxydpartikel untereinander abhängen.

Neben MEIJERING und DRUYVESTEYN[3] haben sich auch SMITH und Mitarbeiter[4] mit dem Einfluß der inneren Oxydation von Kupfer- und Silberlegierungen auf die Härte beschäftigt.

In der bisherigen Betrachtung haben wir uns ausschließlich mit dem Mechanismus der inneren Oxydation beschäftigt, ohne die Bildung der äußeren Zunderschicht und deren Einfluß auf die Ausbildung der inneren Oxydationszone zu berücksichtigen. Da jedoch häufig die angreifende Atmosphäre auch eine äußere Oxydation bewirkt, ist eine Berücksichtigung dieses Sachverhalts erforderlich. Wie Messungen der inneren Oxydationsgeschwindigkeit bei Abwesenheit und in Gegenwart einer äußeren Zunderschicht ergeben haben, wirkt die äußere Zunderschicht im allgemeinen „bremsend" auf die innere Oxydationsgeschwindigkeit. In Analogie zur Beziehung (4.123) gilt für die Temperaturabhängigkeit der inneren Oxydationsgeschwindigkeit in Gegenwart einer äußeren Zunderschicht:

$$\log \frac{\Delta \xi_i^2}{t} = \frac{c}{T} + d. \tag{4.126}$$

[1] MARTIN, J. W., u. G. C. SMITH: J. Inst. Metals **83**, 153 (1954/55).

[2] FISHER, J. C., E. W. HART u. R. H. PRY: Acta Metallurgica **1**, 336 (1953).

[3] MEIJERING, J. L., u. M. J. DRUYVESTEYN: Philips Res. Rep. **2**, 81, 260 (1947).

[4] SMITH, G. C., u. D. W. DEWHIRST: Trans. Australian Inst. Metals **3**, 71 (1950). — Vgl. auch J. J. DE JONG: Ingenieur **64**, 0.92 (1952).

Die Gültigkeit dieser Beziehung wird durch die Abb. 170 und 171 belegt. Die Werte der Konstanten c und d sind für einige Legierungen in Tab. 38 zusammengestellt. Wie aus den Abbildungen hervorgeht, stimmen auf Grund der gleichen Neigungen der Geraden *1* und *3* bzw. *2* und *4* die Konstanten a und c praktisch überein, wenn auch die genauere Rechnung gewisse Abweichungen ergibt (s. Tab. 38). Das gleiche gilt für die Konstanten b und d. Hier aber sind die Abweichungen teilweise bedeutend größer.

Der Mechanismus der kombinierten inneren und äußeren Oxydation ist verständlicherweise komplizierter als der der alleinigen inneren Oxydation. Die schematische Darstellung der Diffusions- bzw. Konzentrationsverhältnisse ist in Abb. 169 wiedergegeben. Um auch für diesen

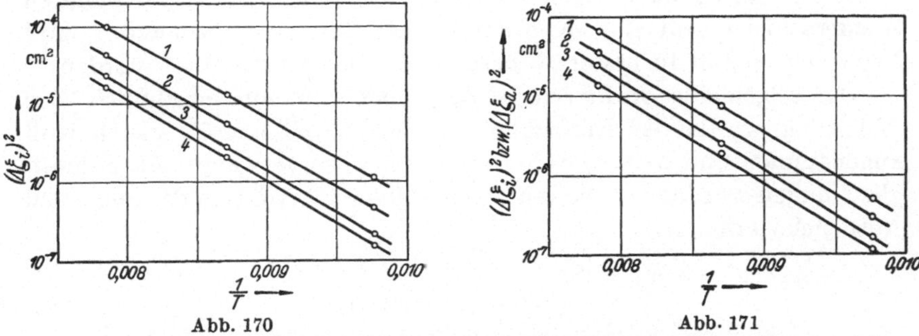

Abb. 170   Abb. 171

Abb. 170. Temperaturabhängigkeit des Quadrates der Dicke der inneren Oxydationszone einiger Cu-Legierungen nach RHINES, JOHNSON und ANDERSON
1: 0,02% Ge;   *2*: 0,108% Si;   *3*: 0,10% Fe;   *4*: 1,55 Gew.-% Mn

Abb. 171. Temperaturabhängigkeit des Quadrates der Dicke der inneren ($\Delta \xi_i^2$) und der äußeren Oxydationszone ($\Delta \xi_a^2$) einer Cu-Legierung mit 0,33% Mn (*1* und *2*) und einer solchen mit 0,45 Gew.-% Si (*3* und *4*) nach RHINES, JOHNSON und ANDERSON. (*1* und *3*: innere Oxydation allein; *2* und *4*: innere und äußere Oxydation)

Oxydationsmechanismus eine handliche mathematische Beziehung zwischen der Oxydationsgeschwindigkeit und den maßgebenden Diffusionskoeffizienten und Konzentrationen aufzustellen, ist es erforderlich, auch hier gewisse Vereinfachungen einzuführen, die dann experimentell in erster Näherung realisierbar sein müssen.

1. Die Sauerstoffkonzentration soll in dem nichtoxydierten Teil der Legierung praktisch Null sein. (Dies kann man annähernd dadurch erreichen, daß man ein Legierungsmetall wählt, dessen Oxyd eine hohe negative Bildungsarbeit besitzt.)

2. Die Gegenwart des Fremdoxyds in der inneren Oxydationszone soll keinen Einfluß auf den Ablauf der äußeren Oxydation haben, was bei sehr niedrigen und unedlen Legierungszusätzen durchaus realisierbar und auch des öfteren beobachtet worden ist. Wie wir aber in Abschn. 4.2.1 und 4.2.2 gezeigt haben, ist häufig das Einwandern von Fremdionen in die äußere Oxydschicht auch bei kleinen

Legierungszusätzen nicht zu vermeiden, so daß es zu erheblichen Änderungen der Oxydationsgeschwindigkeit in der äußeren Oxydationszone kommen kann, was sich wiederum auf den zeitlichen Verlauf der inneren Oxydation auswirken kann. Werden beispielsweise Legierungszusätze in die äußere Zunderschicht herausoxydiert und wird hierdurch die äußere Oxydationsgeschwindigkeit um Zehnerpotenzen erhöht, so kann trotz Erfüllung der thermodynamischen Bedingung zur Fremdoxydbildung in der inneren Oxydationszone deren Ausbildung weitgehend unterdrückt werden.

3. Die Gegenwart einer CuO-Schicht in der äußeren Zunderschicht einer Cu-Legierung (in jedem Fall sehr klein, solange eine Metallphase vorliegt, s. S. 228) soll zu vernachlässigen sein.

4. Sowohl in der inneren Oxydationszone als auch in der äußeren Zunderschicht soll das Konzentrationsgefälle von Sauerstoff und Legierungsmetall in erster Näherung als linear betrachtet werden.

Das allgemeine Verfahren ist dem oben behandelten ähnlich. Zur Ableitung wurde der Einfachheit halber c_M^I, c_M^{II} und c_O^{II} gleich Null angenommen und weitere Näherungen wie oben verwandt. Als Schlußgleichungen wurden für die innere und äußere Oxydation die folgenden Ausdrücke erhalten:

$$\frac{\Delta \xi_i^2}{t} = \frac{2 c_O D_O}{\alpha} \qquad \text{(innere Oxydation)} \qquad (4.127)$$

und

$$\frac{\Delta \xi_a^2}{t} = \frac{2(c_{Cu}^I - c_{Cu}^0)}{\beta} \cdot D_{Cu} \qquad \text{(äußere Oxydation)} \qquad (4.128)$$

mit den Ausdrücken für α und β:

$$\alpha = \frac{O}{M} c_M \left(1 + \delta \sqrt{\frac{k_a}{k_i}}\right)\left(1 + 1{,}68 \frac{D_M}{k}\right),$$

wo $k = (\delta \sqrt{k_a} + \sqrt{k_i})^2$ ist und δ den Quotienten aus dem Produkt der Dichte des Cu_2O mit dem doppelten Atomgewicht des Kupfers durch das Produkt der Dichte des Kupfers mit dem Molekulargewicht des Cu_2O bedeutet, und

$$\beta = (1 - c_M) + 2 \frac{O}{M} \alpha \sqrt{\frac{k_i}{k_a}}.$$

Neben den bereits definierten Symbolen kommen neu $(c_{Cu}^I - c_{Cu}^0)$ und D_{Cu} als Konzentrationsgradient und Diffusionskoeffizient des Kupfers in der äußeren Zunderschicht und k_i und k_a als Zunderkonstanten der inneren und äußeren Oxydation hinzu. Diese Gleichungen lassen sich im Gegensatz zur Gleichung bei alleiniger innerer Oxydation nicht in eine einfache Form bringen.

Zur Auswertung von Gl. (4.128) wird man zwecks Berechnung des Wertes $(c_{Cu}^I - c_{Cu}^0) \cdot D_{Cu}$ die von WAGNER und HAMMEN[1] an reinem Cu_2O an der Phasengrenze 0 (s. Abb. 169) erhaltene Leerstellenkonzentration $c_{Cu\square}^0{}'$ verwenden, wenn man bedenkt, daß

$$(c_{Cu}^I - c_{Cu}^0)\, D_{Cu} = (c_{Cu\,\square}^0{}' - c_{Cu\,\square}^I{}')\, D_{Cu}$$

ist (Achtung: Dimension, RHINES verwendet Gew.-%). Ferner ist D_{Cu} in Cu_2O aus Selbstdiffusionsmessungen von MOORE und SELIKSON[2] bekannt, sowie aus den experimentellen Ergebnissen der Oxydation von Kupfer zu Cu_2O nach WAGNER und GRÜNEWALD[3] berechenbar (s. S. 145). RHINES und Mitarbeiter haben für ihre Berechnungen die älteren Daten von PILLING und BEDWORTH[4] zugrunde gelegt, die teilweise nicht die gewünschte Genauigkeit haben. Trotz Verwendung

Tabelle 39. *Vergleich der berechneten mit den gefundenen Oxydationsgeschwindigkeiten in der äußeren und inneren Oxydationszone nach* RHINES, JOHNSON *und* ANDERSON

Ge-löstes Metall	c_M Gew.-%	$T°\,C$	$(c_1 - c_2) \cdot D_{Cu} \cdot 10^{+7}$	Dicke der äußeren $\Delta\xi_a$ bzw. inneren $\Delta\xi_i$ Oxydationszone nach 100 Std. in cm				
				$\Delta\xi_a$		$\Delta\xi_i$		korrigiert
				ber.	gef.	ber.	gef.	
Al	0,03	750	1,43	0,042	0,038	0,093	0,061	0,095
Al	0,45	750	1,43	0,041	0,047	0,017	0,0129	0,016
Al	0,45	875	14,0	0,126	0,107	0,072	0,097	0,076
Al	0,45	1000	87,4	0,314	0,247	0,235	0,260	0,249
Be	0,018	1000	87,4	0,323	0,249	1,031	0,923	1,051
Si	0,076	750	1,43	0,042	0,028	0,048	0,032	0,051
Si	0,18	750	1,43	0,041	0,032	0,028	0,028	0,030
Si	0,18	875	14,0	0,128	0,111	0,110	0,126	0,114
Si	0,59	750	1,43	0,040	0,029	0,012	0,0142	0,014
Si	0,59	875	14,0	0,124	0,080	0,048	0,068	0,052

dieser älteren Meßdaten stehen die berechneten Zundergeschwindigkeiten mit den gemessenen in befriedigender Übereinstimmung. In Tab. 39 sind einige Daten, die an Cu-Al-, Cu-Be- und Cu-Si-Legierungen erhalten wurden, zusammengestellt.

An gewissen Cu-Legierungen mit Beryllium und Aluminium als Legierungspartner fand RHINES[5] innerhalb der inneren Oxydationszone eine intermittierende Bildung von schmalen Oxydationszonen,

---

[1] WAGNER, C., u. H. HAMMEN: Z. physik. Chem. (B) **40**, 197 (1938).

[2] MOORE, W. J., u. B. SELIKSON: J. chem. Physics **19**, 1539 (1951); **20**, 927 (1952).

[3] WAGNER, C., u. K. GRÜNEWALD: Z. physik. Chem. (B). **40**, 455 (1938).

[4] PILLING, N. B., u. R. E. BEDWORTH: J. Inst. Metals **29**, 529 (1923).

[5] RHINES, F. N.: Trans. AIME **137**, 246 (1940).

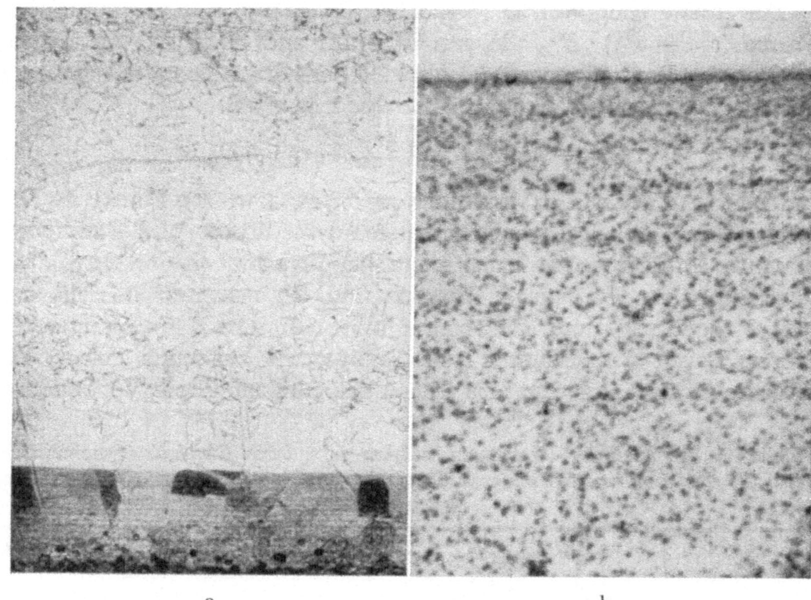

a   b

Abb. 172a u. b. Cu-Legierung mit 0,106 Gew.-% Beryllium, 2 Std. bei 1000°C oxydiert, zeigt
LIESEGANGsche Bänder in der inneren Oxydationszone (a: 50fache und b: 500fache Vergr.),
nach RHINES und Mitarbeitern

Abb. 173. Cu-Legierung mit 0,72 Gew.-% Al, 2 Std. bei 1000°C oxydiert, zeigt Perlit-Struktur
mit LIESEGANGschen Bändern, die eine rhythmische Ausscheidung von Al_2O_3 in Cu darstellen
(230fache Vergr.), nach RHINES und Mitarbeitern

die sich in gesetzmäßigen Abständen mit schmalen metallischen, also nicht anoxydierten, Zonen abwechselten, ähnlich dem bekannten Erscheinungsbild von LIESEGANGschen Ringen bei rhythmischen Fällungen schwerlöslicher Verbindungen in Gelen (s. Abb. 172 und 173). Diese Erscheinung wurde bereits früher von SMITH[1] beschrieben. Der Mechanismus dieser Erscheinung ist jedoch heute noch in wesentlichen Punkten ungeklärt. In diesem Zusammenhang ist eine Arbeit von WAGNER[2] über das Ausscheiden von Phasen während der Diffusion erwähnenswert, die als Ausgangspunkt für weitere Betrachtungen empfohlen werden kann.

Über den verschiedenen Einfluß der Legierungspartner auf die relativen Geschwindigkeiten der inneren und äußeren Oxydation erhält man eine erste Information aus Abb. 174. Hier sind für eine Cu-Si-Legierung die Zunderkonstanten k'_a und k'_i gesondert als Funktion vom Si-Gehalt von RHINES und Mitarbeitern aufgetragen worden. Es ergab sich, daß die Wachstumsgeschwindigkeit der äußeren Oxydationszone nur langsam mit steigendem Siliciumgehalt abnimmt, während die Wachstumsgeschwindigkeit der inneren Oxydationszone mit steigendem Si-Gehalt anfangs rasch abfällt, sich aber bei höheren Konzentrationen ($>$0,8 Gew.-%) eben-

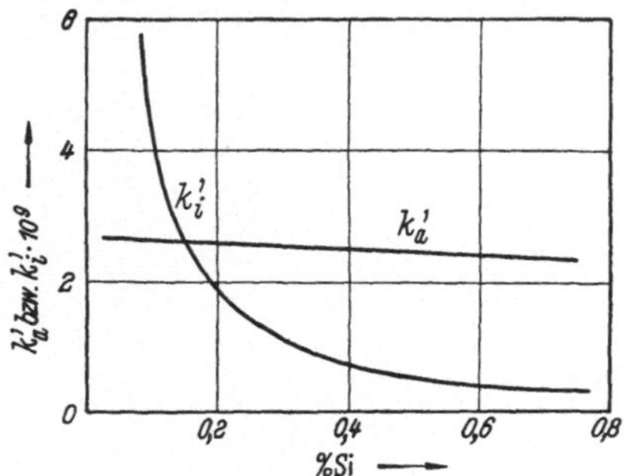

Abb. 174. Abhängigkeit der Wachstumsgeschwindigkeit der inneren (k'_i) und äußeren (k'_a) Oxydationszone einiger Cu-Si-Legierungen vom Si-Gehalt in Gew.-% nach RHINES und Mitarbeitern.
$(k'_i = (\Delta \xi_i)^2/t$ und $k'_a = (\Delta \xi_a)^2/t$ in cm²/sec$)$

falls nur wenig ändert. In Abb. 175 sind als Beispiele die Schliffbilder einiger bei 1000° C 2 Std. anoxydierter Cu-Legierungen wiedergegeben. In allen Fällen war die innere Oxydationszone deutlich zu erkennen, die von der übrigen Legierung scharf abgegrenzt war.

Im Hinblick auf die Bedeutung der inneren Oxydation für technisch verwendbare Cu-Legierungen, die ja in den wenigsten Fällen binäre Legierungssysteme darstellen, wurden auch Oxydationsversuche an ternären Cu-Legierungen durchgeführt. Die Abb. 176 und 177 stellen Mikrophotographien von bei 1000 bzw. 900° C anoxydierten Cu-Zn- und Cu-Sn-Legierungen mit Zusätzen an Be, Al und Si dar. An allen diesen Legierungssystemen traten innerhalb der inneren Oxydationszone zwei deutlich sichtbare Oxydationsbereiche auf. Der

---

[1] SMITH, C. S.: Min. &. Met. **11**, 213 (1930); **13**, 481 (1932) — J. Inst. Metals **46**, 49 (1931).

[2] WAGNER, C.: J. Metals **6**, 154 (1954). — Siehe ferner auch J. H. HOLLOMON u. D. TURNBULL: Nucleation, in Progr. in Metal Physics **4**, 333 (1953).

der äußeren Zunderschicht benachbarte Oxydationsbereich enthielt
Oxyde beider Legierungsmetalle, während der an die Legierung an-
grenzende innere schmale Oxydationsbereich nur ein Oxyd (das mit

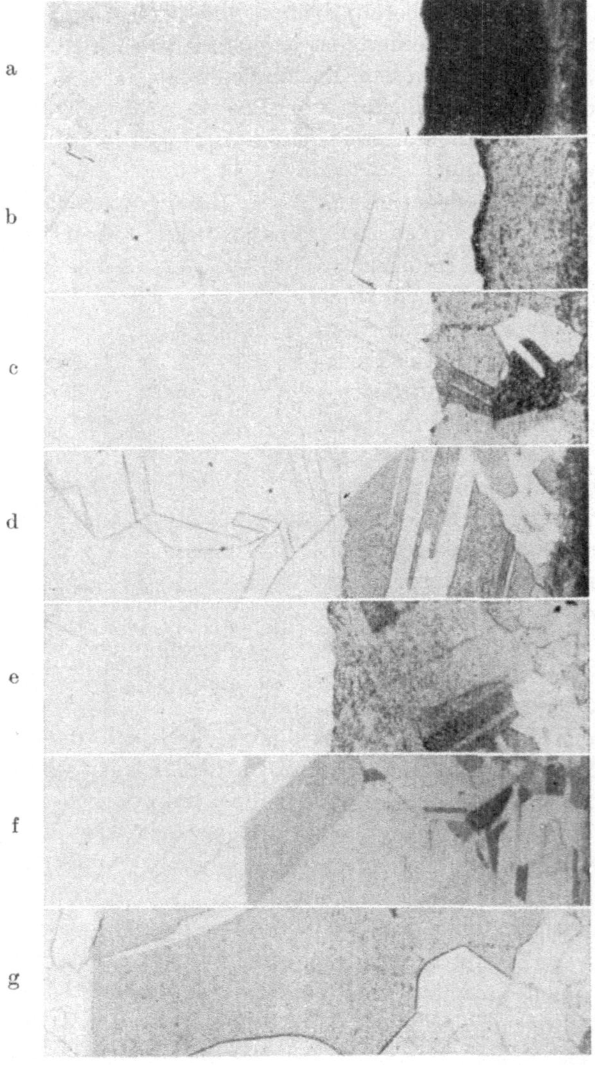

Abb. 175 a—g. 2 Std. bei 1000° C in Luft anoxydierte Cu-Si-Legierungen (50 fache Vergr.) nach
RHINES. Abnahme der Wachstumsgeschwindigkeit der inneren Oxydationszone mit steigendem
Si-Gehalt. (Si in Gew.-%: a: 0,045; b: 0,076; c: 0,103; d: 0,180; e: 0,30; f: 0,59; g: 0,85% Si)

der größten negativen Bildungsarbeit) aufwies. Die relative Ausdehnung dieses Oxydationsbereiches richtet sich nach dem Konzen-

trationsverhältnis beider Legierungsmetalle, nach der Temperatur und nach der noch vorhandenen Sauerstoffkonzentration und ihrem Gradienten im zweiten Bereich der inneren Oxydationszone. Schließlich

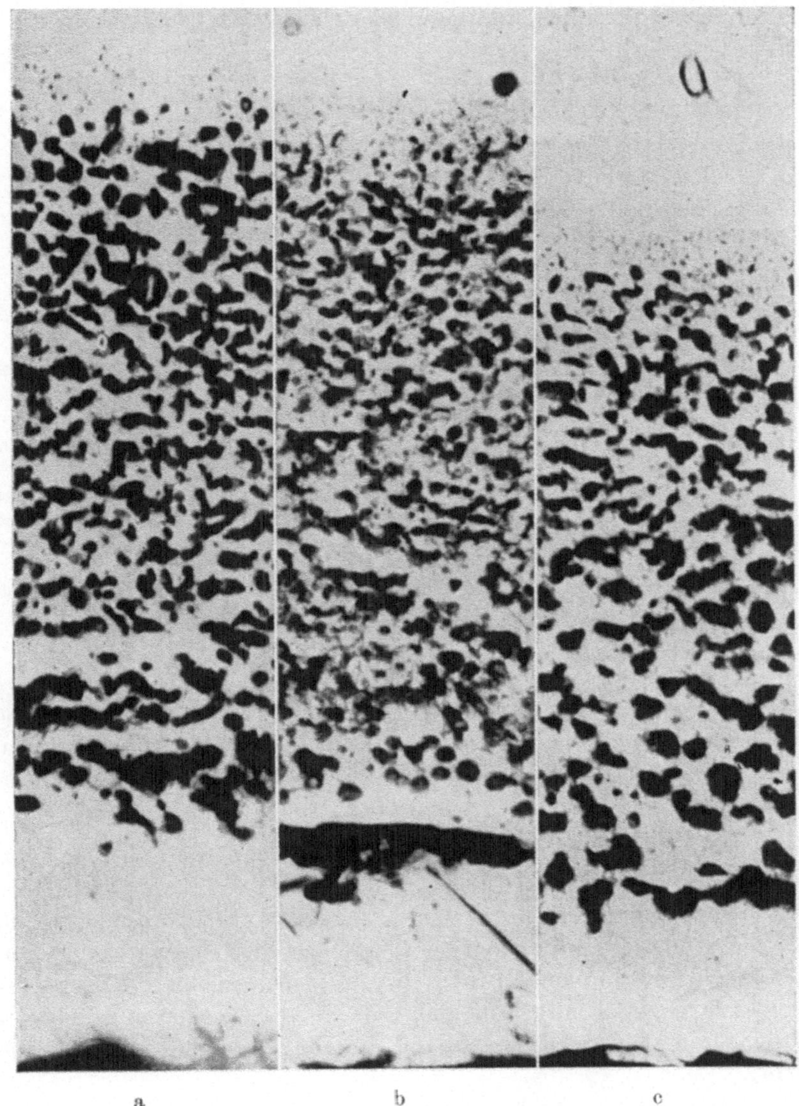

a   b   c

Abb. 176a—c. Schliffbilder von bei 1000°C 2 Std. anoxydierten ternären Cu-Legierungen nach RHINES (500fache Vergr.). Die dunkel gefärbte innere Oxydationszone enthält ein ternäres Gemenge von ZnO, vom Oxyd des 3. Legierungspartners und von metallischem Cu. Die zweite oberhalb anschließende, schwach punktierte, enge Zone enthält eine fein verteilte Oxydausscheidung nur des unedelsten Oxyds. Die weiße Zone an der Phasengrenze Legierung/innere Oxydationszone ist die Folge einer „Entzinkung". a enthält 9,52 Gew.-% Zn + 0,03% Be; b enthält 9,25% Zn + 0,13% Al; c enthält 9,81% Zn + 0,085% Si

ist noch als selbstverständliche Voraussetzung der Unterschied in den Bildungsarbeiten beider Fremdoxyde zu nennen. Je größer dieser Unterschied ist (z. B. $\Delta F_{Al_2O_3} = -364{,}1$ und $\Delta F_{ZnO} = -70$ kcal), umso deutlicher wird die Doppelzone zu erkennen sein. An ternären Legierungen mit größenordnungsmäßig gleichen Oxydbildungsarbeiten

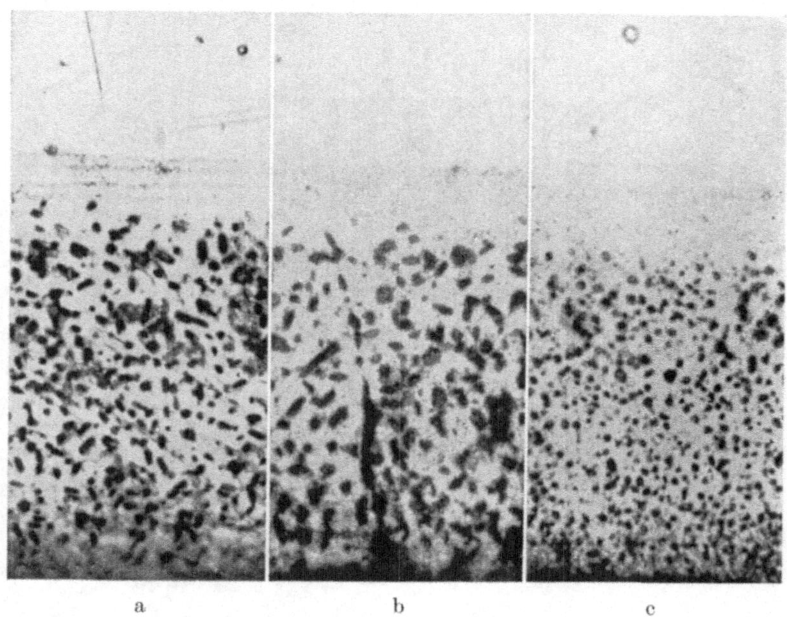

a   b   c

Abb. 177 a—c. Schliffbilder von bei 900° C 3 Std. anoxydierten ternären Cu-Legierungen nach RHINES (500fache Vergr.). Auch hier befindet sich über der ersten dunkel gefärbten inneren Oxydationszone eine schmale zweite mit einer fein verteilten Oxydationsausscheidung des stabilsten Oxyds. a enthält 4,93 Gew.-% Sn + 0,006% Be; b enthält 5,43% Sn + 0,06 Al; c enthält 5,02% Sn + 0,085% Si

der Legierungsmetalle beobachtet man in gleicher Weise wie bei den binären Legierungen nur eine einzige Zone innerhalb der inneren Oxydationszone.

Um auch an ternären Legierungen wenigstens größenordnungsmäßig die Wachstumsgeschwindigkeit der inneren Oxydationszone abschätzen zu können, wurde von RHINES und Mitarbeitern eine Näherungsformel für den Fall mitgeteilt, daß sich im wesentlichen nur eine einheitliche innere Oxydationszone bildet. Die Gleichung hat folgende Form:

$$\frac{(\Delta \xi_i)^2}{t} = \frac{2 D_0 c_0^I}{\gamma}\left(1 + \frac{k}{12 D_0}\right), \tag{4.129}$$

wo

$$\gamma = \frac{c_0^I}{2} + \frac{O}{M} c_M\left(1 + 1{,}68 \frac{D_M}{k}\right) + \frac{O}{N} c_N\left(1 + 1{,}68 \frac{D_N}{k}\right) + \quad \text{usw.}$$

ist. Die Buchstaben M und N kennzeichnen hier die Legierungsmetalle M und N. Ferner ist k hier die mittlere parabolische Oxydationskonstante der gesamten inneren Oxydation (also wenn beide Metalloxyde entstehen).

Nach dieser Gleichung wurde die Dickenzunahme der inneren Oxydationszone für die Zunderung einer Cu-Legierung mit 0,02% Be und 0,30 Gew.-% Sn bei 1000° C zu $5,67 \cdot 10^{-3}$ cm je Std. berechnet, während der gemessene Wert $4,68 \cdot 10^{-3}$ cm je Std. betrug. Da die Begrenzung des der Legierung zugekehrten Endes der inneren Oxydationszone bei ternären Legierungen ohnehin häufig nicht genau bestimmbar ist, erscheint gegenwärtig die Aufstellung einer genaueren Formel nicht dringend. Eine Zusammenstellung der Meßergebnisse an ternären Legierungen findet sich am Schluß von Tab. 38.

In gleicher Weise wurde von RHINES und GROBE[1] die innere Oxydation von Silber- und Weißmetallegierungen untersucht. Eine Zusammenstellung einiger Versuchsergebnisse findet sich in Tab. 40. Bei zahlreichen Legierungen war die Ausbildung der inneren Oxydationszone identisch mit der der Cu-Legierung. Dies geht besonders aus Abb. 178 hervor. Die innere Oxydationszone verläuft hier ebenfalls mit einer scharfen Grenze und häufig parallel zur äußeren Phasengrenze. Bei höheren Legierungszusätzen kann es jedoch infolge bevorzugter Fremdoxydbildung an den Korngrenzen zu erheblichen Abweichungen kommen, was sich bereits im Schliffbild durch eine ungleichmäßige Ausbildung der inneren Oxydationszone ohne glatte Begrenzung der Oxydschicht zu erkennen gibt.

In neuerer Zeit wurde von MOREAU und BÉNARD[2] bei der Oydation von Nickel-Chrom-Legierungen zwischen 800 und 1300° C in Luft von 1 Atm neben der äußeren Zunderschicht ebenfalls eine innere Oxydationszone nachgewiesen, worauf schon auf S. 165 und Abb. 71 hingewiesen wurde. Die Ausbildung der inneren Oxydationszone entfällt jedoch, wenn wir zu H_2-H_2O-Gemischen übergehen. Offenbar ist hier die Chemisorption von H_2O und die Spaltung gemäß der Brutto-Reaktionsgleichung

$$H_2O^{(g)} \longleftrightarrow O_{(gelöst\ in\ Leg)} + H_2^{(g)}$$

merklich langsamer als die Andiffusion von Chrom aus der Legierung zur Phasengrenze Legierung/Zunderschicht.

Abschließend sei bemerkt, daß die innere Oxydation nicht nur an Kupfer- und Silberlegierungen eine maßgebende Rolle für die Zunderbeständigkeit und das mechanische Verhalten (Warmfestigkeit, Härte, Ermüdungserscheinungen bei Wechselbelastungen usw.) spielt,

---

[1] RHINES, F. N., u. A. H. GROBE: Trans. AIME **147**, 318 (1942).
[2] MOREAU, J., u. J. BÉNARD: C. R. Séances Acad. Sci. **237**, 1417 (1953).

sondern daß diese Erscheinung der Oxydation auch für andere Legierungen (z. B. Stähle, Nickel-, Titan- und Zirkonlegierungen) mit

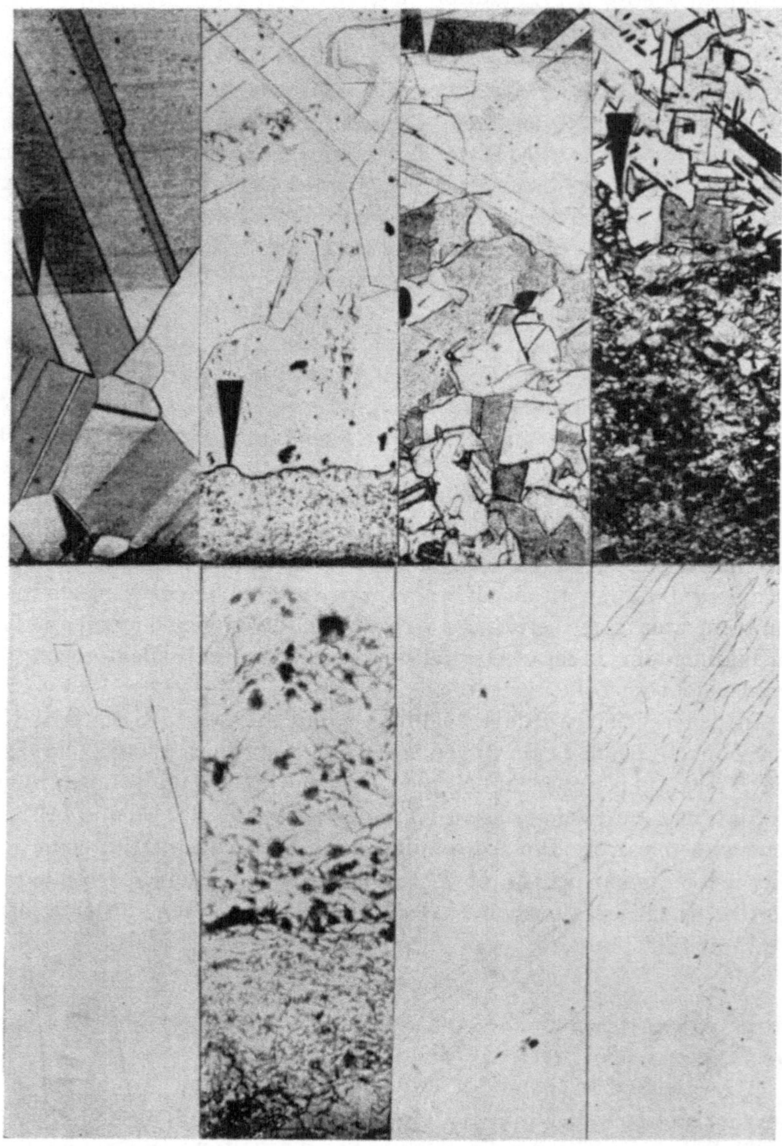

Abb. 178. Schliffbilder einiger bei 850°C in Luft anoxydierter Ag-Legierungen nach Rhines und Grobe. Die vier unteren Bilder zeigen die Oxydationsausscheidung in der inneren Oxydationszone (500 fache Vergr.).
Ag   mit 0,41 Gew.-%   Al (3 Std. oxydiert, 75 fache Vergr.)
Ag   mit 1,99 Gew.-%   Mg (3 Std. oxydiert, 75 fache Vergr.)
Ag   mit 0,04 Gew.-%   Ti ($\frac{1}{2}$ Std. oxydiert, 50 fache Vergr.)
Ag   mit 0,04 Gew.-%   Fe ($\frac{1}{2}$ Std. oxydiert, 50 fache Vergr.)

Legierungspartnern hoher negativer Oxydbildungsarbeiten in kleinen
Konzentrationen von Bedeutung ist, wo das Basismetall ein Lösungsvermögen für Sauerstoff zeigt. In vielen Fällen wird selbst eine so
kleine Sauerstofflöslichkeit, die analytisch kaum nachweisbar ist,
genügen, um bei längeren Wärmebehandlungen solcher Legierungen
in Luft eine innere Oxydation zu verursachen. Während man sich
bisher zur Ermittlung des zeitlichen Wachsens der inneren Oxydationszone der direkten Messung der Zonendicke im Schliffbild bediente[1],
ein Verfahren, das relativ genaue Ergebnisse liefert, aber recht mühsam
ist, versuchte kürzlich RAETHER[2] das zeitliche Wachsen der inneren
Oxydationszone durch die zeitliche Änderung der elektrischen Leitfähigkeit zu bestimmen. Ganz abgesehen von der nicht ganz einfachen
Versuchsanordnung, bereitet die Überwindung der Störungsquellen
erhebliche Schwierigkeiten, da bereits kleinste Legierungsverunreinigungen eine Widerstandsänderung verursachen, die häufig in derselben
Größenordnung liegt wie die durch die innere Oxydation auftretende.
Weitere vergleichende Untersuchungen nach beiden Meßverfahren erscheinen wünschenswert.

Tabelle 40. *Geschwindigkeit der inneren Oxydation von Silberlegierungen nach*
RHINES *und* GROBE

Gelöst in Ag	c_M Gew.-%	c_O Gew.-%	$D_O \cdot 10^6$ cm²/sec	$D_M \cdot 10^9$ cm²/sec	Oxyd	Dicke der inneren Oxydationszone nach 3 Std. bei 850° C in cm	
						ber.	gef.
Cd	2,48	0,0024	1,6	2,16	CdO	0,0139	0,0276
Cu	1,10	0,0024	1,6	0,86	Cu_2O	0,0242	0,0945
In	0,73	0,0024	1,6	1,28	In_2O	0,0414	0,0809
Sn	2,89	0,0024	1,6	5,13	SnO	0,0180	0,0294
Sb	2,79	0,0024	1,6	3,10	Sb_2O_3	0,0106	0,0235

In diesem Zusammenhang sind die von PAWLEK[3] veröffentlichten
Untersuchungen über die elektrische Leitfähigkeit von „reinstem"
Kupfer sehr interessant und aufschlußreich. Es wurde beobachtet,
daß reinstes Kupfer, welches in Luft wärmebehandelt wurde, eine
höhere elektrische Leitfähigkeit zeigte als das gleiche Kupfer, wenn
man es im Hochvakuum wärmebehandelte. Dieses unterschiedliche
elektrische Verhalten der beiden Kupferproben läßt sich nach den
obigen Ausführungen offenbar nur so verstehen, daß im ersten Falle
die noch im Kupfer vorhandenen Spuren an unedleren Legierungs-

---

[1] RHINES, F. N.: J. Corrosion **4**, 15 (1947).
[2] RAETHER, S.: Diss. Univ. Greifswald 1955.
[3] PAWLEK, F.: Z. Metallkunde **43**, 351 (1952).

bestandteilen, die stets zu einer Abnahme der elektrischen Leitfähigkeit führen, durch den eindringenden Sauerstoff infolge innerer Oxydation „herausextrahiert" wurden, während sie bei einer Wärmebehandlung im Hochvakuum oder in einem Inertgas in der Legierung verblieben.

Abschließend sei noch erwähnt, daß man prinzipiell wohl auch an Titan- und Zirkonlegierungen mit dem Auftreten einer inneren Oxydation rechnen muß, da beide Metalle eine verhältnismäßig hohe Sauerstoffaufnahme zeigen, durch die die mechanisch-technologischen Eigenschaften entscheidend verändert werden. Inwieweit die Zunahme der Härte und der Sprödigkeit von sogenanntem reinen Titan auf eine alleinige Sauerstofflöslichkeit oder auf eine innere Oxydation der an den Korngrenzen stets angereichert vorkommenden Fremdmetalle (z. B. Nb, Ta, W usw.) mit hohen Oxydbildungsarbeiten zurückzuführen ist, sollte durch geeignete Versuche unter dieser speziellen Fragestellung geprüft werden. Schon nach einer kurzen Oxydationsperiode hatten Titanlegierungen mit kleinen Zusätzen an Wolfram und Niob (etwa 1 Atom-%) bereits eine so große Sprödigkeit erlangt, daß Blechproben von 1 bis 2 mm Dicke sich leicht zerbrechen ließen[1].

5 Über den Mechanismus des Angriffs von Schwefel und Schwefelverbindungen auf Metalle und Legierungen

Bei geschwindigkeitsbestimmender Diffusion und Transportvorgängen gehorcht die Schwefelungsgeschwindigkeit der Metalle den gleichen Gesetzmäßigkeiten, wie sie für den Sauerstoffangriff auf Metalle beschrieben wurden. Dieser Sachverhalt wurde im Falle der Schwefelung von Silber mit flüssigem Schwefel bei 220° C von WAGNER[2] nachgewiesen. Häufig treten jedoch erhebliche Komplikationen im Reaktionsmechanismus auf, was durch geschwindigkeitsbestimmende Phasengrenzreaktionen, Keimbildung und Porendiffusion verursacht wird, so daß es ratsam erscheint, diese Reaktionen einer getrennten Betrachtung zu unterziehen, um die Übersichtlichkeit der bisherigen Darstellung nicht zu verwirren. Auch schon bei Betrachtung der Fehlordnungsgleichgewichte in Sulfiden ergeben sich insofern Schwierigkeiten, als die Elektronenfehlordnung häufig sehr groß ist und durch die aus der BOLTZMANN-Statistik sich ergebenden Gesetzmäßigkeiten

---

[1] Unveröffentlichte Versuche von P. KOFSTAD u. K. HAUFFE.
[2] WAGNER, C.: Z. physik. Chem. (B) **21**, 25 (1933).

nicht mehr beschrieben werden kann. Ferner ist die Ionenfehlordnung in diesen Oxyden noch nicht genügend aufgeklärt. Weiterhin wird ganz allgemein beobachtet, daß Sulfiddeckschichten auf Metallen viel weniger gut haften als die entsprechenden Metalloxyde. Dies hängt offensichtlich damit zusammen, daß der Volumenquotient (d. h. das Verhältnis: Volumen des Sulfids dividiert durch Volumen der äquivalenten Menge Metall), der wohl stets größer als Eins sein soll, zu hohe Werte annimmt, wodurch es infolge der zu hohen Spannungen an der Phasengrenze Metall/Zunderschicht zur Rißbildung und zum Aufplatzen der Sulfidschicht kommt. Die Volumenquotienten der bei der Schwefelung von legierten Stählen sich vorwiegend bildenden Sulfide, FeS, CoS, NiS, MnS, Cr_2S_3 usw., liegen häufig relativ hoch und die der höheren Sulfide noch höher ($>2,5$), so daß in solchen Fällen kaum mit festhaftenden Sulfiddeckschichten zu rechnen ist. Durch das Auftreten von lockeren Schichten wird der unmittelbare Kontakt zwischen Legierung und schwefelhaltiger Atmosphäre aufrecht erhalten, so daß die Verzunderung mit ungehemmter Geschwindigkeit ablaufen kann. In Tab. 41 sind einige Daten der häufiger auftretenden Sulfide

Tabelle 41. *Zusammenstellung der für die Schwefelung wichtigen physikalisch-chemischen Daten einiger häufig auftretender Sulfide, zusammengestellt von* KUBASCHEWSKI *und* VON GOLDBECK

Sulfid	Existenzbereich	Umwandl.-Punkt °C	Schmelz-punkt °C	Scheinbarer Dampfdruck mm Hg (900° C)	Volum-quotient	Bildungswärme in kcal/g-Atom S
Ag_2S	$Ag_{2,00-2,002}S$	178	342		1,67	7,5
Al_2S_3	Al_2S_{3-x} (950°C)		1100		3,7	64,3
Co_4S_3	787 — 932°					17,5
	$Co_4S_{2,8-3,2}$					
Co_9S_8			(835)			24,5
CoS	CoS_{1+x}		zers.	(10^{-4})	2,37	21,0
CoS_2	$CoS_{2\pm x}$		zers.		4,0	17,0
CrS	$CrS_{1,0-1,17}$				2,5	
Cr_2S_3	$CrS_{1,22-1,48}$					(56)
Cu_2S	$Cu_{1,65-2,00}S$	103/350	1130		1,95	19,6
CuS			zers.		2,9	12,1
FeS	$FeS_{1,0-1,3}$	138	1195	$0,8 \cdot 10^{-5}$	2,57	22,8
FeS_2	$FeS_{1,95-2,05}$	(450)	zers.		3,4	20,8
MgS					1,4	84,0
MnS			1530	$3 \quad \cdot 10^{-6}$	2,95	49,0
MnS_2			zers.		4,7	(49)
MoS_2			1185	$7,5 \cdot 10^{-6}$	3,5	28,1
Ni_3S_2	$Ni_3S_{1,95-2,4}$ (700°)	555	(810)			24,8
Ni_7S_6	$NiS_{0,82-0,87}$	390	(580)			21,9
NiS	$NiS_{1,0-1,06}$ (500°)	396	zers.	(10^{-2})	2,5	20,2
NiS_2	NiS_{2+x}		zers.		4,25	15,9
PbS	$PbS_{1\pm x}$		1114	0,7	1,75	22,9
ZnS		1020	(1850)	$1,2 \cdot 10^{-3}$	2,6	48,2

zusammengestellt, die einer zusammenfassenden Darstellung über Schwefelungsreaktionen von KUBASCHEWSKI und VON GOLDBECK[1] entnommen sind. Als weiterer komplizierender Tatbestand kommt noch schließlich der teilweise erheblich niedrigere Schmelzpunkt der Sulfide gegenüber den Oxyden hinzu, der infolge Ausbildung von Eutektika der Sulfide mit den benachbarten Metallen noch weiter herabgesetzt wird. Besonders niedrig liegt das Eutektikum des Systems Ni-NiS mit etwa 645° C. Schon auf Grund des hier aufgezählten unterschiedlichen Verhaltens der Sulfide gegenüber den Oxyden liegt es auf der Hand, daß die sulfidischen Deckschichten häufig keine guten zunderschützenden Eigenschaften zeigen werden.

Über den Angriff von Schwefel und H_2S auf Kupfer ist des öfteren berichtet worden. Wie FISCHBECK[2] zeigen konnte, führt frisch reduziertes Cu-Pulver mit Schwefel vermischt und zu Pastillen verpreßt schon bei Zimmertemperatur und darunter augenblicklich zu fast vollständigem Umsatz.

Eine ähnlich rasche Umsetzungsgeschwindigkeit wurde unter den gleichen Versuchsbedingungen auch am System Silber-Schwefel, allerdings bei etwas höheren Temperaturen (50 bis 110° C), von FISCHBECK und JELLINGHAUS[3] gefunden. MOLÉ und HOCART[4] wiederholten die FISCHBECKschen Versuche der Cu_2S-Bildung bei Zimmertemperatur unter Drucken bis zu einigen tausend Atmosphären und fanden eine Zunahme der Reaktionsgeschwindigkeit mit steigendem Druck. Wenn auch die Erhöhung der Reaktionsgeschwindigkeit durch Druck z.Z. noch wenig verständlich ist, so scheint doch ein Zusammenhang mit der starken Zunahme der elektrischen Leitfähigkeit von Cu_2S mit steigendem Druck zu bestehen, wie sie von ARSENEVA-GEIL[5] beobachtet wurde. Unter Anwendung der TUBANDTschen Pastillenmethode in entsprechend abgeänderter Versuchsanordnung konnten sowohl TUBANDT und Mitarbeiter[6] als auch FISCHBECK[7] den Nachweis erbringen, daß bei der Schwefelung von Silber und Kupfer praktisch ausschließlich Metallionen durch die Sulfidschicht (Ag_2S und Cu_2S) von der Metallphase zum Schwefel diffundieren. Allerdings ist der Mechanismus, wie wir noch weiter unten sehen werden, recht kompliziert. Als instruktive Bestätigung der bevorzugten Metallionenwanderung erhielten

[1] KUBASCHEWSKI, O., u. O. VON GOLDBECK: Metalloberfl. (A) **8**, 33 (1954).

[2] FISCHBECK, K.: Z. anorg. allg. Chem. **154**, 261 (1926).

[3] FISCHBECK, K., u. W. JELLINGHAUS: Z. anorg. allg. Chem. **165**, 55 (1927).

[4] MOLÉ, R., u. R. HOCART: C. R. Séances Acad. Sci. **229**. 424 (1949).

[5] ARSENEVA-GEIL, A. N.: Z. techn. Physik UdSSR **17**. 903 (1947).

[6] TUBANDT, C., H. REINHOLD u. A. NEUMANN: Z. Elektrochem. angew. physik. Chem. **39**. 227 (1933). — H. REINHOLD u. H. MÖHRING: Z. physik. Chem. (B) **38**, 221 (1937).

[7] FISCHBECK, K.: Z. Elektrochem. angew. physik. Chem. **37**, 593 (1931).

FISCHBECK und DORNER[1] beim Schwefeln von Kupferdrähten schlauchartige Gebilde aus Cu_2S bzw. Cu_2S mit einer mehr oder minder dicken äußeren CuS-Schicht. Als weiterer Hinweis einer bevorzugten Cu-Ionenwanderung durch die Cu_2S-Schicht wären die von FISCHBECK[2] beschriebenen Konzentrationsausgleichsversuche zweier Cu_2S-Zylinder mit verschiedenen Schwefelgehalten zu erwähnen. Kürzlich haben DRAVNIEKS und NEYMARK[3] über den zeitlichen Verlauf der Schwefelung von Kupfer in H_2S-H_2-Atmosphären und flüssigem Schwefel in den Temperaturbereichen zwischen 86 und 224° C und 126 und 385° C berichtet. Während beim Angriff von Schwefelwasserstoff das Reaktionsprodukt nach röntgenographischen Untersuchungen aus Cu_2S bestand, und die Geschwindigkeit der Schwefelung sich nach einem Zeitgesetz der Form:

$$dn/dt = A\,t^{B} \quad (\text{mit } B > 1)$$

darstellen läßt (s. Abb. 179), erfolgt die Sulfidbildung im flüssigen Schwefel dem parabolischen Zeitgesetz (Abb. 180)

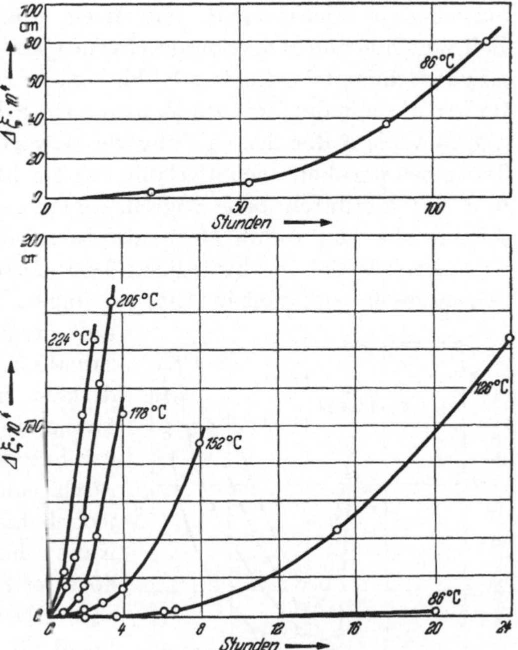

Abb. 179. Zeitlicher Verlauf der Schwefelung von Elektrolytkupfer in H_2S bei verschiedenen Temperaturen nach DRAVNIEKS und NEYMARK. (Es tritt eine zeitliche Beschleunigung der Zundergeschwindigkeit auf: $dn/dt = \text{const.}\ t^{B}$ mit $B > 1$)

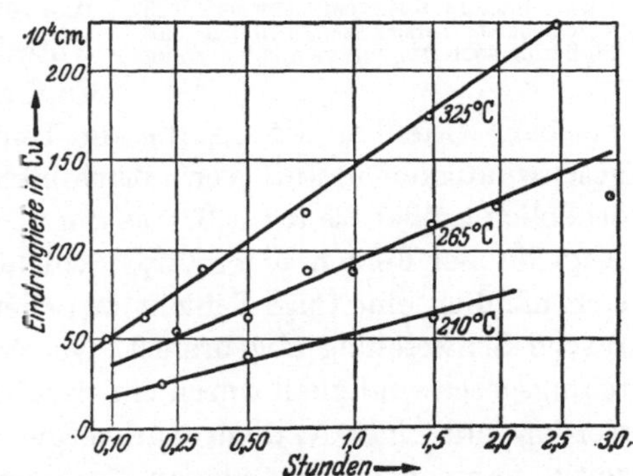

Abb. 180. Parabolischer Verlauf der Schwefelung von Kupfer in geschmolzenem Schwefel nach DRAVNIEKS und NEYMARK

— allerdings mit einer komplizierter

---

[1] FISCHBECK, K., u. O. DORNER: Z. anorg. allg. Chem. **181**, 372 (1929); **184**, 167 (1929).

[2] FISCHBECK, K.: Z. Metallkunde **24**, 313 (1932).

[3] DRAVNIEKS, A., u. R. S. NEYMARK: J. electrochem. Soc., im Druck.

aufgebauten Deckschicht, die noch unbekannt ist. Die mit der Zeit zunehmende Reaktionsgeschwindigkeit der H_2S-Reaktion läßt auf geschwindigkeitsbestimmende Phasengrenzvorgänge schließen, wo offenbar die mit der Zeit zunehmende Cu_2S-Keimzahl für den beschleunigten Verlauf der Schwefelung verantwortlich gemacht werden kann. Trotz des parabolischen Verlaufs der Reaktion mit flüssigem Schwefel und der hierdurch berechtigten Annahme einer einfachen Diffusion scheint aber der wahre Mechanismus erheblich komplizierter zu sein, wie man aus der merkwürdigen Temperaturabhängigkeit der Schwefelungsgeschwindigkeit in Abb. 181 folgern muß. Die unterhalb 200° C

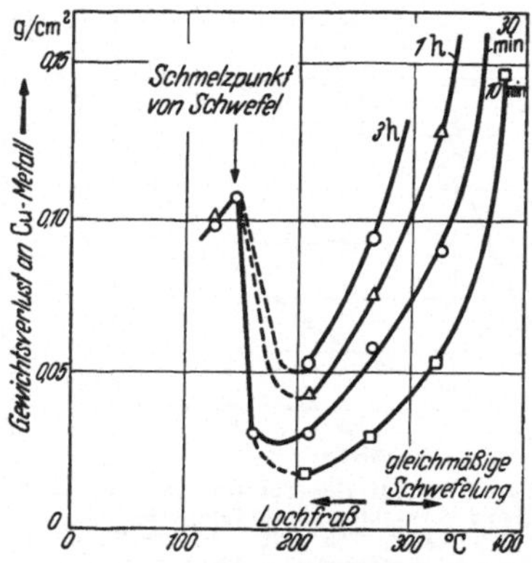

Abb. 181. Temperaturabhängigkeit des Gewichtsverlustes von Kupfer während der Schwefelung in flüssigem Schwefel nach verschiedenen Versuchszeiten infolge Sulfidbildung nach DRAVNIEKS und NEYMARK

auftretende verhältnismäßig rasche Zunahme der Schwefelungsgeschwindigkeit mit fallender Temperatur konnte auf raschen Lochfraß zurückgeführt werden. Dieser anfänglich rasch einsetzende Lochfraß kommt jedoch bald zum Stillstand. In der Nähe des Schwefelschmelzpunktes hört der Angriff bereits nach 10 min auf. Oberhalb 280° C wurde kein Lochfraß mehr beobachtet, der Angriff erfolgte gleichmäßig. Ferner wurde festgestellt, daß mit fallender Temperatur die CuS-Bildung auf Kosten der Cu_2S-Bildung zunahm. Unterhalb 210° C war praktisch kein Cu_2S mehr in der Zunderschicht nachweisbar. Offenbar ist in diesem Temperaturgebiet die Diffusionsgeschwindigkeit in CuS (vermutlich bildet sich eine porige Schicht aus) erheblich größer als in Cu_2S, was durch die Beobachtung eines erhöhten Angriffs bei Fehlen einer Cu_2S-Schicht nahegelegt wird. Erst wenn sich nämlich eine Cu_2S-Schicht zwischen Cu und CuS bildet, wird die rasche Schwefelung abgebremst. Oberhalb 210° C konnte die Schwefelungsgeschwindigkeit durch ein parabolisches Zeitgesetz beschrieben werden mit einer Aktivierungsenergie von etwa 10 kcal/Mol. Gleichzeitig nahmen die Anteile an Cu_2S und Cu_9S_5 mit steigender Temperatur zu.

HOAR und TUCKER[1] studierten den zeitlichen Ablauf der Schwefelung von Kupfer in schwefelhaltigem Benzol und in wäßrigen Ammoniumpolysulfidlösungen bei Raumtemperatur. Im ersten Lösungsmittel erfolgte der Angriff ungleichmäßig. Die Schwefelungsgeschwin-

---

[1] HOAR, T. P., u. A. J. P. TUCKER: J. Inst. Metals **81**, **665** (1952/53).

digkeit in der Polysulfidlösung ließ sich zu Beginn der Reaktion durch ein lineares Zeitgesetz beschreiben und war proportional der Bruttokonzentration an Polysulfid. Im späteren Verlauf der Schwefelung war jedoch ein Übergang in ein parabolisches Zeitgesetz zu beobachten, wobei gleichzeitig die Abhängigkeit der Schwefelungsgeschwindigkeit von der Polysulfidkonzentration erheblich schwächer wurde. Mit steigendem p_H nahm die Reaktionsgeschwindigkeit zu.

Das bei der elektrolytischen Deckschichtbildung auftretende parabolische Zeitgesetz kann aber kaum durch eine Ionendiffusion über Fehlordnungsstellen im Kristallgitter im Sinne der WAGNERschen Zundertheorie gedeutet werden, da eine Ionenwanderung auf Grund eines alleinigen chemischen Potentialgefälles im Kristall bei so niedrigen Temperaturen unwahrscheinlich ist. Vielmehr wird man eine überwiegende Porendiffusion durch die Deckschicht anzunehmen haben. Hier liegt offensichtlich eine ähnliche Situation vor wie bei der Bromierung[1] und Schwefelung[2] von Silber in brom- und sulfidhaltigen Lösungen, wo an Hand von Anlauf- und Potentialmessungen eine überwiegende Porendiffusion für das parabolische Zeitgesetz der Bromierung bzw. Schwefelung nachgewiesen werden konnte.

Umfangreiches Versuchsmaterial liegt auch über die Schwefelung von Silber und Silberlegierungen durch Schwefel und Schwefelverbindungen bei hohen und niedrigen Temperaturen vor, was wegen seiner technischen Bedeutung verständlich ist, da Silber und Silberlegierungen sowohl für technische Zwecke (elektrische Kontakte, chemischer Apparatebau) als auch für die Dentaltechnik und für Gebrauchsgüter (Silberwaren-Industrie) Anwendung gefunden haben. Abgesehen von der Vielzahl der Arbeiten, die auf mehr empirischer Basis beruhen, wurden wohl die ersten systematischen Arbeiten auf wissenschaft-

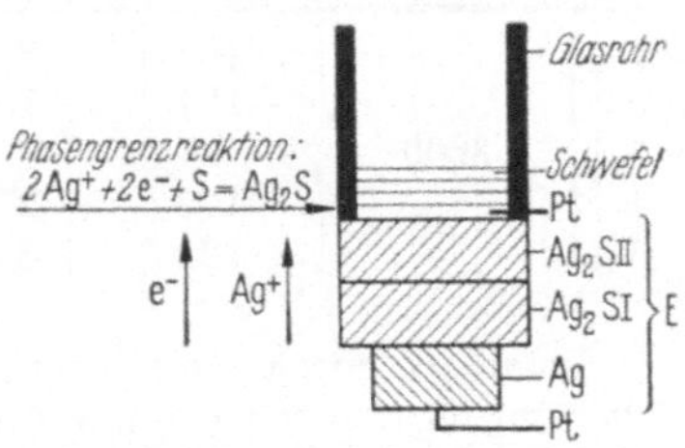

Abb. 182. Versuchsanordnung zur Messung der Schwefelungsgeschwindigkeit von Silber in flüssigem Schwefel bei 220° C nach WAGNER

licher Grundlage über die Kinetik der Schwefelung von Silber sowohl von REINHOLD und Mitarbeitern[3] als auch von WAGNER[4] durchgeführt. In Abb. 182 ist die Versuchsanordnung dargestellt, mittels der WAGNER die Zundergeschwindigkeit von Silber durch flüssigen Schwefel bei 220° C

---

[1] PFEIFFER, I., K. HAUFFE u. W. JAENICKE: Z. Elektrochem., Ber. Bunsenges. physik. Chem. **56**, 728 (1952).

[2] JAENICKE, W.: Z. Elektrochem., Ber. Bunsenges. physik. Chem. **55**, 186 (1951).

[3] REINHOLD, H., u. H. MÖHRING: Z. physik. Chem. (B) **38**, 221 (1937). — H. REINHOLD u. H. SEIDEL: Z. physik. Chem. (B) **38**, 245 (1937).

[4] WAGNER, C.: Z. physik. Chem. (B) **21**, 25 (1933).

bestimmte. Nach dem Vorbild der TUBANDTschen Methodik[1] für Überführungsmessungen wurde zwischen zwei Messingplatten ein Ag-Zylinder mit zwei dünnen Ag_2S-Zylindern und einem Glasrohr, das zur Aufnahme des flüssigen Schwefels diente, mittels drei Spiralfedern zusammengepreßt. Diese Anordnung wurde in einem Aluminiumblockofen im Stickstoffstrom erhitzt. Nach dem Versuch war auf dem oberen Ag_2S-Zylinder ein Ag_2S-Pfropf von 1 bis 2 mm Dicke in das Glasrohr hinein aufgewachsen. Tab. 42 enthält die Versuchsergebnisse. Abgesehen von gewissen Nebenreaktionen, die durch den bei 220° C merklich werdenden Dampfdruck des Schwefels (Reaktion über die Gasphase) verursacht wurden, konnte eindeutig und quantitativ die Wanderung von Ag-Ionen + Elektronen durch die Ag_2S-Zylinder vom Silber zum flüssigen Schwefel hin nachgewiesen werden. Die für 220° C experimentell ermittelte Zunderkonstante k beträgt $1,6 \cdot 10^{-6}$ Äquivalente $\cdot$ cm$^{-1} \cdot$ sec^{-1}. Dieser Wert stimmt mit dem nach Gl. (3.21) oder (5.3) berechneten von 2 bis $3 \cdot 10^{-6}$ befriedigend überein.

Tabelle 42. *Zunderversuche am System Silber/Schwefel bei 220° C im Existenzgebiet der α-Ag_2S-Phase nach* WAGNER. (*Versuchsanordnung nach Abb. 182, wirksamer Querschnitt q = 0,12 cm²*)

Nr.	Versuchszeit in sec	Gewichtsänderung (mg) der Zylinder			Höhe der Ag_2S-Zylinder in cm	Zunderkonstante k Äquiv. $\cdot$ cm$^{-1} \cdot$ sec^{-1}	
		Ag	Ag_2 S(I)	Ag_2 S(II)			
1		−108	+3	+117	0,61	$1,4 \cdot 10^{-6}$	
2		−137	+1	+135	0,77	$2,3 \cdot 10^{-6}$	
3	3600	− 84	+1	+ 96	0,65	$1,2 \cdot 10^{-6}$	$1,6 \cdot 10^{-6}$
4		−108	+2	+126	0,60	$1,4 \cdot 10^{-6}$	
5		−121	+5	+131	0,58	$1,5 \cdot 10^{-6}$	

Veranlaßt durch den scheinbaren Widerspruch zwischen den TUBANDTschen Überführungsversuchen[2] und den HALL-Effektmessungen von KLAIBER[3], die einmal auf eine reine Kationenleitung und zum anderen auf eine überwiegende Elektronenüberschußleitung im Ag_2S hinweisen, untersuchte WAGNER[4] den Leitungs- und Diffusionsmechanismus in α-Ag_2S, da die Aufklärung dieses Sachverhalts zur quantitativen Beschreibung des Zundermechanismus unerläßlich war. Wie röntgenographische Untersuchungen von RAHLFS[5] zeigen, ist in α-Ag_2S (beständig $> 179°$ C) das Schwefelionenteilgitter geordnet, während im Silberionenteilgitter eine starke Fehlordnung vorhanden ist. Die Abweichung von der stöchiometrischen Zusammensetzung ist kürzlich von WAGNER[6] quantitativ be-

[1] TUBANDT, C.: Hb. Exp.-Physik XII, Teil 1. Leipzig 1932, S. 381 ff.

[2] TUBANDT, C.: Hb. Exp.-Physik XII, Teil 1. Leipzig 1932, S. 404 ff.

[3] KLAIBER, F.: Ann. Physik (5) **3**, 229 (1929).

[4] WAGNER, C.: Z. Elektrochem. angew. physik. Chem. **40**, 364 (1934).

[5] RAHLFS, P.: Z. physik. Chem. (B) **31**, 157 (1935).

[6] WAGNER, C.: J. chem. Physics **21**, 1819 (1953). — Siehe a. C. WAGNER: Galvanic Cells with Solid Electrolytes involving Ionic and Electronic Conduction, Proc. Comité int. Thermodyn. & Cinetique Electrochim., im Druck.

stimmt worden. KRACEK[1] kann an Hand seines aufgestellten Phasendiagramms bei niedrigen und mittleren Temperaturen einen Schwefelüberschuß nachweisen. Diese Feststellung ist jedoch nach den neueren Befunden von WAGNER und mit der aus HALL-Effektmessungen nachgewiesenen Elektronenüberschußleitung unvereinbar, da ein Schwefelüberschuß im Ag_2S-Gitter nur durch Elektronenverbrauch im Gitter auftreten kann, wodurch aber Defektelektronen und nicht freie Elektronen entstehen. Diesen Widerspruch versucht HEBB[2] dadurch zu beheben, indem er den Einbau von überschüssigem Schwefel nicht in Form von S^{2-}- oder S^--Ionen, sondern von neutralen Atomen vorschlägt. Diese Annahme würde dem SCHOTTKYschen Superoxydations-Halbleitertyp[3] entsprechen. Eine weitere Möglichkeit wäre die, bei Annahme einer von der Ionenfehlordnung unabhängigen Eigenfehlordnung der Elektronen (Null $\longrightarrow \ominus + \oplus$) den freien Elektronen eine weit größere Beweglichkeit als den Defektelektronen beizumessen. An Hand neuerer Versuchsdaten konnte WAGNER[4] einen geringen Überschuß von Ag-Ionen und freien Elektronen mit Sicherheit nachweisen. Aus Potentialmessungen an der folgenden Zelle:

$$Ag \mid AgJ \mid Ag_2S \mid Pt$$

konnte nach der Formel

$$E = - (u_{Me} - \mu^0_{Me})/z_1 F$$

der Silberüberschuß in Ag_2S ermittelt werden, obwohl bei 200° C die Zusammensetzung nur innerhalb der engen Grenzen $Ag_{2,0010}S$ und $Ag_{2,0000}S$ variiert. Hier bedeutet μ_{Me} das chemische Potential des Silbers im Ag_2S und der Index ^{0} kennzeichnet die reine Ag-Phase. Ferner ist z_1 die Wertigkeit des Silbers. Dieses Ergebnis ist in Übereinstimmung mit den HALL-Effektmessungen von KLAIBER.

Sowohl JOST und RÜTER[5] wie auch WAGNER[6] lieferten an Hand von Überführungs- und EMK-Messungen geeigneter Ketten den sicheren Beweis, daß in der Anordnung $Ag/Ag_2S/S_{flüssig}$ nur etwa 1% der Ag-Ionen am Stromtransport beteiligt sind. Bei einer 100%igen Ionenleitung in Ag_2S sollte nämlich die EMK der Kette

$$Pt \, (Schwefel)/Ag_2S/Ag$$

entsprechend der Reaktionsarbeit der Ag_2S-Bildung etwa 0,2 V betragen. Gefunden wurde jedoch nur eine EMK von etwa 2 bis $5 \cdot 10^{-3}$ V. Hieraus errechnet sich die Überführungszahl der Ag-Ionen

$$n_{Ag^+} = \frac{E_{gem}}{E_{ber}}$$

zu etwa 0,001 bis 0,002.

In einer ausführlichen thermodynamischen Behandlung konnte WAGNER zeigen, daß der überwiegende Leitungscharakter eines gemischt-leitenden Ionenkristalls, wie z. B. Ag_2S, entscheidend durch die Stromzuführungen bestimmt wird. Wählen wir beispielsweise die folgende Anordnung

$$Pt/Ag_2S/Pt$$

[1] KRACEK, F. C.: Trans. Amer. Geophys. Union 27, 274 (1946).
[2] HEBB, M. H.: J. chem. Physics 20, 185 (1952).
[3] SCHOTTKY, W.: Z. Elektrochem. angew. physik. Chem. 45, 33 (1939).
[4] S. Fußn. 6, S. 316.
[5] JOST, W., u. H. RÜTER: Z. physik. Chem. (B) 21, 48 (1933).
[6] WAGNER, C.: Z. physik. Chem. (B) 21, 42 (1933).

also Ag_2S zwischen zwei metallischen Leitern, so kann bei Anlegen eines elektrischen Feldes, das nicht die Zersetzungsspannung des Ag_2S von etwa 0,2 V erreichen darf, nur eine Elektronenleitung beobachtet werden. Unter Stationaritätsbedingungen wird sich im Ag_2S ein Gradient des Metall-Nichtmetall-Verhältnisses ausbilden[1], so daß die Ionendiffusion die elektrolytische Wanderung kompensiert.

In der von TUBANDT gewählten Versuchsanordnung:

$$+ \ Ag/Ag_2S/AgJ/Ag \ -$$

haben wir insofern eine andere Situation vorliegen, als hier an der Phasengrenze AgJ/Ag_2S wegen des reinen Ionenleitungscharakters von AgJ keine Elektronen von rechts nach links geliefert werden. Im stationären Stromfluß wird sich ein Konzentrationsgradient der Elektronen im Ag_2S einstellen, der gerade dem Potentialgradienten entgegengesetzt gleich ist, so daß es nur zu einem Ag-Ionenstrom unter Erfüllung des FARADAYschen Gesetzes kommt. Dieses wurde aber gerade von TUBANDT und Mitarbeitern[2] beobachtet. Wie man erkennt, wird hier durch die spezielle Versuchsanordnung die Ionenleitung im Ag_2S erzwungen.

Diesen „elektronensperrenden" Mechanismus kann man sich auch folgendermaßen klar machen: Durch die Stromüberführung wird das chemische Potential von Schwefel an der Phasengrenze Ag_2S/AgJ im Ag_2S erhöht, da die Ag-Ionen aus der Ag_2S-Grenzfläche durch AgJ viel schneller abwandern als durch die Ag_2S-Phase heraneilen, so daß wir einen ähnlichen Ortsgradienten der chemischen Potentiale in der Ag_2S-Schicht erhalten wie am Anlaufsystem $Ag/Ag_2S/S_{fl}$. Der durch den chemischen Potentialgradienten bewirkte Ag-Ionentransport ist unabhängig vom elektrischen Feld. Die Richtigkeit dieser Schlußfolgerung konnte auf zwei Wegen bestätigt werden.

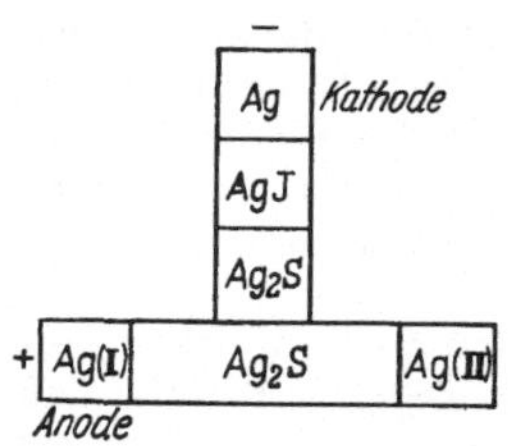

Abb. 183. Versuchsanordnung zur Ermittlung des Wanderungsmechanismus der Ag^+-Ionen durch Ag_2S bei der Stromüberführung mit zwei getrennten Ag-Anoden nach WAGNER. (Beide Ag-Hälften I und II zeigen gleiche Masseverluste)

1. Unter Anwendung der TUBANDTschen Versuchsanordnung wurde die Anode in zwei Hälften geteilt (s. Abb. 183), die von einander isoliert waren, und nur die eine Hälfte mit dem + Pol der Spannungsquelle verbunden. Nach Durchführung des Überführungsversuchs war die Massenzunahme des Ag-Zylinders auf der Kathodenseite gleich der Massenabnahme der beiden Ag-Hälften, deren Masseverlust gleich war, auf der Anodenseite. Das heißt auch die Ag-Hälfte ohne äußere Spannung zeigte die gleiche Masseabtragung, was nur durch einen überlagerten Transportvorgang im Sinne eines Anlaufvorganges zu verstehen ist.

2. Wir betrachten nun eine elektrochemische Kette mit Ionenleitern zu beiden Seiten des Ag_2S-Zylinders als Ableitungselektroden

$$Ag \ \big| \ AgCl \ \overset{(i)}{\underset{Ag}{\big|}} \ Ag_2S \ \overset{(a)}{\underset{S_{fl}}{\big|}} \ AgCl \ \big| \ Ag$$

und bringen an die eine Phasengrenze $AgCl/Ag_2S$ Silber und an die andere flüssigen Schwefel. Nach den Methoden der elektrochemischen Thermodynamik

---

[1] WAGNER, C.: Proc. Comité Int. Thermodyn. & Cinetique Electrochim., im Druck.

[2] TUBANDT, C., S. EGGERT u. G. SCHIBBE: Z. anorg. allg. Chem. **117**, 1 (1921).

läßt sich die EMK E dieser Kette durch die folgende Formel berechnen:

$$E = -\frac{1}{F} \int_{\mu_S^{(i)}}^{\mu_S^{(a)}} \frac{\mathfrak{n}_3}{z_S}\, d\mu_S .$$ (5.1)

Durch Differentiation erhält man hieraus

$$\mathfrak{n}_3(\mu_S = \mu_S^{(a)}) = -2F(dE/d\mu_S^{(a)}),$$ (5.2)

wo μ_S das chemische Potential des Schwefels an den Phasengrenzen (a) und (i), $z_S = 2$ die Wertigkeit des Schwefels und $\mathfrak{n}_3$ die Überführungszahl der Elektronen bedeuten. Der experimentell erhaltene Wert für E ist in Übereinstimmung mit dem aus Gl. (5.1) berechneten mit $\mathfrak{n}_3 \approx 1$.

Sieht man eine Abweichung von der Stöchiometrie im Ag_2S von 0,2% als obersten Wert an, dann errechnet sich der Unterschied in den Silberüberschuß-konzentrationen an den Phasengrenzen Ag/Ag_2S und Ag_2S/Ag zu etwa $6 \cdot 10^{-4}$ g-Atom $\cdot$ cm^{-3} ebenfalls als oberster Wert. Verwendet man nun diesen Wert in der üblichen FICKschen Gleichung zur Berechnung des effektiven Diffusions-koeffizienten unter Verwendung der in Tab. 42 notierten rationellen Zunder-konstanten, so erhält man mit $D_{eff} = 2,7 \cdot 10^{-3}$ cm$^2 \cdot$ sec^{-1} einen Wert, der 270 mal größer ist als der von TUBANDT, REINHOLD und JOST[1] erhaltene Selbst-diffusionskoeffizient von $1 \cdot 10^{-5}$ cm$^2 \cdot$ sec^{-1} für $200°$ C. Dieser Sachverhalt konnte von WAGNER folgendermaßen aufgeklärt werden:

Unter Vernachlässigung des Selbstdiffusionskoeffizienten von Schwefel[2], $D_S^* \ll D_{Ag}^*$, erhält man aus Gl. (3.22) den Ausdruck

$$k = c_{Ag} D_{Ag}^* \ln(a_{Ag}^{(i)}/a_{Ag}^{(a)}).$$ (5.3)

wo c_{Ag} die mittlere Konzentration der Silberionen in Ag_2S in g-Atom $\cdot$cm^{-3} und $a_{Ag}^{(i)}$ bzw. $a_{Ag}^{(a)}$ die Aktivitäten der Ag-Ionen an der Phasengrenze Ag_2S/Ag bzw. $Ag_2S/$Schwefel sind. Auf der anderen Seite erhalten wir aus der FICKschen Formel, wenn wir in erster Näherung an Stelle der Aktivitäten die entsprechenden Konzentrationen c_{Ag} verwenden

$$k = D_{eff}(c_{Ag}^{(i)} - c_{Ag}^{(a)}).$$ (5.4)

Bei Vernachlässigung der Änderung des Gitterparameters mit dem Verhältnis Ag/S benutzen wir die Beziehung

$$c_{Ag}^{(i)} - c_{Ag}^{(a)} = (r_{Ag}^{(i)} - r_{Ag}^{(a)})/V_M,$$

wo $V_M = 35$ ml das Molvolumen von Ag_2S und $r_{Ag}^{(i)}$ bzw. $r_{Ag}^{(a)}$ das Ag/S-Verhältnis im Ag_2S im Gleichgewicht mit Silber bzw. Schwefel ist. Durch Einsetzen in Gl. (5.4) folgt:

$$D_{eff} = \frac{kV_M}{r_{Ag}^{(i)} - r_{Ag}^{(a)}}.$$ (5.5)

Unter Verwendung des Wertes von $k(220° \text{C}) \approx 1,6 \cdot 10^{-6}$ und neuer eigener Meßergebnisse von r_{Ag} bei 200 und $300°$ C durch Potentialmessungen geeigneter elektrochemischer Ketten $(Ag/AgJ/Ag_2S/Pt)$ erhält WAGNER für den Diffusions-koeffizienten:

$$D_{eff} = 2,8 \cdot 10^{-2}\, \text{cm}^2 \cdot \text{sec}^{-1} \text{ für } 220° \text{ C},$$

---

[1] TUBANDT, C., H. REINHOLD u. W. JOST: Z. anorg. allg. Chem. **177**, 253 (1928).
[2] BRAUNE, H., u. O. KAHN: Z. Elektrochem. angew. physik. Chem. **31**, 576 (1925).

der also noch um eine Zehnerpotenz höher liegt als der aus der Darstellung von HEBB sich ergebende untere Grenzwert. Dieser Wert, der auf Grund der neuen Messungen von WAGNER als recht genau angesehen werden kann, ist also um $2{,}8 \cdot 10^3$ größer als der oben mitgeteilte Wert für D^*_{Ag}. Diesen Unterschied, der für die Berechnung von Zunderkonstanten aus Selbstdiffusionsmessungen immer dann zu beachten ist, wenn zusätzliche Effekte, wie z. B. elektrischer Feldtransport, auftreten, läßt sich im Falle des Systems Silber/Schwefel verstehen, wenn man berücksichtigt, daß die Elektronen im Ag_2S in großer Zahl vorauseilen und dadurch neben dem bereits vorhandenen chemischen Potentialgradienten der Ag-Ionen noch einen zusätzlichen elektrischen Potentialgradienten verursachen, der eine Erhöhung der Transportgeschwindigkeit der Ag-Ionen durch die Zunderschicht bewirkt. In Übereinstimmung mit dem obigen Ergebnis für D_{eff} erhält man für das Verhältnis der Diffusionskoeffizienten nach WAGNER den folgenden Wert:

$$\frac{D_{eff}}{D^*_{Ag}} = \frac{r_0 \ln a^{(i)}_{Ag}}{r^{(i)}_{Ag} - r^{(a)}_{Ag}} \approx 5 \cdot 10^3, \tag{5.6}$$

wobei $r_0 = 2$ das stöchiometrische Verhältnis von Ag/S darstellt.

REINHOLD und SEIDEL[1] fanden bei der Schwefelung von Silber mit Schwefeldampf oder einem Gemisch von H_2-H_2S erhebliche Abweichungen vom parabolischen Zundergesetz, wie dies bereits oben für die Schwefelung von Kupfer diskutiert wurde. Außer bei hohen Temperaturen ($>500°$ C) verläuft hier die Reaktion wesentlich langsamer als man nach Gl. (3.21) erwarten sollte. Ferner war beispielsweise die Reaktionsgeschwindigkeit einer bei 196° C durchgeführten Schwefelung von Silber bei variierender Ag_2S-Schichtdicke im Verhältnis 1 : 5 praktisch unabhängig von der Schichtdicke. Dieser Befund schließt eine geschwindigkeitsbestimmende Diffusion eindeutig aus und deutet auf eine geschwindigkeitsbestimmende Phasengrenzreaktion hin. JOST[2] vermutet die Reaktion an der Phasengrenze Schwefeldampf/Ag_2S als die im wesentlichen gehemmte.

Bei diffusionsgesteuerter Schwefelung von Silber, was bei genügend hohen Versuchstemperaturen stets der Fall sein sollte, müßte die Schwefelungsgeschwindigkeit von Silber durch Zulegieren von Metallen, die höher als 1 wertig in die Ag_2S-Schicht eingebaut werden und eine genügend große Löslichkeit zeigen, herabgesetzt werden, da durch den Einbau von geeigneten höherwertigen Metallionen die für die Diffusions- und damit auch für die Zundergeschwindigkeit maßgebende Konzentration der Silberionen auf Zwischengitterplätzen herabgesetzt wird, z. B.:

$$Ag\bigcirc{}^{\cdot} + CdS \longrightarrow Cd\bullet{}^{\cdot}(Ag) + Ag_2S. \tag{5.7}$$

Derartige Untersuchungen bei höheren Temperaturen sind offenbar bisher noch nicht durchgeführt worden, wären aber für die Abschätzung

―――――――
[1] REINHOLD, H., u. H. SEIDEL: Z. physik. Chem. (B) **38**, 245 (1937).
[2] JOST, W.: Diffusion und chemische Reaktion in festen Stoffen. Dresden 1937, S. 156.

der Möglichkeiten zur Entwicklung schwefelungsbeständiger Legierungen nützlich.

Lediglich bei niedrigen Temperaturen (40 bis 92° C) wurden von FOLEY und Mitarbeitern[1] Schwefelungsversuche an Silberlegierungen mit Zusätzen von Al, Cd, Sb, In, Mg, Tl und Zn in schwefelhaltigem Benzol und Mineralöl durchgeführt. Wie spektrographische Messungen ergaben, ist der Gehalt an Fremdmetallionen in der Ag_2S-Schicht erheblich kleiner als der vorgegebene Gehalt in der Legierungsphase. In Tab. 43 sind die Versuchsergebnisse zusammengestellt.

Auf Grund der alleinigen Identifizierung der β-Ag_2S-Phase mittels Röntgen- und Elektronenbeugungsaufnahmen kann man mit einer weitgehenden Ausbildung einer heterotypen Mischphase in der Zunderschicht rechnen, da im anderen Fall auch Fremdsulfide erkannt werden mußten. Ferner weisen die Versuchsergebnisse auf eine Anreicherung der Legierungsmetalle in der Legierungsphase an der Phasengrenze Legierung/Anlaufschicht hin. In allen Fällen wurde eine Abnahme der Schwefelungsgeschwindigkeit nach 100 Std. Reaktionszeit beobachtet, wenn gemäß Gl. (5.7) die eingebauten Fremdionen mindestens 2 wertig waren. Ein Thalliumzusatz hatte insofern keinen Einfluß auf die Schwefelungsgeschwindigkeit, da Thallium offenbar als Tl_2S eingebaut wird. Für ein tieferes Eindringen in den Mechanismus sind jedoch weitere Versuche erforderlich.

Tabelle 43. *Fremdmetallgehalt in der Zunderschicht von Ag-Legierungen nach* FOLEY

	Al	Sb	Cd	In	Mg	Mn	Tl	Tl	Zn
Fremdmetalle in der Legierung in Gew.-%	4,0	1,8	30,0	11,8	0,4	4,3	2,9	5,9	9,6
Fremdmetalle in der Anlaufschicht in Gew.-%	0,015	0,45	7,0	0,4	0,04	0,01	0,9 0,6	0,95 0,7	0,5

Abschließend sind noch die Zunderversuche von Silber mit Selen und Tellur zu erwähnen[2]. Während sich die Reaktion mit Silber und Selen im wesentlichen dem Reaktionsmechanismus der Sulfidbildung anschließt, treten bei der Bildung von Ag_2Te Komplikationen durch starke Reaktionshemmungen auf. So wird z. B. zu Beginn der Reaktion das Defizit an weggewandertem Silber in der Ag_2Te-Phase nicht durch Silber aus der Metallphase aufgefüllt. Der Ag-Zylinder bleibt voll-

---

[1] FOLEY, R. T., M. J. BOLTON u. W. MORILL: J. electrochem. Soc. **100**, 538 (1953). — H. O. SPAUSCHUS, R. W. HARDT u. R. T. FOLEY: J. electrochem. Soc. **101**, 6 (1954).

[2] REINHOLD, H., u. H. SEIDEL: Z. physik. Chem. (B) **38**, 245 (1937). — Vgl. auch T. MOHR: Ann. Physik (6) **14**, 367 (1954).

kommen konstant. Erst wenn die Ag-Verarmung im Ag_2Te einen kritischen Wert von 0,03 bis 0,04 g Ag je 1 g Ag_2Te überschreitet, setzt ein Einwandern von Ag-Ionen aus der Ag- in die Ag_2Te-Phase ein. Eine quantitative Deutung des Reaktionsmechanismus ist wegen ungenügender Kenntnis der Fehlordnungserscheinungen und des Wanderungsmechanismus z. Z. nicht möglich[1]. Völlig ungeklärt ist die Beeinflussung der Reaktion durch den Zustand der Ag-Phase, die für den Übertritt von Silber in die Ag_2Te-Phase von Bedeutung ist. Hart gewalztes Silber ist sehr viel weniger reaktionsfähig als weich geglühtes. Als weitere Komplikation kommt hinzu, daß die Wanderungsgeschwindigkeit der Ag-Ionen und ebenso die elektrische Leitfähigkeit von der Zusammensetzung der Ag_2Te-Phase abhängen. Ferner wurde ein wesentlich rascherer Umsatz erzielt, wenn man zwischen die Phasengrenze Ag/Ag_2Te einen Ag_2S-Zylinder brachte, entsprechend der Kombination $Ag/Ag_2S/Ag_2Te/Te$. Offenbar erfolgt der Übertritt von Ag-Ionen in die Ag_2S-Phase und von dort in die Ag_2Te-Phase energetisch leichter als der direkte Übergang von Silber aus der Metallphase in die Ag_2Te-Schicht. Die Zwischenschaltung von Silbersulfid wird von WAGNER als äußeres Erscheinungsbild einer Katalyse trotz Verlängerung des Diffusionsweges angesehen.

RAUB und Mitarbeiter[2] untersuchten den Schwefelangriff auf Ag-Pd-Legierungen mit einer in der Dentaltechnik üblichen Zusammensetzung (30 Gew.-% Pd) vorzugsweise bei 800° C. Die jeweilige Legierungsprobe wurde zu diesem Zwecke in einer Gips-Graphit-Mischung eingebettet und verschiedene Zeiten (5 bis 30 min) bei 800° C erhitzt. Während der Schwefelung trat neben Ag_2S als Hauptprodukt der Zunderung Ag_2Pd_3S auf, das mit Ag_2S ein bei 700° C schmelzendes Eutektikum bildet. Während eine 20 μ dicke Goldauflage einen vollkommenen Schwefelschutz bildet (Abb. 184), treten bei 5 und 10 μ dicken Au-Auflagen schon nach 30 min Reaktionszeit bei 800° C starke örtliche Verzunderungen auf (Abb. 185). REINACHER und WAGNER[3] wiesen einen bevorzugten Übertritt von Palladium in die Ag_2S-Phase nach, wodurch eine Verarmung der Legierung an Palladium auftrat.

ARKHAROV und MARDESHEV[4] studierten die Wachstumsstruktur der auf Kupfer bei 350, 450 und 500° C sich ausbildenden Kupferselenidschicht nach einer Selenierungszeit von 2 bis 10 Std. Die gleichen

---

[1] Über elektrische und optische Eigenschaften des Ag_2Te berichtete kürzlich J. APPEL: Diss. Braunschweig 1955.

[2] RAUB, E., B. WULLHORST u. W. PLATE: Z. Metallkunde **45**, 533 (1954).

[3] REINACHER, G., u. E. WAGNER: Zahnärztl. Wochenschr. **9**, 126 (1954).

[4] ARKHAROV, V. I., u. S. MARDESHEV: Ber. Akad. Wiss. UdSSR **55**, 517 (1954).

Untersuchungen wurden an Kupfertelluridschichten nach einem 2 stündigen Tellurangriff bei 600° C ausgeführt. In ähnlicher Weise,

Abb. 184. Schliffbild einer bei 800°C 30 min in einer Packung aus Gips und Graphit erhitzten Dentallegierung mit einer 20 μ Goldauflage nach RAUB und Mitarbeitern (160 fache Vergr.). Keine Korrosion

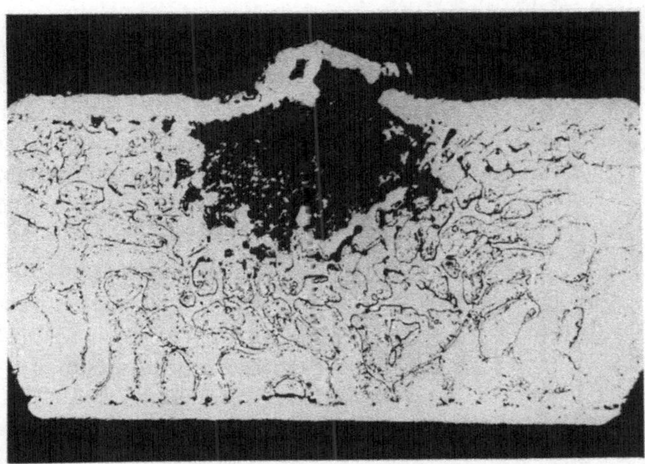

Abb. 185. Schliffbild einer bei 800°C 30 min in einer Packung aus Gips und Graphit erhiztten Dentallegierung mit einer 10 μ Goldauflage nach RAUB und Mitarbeitern (160 fache Vergr.). Starke Korrosion

wie von PFEFFERKORN[1] bei der Oxydation von Cu und Zn beschrieben wurde, konnte in beiden Fällen ein Nadelwachstum festgestellt werden, und zwar wuchsen die Cu_2Se-Nadeln in [110]-Richtung und die Cu_2Te-Nadeln in [100]-Richtung.

---

[1] PFEFFERKORN, G.: Naturwiss. **40**, 551 (1953). — Z. Metallkunde **46**, 204 (1955).

Außer an Kupfer und Silber sind auch an einigen anderen Metallen, insbesondere an Eisen und Stahl, Zunderversuche mit Schwefel und Schwefelverbindungen ausgeführt worden. In diesem Zusammenhang ist eine Arbeit von GELD und JESSIN[1] erwähnenswert, in der eine modellmäßige Ähnlichkeit zwischen der Zunderung von Eisen in Sauerstoff und in Schwefel bei höheren Temperaturen hervorgehoben wird. Ähnlich der Oxydation in Sauerstoff kommt es bei höheren Schwefeldampfdrucken zu einer mehrphasigen Deckschicht, wobei den Hauptanteil die FeS-Phase ausmacht, die von einer dünnen FeS_2-Schicht überdeckt ist. Im Sinne der WAGNERschen Theorie wird eine bevorzugte Abdiffusion von Fe-Ionen + Elektronen von der Metall- zur Schwefelseite — also in ein Bereich größerer Eisenionenleerstellenkonzentrationen — angenommen. Nach diesem Mechanismus wird eine Verdickung der Sulfidschicht nach außen erwartet und eine Ausbildung von Hohlräumen an der Phasengrenze Fe/FeS vermutet. Bei weiterem Fortschreiten der Schwefelung kann die Hohlraumbildung häufig größer werden, so daß der Kontakt zwischen der Zunderschicht und dem Metall immer weiter unterbrochen wird. Hierdurch wird der Fe-Transport in zunehmendem Maße verlangsamt, so daß es schließlich praktisch zum Stillstand der Reaktion kommen kann, sofern nicht eine Diffusion von Schwefel entlang von Korngrenzen der Sulfidschicht zur Metalloberfläche oder ein plastisches Fließen der Deckschicht eine weitere Störung des Kontaktes Metall/Sulfidschicht verhindert. Weitere Aufklärung über den Mechanismus der Schwefelung von Eisen brachten die Versuche von HAUFFE und RAHMEL[2].

Um den zeitlichen Fortgang der Schwefelung kontinuierlich verfolgen zu können, verwandten die Autoren, wie in Abb. 186 zu ersehen ist, eine Quarzspiralwaage, die gemeinsam mit der zu schwefelnden Probe im Reaktionsraum aufgehängt war. Der entsprechende Schwefeldampfdruck wurde am Boden des Reaktionsgefäßes erzeugt, dessen unterer Teil mittels eines zweiten Ofens, der dicht an den Reaktionsofen anschloß, aufgeheizt wurde.

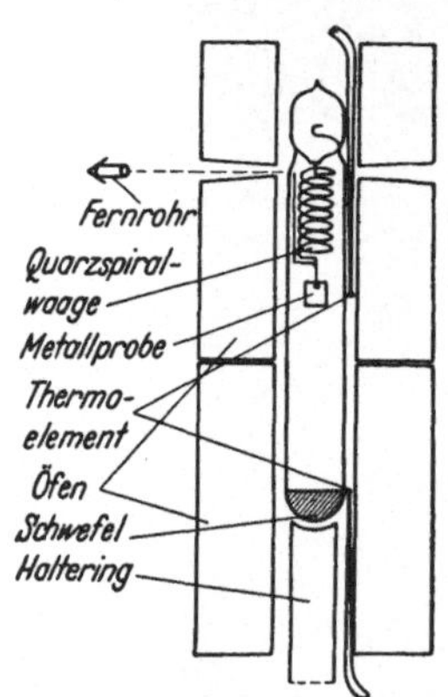

Abb. 186
Apparatur zur Messung der Schwefelungsgeschwindigkeit von Metallen und Legierungen nach NEUNHÖFFER, HAUFFE und RAHMEL

Durch ein im Reaktionsofen befindliches Fenster konnte mittels Fernrohr die zeitliche Änderung des Standes der Quarzspiralwaage laufend verfolgt werden.

---

[1] GELD, P. W., u. O. A. JESSIN: Z. angew. Chem. UdSSR **19**, 678 (1946).
[2] HAUFFE, K., u. A. RAHMEL: Z. physik. Chem. **199**, 152 (1952).

Da FeS ein p-Leiter ist, sollte entsprechend den Modellvorstellungen über die Erzeugung von Fe^{2+}-Leerstellen und Defektelektronen im FeS-Gitter bei Einwirkung von Schwefel auf FeS im Bereich höherer Temperaturen

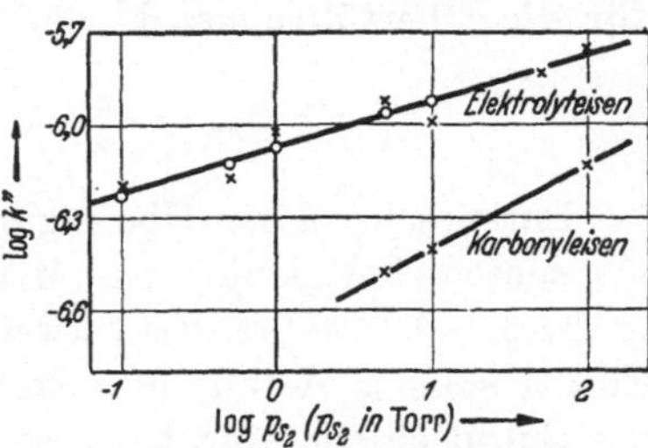

$$\tfrac{1}{2}\,S_2^{(g)} \longrightarrow FeS + Fe\square'' + 2\ominus \qquad (5.8)$$

die Schwefelungsgeschwindigkeit von Eisen proportional der 6. Wurzel aus dem Schwefeldampfdruck gefunden werden, sofern der Schwefel in der Gasphase als S_2-Molekül auftritt[1]. Wie aus den Versuchsergebnissen in Abb. 187 zu entnehmen ist, folgt die Schwefelungsgeschwindigkeit von Elektrolyteisen bzw. Carbonyleisen

Abb. 187. Abhängigkeit der Schwefelungsgeschwindigkeit (k'' in $g^2 \cdot cm^{-4} \cdot sec^{-1}$) zweier Eisensorten vom Schwefeldampfdruck in doppelt logarithmischer Darstellung nach HAUFFE und RAHMEL. ($T = 670°\,C$, $\times$ erste Meßreihe, $\bigcirc$ zweite Meßreihe, p_{S_2} in Hg mm)

bei 670° C im Druckbereich von 10^{-1} bis 100 mm Hg der 5. bzw. 7. Wurzel des Schwefeldampfdruckes. Der Absolutwert der Zunderkonstanten betrug für 670° C und bei einem Schwefeldampfdruck von 100 mm Hg:

$$k'' = 7 \cdot 10^{-7}\ g^2 \cdot cm^{-4} \cdot sec^{-1}.$$

Für die Geschwindigkeit der Aufschwefelung von FeS zu FeS_2 wurde bei derselben Temperatur und einem Schwefeldampfdruck von 1 Atm

$$k'' = 7 \cdot 10^{-10}\ g^2 \cdot cm^{-4} \cdot sec^{-1}$$

gefunden. Die FeS_2-Bildung verläuft demnach etwa 1000mal langsamer als die FeS-Bildung bei der gleichen Temperatur. Ferner folgt das zeitliche Wachsen beider Schichten dem parabolischen Zeitgesetz. In Abb. 188 ist die Temperaturabhängigkeit der Schwefelungsgeschwindigkeit von Fe zu FeS bei einem Schwefeldampfdruck von 10 mm Hg dargestellt.

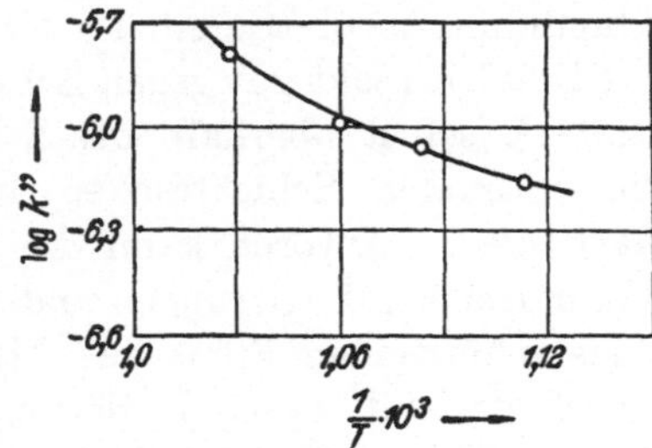

Abb. 188. Temperaturabhängigkeit der Schwefelungsgeschwindigkeit von Elektrolyteisen bei konstantem Schwefeldampfdruck von 10 mm Hg nach HAUFFE und RAHMEL

Aus der für die Schwefelung von Eisen umgeschriebenen WAGNER-schen Zunderformel

$$k = \frac{300}{96\,500}\,\varkappa_{Fe}(p_{S_2} - 1)\,\frac{3}{2}\,\frac{RT}{N_L\,e}\,p_{S_2}^{1/6} \qquad (5.9)$$

berechnet sich aus den Versuchsdaten die Teilleitfähigkeit der Eisenionen $\varkappa_{Fe}$ für $p_{S_2} = 1$ Atm und $T = 670°$ C zu $2{,}9 \cdot 10^{-2}$ Ohm$^{-1} \cdot$ cm^{-1}.

---

[1] Über die Dissoziation des Schwefeldampfes s. H. BRAUNE, S. PETER u. V. NEVELING: Z. Naturforsch. **6a**, 32 (1951).

Verwendet man den von SAVELSBERG[1] mitgeteilten Wert der Gesamtleitfähigkeit von FeS bei 670° C, $\varkappa = 29\ \mathrm{Ohm}^{-1} \cdot \mathrm{cm}^{-1}$, so ergibt sich für die Überführungszahl der Eisenionen in FeS

$$n_{\mathrm{Fe}} = \frac{\varkappa_{\mathrm{Fe}}}{\varkappa} = \frac{2{,}9 \cdot 10^{-2}}{29} = 1 \cdot 10^{-3}.$$

Entsprechend den Überlegungen über die Herabsetzung der Oxydationsgeschwindigkeit von Metallen mit p-leitender Zunderschicht (s. Kap. 4.2.1) sollte die Schwefelungsgeschwindigkeit von Eisen durch Zusatz solcher Metalle herabgesetzt werden, die als 1wertige Ionen in die Sulfidschicht eingebaut werden, da hierdurch die Konzentration der Fe^{2+}-Ionenleerstellen vermindert wird. Da die Alkalimetalle in Eisen unlöslich, Kupfer und Silber aber nur schwachlöslich sind, läßt sich eine Verbesserung der Schwefelbeständigkeit von Eisen auf dieser Basis nicht erzielen. Auf diesen Tatbestand haben bereits KUBASCHEWSKI und VON GOLDBECK[2] hingewiesen, die daher solche Legierungsmetalle vorschlagen, die erstens höhere Bildungsarbeiten ihrer Sulfide ergeben und damit weitgehend bevorzugt gebildet werden, und die zum anderen kompakte Deckschichten auf der Legierung mit kleinerer Ionendiffusionsgeschwindigkeit ausbilden. Auf Grund empirischer Unterlagen scheinen höhere Zusätze von Chrom und Aluminium geeignete Legierungspartner zu sein. Da Aluminium relativ schwefelbeständig ist, liegt es nahe, schwefelempfindliche Legierungen mit Aluminium zu plattieren. In der Tat bewährten sich solche Überzüge auf Stählen recht gut gegen Schwefel und auch gegen Schwefelwasserstoff[3, 4], selbst oberhalb des Schmelzpunktes von Aluminium. Über die optimalen Schichtdicken berichten MURAKAMI und SHIBATA[5]. Nach diesen Autoren kann die gute Schwefelbeständigkeit von aluminiumreichen Legierungen und von Aluminium selbst auf die Bildung eines schützenden Films aus $\mathrm{Al_2S_3}$ zurückgeführt werden. Inwieweit jedoch der auf diesen Legierungen stets vorhandene $\mathrm{Al_2O_3}$-Film die Hauptrolle beim Zunderschutz spielt, müßte noch durch geeignete Versuche belegt werden. Wie aus einer zusammenfassenden Darstellung von WEST[6] zu entnehmen ist, scheinen die 18-8-Stähle und Stähle mit 17% Cr bis zum Siedepunkt von Schwefel genügend schwefelbeständig zu sein. An Cr-freien Stählen ist jedoch der Angriff von flüssigem Schwefel beachtlich, wie DRAVNIEKS[7] zeigen konnte. Entsprechend

[1] SAVELSBERG, W.: Z. Elektrochem. angew. physik. Chem. **46**, 379 (1940).
[2] KUBASCHEWSKI, O., u. O. VON GOLDBECK: Metalloberfl. (A) **8**, 33 (1954).
[3] IPAVIC, H.: Heraeus Vacuumschmelze 1923—1933, S. 290.
[4] KAYSER, F.: Foundry Trade J. **47**, 263 (1932).
[5] MURAKAMI, T., u. N. SHIBATA: Sci. Rep. Tôhoku Imp. Univ. **30**, 252 (1942).
[6] WEST, J. R.: Chem. Ind. Eng. **53**, 223 (1946).
[7] DRAVNIEKS, A.: Ind. Eng. Chem. **43**, 2897 (1951).

dem zeitlichen Verlauf der Leitfähigkeitsabnahme dünner Stahlbleche (0,6 bis 0,8% C, 0,4% Mn, 0,03% S) in flüssigem Schwefel erfolgte zwischen 300 und 450° C der Angriff nach dem parabolischen Zeitgesetz. Die in Abb. 189 dargestellte Temperatur-abhängigkeit der parabolischen Schwefe-lungskonstanten ergibt eine Aktivie-rungsenergie von etwa 41 kcal/Mol. Der Aufbau der Zunderschicht bestand aus einer dünnen unmagnetischen FeS-Schicht unmittelbar auf dem Stahl, ge-folgt von einer dickeren magnetischen FeS-Schicht und einer sehr dünnen FeS$_2$-Schicht. Die dem Stahl unmittel-bar benachbarte Phase bestand aus einem grauen lockeren Pulver, das aber sehr schnell rekristallisiert, wenn die Eisenunterlage verschwunden ist.

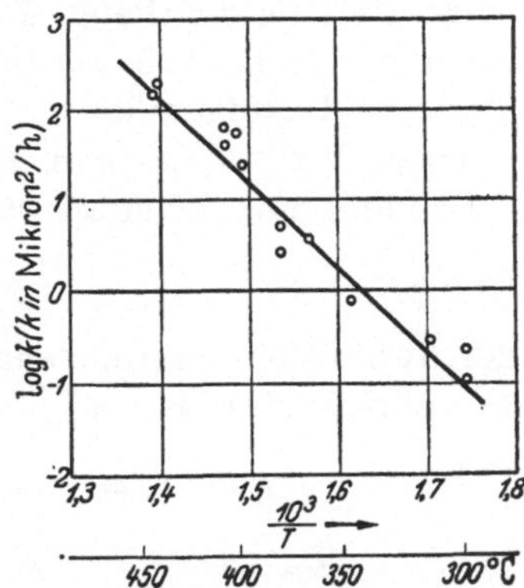

Abb. 189. Temperaturabhängigkeit der parabolischen Schwefelungskonstanten dünner Stahlbleche (mit 0,6 bis 0,8 Gew.-% C, 0,4% Mn, 0,025% P, 0,002% Si, 0,003 bis 0,02% Cu, 0,004 bis 0,06% Ni und 0,033% S) in flüs-sigem Schwefel zwischen 300 und 450° C nach DRAVNIEKS. (Aktivierungsenergie etwa 41 kcal/Mol)

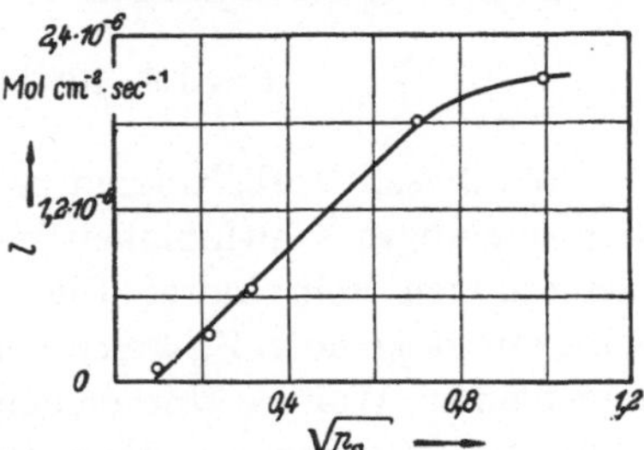

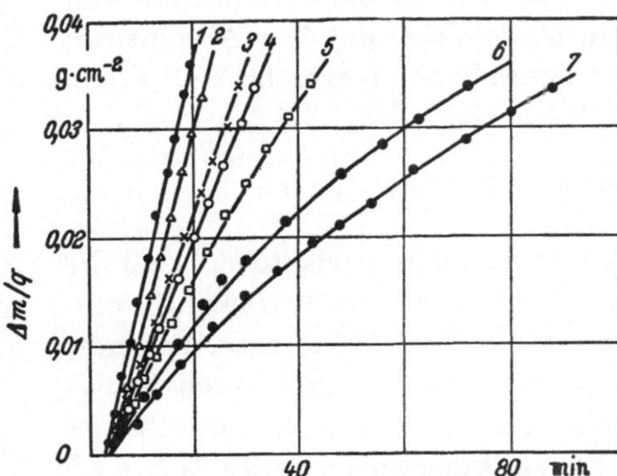

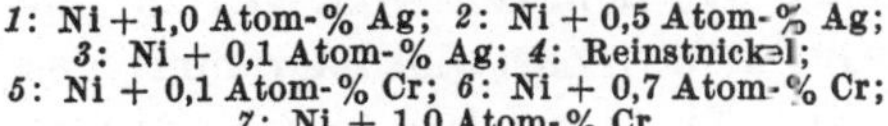

Abb. 190. Der zeitliche Verlauf der Schwefelung von Nickel und Nickellegierungen bei 630° C und einem Schwefeldampfdruck von 0,1 mm Hg nach HAUFFE und RAHMEL.

1: Ni + 1,0 Atom-% Ag; 2: Ni + 0,5 Atom-% Ag; 3: Ni + 0,1 Atom-% Ag; 4: Reinstnickel; 5: Ni + 0,1 Atom-% Cr; 6: Ni + 0,7 Atom-% Cr; 7: Ni + 1,0 Atom-% Cr

Abb. 191. Schwefelungsgeschwindigkeit von Reinstnickel in Abhängigkeit vom Schwefeldampfdruck bei 630° C nach HAUFFE und RAHMEL

Wesentlich anders liegen die Verhältnisse für die Schwefelung von Nickel im Schwefeldampf. Wie man aus den Abb. 190 und 191 ent-nehmen kann[1], verläuft die Schwefelungsgeschwindigkeit bei 630° C nach dem linearen Zeitgesetz und proportional $p_{S_2}^{1/2}$. Dieser Befund läßt sich nicht mit dem aus dem Fehlordnungsbild von NiS[2] zu er-wartenden Verlauf vereinbaren. Wie mikroskopische Untersuchungen[1]

---

[1] HAUFFE, K., u. A. RAHMEL: Z. physik. Chem. **199**, 152 (1952).
[2] HAUFFE, K., u. H. G. FLINT: Z. physik. Chem. **200**, 199 (1952).

ergeben haben, tritt beim Durchschwefeln von Nickel keine Hohlraumbildung im Innern auf, was immer als ein relativ sicheres Zeichen für eine bevorzugte Diffusion von Metallionen + Elektronen nach außen angesehen werden kann. Infolge des großen Dichteunterschiedes von Ni und NiS (s. Tab. 41) ist die Annahme des Auftretens von feinen Poren und „aufgeweiteten" Korngrenzen und damit eines bevorzugten raschen Transportes von Schwefel zum Nickel wahrscheinlich.

Nimmt man daher an, daß nicht die Diffusion, sondern die Reaktion

$$\mathrm{Ni} + \tfrac{1}{2}\mathrm{S}_2^{(g)} \longrightarrow \mathrm{NiS} \tag{5.10}$$

geschwindigkeitsbestimmend ist, so sollte auf Grund des experimentellen Befundes ($k \sim p_{\mathrm{S}_2}^{1/2}$) von den beiden Teilvorgängen

$$\tfrac{1}{2}\mathrm{S}_2^{(g)} + \ominus^{(\mathrm{Ni})} \longrightarrow \mathrm{S}_{\text{chem. an Ni}}^- \qquad \text{(Chemisorption)} \tag{5.11}$$

$$\mathrm{S}_{\text{chem. an Ni}}^- + \mathrm{Ni} \longrightarrow \mathrm{NiS} + \ominus^{(\mathrm{Ni})} \qquad \text{(Anbau)} \tag{5.12}$$

die Aufspaltung der Schwefelmoleküle in Atome während der Chemisorption der langsamste und damit geschwindigkeitsbestimmende Vorgang sein. (Hier bedeutet $\ominus^{(\mathrm{Ni})}$ ein Metallelektron.) Der Absolutwert der Geschwindigkeitskonstanten der Schwefelung betrug bei 630° C und einem Schwefeldampfdruck von 0,5 mm Hg

$$l = 1{,}8 \cdot 10^{-6} \ \text{g-Atom} \cdot \mathrm{cm}^{-2} \cdot \sec^{-1}.$$

Aus diesen Verhältnissen heraus ist es auch zu verstehen, daß die Schwefelungsgeschwindigkeit von Nickel-Silber- und Nickel-Chrom-Legierungen kein klares Bild ergab (Abb. 190). Wie man erkennt, wird mit steigenden Zusätzen von Chrom die Schwefelungsgeschwindigkeit kleiner. Weitere Untersuchungen über den Schwefelungsmechanismus und insbesondere über den Fehlordnungszustand des NiS sind dringend notwendig, um den Einfluß von Legierungszusätzen auf die Schwefelungsgeschwindigkeit aufzuklären. Die bisher aus der Schwefeldruckunabhängigkeit der elektrischen Leitfähigkeit von NiS zu folgernde Eigenhalbleitung ist auf Grund des Zustandsdiagramms des Ni-S-Systems (mit $\mathrm{Ni_3S_2}$, $\mathrm{Ni_7S_6}$, NiS, $\mathrm{Ni_3S_4}$ und $\mathrm{NiS_2}$) nicht unvernünftig, wenn auch noch nicht bewiesen. Die Aufklärung der Ionenfehlordnung, die ja bei Eigenhalbleitern nicht unmittelbar mit der Elektronenfehlordnung gekoppelt ist[1], wäre durch Überführungsversuche und EMK-Messungen geeigneter Ketten, wie sie von WAGNER am $\mathrm{Ag_2S}$-System verwandt wurden, möglich. Ferner wären Diffusionsversuche mit radioaktiven Schwefel- und Nickelionen durch NiS-

---

[1] HAUFFE, K.: Reaktionen in und an festen Stoffen. Berlin/Göttingen/Heidelberg: Springer 1955, S. 162ff.

Einkristalle sehr aufschlußreich. Kürzlich wurden von DRAVNIEKS[1] weitere Untersuchungen über den Bildungsmechanismus von NiS und höheren Sulfiden beim Eintauchen von Nickel in flüssigen Schwefel veröffentlicht. Als Reaktionsprodukte wurden neben NiS und NiS_2 auch Ni_6S_5 gefunden, nicht dagegen Ni_7S_6 und Ni_3S_4. Zwischen 205 und 445° C war die Bildungsgeschwindigkeit von NiS_2 über tausendmal kleiner als die von NiS.

Über den Angriff von trockenem und feuchtem Schwefelwasserstoff auf Eisen und anderen Metallen liegen einige Arbeiten von GRUBER[2], WHITE und MAREK[3] sowie IPAVIC[4] vor. Diese genannten Untersuchungen sowie die Schwefelungsversuche an Eisenlegierungen von BAUKLOH und SPETZLER[5] in N_2- oder H_2-Atmosphäre mit 2% H_2S und an verschiedenen Metallen in Helium mit 5% H_2S von FARBER und EHRENBERG[6] sind rein empirischer Natur. In diesen Atmosphären sind die Metalle Ag, Cr, Ta, W, Mo und Al zwischen 500 und 900° C relativ beständig, während schwach legierter Stahl, Cu, Ni, Co und Fe unter diesen Bedingungen stark angegriffen werden. Legierte Stähle nehmen eine Zwischenstellung ein. Chromzusatz wirkt in jedem Fall korrosionshemmend, jedoch wirkungsvoll erst oberhalb 15%. Als besonders instruktives Beispiel einer solchen Legierung ist die von GRUNERT, HESSENBRUCH und RUF[7] erwähnte mit 30Cr-5Al-65Fe zu nennen, die in feuchtem Schwefelwasserstoff eine gute Zunderbeständigkeit zeigte. Aus allen diesen Versuchen geht immer wieder hervor, daß insbesondere ein höherer Zusatz von Aluminium oder Chrom für die Schwefelbeständigkeit unerläßlich ist. Selbst das anfällige Nickel und Kobalt werden durch einen Zusatz von 15% Al wesentlich widerstandsfähiger gegen Schwefelangriff.

Nach Untersuchungen von VERNON[8] sind kleine Mengen an SO_2 (0,01%) in trockener Luft ohne Einfluß auf die Korrosions- und Zundergeschwindigkeit zahlreicher Metalle und niedrig legierter Stähle. In feuchter Luft hingegen wurde selbst bei Raumtemperatur starke Korrosion beobachtet[9]. Über das Zusammenwirken von H_2O-Dampf und SO_2 während der Korrosion von Nickel liegen aufschlußreiche

---

[1] DRAVNIEKS, A.: J. electrochem. Soc. **102**, 435 (1955).

[2] GRUBER, H.: Z. Metallkunde **23**, 151 (1931).

[3] WHITE, A., u. L. F. MAREK: Ind. Eng. Chem. **24**, 859 (1932).

[4] IPAVIC, H.: Heraeus Vacuumschmelze 1933, S. 290.

[5] BAUKLOH, W., u. E. SPETZLER: Korr. u. Metallschutz **16**, 116 (1940).

[6] FARBER, M., u. D. M. EHRENBERG: J. electrochem. Soc. **99**, 427 (1952).

[7] GRUNERT, A., W. HESSENBRUCH u. K. RUF: Heraeus Vacuumschmelze 1933, S. 169.

[8] VERNON, W. H. J.: Trans. Faraday Soc. **31**, 1668 (1935).

[9] Siehe a. U. R. EVANS: Metallic Corrosion, Passivity and Protection. London 1948, S. 155ff.

Versuche von VERNON[1] vor. SO_2-haltige trockne Luft wirkte nur wenig aggressiv auf Nickel ein. Wenn jedoch H_2O-Dampf der Atmosphäre zugesetzt wurde, trat eine spontane Korrosion auf. Brachte man hingegen das Nickelblech erst in eine wasserdampfhaltige Atmosphäre und anschließend in eine schwach SO_2-haltige Atmosphäre, so war keine Veränderung am Nickelblech zu beobachten. Offenbar muß die Chemisorption und der Angriff von SO_2 dem von H_2O vorausgehen, um eine merkliche Korrosion zu verursachen.

Im Gegensatz zu H_2S und Schwefel greift SO_2 Magnesium stärker an als Kupfer und Cu-Mg-Legierungen[2]. Während große Zusätze von Aluminium die Zunderbeständigkeit von Kupfer gegen SO_2 erhöhen, sind Zusätze anderer Metalle von 0,5 bis 4% (Ag, Cd, Cr, Mn, Ni, Si, Sn, Zn) praktisch ohne Einfluß[3]. Außer Kupfer werden auch Eisen und Tantal stark von SO_2 angegriffen. Reines Zirkon ist jedoch bis zu 500° C außerordentlich beständig[4]. Ferner liegen Untersuchungen über den Angriff von SO_2 in Flammengasen auf Gußstähle[5] und Gasturbinen-Werkstoffe[6] vor (z. B.: Stähle mit 14 bis 20% Cr, 11 bis 20% Ni, 6 bis 10% Co, 2 bis 4% Mo, 0 bis 4% Cu, 0 bzw. 0,8% Ti und 0 bis 3 Gew.-% Nb). In vollständig verbrannten Gasen sollen diese Stähle zwischen 700 und 1100° C durch anwesendes SO_2 nicht stärker angegriffen werden — im Gegensatz zu unvollständig verbrannten Gasen. WHITTINGHAM[7] berichtet über den Angriff von SO_2 auf niedrig legierte Stähle in Kohlenmonoxydflammen in Abhängigkeit von der Oberflächentemperatur des Stahls. Bei niedrigen H_2O-Dampfgehalten von 0,60 bis 0,70% erreichte die Korrosionsgeschwindigkeit von 25° C ansteigend zwischen 60 und 70° C ein Maximum und nahm mit steigender Temperatur bei 125 bis 150° C um den Faktor 10 ab. Mit steigendem H_2O-Gehalt wird das Maximum zu höheren Temperaturen (100 bis 125° C) verschoben.

Zur ersten Orientierung über die Schwefelungsbeständigkeit einiger Metalle und Legierungen dient die von KUBASCHEWSKI und VON GOLDBECK zusammengestellte Tab. 44.

Wie wir aus der Darstellung dieses Abschnitts sehen, ist im Gegensatz zur Oxydation der Metalle und Legierungen der Mechanismus der Schwefelung in Schwefeldampf, SO_2- und H_2S-Atmosphäre noch

[1] VERNON, W. H. J.: Nature (London) **167**, 1037 (1951).

[2] BAUKLOH, W., u. W. W. G. KRYSKO: Metallwirtsch. **19**, 169 (1940).

[3] HALLOWES, A. P. C., u. E. VOCE: Metallurgia **34**, 95 (1946).

[4] HAYES, E. T., A. H. ROBERSON u. R. H. ROBERTSON: J. electrochem. Soc. **97**, 316 (1950).

[5] HALLETT, M. M.: J. Iron Steel Inst. **170**, 321 (1952).

[6] SYKES, C., u. H. T. SHIRLEY: Symposium on High-Temperature Steels and Alloys for Gas Turbines, Iron & Steel Inst. 1951, S. 53.

[7] WHITTINGHAM, G.: J. appl. Chem. **5**, 316 (1955).

wenig aufgeklärt, so daß für die nächste Zukunft gerade auf diesem Gebiet viel zu tun ist. Ohne Zweifel stehen der Aufklärung hier größere Schwierigkeiten entgegen als bei der Ausbildung oxydischer Deckschichten, was nicht zuletzt auf die Tatsache zurückzuführen ist, daß der ionische Fehlordnungsmechanismus der Sulfide noch weitgehend unbekannt ist. Bevor man also mit sinnvollen Versuchen der Schwefelung beginnen kann, ist zunächst ein intensives Studium über den Fehlordnungsmechanismus der am häufigsten vorkommenden Basissulfide (FeS, NiS, FeS_2, Cu_2S, CuS, Al_2S_3 und MgS) vorauszuschicken.

Tabelle 44. *Zusammenstellung einiger Metalle und Legierungen mit steigender Beständigkeit gegen H_2S-, Schwefel- und SO_2-Angriff nach* KUBASCHEWSKI *und* VON GOLDBECK

H_2S	S	SO_2	
Ag	Ag		
Ni, Nb	Ni, Cu	Ni	
weicher Stahl	weicher Stahl		
Fe	Fe	Fe	
Fe-Mn		Cu-10Mg	
Inconel	Fe-14Cr	Fe-15Cr	
Cu	Cu-Mn	Ta	
Fe-15Cr	80Ni-13Cr-6,5Fe	Cu, Messing	Zunahme der
	Mn	Al-Legierungen	Beständigkeit
Fe-25Cr	Cr	Mo, W	
Cr	Fe-17Cr	Fe-30Cr	
Fe-18Cr-8Ni	Fe-18Cr-8Ni	Fe-18Cr-8Ni	
Fe-22Cr-10Al		(Inconel)	
Cu-10Mg	Hastelloy C	Cu-12Al	
Fe-12Al, Ni-15Al		Zr	
Ta, Mo, W	Al, Mg		
Al, Mg			
	Au	Au	

In der von WAGNER[1] vorgeschlagenen Weise wird man geeignete elektrochemische Ketten aufbauen und die Abweichung von der Stöchiometrie prüfen. Ferner sind Selbstdiffusionsmessungen mit radioaktiven Isotopen nach Feststellung des Leitungscharakters unerläßlich, um zu auswertbaren Ergebnissen zu gelangen.

---

[1] WAGNER, C.: Galvanic Cells with Solid Electrolytes involving Ionic and Electronic Conduction, in Proc. Comité Intern. Thermodyn. Cinetique Electrochim., im Druck.

6 Über den Oxydationsmechanismus von Metall-Kohlenstofflegierungen und Karbiden

Wie bekannt, bilden Metallcarbide die Basis der Hartmetalle, die große technische Bedeutung wegen ihrer Festigkeit bei hohen Temperaturen erlangt haben. Um diese überragende Festigkeit bei den hohen Temperaturen auch voll ausnutzen zu können, ist man bemüht, die Zunderbeständigkeit der Hartmetalle laufend zu verbessern. Da die Aufklärung des Oxydationsmechanismus durch die Gegenwart des Kohlenstoffs in den Legierungen erheblich erschwert wird, ist es auch nicht verwunderlich, wenn man sich bisher rein empirisch mit diesem Fragenkomplex beschäftigt hat. Kürzlich haben WAGNER und Mitarbeiter[1] einen Versuch unternommen, die ersten grundlegenden Zusammenhänge über die Mitwirkung des Kohlenstoffs während der Oxydation von kohlenstoffhaltigen Metallen und Carbiden an Hand thermodynamischer und kinetischer Betrachtungen aufzufinden. Von entscheidender Bedeutung für die Oxydationsbeständigkeit ist hierbei die Feststellung, unter welchen Bedingungen eine Bildung der gasförmigen Produkte CO und CO_2 möglich ist, die den an sich schützenden Oxydfilm laufend aufbrechen und hierdurch eine erhöhte Oxydationsgeschwindigkeit verursachen.

Für die CO- bzw. CO_2-Bildung, die durch Reaktion des in der Legierung anwesenden Kohlenstoffs mit dem Oxyd MeO_y bewirkt wird, schreiben wir:

$$C \text{ (Legierung)} + \frac{1}{y} MeO_y = CO^{(g)} + \frac{1}{y} Me \text{ (Legierung)} \qquad (6.1)$$

$$C \text{ (Legierung)} + \frac{2}{y} MeO_y = CO_2^{(g)} + \frac{2}{y} Me \text{ (Legierung)}. \qquad (6.2)$$

Die sich aus den Massenwirkungsansätzen ergebenden Gleichgewichtspartialdrucke von CO und CO_2 lauten:

$$p_{CO} = K_1 a_C / a_{Me}^{1/y} \qquad (6.3)$$

$$p_{CO_2} = K_2 a_C / a_{Me}^{2/y}, \qquad (6.4)$$

wo K_1 und K_2 die Gleichgewichtskonstanten der Reaktionen Gl. (6.1) und (6.2) und a_C bzw. a_{Me} die Aktivität des Kohlenstoffs bzw. des Metalls bedeuten, die sich während des Reaktionsablaufs an der Phasengrenze Legierung/Oxyd einstellen.

---

[1] WEBB, W. W., J. T. NORTON u. C. WAGNER: J. electrochem. Soc., **103**, 112 (1956).

In der folgenden Betrachtung werden zwei Fälle unterschieden, die für die Aufklärung des Mechanismus von Bedeutung sind.

Fall 1. Hat das Metall eine relativ geringe Affinität zum Sauerstoff, so wird eine bevorzugte Oxydation des Kohlenstoffs stattfinden, wobei die Summe der Partialdrucke $p_{CO} + p_{CO_2}$ erheblich größer ist als der außen herrschende Gasdruck p, so daß der sich ausbildende Oxydfilm laufend aufgebrochen wird. Hierdurch werden ständig Teile der Legierungsoberfläche frei gelegt, und die Oxydation der Legierung verläuft rascher als die des kohlenstofffreien Metalls, sofern nicht die „Ausheilung" der Oxydschicht rasch erfolgt.

Durch die bevorzugte Oxydation von Kohlenstoff muß die Aktivität desselben an der Phasengrenze Legierung/Oxyd erheblich kleiner als im Innern der Legierung werden. Ferner muß auf Grund der Porosität des Oxydfilms

$$p_{CO} + p_{CO_2} = p \tag{6.5}$$

sein. Das CO/CO_2-Verhältnis ist unter Zugrundelegung der Reaktion

$$\frac{1}{y} MeO_y + CO \longrightarrow \frac{1}{y} Me + CO_2 \tag{6.6}$$

durch den folgenden Ausdruck gegeben:

$$p_{CO_2}/p_{CO} = K_3/a_{Me}^{1/y}, \tag{6.7}$$

wo K_3 die Massenwirkungskonstante der Reaktion Gl. (6.6) bedeutet.

Aus Gl. (6.3), (6.4), (6.5) und (6.7) lassen sich die Aktivitäten des Kohlenstoffs und die Partialdrucke von CO und CO_2 berechnen.

Die Voraussetzungen des Falles 1 konnten bei der Oxydation von Ni-C-Legierungen mit 2,3 Gew.-% Kohlenstoff bei 1000° C gefunden werden. Infolge Verarmung des Kohlenstoffs an der Phasengrenze Legierung/Oxyd kommt es zu einer Kohlenstoffdiffusion aus dem Innern zur Phasengrenze. Wie thermodynamische Berechnungen unter Verwendung von Gl. (6.3) und (6.4) ergeben haben, ist bei 1000° C $p_{CO} + p_{CO_2} \approx 10^6$ Atm. Dieser hohe Druck verursacht ein laufendes Aufbrechen des Oxydfilms und eine starke Erhöhung der Oxydationsgeschwindigkeit, wie in Abb. 192 dargestellt.

Da bei 1000° C die maximale Löslichkeit von Kohlenstoff in Nickel nur 0,27 Gew.-% beträgt, liegt der übrige Kohlenstoff als Graphit in nadelförmigen Ausscheidungen vor. Nach längerer Oxydationszeit (etwa 17 Std.), während der der Kohlenstoff bevorzugt „herausoxydiert" wird, treten an Stelle der Graphiteinschlüsse Hohlräume auf. Die Entkohlungsgeschwindigkeit war etwas höher, als sie sich nach der Rechnung unter Verwendung von $D_C^{1000} = 3 \cdot 10^{-7}$ cm² · sec^{-1} ergab[1]. Die durch den verschwindenden Kohlenstoff auftretende zeit-

---

[1] LANDER, J. J., u. A. L. BESCH: J. appl. Physics **23**, 1305 (1952).

liche Gewichtsabnahme war größer als die durch NiO-Bildung bewirkte Gewichtszunahme, so daß der zeitliche Verlauf der Gewichtsänderung der Legierungsprobe eine Abnahme zur Folge hatte. Zur quantitativen

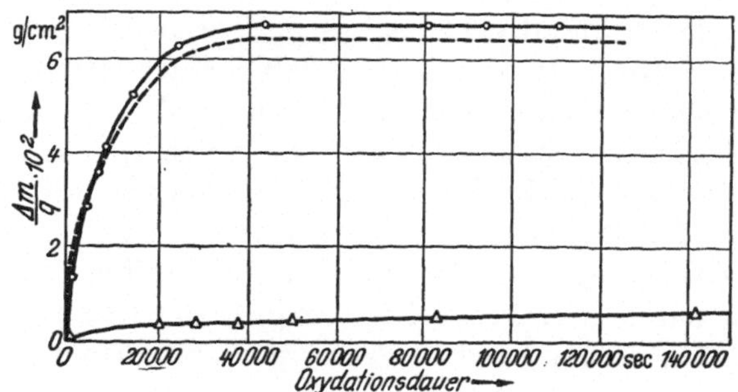

Abb. 192. Zeitlicher Verlauf der Oxydation von Nickel und Nickel-Kohlenstoff-Legierungen mit 2,3 Gew.-% C bei 1000° C in Sauerstoff von 1 Atm nach WEBB, NORTON und WAGNER. (Gesamter Sauerstoffverbrauch $\Delta m_O/q$ für Ni (△) und für Ni-C-Legierung (– – –); CO_2-Bildung $\Delta m_{CO_2}/q$ an Ni-C-Legierung (○)

Auswertung ist daher eine gesonderte Bestimmung der zeitlichen Bildung von CO und CO_2 einerseits und des Oxydfilms andererseits erforderlich. Aus diesem Grunde soll im folgenden einiges über die experimentelle Ermittlung erwähnt werden.

Bezeichnen wir die Sauerstoffaufnahme je Oberflächeneinheit mit $\Delta m_O/q$, so ergibt sich:

$$\Delta m_O/q = (\Delta m/q) + \tfrac{3}{11}\, \Delta m_{CO_2}/q, \qquad (6.8)$$

wo $\Delta m/q$ die beobachtete Masseänderung der Legierungsprobe je Oberflächeneinheit und $\Delta m_{CO_2}/q$ die je Oberflächeneinheit in derselben Zeit gebildete Menge an CO_2 ist. $\tfrac{3}{11}$ ($=12/44$) ist das Verhältnis des Atomgewichts von Kohlenstoff und des Molgewichts von CO_2.

Wenn Metall und Kohlenstoff nicht bevorzugt oxydiert werden, errechnet sich der gesamte verbrauchte Sauerstoff durch die folgende Gleichung:

$$(1 - x)Me + xC + [\tfrac{1}{2}(1 - x)y + x]O_2 = (1 - x)MeO_y + xCO_2, \quad (6.9)$$

wo x den Molenbruch an Kohlenstoff in der Ausgangslegierung oder dem Ausgangscarbid und y die mittlere Zahl der Sauerstoffatome je Metallatom in der Oxydschicht bedeuten. Aus Gl. (6.8) und (6.9) folgt dann für das Verhältnis

$$\frac{\Delta m_{CO_2}/q}{\Delta m/q} = \frac{44x}{16(1 - x)y - 12x}. \qquad (6.10)$$

Wenn Gl. (6.10) erfüllt ist (keine bevorzugte Oxydation von Metall oder Kohlenstoff), läßt sich die Sauerstoffaufnahme je Oberflächeneinheit direkt aus der Gewichtsänderung der Legierungsprobe berechnen. Aus Gl. (6.10) und (6.8) folgt:

$$\frac{\Delta m_0}{q} = \frac{16(1-x)y}{16(1-x)y - 12x}\, \frac{\Delta m}{q}.$$
(6.11)

Durch Einsetzen von Gl. (6.10) in Gl. (6.11) kann man auch $\Delta m_0/q$ aus der entstandenen CO_2-Menge berechnen:

$$\frac{\Delta m_0}{q} = \frac{16(1-x)y}{44x}\, \frac{\Delta m_{CO_2}}{q}.$$
(6.12)

Unter Fall 1 ist noch eine andere Möglichkeit zu berücksichtigen. Trotz des Verlustes von Kohlenstoff an der Phasengrenze Legierung/ Oxyd kann die Diffusion von Kohlenstoff immer dann vernachlässigt werden, wenn der Homogenitätsbereich der Phasen des Systems Me-C, die sich bilden, sehr klein ist und die Oxydbildung sehr rasch verläuft. Dies scheint, wie Untersuchungen ergeben haben, am System W-C der Fall zu sein, in dem zwei Carbide, W_2C und WC, mit praktisch unveränderlicher Zusammensetzung auftreten. Die Löslichkeit von Kohlenstoff in Wolfram ist sehr klein. Über die Oxydationsgeschwindigkeit dieser Carbide liegen Untersuchungen von KIEFFER und KÖLBL[1] vor, die jedoch nicht quantitativ ausgewertet werden können, da nur

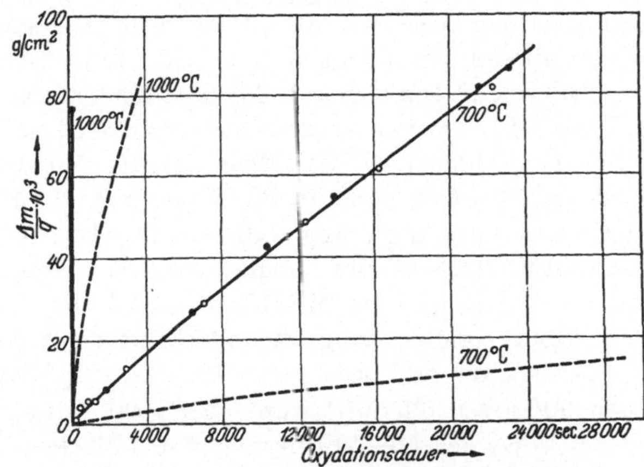

Abb. 193. Zeitlicher Verlauf der Oxydation von Wolfram und Wolframcarbid (WC) bei 700 und 1000° C in Sauerstoff von 1 Atm nach WEBB, NORTON und WAGNER. (— — — für reines Wolfram und ——— für WC; $\bigcirc$ (44/44) $\Delta m_{CO_2}/q$ und $\bullet$ (48/36) $\Delta m/q$)

die Gewichtsänderung der Carbide ermittelt wurde, aber nicht gleichzeitig der Kohlenstoffverlust. Aus diesem Grunde untersuchten WAGNER und Mitarbeiter die Oxydation von WC von neuem. In Abb. 193 sind die Versuchsergebnisse für 700 und 1000° C dargestellt. Bei 700° C oxydiert WC nach einem linearen Zeitgesetz mit der Geschwindigkeitskonstanten $l'' = 4 \cdot 10^{-6}\,\mathrm{g} \cdot \mathrm{cm}^{-2} \cdot \sec^{-1}$. Bei 1000° C wird die Genauig-

---

[1] KIEFFER, R., u. F. KÖLBL: Z. anorg. Chem. 252, 229 (1950).

keit der Meßpunkte infolge der hohen Geschwindigkeit als nicht sehr groß angegeben. Die Bestimmung der gleichzeitig entstehenden CO_2-Menge entspricht der Gesamtreaktion

$$WC + 2{,}5\,O_2 = WO_3 + CO_2$$

und schließt eine bevorzugte Oxydation von Kohlenstoff aus. Die höhere Oxydationsgeschwindigkeit von WC gegenüber Wolfram wird verständlich, wenn man bedenkt, daß durch die CO- und CO_2-Bildung die Oxydschicht laufend aufgerissen wird. In der Tat bestand die Zunderschicht aus einem gelben porigen WO_3. Im Gegensatz zur Zunderschicht auf reinem Wolfram fehlte hier die kompakte untere blaue Oxydschicht (s. S. 247ff).

Nach NEWKIRK[1] reagiert Wolframcarbidpulver mit Sauerstoff unterhalb 500° C relativ langsam. Erst oberhalb dieser Temperatur setzt sprungartig eine rasche Oxydation ein, die schon bei 529° C zu einer vollständigen Verbrennung führt.

Fall 2. Wenn der absolute Wert der freien Bildungsenergie der Oxyde je g-Atom Sauerstoff sehr hoch ist, kann die aus Gl. (6.3) und (6.4) mit den Kohlenstoffaktivitäten der Ausgangslegierungen berechnete Summen der Partialdrucke, $p_{CO} + p_{CO_2}$, bei nicht zu hohen Temperaturen nicht den Wert des außen herrschenden Gesamtdruckes erreichen. Unter diesen Bedingungen kann der Kohlenstoff in der Legierung verbleiben und den sich ausbildenden kompakten Oxydfilm nicht stören. Dieser Mechanismus verursacht aber zusätzliche Vorgänge.

Der in den Legierungen an der Phasengrenze Legierung/Oxyd zurückbleibende Kohlenstoff kann in die Legierung abdiffundieren, wodurch der C-Gehalt der Legierung während der Oxydation erhöht wird. Ein derartiger Mechanismus kommt nach WAGNER und Mitarbeitern bei der Oxydation von Mn-C-Legierungen ins Spiel. Entsprechend der obigen Voraussetzung war auf Grund der hohen Sauerstoffaffinität des Mangans praktisch keine CO- oder CO_2-Bildung festzustellen. Nach 90000 sec (25 Std.) wurde bei 1000° C in Sauerstoff eine Gewichtszunahme der Mn-C-Legierung mit 1,33 Gew.-% C von 0,08 g/cm² gefunden, während die entstandene CO_2-Menge nur 0,00027 g/cm² betrug — das sind etwa 2% der erwarteten Menge bei nicht bevorzugter Oxydation. Die Analyse des Kohlenstoffs ergab unter den obigen Versuchsbedingungen einen Gehalt von 2,15 Gew.-% in Übereinstimmung mit dem berechneten Wert unter der Annahme, daß der Kohlenstoff in der Legierung verbleibt. Entsprechend den Untersuchungen von VOGEL und DÖRING[2] und von ISOBE[3] liegt der Kohlen-

---

[1] NEWKIRK, A. E.: J. Amer. chem. Soc. **77**, 4521 (1955).
[2] VOGEL, R., u. W. DÖRING: Arch. Eisenhüttenwes. **9**, 247 (1935).
[3] ISOBE, M.: Sci. Rep. Res. Inst. Tôhoku Univ. (A) **3**, 468 (1951).

stoff — ähnlich wie im Eisen — in einer γ-Mn-Phase bei 1000° C vor. Bei höheren Konzentrationen bildet sich ein Carbid aus, das bei 1000° C im Bereich von 3 bis 4 Gew.-% C beständig ist.

Auf Grund dieser Betrachtungen ist eine praktisch gleiche Oxydationsgeschwindigkeit von reinem Mangan und Mangan-Kohlenstoff-Legierungen zu erwarten. Dies bestätigen die Versuchsergebnisse bei 1000° C in Abb. 194. In Übereinstimmung mit Gurnick und Baldwin[1] fanden Wagner und Mitarbeiter die parabolische Zunderkonstante für reines Mangan k'' zu $5 \cdot 10^{-8}\, g^2 \cdot cm^{-4} \cdot sec^{-1}$. Für die Mn-C-Legierung war sie nur unbedeutend größer.

Unter Fall 2 haben wir noch mit der folgenden Möglichkeit zu rechnen: Ist die Legierung mit Graphit gesättigt, so kann keine Rückdiffusion von Kohlenstoff in

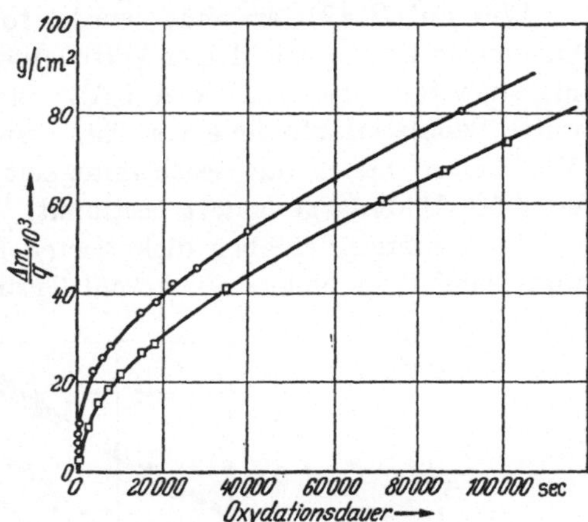

Abb. 194. Parabolischer Verlauf der Oxydation von Mangan und einer Mangan-Kohlenstoff-Legierung mit 1,33 Gew.-% C bei 1000° C in Sauerstoff von 1 Atm nach Webb, Norton und Wagner. (□: $\triangle m/q$ für reines Mangan, ○: $\triangle m/q$ für Mn-C).

das Innere der Legierung eintreten infolge Fehlens eines Aktivitätsgradienten von Kohlenstoff. Es muß demzufolge zu einer Ausscheidung von Kohlenstoff kommen, was bei fein verteilter Ausscheidung zu einer geringen Abnahme der Oxydationsgeschwindigkeit führt, da die wirksame Metalloberfläche etwas verringert wird. Bei genügend hoher Metalldiffusion dürfte sich aber im allgemeinen eine Abnahme der Oxydationsgeschwindigkeit erst bei hohen C-Anreicherungen an der Phasengrenze Legierung/Oxyd bemerkbar machen. Hierfür liegt gegenwärtig kein Beispiel vor.

Als weitere Möglichkeit unter Fall 2 ist die Abdiffusion von Kohlenstoff durch die Oxydschicht anzusehen, wenn Kohlenstoff in ihr genügend löslich ist. Die Anwesenheit von Kohlenstoff im Oxyd kann nun die Konzentration der Ionenfehlordnungsstellen verringern oder erhöhen, was letzten Endes eine Verminderung oder eine Erhöhung der Oxydationsgeschwindigkeit zur Folge hat. Mit einem derartigen Mechanismus ist bei der Oxydation von TiC zu rechnen, da TiC und TiO bis zu einem gewissen Grade ineinander löslich sind. Über den Mechanismus der Löslichkeit von Kohlenstoff in TiO ist jedoch z. Z. nichts bekannt.

---

[1] Gurnick, R. S., u. M. W. Baldwin: Trans. ASM **42**, 308 (1950).

Nach SCHWARZKOPF und KIEFFER[1] besitzt das System Titan-Kohlenstoff ein enges Löslichkeitsgebiet für Kohlenstoff mit einem sehr beständigen Carbid TiC. Das Titan-Sauerstoff-System weist unterhalb 900° C einen weiten α-Ti-Bereich auf (Abb. 89) und oberhalb 900° C einen engen mit steigender Temperatur sich erweiternden β-Ti-Bereich.

Wie auf S. 191 erwähnt wurde, folgt der zeitliche Verlauf der Oxydation im Bereich kleiner Versuchszeiten zwischen 900 und 1000° C in Sauerstoff bzw. Luft von 1 Atm einem parabolischen Zeitgesetz unter Sauerstoffaufnahme von Titan und TiO_2-Bildung. SIMNAD und Mitarbeiter[2] haben die Geschwindigkeit der Sauerstoffaufnahme und der TiO_2-Bildung gesondert bestimmt.

Zur Prüfung des oben diskutierten Mechanismus wurden bei 900 und 1000° C in Sauerstoff sowohl Titan als auch Titancarbid (TiC)

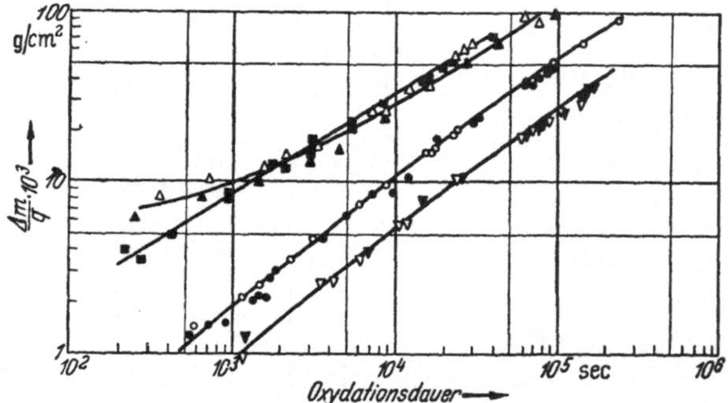

Abb. 195. Zeitlicher Verlauf der Oxydation von Titan und Titankarbid bei 1000° C bzw. 900° C in Sauerstoff von 1 Atm in doppelt-logarithmischer Auftragung nach WEBB, NORTON und WAGNER. Meßergebnisse ausgewertet nach Gl. (6.11) bzw. Gl.(6.12)

Ti	1000 °C	■	
$TiC_{0,63}$	1000 °C	▲	△
TiC	1000 °C	●	○
TiC	900 °C	▼	▽

bzw. ein kohlenstoffarmes Carbid der Zusammensetzung $TiC_{0,63}$ bis zu 50 Std. oxydiert. Der zeitliche Verlauf der Oxydation ist in Abb. 195 wiedergegeben. Sowohl Titan als auch Kohlenstoff werden nicht bevorzugt oxydiert. Daher kann der Fortgang der Oxydation sowohl aus der Gewichtsänderung nach Gl. (6.11) als auch aus der CO_2-Entwicklung nach Gl. (6.12) berechnet werden. Wie aus Abb. 195 zu erkennen, stimmen die auf beiden Wegen erhaltenen Meßwerte überein. Während die Oxydationsgeschwindigkeiten von Ti und $TiC_{0,63}$ gleich sind, verläuft die Oxydation von TiC langsamer. In allen Versuchen traten Abweichungen vom parabolischen Zeitgesetz auf. Die sich aus-

---

[1] SCHWARZKOPF, P., u. R. KIEFFER: Refractory Hard Metals. New York 1953, S. 83.

[2] SIMNAD, M., A. SPILNERS u. O. KATZ: J. Metals 7, 645 (1955).

bildende Oxydschicht bestand unter diesen Versuchsbedingungen nur aus TiO_2. Bei Oxydationszeiten von einer Woche konnte auch eine TiO-Schicht nachgewiesen werden. 24 Std. bei 1000° C oxydiertes Titancarbid bildete zwei Oxydschichtbereiche mit Rutilstruktur, wobei der äußere Bereich aus großen Kristallen bestand, während der innere Bereich aus kleinen Kristalliten mit vielen Poren aufgebaut war. Das Auftreten einer solchen porigen Zone ist nicht vereinbar mit einer Sauerstoffdiffusion über Leerstellen im TiO_2.

Über das Auftreten einer Kohlenstoffdiffusion durch die Oxydschicht geben die bisherigen Versuche keine eindeutige Antwort. KINNA und RÜDIGER[1] versuchen eine Kohlenstoffdiffusion über Leerstellen im TiO_2 nachzuweisen, indem sie die Zahl der Leerstellen durch NiO-Zusätze zu erhöhen versuchen. Das Ergebnis läßt noch keine Aussage zu. Für eine Diffusion von Kohlenstoff durch die Oxydschicht spricht das Ergebnis der chemischen Analyse, wonach in der äußeren Zone der TiO_2-Schicht ein Kohlenstoffgehalt von 0,05% vorhanden war.

Nach KINNA und RÜDIGER ist bei 1000° C die Oxydationsgeschwindigkeit von TiC praktisch unabhängig vom Sauerstoffdruck. Der gleichzeitig anwesende Stickstoff ist ohne Einfluß. Sowohl bei reinem Titancarbid als auch bei TiC-Co-Legierungen mit 18 Gew.-% Co wurde ein parabolischer Verlauf der Oxydation beobachtet (s. Abb. 99 auf S. 198). Strukturuntersuchungen mittels Röntgen- und Elektronenbeugungsaufnahmen ergaben an der anoxydierten Hartmetallegierung bis zu 5 Std. Oxydationszeit zwischen 350 und 1000° C eine Co_3O_4- bzw. CoO-Bildung. Erst nach längeren Oxydationszeiten ($>$ 20 Std.) konnte auch TiO_2-Bildung beobachtet werden. Ferner war bei 1000° C die Oxydationsgeschwindigkeit des Hartmetalls etwas größer als die von reinem TiC und Co. Auch eine Hartmetallegierung mit 20% Ni ergab annähernd die gleiche Oxydationsgeschwindigkeit wie TiC[2]. Handelsübliche Hartmetalle auf TiC-Basis mit Zusätzen an Tantal und Niob ergaben bei 1000° C eine Abnahme der Oxydationsgeschwindigkeit gegenüber reinem TiC um etwa den Faktor 4. Diese Abnahme wird verständlich, wenn man bedenkt (wie auf S. 193 für Ti-Nb-Legierungen auseinandergesetzt wurde), daß die in die Oxydschicht eintretenden 5wertigen Nb-Ionen die Konzentration der Sauerstoffionenleerstellen herabsetzen. ROACH[3] fand an Hand von Oxydationsversuchen mit TiC-Cr-Legierungen zwischen 650 und 1400° C, daß ein Zusatz von 5 Gew.-% Cr eine maximale Erniedrigung der Oxydationsgeschwindigkeit ergab, allerdings nur um den Faktor 2. Bei ROACH findet sich

[1] KINNA, W., u. O. RÜDIGER: Arch. Eisenhüttenwes. **24**, 535 (1953).

[2] WEBB, W. W., J. T. NORTON u. C. WAGNER: J. electrochem. Soc. **103**, 112 (1956).

[3] ROACH, J. D.: J. electrochem. Soc. **98**, 160 (1951).

außerdem die bemerkenswerte Beobachtung, daß die genannten Legierungen bei 800° C einen Tiefstwert der Oxydationsgeschwindigkeit

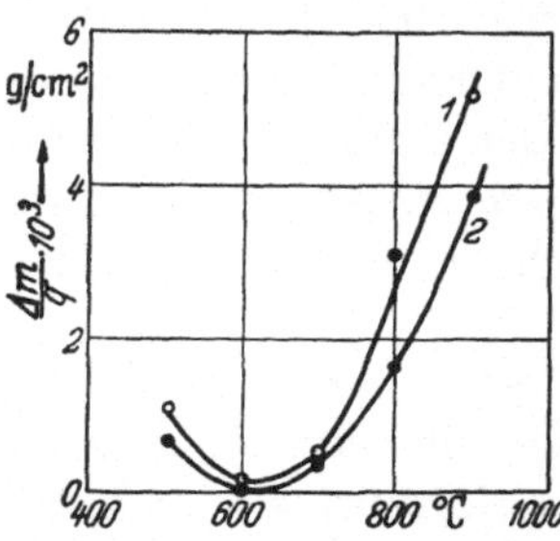

aufweisen. Über eine ähnliche Beobachtung an TiC-Cr_3C_2-Co-Legierungen berichten HINNÜBER und RÜDIGER[1] (Abb. 196).

Aus Abb. 197 ist die Erhöhung der Zunderbeständigkeit der Hartmetalle durch Wolframcarbidzusätze zu entnehmen. Jedoch sollte ein Zusatz von 20% WC nicht überschritten werden, da mit höheren Gehalten an WC die Zunderbeständigkeit wieder abnimmt. Wie weitere Versuche ergaben, sollte in TiC-Cr_3C_2-WC-Co-Legierungen der Gehalt an Kobalt nicht kleiner als 10% sein. Sowohl VC- als auch Mo_2C-Zusätze zu TiC-Co-Legierungen verschlechtern die Oxydationsbeständigkeit erheblich, wie aus den Versuchsergebnissen an einer Legierung $TiC + 6\%$ Co mit Zusätzen von VC und Mo_2C in Abb. 198 hervorgeht.

Abb. 196. Temperaturabhängigkeit der Oxydationsgeschwindigkeit von TiC-Cr_3C_2-Co-Legierungen nach HINNÜBER und RÜDIGER. Aufgetragen ist die Gewichtszunahme nach 2 Std. Oxydationsdauer von $TiC + 5\%\ Cr_3C_2 + 6\%$ Co (1) und von $TiC + 7{,}5\%\ Cr_3C_2 + 6\%$ Co (2)

Nach dem derzeitigen Stand der Untersuchungen dürfte in Übereinstimmung mit den für die Ti-Oxydation verbindlichen theoretischen Betrachtungen ein Zusatz von Wolfram-, Tantal- und Niobcarbid zu TiC bzw. TiC-Ni- bzw. TiC-Co-Legierungen die wirkungsvollste Herabsetzung der Oxydationsgeschwindigkeit dieser Hartmetallegierungen ergeben. Zur

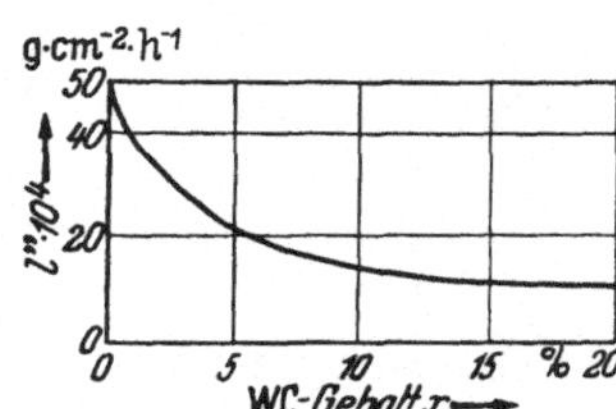

Abb. 197. Oxydationsgeschwindigkeit von 20% Co $+ (80 - x)\%$ TiC $+ x\%$ WC-Legierungen bei 1000° C in Abhängigkeit vom WC-Gehalt x in Gew.-% nach HINNÜBER und RÜDIGER

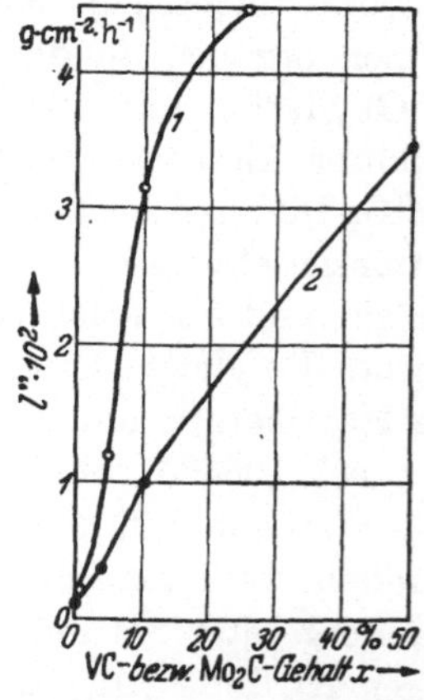

Abb. 198. Einfluß von VC- und Mo_2C-Zusätzen auf die Oxydationsgeschwindigkeit von TiC-Co-Legierungen bei 1000° C nach HINNÜBER und RÜDIGER.
1: 6% Co $+ (94 - x)\%$ TiC $+ x\%$ VC und
2: 6% Co $+ (94 - x)\%$ TiC $+ x\%$ Mo_2C

weiteren Aufklärung dieser komplizierten Vorgänge, die den Ablauf der Oxydation bestimmen, sind jedoch noch weitere Untersuchungen von mehr grundsätzlicher Problemstellung erforderlich.

---

[1] HINNÜBER, J., u. O. RÜDIGER: Arch. Eisenhüttenwes. **24**, 267 (1953).

7 Über den Mechanismus der Oxydschichtbildung in wäßrigen Elektrolyten

Bringt man Metalle, wie z. B. Eisen, Nickel, Zink und Kupfer, in wäßrige Elektrolyte, so kann man mannigfaltige Erscheinungen des Angriffs der Elektrolytionen und der im Elektrolyten gelösten oxydierenden Gase beobachten. Enthält der Elektrolyt nur die Ionen des in ihm eintauchenden Metalls, so stellt sich in bekannter Weise ein Metallionenpotential E ein, das mit dem Normalpotential E_0 (identisch mit der Reaktionsarbeit unter Einheitsbedingungen) und der jeweiligen Metallionenkonzentration c mittels der NERNSTschen Gleichung

$$E = E_0 + \frac{RT}{zF} \ln c$$

verknüpft werden kann, wobei z die Wertigkeit des Metallions und $F = 96500$ Coulomb ist. Wir erhalten einen Gleichgewichtszustand, der dadurch gekennzeichnet ist, daß die Zahl der je Zeit- und Flächeneinheit in das Metall ein- und austretenden Ionen gleich ist. Im Gleichgewichtszustand wird also das Metall vom Elektrolyten nicht „angegriffen".

Eine vollständige Änderung der Situation wird nun dadurch verursacht, wenn man entweder in Anordnung einer elektrochemischen Kette ein elektrisches Feld mit dem $+$-Pol auf der Metallseite anlegt oder einen Elektrolyten mit „oxydierenden Eigenschaften" wählt, wo also der Gleichgewichtszustand in dem Sinne gestört ist, daß zur Erreichung desselben vom Metall so viele Ionen in die Lösung geschickt werden müssen, daß praktisch vom Metall nichts mehr übrigbleibt, d. h. das Metall sich auflöst. Dieser Auflösungsvorgang wird als *Korrosion* bezeichnet. Wegen der elektrischen Ladungen der Metallionen muß der Übergang von Metallionen aus der Metallphase in den Elektrolyten mit einem Elektrizitätstransport verbunden sein. Es muß also ein anodischer Strom durch die Phasengrenze treten. Dieser anodische Strom, der von der Größe der Oberfläche abhängt und daher in Amp/cm² angegeben wird, kann in einer potentialbelasteten geeigneten Anordnung (= elektrochemische Zelle) gleich dem gesamten Strom werden, wenn keine sonstigen elektronischen Umladungsvorgänge an der Metalloberfläche (z. B. bei Vorliegen eines Redox-Elektrolyten) stattfinden. Da aber häufig zusätzliche Umladungsprozesse auftreten, wird man es nur mit einer Teilstromdichte der Korrosion zu tun haben. Wie man aus zahllosen Experimenten weiß, ist diese anodische Stromdichte eine Funktion des von außen angelegten Potentials. Aus dem

Verlauf der Stromdichte-Spannungs-Kurve kann man somit die Bedingungen des Ausmaßes der Metallauflösung studieren. Ersetzt man nun das von außen angelegte elektrische Feld, das im wesentlichen nur das Elektronenniveau bzw. das chemische Potential der Elektronen im Metall senkt, durch einen oxydierenden Elektrolyten, der durch seine hohe „Elektronenaffinität" nunmehr das „Absaugen" der Elektronen aus der Metallphase übernimmt, so wird ebenfalls eine Metallauflösung einsetzen, die jetzt eine Funktion des Redox-Potentials des Elektrolyten ist.

Auf Grund dieser thermodynamischen Betrachtung sollte man erwarten, daß diejenigen Metalle mit den am weitesten zu negativen Werten verschobenen Normalpotentialen sich am raschesten und leichtesten auflösen. Wie die Untersuchungen gezeigt haben, ist dies auch bei den Alkali- und Erdalkalimetallen tatsächlich der Fall. Große Abweichungen treten aber bei den meisten anderen Metallen auf. So ist z. B. Aluminium mit einem viel negativeren Normalpotential (d. h. unedleren) erheblich korrosionsbeständiger als z. B. Eisen mit einem erheblich edleren Normalpotential. Der Grund dieses, bei alleiniger thermodynamischer Betrachtung, unerwarteten Verhaltens ist in dem Ablauf einer Sekundärreaktion — der Schutzschichtbildung — zu suchen, mit der wir uns im folgenden zu beschäftigen haben, da sich hierdurch Möglichkeiten ergeben, um die unerwünschte Korrosion der Metalle zu bekämpfen.

Es muß also im folgenden die Aufgabe sein, die maßgebenden Bedingungen und Vorgänge, die zu einer Schutzschichtbildung führen, herauszuarbeiten, soweit dies nach dem heutigen Stand der Forschung möglich ist. Entsprechend der Aufgabenstellung dieses Buches, die schon durch den Titel umrissen ist, kann nicht beabsichtigt sein, die Vielzahl der Erscheinungen und ihre Ursachen zu beschreiben, die bei der Korrosion der Metalle und Legierungen auftreten. Vielmehr wollen wir uns hier nur mit zwei Problemen beschäftigen, die erstens prinzipiell von gewisser Bedeutung sind und zweitens für alle folgenden Erscheinungen der Korrosion eine wertvolle Ausgangsbasis bilden. Dies ist der Mechanismus der porenfreien Deckschichtbildung (z. B. Oxydfilmbildung) und des Lösungsstromes bzw. Korrosionsstromes eines mit einer Oxydschicht überdeckten Metalls. Alle Vorgänge, die zur Ausbildung poröser Deckschichten führen und z. B. am Eisen die typischen Rostvorgänge verursachen, werden hier nicht behandelt, da diese Vorgänge infolge ihres komplizierten Mechanismus z. Z. noch nicht befriedigend gedeutet werden können. Über diese Vorgänge wurde eingehend von EVANS[1] in seinem klassischen Buch „Metallic Corrosion,

---

[1] EVANS, U. R.: Metallic Corrosion, Passivity and Protection, 2. Aufl. London 1948.

Passivity and Protection" berichtet, dessen Verdienst es ist, eine gewisse Ordnung und Systematik, gefördert durch zahlreiche eigene Beiträge, in das „verwirrende Gestrüpp" der Korrosions- und Rostvorgänge geschaffen zu haben. In der amerikanischen Literatur ist das Buch von Uhlig[1] zu nennen und in der deutschen das von Masing[2].

Wie bereits oben erwähnt, wollen wir uns an einigen ausgewählten Beispielen mit dem Mechanismus der Deckschichtbildung auf Metallen befassen. Gemäß unserer speziellen Fragestellung werden wir uns zur Hauptsache auf Arbeiten von Bonhoeffer, Evans und Mitarbeitern[3,4] beziehen. Abgesehen von den wegweisenden Arbeiten von Evans und wertvollen Beiträgen von Uhlig sind in den letzten zehn Jahren von Bonhoeffer und Mitarbeitern umfangreiche Arbeiten über den Mechanismus des Aufbaus der Passivschicht insbesondere auf Eisen und über den Transportmechanismus in Passivschichten durchgeführt worden, durch die wesentliche Fortschritte erzielt wurden. Kürzlich konnte Schottky[5] in einer gemeinsamen Diskussion mit Vetter[6] bemerkenswerte Resultate über den Mechanismus des Lösungsstromes von mit einem Oxydfilm bedecktem Eisen vorlegen.

Naheliegenderweise beginnen wir zunächst mit dem Mechanismus der Oxydfilmbildung auf Metallen, die in den überwiegenden Fällen den *Passivzustand* verursacht. Aus diesem Grunde werden wir auch im folgenden nicht mehr von Oxydfilmen sprechen, sondern von *Passivschichten*.

7.1 Die Erscheinung der Passivität

Bringt man Metalle mit deckschichtfreien Oberflächen in oxydierende Elektrolyte oder in solche mit einem reaktionsfähigen Gas, wie z. B. Sauerstoff oder Kohlenmonoxyd, so beobachtet man häufig

---

[1] Uhlig, H. H.: The Corrosion Handbook. New York 1948.

[2] Masing, G.: Theorie der Korrosion, in Die Korrosion metallischer Werkstoffe, hsg. von O. Bauer, O. Kröhnke u. G. Masing, Bd. 1. Leipzig 1936.

[3] S. Fußn. 1, S. 342.

[4] Beinert, H., u. K. F. Bonhoeffer: Z. Elektrochem. angew. physik. Chem. **47**, 441, 536 (1941). — K. F. Bonhoeffer: Naturwiss. **31**, 270 (1943). — K. F. Bonhoeffer, E. Brauer u. G. Langhammer: Z. Elektrochem. angew. physik. Chem. **52**, 29 (1948). — K. F. Bonhoeffer, V. Haase u. G. Langhammer: Z. Elektrochem. angew. physik. Chem. **52**, 60 (1948). — K. F. Bonhoeffer u. G. Langhammer: Z. Elektrochem. angew. physik. Chem. **52**, 67 (1948). — K. F. Bonhoeffer u. K. J. Vetter: Z. physik. Chem. **196**, 142 (1950). — K. F. Bonhoeffer: Z. Metallkunde **44**, 77 (1953); dort weitere Fußnoten.

[5] Schottky, W.: Passivität und Lösungsstrom, in Halbleiterprobleme, Bd. 2, S. 233, herausgeg. von W. Schottky, Braunschweig 1955.

[6] Vetter, K. J.: Über den Mechanismus der Passivschichtbildung, in Passivierungs- und Anlaufvorgänge an Metalloberflächen, herausgeg. von H. Fischer, K. Hauffe u. W. Wiederholt, Berlin/Göttingen/Heidelberg: Springer 1956.

nach anfänglich rascher Reaktion eine starke Abnahme der Reaktionsgeschwindigkeit bis um mehrere Zehnerpotenzen. Metalle, die einen solchen Zustand erreicht haben, nennt man *passiv*, und die gesamte Erscheinung bezeichnet man als *Passivität*. Es erhebt sich nun die Frage, auf welche Weise dieser passive Zustand eines Metalls oder einer Legierung erreicht werden kann. Um unmittelbar an die Ergebnisse der Tieftemperaturoxydation in Abschn. 3.5.4 anschließen zu können, was naheliegend ist, wählen wir einen oxydierenden Elektrolyten, wie z. B. mäßig konzentrierte Salpetersäure, die ein genügend hohes chemisches Potential an Sauerstoff für den Passivierungsprozeß besitzt. Diese Reaktion wird durch eine Chemisorption des Sauerstoffs als Startvorgang eingeleitet, die wir bruttomäßig etwa in folgender Weise schreiben können:

$$HNO_3^{(l)} + \ominus^{(Me)} \longrightarrow O^{-(\sigma)} + HNO_2^{(l)}. \tag{7.1}$$

Durch diese Chemisorption wird aber eine elektrische Doppelschicht mit hoher Feldstärke erzeugt, die nun das System dadurch zu erniedrigen versucht, indem es entweder Metallionen aus der Metalloberfläche „herausreißt" oder Sauerstoffionen in das Metallgitter „hineinpreßt". In beiden Fällen führt dieser Materialtransport zur Oxydbildung, bis die Oberfläche infolge neuer chemisorbierter Sauerstoffionen mit einem ersten kompakten Oxydfilm überdeckt ist, so daß nunmehr die weiteren zur Oxydbildung notwendigen Ionen durch das Gitter des Oxydfilms transportiert werden müssen. Da aber das das elektrische Feld bestimmende Potential praktisch während des Reaktionsablaufs konstant bleibt, die Transportstrecke ($\equiv$ Oxydfilmdicke) aber immer größer wird, muß die elektrische Feldstärke, $\mathfrak{E} = V/\xi$, immer kleiner werden, bis sie einen kritischen Wert erreicht, der nicht mehr groß genug ist, um gemeinsam mit der bei Zimmertemperatur zur Verfügung stehenden kinetischen Energie noch weitere Ionen nennenswert hindurchzutransportieren. In diesem Zeitpunkt sollte die Reaktion praktisch zum Stillstand kommen, so wie es bereits auf S. 113 diskutiert wurde, wenn nicht im Falle der Oxydschichtbildung in wäßrigen Elektrolyten ein zusätzlicher Vorgang auftreten würde — die Auflösung des Oxydfilms im Elektrolyten —, der nach Erreichen der stationären Passivschichtdicke maßgebend für den weiteren Fortgang der Reaktion, also für die Korrosionsgeschwindigkeit, ist. Über diesen Korrosions- bzw. Lösungsstrom werden wir später gesondert diskutieren.

Beim Eintauchen von Eisen oder Nickel in solche oder ähnliche oxydierende Elektrolyte beobachtet man unter geeigneten Versuchsbedingungen im Sinne des eben skizzierten Mechanismus das Auftreten einer mehr oder minder starken Passivität, die an das Vorhandensein einer dünnen Oxydschicht von 30 bis 80 Å Dicke geknüpft ist, wie insbesondere aus den Arbeiten von EVANS[1] und den bestätigenden Untersuchungen von TRONSTAD[2], TÖDT[3] und BONHOEFFER[4] zu entnehmen ist. Da Sauerstoff auf allen Metallen — außer Gold — bei Raumtemperatur Oxydfilme erzeugt, ist nicht einzusehen, warum man nicht prinzipiell auch in sauerstoffhaltigen Elektrolyten mit einer Oxydfilmbildung in einem mehr oder minder starkem Ausmaße rechnen soll und diese für die Passivität verantwortlich machen kann.

Bevor wir uns näher mit dem Bildungsmechanismus dieser passivierend wirkenden Oxydfilme beschäftigen, erscheint es von Interesse, über einen anderen passivierenden Vorgang zu diskutieren, der im Gegensatz zu dem eben erwähnten nicht auf eine Deckschichtbildung zu beruhen scheint, sondern bereits durch die Chemisorption eines geeigneten Reaktionspartners im Elektrolyten auftritt. Die durch Chemisorption verursachte Passivität, die von UHLIG[5] vertreten wird, erscheint für einige Fälle diskutabel und dürfte häufig als der maßgebende Vorgang bei der Inhibition[6] anzusehen sein. Es ist hier nicht beabsichtigt, über die Tragweite dieses Mechanismus zu diskutieren, sondern wir wollen uns hier mit der Beschreibung dieses „Chemisorptionsmechanismus der Passivität" an einem besonders für diese Auffassung sprechenden Beispiel begnügen.

Mit Recht führt UHLIG die passivierende Wirkung von Kohlenmonoxyd in salzsauren Elektrolyten auf 18-8-Stählen auf eine alleinige Chemisorption des CO zurück. Wie wir aus den Arbeiten von SUHRMANN[7] wissen, erfolgt die Chemisorption von CO auf Metallen durch Abgabe eines Elektrons, also

$$CO_{(Elektrolyt)} \longrightarrow CO^{+(\sigma)} + \ominus^{(Me)}. \tag{7.2}$$

Im Gegensatz zur Chemisorption von Sauerstoff gemäß Gl. (7.1) kommt es hier nur zur Ausbildung einer elektrischen Doppelschicht, allerdings mit dem weiteren Unterschied, daß hier die Elektrolytseite positiv und die Metallseite negativ aufgeladen ist. Über die Größe des elektrischen Potentials läßt sich z. Z. keine Angabe machen. Wie man aus Gl. (7.2) schließen kann, wird die Chemisorption von CO

---

[1] EVANS, U. R.: J. chem. Soc. **1930**, 482. — U. R. EVANS u. I. D. G. BERWICK: J. chem. Soc. **1952**, 432.

[2] TRONSTAD, L., u. C. W. BORGMANN: Trans. Faraday Soc. **30**, 349 (1934).

[3] TÖDT, F.: Z. Elektrochem. angew. physik. Chem. **55**, 331 (1951).

[4] BONHOEFFER, K. F.: Z. Metallkunde **44**, 77 (1953), dort findet sich auch die Literatur der Mitarbeiter, insbesondere die von U. F. FRANCK und K. J. VETTER.

[5] UHLIG, H. H.: Ann. New York Acad. Sci. **58**, 843 (1954).

[6] ELZE, J., u. H. FISCHER: Metalloberfl. (A) **6**, 177 (1952). — T. P. HOAR u. R. D. HOLLIDAY: J. appl. Chem. **3**, 502 (1953).

[7] SUHRMANN, R.: Z. Elektrochem., Ber. Bunsenges. physik. Chem. **56**, 351 (1952).

energetisch um so günstiger, bzw. die Oberflächenkonzentration der chemisorbierten CO-Moleküle wird um so größer sein, je niedriger das FERMI-Potential oder, in grober Näherung, je niedriger die Konzentration der freien Elektronen im Metall bzw. in der Legierung ist. Diese Überlegungen sollte man durch Chemisorptionsmessungen von

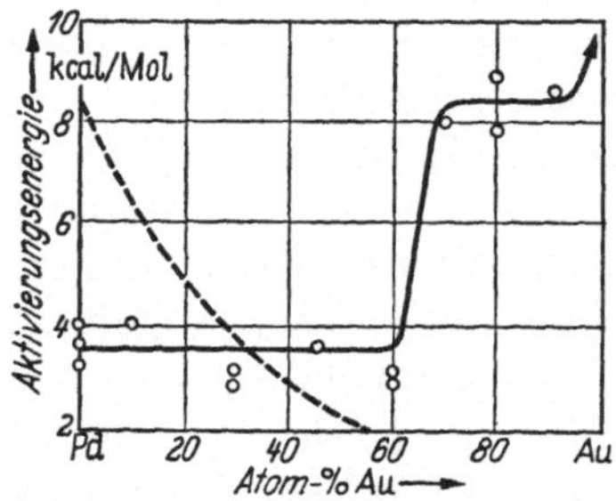

Abb. 199. Aktivierungsenergie der *o-p*-Wasserstoffumwandlung an Au-Pd-Legierungen in Abhängigkeit von der Legierungszusammensetzung nach COUPER und ELEY. Die gestrichelt eingezeichnete Kurve stellt den Verlauf der paramagnetischen Suszeptibilität in willkürlichen Einheiten nach VOGT dar

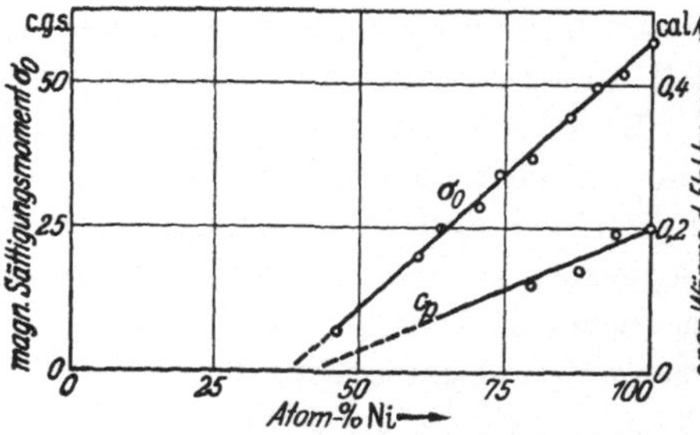

Abb. 200. Abhängigkeit des magnetischen Sättigungsmoments und der spezifischen Wärme der Elektronen in Cu-Ni-Legierungen von deren Zusammensetzung nach MOTT und JONES. (Das d-Band ist oberhalb 60 Atom-% Cu voll besetzt)

CO an Pd-Au-Legierungen belegen können. Während dem d-Band des Palladiums 0,6 Elektron je Atom fehlt und hierdurch eine hohe Chemisorption von CO erwartet wird, sollte die Chemisorption von CO mit steigenden Zusätzen an Gold immer mehr zurückgedrängt werden, da nämlich das Gold mit seiner gefüllten d-Schale die dem Pd fehlenden Elektronen abgibt, wodurch sich das d-Band im Palladium auffüllt und nunmehr infolge Ansteigens der Metallelektronenkonzentration das Gleichgewicht Gl. (7.2) von rechts nach links verschoben wird. Als indirekte Bestätigung für die Richtigkeit dieser Überlegungen kann der Verlauf der paramagnetischen Suszeptibilität von Pd-Au-Legierungen mit steigender Au-Konzentration von VOGT[1] und der entsprechende Verlauf der Aktivierungsenergie der ortho-para-Wasserstoffumwandlung von COUPER und ELEY[2] angesehen werden. Das Ergebnis dieser Untersuchungen ist in Abb. 199 dargestellt. Aus den Versuchsergebnissen der magnetischen Sättigung und der durch die elektronische Struktur bedingten spezifischen Wärme in Abhängigkeit von der Legierungszusammensetzung an Cu-Ni-Legierungen[3] (Abb. 200) kann man auf einen gleichen Mechanismus der Chemisorption von CO und damit auf einen gleichen Passivierungsmechanismus des CO schließen.

[1] VOGT, E.: Ergebn. exakt. Naturwiss. **11**, 321 (1932).
[2] COUPER, A., u. D. ELEY: Discuss. Faraday Soc. **8**, 172 (1950).
[3] MOTT, N. F., u. H. JONES: Theory of Properties of Metals and Alloys. Oxford 1936, S. 199.

Weitere Versuche in dieser Richtung erscheinen wünschenswert. In ähnlicher Weise sollten sich auch organische Moleküle im Elektrolyten auf die Korrosionsbeständigkeit der Metalle und Legierungen auswirken, wenn ein Elektronenaustausch in der einen oder anderen Richtung möglich ist, was ja letzten Endes erst die Chemisorption verursacht.

Es erhebt sich nun die Frage, ob in ähnlicher Weise wie bei der Chemisorption von Sauerstoff infolge des hierdurch auftretenden hohen elektrischen Feldes Ionen transportiert werden, so daß mit dem Aufbau einer Deckschicht aus einer Carbonylverbindung zu rechnen ist. Die Beantwortung dieser Frage ist insofern nicht einfach, da es Metalle gibt, wie z. B. Ni und Fe, die mit CO recht stabile Carbonyle bilden[1], und solche, wo eine Carbonylbildung nicht möglich ist. Im ersten Falle ist prinzipiell mit dem Aufbau einer Carbonylschicht zu rechnen, wenn auch die tatsächliche Existenz solcher Deckschichten bei Zimmertemperatur noch in Frage gestellt ist. Den Fall einer idealen Chemisorption wird man nur dann in guter Näherung erhalten, wenn das chemisorbierte Molekül, z. B. CO, nicht in das Metallgitter eindringen kann und wenn gleichzeitig die in der elektrischen Doppelschicht auftretende Potentialdifferenz zu einem nennenswerten Transport von Metallionen zu den chemisorbierten Ionen nicht ausreicht. Hierbei kann es natürlich zu einer monomolekularen Abdeckung der Oberfläche im günstigsten Falle kommen, so daß wir auch hierdurch im Sinne von UHLIG eine wirksame Passivität erhalten.

In diesem Zusammenhang erscheint die Frage berechtigt, ob man die durch Chemisorption zur Korrosionshemmung bzw. zur „Passivität" führende Erscheinung nicht prinzipiell zur Inhibition rechnen sollte. Wie man erkennt, sind beim Auftreten einer überwiegend alleinigen Chemisorption ohne Folgereaktion (Ionentransport und Deckschichtbildung) Passivität und Inhibition voneinander nicht zu unterscheiden. Besonders diese Vorgänge werden von UHLIG zur Aufklärung der Passivität insbesondere an den Übergangsmetallen herangezogen und sollen hier nicht weiter behandelt werden. Bedenklich erscheint es allerdings, wenn UHLIG[2] den Chemisorptionsmechanismus für die Sauerstoffpassivierung von Stahl und Titan zur Diskussion stellt. Die zur Stützung seiner Theorie herangezogenen „Adsorptionsmessungen" im Sinne der LANGMUIR-Gleichung — ganz abgesehen davon, daß wir hier mit Sicherheit eine überwiegende Chemisorption und keine Adsorption erhalten[3] — ist insofern nicht beweiskräftig, als der verwendete Stahl und das Titan nachweislich stets einen dünnen Oxydfilm auf-

---

[1] Vgl. z. B. W. HIEBER: Angew. Chem. **67**, 211 (1955), dort weitere Literatur.
[2] UHLIG, H. H., u. A. GEARY: J. electrochem. Soc. **101**, 215 (1954).
[3] HAUFFE, K.: Angew. Chem. **67**, 189 (1955).

weisen, so daß die UHLIGschen Messungen mit Sauerstoff wahrscheinlich auf dem Oxydfilm und nicht auf der Legierungs- bzw. Titanoberfläche durchgeführt wurden. In einer Arbeit über den Sauerstoffverbrauch während der Passivierung von 18-8-Stahl errechnet UHLIG selbst[1] eine Schichtdicke von 17 Å bei Annahme einer Cr_2O_3-Schicht. Der Verfasser ist der Ansicht, daß die Oxydfilm- und die Chemisorptionstheorie zwei Grenzmöglichkeiten zur Deutung des Passivierungsmechanismus von Metallen und Legierungen darstellen, und daß man in jedem Fall kritisch zu prüfen hat, welcher der beiden Vorgänge (Oxydfilmbildung oder alleinige Chemisorption) die Passivität verursacht.

Wie u. a. BONHOEFFER und Mitarbeiter gezeigt haben, bildet sich vor dem wirksamen Passivfilm zunächst eine porige Deckschicht aus, die keineswegs mit dem späteren Oxydfilm chemisch identisch zu sein braucht. Diese primäre Deckschicht besetzt — in Übereinstimmung mit früheren Vorstellungen von MÜLLER[2] — den größten Teil der Oberfläche und verursacht ein Ansteigen der wahren Stromdichte in den Poren dieser Deckschicht. In diesem Reaktionsstadium bleibt das Eisen noch in seinem aktiven Zustand, und erst nach Erreichen eines kritischen Wertes der Stromdichte-Spannungskurve beginnt die Bildung der eigentlichen Passivoxydschicht, gekennzeichnet durch einen neuen Elektrodenprozeß. Dieser kompakte Oxydfilm breitet sich nun unter Abstoßung der ersten porigen Deckschicht über die gesamte Metalloberfläche aus. Eine quantitative Durchführung dieses Gedankenganges von FRANCK[3] liefert als Zusammenhang zwischen passivierender Stromdichte i und der zur Passivierung erforderlichen Flußzeit τ_p dieses Stromes die Beziehung:

$$(i - i_0)\tau_p = K,$$

wo i_0 die Äquivalentstromdichte der Korrosion der isolierenden ersten Deckschicht[4] ist (über den Begriff der Äquivalentstromdichte s. S. 366). Die Größe K gibt nach FRANCK die Elektrizitätsmenge an, die in der ersten porösen Deckschicht investiert wird, ehe die Bildung der Passivschicht einsetzt.

Die hier diskutierte Erscheinung, die man bei anderen Metallen durch geeignete Wahl der Versuchsbedingungen weitgehend unterdrücken kann, erschwert die kinetische Behandlung des Passivschichtwachstums auf Eisen.

[1] UHLIG, H. H., u. S. S. LORD jr.: J. electrochem. Soc. **100**, 216 (1953).

[2] MÜLLER, W. J.: Z. Elektrochem. angew. physik. Chem. **30**, 401 (1924) — Wiener Monatsh. **48**, 559 (1927).

[3] FRANCK, U. F.: Z. Naturforsch. **4a**, 378 (1949).

[4] BONHOEFFER, K. F., u. U. F. FRANCK: Z. Elektrochem. angew. physik. Chem. **55**, 180 (1951).

7.2 Über den Mechanismus der Passivschichtbildung auf Metallen und Legierungen

Neben den eingehenden Untersuchungen von BONHOEFFER und Mitarbeitern und von EVANS und seinen Schülern über den Mechanismus der Passivität von Eisen wurden sowohl von GÜNTERSCHULZE und BETZ[1] als auch von VERWEY[2] die Erscheinungen der Passivität an Aluminium beschrieben und von CABRERA und MOTT[3] gedeutet. In neuerer Zeit haben sich VERMILYEA[4], TORRISI[5] und DEWALD[6] mit dem Mechanismus der anodischen Oxydfilmbildung auf Tantal beschäftigt. Hierbei gelang es DEWALD, die Oxydfilmbildung mittels der Theorie des Feldtransports in Raumladungsrandschichten zu deuten. Da diese auf die Ta_2O_5-Filmbildung angewandten Überlegungen von allgemeiner Bedeutung sind, sollen sie hier ausführlicher besprochen werden.

Im Gegensatz zum Angriff von Sauerstoff auf Metallen wird beim Angriff von neutralen und oxydierenden Elektrolyten (wäßrigen oder nichtwäßrigen) ein zusätzlicher Vorgang — nämlich der der Auflösung des Reaktionsproduktes (z. B. Oxyd) im Elektrolyten — zu berücksichtigen sein. Ferner befinden sich im Elektrolyten bereits von Hause aus positiv und negativ geladene Ionen, die auf die Bildung und die Auflösung der Passivschichten einen Einfluß ausüben und hierdurch den Mechanismus des Reaktionsablaufs zusätzlich komplizieren, eine Erscheinung, die bei der Deckschichtenbildung durch Gase entfällt. Von Fall zu Fall wird man daher prüfen müssen, ob die Struktur des Elektrolyten in der Nähe der Passivschichtoberfläche für die Kinetik der Passivschichtbildung — sei es bei anodischer Belastung oder im Redox-Elektrolyten selbst — von Bedeutung ist. Ergänzend sei noch bemerkt, daß die im Elektrolyten häufig auftretenden Redox-Systeme grundsätzlich mit denen gasförmiger Systeme vergleichbar sind. Dies gilt insbesondere für die Behandlung des elektronischen Gleichgewichts zwischen fester Phase und Elektrolyt. Bei Fehlen eines Redox-Systems im Elektrolyten kann nur dann eine Passivschicht erzeugt werden, wenn ein genügend großes äußeres elektrisches Feld an das Metall gelegt wird, was durch Aufbau einer geeigneten elektrochemischen Kette geschieht.

---

[1] GÜNTERSCHULZE, A., u. H. BETZ: Z. Physik **91**, 70 (1934). — Siehe a. W. CH. VAN GEEL: Physica **17**, 761 (1951).

[2] VERWEY, E. J. W.: Physica **2**, 1059 (1935); Afdel. Natuurk. Koninkl. Ned. Akad. Wetenschap. Nr. 7, S. 97 (1953).

[3] CABRERA, N., u. N. F. MOTT: Rep. Progr. Physics **12**, 163 (1949).

[4] VERMILYEA, D. A.: Acta Metallurgica **1**, 282 (1953); **2**, 482 (1954).

[5] TORRISI, A. F.: J. electrochem. Soc. **102**, 176 (1955).

[6] DEWALD, J. F.: J. electrochem. Soc. **102**, 1 (1955).

Da also die Passivschichtbildung in das Gebiet der phasengrenz-
nahen Vorgänge fällt, wo weder in der Schicht selbst noch außerhalb
bis zu einer Tiefe von maximal 10^{-6} bis 10^{-3} cm mit einer quasi-
Neutralität der Ladungsträger, Ionen bzw. Ionen- und Elektronenfehlordnungsstellen, gerechnet werden kann, erscheint es ratsam, zunächst prinzipiell mit dem Vorhandensein von elektrostatischen Feldern
und Raumladungen zu beiden Seiten der Phasengrenze Passivschicht/
Elektrolyt zu rechnen. Diese Feldbereiche — sowohl in der Passivschicht wie auch im Elektrolyten — werden sich gegenseitig in der
Weise beeinflussen, daß die Reaktionen in einem Feldbereich den-
jenigen im anderen den Rang ablaufen. Um also eine allgemeingültige
Theorie der Passivschichtbildung aufzustellen, wird man die Vorgänge
in beiden Feldbereichen bzw. Raumladungszonen neben den Phasengrenzreaktionen in die Betrachtung einzubeziehen haben. Als hierfür
geeignete Systeme kommen z. Z. die Passivschichtbildung auf Eisen
in oxydierenden Elektrolyten, insbesondere in konzentrierter Salpetersäure, ferner die auf Nickel in $NiSO_4$- bzw. H_2SO_4-Lösungen und die
auf Tantal in wäßrigen H_2SO_4- oder H_3PO_4- bzw. nichtwäßrigen (in
Glykol) $Na_2B_4O_7$-Lösungen in Frage. Von diesen drei Metallen scheinen
Nickel und Tantal insofern besonders geeignet zu sein, als hier die
auftretenden Passivschichten beim Nickel mit Sicherheit und beim
Tantal mit großer Wahrscheinlichkeit nur aus einem Oxyd, dem NiO
bzw. dem Ta_2O_5, bestehen dürften.

Im Falle der Passivschichtbildung auf Eisen ist der Aufbau der
Passivschicht nicht von vornherein zu übersehen. Hier kann die Passivschicht überwiegend sowohl aus höher- (Fe_2O_3) als auch aus niederwertigen Oxyden (Fe_3O_4, FeO) aufgebaut sein, je nachdem ob die
Elektronenlieferung oder der Ionentransport der geschwindigkeitsbestimmende Teilvorgang ist, wie dies für die Tieftemperaturoxydation
von Kupfer auf S. 120 auseinandergesetzt wurde.

7.2.1 Zur Theorie der Passivschichtbildung auf Metallen

Wie wir bereits auf S. 110ff. auseinandergesetzt haben, waren
CABRERA und MOTT die ersten, die erkannt haben, daß das von ihnen
abgeleitete reziprok-logarithmische Zeitgesetz der „Trockenoxydation"
auch zur Deutung des zeitlichen Verlaufs der anodischen Filmbildung,
wie sie für Passivierungsvorgänge von Bedeutung ist, herangezogen
werden kann. Sie vereinfachten ihre theoretischen Ansätze dahin-
gehend, daß sie eine raumladungsfreie Oxydschicht annahmen. Ferner
ergibt sich hiernach die Filmwachstumsgeschwindigkeit (die Neigung
aus der TAFELschen Geraden $dE/d\ln i$) proportional der absoluten
Temperatur. Mittels dieser vereinfachten Theorie lassen sich die Meß-

daten der Al_2O_3-Filmbildung auf Aluminium in wäßrigen Lösungen befriedigend beschreiben. Entsprechend lag es nahe, dieselben Gesetzmäßigkeiten auch auf die Wachstumsgeschwindigkeit der Passivschicht auf Eisen anzuwenden. Wie auf S. 115 gezeigt wurde, konnte auch hier eine formale Übereinstimmung zwischen den theoretischen Ansätzen und den von Vetter[1] erhaltenen Versuchsergebnissen festgestellt werden.

Über den Aufbau der Passivschicht auf solchen Metallen, wie z. B. Eisen, wo mehrere Oxydphasen auftreten können, lassen sich aus diesen und den folgenden Betrachtungen keine Angaben machen, da die kinetischen Gleichungen hierüber keine Aussage zulassen. Das gleiche gilt auch für den geschwindigkeitsbestimmenden Vorgang, d. h. ob Eintritt eines chemisorbierten Sauerstoffions in eine Leerstelle des Gitters der Passivschicht bzw. Ausbau eines Metallions aus der Passivschicht in die Chemisorptionsschicht oder Bildung einer Sauerstoffionenleerstelle durch Übertritt eines Sauerstoffions in die Oberfläche des Metalls bzw. Übertritt eines Metallions aus der Metalloberfläche auf Zwischengitterplatz in das Passivschichtgitter oder Ionentransport durch die Passivschicht geschwindigkeitsbestimmend ist. Die hier für eine n-leitende Passivschicht diskutierten Verhältnisse sind in entsprechender Weise auch für eine p-leitende Passivschicht, wie z. B. NiO auf Ni, hinzuschreiben.

Für die Passivschichtbildung auf Eisen wurde kürzlich von Hauffe[2] eine Zwei-Schicht-Hypothese zur Diskussion gestellt, auf die wir noch später zu sprechen kommen. Daß ein solcher Zweischichtaufbau (z. B. Fe_3O_4/Fe_2O_3 bzw. FeO/Fe_3O_4) ernsthaft in Erwägung zu ziehen ist, geht auch aus einer Diskussion von Weil und Bonhoeffer[3] über die Reduktion des Passivoxyds hervor. Hier wird auf Grund der Versuchsergebnisse angenommen, daß die kathodische Reduktion primär nicht zu blankem Metall, sondern zu einem niedrigeren Oxyd (z. B. FeO) führt. Da gegenwärtig der nicht sicher erkannte Aufbau der Passivschicht auf Eisen wohl den größten Hemmschuh für eine quantitative Formulierung des Reaktionsmechanismus bietet, wollen wir unsere Betrachtungen auf die Passivschichtbildung des Tantals und Aluminiums beschränken. Abb. 201 zeigt den Konzentrationsverlauf der Zwischengitterionen und freien Elektronen in der Passivschicht und den der Ionen in der Raumladungszone des Elektrolyten. Quantitative Zusammenhänge über das „Zusammenspiel" von Raumladungen in einem Ionenkristall und in einem Elektrolyten sind wohl erstmalig von

---

[1] Vetter, K. J.: Z. Elektrochem., Ber. Bunsenges. physik. Chem. **58**, 230 (1954).

[2] Hauffe, K.: Werkstoffe u. Korr. **6**, 117 (1955).

[3] Weil, K. G., u. K. F. Bonhoeffer: Z. physik. Chem. (N. F.) **4**, 175 (1955).

GRIMLEY und MOTT[1] gegeben worden. Die Anwendung ihrer Überlegungen auf das System Ag/AgBr/Elektrolyt stößt allerdings insofern
auf Schwierigkeiten, als sie das auf Silber sich ausbildende Silber-

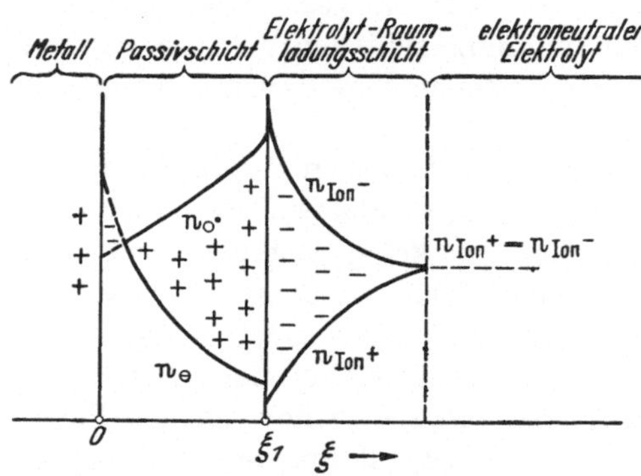

Abb. 201. Schematische Darstellung des Konzentrationsverlaufs der Zwischengitterionen und freien Elektronen
in der Passivschicht und der Elektrolyt-Ionen in der
Raumladungszone des Elektrolyten. (In dieser Darstellung werden die positiven Raumladungen in der
Passivschicht weitgehend kompensiert durch die negativen Überschußladungen in der Elektrolyt-
Raumladungsschicht)

halogenid auch bei 20° C
als reinen *Ionen*leiter betrachten, was unzulässig
ist, worauf HAUFFE und
Mitarbeiter[2] hingewiesen
haben. AgBr ist bei 20° C
vielmehr als *p-n*-Leiter auf-
zufassen, der durch die angreifende Umgebung (Elek-
trolyt) sicher eine *p*-lei-
tende Raumladungszone
ausbildet und an der Metallseite eine *n*-leitende Raumladungszone, sofern über-
haupt eine porenfreie Deckschicht auftritt, was durchaus fraglich ist.

Unter der Annahme, daß die Transportvorgänge in der Elektrolyt-
raumladungszone rasch erfolgen, wollen wir in Anlehnung an die Darstellung von DEWALD[3] den Mechanismus der Passivschichtbildung
diskutieren, der im Gegensatz zu dem von CABRERA und MOTT die Mitwirkung der Raumladung berücksichtigt. Nach dieser erweiterten
Theorie gelingt es auch, die von VERMILYEA gefundene Temperatur-
*un*abhängigkeit der Filmwachstumsgeschwindigkeit zu deuten, was
nach der MOTTschen Theorie nicht möglich ist.

Entsprechend dem auf S. 112 diskutierten geschwindigkeitsbestimmenden Faktor

$$\exp - (U_1 - z_i\, e\, a^* \, \mathfrak{E})/k\,T, \qquad (7.3)$$

wo $z_i\, e$ die Ladung des transportierten Ions und a^* der Abstand vom
Gitterplatz eines Metallions an der Oberfläche des Metalls bis zum
ersten Zwischengitterplatz im Oxydfilm ist (s. Abb. 43), kann man die
folgenden beiden Grenzfälle festlegen:

1. Ist $U_1 - z_i\, e\, a^*\, \mathfrak{E}$ größer als $40\,k\,T$, so kommt die Reaktion
praktisch zum Stillstand.

---

[1] GRIMLEY, T. B., u. N. F. MOTT: Faraday Soc. Discuss. **1**, 3 (1947). —
T. B. GRIMLEY: Proc. Roy. Soc. (A) **201**, 40 (1950).
[2] PFEIFFER, I., K. HAUFFE u. W. JAENICKE: Z. Elektrochem., Ber. Bunsenges. physik. Chem. **56**, 728 (1952).
[3] DEWALD, J. F.: J. electrochem. Soc. **102**, 1 (1955).

2. Ist hingegen $U_1 - z_i\,e\,a^*\,\mathfrak{E}$ ungefähr $20\,kT$, so erfolgt der Durchtritt von Ionen sehr rasch.

Im ersten Falle kann also nur dann eine meßbare Reaktion ablaufen, wenn wir sehr hohe elektrische Felder haben. Ist jedoch U_1 viel kleiner oder höchstens gleich $20\,kT$, so können nur schwache elektrische Felder auftreten, da diese bereits genügen, um einen raschen Durchtritt der Ionen zu bewirken. Es ist selbstverständlich, daß eine Oxydfilmbildung immer dann nicht auftreten kann, wenn leicht umladbare Ionen im Elektrolyt vorliegen, weil das zur Oxydfilmbildung erforderliche elektrische Potential dann nicht auftreten kann. In diesem Fall verhält sich das Metall wie eine unangreifbare Elektrode, die nur den Elektronenaustausch vermittelt.

Nach der CABRERA-MOTTschen Annahme eines alleinigen gehemmten Vorganges an der Phasengrenze Metall/Passivschicht sollte man annehmen, daß jedes einmal in das Passivschichtgitter gelangte Ion unverzüglich zur Phasengrenze Passivschicht/Elektrolyt abwandert. Das ist, wie bereits früher erwähnt wurde, eine der Möglichkeiten. Man kann nun zeigen — unabhängig davon, welches der effektiv langsame Vorgang ist —, daß die Wanderung der Ionen bzw. der Transportstrom j_i in Teilchen $\cdot$ cm^{-2} $\cdot$ sec^{-1}, der sich aus $j_i = \overrightarrow{j_i} + \overleftarrow{j_i}$ zusammensetzt, gleich ist:

$$j_i(\xi) = 2\,a\,\nu\,n_i(\xi) \cdot \mathfrak{Sin}\,(z_i\,e\,a\,\mathfrak{E}/k\,T)\exp\,(-\,U_2/k\,T). \qquad (7.4)$$

Diese von MOTT stammende Beziehung gilt für den Fall eines schwachen elektrischen Feldes. Bei hohen elektrischen Feldern wird der Teiltransportstrom $\overleftarrow{j_i}$ (rückwärts) praktisch Null, und wir erhalten

$$j_i = n_i\,\alpha'\exp\,(\beta\,\mathfrak{E}), \qquad (7.5)$$

einen Ausdruck, wie er für die Passivschichtbildung auf Aluminium abgeleitet wurde. Hier ist $\alpha' = a\,\nu_0\exp\,(-\,U_2/k\,T)$ und $\beta = z_i\,e\,a/kT$.

Betrachten wir nun den Teil des Filmwachstums, wo das Wachstum mit konstanter Geschwindigkeit erfolgt. Dieser stationäre Zustand erfordert, daß die Ionenkonzentration an jedem Ort konstant mit der Zeit ist, d. h. also daß

$$\left(\frac{\partial n}{\partial t}\right)_\xi = 0 = -\left(\frac{\partial j_i}{\partial \xi}\right)_t. \qquad (7.6)$$

Unter Verwendung der Beziehung (7.5) und (7.6) folgt:

$$\left(\frac{\partial n}{\partial \xi}\right)_t + n_i\beta\left(\frac{\partial \mathfrak{E}}{\partial \xi}\right)_t = 0, \qquad (7.7)$$

wo n_i die Konzentration der Ionen auf Zwischengitterplätzen ist.

Ferner folgt mit $\partial\mathfrak{E}/\partial\xi = 4\pi z_i\, e\, n_i/\varepsilon$:

$$\left(\frac{dn}{d\xi}\right)_{\text{stationär}} = -\beta\,\gamma\,n_i^2, \tag{7.8}$$

wobei $\gamma = 4\pi\,z_i\,e/\varepsilon$ ist. Integration von Gl. (7.8) gibt die Konzentrationsverteilung der Zwischengitterionen in der Passivschicht (allerdings nur, wenn diese homogen aufgebaut ist):

$$n_i = \frac{n_0}{1 + \beta\,\gamma\,n_0\,\xi}\,. \tag{7.9}$$

n_0 ist hier die Konzentration der Zwischengitterionen an der Phasengrenze Metall/Passivschicht (z. B. Ta/Ta_2O_5), also bei $\xi = 0$. Entsprechend erhält man durch Einsetzen von Gl. (7.9) in die POISSON-sche Gleichung für das elektrische Feld an irgendeinem Ort ξ:

$$\mathfrak{E} = \mathfrak{E}_0 + \frac{1}{\beta}\ln(1 + \beta\,\gamma\,n_0\,\xi)\,. \tag{7.10}$$

Wie man aus Gl. (7.10) erkennt, wird das Feld an jedem Ort des Oxydfilms durch zwei elektrische Anteile bestimmt, durch einen Beitrag der Feldstärke $\mathfrak{E}_0$, der durch Oberflächenladungen bestimmt ist, und durch einen solchen $(\beta\,\gamma\,n_0\,\xi)$, wo die Raumladung als maßgebend anzusehen ist, wie dies in Abb. 201 schematisch dargestellt ist. Gl. (7.10) ist von allgemeiner Bedeutung und ist in Gl. (7.5) einzusetzen, wenn der „Flächen-Raumladungs-Mechanismus" bei der Passivschichtbildung nachgewiesen werden sollte.

Sobald wir aber die Annahme von CABRERA und MOTT (Ionenübertritt an der Phasengrenze Metall/Passivschicht) einführen, fällt der Raumladungsanteil der elektrischen Feldwirkung weg. DEWALD kann nun plausibel machen, daß bei Vorliegen starker elektrischer Felder sich der geschwindigkeitsbestimmende Teilschritt von der Phasengrenze in das Innere der Passivschicht verlegen kann. Dieser Sachverhalt wird verständlich, wenn man berücksichtigt, daß in Gegenwart hoher elektrischer Felder nicht die Größe U_1 und U_2 für den Transport maßgebend sind, sondern die Ausdrücke $(U_1 - z_i\,e\,a^*\,\mathfrak{E})$ und $(U_2 - z_i\,e\,a\,\mathfrak{E})$. Wenn nun $a^* > a$ ist, so ist die Erniedrigung der Sattelhöhe U_1 größer als die der Platzwechselbarriere U_2, so daß

$$(U_1 - z_i\,e\,a^*\,\mathfrak{E}) < (U_2 - z_i\,e\,a\,\mathfrak{E})$$

werden kann, wenn auch ohne Feld $U_1 > U_2$ ist.

Auch wenn $a^* < a$ ist, scheint der Ionenübertritt nicht zwanglos der geschwindigkeitsbestimmende Teilschritt zu sein. Mit wachsender Filmdicke, d. h. wachsender Zahl der bei der Wanderung zu überwindenden Barrieren, können auch diese gegenüber der hohen Einzelbarriere U_1 maßgebend werden, so daß auch in einem solchen Fall der Transport durch die Oxydschicht der geschwindigkeitsbestimmende Teilschritt werden kann.

Der in Gl. (7.10) auftretende Anteil der Feldstärke $\mathfrak{E}_0$, der nur durch Flächenladung bestimmt ist, ergibt sich nach CABRERA und MOTT zu:

$$\mathfrak{E}_0 = \frac{kT}{z_i\,e\,a^*}\ln\frac{j_0}{n_i^{(0)}\,\nu_i^{(0)}} + \frac{U_1}{z_i\,e\,a^*}\,, \tag{7.11}$$

wo $n_i^{(0)}$ und $\nu_i^{(0)}$ Oberflächendichte und Schwingungsfrequenz der Metallionen sind. Die in Gl. (7.9) auftretende Konstante n_0 läßt sich aus der folgenden Gleichung bestimmen:

$$j_0 = j_i(0,\,t) = n_0\,a\,\nu\,\exp\,(-U_2/k\,T)\,\exp\,(\mathfrak{E}_0 z_i\,e\,a/k\,T)\,, \tag{7.12}$$

wenn man den Ionenstrom j_0 durch die Phasengrenze gleich setzt dem Strom j_i im Film an der Phasengrenze $\xi = 0$ und wenn man Gl. (7.11) in Gl. (7.12) einführt. Auflösung nach n_0 ergibt dann:

$$n_0 = \frac{(n_i^{(0)}\,\nu_i^{(0)})^{\,a/a^*}}{a\,\nu_i}\,j_0^{(1-a/a^*)}\,\exp\left(U_2 - \frac{a}{a^*}\,U_1\right)\bigg/\,k\,T\,. \tag{7.13}$$

Im stationären Zustand ist die in den Gl. (7.11) bis (7.13) auftretende Größe j_0 gleich dem äußeren Strom bei anodischem Aufbau der Passivschicht, also leicht meßbar.

Aus Gl. (7.13) folgt eine interessante Abhängigkeit zwischen dem fließenden Materiestrom j_0 und der Zwischengitterionen-Konzentration n_0 bzw. n_i. Hiernach muß die stationäre Konzentration n_0 bzw. n_i mit steigender Stromdichte j_0 abnehmen, wenn der „Eintrittsabstand" a^* kleiner ist als der Abstand a im Innern des Oxydfilms. Wenn jedoch $a^* > a$ ist, dann muß mit steigender Stromdichte n_i bzw. n_0 zunehmen. Dieses Verhalten ist durch die Tatsache bedingt, daß im Falle $a > a^*$ ein Ansteigen des elektrischen Feldes die „Sattelberge" U_2 im Innern des Oxydfilms stärker herabsetzt als die „Eintrittsbarriere" U_1. Hierdurch werden bei plötzlicher Felderhöhung mehr Ionen aus dem Oxydfilm abtransportiert als neue eintreten können, so daß es zu einer Abnahme von n_i mit steigendem j_0 kommt. Im anderen Fall, $a < a^*$ liegen die Verhältnisse gerade umgekehrt.

Verwendet man die experimentell zugängliche mittlere Feldstärke $\overline{\mathfrak{E}}$

$$\overline{\mathfrak{E}} = \frac{V}{\xi_1} = \frac{1}{\xi_1}\int_0^{\xi_1}\mathfrak{E}\,d\xi\,, \tag{7.14}$$

wo ξ_1 die Dicke der Passivschicht ist, führt Gl. (7.10) in Gl. (7.14) ein und ersetzt n_0 durch den Ausdruck (7.13), dann ergibt sich $\overline{\mathfrak{E}}$ zu:

$$\overline{\mathfrak{E}} = \mathfrak{E}_0 + \frac{1}{\beta}\left\{\left(1 + \frac{1}{\delta}\right)\ln\,(1 + \delta) - 1\right\}\,, \tag{7.15}$$

wo $\mathfrak{E}_0$ durch Gl. (7.11) gegeben ist, und δ durch den folgenden Ausdruck:

$$\delta = \beta\,\gamma\,n_0\,\xi_1 = \frac{4\pi z_i^2 e^2}{\varepsilon k T}\,\frac{(\mathfrak{n}_i^{(0)} v_i^{(0)})}{v}\,^{a/a*}$$

$$\times \exp\left\{\left(U_2 - \frac{a}{a*}\,U_1\right)\Big/k\,T\right\} j_0^{(1-a/a*)}\,\xi_1. \tag{7.16}$$

Gl. (7.15) gibt die Abhängigkeit des mittleren stationären Feldes von den drei Variablen: Stromdichte j_i bzw. j_0 (durch $\mathfrak{E}_0$ und n_0), Filmdicke ξ_1 und Temperatur (durch $\mathfrak{E}_0$, β und δ). Das zweite Glied in Gl. (7.15) berücksichtigt den Beitrag der Raumladung zur mittleren Feldstärke. Die Größe des Raumladungseffektes ist durch den dimensionslosen Faktor δ festgelegt. Ist $\delta \ll 1$, dann spielen Raumladungseffekte keine Rolle, sondern nur Flächenladungen und die Parameter an der Phasengrenze Metall/Passivschicht (CABRERA-MOTT). Ist jedoch $\delta \approx 1$, dann sind beide Ladungserscheinungen zu berücksichtigen und im Falle $\delta \gg 1$ nur die Raumladung im Oxydfilm.

Durch Auswertung von Gl. (7.15) für $\delta \gg 1$ und $\delta \ll 1$ ergeben sich in guter Näherung die folgenden Ausdrücke:

$$\overline{\mathfrak{E}} \approx \frac{kT}{z_i e a}\ln\frac{4\pi z_i^2 e^2}{27\varepsilon v k T}\,\xi_1 j_0 + \frac{U_2}{z_i e a} \quad \text{für } \delta \gg 1 \tag{7.17a}$$

$$\overline{\mathfrak{E}} \approx \frac{kT}{z_i e a*}\ln\frac{j_0}{\mathfrak{n}_i^{(0)} v_i^{(0)}} + \frac{U_1}{z_i e a*} \quad \text{für } \delta \ll 1. \tag{7.17b}$$

In beiden Fällen — also nicht unterscheidbar — wird eine logarithmische Stromdichteabhängigkeit von der Feldstärke gefunden.

Nach diesen von DEWALD entwickelten Beziehungen kann man nun die von VERMILYEA gefundene und in Abb 202 wiedergegebene Temperaturabhängigkeit der Neigung der TAFEL-Geraden deuten, was nach der „raumladungsfreien" Theorie von CABRERA und MOTT nicht möglich ist. Zu diesem Zwecke betrachten wir noch einmal die Größe δ, die von der Filmdicke, der Stromdichte und der Temperatur abhängt. Von diesen ist besonders die Temperaturabhängigkeit von Bedeutung. Nach Gl. (7.16) ist der Tem-

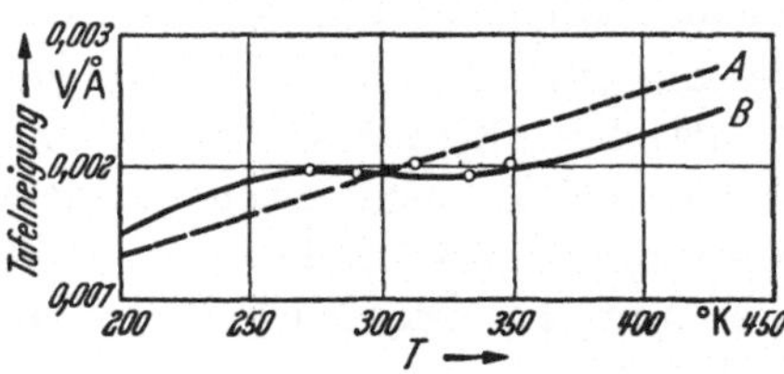

Abb. 202. Temperaturabhängigkeit der TAFEL-Neigung eines 1000 Å dicken Oxydfilms auf Tantal bei konstanter anodischer Stromdichte von 10^{-4} Amp/cm². (○ Meßpunkte von VERMILYEA, ausgezogene Kurven A und B nach Gl. (7.16) von DEWALD berechnet. Für Kurve B wurde $a/a*=1,35$, $a*=3,1$ und $a/a* \cdot U_1 - U_2 = 0,6$ gewählt)

peratureinfluß abhängig vom Vorzeichen des Gliedes $U_2 - \dfrac{a}{a*}\,U_1$. Ist dieses Glied negativ, dann wächst δ mit steigender Temperatur und somit auch die Raumladung. Bei positivem Vorzeichen dieses Gliedes tritt der umgekehrte Gang ein, und die Raumladung wird mit steigender Temperatur gegenüber der Flächenladung immer bedeutungsloser.

Der Temperatureinfluß auf die Neigung der TAFEL-Geraden läßt sich aus der differenzierten Form der Gl. (7.15) erkennen:

$$\left(\frac{\partial \overline{\mathfrak{E}}}{\partial \ln j_0}\right)_T = \frac{kT}{z_i e a}\left\{1 + \left(\frac{a}{a^*} - 1\right)\frac{\ln(1+\delta)}{\delta}\right\} = \text{TAFEL-Neigung}. \qquad (7.18)$$

Die TAFEL-Neigung wird nun durch die Temperatur auf zwei Wegen beeinflußt: einmal direkt durch T und das andere Mal indirekt durch δ. Die beiden Einflüsse arbeiten im allgemeinen entgegengesetzt, so daß sie sich häufig weitgehend aufheben können, wodurch der schwache Temperaturgang, wie er von VERMILYEA am System Ta/Ta$_2$O$_5$/Elektrolyt gefunden wurde, verständlich wird. Mit $\delta \approx 1$ ist dies hinreichend erfüllt, d. h. also gerade in dem Fall, wo Oberflächen- und Raumladungen gemeinsam zur Feldstärke beitragen.

Wie wir aus der Gleichungsentwicklung sahen, spielt die Größe des Verhältnisses a/a^* eine entscheidende Rolle. Da diese Größe aber z. Z. nicht einer direkten Messung zugänglich ist, ist eine quantitative Auswertung des Raumladungseinflusses bei der Bildung von Passivschichten noch nicht möglich. Aus den Messungen von VERMILYEA schätzt DEWALD das Verhältnis von a/a^* zu etwa 1,35 und U_1 bzw. U_2 zu 1,5 bzw. 1,4 eV. Der für den Ta$_2$O$_5$-Film berechnete Abstand $a = 3,1$ Å wird von DEWALD selbst als unwahrscheinlich hoch bezeichnet.

Ganz gleich, wie auch die gegenwärtigen Schwierigkeiten einer Verwendung der DEWALDschen Beziehungen sein mögen, auf jeden Fall führen sie einen Schritt weiter in die komplizierten Einzelvorgänge der Passivschichtbildung. Zur Vermeidung von Mißverständnissen sei noch ergänzend bemerkt, daß die hier vorliegenden Betrachtungen nur den zeitlichen Aufbau der Passivschicht beschreiben und zunächst keine Aussage über den den Korrosionschemiker hauptsächlich interessierenden Korrosionsstrom machen, der ja letzten Endes die Zerstörungsgeschwindigkeit eines Metalls bzw. einer Legierung trotz porenfreier Passivschicht bestimmt. Mit dem Mechanismus, der für das Ausmaß des Korrosionsstromes verantwortlich ist, werden wir uns noch im übernächsten Abschnitt gesondert auseinanderzusetzen haben. Im folgenden Abschnitt wollen wir einige Versuchsergebnisse über die Passivschichtbildung besprechen und einige Überlegungen über den realen Aufbau der Passivschicht zur Diskussion stellen.

7.2.2 Bildung und Aufbau der Passivschicht

Beim Angriff von feuchter Luft auf Eisen bei 20° C konnten EVANS und MILEY[1] und beim Angriff von mäßig konzentrierter Salpetersäure

---

[1] EVANS, U. R., u. H. A. MILEY: J. chem. Soc. **1937**, 1295.

auf Eisen EVANS und VETTER[1] zeigen, daß der Hauptanteil der fertig ausgebildeten Passivschicht aus einem Eisenoxyd mit überwiegend 3wertigen Eisenionen besteht, wahrscheinlich Fe_2O_3, worauf schon früher BONHOEFFER hingewiesen hat. Die hierbei erreichbare stationäre Dicke der Passivschicht hängt natürlich von den Versuchsbedingungen (Temperatur, angelegtes Feld und Elektrolytzusammensetzung) ab. Dieser Zusammenhang wurde bisher quantitativ für die Eisenpassivschichtbildung nicht beschrieben. Lediglich von TRONSTAD[2], BONHOEFFER und VETTER[3] sowie SCHWARZ[4] liegen Einzelmessungen vor, nach denen man die Dicke der Passivschicht zwischen 30 und 100 Å annehmen muß. Am System Ta/Passivschicht/Elektrolyt wurde von TORRISI[5] der Einfluß der Temperatur auf die Passivschichtdicke studiert. In Tab. 45 ist die Dicke der Passivschicht in Abhängigkeit von der Temperatur (zwischen 0 und 200° C) bei 100 V angelegter Spannung zusammengestellt. Wenn auch die Schichtdicken nach den einzelnen Bestimmungsmethoden schwanken, so liegen sie doch im richtigen Bereich und zeigen eine Zunahme mit steigender Temperatur. Wie man aus den Meßdaten erkennt, nimmt die Dicke der Passivschicht, ausgedrückt in Å/V, mit etwa 20 bis 15 zwischen 100 und 500 V nur wenig mit steigender Spannung ab. Während der Aufbau der Passiv-

Tabelle 45. *Schichtdicke in Å/Volt der sich auf Tantal in neutralen Elektrolyten ausbildenden Ta_2O_5-Filme nach 1 stündiger anodischer Polarisation mit 3,1mA/cm²* *bei verschiedenen Temperaturen und Spannungen nach* TORRISI

Meßmethode	Spannung in V	Schichtdicke in Å/V bei Bildungstemperatur in °C			
		0	25	95	195
gravimetrische	100	13	16	20	25
	200	—	—	18,5	—
	300	—	—	18	—
	400	—	—	16	—
	500	—	—	15	—
optische	100	17	21	26	32
spektrophotometrische	100	18	22	28	35

---

[1] EVANS, U. R.: Trans. Faraday Soc. **40**, 125 (1944). — U. R. EVANS u I.D. G. BERWICK: J. chem. Soc. **1952**, 3432. — K. J. VETTER: Z. Elektrochem. angew. physik. Chem. **55**, 274, 675 (1951).

[2] TRONSTAD, L., u. C. W. BORGMANN: Trans. Faraday Soc. **30**, 349 (1934).

[3] BONHOEFFER, K. F., u. K. J. VETTER: Z. physik. Chem. **196**, 142 (1950).— K. G. WEIL u. K. F. BONHOEFFER: Z. physik. Chem. (N. F.) **4**, 175 (1955). — K. J. VETTER: Z. Elektrochem., Ber. Bunsenges. physik. Chem. **56**, 16, 106 (1952).

[4] SCHWARZ, W.: Z. Elektrochem. angew. physik. Chem. **55**, 170 (1951).

[5] TORRISI, A. F.: J. electrochem. Soc. **102**, 176 (1955).

schicht auf Tantal nach Untersuchungen von VERMILYEA[1] aus einer unmittelbar an Tantal grenzenden Ta_2O_5-Schicht besteht, die durch eine dickere — wahrscheinlich porige — Oxydschicht anderer Zusammensetzung überdeckt ist, kann der Aufbau der Passivschicht auf Eisen noch nicht mit Sicherheit angegeben werden.

Nach der erfolgreichen Anwendung der DEWALDschen Raumladungstheorie auf die Passivschichtbildung auf Tantal ist es naheliegend, zu prüfen, inwieweit die dort entwickelten Beziehungen auch auf den Mechanismus der Passivität von Eisen anwendbar sind. Dieses Vorhaben läuft darauf hinaus, zu prüfen, ob die direkte Übertragung des raumladungsfreien Feldtransports durch Oxydfilme nach CABRERA und MOTT, wie sie von HAUFFE[2] vorgeschlagen und aus den Messungen von VETTER[3] wohl geschlossen, aber nicht bewiesen werden kann, auf den Fall der Passivschichtbildung auf Eisen erlaubt ist, oder ob die Raumladungstheorie dem wahren Sachverhalt mehr Rechnung trägt. Um der Beantwortung dieser Frage näherzutreten, wurden von HAUFFE zwei mögliche Fälle des Aufbaus der Passivschicht diskutiert, die in Abb. 203 und 204 wiedergegeben sind. Wie man aus der

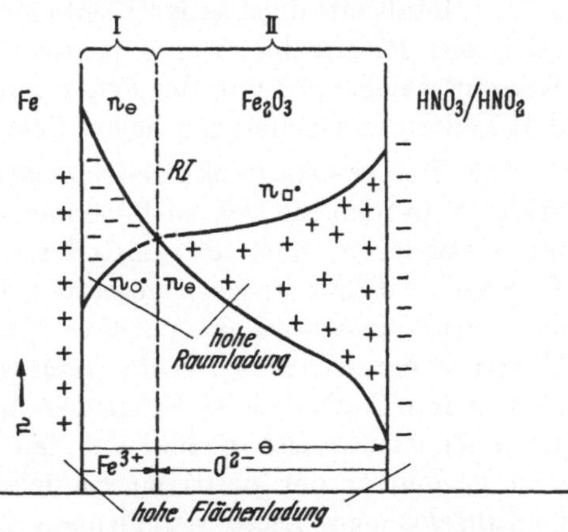

Abb. 203. Schematische Darstellung des Konzentrationsverlaufs der freien Elektronen und Ionenfehlordnungsstellen ($Feo^{\bullet\bullet} \equiv O^\bullet$ und $O_\Box{}^\bullet \equiv \Box^\bullet$) in der homogen aufgebauten Passivschicht Fe_2O_3 mit Raumladungsinversion nach HAUFFE

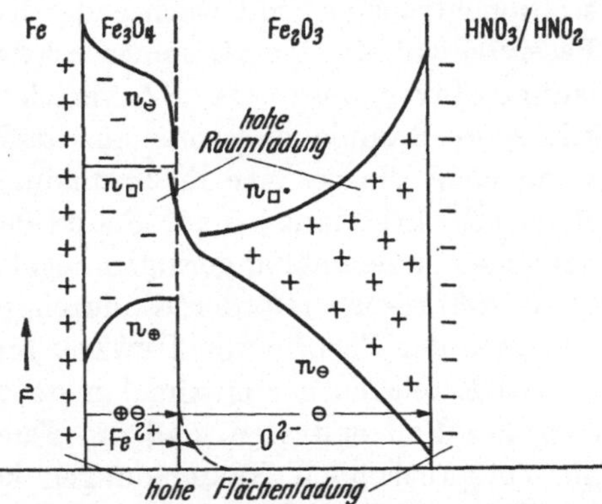

Abb. 204. Schematische Darstellung des Konzentrationsverlaufs der Elektronen- und Ionenfehlordnungsstellen in einer zweiphasig ausgebauten Passivschicht (Fe_3O_4-Fe_2O_3) nach HAUFFE. (Wie in Abb. 203 ist auch hier eine gegenseitige Diffusion von Fe- und O-Ionen angenommen)

---

[1] VERMILYEA, D. A.: Acta Metallurgica **1**, 282 (1953).

[2] HAUFFE, K.: Z. Metallkunde **44**, 576 (1953). — K. HAUFFE u. I. PFEIFFER: Z. Metallkunde **45**, 554 (1954).

[3] VETTER, K. J.: Z. Elektrochem., Ber. Bunsenges. physik. Chem. **58**, 230 (1954).

Darstellung erkennt, kommt es in beiden Fällen zur Ausbildung sowohl von hohen Flächenladungen als auch von hohen Raumladungen, wobei an der Metallseite der Passivschicht eine negative und an der Elektrolytseite der Passivschicht eine positive Raumladung auftritt[1]. Diesen Konzentrationsverläufen der Fehlordnungsstellen und den entsprechenden Ladungserscheinungen liegen folgende Überlegungen zugrunde:

1. *Fall einer homogenen Passivschicht aus Fe_2O_3*. Wie man aus Abb.203 erkennt,. werden die sich ausbildenden Flächenladungen durch die sich im stationären Zustand einstellenden Raumladungszonen in der Passivschicht mit entgegengesetzten Ladungen weitgehend kompensiert. Hierdurch wird die positive Flächenladung des Eisens auf den Übertritt eines chemisorbierten Sauerstoffions in eine Leerstelle $O\square\cdot$ (wenn wir in Fe_2O_3 Sauerstoffionenleerstellen $O\square\cdot$ und freie Elektronen $\ominus$ als maßgebend ansehen) und auf den sich anschließenden Feldtransport gegenüber der positiven Raumladung in der Passivschicht bedeutungslos sein. Diese Verhältnisse ändern sich jedoch während der Wanderung des Sauerstoffions mit zunehmender Näherung zur Phasengrenze Fe/Passivschicht. Wie man leicht einsieht, wird die transportfördernde Wirkung der positiven Raumladungszone auf den Sauerstoffionentransport mit wachsender Entfernung von der Phasengrenze Passivschicht/Elektrolyt immer schwächer und sollte an der Raumladungs-Inversionsgrenze RI verschwinden und durch die negative schmälere Raumladungszone eine unüberwindliche Barriere vorfinden, wenn nicht die positive Flächenladung — wenigstens am Anfang der Passivschichtbildung — auf Grund der in der Raumladungszone vorhandenen zahlenmäßig geringen negativen Ladungen durch die Zone I (Abb. 203) transportfördernd „durchgreifen" würde. Dieser Fall müßte im Sinne der Theorie von DEWALD für $\delta \approx 1$ durchgerechnet werden.

Bei Erreichen der maximalen stationären Passivschichtdicke kann aber der Fall eintreten, daß die Flächenladungen weitgehend durch die entsprechenden Raumladungen kompensiert werden. Dies hätte zur Folge, daß im Bereich der Inversionszone (RI hat eine gewisse Breite von einigen Atomabständen) ein Feldeinfluß zu vernachlässigen wäre, so daß die ankommenden Ionen eine unüberwindliche Barriere vorfinden und es zum Stillstand des Passivschichtwachstums käme, obwohl die in den Raumladungszonen rechts und links der Inversionszone RI vorhandenen elektrischen Felder noch so groß sind, daß Feldtransporte in diesen Zonen noch ohne weiteres möglich wären.

Ist die Inversionszone RI, wie auch in Abb. 203 angedeutet, nur von der Größenordnung eines Atomabstandes, so kann der Weiterbau der Passivschicht nach der eben geschilderten „Feldkompensation"

---

[1] HAUFFE, K.: Werkstoffe u. Korr. **6**, 117 (1955).

nur in der Weise erfolgen, daß in der Zone II nur Sauerstoffionen und in der Zone I nur Eisenionen bis an die Inversionsgrenze RI transportiert werden und sich dort vereinigen, was durch die folgende Reaktionsgleichung wiedergegeben werden kann:

$$(6 \ominus + 2\,Fe\,O^{\cdots})_{Zone\ I} \longrightarrow (Fe_2O_3)_{RI} + (3\,O\,\square^{\cdot} + 3\ominus)_{Zone\ II}. \qquad (7.19)$$

Dieser Reaktionsablauf ist jedoch an die weitere Voraussetzung geknüpft, daß an der Phasengrenze Fe/Passivschicht Eisen in Form von Fe^{3+}-Ionen und Elektronen $\ominus$ aus dem Metall in die Passivschicht übertreten kann.

2. *Fall einer zweiphasigen Passivschicht*. Ist ein nennenswerter Fe-Ionentransport über Zwischengitterplätze in Zone I nicht möglich, so kann dieser Transport durch Umbau bzw. Ausbau eines anderen Eisenoxyds mit energetisch günstigeren Wanderungsbedingungen für die Eisenionen erzwungen werden. Wie wir aus Hochtemperaturmessungen wissen (s. S. 243), ist ein Eisenionentransport in FeO und auch in Fe_3O_4 leicht möglich. Unter der Annahme einer bevorzugten Fe_3O_4-Bildung, die auch bei Oxydationsversuchen unterhalb 570° C — allerdings in erheblich dickeren Schichten — beobachtet wird, würde die Zone I sich entweder bei anfänglich vorliegender homogener Fe_2O_3-Schicht in Fe_3O_4 umbauen, oder es würde sich unmittelbar eine Fe_3O_4-Zone ausbilden. Durch die besondere Anordnung der 2- und 3wertigen Fe-Ionen auf Oktaederplätzen im inversen Spinellgitter des Fe_3O_4 ist ein energetisch günstiger Elektronentransport gewährleistet, während für den Feldtransport der Eisenionen die im Spinell in genügender Zahl vorhandenen freien Tetraeder- und Oktaederplätze zur Verfügung stehen. Wie man erkennt, ist an der Zonengrenze I/II, die jetzt auch gleichzeitig die Phasengrenze Fe_3O_4/Fe_2O_3 darstellt, ein starker Konzentrationssprung sowohl der Elektronenfehlordnungsstellen als auch der Ionenfehlordnungsstellen zu erwarten (Abb. 204). Neben dem bereits oben diskutierten Feldtransport der Sauerstoffionen in der Fe_2O_3-Schicht erfolgt der Fe-Ionentransport in der Fe_3O_4-Schicht über „Spinelleerstellen", die wegen der durch die Gitterstruktur fest vorgegebenen Anzahl als in praktisch konstanter Konzentration durch die gesamte Fe_3O_4-Schicht angenommen werden können.

Unter der Annahme, daß sämtliche Phasengrenzvorgänge rasch ablaufen, einschließlich der Reaktion im Innern der Passivschicht an der Phasengrenze Fe_3O_4/Fe_2O_3:

$$\ominus^{(Fe_3O_4)} + (O\,\square^{\cdot} + 3\,Fe_2O_3)^{(Fe_2O_3)} \longrightarrow 2\,Fe_3O_4, \qquad (7.20)$$

wird der Feldtransport der Fe-Ionen in der Fe_3O_4-Schicht konkurrieren mit dem der Sauerstoffionen in der Fe_2O_3-Schicht. Wenn beide Feldtransporte dem gleichen Zeitgesetz gehorchen, läßt sich die Breite der Zonen (Fe_3O_4 und Fe_2O_3) aus dem Verhältnis der Transportkonstanten berechnen. In jedem Fall müssen sich die Dicken der einzelnen Zonen so einstellen, daß beide Transportströme divergenzfrei bleiben.

Auf Grund des recht komplizierten Mechanismus der Passivschichtbildung auf Eisen erscheint es im gegenwärtigen Stadium trotz der großen in dieses System investierten Arbeit ratsam, sich zunächst mit dem Mechanismus der Passivschichtbildung auf Nickel, Aluminium und Tantal zu beschäftigen, wo nur mit homogen aufgebauten Passivschichten zu rechnen ist. Erst nach der Aufklärung des Passivierungsmechanismus dieser Systeme erscheint es zweckmäßig, die Arbeiten über den Mechanismus der Passivität auf Eisen fortzusetzen. Über das anodische Verhalten von Nickel in verdünnter Schwefelsäure wurde in neuerer Zeit von LANDSBERG und HOLLNAGEL[1] berichtet. Desgleichen wurde von HAUFFE und PFEIFFER[2] an Hand von Stromdichte-Spannungs-Kurven ein Deutungsversuch der Passivität von Nickel unternommen (Einwirkung von Halogenionen auf die Passivität).

Nach einer mehr phänomenologischen Theorie von BONHOEFFER und VETTER[3] über die periodische Aktivierung und Repassivierung von Eisen, die in das Gebiet der Stabilitätsuntersuchungen von Deckschichten auf Metallen fällt[4], und durch neuere Arbeiten von FRANCK[5] in der Deutung gefördert wurde, besteht auch hier der Wunsch, die bisherigen Ergebnisse durch eine Theorie auf molekulartheoretischer Basis zu erweitern. Dies ist aber erst dann möglich, wenn es uns gelingt, den Auf- und Abbau der Passivschicht auf Eisen widerspruchsfrei zu deuten. Die von FRANCK und Mitarbeitern[6] an Gold beobachteten Aktivierungs-Passivierungs-Vorgänge können trotz Ähnlichkeit des Kurvenverlaufs auf einem anderen Mechanismus beruhen.

Auf Grund des logarithmischen Zeitgesetzes der Tieftemperatur-Trockenoxydation von Nickel erscheint es fraglich, ob für das Zeitgesetz der Passivschichtbildung auf Nickel das der Theorie von DEWALD zugrunde liegende reziprok-logarithmische Zeitgesetz gilt. Sollte dies nicht der Fall sein, so wird man versuchen, einen ähnlichen ,,Elektronen-Tunnel-Mechanismus" vorzuschlagen, wie dies für die Trockenoxydation versucht wurde[7]. Daß dieser Mechanismus für den zeit-

---

[1] LANDSBERG, R., u. M. HOLLNAGEL: Z. Elektrochem., Ber. Bunsenges. physik. Chem. **58**, 680 (1954).

[2] HAUFFE, K., u. I. PFEIFFER: Z. Metallkunde **45**, 554 (1954).

[3] BONHOEFFER, K. F., u. K. J. VETTER: Z. physik. Chem. **196**, 127 (1950).

[4] BONHOEFFER, K. F.: Angew. Chem. **67**, 1 (1955). — K. F. BONHOEFFER u. G. VOLLHEIM: Z. Naturforsch. **8b**, 406 (1953).

[5] FRANCK, U. F.: Habilitationsschr. Univ. Göttingen 1954. — U. F. FRANCK u. K. G. WEIL: Z. Elektrochem., Ber. Bunsenges. physik. Chem. **56**, 814 (1952).

[6] FRANCK, U. F.: Z. physik. Chem. (N. F.), im Druck.

[7] HAUFFE, K., u. B. ILSCHNER: Z. Elektrochem., Ber. Bunsenges. physik. Chem. **58**, 382 (1954).

lichen Aufbau von Passivschichten von gewisser Bedeutung werden
kann, ist auch aus einer Arbeit von UHLIG und LORD[1] zu ersehen.
Diese Autoren verfolgen den zeitlichen Sauerstoffverbrauch während
der Passivierung von 18-8-Stählen in sauerstoffhaltigem destilliertem
Wasser und Säurelösungen. In Abb. 205 ist eine derartige Kurve
aufgenommen. Die sich ergebende stationäre Dicke der Passivschicht wurde zu etwa 20 Å ermittelt,
wenn man Cr_2O_3 als Passivschicht-
material annimmt, was nach den Ausführungen auf S. 256 ff. vernünftig zu
sein scheint.

Wie eingangs dieses Abschnitts erwähnt wurde, haben wir nur den Teil
der Passivität der Metalle besprochen,
der für den Aufbau der Passivschicht
verantwortlich ist. Wie jedoch die
Erfahrung lehrt, hört keineswegs die
Korrosion bei vollständiger Bedeckung
des Metalls bzw. der Legierung mit
einer Passivschicht auf, wenn sie auch

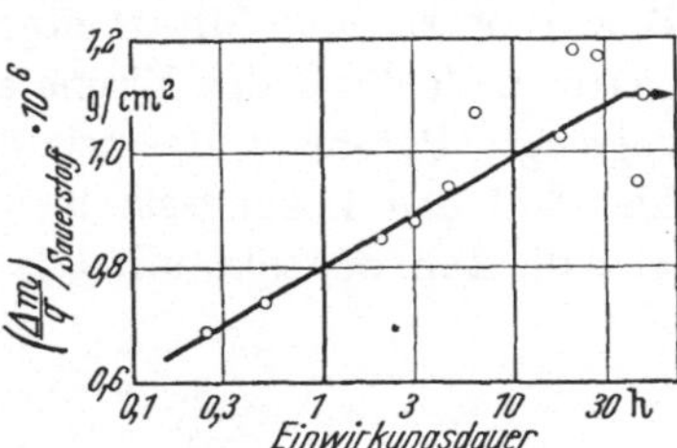

Abb. 205. Zeitlicher Verlauf des Sauer-
stoffverbrauchs eines 18-8-Stahls in einem
lufthaltigen Wasser nach UHLIG und
LORD. (Die Proben wurden vor dem
Versuch bei 35°C 10 min lang in einer
Lösung aus 25 Vol.-% käuflicher konz.
HCl und 25 Vol.-% käuflicher konzen-
trierter H_2SO_4 behandelt)

durch diese in ihrer Geschwindigkeit um Zehnerpotenzen herabgesetzt
wird. Die Korrosionsgeschwindigkeit wird in diesem Falle durch die Auf-
lösungsgeschwindigkeit dieser Passivschicht gegeben sein, wobei dieselbe
jedoch in ihrer stationären Dicke erhalten bleibt, da der durch den
Austritt von Gitterionen aus der Passivschicht in den Elektrolyten
verursachte Verlust durch Heranschaffen neuer Metallionen zur Oberfläche oder von Sauerstoffionen zur Metalloberfläche durch das größer
gewordene elektrische Feld in der Passivschicht wieder ausgeglichen
wird. Im stationären Zustand wird die Dicke der Passivschicht von
der Konkurrenz dieser beiden Vorgänge abhängen. Unabhängig vom
Mechanismus im einzelnen wird in allen Fällen die Auflösungsgeschwin-
digkeit der Passivschicht die Korrosionsgeschwindigkeit bzw. den
Lösungsstrom eines Metalls oder einer Legierung — die eine Passivschicht im korrodierenden Medium ausbildet — bestimmen. Aus
diesem Grunde erscheint es sinnvoll, sich mit dem Mechanismus der
Auflösung solcher Passivschichten zu beschäftigen. Auf Grund einer
gemeinsamen Diskussion mit VETTER, FRANCK und dem Verfasser
hat SCHOTTKY[2] in einer ausführlichen Arbeit den Mechanismus des
Lösungsstromes behandelt. Der Inhalt des folgenden Kapitels fußt auf
dieser Darstellung.

---

[1] UHLIG, H. H., u. S. S. LORD jr.: J. electrochem. Soc. **100**, 216 (1953).

[2] SCHOTTKY, W.: Passivität und Lösungsstrom, in Halbleiterprobleme, Bd. 2.
S. 233. Braunschweig 1955.

7.3 Über den Lösungsstrom von Metallen mit Passivschichten

Zur Behandlung dieser Frage scheint besonders das System Eisen/ Passivschicht/Elektrolyt geeignet zu sein, da hier die für das vorliegende Problem maßgebenden Teilvorgänge und Bestimmungsgrößen von BONHOEFFER und Mitarbeitern quantitativ ermittelt wurden. Einen passiven Zustand des Eisens erreicht man dann, wenn das von außen angelegte Potential, das wir mit ε_h bezeichnen, etwa $+0,5$ V beträgt. Als Maß des Lösungsstromes dieses „Naßvorganges der Korrosion" wird die Zahl der sekundlich je cm² aus der Schicht (Gebiet 2′, Abb. 206)

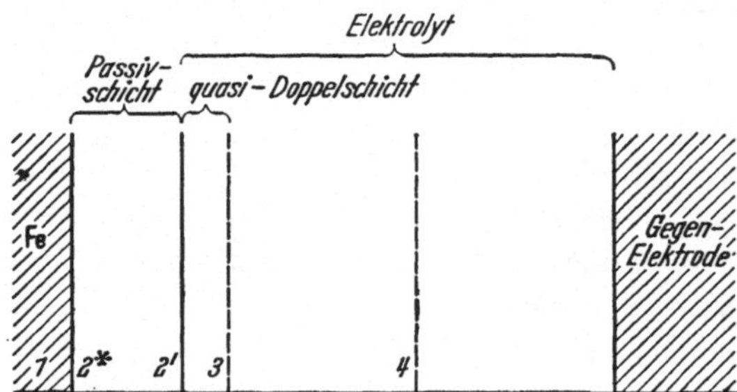

Abb. 206. Schematische Darstellung der einzelnen Transport- und Diffusionszonen in der Passivschicht und im Elektrolyten

in die „nahe" Lösung 3 übertretenden Fe-Ionen angesehen — zunächst ohne Berücksichtigung des Ladungszustandes der Fe-Ionen. Ist $s_{\mathrm{Fe}}^{(2'/3)}$ dieser Lösungsstrom und hat die Passivschicht die Zusammensetzung $\mathrm{Fe}_m\mathrm{O}_n(\mathrm{H_2O})_p$, wobei m und n wegen der erheblich überatomaren Dicke der Passivschicht praktisch als ganzzahlig betrachtet werden können, so wird durch den Naßvorgang die Zahl N/cm^2 der Oxydteilchen der Schicht verändert gemäß:

$$\left(\frac{dN}{dt}\right)_{\mathrm{naß}} = -\frac{1}{m}\, s_{\mathrm{Fe}}^{(2'/3)}. \tag{7.21}$$

Wie oben bereits diskutiert, wird dieser Verlust durch Feldtransport und Bildung neuer „Passivschichtmoleküle" ausgeglichen. Wir bezeichnen diesen Vorgang als „Trockenreaktion" und schreiben:

$$\left(\frac{dN}{dt}\right)_{\mathrm{trocken}} = +\frac{1}{m}\, s_{\mathrm{Fe}}^{(1/2*)}. \tag{7.22}$$

Während für den stationären Zustand

$$dN/dt = 0, \quad s_{\mathrm{Fe}}^{(1/2*)} = s_{\mathrm{Fe}}^{(2'/3)} \tag{7.23}$$

gilt, ist im nichtstationären Zustand:

$$\frac{dN}{dt} = \frac{1}{m}\,(s_{\mathrm{Fe}}^{(1/2*)} - s_{\mathrm{Fe}}^{(2'/3)}). \tag{7.24}$$

Es ist also die Berechnung der beiden eingeführten s_{Fe}-Größen in Abhängigkeit von ε_h, p_H und ξ die zu lösende theoretische Aufgabe.

Zur Lösung dieser Aufgabe stehen experimentelle Ergebnisse über $s_{Fe}^{(2'/3)}$ bei stationärer Schichtdicke von VETTER[1] zur Verfügung. Ferner geht aus der gleichen Arbeit hervor, daß die Eisenionen überwiegend im 3wertigen Zustand in den Elektrolyten eintreten. Über eine etwaige Mitführung von O^{2-}- oder OH^--Ionen[2] mit den austretenden Fe-Ionen sagen diese Versuche allerdings nichts aus.

Die entscheidenden quantitativen Aussagen für den stationären $s_{Fe}^{(2'/3)}$-Strom werden aber durch direkte Strommessung im stationären Zustand bei gegebenem ε_h und p_H gewonnen. Es muß deshalb der Zusammenhang zwischen dem die ganze Kette durchfließenden Strom i/cm^2 und $s_{Fe}^{(2'/3)}$ ermittelt werden. Hierbei soll der nichtstationäre Fall ebenfalls behandelt werden. Der Elektrolyt soll keine umladungsfähigen Fremdionen enthalten, so daß keine zusätzlichen Strombeiträge zu berücksichtigen sind. Ferner sollen die im nichtstationären Zustand evtl. auftretenden ε_h-Änderungen sowie die Zunahme der Schichtdicke so langsam vor sich gehen, daß die zum Raumladungsumbau innerhalb und an den Grenzen der Passivschicht notwendigen Ströme gegenüber den durchgehenden Strömen zu vernachlässigen sind. Es ist dann überall $\mathrm{div}\,i \approx 0$.

Entsprechend der in Fußn. 2 gegebenen Definition für die O^{2-}-Ionen wird nicht nur der O^{2-}- sondern auch der OH^--Durchtritt durch die Grenzschicht (2'/3) berücksichtigt. Für den O^{2-}-Strom formulieren wir:

$$i_O^{(2'/3)} = -2\,e\,s_O^{(2'/3)}. \tag{7.25}$$

Für den allgemeinen nichtstationären Strom läßt sich aus Gl. (7.24) und der Tatsache, daß mit dem Auf- bzw. Abbau von N Schichtmolekülen ein $s_O^{(2'/3)}$-Strom von $-n\,dN/dt$ verbunden ist, die Beziehung

$$s_O^{(2'/3)} = -\frac{n}{m}\,(s_{Fe}^{(1/2^*)} - s_{Fe}^{(2'/3)}) \tag{7.26}$$

ableiten. Aus den Beziehungen (7.25) und (7.26) und der Stromsumme der 2- und 3wertigen Eisenionen, $2\,e\,s_{Fe^{2+}}^{(2'/3)} + 3\,e\,s_{Fe^{3+}}^{(2'/3)}$, folgt allgemein für den nichtstationären Strom in toto, also von Beginn des Eintauchens eines Eisenbleches bei noch wachsender Passivschicht:

$$i_{tot} = \left(2 - \frac{2n}{m}\right) s_{Fe^{2+}}^{(2'/3)} + \left(3 - \frac{2n}{m}\right) s_{Fe^{3+}}^{(2'/3)} + \frac{2n}{m}\,s_{Fe}^{(1/2^*)}, \tag{7.27}$$

---

[1] VETTER, K. J.: Z. physik. Chem. (N. F.) **4**, 165 (1955).

[2] Die Einführung von O^{2-} im Elektrolyten ist aus Einfachheitsgründen zweckmäßig. Unabhängig von der tatsächlichen Anwesenheit von Sauerstoffionen in der Lösung ist unter Anwendung der elektrochemischen Potentiale η_{O^-} durch $\eta_{H_2O} - 2\eta_{H^+}$ oder durch $\eta_{OH^-} - \eta_{H^+}$ definiert, was wegen $2\eta_{H^+} + \eta_{O^-} = \eta_{H_2O}$ mit dem ersten Ausdruck identisch ist.

der bei Vorliegen einer homogenen Fe_2O_3-Schicht sich vereinfacht zu $(m = 2, n = 3)$:

$$i_{tot} = -s_{Fe^{3+}}^{(2'/3)} + 3s_{Fe}^{(1/2*)}. \tag{7.27a}$$

Im stationären Fall hingegen, wo stets $s_0^{(2'/3)} = 0$ und $dN/dt = 0$ ist, ergibt sich für den stationären Strom:

$$i_{stationär} = 2es_{Fe^{3+}}^{(2'/3)} + 3es_{Fe^{3+}}^{(2'/3)}. \tag{7.28}$$

Wie aus Gl. (7.28) hervorgeht, besteht kein allgemeiner Äquivalenzzusammenhang zwischen $i_{stationär}$ und dem gesamten $s_{Fe}^{(2'/3)}$-Lösungsstrom, so daß der von BONHOEFFER und FRANCK[1] eingeführte Begriff des Äquivalentstromes auf dem Verschwinden eines der beiden Teilströme basiert, was bei nachgewiesener alleiniger Beteiligung von Fe^{3+}-Ionen berechtigt ist. In gleicher Weise ist der von VETTER eingeführte Begriff des „Korrosionsstromes" i_K nur dann gleich der Korrosionsgeschwindigkeit, wenn nur Fe-Ionen in einem Ladungszustand austreten. Im Passivgebiet, wo also nur Fe^{3+}-Ionen in den Elektrolyten übertreten, erhalten wir:

$$i_K = 3es_{Fe^{3+}}^{(2'/3)}. \tag{7.29}$$

Nach VETTER lautet der der Messung zugängliche i_K-Wert in Abhängigkeit von der Wasserstoffionenkonzentration:

$$i_K = 5 \cdot 10^{-5} \cdot 10^{-0,84 \cdot p_H} \quad Amp/cm^2, \tag{7.30}$$

unabhängig von ε_h im reinen Passivgebiet (exakt gemessen zwischen $\varepsilon_h = 1$ und 1,2 V). Die p_H-Abhängigkeit wurde — in H_2SO_4-Lösungen zwischen $p_H = 0,7$ und 3,9 bestimmt. Aus Gl. (7.30) errechnet sich der Fe-Abbau zu:

$$s_{Fe}^{(2'/3)} = \frac{1}{3e}i_K = \frac{10^{19}}{3 \cdot 1,6}i_K \approx 10^{14} \cdot 10^{-0,84 \cdot p_H}$$
$$Teilchen \cdot cm^{-2} \cdot sec^{-1}. \tag{7.31}$$

Nimmt man in der Netzebene größenordnungsmäßig 10^{15} Fe-Atome an, so werden also im stationären Korrosionsvorgang bei $p_H = 0$ sekundlich etwa 1/10 Atomschichten abgebaut (und aus dem Fe nachgeliefert), während bei $p_H = 4$ nur etwa $5 \cdot 10^{-5}$ Atomschicht je sec abgebaut und entsprechend nachgeliefert wird. [Als Genauigkeitsgrenze für den Faktor 0,84 in Gl. (7.30) bzw. (7.31) wird $\pm 10\%$ angegeben. Nach neuesten Versuchen von WEIL und BONHOEFFER[2] wird im p_H-Bereich von 0,3 bis 6 ein merklich schwächerer p_H-Gang gefunden.

[1] BONHOEFFER, K. F., u. U. F. FRANCK: Z. Elektrochem. angew. physik. Chem. **55**, 180 (1951).

[2] WEIL, K. G., u. K. F. BONHOEFFER: Z. physik. Chem. (N. F.) **4**, 175 (1955).

Ferner ist der Korrosionsstrom von Art und Konzentration der Anionen abhängig.]

Wir fragen nun nach dem geschwindigkeitsbestimmenden Teilschritt des Lösungsvorganges der Passivschicht. Veranlaßt durch die weitere entscheidende Beobachtung, daß i_K im Passivgebiet weder von Rührvorgängen in der Lösung noch von Änderungen des Fe^{3+}-Fe^{2+}-Verhältnisses in der Lösung abhängt, glaubt VETTER den geschwindigkeitsbestimmenden Vorgang in dem Übertritt der Fe^{3+}-Ionen aus der Passivschichtoberfläche in den Elektrolyten zu sehen. Gegen diese Annahme, die auch schon im BONHOEFFERschen Arbeitskreis selbst kritisiert wurde, erhebt nun SCHOTTKY einleuchtende Einwände. Der Kernpunkt seiner Einwände ist der folgende: Es ist bedenklich, einen so fundamentalen Effekt wie die Unabhängigkeit des Lösungs- und Korrosionsstromes vom angelegten Potential durch einen Mechanismus zu erklären, bei dem dieser Effekt zwar feldbedingt ist, aber die Feldverteilung gerade von solcher Art angenommen wird, daß bei variablem angelegtem Potential der Feldeffekt auf den VETTERschen Übertritt derselbe bleibt. SCHOTTKY gelingt es nun, einen Mechanismus zu finden, bei dem der Lösungsvorgang generell von der Schichtdicke und dem Nachlieferungsmechanismus durch die Schicht unabhängig ist, und bei dem andererseits der Einfluß des Elektrolyten (p_H-Wert und Art der Anionen im Elektrolyten) automatisch in Erscheinung tritt.

Das Ziel war, an der Annahme eines ungehemmten Gleichgewichts zwischen dem Elektrolytrand $2'$ der Passivschicht und dem Elektrolytbereich 3 für die die Lösungsgeschwindigkeit bestimmenden Ionen festzuhalten, und den geschwindigkeitsbestimmenden Vorgang in der Fortschaffungshemmung dieser Ionen beim Übergang aus Gebiet 3 nach 4 des Elektrolyten zu suchen. Wie SCHOTTKY zeigen konnte, kann es sich aber hierbei nicht um die Fe^{3+}-Ionen selbst handeln. Weiterhin erscheint es wenig wahrscheinlich, daß Fe^{3+}-Ionen als solche in nennenswerten Mengen überhaupt von $2'$ nach 3 übergehen. Um auch die Unabhängigkeit des Lösungsstromes von der Rührgeschwindigkeit mit einzubeziehen, dürfen die Teilchen nicht in unverändertem Zustande von 3 nach 4 gelangen, sondern müssen innerhalb von Diffusionsstrecken, die kleiner als die Grenzstrecken bei der Rührung ($< 10^{-3}$ cm) sind, mit irgendwelchen Bestandteilen im Elektrolyten reagieren oder selbst in andere Bestandteile dissoziieren, jedenfalls müssen sie durch irgendwelche Reaktionen aus der Welt geschaffen werden. Dieser Mechanismus fordert an sich eine rasche Fortschaffung der Reaktionsprodukte, damit die „Reaktionsdiffusion" der aus der Passivschicht austretenden Teilchen, die mit der Gleichgewichtskonzentration dieser Teilchen unmittelbar in Beziehung stehen, der geschwindigkeitsbestimmende Vorgang werden kann.

Um diese Forderungen zu konkretisieren, wird angenommen, daß in Lösungen mit nicht komplexbildenden Anionen die Fe^{3+}-Ionen aus der Passivschicht von 2′ nach 3 nicht allein austreten, sondern in Assoziation mit $O^=$ als FeO^+-Ionen, und daß dieser Austritt ungehemmt abläuft, während der direkte Fe^{3+}-Übertritt stark gehemmt ist. Durch diesen ungehemmt stattfindenden Übergang lautet die Gleichgewichtsbedingung für die FeO^+-Teilchen im Elektrolytraum 3:

$$\tfrac{1}{2}Fe_2O_3 \rightharpoondown FeO^{+(3)} + \tfrac{1}{2}O^{-(3)}. \tag{7.32}$$

Da $c_{O^=} \sim c_{H^+}^{-2}$ ist, gilt für die Gleichgewichtskonzentration:

$$c_{FeO^+}^{(0)} = \text{const}\, c_{H^+}. \tag{7.33}$$

Man kann nun die effektive Diffusionsstrecke $\Delta\xi$ der FeO^+ vom p_H unabhängig annehmen, woraus sich der Lösungsstrom zu proportional 10^{-p_H} ergibt, in angenäherter Übereinstimmung mit dem von VETTER beobachteten Gang von $10^{-0,8 p_H}$. Damit ist eine Hauptdiskrepanz der naiven Fe^{3+}-Lösungstheorie, die i_K proportional $10^{-3 p_H}$ ergeben würde, beseitigt.

Der gleiche p_H-Gang der Gleichgewichtskonzentration wie in Gl. (7.33) würde auch dann auftreten, wenn das hypothetische FeO^+-Ion mit einem oder mehreren H_2O-Molekülen, sei es in Form einer Wasserhülle, sei es in engerer chemischer Bindung, assoziiert wäre.

Für den Fall des Ionenübergangs im aktiven Gebiet kann SCHOTTKY den Beweis führen, daß hier ein unmittelbarer Austritt von 2wertigen Eisenionen aus der Passivschicht in den Elektrolyten ebenfalls nicht in Betracht kommt, da die p_H-Abhängigkeit des FLADE-Potentials ε_{hF} sonst nicht den von BONHOEFFER und Mitarbeitern beobachteten Gang:

$$\varepsilon_{hF} = \text{const} - 0{,}058\, p_H \tag{7.34}$$

zeigt, sondern vielmehr den folgenden: $\varepsilon_{hF} = \text{const} - 2 \cdot 0{,}058 \cdot p_H$. Übereinstimmung erhält man auch hier, wenn man nicht mit Fe^{2+}-, sondern mit $FeOH^+$-Ionen rechnet. Entsprechend lautet die Gleichgewichtsbeziehung:

$$\Theta^{(1)} + \tfrac{1}{2}Fe_2O_3 + \tfrac{1}{2}H_2O \rightharpoondown FeOH^{+(3)} + O^{=(3)}. \tag{7.35}$$

Entsprechend der Proportionalität von $c_{FeOH^+}^{(0)}$ mit $c_{H^+}^2$ wird die Gleichheit der i_K-Ströme für einen ε_{hF}-Wert erreicht, dessen p_H-Gang genau der beobachteten Beziehung (7.34) entspricht.

Allgemein geht also der neue theoretische Versuch von SCHOTTKY von der Annahme aus, daß beim Übergang der Fe-Ionen aus dem Oxyd in den Elektrolyten zunächst noch nicht alle Sauerstoffbindungen des Eisens gelöst werden, sondern daß der Übergang in Form von „Eisen-

Sauerstoff-Komplexen" stattfindet, die einen Teil der im Oxyd vorhandenen Bindungen konserviert haben. Als weitere Stütze der SCHOTTKYschen Komplexlösungstheorie kann auch das Korrosionsverhalten der Passivschicht in stark basischen Lösungen mit hohen p_H-Werten angeführt werden, über das kürzlich von Lossow und KABALOW[1] berichtet wurde, wo für den Lösungsvorgang die austretenden Komplexionen FeO_2^- und $Fe_2O_4^-$ maßgebend werden. Die von ihnen im alkalischen p_H-Gebiet beobachtete Abhängigkeit des Lösungsstromes von der Rührgeschwindigkeit deutet darauf hin, daß die von SCHOTTKY eingeführte Annahme, daß die aus der Passivschicht austretenden Komplexionen durch Reaktionsdiffusion innerhalb kurzer Diffusionsstrecken verschwinden, offenbar nur im Gebiet kleinerer p_H-Werte erfüllt wird.

Es erhebt sich nun die Frage, wie der Reaktionsablauf in der kurzen Diffusionsstrecke ($< 10^{-3}$ cm), d. h. die Reaktionsdiffusion, zu deuten ist. SCHOTTKY schlägt für den Bereich kleiner p_H-Werte die folgende Reaktion als diskutabel vor:

$$FeO^+ + H_2O \longrightarrow Fe^{3+} + 2OH^-, \qquad (7.36)$$

wobei in stärker sauren Elektrolyten das Gleichgewicht weitgehend nach rechts verschoben ist. Da ein direkter Übergang von Fe^{3+}-Ionen aus der Passivschicht nicht möglich sein soll, können Fe^{3+}-Ionen nur über Reaktion (7.36) gebildet werden. Eine Rückreaktion könnte aber nur dann auftreten, wenn die entstandenen Fe^{3+}-Ionen zu langsam nach 4 (Abb. 206) abgeführt würden, was im Bereich kleiner p_H sicher nicht der Fall ist. Es erscheint daher berechtigt anzunehmen, daß im p_H-Bereich von 0 bis etwa 3 die von links nach rechts ablaufende Reaktion (7.36) geschwindigkeitsbestimmend für den Lösungsstrom ist. Es handelt sich dabei um einen vom p_H-Wert unabhängigen Dissoziationsprozeß des FeO^+, der mit einer nur von der thermischen Zersetzungsgeschwindigkeit des FeO^+ (in Reaktion mit dem Lösungsmittel) abhängigen Zeitkonstante verläuft.

Dieser Reaktionsmechanismus ist identisch mit dem Vernichtungsmechanismus von Minoritätsträgern in Halbleitern, wo in eine Halbleiterzone eindiffundierende Minoritätsträger, das sind zahlenmäßig geringe $\ominus$- oder $\oplus$-Teilchen, in einem „Meer" von $\oplus$- oder $\ominus$-Teilchen durch eine orts- und zeitunabhängige Reaktion zum Verschwinden gebracht werden. Es existiert eine bestimmte „Lebensdauer" τ und eine Diffusionslänge $L = (D\tau)^{1/2}$. Der von der Ausgangsebene abfließende Diffusionsstrom ist durch $D \cdot n_0/L = n_0 (D/\tau)^{1/2}$ gegeben, wobei n_0 die

---

[1] Lossow, W. W., u. B. N. KABALOW: Z. physik. Chem. UdSSR **28**, 824, 914 (1954).

Konzentration der Teilchen in der Ausgangsfläche (also hier die Fläche 3) bedeutet. Da L vergleichbar mit der bei reaktionsloser Diffusion auftretenden Diffusionsstrecke $\Delta \xi$ ist, gilt die p_H-Unabhängigkeit nicht nur für L, sondern auch für $\Delta \xi$. Das bedeutet aber wiederum, daß der p_H-Gang von s_{Fe} und i_K nur durch den p_H-Gang von c_{FeO^+} gemäß Gl. (7.33) allein gegeben ist.

Im Gebiet größerer p_H stößt jedoch dieser Fortschaffungsmechanismus insofern auf Schwierigkeiten, als die nach Gl. (7.36) entstehenden Fe^{3+}-Ionen infolge der bei höherem p_H zu niedrigen Gleichgewichtskonzentration $c_{Fe^{3+}}^{(0)}$ in ihrer Konzentration nach oben begrenzt sind, um einen genügend großen Konzentrationsgradienten und damit einen hinreichend großen Fe^{3+}-Diffusionsstrom zu gewährleisten. Nach WEIL und BONHOEFFER tritt schon bei einem p_H von 5 der Lösung dieser Mechanismus vollständig in den Hintergrund, da durch den Lösungsstrom das ganze Elektrolytvolumen schon in Bruchteilen einer Sekunde bis zur Sättigung mit Fe^{3+}-Ionen erfüllt ist.

Das Endprodukt des Lösungsvorganges im Gebiet mittlerer p_H-Werte sind also nicht die in Raum 4 abdiffundierten Fe^{3+}-Ionen, sondern vielmehr der „Rost" FeOOH, der im mittleren p_H-Gebiet in bekannter Weise in kolloidaler Form auftritt und für die Braunfärbung des Elektrolyten verantwortlich ist. Da in diesem p_H-Gebiet Fe^{3+}-Ionen auch nicht als Zwischenprodukt auftreten können, hat SCHOTTKY für die Reaktionsdiffusion der FeO^+-Komplexe die folgenden beiden Reaktionen zur Diskussion gestellt, nach denen neutrale freie „RostMoleküle" gebildet werden:

$$FeO^+ + OH^- \rightarrow FeOOH \tag{7.37}$$

$$FeO^+ + H_2O \rightarrow FeOOH + H^+ \tag{7.38}$$

Wie eine Durchrechnung ergab, ist die Reaktionsgeschwindigkeit der hydrolytischen Reaktion Gl. (7.38) auch bei einer Aktivierungshemmung von etwa 16 kcal $\approx$ 0,7 eV immer noch groß genug, um die verlangten kleinen $\Delta \xi$-Werte der nach der Theorie geforderten Reaktionsdiffusion von FeO^+ zu ergeben, was für Gl. (7.37) in diesem Maße nicht der Fall ist. Aus diesem Grunde bevorzugen SCHOTTKY und VETTER den Reaktionsablauf Gl. (7.38).

Wenn auch noch manche Versuche zur Stützung der SCHOTTKYschen Theorie der Korrosion von Metallen mit Passivschichten erforderlich sind, so geht doch aus der obigen Darstellung hervor, daß mit dieser Theorie eine „Sappe" in nicht vertrautes Gelände vorgeschoben wurde, von wo aus sich dem operierenden Beobachter größere Chancen für weitere Vorstöße in die noch unaufgeklärten Gebiete der Passivität eröffnen.

8 Über einige bewährte Meßmethoden für das Deckschichtenwachstum

Die Ermittlung des zeitlichen Verlaufs des Deckschichtenwachstums insbesondere bei höheren Temperaturen erfolgt im allgemeinen durch Bestimmung der zeitlichen Gewichtszunahme der Metall- oder Legierungsprobe, verursacht z. B. durch die infolge Oxydbildung aufgenommene Sauerstoffmenge. In der Technik führt man häufig die Ermittlung der Gewichtszunahme als Maß der Oxydationsgeschwindigkeit in der Weise durch, daß man eine größere Zahl von Proben in den Ofenraum bringt, in dem eine definierte Temperatur und Gaszusammensetzung herrscht. Anschließend werden zu verschiedenen Zeiten in geeigneten Zeitintervallen die Proben aus dem Ofen genommen und ihre Gewichtszunahme auf einer Analysenwaage bestimmt. Bei gleicher Vorbehandlung und Bearbeitung der Proben werden die zu verschiedenen Zeiten gefundenen Gewichtszunahmen die Konstruktion einer kontinuierlich verlaufenden Gewichtszunahme-Zeitkurve gestatten, sofern nicht sekundäre Störungen, wie z. B. Auf- und Abplatzen der Oxydschichten oder Rekristallisationsvorgänge, auftreten. Zur weiteren Auswertung wird man versuchen, mit den Meßpunkten eine Gerade entsprechend einem linearen, parabolischen, kubischen oder logarithmischen Zeitgesetz zu erhalten. Solange das zu untersuchende Material, wie z. B. Stähle, in größerer Menge zur Verfügung steht, ist diese „Vielzahl-Meßmethode" recht brauchbar. Häufig wird auch — insbesondere bei nicht fest haftenden Zunderschichten — die Oxydschicht nach der Oxydation entfernt und der Gewichtsverlust der Metallprobe ermittelt. Hierbei wird der Zunder mit einer Stahlbürste oder durch einen chemischen bzw. elektrochemischen Beizvorgang entfernt. Dieses Verfahren ist jedoch nur bei größeren, technischen Proben zu empfehlen.

Im Laboratorium und auch für die Betriebskontrolle wertvoller Legierungen haben sich im Laufe der Zeit andere Meßmethoden eingebürgert, über die wir im folgenden berichten wollen.

8.1 Über die Anwendung von Mikrowaagen in der Oxydationsapparatur

Zur Verfolgung des zeitlichen Verlaufs der Gewichtszunahme kleiner Metall- und Legierungsproben haben sich zwei Typen von Waagen bewährt: erstens die Quarzspiralwaage und zweitens die Balkenwaage mit Gegengewicht. Beide Waagen befinden sich im ver-

längerten Stück des Reaktionsraumes der Apparatur und können
unter den verschiedensten Bedingungen arbeiten — sowohl im Hochvakuum als auch in verschiedenen korrodierenden Atmosphären und
sogar bei höheren Temperaturen im Reaktionsraum selbst. Die Quarzspiralwaage ist in ihrer Konstruktion und Handhabung am einfachsten
und auch am billigsten bei hoher Empfindlichkeit und großem Meßbereich. Die z. B. vom Verfasser und seinen Mitarbeitern verwandten
Quarzspiralen von 15 bis 25 Windungen bei einem Spiraldurchmesser
von 3 bis 5 cm hatten einen Meßbereich von 50000 bis 100000 Einheiten; d. h., für die Messung der Gewichtszunahme einer Metallfolie
von 100 mg Gewicht während der Oxydation konnte auf $\pm 1 \cdot 10^{-3}$ mg
genau gemessen werden.

Um eine lokale Gasverarmung in der Nähe der Metallfolie im Oxy-
dationsraum bei niedrigen Gasdrucken, von 10^{-4} bis 10^{-1} mm Hg,
zu vermeiden, ist es empfehlenswert, durch ein geeignetes System
von Eingangs- und Ausgangskapillaren für eine genügend große Strömungsgeschwindigkeit des reagierenden Gases im Ofenraum zu sorgen.
Hierdurch wird aber eine empfindliche Quarzspirale stationär nach
oben gehoben, was häufig mit einem Pendeln des Zeigers der Waage
verbunden ist, so daß eine korrekte Ablesung nicht möglich ist. Außerdem bereitet unter diesen Bedingungen die Festlegung des Bezugs-
punktes der Ablesung Schwierigkeiten. Aus diesem Grunde erweist es sich als notwendig, kurz vor der Ablesung den Gasstrom zu unterbrechen, die Ablesung nach einer gewissen Wartezeit (abhängig von der Schwingungsdauer der Spirale) vorzunehmen und anschließend den Gasstrom wieder einzuschalten. In Abb. 207 ist eine Strömungsapparatur mit Quarzwaage für Oxydationsversuche mit wählbaren Gasdrucken dargestellt. (Entsprechend kann der Quarzbalken durch eine Quarzspirale ersetzt werden.)

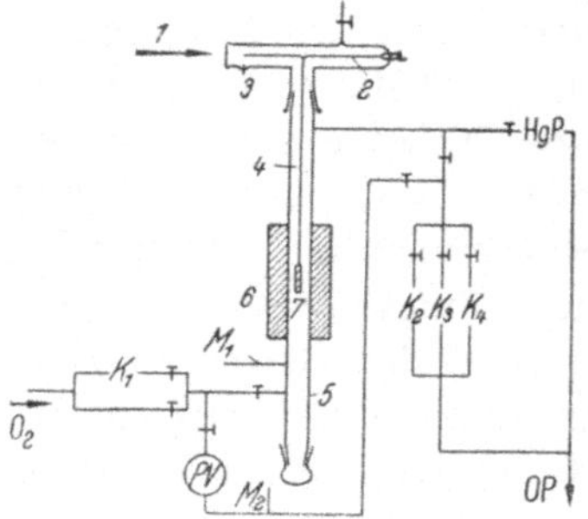

Abb. 207. Versuchsaufbau zur Messung der Oxydationsgeschwindigkeit von Metallfolien mittels Quarzwaage nach WAGNER und GRÜNEWALD.

1 Mikroskop; *2* Quarzfaden als Waage; *3* Gegenmarke; *4* Pt-Draht; *5* Quarz-rohr; *6* Ofen; *7* Metallprobe für die Oxydation, M_1 und M_2 Manometer; K_1 Einlaßkapillare für O_2, K_2, K_3 und K_4 Ausgangskapillaren, HgP Queck-silber-Diffusionspumpe; OP Ölpumpe (Vorvakuum) und PV Puffervolumen

Für zahlreiche Versuche, wie z. B. für die Schwefelung von Metallen in Schwe-feldampf, ist es erforderlich, die Waage direkt in den Reaktionsraum zu bringen, wie dies auf S. 324 bereits beschrieben
und in Abb. 186 dargestellt wurde. In solchen Fällen eignet sich die
Quarzspiralwaage wegen ihrer chemischen Widerstandsfähigkeit und
der Temperaturkonstanz des Ausschlages besonders gut und stellt
wegen ihrer einfachen und billigen Konstruktion eine der besten An-

ordnungen dar, um den zeitlichen Verlauf der Gewichtszunahme kontinuierlich mit recht guter Genauigkeit verfolgen zu können.

Basierend auf einer Meßanordnung von NERNST und DONAU entwickelte GULBRANSEN[1] eine hochempfindliche Mikrowaage, mit der man besonders das zeitliche Wachsen sehr dünner Oxydschichten bestimmen kann. Aus Abb. 208 ist die Konstruktion und die Arbeitsweise dieser Waage zu erkennen. Auf einem aufgespannten sehr dünnen

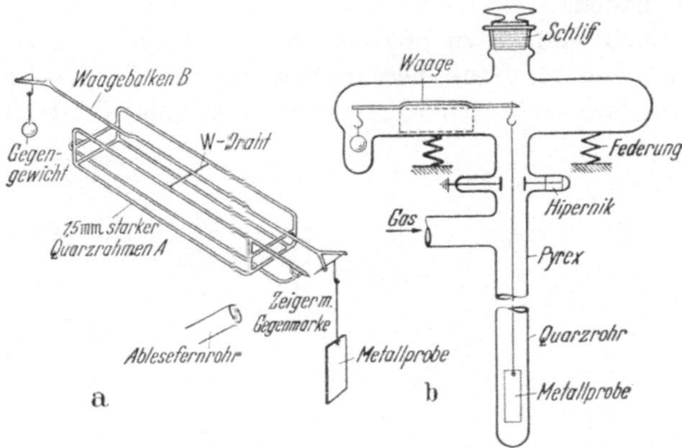

Abb. 208 a u. b. Mikrowaage aus Quarz nach GULBRANSEN. a Einzelteile der Waage: Balkenlänge 15 cm, Balkengewicht 1 g, für Versuchsproben von 0,7 g Gesamtgewicht. b Einbau der Waage in die Oxydationsapparatur. Der Waagenraum der Glasapparatur ist zwecks Dämpfung gegen Erschütterungen auf Federn gelagert

Wolframdraht, der an einem Quarzrahmen mittels geschmolzenem AgCl befestigt ist, ruht ein beweglicher dünner Quarzbalken, der an dem linken Ende ein Gegengewicht von ungefähr der gleichen Größe trägt wie die an der rechten Seite aufgehängte Metallprobe. Zur genauen Registrierung der Veränderung der Neigung dieses Quarzbalkens dient ein am rechten Ende des Waagebalkens befestigter dünner Wolframdraht als Zeiger. Der entsprechende Bezugszeiger befindet sich am Quarzrahmen. Mittels eines Fernrohres geeigneter Vergrößerung wird der während der Oxydation sich einstellende Stand des Zeigers abgelesen. GULBRANSEN gibt bei einem Gesamtgewicht der zu oxydierenden Probe von 0,6840 g eine Empfindlichkeit von $0,3 \cdot 10^{-6}$ g an. Der Druckkoeffizient ist zu weniger als $0,3 \cdot 10^{-6}$ g je 1 Atm Druckänderung bestimmt worden. Der Temperaturkoeffizient betrug $0,8 \cdot 10^{-6}$ g/°C. Von RHODIN[2] wurde die Empfindlichkeit der Waage noch um den Faktor 6 vergrößert.

Nach dem gleichen Prinzip arbeiten auch die mit elektromagnetischer Justierung ausgerüsteten Waagen, wo das am linken Ende befindliche

[1] GULBRANSEN, E. A.: Rev. Sci. Instr. 15, 201 (1944).
[2] RHODIN, T. N.: J. Amer. chem. Soc. 72, 4343 (1950).

Gegengewicht von einer stromdurchflossenen Spule umgeben ist, deren Strom so lange geändert wird, bis man mittels des Fernrohres den Nullpunkt des Waagebalkenzeigers erreicht hat, dessen Stellung durch die während der Oxydation laufend auftretende Gewichtszunahme verändert wird. Hier wird also mittels eines empfindlichen Strommeßgerätes der zeitliche Verlauf des Oxydfilmwachstums beobachtet. Diese Waagen sind in verschiedenen Ausführungen auch im Handel zu haben.

Eine relativ einfach zu bauende Waage, die nach diesem Prinzip arbeitet, ist von MAURER[1] beschrieben worden. In Abb. 209 ist die Mikrowaage dargestellt. Ein Quarzrahmen A bildet die Halterung der

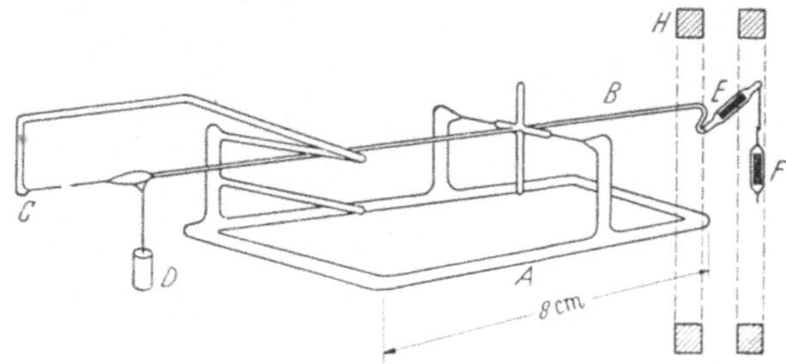

Abb. 209 a u. b. Mikrowaage aus Quarz nach MAURER. Die Waage ist so dimensioniert, daß sie auch direkt in den Ofenraum hineingesetzt werden kann. In diesem Falle wird der Zeigerstand durch ein in den Ofen eingebautes Fenster mittels Fernrohr abgelesen.
A Quarzrahmen zur Halterung des Waagebalkens B. D Versuchsproben und F Gegengewicht, E Eisenzylinder zur elektromagnetischen Regulierung des Waagebalkens, H HELMHOLTZ-Spulen.

Waage. Der Waagebalken B wurde aus sechs kleinen, 0,5 mm dicken Quarzstäbchen jeweils im rechten Winkel zusammengeschmolzen. Zwei dieser Stäbchen bilden den Waagebalken, und zwei kurze, senkrecht dazu befindliche Stäbchen dienen zur Justierung des Schwerpunktes. Die restlichen zwei wurden kurz geschnitten und mit ihren verjüngten Enden an die im Rahmen A vorgesehene Halterung geschmolzen. Die zu feinen Spitzen ausgezogenen Enden des linken Teils des Waagebalkens und der Vergleichsmarke C dienen zur Nullpunkteinstellung, die auch hier mittels eines Fernrohres abgelesen wird. Der für die elektromagnetische Steuerung notwendige 5 mm lange und 1 mm dicke Eisenzylinder ist in einer dünnen Quarzkapillare eingeschmolzen und in einem Winkel von etwa 20° zum Waagebalken nach oben gebogen. Das Gegengewicht F besteht aus einem in Quarz eingeschlossenem Platindraht, der sich in seiner Größe nach dem Gewicht der zu oxydierenden Metallprobe richtet. Mittels zwei bis drei solcher Gegengewichte wird man im allgemeinen auskommen. Wie in Abb. 209 an-

---

[1] MAURER, R. J.: J. chem. Physics **13**, 321 (1945).

gedeutet, befinden sich am rechten Ende der Waage zwei HELMHOLTZ-Spulen, die von einer konstant arbeitenden Gleichstromquelle (z. B. Akkumulatoren) gespeist werden. Der Strom wird nun so lange geändert, bis die Nadel des Waagebalkens bei C auf der Nullstellung steht. Hierbei herrscht direkte Proportionalität zwischen der bei der Oxydation auftretenden Gewichtszunahme in mg und $(i^2 - i_0^2)$ in Amp., wo i_0 der Strom vor der Oxydation bzw. i derjenige während der Oxydation (Gewichtszunahme nach einer gewissen Zeit) ist, der zur Einstellung des Nullpunktes bei C erforderlich ist. Wenn man bei verschiedenen Gasdrucken arbeitet, ist bei der Eichung der Waage diese geringe Korrektur noch zu ermitteln. Bei Verwendung einer Waage mit den oben mitgeteilten Maßen ist beispielsweise in einem Druckbereich von 10 bis 760 mm Hg mit einem subtraktiven Glied $m_0 \approx 1 \cdot 10^{-5}$ g zu rechnen, das bei Gewichtszunahmen von 0,1 bis 50 mg, die während der Oxydation auftreten, zu vernachlässigen ist.

8.2 Gasvolumetrische und manometrische Methoden zur Messung der Oxydationsgeschwindigkeit

Bei Ausbildung dünner Oxydfilme auf Metallen und Legierungen wird man jedoch häufig mit Vorteil gasvolumetrisch arbeitende Anordnungen verwenden, wo das durch Reaktion verbrauchte Gasvolumen in einer Mikrobürette bei konstantem Gasdruck gemessen

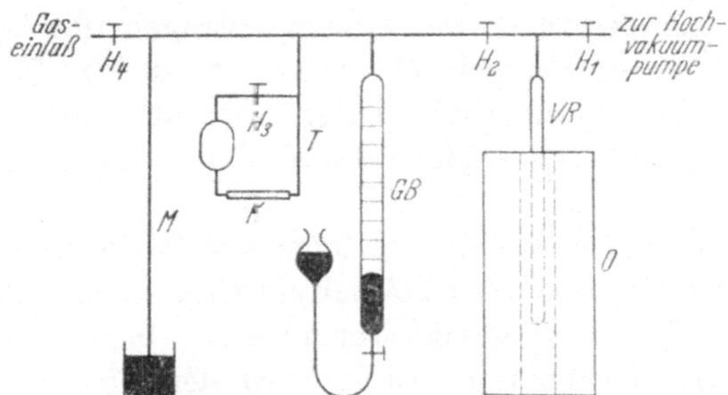

Abb. 210. Schematische Darstellung einer gasvolumetrisch arbeitenden Oxydationsapparatur zur Bestimmung des zeitlichen Verlaufs der Bildung dünner Oxydfilme. (Vor dem Gaseinlaß befindet sich die übliche Gasreinigungsanlage und auf dem Wege zum Hochvakuum eine Ausfrierfalle für flüssige Luft.)

H_{1-4} Verbindungshähne; VR Versuchsrohr; O Ofen; GB Gasbürette; T Differentialtensiometer; K Meßkapillare mit mm-Teilung; M Hg-Manometer

wird. Der konstante Gasdruck wird hierbei durch ein Differentialmanometer bzw. -tensiometer, das als Nullinstrument dient, sehr genau eingehalten. Eine solche Apparatur ist in Abb. 210 schematisch dargestellt[1]. Das eigentliche Meßglied ist das Differentialtensiometer T

---

[1] Siehe z. B. H. J. ENGELL, K. HAUFFE u. B. ILSCHNER: Z. Elektrochem., Ber. Bunsenges. physik. Chem. **58**. 478 (1954).

in Verbindung mit der Mikro-Gasbürette GB. Das Differentialtensiometer besteht im wesentlichen aus einer waagerecht liegenden Kapillare mit Strichteilung, die zwischen der Apparatur und einem Vergleichsgefäß liegt, in dem vor Oxydationsbeginn der gleiche Gasdruck wie in der Apparatur herrscht. Sinkt der Sauerstoff in der Apparatur durch den Ablauf der Oxydation, so verschiebt sich ein in der Kapillare befindlicher Flüssigkeitstropfen. Durch Heben des Quecksilberspiegels in der Gasbürette kann der Sauerstoffverbrauch ausgeglichen und der Tropfen wieder an den Ausgangspunkt zurückgeführt werden. Der elektrische Ofen O, der eine nicht zu kleine Kapazität haben sollte, wird bei Verwendung empfindlicher Fallbügelregler im allgemeinen im Temperaturgebiet von 200 bis 800° C eine Temperaturkonstanz von $\pm 1{,}0°$ C erreichen. Da die Schwankungen der Temperatur periodisch in praktisch gleichen Abständen erfolgen, kann man die Ablesung so einrichten (abgesehen von den ersten Minuten nach Reaktionsbeginn), daß sie zu dem Zeitpunkt erfolgt, wo die Thermospannung des Thermoelements den am Kompensator eingestellten Sollwert gerade erreicht hat. Auf diese Weise kann ein Einfluß der Temperaturschwankungen im Ofenraum auf den Gasdruck in der Apparatur weitgehend ausgeschaltet werden. Bei derartig empfindlichen Meßapparaturen ist die Verwendung eines Thermostatenraumes mit automatischer Temperaturregelung von mindestens $\pm 0{,}2°$ C Genauigkeit erforderlich. (Bei einem Volumen der Apparatur von etwa 200 ml und den oben angegebenen Temperaturschwankungen betragen die bei 400° C ermittelten maximalen Versuchsfehler etwa $6 \cdot 10^{-3}$ ml NTP, was z. B. bei 30 mm Hg Sauerstoffdruck in der Apparatur und 20 cm² Oberfläche eines Nickelbleches einer Oxydschichtdicke von etwa 25 Å entspricht.)

Die Messung selbst soll nun in folgender Weise ablaufen: Die zu oxydierende Metallprobe wird bei kaltem Ofen in das Quarzrohr VR eingeführt, der Hahn H_2 geschlossen und das Versuchsrohr über H_1 auf 10^{-6} mm Hg ausgepumpt. Dann wird der Ofen bei arbeitender Hochvakuumpumpe aufgeheizt und die Metallprobe einige Stunden bei der Oxydationstemperatur wärmebehandelt. Inzwischen wird über H_4 in die vorher evakuierte Apparatur bei geöffnetem Hahn H_3 Sauerstoff in den linken Teil der Apparatur eingelassen. Der in der Kapillare K befindliche Tropfen einer geeigneten Flüssigkeit mit sehr niedrigem Dampfdruck (z. B. Phthalsäurediäthylester) wird durch leichtes Neigen des Tensiometers um einen dafür vorgesehenen Schliff auf die Nullmarke der an der Kapillare angebrachten Teilung eingestellt. Nach Schließen von H_1 und Gaseinlaß in das Versuchsrohr durch Öffnen von H_2 ist es ratsam, zwecks völligem Druckausgleichs in der Apparatur etwa 5 bis 10 sec zu warten, bevor man Hahn H_3

schließt. Der Tropfen in der Kapillare setzt sich nun in Bewegung. Bevor jedoch der Tropfen das rechte Ende der Teilung erreicht, wird er durch das Heben des Quecksilberspiegels in der Gasbürette GB wieder zurückgeführt. Der mit einem empirisch ermittelten Umrechnungsfaktor multiplizierte Wert des Tropfenstandes in der Kapillare und die Ablesung an der Gasbürette dienen zur Berechnung des verbrauchten Gasvolumens. Für genaue Messungen des anfänglichen Verlaufs der Oxydation ist jedoch von Zeit zu Zeit die durch Chemisorption an den Gefäßwandungen im Ofenraum verbrauchte Sauerstoffmenge festzustellen. Das geschieht in der gleichen Weise, wie oben beschrieben — nur ohne Metallprobe. Diese Apparatur eignet sich besonders gut zur Ermittlung des zeitlichen Wachstums der Oxydschicht zwischen 50 und 10000 Å Dicke.

Zur Messung größerer Schichtdicken kann man dann entweder eine der oben besprochenen, nach dem gravimetrischen Prinzip arbeitenden Apparaturen verwenden oder eine vereinfachte gasvolumetrisch arbeitende Anordnung mit Druckmessung, die wegen ihrer Einfachheit hier ebenfalls kurz beschrieben werden soll (Abb. 211)[1]. In einem horizontal liegenden Ofen O mit Metallkern K zur Temperaturhomogenisierung der Versuchsprobe (dies ist auch bei allen anderen Apparaturen zu berücksichtigen) befinden sich zwei Quarzrohre, die einmal mit einem Hg-Differentialmanometer M verbunden sind und zum anderen durch eine direkte Verbindung mit einem Hahn H_2 kurzgeschlossen werden können. In das eine Quarzrohr kommt die zu oxydierende Metallprobe V, während das andere als Vergleichsrohr dient. Um das tote Volumen der Apparatur möglichst klein zu halten, befinden sich in den beiden Quarzrohren zwei annähernd gleich große geschlossene Quarzhohlkörper Q_1 und Q_2. Nach Einführung der Metall-

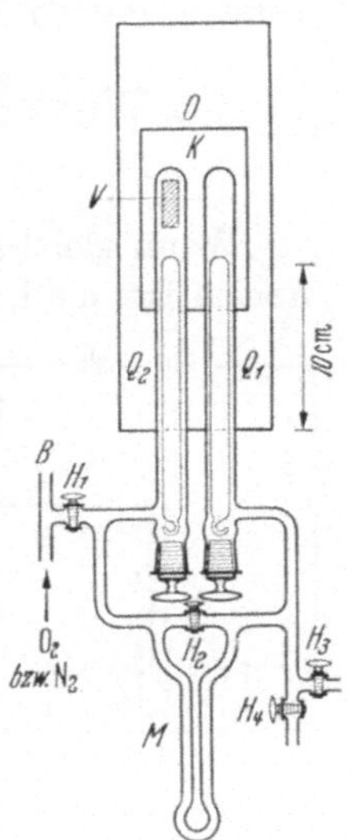

Abb. 211. Darstellung einer Oxydationsapparatur mit Druckmessung für 1 Atm Gesamtdruck. Q_1 und Q_2 Quarzglashohlkörper; M Manometer; H_{1-4} Verbindungshähne; V Metall- bzw. Legierungsprobe; K Metallkern; O Ofen; B zum Blasenzähler

probe wird im Hochvakuum auf die Oxydationstemperatur erhitzt und anschließend durch Öffnen der Hähne H_1 und H_2 bei geschlossenen Hähnen H_3 und H_4 Sauerstoff oder Luft bis zu 1 Atm rasch eingelassen. Unmittelbar danach werden die Hähne H_1 und H_2 geschlossen und die zeitliche Druckänderung des Meßrohres zum Vergleichsrohr mittels des Differentialmanometers beobachtet. Die Eichung des Manometers

---

[1] WAGNER, C., u. K. GRÜNEWALD: Z. physik. Chem. (B) **40**, 473 (1938). — K. HAUFFE: Z. anorg. allg. Chem. **257**, 279 (1948).

erfolgt in der Weise, daß man ein bestimmtes Gasvolumen in die Apparatur drückt oder entnimmt (H_2, H_3 und H_4 geschlossen) und die Druckdifferenz in mm Hg abliest. In dieser Apparatur lassen sich nur Oxydationsversuche im Bereich von 1 Atm Gesamtdruck ausführen. Die Empfindlichkeit dieser Apparatur läßt sich leicht um den Faktor 10 bis 15 erhöhen, wenn man an Stelle von Quecksilber eine organische Flüssigkeit mit niedrigem Dampfdruck als Manometerflüssigkeit verwendet.

In der Literatur sind eine größere Anzahl solcher und ähnlicher Apparaturen beschrieben worden. Für genauere manometrische Messungen ist noch besonders die von CAMPBELL und THOMAS[1] zu erwähnen.

8.3 Weitere Methoden zur Messung der Dicke von Anlaufschichten

Wenn gleichzeitig Strukturuntersuchungen an Anlaufschichten beabsichtigt sind, bietet sich die Ausmessung der Schichtdicke unter dem Mikroskop ebenfalls als eine brauchbare Methode an. Besonders für die getrennte Ermittlung des Fortschreitens der inneren und der gleichzeitig auftretenden äußeren Oxydationszone ist die mikroskopische Vermessung der Schichtdicken z. Z. die genaueste Methode (s. S. 285ff.).

Ein recht elegantes Verfahren zur Ermittlung von dünnen Anlaufschichten wurde von EVANS und BANNISTER[2] auf elektrochemischer Basis ausgearbeitet und besonders von MILEY[3] und THOMAS[4] zur Schichtdickenbestimmung von Korrosions- und Oxydationsschichten auf Metallen herangezogen. Hiernach wird die mit einem Oxyd- oder Sulfid- bzw. Halogenidfilm überzogene Probe als Kathode in einen geeigneten Elektrolyten gebracht und kathodisch reduziert. Die Probe wird hierbei so lange mit einer definierten und konstanten Stromdichte belastet, bis die Metalloberfläche völlig frei vom Reaktionsprodukt ist, was sich häufig durch

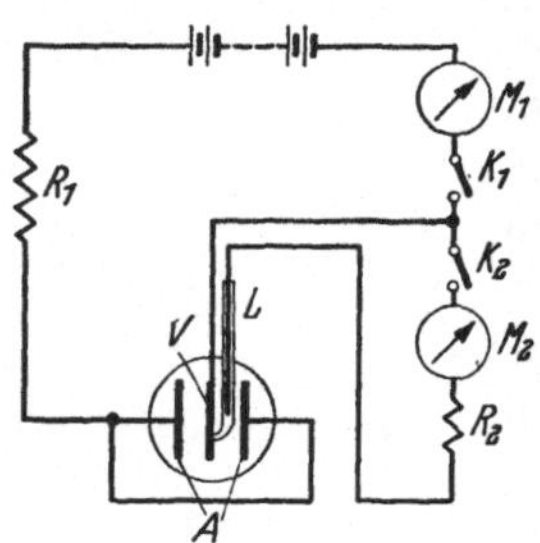

Abb. 212. Schaltbild für den kathodischen Abbau von Oxydfilmen nach CAMPBELL und THOMAS.

V Metallprobe mit Oxydfilm; A Anoden im Elektrolyten (0,1 n KCl);; R_1 = 0,05 bis 2,0 Megohm; R_2 passender Widerstand; L Vergleichselektrode (z. B. Ag/AgCl in 0,1 n KCl) in HABER-LUGGIN-Kapillare; K_1 und K_2 Schalter; M_1 Milliamperemeter; M_2 Mikroamperemeter

[1] CAMPBELL, W. E., u. U. B. THOMAS: Trans. electrochem. Soc. **91**, 623 (1947).

[2] EVANS, U. R., u. L. C. BANNISTER: Proc. Roy. Soc. (A) **125**, 370 (1929).

[3] MILEY, H. A.: J. Amer. chem. Soc. **59**, 2626 (1937). — J. B. DYESS u. H. A. MILEY: Trans. AIME **133**, 239 (1939).

[4] PRICE, L. E., u. G. J. THOMAS: Trans. electrochem. Soc. **76**, 329 (1939); J. Inst. Metals **63**, 21, 29 (1938). — W. E. CAMPBELL u. U. B. THOMAS: Trans. electrochem. Soc. **76**, 303 (1939).

einen mehr oder minder rasch einsetzenden Potentialsprung bemerkbar macht. Entsprechend der in Abb. 212 schematisch dargestellten Versuchsanordnung wird zu beiden Seiten des anoxydierten Metallbleches eine genügend große Anode verwandt. Als Gegenelektrode zur Potentialmessung dient eine HABER-LUGGINsche Elektrode, die unmittelbar an der Kathode angrenzt. Aus der Stromdichte i und der Abbauzeit t folgt für die Schichtdicke $\Delta\xi$ der Anlaufschicht, wenn m und ϱ die Masse in Gramm und die Dichte in g/ml des Reaktionsproduktes sind:

$$\Delta\xi = \frac{i\,t\,m \cdot 10^5}{\varrho \cdot 96\,500}.$$

Da jedoch der Potentialsprung häufig nicht genügend scharf ist, was insbesondere beim kathodischen Abbau von Oxydschichten beobachtet wird, hat dieses Verfahren zur Schichtdickenmessung nur begrenzte Anwendungsmöglichkeiten.

Das Heranziehen optischer Methoden zur Filmdickenmessung von anoxydierten Metallen ist im allgemeinen nur dann zu empfehlen, wenn eine spezielle Problemstellung diese Methode erforderlich macht, da der apparative Aufwand recht kostspielig und die Auswertung der nach dieser Methode erhaltenen Meßergebnisse nicht einfach ist. Eine solche optische Methode wurde von TRONSTAD[1] ausgearbeitet und von WINTERBOTTOM[2] erweitert und verbessert.

Bei Oxydationsversuchen an Metallen, wo neben der Oxydschichtbildung auch mit einer erheblichen Sauerstofflöslichkeit zu rechnen ist, wie z. B. am System Titan-Sauerstoff oder Zirkon-Sauerstoff, ist die Ermittlung der wahren Oxydschichtdicke nur durch eine optische Methode möglich, mittels der man in Verbindung mit einer volumetrischen Methode die Sauerstoffanteile, die durch Inlösunggehen und die zum Aufbau des Oxydfilms verbraucht wurden, getrennt bestimmen kann.

---

[1] TRONSTAD, L.: Trans. Faraday Soc. **29**, 502 (1933).

[2] WINTERBOTTOM, A. B.: J. sci. Instruments **14**, 203, (1937) — Trans. Faraday Soc. **42**, 487 (1946).

Sachverzeichnis